Ehrmann
Logistik

umweltfreundlich
... weil auf chlor- und säurefrei
gefertigtem Papier gedruckt

Kompendium der praktischen Betriebswirtschaft

Herausgeber Professor Klaus Olfert

www.kiehl.de

Logistik

Von
Prof. Dr. Harald Ehrmann

7., überarbeitete und aktualisierte Auflage

Herausgeber:

Prof. Dipl.-Kfm. Klaus Olfert
Postfach 13 26
69141 Neckargemünd

ISBN 978-3-470-**47597**-4 · 7., überarbeitete und aktualisierte Auflage 2012

© NWB Verlag GmbH & Co. KG, Herne 1995

Kiehl ist eine Marke des NWB Verlags

Satz: Griebsch & Rocholl Druck GmbH & Co. KG, Hamm

Druck: Beltz Druckpartner, Hemsbach

MIX
Papier aus verantwor-
tungsvollen Quellen
FSC® C008492

Kompendium der praktischen Betriebswirtschaft

Das Kompendium der praktischen Betriebswirtschaft soll dazu dienen, das allgemein anerkannte und praktisch verwertbare Grundlagenwissen der modernen Betriebswirtschaftslehre praxisgerecht, übersichtlich und einprägsam zu vermitteln.

Dieser Zielsetzung gerecht zu werden, ist gemeinsames Anliegen des Herausgebers und der Autoren, die durch ihr Wirken an Hochschulen, als leitende Mitarbeiter von Unternehmen und in der betriebswirtschaftlichen Unternehmensberatung vielfältige Kenntnisse und Erfahrungen sammeln konnten.

Das Kompendium der praktischen Betriebswirtschaft umfasst mehrere Bände, die einheitlich gestaltet sind und jeweils aus zwei Teilen bestehen:

- Dem **Textteil**, der systematisch gegliedert sowie mit vielen Beispielen und Abbildungen versehen ist, welche die Wissensvermittlung erleichtern. Zahlreiche Kontrollfragen mit Lösungshinweisen dienen der Wissensüberprüfung. Umfassende Literaturverzeichnisse zu jedem Kapitel verweisen auf die verwendete und weiterführende Literatur.

- Dem **Übungsteil**, der eine Vielzahl von Aufgaben und Fällen enthält, denen sich ausführliche Lösungen anschließen, die schrittweise und in verständlicher Form in die betriebswirtschaftlichen Fragestellungen einführen.

Als praxisorientierte Fachbuchreihe wendet sich das Kompendium der praktischen Betriebswirtschaft vor allem an:

- **Studierende** der Fachhochschulen und Universitäten, Akademien und sonstigen Institutionen, denen eine systematische Einführung in die betriebswirtschaftlichen Teilgebiete vermittelt werden soll, die eine praktische Umsetzbarkeit gewährleistet.

- **Praktiker** in den Unternehmen, die sich innerhalb ihres Tätigkeitsfeldes weiterbilden, sich einen fundierten Einblick in benachbarte Bereiche verschaffen oder sich eines umfassenden betrieblichen Handbuches bedienen wollen.

Für Anregungen, die der weiteren Verbesserung der Fachbuchreihe dienen, bin ich dankbar.

Prof. Klaus Olfert
Herausgeber

Feedbackhinweis

Kein Produkt ist so gut, dass es nicht noch verbessert werden könnte. Ihre Meinung ist uns wichtig. Was gefällt Ihnen gut? Was können wir in Ihren Augen verbessern? Bitte schreiben Sie einfach eine E-Mail an: **c.ziegler@kiehl.de**

Als kleines Dankeschön verlosen wir unter allen Teilnehmern einmal pro Monat ein Buchgeschenk!

Vorwort zur 7. Auflage

Die Logistik umfasst einen Bereich, der in den letzten Jahren mehr und mehr in den Vordergrund betriebswirtschaftlicher Überlegungen gerückt ist.

Zahlreiche einschlägige Publikationen, Lehrveranstaltungen an Universitäten und Hochschulen sowie Seminare der Wirtschaft, die sich mit dieser Thematik befassen, deuten auf die Bedeutung der Logistik hin. Logistikfachleute zählen heute mit zu den gefragtesten Mitarbeitern in den Unternehmen.

Wenn man der Logistik eine umfassende Bedeutung zuordnen möchte, liegt es nahe, dass die Logistik die aus den Unternehmenszielen abgeleiteten planerischen und ausführenden Maßnahmen und Instrumente zur Gewährleitung eines optimalen Material- und Informationsprozesses im Rahmen des betrieblichen Leistungserstellungsprozesses darstellt. Dieser erstreckt sich von der Beschaffung von Produktionsfaktoren und Informationen über deren Lagerung und Verwaltung, Bearbeitung und Weiterleitung bis hin zur Distribution der erstellten Leistungen.

Das vorliegende Buch will die Bedeutung der Logistik für die Lehre und Praxis durch die Behandlung ihrer Kernbereiche darstellen.

Aufgrund der Komplexität des Themas kann selbstverständlich nicht auf sämtliche logistischen Einzelfragen eingegangen werden. Großer Wert wurde daher insbesondere auf die betriebswirtschaftliche Fundierung und die Darstellung der Verbindungen zu anderen Unternehmensbereichen gelegt.

Die Ausführungen beginnen mit den Grundlagen der Logistik, wie deren Entwicklung und Haupteinsatzgebiete. Es schließen sich die Konzeptionierung, die Eingliederung der Logistik in die betriebliche Organisation, Ziele, Planung, Strategien und Instrumente an. Einen breiten Raum nehmen die „Bereichslogistiken" (Beschaffungs-, Lagerungs-, Produktions- und Marketinglogistik) ein.

Die Gebiete Logistikcontrolling und Ersatzteillogistik werden ebenso behandelt wie die Entsorgungslogistik und andere logistische Sonderfragen.

Das Buch will weniger eine detaillierte Handlungsanweisung sein, sondern sieht seine Hauptaufgabe in der Darstellung logistischer Grundlagen und Zusammenhänge im Sinne einer betriebswirtschaftlichen Logistik.

In der siebenten Auflage wurden einige Kapitel aktualisiert und ergänzt. Dies betrifft vornehmlich die Transportsysteme, die Entsorgungslogistik sowie Fragen des Logistikcontrollings. Breiter Raum wurde dem Bereich Logistik und Risikomanagement gewidmet.

Ich danke Kollegen, Mitarbeitern, Studierenden und Fachleuten aus der Praxis für deren wertvolle Anregungen.

Bielefeld, Bad Reichenhall, im März 2012
Harald Ehrmann

Benutzungshinweise

Kontrollfragen

Die Kontrollfragen dienen der Wissenskontrolle. Sie finden sich am Ende eines jeden Kapitels.

Aufgaben/Fälle

Die Aufgaben/Fälle im Übungsteil dienen der Wissens- und Verständniskontrolle. Auf sie wird jeweils im Texteil hingewiesen:

Aufgabe 1 > Seite 625

Der Übungsteil befindet sich als „blauer Teil" am Ende des Buches. Es wird empfohlen, die Aufgaben/Fälle unmittelbar nach Bearbeitung der entsprechenden Textstellen zu lösen.

Diese Symbole erleichtern Ihnen die Arbeit mit diesem Buch:

 TIPP

Hier finden Sie nützliche Hinweise zum Thema.

 MERKE

Das X macht auf wichtige Merksätze oder Definitionen aufmerksam.

 ACHTUNG

Das Ausrufezeichen steht für Beachtenswertes, wie z. B. Fehler, die immer wieder vorkommen, typische Stolpersteine oder wichtige Ausnahmen.

 INFO

Hier erhalten Sie nützliche Zusatz- und Hintergrundinformationen zum Thema.

 RECHTSGRUNDLAGEN

Das Paragrafenzeichen verweist auf rechtliche Grundlagen, wie z. B. Gesetzestexte.

 MEDIEN

Das Maus-Symbol weist Sie auf andere Medien hin. Sie finden hier Hinweise z. B. auf Download-Möglichkeiten von Zusatzmaterialien, auf Audio-Medien oder auf die Website von Kiehl.

B. Logistikplanung

INHALTSVERZEICHNIS

H. Logistik-Controlling

A. Grundlagen

1. Definition der Logistik

Zu den wichtigsten Anforderungen an ein Unternehmen gehört eine reibungslose Gestaltung des Material-, Wert- und Informationsflusses; es sind also Instrumente zu schaffen und Maßnahmen zu treffen, die diesen Fluss möglichst optimal gestalten, das geschieht u. a. mithilfe der Logistik.

In der betriebswirtschaftlichen Literatur findet man keine einheitliche Definition der Logistik. Je nach dem Aufgabenschwerpunkt, den man der Logistik zuweist, unterscheidet sich die Definition.

Versucht man eine umfassende Beschreibung des **Logistikbegriffes** zu finden, kann man zu folgendem Ergebnis gelangen:

Logistik stellt die aus den Unternehmenszielen abgeleiteten planerischen und ausführenden Maßnahmen und Instrumente zur Gewährleistung eines optimalen Material-, Wert- und Informationsflusses im Rahmen des betrieblichen Leistungserstellungsprozesses dar, wobei sich dieser von der Beschaffung von Produktionsfaktoren und Informationen über deren Bearbeitung und Weiterleitung bis zur Distribution der erstellten Leistungen erstreckt. Die Logistikprozesse erstrecken sich nicht allein auf das eigene Unternehmen, sondern sie erfassen ebenso die Kunden- und Lieferantenbeziehungen zur Schaffung unternehmensübergreifender optimaler Geschäftsprozesse.

Unbedingt zu beachten ist, dass die Logistik nicht aus einer Aneinanderreihung von Maßnahmen und Instrumenten bestehen darf, sondern dass ein logistisches Konzept zu entwickeln ist, dass die Logistik eine **eigene betriebliche Funktion** neben wichtigen anderen darstellen soll.

Die von *Jünemann* formulierten sechs Aufgaben der Logistik (sechs „r")
- die richtige Menge
- der richtigen Objekte (Güter, Personen, Energie, Informationen)
- am richtigen Ort (Quelle oder Senke) im System
- zum richtigen Zeitpunkt
- in der richtigen Qualität
- zu den richtigen Kosten

bereitzustellen, müssen zu einer Gesamtfunktion vereinigt werden.

Diesen Ausführungen zum Logistikbegriff kann entnommen werden, dass die Logistik heute längst den Kinderschuhen entwachsen ist und nicht mehr das Transportwesen, sondern ein Flusskonzept darstellt.

Wenn von Logistikdefinitionen die Rede ist, muss festgehalten werden, dass man

- eine Unternehmenslogistik als die Logistik des jeweils betrachteten Unternehmens
- eine Logistik der Unternehmen, mit denen das betrachtete Unternehmen in Beziehungen steht, mit Auswirkungen auf dieses
- Branchenlogistiken

unterscheiden kann.

2. Entwicklung der Logistik

Die Anfänge der Logistik reichen bis in die frühe Menschheitsgeschichte zurück.

Immer wenn Menschen oder Gegenstände über gewisse Entfernungen hinweg „bewegt" wurden, kam die Logistik zum Zuge. Es konnte sich dabei um

- ganze Völkerbewegungen
- lokal- und gruppenbegrenzte Bevölkerungsbewegungen
- Bewegungen von Truppen
- Entdeckungsreisen
- Eroberungsreisen
- Handelsreisen
- Erholungsreisen
- Erstellung von Behausungen, später Wohnungen und Großbauten

handeln (vgl. *Schmidt*).

Bei all diesen Bewegungen war ein **Durchdenken**, ein **Planen** und **Organisieren** erforderlich.

Der Begriff Logistik trat erst relativ spät in Erscheinung und wurde zuerst im **militärischen Bereich** in erster Linie für die Gestaltung des Nachschubwesens und von Truppenbewegungen verwendet.

Auf dem zivilen Sektor tauchte der Logistik-Begriff zuerst in den sechziger Jahren des 20. Jahrhunderts in den USA auf.

In den ersten Logistik-Phasen wurden Logistik-Aufgaben relativ isoliert voneinander vorgenommen.

Zunächst war die Logistik eine reine **Distributions-Logistik**, die im Dienste der optimalen Belieferung der Käufer stand.

Beschaffungskrisen auf den Energie- und Rohstoffmärkten bewirkten, dass der **Beschaffungsseite** mehr Augenmerk gewidmet wurde, sodass die Versorgungssicherheit der Unternehmen zur Hauptaufgabe der Unternehmen wurde (*Fey*).

Ein festzustellender Übergang vom reinen Marketing-Denken zum Material-flow-Denken, also von dem primären Denken in Außenperspektiven zu der stärkeren Berücksichtigung der Innenperspektive, führte naturgemäß auch zu einem verstärkten Einsatz der Logistik im Produktionsbereich (vgl. *Ericsson*). Die rasante technische Entwicklung, vor allem im Bereich der Computertechnologien, trug dazu wesentlich bei.

Nachfolgende Logistik-Phasen waren gekennzeichnet durch den **Integrationsgedanken**. In den verschiedenen Unternehmensbereichen vorgenommene logistische Aktivitäten wurden zu „Einzellogistiken" zusammengefasst, die später miteinander verknüpft wurden.

Die aktuelle Phase der Logistik ist gekennzeichnet zum einen durch ihre verstärkte Berücksichtigung im strategischen Bereich und zum anderen durch das Bemühen, „multilaterale", also unternehmensübergreifende Logistik-Konzeptionen, zu entwickeln.

Die Entwicklung der Logistik kann man erkennen, wenn man sie unter drei Aspekten betrachtet:

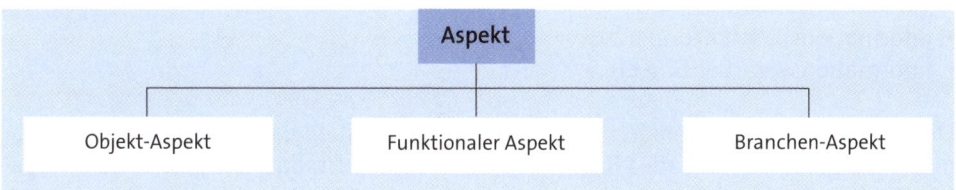

Sieht man die Entwicklung der Logistik unter dem Aspekt des **Objektes**, kann man feststellen, dass in den letzten Jahren zu den Objekten Material und Waren der Informationsbereich hinzugekommen ist. Ob die Bereitstellung bzw. Beschaffung von Personal eine logistische Aufgabe ist, ist sehr umstritten. Vereinzelt sprechen Autoren von einer „Personallogistik".

Betrachtet man die Entwicklung der Logistik unter **funktionalem Aspekt**, kann man erkennen, dass in letzter Zeit zu den klassischen Logistikfunktionen Einkauf, Lagerung, Transport, Produktion, Distribution u. Ä. die wichtige Funktion der Entsorgung hinzugekommen ist. Die Bedeutung der Logistik nimmt ständig zu und führt zu unternehmensübergreifenden logistischen Prozessen (vgl. Kap. A. 4.4).

Sieht man die Logistik-Entwicklung schließlich unter **Branchen-Gesichtspunkten**, lässt sich erkennen, dass immer mehr Branchen eine eigene Logistik entwickeln.

3. Haupteinsatzgebiete der Logistik

Wenn unter Logistik planerische und ausführende Maßnahmen sowie Instrumente zur Schaffung eines optimalen Material-, Wert- und Informationsflusses im Rahmen des Leistungserstellungsprozesses verstanden wird (vgl. Kap. A.1), ergibt sich für die

Logistik eine Fülle von Einsatzschwerpunkten. Fasst man die Logistik sehr umfassend auf, tangiert sie nahezu alle Unternehmensbereiche.

Die Haupteinsatzgebiete sind

- Beschaffung
- Lager
- Transport
- Verteilung
- Entwicklung und Konstruktion
- Fabrikplanung (Layout)
- Fertigungsplanung
- Fertigungsorganisation
- Fertigungssteuerung
- Instandhaltung
- Entsorgung
- Disposition
- Verkaufsplanung
- Verkaufsorganisation
- Informationsbeschaffung
- Informationsverarbeitung etc.

Unternimmt man den Versuch, wichtige Logistikaufgaben einzelnen Bereichen zuzuordnen, ergibt sich folgendes Bild, wobei zu beachten ist, dass die genannten Aufgaben nicht isoliert betrachtet werden dürfen, sondern im Rahmen eines logistischen Konzeptes zu sehen sind (vgl. Kap. A. 4):

Logistikanwendung	Logistikaufgaben
Beschaffungslogistik	Planung und Durchführung von Maßnahmen, die zur optimalen Gestaltung der Beschaffung ab den Beschaffungsmärkten bis in die Läger bzw. bis in die Produktion erforderlich sind.
Lagerlogistik	Planung und Durchführung von Maßnahmen zur optimalen Standortwahl, zur Gestaltung optimaler Lagersysteme, einer optimalen Lagerorganisation und optimaler Lagertechnik.
Produktionslogistik	Planung und Durchführung von Maßnahmen zur optimalen Gestaltung des Leistungsflusses von der Übernahme der bereitgestellten Produktionsfaktoren bis zur Abgabe der fertig gestellten Produkte an die Distribution.
Transportlogistik	Planung und Durchführung von Maßnahmen zur optimalen Gestaltung des Transportes bei der Wahl der Transportmittel, Transportwege, Beladung und Entladung, Übergabe u. Ä.
Ersatzteillogistik	Planung und Durchführung von Maßnahmen zur optimalen Beschaffung und optimalen Gestaltung der Verfügbarkeit von Ersatzteilen.

Logistikanwendung	Logistikaufgaben
Instandhaltungslogistik	Planung und Durchführung von Maßnahmen zur Gewährleistung der ständigen Betriebsbereitschaft der Anlagen.
Distributionslogistik	Planung und Durchführung von Maßnahmen zur optimalen Gestaltung des Leistungsprozesses der Übernahme der Produkte aus der Produktion und deren Weiterleitung und Übergabe an die Käufer.
Entsorgungslogistik	Planung und Durchführung von Maßnahmen zur kostengünstigen und umweltschonenden Entsorgung nicht mehr benötigter Stoffe und Substanzen.
Informationslogistik	Planung und Durchführung der Maßnahmen zur Gestaltung eines reibungslosen Informationsflusses
Branchenlogistiken ▸ Speditionslogistik ▸ Krankenhauslogistik ▸ Zuliefererlogistik u. Ä.	

4. Logistikkonzept

4.1 Grundsätzliche Überlegungen

Im Kapitel A. 3 wurde dargestellt, dass die Hauptaufgabe der Logistik in der Planung und Gestaltung eines optimalen Material-, Wert- und Informationsflusses im Rahmen des betrieblichen Leistungserstellungsprozesses besteht. Da diese Aufgabe nahezu alle Unternehmensbereiche tangiert, zwingt sie dazu, logistische Funktionen und Aufträge nicht isoliert zu betrachten und auszuüben, sondern sie in einem Gesamtzusammenhang, in einem Logistikkonzept zu sehen. Dieses stellt den Rahmen für die Aufgabenformulierung in den einzelnen Logistikbereichen dar (*Rupper*).

Ein effizientes Logistikkonzept trägt dazu bei,

▸ schneller als Wettbewerber mit neuen Produkten und Leistungen auf den Markt zu gelangen

▸ die Durchlaufzeiten in der Fertigung zu verringern

▸ durch geeignete Lager- und Verteilsysteme die Zeit vom Bestelleingang bis zur Lieferung zu verkürzen

▸ die Liefertermine zuverlässiger und pünktlicher einzuhalten

▸ kleinere Produktionslose zu fertigen u. Ä. (*Bussiek*).

An diesen angestrebten Ergebnissen sind mehrere Bereiche beteiligt, die Beiträge werden von der Materialwirtschaft über die Fertigung bis zur Distribution erbracht.

Aufgabe des Logistikkonzeptes ist es, Bereichsegoismen und reines Ressortdenken überwinden zu helfen und die einzelnen Bereiche zu einer **Prozesskette** zu verknüpfen.

Ein Logistikkonzept zu konzipieren bedeutet, die Folgen logistischer Maßnahmen über den eigenen Bereich hinaus für andere Bereiche zu erkennen bzw. diese Maßnahmen so zu steuern, dass sich auch Auswirkungen auf andere Bereiche (u. U. sogar auf die Mehrheit der Bereiche) des Unternehmens ergeben.

Ein Logistikkonzept muss die Abhängigkeiten einzelner Bereiche und Prozesse voneinander verdeutlichen und berücksichtigen und damit eine bereichsübergreifende Abstimmung erreichen.

Ein Logistikkonzept ist ein **integriertes Konzept**, doch wird in der Regel keine Vollintegration vorliegen können, d. h. es wird kaum möglich sein, sämtliche logistische Aktivitäten sachlich und zeitlich völlig aufeinander abzustimmen.

Ein Logistikkonzept erfordert **ganzheitliches Denken** und **ganzheitliches Handeln** („Total-System-Conzept"). Dazu ist es erforderlich,

- Logistik von der obersten Führungsebene zu steuern
- logistische Ziele und Strategien zu entwerfen
- logistische Aktivitäten in einem Gesamtzusammenhang zu sehen
- gute und motivierte Mitarbeiter für Logistikaufgaben einzusetzen
- die Auswirkungen logistischer Maßnahmen zu erkennen
- die Kosten logistischer Maßnahmen zu erkennen, von anderen Kosten abzugrenzen und den richtigen Objekten zuzurechnen
- auf allen hierarchischen Ebenen zu erkennen, dass Logistik keinen Selbstzweck darstellt, sondern der Erfüllung der wichtigsten betrieblichen Ziele dient
- die logistischen Aktivitäten so auszurichten, dass der Leitgedanke der optimalen Erfüllung der Kundenwünsche voll berücksichtigt wird
- mit den Lieferanten optimal zu kooperieren
- Informationshemmnisse im Unternehmen abzubauen
- sich technischen und organisatorischen Entwicklungen nicht zu verschließen
- sich geeigneter technischer Hilfsmittel nicht zu verschließen, diese jedoch tatsächlich nur als Hilfsmittel zu betrachten
- stets kooperations- und lernbereit zu sein
- dafür Sorge zu tragen, dass die Logistik auf Zustimmung stößt und von sämtlichen Führungsebenen und breiten Mitarbeiterschichten getragen wird (vgl. auch *Bichler/ Schröter*).

Zusammenfassend kann festgestellt werden, dass für ein Logistikkonzept drei Arten des Denkens, die miteinander in Beziehung stehen, maßgeblich sind (*Pfohl, 2009*):

- Systemdenken
- Flussdenken
- Querschnittsfunktionsdenken.

4.2 Inhalt eines Logistikkonzeptes

Ziel eines Logistikkonzeptes ist die **Optimierung der Gesamtleistung**. Um dieses Ziel erreichen zu können, müssen zunächst die Einzelaufgaben der Logistik festgelegt und anschließend die Logistikaufgaben in den einzelnen Bereichen zu einer **Logistikkette** verknüpft werden.

Es geht darum, zu bestimmen,

- welche Güter und Informationen
- in welchen Mengen
- an welchen Orten
- zu welchen Zeitpunkten
- in welchen Qualitäten
- durch welche Aktionen

verfügbar sein müssen (vgl. Kap. A. 1).

Darüber hinaus ist festzulegen,

- wo die Güter und Informationen entnommen werden
- wie sie transportiert werden
- wohin sie nach erfolgter Be- oder Verarbeitung gelangen sollen.

Der Inhalt des Logistikkonzeptes wird folglich bestimmt durch

- das Produkt
- den Markt
- die technologischen Einflussfaktoren
- die eingesetzten Instrumente und Verfahren
- die rechtlichen Bedingungen
- das Informationssystem
- die Aufbauorganisation
- die Kompetenzen
- die verfügbaren Mittel
- die Kostenvorgaben.

Auf die einzelnen Inhalte wird in späteren Kapiteln ausführlich eingegangen.

Die Logistikkette beginnt und endet nicht an den Toren des Unternehmens. Entwickelt man ein Logistikkonzept, ist zu überlegen, wie alle externen und internen Partner (Mitarbeiter) in eine Logistikkette eingebunden werden können. Dabei geht man von einer starken Vernetzung der Wertschöpfungkette aus, „das heißt, Kernpunkte dieses Ansatzes sind die enge und vertrauensvolle Zusammenarbeit mit internen und externen Lieferanten sowie Kunden und deren Leistungen in Bezug auf Zeit, Kosten und Qualität (*Dehr*).

Die Kette, die alle Beteiligten einbindet, wird auch als **Supply Chain** bezeichnet. Die Supply Chain lässt sich durch zwei eng miteinander verknüpfte Prozesse darstellen, den rein physischen Fluss und den Informationsfluss.

Der sichtbare Teil der Kette besteht aus den Produktionsprozessen, den innerbetrieblichen Transport-, Lager- und Umschlagsvorgängen sowie den Beschaffungs- und Warenverteilungprozessen = „Physische Logistik".

Der Informationsfluss ergibt sich aus der Aufgabe, die Logistikkette strategisch zu gestalten und den Materialfluss aktuell zu lenken; dafür müssen die Mitglieder der Kette Informationen haben, die dem Materialfluss vorauseilen, ihn begleiten und ihm nachfolgen (*Melzer-Ridinger*) = Dispositive Logistik.

Die Gestaltung der physischen Flüsse und der Informationsflüsse ist Gegenstand späterer Kapitel, wobei die Gliederung an dem Materialfluss bei Berücksichtigung der engen Verknüpfung ausgerichtet ist.

4.3 Anforderungen an ein Logistikkonzept

An ein Logistikkonzept sind folgende Anforderungen zu stellen:

- **Realistik**
  Das Konzept soll sich mit normalen Anstrengungen und mit einem vertretbaren Aufwand realisieren lassen.
- **Vollständigkeit**
  Es sollten sämtliche im Unternehmen erforderlichen Logistikprozesse erfasst werden.
- **Konsistenz**
  Die Logistikprozesse sind aufeinander abzustimmen.
- **Durchsetzbarkeit**
  Das Konzept muss im Unternehmen durchsetzbar sein, der Logistikbereich ist mit entsprechenden Kompetenzen auszustatten.
- **Transparenz**
  Das Konzept muss konkret, eindeutig und verständlich formuliert sein.
- **Überprüfbarkeit**
  Die Überprüfbarkeit muss gegeben sein. Kontrollsysteme sollen den logistischen Erfolg feststellen können.
- **Wirtschaftlichkeit**
  Das Konzept darf vorgegebene Kosten möglichst nicht überschreiten.
- **Flexibilität**.

4.4 Supply Chain Management

Der in den letzten Jahren in den Vordergrund gerückte Begriff Supply Chain Management (SCM) erstreckt sich auf Bestrebungen, die in Kapitel A. 4.2 beschriebene Logistikkette zu optimieren. In dem Konzept werden die Informationsprozesse besonders berücksichtigt.

Das Supply Chain Management-Konzept geht in erster Linie von der Kundenzufriedenheit und Kundenbindung im Sinne des Efficient Consumer Response aus.

Efficient Consumer Response (ECR) bedeutet in der wörtlichen Übersetzung „effiziente Reaktion auf Kundenwünsche". Dem Wesen nach ist das ECR-Konzept ein Marketingkonzept. Es stellt eine enge Zusammenarbeit zwischen Hersteller und Handel her, mit dem Ziel, die gesamte Versorgungskette an den Wünschen der Kunden auszurichten. *Reichel* betont, dass es sich um einen überbetrieblichen Ansatz mit einer internationalen über Branchen hinausgehenden Betrachtungsweise handelt, der es möglich machen soll, durch den Austausch sensibler Daten in Bezug auf Logistik, Marketing und Organisation gemeinsam besser und gezielter vorgehen zu können.

Das ECR-Konzept basiert neben dem Supply Chain Management auf dem Category Management.

Das Category Management betrachtet Warengruppen als Strategische Geschäftseinheiten, für die, aufbauend auf den Wünschen und Bedürfnissen der Kunden in Zusammenarbeit von Herstellern und Handel, Strategien entwickelt werden, die zu einer *„Verbesserung der gesamten Leistung einer Warengruppe"*, d. h. einer „Category" führen (*Reichel*).

Die Prozesse, die ECR unterstützen, lassen sich wie folgt darstellen:

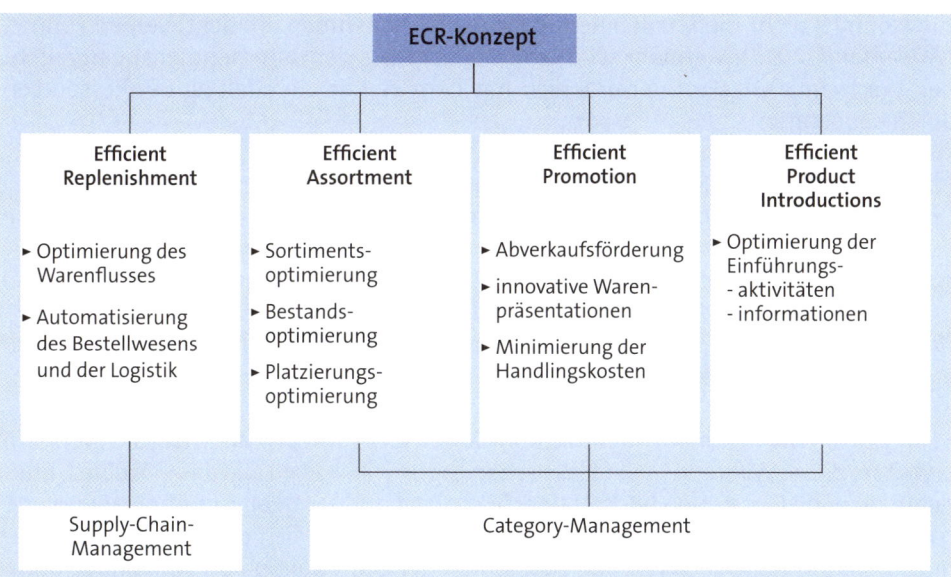

Quelle: *Reichel*

Das Supply Chain Management will Geschäftsprozesse effizient gestalten und vor allem dazu beitragen, Schnittstellen zu vermeiden oder besser aufeinander abzustimmen.

Schnittstellen ergeben sich beim Übergang von Bearbeitungsschritten von einer Stelle an eine andere innerhalb eines Geschäftsprozesses. Sie verursachen häufig Störungen und Mehrarbeit.

Geschäftsprozesse erstrecken sich nicht nur auf ein betrachtetes Unternehmen, sondern umfassen eine Reihe von Kunden- und Lieferantenbeziehungen, folglich existieren Schnittstellen auch zwischen den Unternehmen. Werden diese aufeinander abgestimmt, erhält man die Basis für die Schaffung optimaler Geschäftsprozesse. Das Supply Chain Management wird vielfach als ein Konzept zur Abstimmung des Prozessmanagement mehrerer Unternehmen aufeinander angesehen, wobei die Kooperation zwischen Hersteller und Kunde in den Vordergrund gestellt wird.

„Das Supply Chain Management-Konzept ist als eine aufgabenorientierte Kooperation der Logistik zwischen Hersteller und Handel zu verstehen mit dem Ziel, durch effiziente Gestaltung des Waren- und Informationsflusses vom Hersteller zum POS (Point of Sale, der Verfasser)*, über die einzelnen Lagerstufen der Hersteller und des Handels Kosten bei Lieferung, Umschlag, Lagerung etc. zu reduzieren sowie die Geschwindigkeit und Flexibilität zu steigern. Im Einzelnen bedeutet dies, dass Aufgaben, die nicht zur Wertschöpfung beitragen, optimiert oder, falls erforderlich, eliminiert werden müssen"* (Reichel).

In den letzten Jahren hat die Globalisierung der Geschäftsaktivitäten und damit eine Fülle neuer Aufgaben zugenommen. Dies bedingt eine eingehende Überprüfung der eigenen Möglichkeiten mit der Feststellung, dass die von Kunden erwarteten Leistungsbündel nicht mehr von einem einzigen Unternehmen erbracht werden können (*Wildemann, 2011*). Vielmehr wird eine Betrachtung der unternehmensübergreifenden Wertschöpfungskette erforderlich mit dem Ziel der Bündelung der Ressourcen durch Kooperation.

Wildemann sieht die Merkmale des Supply Chain Managements wie folgt: *„Supply Chain Management ist somit eine Organisations- und Managementphilosophie, die durch eine prozessoptimierende Integration der Aktivitäten der am Wertschöpfungssystem beteiligten Unternehmen auf eine unternehmensübergreifende Koordination und Synchronisierung der Informations- und Materialflüsse zur Kosten-, Zeit- und Qualitätsoptimierung zählt. Betrachtungsgegenstand ist die Prozesskette von der Rohmaterialgewinnung bis zur Entsorgung."*

Supply Chain Management steht nicht im Gegensatz zur klassischen Logistik, sondern erweitert diese. Während in der klassischen Logistik in erster Linie das einzelne Unternehmen, seine Güter- und Informationsflüsse und die zu seinen unmittelbar vor- und nachgelagerten Partnern im Mittelpunkt stehen, befasst sich das Supply Chain Management mit dem Netzwerk von Lieferanten der Urproduktion bis zum Endverbraucher. Darüber hinaus werden auch die Geldströme berücksichtigt.

Supply Chain Management und Logistik können auf keinen Fall in einen Gegensatz zueinander gebracht werden. Ohne Bewältigung der klassischen Logistikaufgaben ist ein Supply Chain Management nicht möglich. Erst müssen die Aufgaben „im eigenen Haus" erledigt werden, bevor die Kooperation mit Partnern sinnvoll gestaltet werden kann. Dies bedeutet, dass die gesetzten Ziele so weit wie möglich erfüllt, die geeigneten Maßnahmen geplant und in einem organisatorischen Rahmen gebracht sowie durchgeführt werden müssen, ehe die enge Kooperation mit den Partnern beginnen kann.

Es lässt sich sogar die Behauptung aufstellen, dass eine moderne Logistik im Unternehmen ab einer bestimmten Größe und mit einer bestimmten Struktur von einem Supply Chain Management kaum zu unterscheiden ist.

Die **Zielsetzungen** des Supply Chain Managements können mit *Vahrenkamp (2007)* wie folgt gesehen werden:

- *„Orientierung am Nutzen des Endkunden*
- *Steigerung der Kundenzufriedenheit durch bedarfsgerechte Anlieferung*
- *Senkung der Bestände in der Logistikkette und eine damit verbundene Senkung der Kosten für das Vorhalten von Beständen*
- *Verstetigung des Güterstroms und der damit möglichen Vereinfachung der Steuerung*
- *höhere Effizienz der unternehmensübergreifenden Produktionssteuerung und der Kapazitätsplanung*
- *raschere Anpassung an Änderungen des Marktes*
- *Verkürzungen der Auftragsdurchlaufzeiten im Zeitwettbewerb*
- *Vermeidung von „Out-Of-Stock-Situationen".*

Diese Ziele reichen bis zu den Endabnehmern. Diese erwarten, dass

- sie in keiner Phase vom Informationsfluss abgeschnitten werden
- sie jederzeit und kurzfristig bestellen können
- ihre Bestellungen unverzüglich bestätigt werden
- die Lieferung zu dem gewünschten Termin erfolgt
- auf Änderungen prompt reagiert wird
- keine gravierenden Änderungen gegenüber den Vereinbarungen erfolgen.

Supply Chain Management steht unter dem Motto **„Informieren, Kooperieren, Solidarisch handeln, den gemeinsamen Erfolg anstreben".**

SCM bedeutet die optimale Gestaltung des Informations-, Material- und auch Geldflusses im Dienste der Leistungserstellung im Logistiknetzwerk vom „Lieferanten des Lieferanten" bis zum „Kunden des Kunden" unter Einsatz der modernen Kommunikationstechnologie.

Besondere Bedeutung kommt der optimalen Gestaltung im **gesamten Netzwerk** zu. Werden nur einzelne Elemente der Logistikkette mit dem Ziel einer Verbesserung herausgegriffen, kann die Minimierung des Lagerbestandes oder die bessere Auslastung von Kapazitäten für einzelne Unternehmen von Vorteil sein, aus Sicht der gesamten Kette aber negative Folgen haben, etwa nachlässiger Kundenservice oder Nichteinhaltung von Terminen. Alle beteiligten Unternehmen müssen im etwa gleichen Ausmaß profitieren.

Ein erfolgreiches Supply Chain Management zu praktizieren ist für manche Unternehmen mit Schwierigkeiten verbunden, da eine neue, vielen bisher nicht vertraute Denkweise verlangt wird.

Eine Supply Chain stellt die Gesamtheit der Abfolge der Aktivitäten dar, die erforderlich sind, um Kunden optimal zu versorgen. Die Kette hat ihren Anfang bei der Förderung des Rohstoffes und endet beim Verkauf des fertigen Erzeugnisses an den Endverbraucher. Sämtliche auf diesem Weg befindlichen Glieder, wie Hersteller, verschiedene Dienstleister, Groß- und Einzelhändler, Spediteure usw. sind Elemente einer Versorgungskette, die durch wirtschaftliche Interaktionen mit den ihnen vor- und nachgeordneten Gliedern „verkettet" sind.

Objekte der Betrachtung sind permanent der Material- und Geldfluss sowie insbesondere der Informationsfluss.

Das Neue, Ungewohnte besteht nun darin, dass nicht nur Prozesse innerhalb eines Unternehmens betrachtet werden, sondern sämtliche Geschäftsprozesse zwischen den Gliedern der Kette untereinander in die Betrachtung einfließen. Die gesamte Wertschöpfungskette steht im Fokus. Die zu treffenden Entscheidungen beziehen sich auf die maximierte Wertschöpfung der ganzen Kette, nicht auf die innerhalb **eines** Unternehmens. Von entscheidender Bedeutung für den Erfolg des Supply Chain Managements ist die ständige Beobachtung und **Verbesserung des Informationsflusses.**

Unvollständige oder gar falsche Informationen sind häufig Ursachen von Verschwendungen. Es wird von dem Fall berichtet, dass ein Lieferant nach wie vor bestimmte Teile herstellt, die sein Kunde zurzeit gar nicht verbauen kann, da bei ihm wichtige Anlagen ausgefallen sind, oder die Herstellung eines Produktes wegen Qualitätsmängeln vorübergehend eingestellt ist. Die Folgen davon sind unnötige Lagerbestände und unwirtschaftliche Kapazitätsauslastung. Selbstverständlich produziert auch der Lieferant des Lieferanten weiter, wie auch dessen Lieferant usw. Die damit einhergehende Verschwendung summiert sich über die ganze Folge von Lieferanten und Kunden und kann größere Beträge erreichen. Diese hätten vermieden werden können, wären alle Beteiligten direkt nach der Entscheidung des Herstellers in gleicher Weise informiert worden (vgl. *Kämpf/Növig/Yesilhark*).

Neben objektiven Schwierigkeiten bei der Realisierung eines Supply Chain Managements spielen auch subjektive Momente eine Rolle.

Sie können wie folgt zusammengefasst werden:

► mangelnde Bereitschaft von einzelnen Gliedern der Supply Chain zu einem intensiven und korrekten Informationsaustausch

► mangelhafte Zielvorstellungen

► schlechte Organisationsstrukturen

- Ablehnung durch Mitarbeiter
- Bildung neuer Schnittstellen
- rechtliche Probleme.

Bei konsequentem Verfolgen der Supply-Chain-Idee dürften auf lange Sicht die Vorteile überwiegen, wobei die Synergieeffekte zu den Vorteilen zu zählen sind.

Bei Konzepten wie dem Supply Chain Management handelt es sich um nichts grundsätzlich Neues. Eine enge Kooperation zwischen mehreren Unternehmen, speziell zwischen Herstellern und Handel, findet schon seit längerem statt. Eingeschlossen in diese Zusammenarbeit ist auch die Abstimmung bestimmter Systeme aufeinander. Konzepte wie etwa „Just-in-Time" praktizieren engste Kooperation bereits seit Jahren.

Besondere Bedeutung gewannen Supply Chain Management und ähnliche Konzepte mit der fortschreitenden Entwicklung der Informationstechnik. Der Einsatz des E-Business trägt wesentlich dazu bei, Logistikketten zu optimieren. Eine besondere Rolle spielt dabei der Datenübertragungsstandard **EDI** (Electronic Data Interchange).

EDI ermöglicht die direkte Übertragung strukturierter Geschäftsinformationen in elektronischer Form von Computer zu Computer. Vorgänge wie Angebote, Bestellungen, Rechnungen, Übermittlung von Statusdaten können auf diese Weise abgewickelt werden.

Von EDI existiert eine Anzahl von Varianten wie **EDIFACT** oder **ANSI ASC 12**.

Eine EDI-Nachricht besteht aus mehreren funktionalen Teilen, die in einen elektronischen Umschlag verpackt werden.

Zahlreiche Implementierungen betten EDI bzw. EDIFACT in HTML oder XML ein und machen sie so **internettauglich** (*Stolpmann*). Vgl. auch die Kapitel C. 3.2, G. 3.2.7 und H. 3.2.

Eine ganzheitliche Betrachtungsweise der Prozesskette vom Zulieferer über den Hersteller und den Handel bis zum Konsumenten im Sinne des ECR ist sehr erstrebenswert aber wahrscheinlich nicht immer realisierbar; alle Marktteilnehmer werden sich dieser Sicht nicht anschließen. Auch wird die These vertreten, dass eine Koordination nach einer Dimension zu einer Desintegration in anderen Dimensionen führen kann.

Auf keinen Fall dürfen Konzepte wie Supply Chain Management und andere dazu führen, dass unter dem Deckmantel Kooperation Marktmacht zu Ungunsten kleinerer und schwächerer Unternehmen missbraucht wird.

Auf Inhalte des Supply Chain Management wird in mehreren Kapiteln eingegangen.

4.5 Outsourcing von Logistikleistungen

Werden Logistikkonzepte entwickelt, muss auch den Überlegungen breiter Raum gewidmet werden, ob das Unternehmen sämtliche Logistikleistungen selbst erbringt bzw. in welchem Ausmaß diese von anderen Unternehmen erbracht werden sollen. Es ist also eine Entscheidung „make or buy" zu treffen.

Auf Fragen des Outsourcing wird an späterer Stelle noch eingegangen, so im Rahmen der Beschaffungslogistik und Marketinglogistik (vgl. Kap. D. 4.4.1 bzw. G. 3.2.5); an dieser Stelle werden einige grundsätzliche Überlegungen angestellt.

Bereits seit einigen Jahren lässt sich der Trend feststellen, logistische Aufgaben auszugliedern. Folgende Gründe sprechen dafür:

- Senkung laufender Kosten
- Vermeidung von Investitionen
- Schonung der Liquidität
- Konzentration auf Hauptaufgaben
- Nutzbarmachen von Spezialkenntnissen und Erfahrungen fremder Unternehmen
- Beschleunigung der Abläufe
- Risikoverminderung bzw. Risikoabwälzung
- Umgehen von Personalengpässen
- Übertragung „unangenehmer" Aufgaben (z. B. verbunden mit Lärm oder Geruchsbelästigung) an Dritte.

Logistikdienstleister bieten zunehmend neben klassischen Logistikleistungen Leistungen an, die kaum der eigentlichen Logistik zugeordnet werden können. *Mertens* nennt eine Vielzahl von Aufgaben, die von Logistikern neben den Kernaufgaben durchgeführt werden. Man spricht in diesem Zusammenhang von **Kontraktlogistik**. Es wird u. a. davon berichtet, dass ein Logistikunternehmer importierte Konfektionsteile für mehrere Auftraggeber bügelt, Knöpfe annäht oder Etiketten befestigt. Ein anderer Logistiker graviert Namen und Widmungen auf Füllhalter und Kugelschreiber, ein weiterer druckt Produktinfos und Gebrauchsanleitungen.

Unabhängig davon, ob es sich um logistische Kernleistungen oder um Zusatzleistungen handelt, ist ein Outsourcing nur sinnvoll, wenn daraus ein eindeutig feststellbarer Nutzen für den Auftraggeber entsteht.

Bevor ein Unternehmen einen Vertrag über Outsourcing von Logistikleistungen abschließt, muss es sich ausführlich über die Qualität des Logistikers informieren. Es sollte ein Auswahlverfahren durchgeführt werden, das dem bei der Lieferantenauswahl entspricht (vgl. D. 4.4.3). Positive Erfahrungen wurden bei der Auswahl und Bewertung von Logistikdienstleistern mit dem Einsatz von **Bewertungskatalogen** gemacht. Diese sollten Kriterien zur Feststellung der grundsätzlichen Eignung als Logistikpartner, zur Beurteilung seiner wirtschaftlichen Lage und zur Beurteilung seiner Eignung, das aktuelle Projekt durchzuführen, enthalten.

Bewertungskriterien zur wichtigen Feststellung der grundsätzlichen Eignung können sein:

- die Zuverlässigkeit
- das Image
- die Qualität
- der Preis
- die Konditionen
- die Terminsicherheit
- die Flexibilität
- die Kooperationsfähigkeit- und -bereitschaft
- die Möglichkeit gemeinsam zu planen
- die Abstimmung rechnergestützter Systeme
- die Möglichkeit gemeinsamer Investitionen.

5. Logistik in der betrieblichen Organisation

Bevor auf die Logistik in der betrieblichen Organisation eingegangen wird, ist es angebracht, wichtige organisatorische Grundlagen zu behandeln, die es erleichtern, die Rolle organisatorischer Fragen und Probleme der Logistik in einem größeren Zusammenhang zu sehen.

5.1 Organisatorische Grundlagen

5.1.1 Begriffe

Der Begriff Organisation wird nicht einheitlich gesehen. Je nach organisationstheoretischem Ansatz ergeben sich unterschiedliche Betrachtungsweisen. Ohne hier auf organisationstheoretische Auffassungsunterschiede einzugehen, soll *Schwarz* folgend unter Organisation ein System dauerhaft angelegter betrieblicher Regelungen, das einen möglichst kontinuierlichen und zweckmäßigen Betriebsablauf sowie den Wirkungszusammenhang zwischen den Trägern betrieblicher Entscheidungsprozesse gewährleisten soll, verstanden werden.

Die Organisation ist durch folgende Faktoren gekennzeichnet:

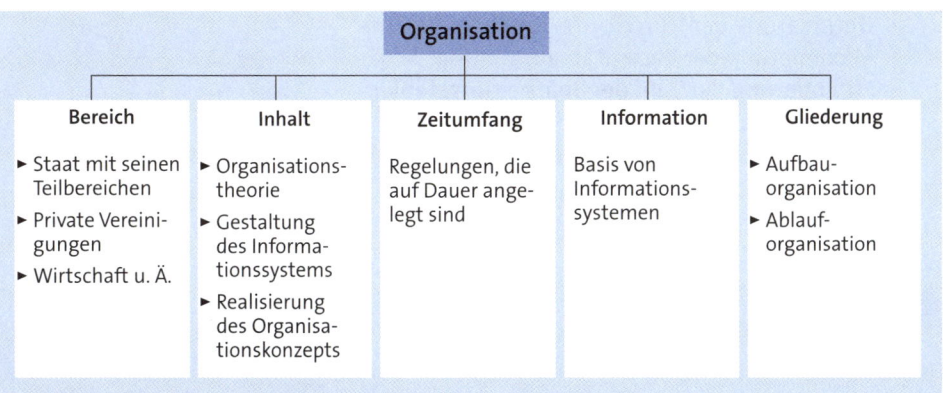

Im Zusammenhang mit der Eingliederung der Logistik in die betriebliche Organisation ist vor allem deren Gliederung von Interesse.

▶ Durch die **Aufbauorganisation** wird das Unternehmen strukturiert.

Die Aufbauorganisation arbeitet mit der Aufgabenanalyse und der Aufgabensynthese.

- Mithilfe der **Aufgabenanalyse** wird die häufig sehr komplizierte und komplexe Gesamtaufgabe des Unternehmens systematisch nach mehreren Gesichtspunkten zerlegt, bis man elementare Aufgaben erhält.

  Durch die Aufgabenanalyse versucht man die Fragen zu beantworten:

  · Was ist zu tun?
  · Woran ist etwas zu tun?
  · Womit ist etwas zu tun?
  · Wann ist etwas zu tun?
  · Wie lange ist etwas zu tun?
  · Wo ist etwas zu tun?

  Daraus ergeben sich die Bestandteile der Aufgabenanalyse

  · Verrichtung
  · Objekt
  · Sachmittel der Verrichtung
  · Zeit.

- Die **Aufgabensynthese** hat die Aufgabe, die analytisch festgestellten Einzelaufgaben zu Aufgabenkomplexen zusammenzufassen, um Aktionseinheiten bilden zu können. Dabei handelt es sich um

  · Stellen
  · Abteilungen
  · Instanzen
  · Leitungshilfsstellen.

▶ Die **Ablauforganisation** befasst sich mit dem Ablauf der Aufgabenerfüllung, ihr Gegenstand sind die Arbeitsgänge und Arbeitsfolgen.

- Hauptziele der Ablauforganisation sind:

  · Arbeitsdurchführung mit möglichst geringem Aufwand
  · Optimierung der Durchlaufzeiten aller Abläufe
  · Maximierung der Kapazitätsauslastung
  · Minimierung der Zahl der Bearbeitungsfehler
  · Termingerechte Arbeitsausführung
  · Benutzerfreundlichkeit (*Olfert/Rahn*).

5.1.2 Organisationsformen

In der Literatur wird eine Vielzahl von Organisationsformen unterschieden, und auch in der Praxis werden die verschiedensten Organisationsformen angewandt.

Unternehmensgröße, Branche, Art des Leistungserstellungsprozesses oder Präferenzen der Leitungsinstanzen sind wichtige Bestimmungsgrößen der Organisationsform.

Im Folgenden wird auf einige der wichtigsten Organisationsformen eingegangen, es handelt sich dabei um:

Sektoral-organisation	Bei kleinen Unternehmen mit lediglich zwei Sektoren: betriebs-wirtschaftlicher Bereich und technischer Bereich.
Funktionsorientierte Organisation	Zusammenfassung von gleichartigen Arbeitsvorgängen unab-hängig von den Objekten.
Objektorientierte Organisation (Spartenorganisation, divisionale Organisation)	Die verschiedenen Funktionen an verschiedenen Objekten werden für ein Objekt zu einem Bereich vereint. Es existieren zahlreiche Varianten.
Matrix-organisation	Kombination von funktionsorientierter und objektorientierter Organisation.
Tensor-organisation	Zwei Entscheidungslinien treffen aufeinander, sie werden formal als Matrix dargestellt. Eine Organisationsform für Groß-unternehmen. Die Darstellung erfolgt in einer mehrdimensio-nalen Matrix.

5.1.2.1 Sektoralorganisation

Die Sektoralorganisation ist für kleine und mittlere Unternehmen typisch.

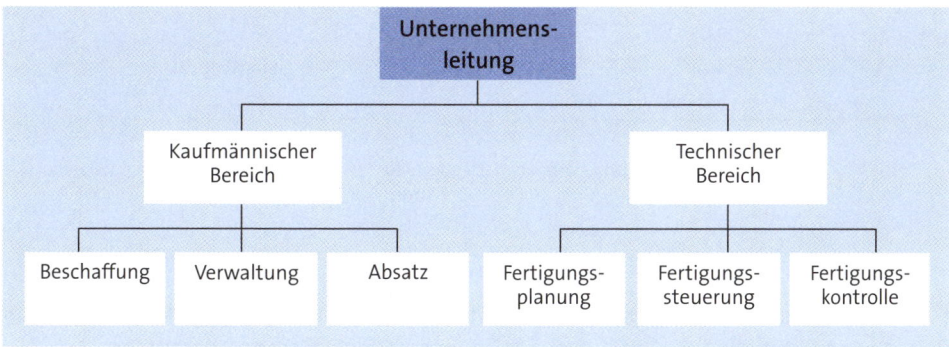

Das Unternehmen wird organisatorisch in zwei Bereiche gegliedert, in einen kaufmän-nischen und einen technischen. In der Regel gehen alle Anweisungen mit auch nur einigermaßen weitreichender Wirkung von der Unternehmensleitung aus.

5.1.2.2 Funktionsorientierte Organisation (Funktionalorganisation)

Die Funktionalorganisation ist eine mögliche Organisationsform bereits größerer Unternehmen. Ihre Gliederung ergibt folgendes Bild:

Bei der funktionsorientierten Organisation werden jeweils gleichartige Verrichtungen in Unabhängigkeit von den Objekten zusammengefasst. Diese Form wird häufig von Unternehmen gewählt, die ein Produkt oder mehrere gleichartige Produkte herstellen. Die Homogenität spielt also eine große Rolle.

Die Funktionalorganisation vermittelt einen guten Überblick über die einzelnen Bereiche des Gesamtunternehmens und ist deshalb gerade bei Unternehmensleitungen, die nur aus einer Person oder wenigen Personen bestehen, sehr beliebt.

5.1.2.3 Objektorientierte Organisation (Objektorganisation)

Die objektorientierte Organisation ist eine **divisionalisierte Organisation**. Sie eignet sich besonders, wenn ein Unternehmen über eine größere Produktpalette verfügt. Häufig findet man sie als Spartenorganisation.

Ihre grafische Darstellung sieht wie folgt aus:

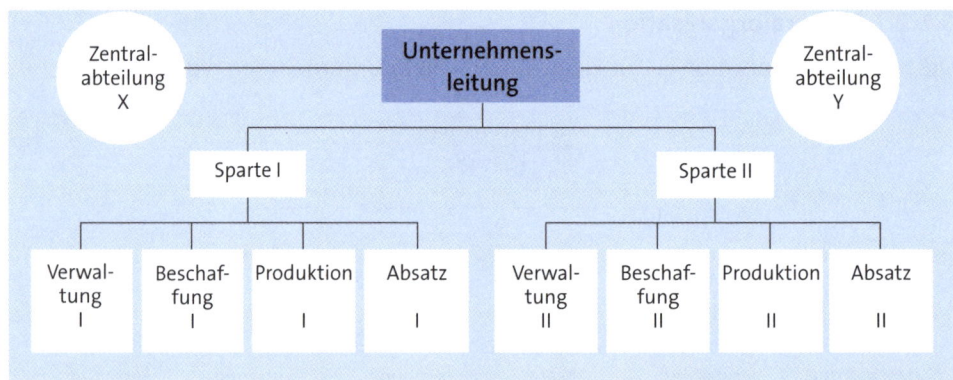

In der objektorientierten Organisation werden unterhalb der obersten Führungsebene Bereiche gebildet, die Sparten, Geschäftsbereiche oder Divisionen darstellen.

Diese Sparten setzen sich jeweils aus einzelnen Produkten, Produktgruppen, aber auch aus verschiedenen Projekten zusammen. Gelegentlich erfolgt die Divisionalisierung auch nach räumlichen Gesichtspunkten (regionale Betätigungsfelder).

Erst auf der nächsten Ebene sind für die verschiedenen Sparten die einzelnen Funktionsbereiche angesiedelt.

Wichtige Funktionen werden in der Regel ausgegliedert und stellen der Unternehmensleitung unmittelbar zugeordnete Zentralbereiche dar. Solche Zentralbereiche, die Stabsfunktion haben, sind etwa die Forschung und Entwicklung, das Controlling oder das Finanz- und Rechnungswesen. Die divisionalisierte Organisation ist in vielen Varianten zu finden.

Den einzelnen Divisionen wird in der Regel eine große Selbstständigkeit eingeräumt. Die Sparten verfügen über eigene Budgets, und den Spartenleitern wird in einem von der Unternehmensleitung vorgegebenen Rahmen eine große Entscheidungsfreiheit gewährt.

Häufig werden die Sparten wie eigenständige Unternehmen geführt. Werden sie auch erfolgsmäßig einzeln abgerechnet, spricht man von einem **Profitcenter**.

Die objektorientierte Organisation erlaubt es, komplexe und komplizierte Bereiche überschaubar und gut koordinierbar zu gestalten. Nicht übersehen werden darf, dass die Organisation nach Divisionen aufwändig sein kann, da jeder Sparte ausgebaute Funktionsbereiche zugeordnet werden müssen.

5.1.2.4 Matrixorganisation

Die Matrixorganisation stellt eine Kombination der funktionsorientierten mit der objektorientierten Organisation dar. Man versucht die Vorteile beider Organisationsformen miteinander zu vereinen.

Die Organisation ergibt folgendes Bild:

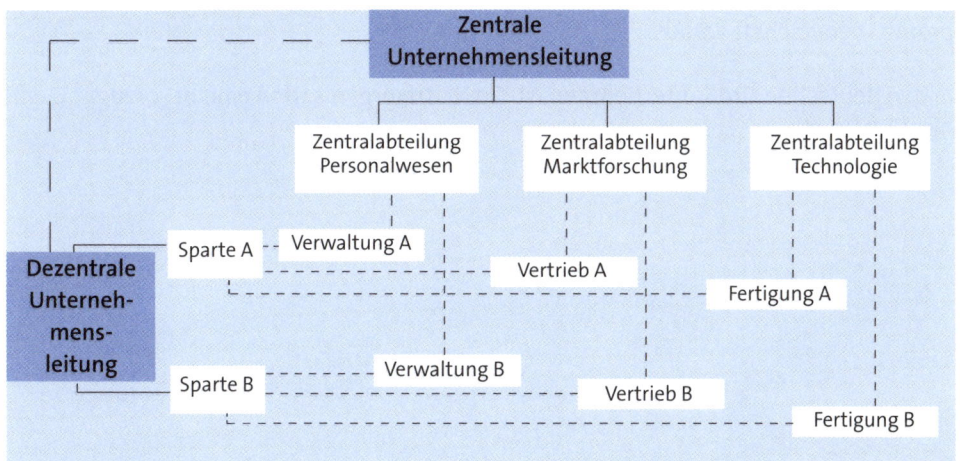

In der Matrixorganisation wird die nach Objekten orientierte Spartenorganisation von der funktionsorientierten Organisation überlagert; man spricht deshalb auch von einem **überlagerten Betriebsaufbau**.

Der funktionsorientierte Aufbau umfasst die wichtigen Bereiche Beschaffung, Fertigung, Verkauf, Verwaltung, Forschung und Entwicklung mit ihren Leitern. Daneben existieren noch weitere Leitungsinstanzen, die für bestimmte Bereiche, meist Produkte oder Produktgruppen, aber auch für Projekte, verantwortlich sind. Es handelt sich dabei um die **Produktmanager** bzw. **Projektmanager**, wobei Produktmanager auf Dauer, Projektmanager nur für einen begrenzten Zeitraum (Projektdauer) tätig sind.

Der Aufgabenschwerpunkt des Produktmanagers besteht in der Koordinierung aller seine Produkte betreffenden Maßnahmen. Dazu zählen beispielsweise sämtliche Verkaufsförderungsmaßnahmen. Der Produktmanager arbeitet eng mit den zuständigen Leitern der einzelnen Funktionsbereiche zusammen, hat jedoch in der klassischen Form der Matrixorganisation keine Weisungsbefugnis gegenüber den Mitarbeitern der einzelnen Funktionsbereiche. Seine Position hat somit den Charakter einer Stabsstelle.

In vielen Unternehmen ist es üblich, von der klassischen Organisationsform abzuweichen und den Produktmanagern mehr Kompetenzen einzuräumen, sie erhalten in einem von der Unternehmensleitung festgelegten Rahmen auch Weisungs- und Entscheidungsbefugnisse. Dies kann zu Konflikten zwischen Produktmanager und Funktionsmanager führen, was aber ohne weiteres gewollt sein kann. Man spricht in diesem Falle von „kreativen Konflikten".

In Großunternehmen werden gelegentlich mehrere Sparten zusammengefasst und jeweils mehrere Produktmanager einem „Marketingdirektor" unterstellt.

Die Matrixorganisation ist nicht nur auf die fachlichen Fähigkeiten der sie tragenden Mitarbeiter angewiesen, sondern setzt auch die Fähigkeit zu Kooperation und Kompromissbereitschaft voraus.

In den deutschen Großunternehmen ist die Matrixorganisation eine bevorzugte Organisationsform.

5.1.2.5 Tensororganisation

Die Tensororganisation ist eine Organisationsform, die vor allem bei multinationalen Großunternehmen angesiedelt ist. Sie kann folgendermaßen dargestellt werden:

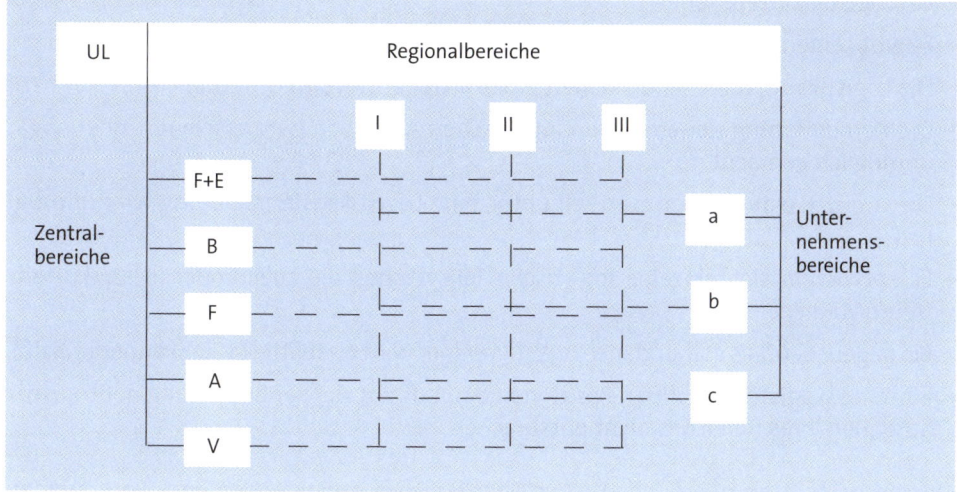

Die Tensororganisation geht von der simultanen Berücksichtigung aller Dimensionen der Unternehmensaufgabe aus (*Olfert/Rahn*). In der Regel enthält sie die Dimensionen

► Objekt
► Verrichtung
► Regionen.

5.2 Eingliederung der Logistik in die Organisation

5.2.1 Gefahren der Zersplitterung von Logistikaufgaben

Wie bereits dargelegt wurde, enthält die Aufbauorganisation die beiden Elemente Aufgabenanalyse und Aufgabensynthese. Dies gilt auch für den Bereich der Organisation, der sich mit der Logistik befasst.

Der **Gesamtkomplex Logistik** wird solange zerlegt, bis man elementare Aufgaben erhält, die wiederum durch die Aufgabensynthese zu Aufgabenkomplexen zusammengefasst werden; dadurch lassen sich

► Stellen
► Abteilungen
► Instanzen

bilden.

Unterlässt man die Bildung von Aufgabenkomplexen und die Festlegung von Instanzen, besteht das Risiko der Zersplitterung der Logistikaufgaben. Die Aufgaben werden auf zu viele Organisationseinheiten verteilt. Dies birgt nicht zu unterschätzende Gefahren:

► Ein ganzheitliches Denken findet nicht statt.

► Ein Logistikkonzept fehlt.

► Es gibt keinen Hauptverantwortlichen für die Logistikaufgaben.

► Die Logistikaufgaben haben keinen großen Stellenwert im Unternehmen.

► Die Koordinierung der einzelnen logistischen Aufgaben wird erschwert oder sogar unmöglich gemacht.

► Die Logistikkosten gehen zum Teil unter, eine Logistikkostenrechnung wird unmöglich.

► Es entwickeln sich einzelne logistische Teilsysteme, die zueinander in Konkurrenz treten können.

► Ein gegebenenfalls vorhandenes Logistikbudget wird zersplittert (Gießkannenprinzip).

► Einzelne „Logistiker" können Positionen einnehmen, die der Bedeutung der Logistikaufgaben ihres Bereiches nicht entsprechen.

Um diese Gefahren zu umgehen, ist es erforderlich, der Logistik den ihr zukommenden Stellenwert zuzuweisen, d. h. sie zu **institutionalisieren**. Dies ist in der Regel mit einer **Reorganisation** im Unternehmen verbunden.

5.2.2 Bestimmungsfaktoren der Organisationsform

Die Art der Gestaltung der Organisation der logistischen Aufgaben hängt von einer Reihe von Faktoren ab, die sowohl innerhalb als auch außerhalb des Unternehmens zu finden sind. Es handelt sich dabei im Wesentlichen um

► die Branche, in der das Unternehmen tätig ist

► die Art des Betriebes hinsichtlich
   - der Betriebsgröße (Zahl der Mitarbeiter, Umsatz, Marktanteil u. Ä.)
   - der Produktstruktur
   - der Fertigungsstruktur
   - der Kundenstruktur
   - der Lieferantenstruktur

► die Anforderungen des Marktes an die Logistikleistungen. Diese resultieren in erster Linie aus
   - der Lieferzeit
   - der Lieferbereitschaft
   - der Lieferhäufigkeit
   - den Lieferungsmodalitäten
   - der Lieferzuverlässigkeit

► die Logistikkosten

► die bereits vorhandene Organisation.

Die genannten Faktoren werden in unterschiedlichem Ausmaße in den einzelnen Unternehmen wirksam.

5.2.3 Vorgehensweise bei der Eingliederung der Logistik in die Unternehmensorganisation

Die Institutionalisierung der Logistik bedeutet deren Eingliederung in die bestehende Unternehmensorganisation, stellt also eine Reorganisation dar. Es empfiehlt sich, dabei in folgenden Schritten vorzugehen:

- Information der Betroffenen
- Bildung einer Projektgruppe
- Erfassung und Analyse des Istzustandes
- Aufdecken von Schwachstellen
- Entwicklung alternativer Organisationskonzepte.

5.2.3.1 Information der Betroffenen

Es ist nicht nur ein Gebot der Fairness die durch die Reorganisation betroffenen Mitarbeiter über die geplanten Maßnahmen in Kenntnis zu setzen, die Information liegt auch durchaus im Interesse der Sache.

Eine rechtzeitige Information kann motivierend wirken, Ängste vor den Folgen einer Reorganisation vermeiden oder zumindest abschwächen und aktivem sowie passivem Widerstand entgegenwirken.

Werden die Mitarbeiter umfassend informiert, ist es mit Sicherheit eher möglich, ihr Wissens- und Erfahrungspotenzial zu nutzen, als wenn man sie über das Geplante im Unklaren ließe.

5.2.3.2 Bildung einer Projektgruppe

Es ist zweckmäßig, für die Reorganisationsaufgaben eine Projektgruppe zu bilden, die mit der Vorbereitung und Realisierung der Reorganisation betraut wird.

Die Projektgruppe sollte aus Mitarbeitern der Bereiche bestehen, die von der Reorganisation betroffen sind, also aus Mitarbeitern, die sich mit der Beschaffungs-, Lager-, Produktions-, Vertriebslogistik, der Informatik usw. beschäftigen. Die Projektgruppe ist der Unternehmensleitung zu unterstellen.

Es kann erwogen werden, auch einen **Unternehmensberater** einzuschalten. Dies bietet einige Vorteile. Externe Berater bringen Know-how ein, tragen dazu bei, „Betriebsblindheit" abzubauen und können wegen ihrer neutralen Stellung ausgleichend bei unterschiedlichen Interessen der einzelnen Funktionsbereiche und daraus resultierender Verstimmungen wirken.

5.2.3.3 Erfassung und Analyse des Istzustandes

Die Ist-Analyse ist die Grundlage jeder organisatorischen Tätigkeit, sie basiert auf der Aufnahme des Istzustandes.

5.2.3.3.1 Istaufnahme

Die Istaufnahme ist im Hinblick auf die Informationsquellen, den Inhalt und die Aufnahmetechniken zu sehen. Zu berücksichtigen ist außerdem die Dokumentation.

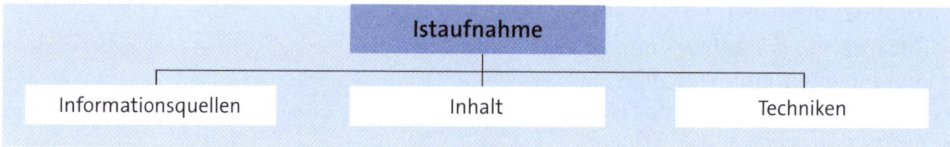

▶ Zu den **Informationsquellen** zählen in erster Linie
  - Mitarbeiter auf den verschiedensten hierarchischen Ebenen
  - Dokumentationen über praktizierte Systeme
  - eingesetzte organisatorische Instrumente und Hilfsmittel.
▶ Der **Inhalt** der Istaufnahme ergibt sich in der Regel aus dem der Aufnahme zu Grunde liegenden Auftrag.
▶ Die **Festlegung des Inhaltes** wird erleichtert, wenn man sich an folgenden Fragestellungen orientiert:
  - Was ist zu tun?
  - Warum ist etwas zu tun?
  - Woran ist etwas zu tun?
  - Wer hat etwas zu tun?
  - Wo ist etwas zu tun?
  - Womit ist etwas zu tun?
  - Wie ist etwas zu tun?
  - Wann ist etwas zu tun?
  - Wie lange ist etwas zu tun?
  - Wie oft ist etwas zu tun?
  - In welcher Reihenfolge ist etwas zu tun?
  - Welche Kosten werden verursacht?
  - Welche Besonderheiten sind zu berücksichtigen?

  Dieser Fragenkatalog lässt sich zweifellos noch erweitern.
▶ Für die Istaufnahme wurden zahlreiche **Techniken** entwickelt; die am stärksten verbreiteten sind:

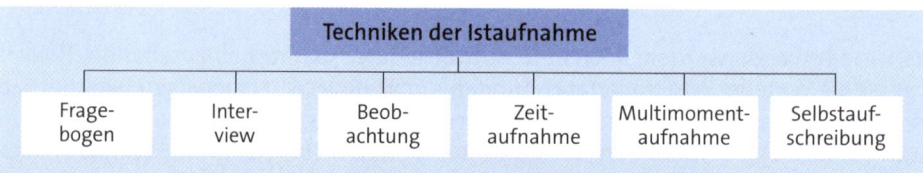

Auf einzelne Techniken wird an späterer Stelle noch einzugehen sein.

5.2.3.3.2 Istanalyse

Nach durchgeführter Aufnahme des Istzustandes erfolgt dessen Analyse. Soll diese verwertbare Ergebnisse bringen, ist sie mit großer Sorgfalt zu planen und durchzuführen. Bereits der **Vorbereitung** ist besondere Aufmerksamkeit zu widmen. Es empfiehlt sich, dabei folgende Schritte einzuhalten:

- ▸ Fixierung des Zweckes der Untersuchung
- ▸ Festlegung der Analysebereiche
- ▸ Festlegung der angewandten Methoden und Techniken
- ▸ Bestimmung der an der Analyse Beteiligten
- ▸ Zuordnung der Aufgaben
- ▸ Terminplanung
- ▸ Kostenplanung.

Die **Durchführung der Analyse** bedient sich verschiedener **Methoden und Techniken**.

Olfert/Steinbuch unterscheiden Methoden und Techniken für Gesamtanalysen und für Teilanalysen.

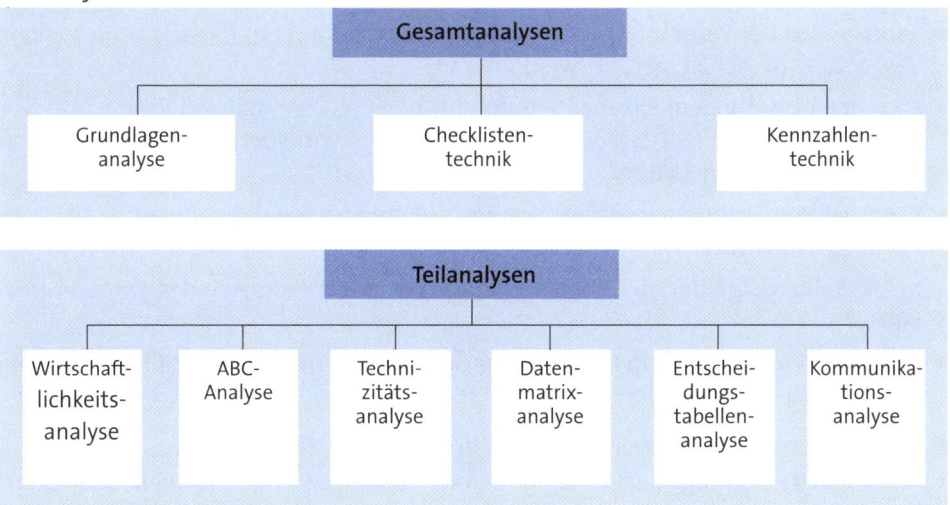

Die wichtigsten Analysemethoden und Analysetechniken werden an anderer Stelle dargestellt (vgl. Kap. C. 2.1).

5.2.3.4 Aufdecken von Schwachstellen

Die Schwachstellenanalyse kann als ein Teilbereich der Istanalyse angesehen werden. Wegen ihrer besonderen Bedeutung wird sie in der Regel gesondert dargestellt.

Die Schwachstellenanalyse will Probleme in erster Linie in dem Bereich der Organisation ausfindig machen, sie operiert vor allem mit

- der Checklistentechnik und
- der Kennzahlentechnik.

Die **Checklistentechnik** bedient sich der Checklisten, die entweder selbst erstellt, der Fachliteratur entnommen oder gekauft werden können.

Unter Checklisten wird eine Abfolge von Fragen verstanden, die gezielt auf eine Erfassung bzw. Diagnose von Fehlentwicklungen hinweist und ggf. Lösungsalternativen anspricht (*Bramsemann*).

Eine häufig verwendete Checkliste, die den Organisationsbereich betrifft, wurde von *Acker* entwickelt. Ein Auszug daraus vermittelt folgendes Bild:

- Kann die Verrichtung mit anderen Verrichtungen kombiniert werden?
- Kann man die Verrichtung in Teilverrichtungen zerlegen, und zwar so, dass die einzelnen Teilverrichtungen mit anderen Verrichtungen kombiniert werden können?
- Kann ein Teil der Verrichtungen abgetrennt werden, damit er danach als besondere Verrichtung besser ausgeführt werden kann?
- Kommen insbesondere einzelne Teilverrichtungen so regelmäßig und so häufig vor, dass sie besser als selbstständige Verrichtungen einem speziellen Aufgabenträger zugewiesen werden sollten?
- Kann die Verrichtung ausgeführt werden, während bei einer anderen Verrichtung Wartezeit auftritt?
- Ist die Reihenfolge der einzelnen Verrichtungen des Arbeitsablaufes die zweckmäßigste?
- Würde eine Änderung in der Reihenfolge der Verrichtungen die einzelne Verrichtung in irgendeiner Weise ändern?
- Wenn ja, hat das günstige oder ungünstige Auswirkungen?
- Weicht die Reihenfolge der Verrichtungen von dem ab, was in ähnlichen Fällen günstiger ist?
- Sollte diese Verrichtung besser an einem anderen Arbeitsplatz oder von einer anderen Stelle ausgeführt werden, z. B. um Kosten oder Wege zu sparen?
- Ist der Arbeitsfluss so günstig gestaltet, dass die Durchlaufzeit möglichst gleich der Bearbeitungszeit ist oder ihr doch sehr nahe kommt?
- Können Arbeitsverrichtungen und Kontrollverrichtungen miteinander kombiniert werden?

Die **Kennzahlentechnik** arbeitet mit einer Vielzahl von Kennzahlen.

Kennzahlen sind Informationen in verdichteter Form über betriebswirtschaftliche Tatbestände, Abläufe und Zusammenhänge.

Kennzahlen werden als

- Grundzahlen (absolute Zahlen)
- Verhältniszahlen
- Gliederungszahlen
- Beziehungszahlen
- Messzahlen

dargestellt.

Sie können sein

- Kennzahlen für den gesamten Unternehmensbereich (z. B. Rentabilität, Wirtschaftlichkeit u. Ä.)
- Bereichskennzahlen, die bereichstypische Erscheinungen wiedergeben.

Die Arbeit mit Kennzahlen kann nur wirkungsvoll sein, wenn diese folgenden Anforderungen gerecht werden:

- Ihre Zielsetzung muss eindeutig erkennbar sein.
- Sie müssen Tatbestände klar und interpretierbar erfassen.
- Sie sollen möglichst aktuell sein.
- Sie sollen nicht nur die Vergangenheit widerspiegeln, sondern auch einen Zukunftsbezug herstellen.
- Sie sollen auch funktionsübergreifende Betrachtungen erlauben.
- Sie sollen nur in einer begrenzten Zahl ermittelt werden, um die Übersichtlichkeit nicht zu gefährden.
- Sie sollen nicht zu kompliziert aufgebaut sein.
- Sie sollen sowohl eine wirtschaftliche Ermittlung als auch Auswertung ermöglichen.

Die Kennzahlen nehmen an Aussagefähigkeit zu, wenn man sie nicht isoliert, sondern im Zeitvergleich und/oder im Branchenvergleich betrachtet (Näheres zur Kennzahlentechnik s. *Ehrmann:* Unternehmensplanung).

5.2.3.5 Entwicklung alternativer Organisationskonzepte

Nach durchgeführter Analyse des Istzustandes mit Aufdecken der Schwachstellen werden von den Projektgruppen alternative Organisationskonzepte entwickelt. Darauf wird in den folgenden Kapiteln einzugehen sein.

5.2.4 Die Einbindung der Logistik in verschiedene Organisationsformen

5.2.4.1 Die Logistik in der funktionsorientierten Organisation

In der klassischen Funktionalorganisation sind die Logistikaufgaben aufgesplittert.

Diese Aufsplitterung kann man vermeiden, wenn man die Logistik als gleichberechtigten Führungsbereich neben den anderen Funktionsbereichen ansiedelt.

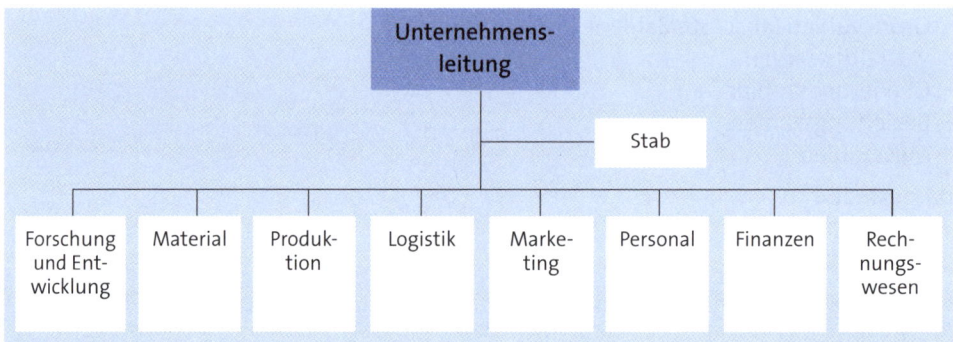

Schwierigkeiten können sich bei der Eingliederung der Logistik in die funktionsorientierte Organisation ergeben, wenn die Logistik als eine Abteilung angesehen wird, die in Konkurrenz zu anderen Abteilungen steht. Durch eindeutige Aufgaben- und Kompetenzabgrenzung muss in diesem Falle die bereichsübergreifende Funktion der Logistik besonders hervorgehoben werden.

Die funktionale Organisationsstruktur bietet Varianten zur beschriebenen Eingliederung der Logistik:

▸ Zuordnung der Logistik zur Produktion bei sehr hohen eigenen Fertigungsanteilen
▸ Zuordnung der Logistik zum Marketing/Verkauf bei primär auf den Handel ausgerichteten Unternehmen
▸ Zusammenfassung der Logistikaufgaben in einer Stabsstelle (*Rupper*).

Allen drei Varianten ist gemeinsam, dass in ihnen die besondere Bedeutung und bereichsübergreifende Funktion (s. o.) nicht ausreichend berücksichtigt wird.

5.2.4.2 Die Logistik in der objektorientierten Organisation

Wie in Kapitel A. 5.1.2.3 bereits dargestellt wurde, ist die objektorientierte Organisation eine divisionalisierte Organisation, in der unterhalb der Führungsebene Bereiche gebildet werden, die aus Sparten, Geschäftsbereichen oder Divisionen bestehen.

In der divisionalisierten Organisation wird die Logistik über den einzelnen Divisionen (Sparten) angesiedelt, was ihre besondere Bedeutung für das Unternehmen widerspiegelt. Darüber hinaus werden in die einzelnen Divisionen Logistikbereiche eingegliedert. Es ergibt sich folgendes Bild:

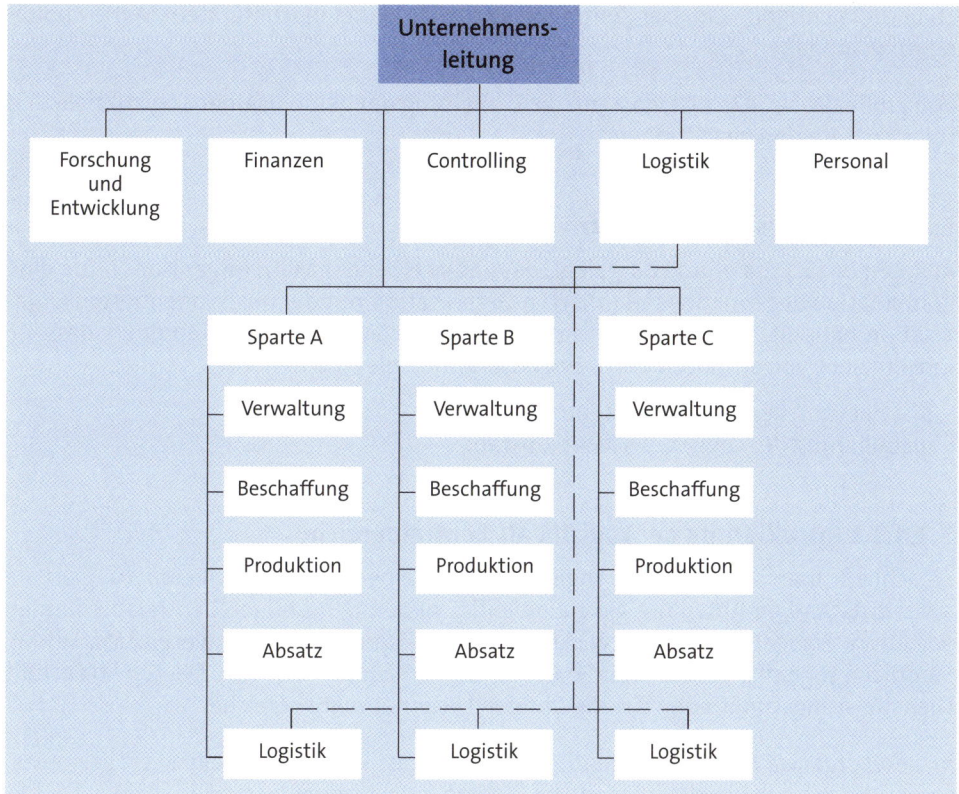

Für die Logistik auf der **Führungsebene** ergeben sich folgende Aufgaben:

- Ermittlung von Logistikzielen
- Entwicklung von Logistikstrategien
- Ausarbeitung von Logistikkonzepten
- Koordinierungsaufgaben
- Kontrollaufgaben.

In den **einzelnen Sparten** werden Logistikaufgaben durchgeführt, die sich nach den Aufgaben und Bedürfnissen der Sparten richten. Sie werden durch die Zentrallogistik koordiniert.

Auch bei der objektorientierten Organisation sind verschiedene Varianten möglich:

- Zentralisierung sämtlicher Logistikaufgaben in einem einzigen Bereich ohne Zuordnung zu den Sparten
- Zuordnung der Logistikaufgaben zu den einzelnen Sparten ohne eine zentrale Logistik.

Die Zentrallogistik und die Logistik in den Sparten arbeiten eng zusammen. Hat ein Unternehmen mehrere unterschiedliche Sparten (Divisionen), können sich unterschiedliche Logistikaufgaben und Logistikinteressen ergeben, die selbstverständlich zu berücksichtigen sind. Der Zentrallogistik fallen dabei in verstärktem Maße Koordinierungsaufgaben zu.

Von großer Wichtigkeit ist, dass auf die Einhaltung der gemeinsamen Logistikziele und Logistikstrategien geachtet wird.

5.2.4.3 Die Logistik in der Matrixorganisation

In Kapitel A. 5.1.2.4 wurde dargelegt, dass es sich bei der Matrixorganisation um eine Kombination der funktionsorientierten Organisation mit der objektorientierten Organisation handelt. In diese Organisation lässt sich die Logistik so einordnen, dass sie ihre Effizienz voll entfalten kann. Zwei Grundmodelle sind denkbar:

- ► Installierung der Logistik als Zentralbereich
- ► Installierung der Logistik als Matrixinstanz.

5.2.4.3.1 Installierung der Logistik als Zentralbereich

Entschließt man sich dazu, die Logistik als Zentralbereich zu installieren, fungiert sie als selbstständige Abteilung gleichberechtigt neben den übrigen Zentralabteilungen wie etwa Forschung und Entwicklung, Finanz- und Rechnungswesen, Marketing. Sämtliche Logistikprozesse werden in diesem Bereich konzentriert. Die Logistik erfüllt Dienstleistungsfunktionen für alle übrigen Unternehmensbereiche.

In dieser organisatorischen Konzeption wird der Logistik ein hoher Stellenwert beigemessen. Sie ist zwar Dienstleister für andere Gebiete, jedoch aus einer starken Position heraus.

Die Matrixorganisation kann sich in diesem Falle wie folgt darstellen:

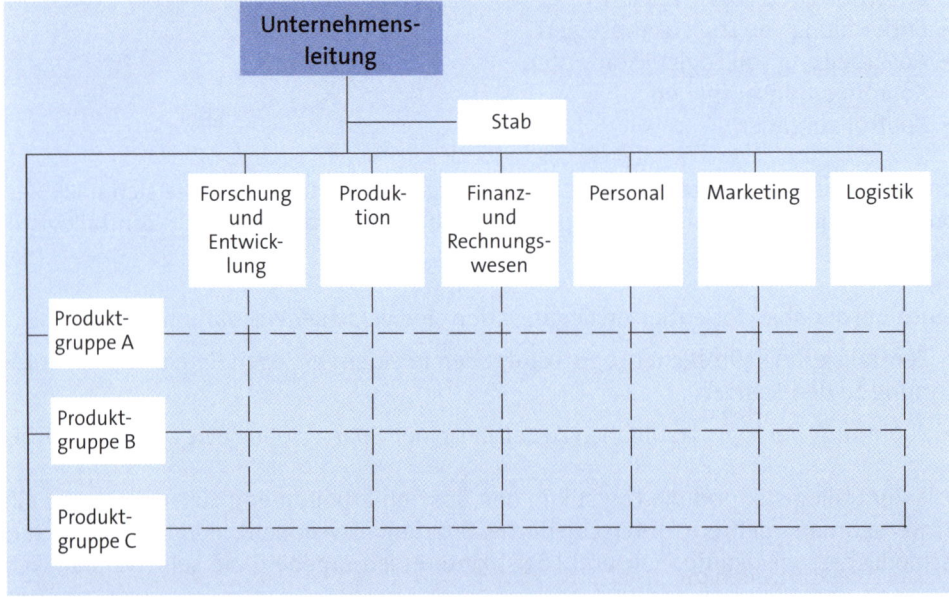

Die Logistik entwickelt Ziele, Strategien und Konzepte und schlägt einzelne Anwendungen vor. Die Produktgruppen machen sich dies zunutze, d. h. sie rufen Leistungen von der Logistik ab (Hol-Prinzip).

Häufig sind die Matrixinstanzen (Produktgruppen) an die Anweisungen des Zentralbereichs Logistik gebunden, in manchen Unternehmen werden die Anweisungen der Logistik lediglich als Vorschläge angesehen, von denen innerhalb bestimmter Grenzen abgewichen werden kann. Dennoch kann diese Organisationsform als sehr wirkungsvoll angesehen werden.

5.2.4.3.2 Installierung der Logistik als Matrixinstanz

Installiert man die Logistik als Matrixinstanz, d. h. als Querschnitts- oder Servicefunktion, kann sich folgendes Bild ergeben:

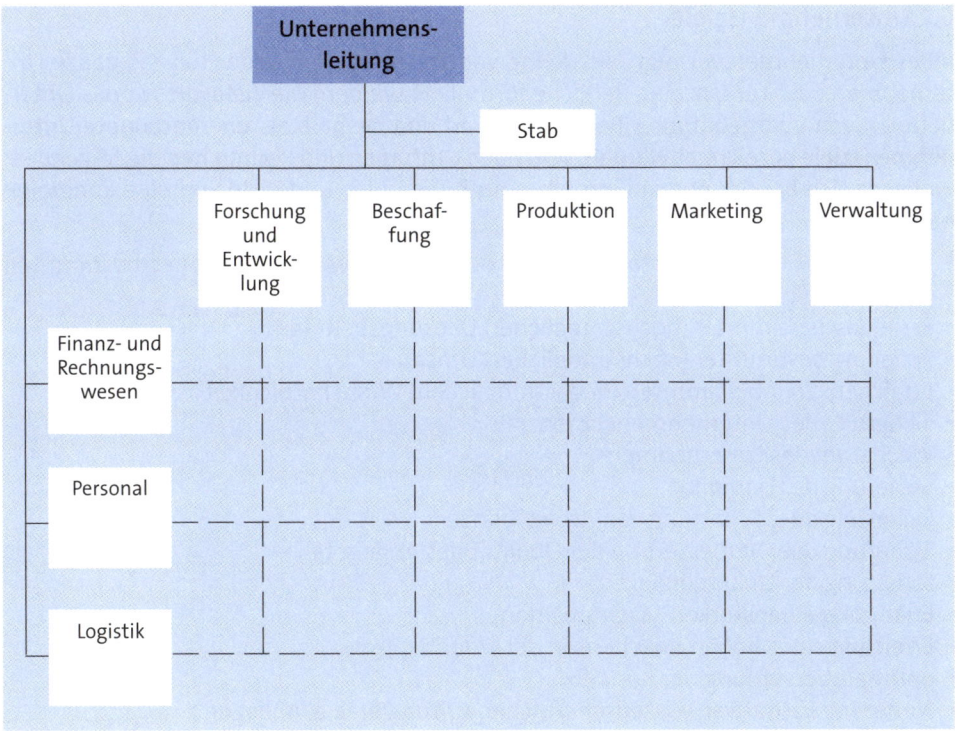

Die Logistik, die in dieser Organisationsform nach dem Bring-Prinzip operiert, kann nur effizient arbeiten, wenn sie von der Unternehmensleitung mit ausreichenden Kompetenzen ausgestattet wird (*Rupper*).

Die organisatorische Installierung der Logistik ist nicht gleichbedeutend mit einem guten Funktionieren der Logistik. Erst wenn klare Logistikziele vorgegeben werden, eine detaillierte Logistikplanung erfolgt, geeignete Maßnahmen ergriffen werden und wirksame Kontrollen durchgeführt werden, kann die Logistik „funktionieren".

6. Logistikziele

6.1 Einführende Überlegungen

Ziele sind die Absichtserklärungen der Leitungsfunktionen von Unternehmen, sie peilen einen zukünftigen Zustand an. Ohne konkrete Zielvorstellungen und eindeutige Zielformulierungen ist ein erfolgreiches betriebliches Arbeiten kaum möglich. Dies gilt selbstverständlich auch für den Logistikbereich.

Die Logistik stellt keinen Selbstzweck dar, sondern steht im Dienste der optimalen Erfüllung des Betriebszweckes; aus diesem Grunde können auch die Logistikziele nicht isoliert betrachtet werden, sondern sind im **Zusammenhang mit den übrigen Unternehmenszielen** zu sehen bzw. aus diesen abzuleiten. Es empfiehlt sich deshalb, zunächst einige **grundsätzliche Aussagen** über Unternehmensziele zu treffen.

6.2 Unternehmensziele

Jedes Unternehmen verfolgt eine Reihe von Zielen, die entweder für das ganze Unternehmen oder für einzelne Bereiche formuliert werden. Die Ziele, die für das Unternehmen von übergeordneter Bedeutung sind und deshalb als **übergeordnete Unternehmensziele** bezeichnet werden, sind nach Umfragen und Recherchen die folgenden, wobei es sich bei der Aufzählung um eine Reihenfolge und nicht um eine Rangfolge handelt:

- Erzielung eines bestimmten (höchstmöglichen) Gewinns oder einer bestimmten Rentabilität
- Erzielung bestimmter (höchstmöglicher) Deckungsbeiträge
- Erzielung bestimmter (höchstmöglicher) Umsätze
- Erreichen einer bestimmten (höchstmöglichen) Wirtschaftlichkeit
- Sicherung des Unternehmenspotenzials
- Wachstum des Unternehmens
- Sicherung der Liquidität
- Sicherung oder Schaffung von Arbeitsplätzen
- Sicherung oder Verbesserung der Qualität des Angebots
- Sicherung der Unabhängigkeit
- Erlangung einer starken Machtposition
- Erreichen eines hohen Ansehens in der Öffentlichkeit
- optimale Versorgung der Kunden
- Förderung karitativer, wissenschaftlicher, kultureller u. ä. Anliegen.

Dieser Katalog ist zweifellos noch ergänzbar.

Die Gewichtung der genannten Ziele kann unterschiedlich gesehen werden:

- Das Gewinnziel ist das Hauptziel, die übrigen Ziele sind Nebenziele.

- Alle Ziele haben das gleiche Gewicht, zu unterschiedlichen Zeiten werden jeweils unterschiedliche Ziele vorrangig verfolgt.

- Verschiedene Ziele sind gleichrangig und werden durch ein gemeinsames General-ziel ausgedrückt (*Koch, 1983*).

- Das Gewinn- oder Rentabilitätsziel ist das Hauptziel, die übrigen generellen Unter-nehmensziele haben in etwa den gleichen Rang, werden allerdings in unterschied-lichen Phasen mit unterschiedlicher Intensität verfolgt.

Der letzten Auffassung dürfte man sich am ehesten anschließen.

Welche Anforderungen an Ziele zu stellen sind, wie Rangfolgen hergestellt werden können, wie Zielkataloge zu erstellen sind und welche Konkurrenzbeziehungen zwi-schen Zielen bestehen können, wird im Folgenden dargestellt.

6.2.1 Zielbildungsprozess

6.2.1.1 Stufen der Zielbildung

Der Zielbildungsprozess vollzieht sich in mehreren Stufen, er stellt sich wie folgt dar (*Wild*):

1. Zielsuche
2. Operationalisierung der Ziele
3. Zielanalyse und -ordnung
4. Prüfung auf Realisierbarkeit
5. Zielentscheidung (Selektion)
6. Durchsetzung der Ziele
7. Zielüberprüfung und -revision.

Der Zielbildungsprozess ist ein Suchprozess, der durch einen großen Informationsbe-darf gekennzeichnet ist, also das Vorhandensein von Informationssystemen voraus-setzt (vgl. Kap. B. 6.1).

6.2.1.2 Anforderungen an Ziele

Soll der Zielbildungsprozess erfolgreich ablaufen, müssen bestimmte Anforderungen, die an die Ziele zu stellen sind, beachtet werden. Es handelt sich dabei in erster Linie um folgende Anforderungen:

- **Realistik**
  Die Ziele müssen mit normalen Anstrengungen erreicht werden können.

- **Ordnung**
  Bei dem Vorhandensein mehrerer Ziele muss eine Rangordnung erkennbar sein.

- **Konsistenz**
  Nimmt man Zielkonflikte in Kauf, müssen die Ziele aufeinander abgestimmt sein.

- **Aktualität**
  Ziele sind ständig auf ihre Aktualität zu überprüfen; nicht mehr aktuelle Ziele sind aus dem Zielkatalog zu streichen.

► **Vollständigkeit**
Eine Zielplanung ist nur sinnvoll, wenn die Ziele vollständig formuliert werden.

► **Durchsetzbarkeit**
Ziele lassen sich nur realisieren, wenn sie von den einzelnen Funktionsbereichen akzeptiert werden.

► **Organisationskongruenz**
Die Ziele müssen sich den einzelnen organisatorischen Einheiten zuordnen lassen.

► **Transparenz und Überprüfbarkeit**
Die Ziele müssen konkret, eindeutig und verständlich formuliert werden und überprüfbar sein.

Von entscheidender Bedeutung ist, dass die Ziele **konkretisiert** und **quantifiziert** werden. Der Grad ihrer Erreichung muss messbar sein (*Olfert/Rahn, 2010*).

Die Konkretisierung der Ziele erfolgt nach:

► Inhalt
► Ausmaß
► Zeit.

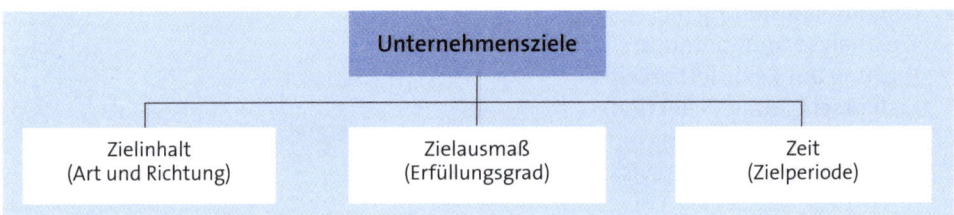

Der **Zielinhalt** beantwortet die Frage, **was** erreicht werden soll. Er ist als Vorschrift aufzufassen und ist deshalb besonders klar und deutlich zu formulieren. Bei einem Deckungsbeitragsziel etwa ist der angestrebte Deckungsbeitrag als konkreter Euro-Betrag anzugeben.

Das **Zielausmaß** gibt Antwort auf die Frage, wie viel erreicht werden soll.

Man unterscheidet unbegrenzt definierte Ziele, wie etwa den höchstmöglichen Umsatz erreichen oder begrenzt definierte Ziele, z. B. beim Kunden A einen Umsatz von 1,0 Mio. € erreichen.

Die **Zielperiode** gibt an, wann ein Ziel erreicht werden soll. Sie kann sich sowohl auf einen Zeitpunkt als auch auf einen Zeitraum beziehen.

Im Zusammenhang mit der Konkretisierung und Quantifizierung von Zielen ist zu erwähnen, dass Ziele häufig im Zusammenhang mit **Restriktionen** formuliert werden. Solche Zielformulierungen könnten etwa lauten:

- ▸ Umsatz von ... Mio. € mit Mindestdeckungsbeitrag von ... Mio. €
- ▸ Marktanteil von ... % mit Mindestumsatz von ... Mio. €
- ▸ Anzahl von ... „Question Marks" bei ... „Cash-Cows".

6.2.1.3 Zielsysteme

Zielsysteme haben die Aufgabe, Ziele zu systematisieren und in eine Rangordnung zu bringen.

In manchen Unternehmen wird der Fehler begangen, Ziele für eine Vielzahl von Teilbereichen gleichzeitig zu formulieren und sie unkoordiniert festzulegen. Um diesen Fehler zu vermeiden ist es angebracht, erst für die Kernbereiche des Unternehmens, die so genannten Schlüsselbereiche (*Berschin*), Ziele zu formulieren.

Es empfiehlt sich zunächst einen **Zielkatalog** zu entwickeln, der bestimmte „Basiskategorien" von Unternehmenszielen zum Ausgangspunkt hat und schrittweise Ober- und Unterziele zu bestimmen, um zu einer Zielhierarchie zu gelangen (vgl. Kap. A. 6.2.2.2).

Ein Zielkatalog kann folgendes Aussehen haben:

- ▸ **Rentabilitätsziele**
- ▸ **Marktstellungsziele**
- ▸ **Finanzielle Ziele**
- ▸ **Macht- und Prestigeziele**
- ▸ **Soziale Ziele**.

Die aufgeführten Zielkategorien liegen auf verschiedenen Ebenen.

Die finanziellen Ziele deuten meistens die Grenzen für die übrigen Ziele an, und die Erfüllung der Rentabilitätsziele hängt in der Regel von der Erfüllung der Marktstellungsziele ab.

Die sozialen Ziele und die Macht- und Prestigeziele können als Begleitziele angesehen werden, die wesentlich zur Erreichung anderer Ziele beitragen.

Um sich einen Überblick über die Vielfalt der Ziele zu verschaffen und deren Interdependenzen zu erkennen, ist es angebracht, zunächst ein globales Zielsystem zu entwickeln; anschließend können Zielsysteme nach verschiedenen Kriterien gebildet werden.

Die übergeordneten Unternehmensziele können sowohl materiell als auch nicht materiell sein. Es handelt sich bei ihnen um Globalziele, die weiter aufgegliedert und den Funktionsbereichen als Subziele vorgegeben werden. Die noch sehr groben Unternehmensziele werden dabei immer weiter verfeinert.

Ein **globales Zielsystem** kann folgendes Aussehen haben:

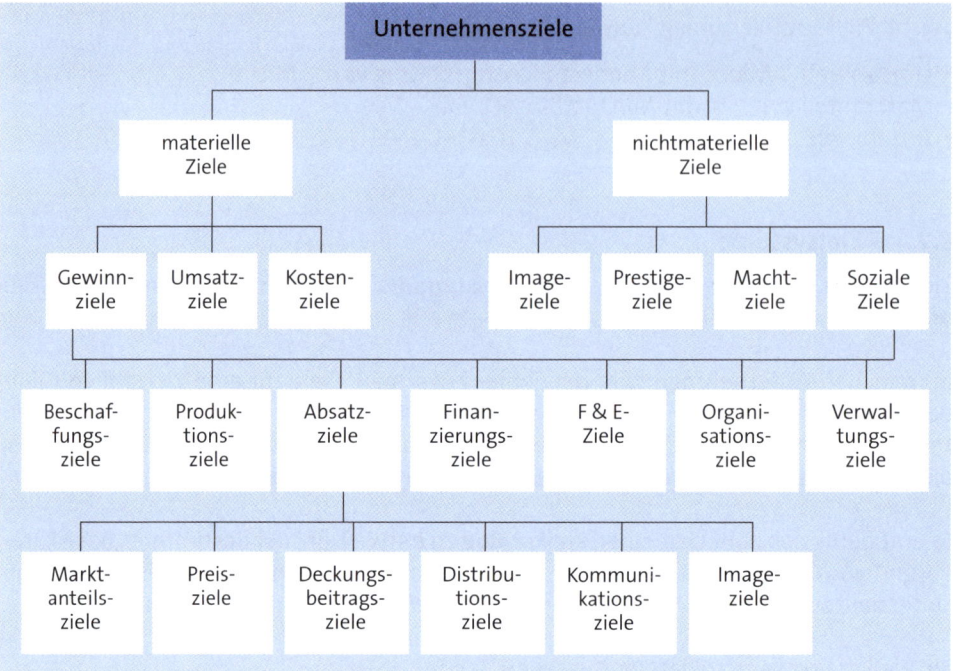

Diese Ziele können betriebsindividuell noch weiter aufgegliedert werden.

Hat man einen Überblick über die Ziele gewonnen, lassen sich Zielsysteme nach unterschiedlichen Kriterien bilden.

Legt man der Zielbildung die **hierarchische Struktur** des Unternehmens zu Grunde, ergibt sich folgendes Bild:

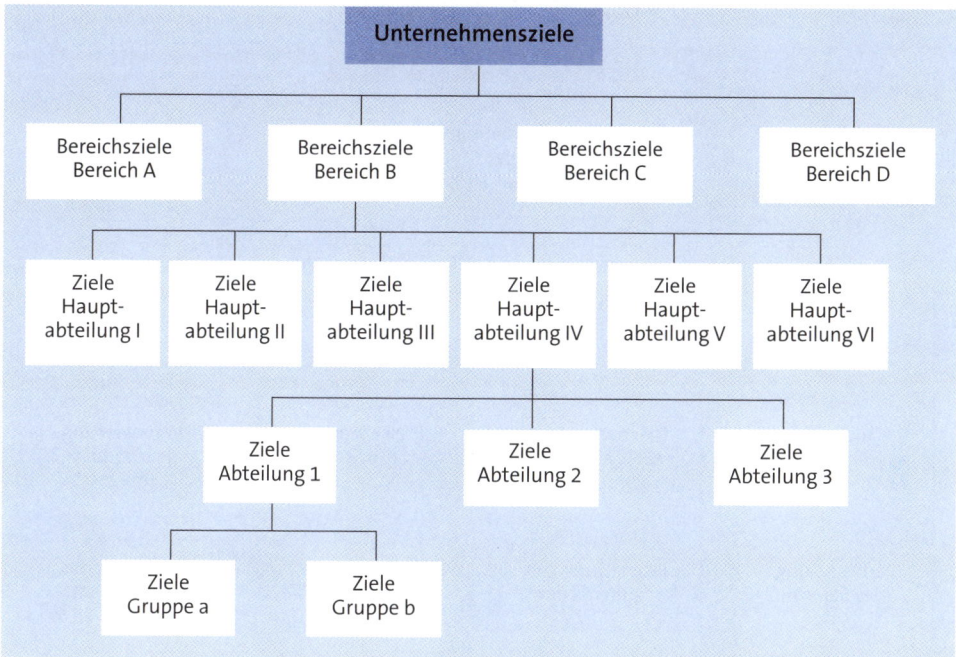

Je nach der hierarchischen Struktur eines Unternehmens ergeben sich verschiedene Zielhierarchien.

Beispiel

Ein Beispiel soll die Vorgehensweise bei der Bildung einer Zielhierarchie verdeutlichen.

Ausgangspunkt ist ein durch den Return-on-Investment in Höhe von 12 % ausgedrücktes Unternehmensziel, aus dem ein Marketingziel abgeleitet wird. Dieses soll aus der Erhöhung des Marktanteils von X % auf 10 % bestehen.

Zur Erreichung des Marketingziels sind

► Produktziele
► Distributionsziele
► Preisziele
► Kommunikationsziele

zu formulieren.

Die Zielhierarchie kann sich dann wie folgt darstellen:

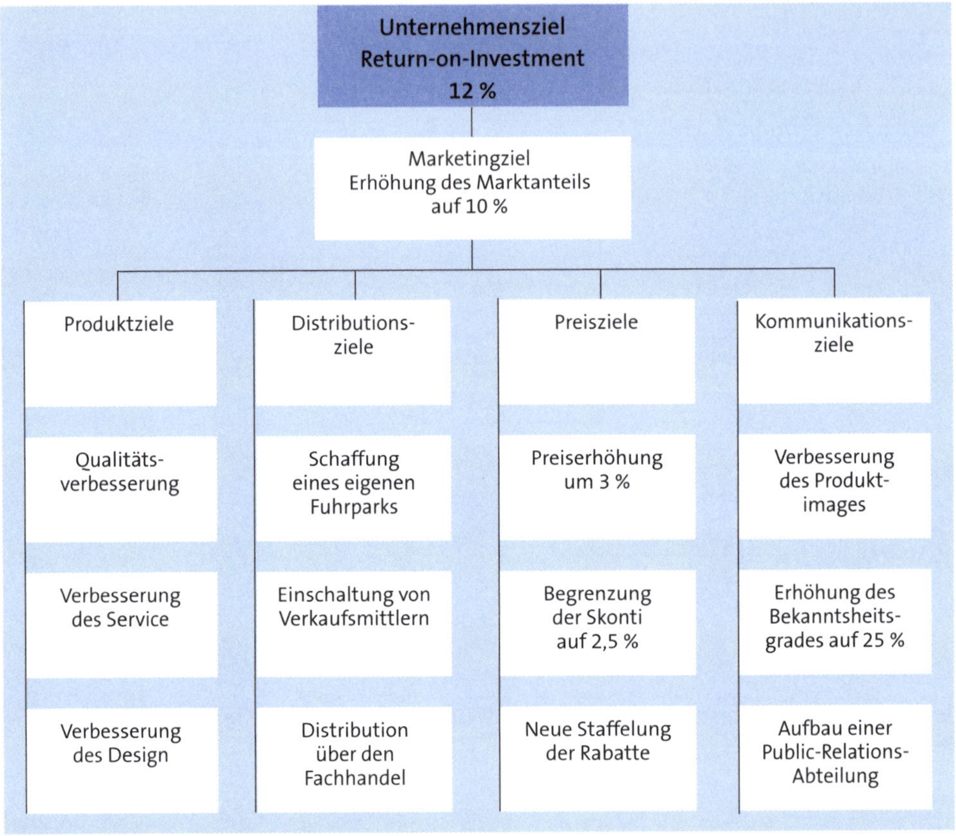

Unternehmensziel Return-on-Investment 12 %			
Marketingziel Erhöhung des Marktanteils auf 10 %			
Produktziele	Distributions-ziele	Preisziele	Kommunikations-ziele
Qualitäts-verbesserung	Schaffung eines eigenen Fuhrparks	Preiserhöhung um 3 %	Verbesserung des Produkt-images
Verbesserung des Service	Einschaltung von Verkaufsmittlern	Begrenzung der Skonti auf 2,5 %	Erhöhung des Bekanntsheits-grades auf 25 %
Verbesserung des Design	Distribution über den Fachhandel	Neue Staffelung der Rabatte	Aufbau einer Public-Relations-Abteilung

6.2.2 Zielbeziehungen

6.2.2.1 Haupt- und Nebenziele

Sind mehrere Ziele vorhanden, zwischen denen Konkurrenzbeziehungen bestehen, ist eine Gewichtung der Ziele vorzunehmen. Die mit der Zielbildung befassten Leitungs-instanzen müssen eine **Rangordnung** vornehmen, sie haben zu entscheiden, welchem Ziel jeweils eine größere Bedeutung einzuräumen ist. **Hauptziele** sind die Ziele, denen durch eine stärkere Gewichtung ein höherer Rang zugewiesen wird; die niedriger ein-gestuften Ziele stellen **Nebenziele** dar.

Die Zielgewichtung ist regelmäßig zu überprüfen. Gewichtungen gelten in der Regel nur für bestimmte Perioden oder Situationen.

Die Zielgewichtung bei mehrfacher Zielsetzung kann zu einem nicht zu unterschät-zenden Problem werden und die Leitungsinstanzen vor größere Schwierigkeiten stellen. Bestimmte Problemlösungstechniken, wie etwa die Nutzwertanalyse (vgl. Kap. C. 2.2.2.6), können wertvolle Hilfestellung leisten.

6.2.2.2 Ober- und Unterziele

Durch die Formulierung von Ober- und Unterzielen entsteht eine **Zielhierarchie**. Bei der Erfüllung der Unterziele als Teilziele hat man die entsprechenden Oberziele ständig im Blick. Zwischen den Ober- und Unterzielen darf selbstverständlich keine Konkurrenzbeziehung bestehen.

Drückt man die Ziele als Kennzahlen aus, entsteht ein Zielsystem in Form einer **Kennzahlenpyramide**.

Die verbreitetsten Kennzahlensysteme sind

► das Du-Pont-System
► das ZVEI-Kennzahlensystem
► die Pyramid Structure of Ratios.

Der Aufbau des **Du-Pont-Systems** kann aus der im Folgenden wiedergegebenen Kurzfassung klar erkannt werden.

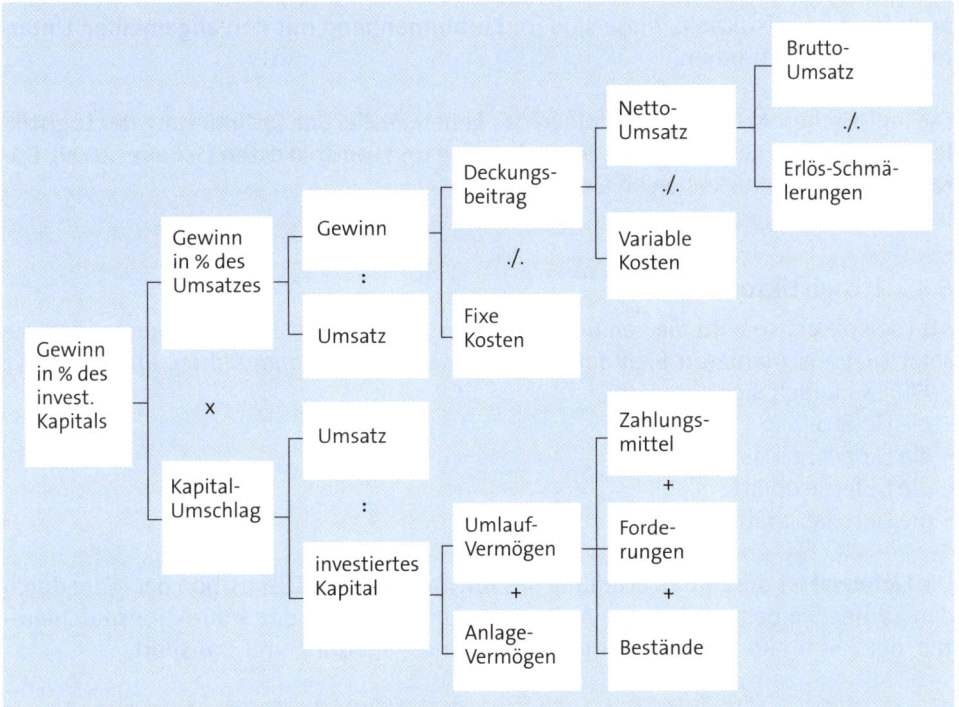

Das Du-Pont-System bietet einige Vorteile:

► Es ist sehr übersichtlich.

► Die Ziele können sehr gut dargestellt werden.

► Es schränkt die Freiräume der einzelnen Funktionsbereiche nicht ein.

► Die Zielerfüllung lässt sich gut kontrollieren.

► Sämtliche Ziele werden vom obersten Unternehmensziel, der Rentabilität des Unternehmens, abgeleitet.

Diesen Vorteilen stehen auch Nachteile entgegen, insbesondere wird die Gewinn- bzw. Rentabilitätsmaximierung zu stark betont und nichtquantifizierbare Größen werden vernachlässigt.

Einen ähnlichen Weg wie das Du-Pont-System schlägt das **ZVEI-Kennzahlensystem** ein (vgl. Kap. B. 7.5.2.6).

6.3 Logistikziele

6.3.1 Generelles Logistikziel

Die grundsätzlichen Ausführungen über die Zielbildung gelten selbstverständlich auch für die Logistikziele; diese sind im **Zusammenhang mit den allgemeinen Unternehmenszielen** zu sehen.

Die logistischen Aktivitäten verfolgen das generelle Ziel der **Optimierung der Logistikleistung** mit den Komponenten Logistikservice und Logistikkosten (*Schulte, 2009*). Daraus ergibt sich eine Reihe von Einzelzielen.

6.3.1.1 Logistikservice

Als Logistikservice wird die von den Kunden erkannte Logistikleistung verstanden, sie setzt sich aus mehreren Elementen zusammen (vgl. *La Londe/Zinser, Pfohl, Schulte, 2009*) es handelt sich dabei um

► die Lieferzeit
► die Lieferzuverlässigkeit
► die Lieferflexibilität
► die Lieferbeschaffenheit.

Die **Lieferzeit** ist die Zeit ab Erteilung des Auftrages bis zur Disposition der Ware durch den Käufer. Sie besteht aus der Auftragsbearbeitungszeit, der Produktionsdurchlaufzeit, der Zeit für Kommissionierung, Verpackung, Verladung und Transport.

Eine Optimierung der Lieferzeit erhöht die Attraktivität des Lieferanten, da kurze Lieferzeiten dem Kunden eine niedrige Lagerhaltung ermöglichen.

Die **Lieferzuverlässigkeit** stellt die Termintreue dar. Sie bedeutet, dass

- die eingegangenen Aufträge rechtzeitig und vollständig bearbeitet werden
- der Lieferant dafür Sorge trägt, dass er lieferbereit ist
- die Transportzeiten eingehalten werden
- vereinbarte Serviceleistungen pünktlich erbracht werden.

Die Einhaltung der Lieferzuverlässigkeit ist Grundvoraussetzung für eine erfolgreiche Kooperation zwischen Lieferanten und Kunden und letztendlich für die Aufrechterhaltung der Geschäftsbeziehungen.

Die **Lieferflexibilität** gewinnt immer mehr an Bedeutung, sie drückt die Anpassungsfähigkeit des Lieferanten aus, auf die Wünsche der Kunden einzugehen. Die Flexibilität erstreckt sich u. a. auf

- Abnahmemengen
- Abnahmezeitpunkte
- Fragen der Verpackung
- Fragen des Versands
- Reaktionen auf Störungen bei der Vertragserfüllung
- Fragen der laufenden Kooperation u. Ä.

Die Lieferflexibilität stellt häufig hohe Anforderungen an die **Leistungsfähigkeit** des Lieferanten und ist mit Kostenwirkungen verbunden.

Die **Lieferbeschaffenheit** erstreckt sich auf die exakte Erfüllung des Kaufvertrages im Hinblick auf

- die Art der gelieferten Ware
- die gelieferte Menge
- die Qualität der Ware
- den Zustand der Ware bei ihrem Eingang.

Auf die Einhaltung der Lieferbeschaffenheit ist besonders zu achten, da bei Nichteinhaltung nicht nur mit negativen Reaktionen der Kunden zu rechnen ist, sondern auch zusätzliche Kosten für das liefernde bzw. „schlechtliefernde" Unternehmen entstehen.

Die genannten Ziele ergeben sich sowohl aus „internen" Zielen als auch aus marktorientierten Zielen.

6.3.1.2 Logistikkosten

Die Logistikkosten können in folgende Kostenblöcke eingeteilt werden:

- Kosten der Gestaltung, Planung und Kontrolle des Materialflusses, auch Systemkosten genannt (vgl. *Schulte, 2009*)
- Kosten der Fertigungsplanung und Fertigungssteuerung
- Bestandskosten, verursacht durch das Halten und Finanzieren von Beständen

► Lagerkosten
► Transportkosten als Kosten des inner- und außerbetrieblichen Transportes
► Handlingskosten als Kosten des Verpackens, Handlings und Kommissionierens
► logistische Verwaltungskosten.

Soll das Ziel der Logistikkosten-Minimierung erreicht werden, dürfen die Kosten nicht global erfasst werden, sondern sind in ihre fixen und proportionalen Bestandteile aufzuspalten und so weit wie möglich einzelnen Prozessen zuzuordnen. Der Aufbau einer Logistikkostenrechnung ist zu empfehlen.

Auf Fragen der Logistikkosten und Logistikkostenrechnung wird in einem späteren Abschnitt ausführlich eingegangen.

Die **Optimierung der Logistikleistung** ergibt sich aus dem Erreichen eines hohen Logistikservicegrades und einer Minimierung der Logistikkosten.

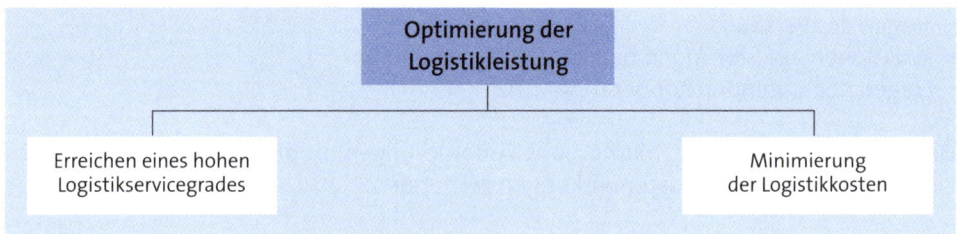

6.3.2 Logistische Einzel- und Bereichsziele

Das generelle logistische Ziel der Optimierung der Logistikleistung bedingt eine Reihe von Einzelzielen, die wie die übrigen Unternehmensziele Bestandteil des Zielsystems des Unternehmens sind.

Genau wie das generelle logistische Ziel aus den allgemeinen Unternehmenszielen abgeleitet wird, werden auch die logistischen Einzel- und Bereichsziele daraus abgeleitet, wobei zwischen beiden eine wechselseitige Abhängigkeit existiert, da auch die Unternehmensziele nicht unwesentlich vom Zielerreichungsgrad der Logistik abhängig sind (*Fey*).

In einem Zielsystem, wie es etwa im Kapitel A. 6.2.1.3 dargestellt wurde, sind die logistischen Ziele den materiellen Zielen zuzuordnen bzw. aus diesen abzuleiten und dabei wiederum sind es in allererster Linie

► die Beschaffungsziele
► die Produktionsziele
► die Absatzziele
► die Organisationsziele,

wobei die übergeordneten

- Gewinnziele
- Umsatzziele
- Kostenziele

stets im Blickpunkt zu stehen haben.

Wenn man das im Kapitel A. 6.2.1.3 dargestellte globale Zielsystem um Logistikziele ergänzen wollte, müsste man die Beschaffungsziele, Produktionsziele, Absatzziele, Organisationsziele usw. um die logistischen Ziele erweitern.

Auf drei Bereiche bezogen, ergäbe sich folgendes Bild:

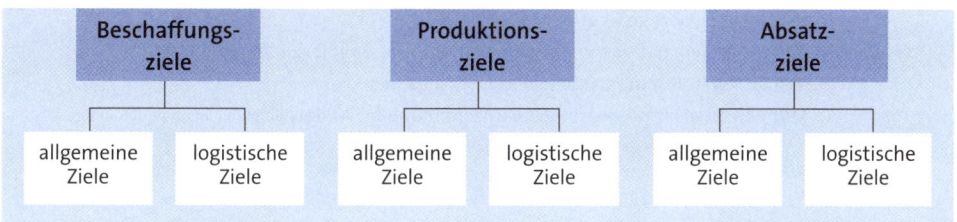

6.3.3 Strategische und operative Logistikziele

In der **strategischen Zielplanung** werden Zielinhalte aus der unternehmerischen Grundsatzplanung abgeleitet. In der **operativen Zielplanung** werden die strategischen Ziele anschließend konkretisiert.

Weber (1992) gibt einen Überblick über wichtige strategische und operative Ziele der Logistik.

Strategische Logistikziele sind:

- integrative Koppelung der Primär- und Sekundärkreisläufe
- Verminderung von Logistikbedarf durch Einflussnahme auf Produktgestaltung und Kunden
- bestandslose Fertigung für alle sicher zu planenden A-Teile
- Verlagerung der Lagerorte der Hauptlieferanten in die eigenen Fertigungsstätten
- Erhöhung der Flexibilität des Logistikbereichs auf Mengen-, Termin- und Objektänderung
- Reduzierung der Logistikkosten auf ein branchenübliches Maß.

Zu den **operativen Logistikzielen** zählen:

- Reduzierung des Leerfahrtenanteils im Bereich des internen Transports
- Erhöhung der Zahl durchgesetzter Behälter pro Mitarbeiter im Bereich der Warenannahme

► Reduzierung der Teilbereichsweiten in der Beschaffungslogistik

► Reduzierung der Auftragsdurchlaufzeiten

► Reduzierung der LKW-Wartezeiten im Bereich der Versandabwicklung

► Senkung der Frachtkosten.

Ein namhaftes deutsches Industrieunternehmen weist die folgenden Logistikziele aus:

Organisationshandbuch Distributionszentrum

1.1 Ziele und Aufgaben

Wir haben als Ziel höchste Kundenzufriedenheit.
Wir wollen die Logistik zum Marketinginstrument ausbauen.
Wir wollen eine offene und wahre Kommunikation mit Kunden und MA.
Wir wollen mit minimalsten Kosten „produzieren".
Wir wollen die Kostenvorteile an unsere „Kunden" weitergeben.

GU-KUNDEN

Kundenservice

Kundenberatung

Lagern, Kommissionieren und Versenden

Informationsbereitstellung

BEREICH

Leitlinie
Geschwindigkeit in der Auftragsabwicklung – Beständig hohe Qualität.

Blickwinkel für Maßnahmen:

1. aus Kundensicht: Qualität und Schnelligkeit (Auftragsdurchlaufzeit)
2. Kostensicht: Welche Arbeit kann kostengünstiger geleistet werden?

Alle Maßnahmen werden deshalb ausgerichtet nach den Schwerpunkten:

► Qualität,
► Durchlaufzeit und
► Rationalisierung.

7. Logistik und Risikomanagement

In jedem Unternehmen werden fast täglich Entscheidungen unterschiedlicher Art getroffen, die mit Verlustgefahr verbunden sind; dies bedeutet, es ist mit Risiken zu rechnen. Risiken sind also *„die mit der Ungewissheit der Zukunft begründeten und durch Störungen verursachten Gefahren, geplante Ziele zu verfehlen"* (Olfert/Rahn, 2011).

7.1 Risikoquellen

Jeder systematische Umgang mit Risiken setzt die Kenntnis der Risikoquellen voraus.

Man kann zwei große Gruppen von Risikoquellen unterscheiden:

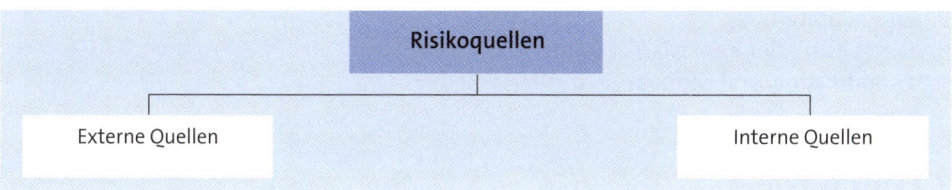

7.1.1 Externe Quellen

Die externen Quellen haben ihren Ursprung außerhalb des Unternehmens. Äußere Faktoren wirken auf das Unternehmen ein und beeinflussen Entscheidungen.

Externe Risikoquellen sind

- ► die Gesetzgebung und Rechtsprechung
- ► die gesellschaftliche Entwicklung
- ► die gesamtwirtschaftliche Entwicklung
- ► das Marktgeschehen.

Die Gesetzgebung und Rechtsprechung, z. B. im Arbeits- und Steuerrecht, Vertragsrecht, in der Haftpflicht, im Umweltschutz oder Sozialbereich können durch neue Vorschriften wie gesetzliche Regelungen und maßgebende Urteile zu „Verschärfungen" führen.

Die **gesellschaftliche Entwicklung** befindet sich stets im Fluss und bietet eine Fülle von Risikopotenzialen, wie verändertes Käuferverhalten, Änderungen von Arbeitszeit und Freizeit, geändertes Freizeitverhalten, Änderung der politischen Verhältnisse u. Ä.

Als Risikoquellen auf dem Gebiet der **gesamtwirtschaftlichen Entwicklung** sind u. a. die Preis- und Einkommensentwicklung, die Entwicklung der Spar- und Investitionstätigkeit, die öffentlichen Haushalte sowie die Kursentwicklung zu sehen.

Das **Marktgeschehen** als Risikoquelle äußert sich durch zunehmenden Konkurrenzdruck, Nachfragerückgang, Preisverfall, Geschmackswandel der Käufer, steigenden Käuferansprüchen oder neuen Abhängigkeiten (z. B. durch neue Machtverhältnisse).

7.1.2 Interne Quellen

Die internen Risikoquellen befinden sich im Unternehmen selbst. Ihre Anzahl ist sehr groß und erstreckt sich auf nahezu sämtliche Unternehmensbereiche. Besonders gravierend sind Risiken, wenn sie als Folge von Managemententscheidungen auftreten.

Genannt seien die Bereiche:

1. Technisierung und Modernisierung
2. Gestaltung der Produktpolitik
3. Produktqualität, Produktgestaltung
4. Vertriebsorganisation
5. Kundendienst
6. Informationsmanagement
7. Eigenkapitalbasis
8. Gestaltung der Kapitalstrukturen
9. Qualifikation und Motivation der Mitarbeiter.

7.2 Risikoarten

Die Feststellung der Risikoquellen führt zwangsläufig auch zur Feststellung der Risikoarten.

Risiken können nach mehreren Kriterien eingeteilt werden, wobei sich bei der Zuordnung Überschneidungen nicht vermeiden lassen. Die hier gewählte Gliederung geht von den drei Gesichtspunkten

1. Konkursgefahr
2. Entstehungsbereich
3. Eintrittshäufigkeit

aus.

Kriterien	Risikoarten	Wesensmerkmale
Konkursgefahr	Leistungswirtschaftliches Risiko	Es besteht die Gefahr, dass der mit dem Einsatz der Produktionsfaktoren verbundene Werteverzehr nicht wieder in das Unternehmen zurückfließt. Dies kann zu Überschuldung des Unternehmens führen.
	Finanzwirtschaftliches Risiko	Der Kapitaldienst (Zinsen und Tilgung) kann nicht oder nicht rechtzeitig geleistet werden. Es besteht Illiquidität.

Kriterien	Risikoarten	Wesensmerkmale
Entstehungs-bereich	**Finanzrisiko** mit den Einzelrisiken ► Liquiditätsrisiken ► Ausfallrisiko ► Zins-/Kursrisiko ► Marktrisiko.	Finanzrisiken umfassen sämtliche Risiken aus den Zahlungsströmen an das Unternehmen oder aus dem Unternehmen heraus.
	Betriebsrisiko Die Einzelrisiken sind mannigfaltig und zahlreich, wie z. B. Fehler, Störungen, Betrug, Vertrauensbruch, Informationsdefizite, Umweltschäden, Transportschäden, Katastrophen u. v. a.	Es betrifft alle Verlustgefahren infolge von Managementfehlern, von menschlichem Versagen, Organisations-, Planungs- und Kontrollfehlern. Es handelt sich um das am häufigsten vorkommende Risiko.
	Rechtsrisiko Die wichtigsten Rechtsrisiken sind die Haftungsrisiken als Produkthaftung, Gefährdungshaftung, Organisationshaftung.	Das Rechtsrisiko resultiert aus der Haftung des Unternehmens, aus Verwaltungsakten, aus Rechtsstreitigkeiten, aus der strafrechtlichen Verantwortung.
Eintritts-häufigkeit	Regelmäßig, gelegentlich, einmalig auftretendes Risiko	Die Eintrittshäufigkeit hängt zum einen von der Häufigkeit der Entscheidungen und zum anderen von ihrem Sicherheitsgrad ab. Risiken als Folge von Entscheidungen bei Sicherheit treten in der Regel gelegentlich oder nur einmalig auf.

Eine zweite Systematisierung ergibt folgendes Bild:

Arten von Risiken	Beispiele
Marktrisiken	wirtschaftliche Entwicklung, Branchen- und Wettbewerbsrisiko
Umweltrisiken	Störfälle, Abfälle, Deponien, Naturkatastrophen, neue Technologien
Politische Risiken	Enteignung, Krieg, Ein- und Ausfuhrbeschränkungen, Kapitaltransferbeschränkungen, Regierungswechsel
Rechtliche Risiken	Haftung für Produkte und Dienstleistungen, Haftung der Unternehmensorgane
Betriebliche Risiken	Risiken im Bereich Produktion, Logistik, F & E (Anlagen-, Bestände-, Fertigungs-, Entwicklungs-und Vertriebswagnis), Personenrisiken (Managementrisiken, Vertrauensrisiken, Brandstiftung, Veruntreuung, Diebstahl, Spionage, Krankheit, Verletzungsgefahr, Mitarbeiterfehler, Vandalismus, Fluktuation)
Finanzwirtschaftliche Risiken	Adressenausfall- und Länderrisiko, Marktpreisrisiko, Liquiditätsrisiko

7.3 Risikomanagement im Überblick

Bei Betrachtung der zahlreichen Risikoquellen und Risikoarten ist ohne Weiteres einzusehen, dass Institutionen geschaffen werden müssen, die sich ordnend mit den Risiken befassen müssen. Das Risikomanagement wird nicht einheitlich gesehen, man trifft in der Fachliteratur und in der Unternehmenspraxis auf unterschiedliche Deutungen. Einigkeit herrscht jedoch bei der Zuordnung zu der Unternehmensführung sowohl als Funktion als auch als Institution.

Zwei Definitionen, eine knappe sowie eine ausführliche, sollen die Aufgaben des Risikomanagements möglichst umfassend wiedergeben.

Die auf *Brühwiler (1994)* zurückgehende Beschreibung lautet: *„Risk Management umfasst die gesamte Unternehmenspolitik unter besonderer Berücksichtigung der ihr innewohnenden Chancen und Risiken"*.

Die zweite Begriffsklärung stammt von *Diederichs, 2010: „Das Risikomanagement als immanenter Bestandteil der Unternehmensführung stellt die Integration organisatorischer Maßnahmen, risikopolitischer Grundsätze sowie die Gesamtheit aller führungsunterstützenden Planungs-, Koordinations-, Informations- und Kontrollprozesse dar, die auf eine systematische und kontinuierliche Identifikation, Beurteilung, Steuerung und Überwachung unternehmerischer Risikopotenziale abzielen und eine Gestaltung der Risikolage des Unternehmens mit dem Ziel der Existenzsicherung ermöglichen."*

Aus beiden Definitionen geht hervor, dass das Risikomanagement eine Führungsaufgabe ist und dass zur Risikobetrachtung auch die Chancenbetrachtung gehört.

7.4 Risikomanagement-Prozess

Der Risikomanagement-Prozess erstreckt sich auf alle Handlungen, die zum systematischen Umgang mit Risiken erforderlich sind. Er läuft nicht isoliert ab, sondern ist im Rahmen des gesamten Führungsprozesses zu sehen, ist also eingebettet in die übrigen Planungs-, Steuerungs- und Überwachungsprozesse. In diesem Rahmen werden die speziellen Risikoprozesse ablaufen (*Hahn*).

Obwohl der Ablauf des Risikomanagement-Prozesses nicht ganz einheitlich gesehen wird, kann von folgenden vier Phasen ausgegangen werden:

Die erste Phase, die Risikoanalyse, hat **Planungscharakter,** sie hat als ersten Schritt die **Risikoidentifikation**, die als eine Art Risikoinventur gesehen werden kann. Es schließt sich an die Analyse der Risiken im Hinblick auf ihre **Bedeutung.** Die Bewertung geschieht hinsichtlich des **zeitlichen Anfalls,** der **Eintrittswahrscheinlichkeit** und der **Höhe** der Risiken. Die **Aggregation** fasst die Einzelrisiken zum **Gesamtrisiko** zusammen.

Die zweite Phase des Risikomanagement-Prozesses ist auf die Bildung der **Strategien** und **Maßnahmen** gerichtet. Die dritte Phase beinhaltet die **Risikohandhabung**. Diese erstreckt sich nicht nur auf die Umsetzung der Strategien, sondern auch auf den organisatorischen Bereich.

Die vierte Phase schließlich ist die **Überwachungsphase**, die sich mit der laufenden Kontrolle und der Frühwarnung befasst.

Die einzelnen Phasen laufen nicht getrennt voneinander ab, sie lassen sich nicht völlig voneinander abgrenzen, vielmehr ergeben sich Überschneidungen.

7.4.1 Methoden zur Identifikation von Risiken

Der Risikomanagement-Prozess hat einiges mit dem Ablauf der strategischen Planung gemeinsam, insbesondere, was die eingesetzten und verwendeten Instrumente betrifft. Explizit wird hier im Abschnitt B darauf eingegangen. Um unnötige Wiederholungen zu vermeiden, wird in den folgenden Ausführungen darauf jeweils Bezug genommen.

Methoden zur Identifikation externer Risiken (Umweltanalyse)	Siehe Kapitel
▸ Analyse des politischen, gesellschaftlichen, rechtlichen, technischen, ökologischen Umfeldes	B.7.5.1
▸ Marktanalyse	B.7.5.1
▸ Konkurrentenanalyse	B.7.5.1
▸ Branchenanalyse	B.7.5.1
Methoden zur Identifikation interner Risiken (Unternehmensanalyse)	**Siehe Kapitel**
▸ Potenzialanalyse	B.7.5.2.1
▸ Stärken-/Schwächen-Analyse	B.7.5.2.2
▸ Chancen-Risiken-Analyse	B.7.5.2.3
▸ Lückenanalyse	B.7.5.2.4
▸ Portfolioanalyse	B.7.5.2.5
▸ Kennzahlenanalyse	B.7.5.2.6

Diese Methoden können einzeln oder in Kombinationen angewandt werden.

7.4.2 Instrumente zur Identifikation von Risiken

Zur Risikoidentifikation lassen sich eine Reihe von Instrumenten einsetzen, die von der Betriebswirtschaftslehre, aber auch von anderen Disziplinen entwickelt wurden. Eine Zuordnung der Instrumente zu einzelnen Risiken oder Risikogruppen fällt schwer, da zahlreiche Instrumente bei der Identifikation mehrerer, zum Teil unterschiedlicher Risiken verwendet werden. So ist es beispielsweise möglich, Checklisten sowohl zur Erkennung exogener als auch endogener Risiken einzusetzen oder sie sich zur Identifikation von Risiken bei operativen Entscheidungen und bei strategischen Entscheidungen nutzbar zu machen.

Im Folgenden werden einige Instrumente bzw. Techniken genannt, die sich bewährt haben. Es handelt sich um

▸ Checklisten
▸ Entscheidungsbaumanalysen
▸ Entscheidungstabellentechnik
▸ Flow-Chart-Analysen, Fehlermöglichkeits- und Einflussanalysen
▸ Brainstorming
▸ Brainwriting (Methode 635)
▸ Szenario-Technik
▸ Delphi-Methode
▸ Frühwarnsysteme.

Auf diese Instrumente wird in den Kapiteln B.7.5.4.5 und C.2.1 ausführlicher eingegangen.

Von besonderer Bedeutung für die Risikoidentifikation sind die **Frühwarnsysteme,** die auch in der Risikokontrolle eine wichtige Rolle spielen. Bei ihnen handelt es sich um besondere Informationssysteme, mit deren Hilfe sich anbahnende Entwicklungen mit dem Vorlauf erkannt werden können, der rechtzeitig Gegenmaßnahmen zur Minderung oder Abwehr der entstehenden Störungen initiiert (*Bramsemann, 1993*).

Gleißner/Füser (2003) weisen darauf hin, dass Frühwarnsysteme die Eigenschaft haben sollen, unter Ausnutzung der verfügbaren Informationen

- möglichst früh
- möglichst präzise
- möglichst nachvollziehbar

die Zukunft einer für das Unternehmen relevanten Variablen vorherzusagen und die Mitarbeiter für den Umgang mit wahrgenommenen Veränderungen zu sensibilisieren. Siehe auch Kap. H. 3.2.4.

7.4.3 Risikobewertung

Die Risikomessung bzw. Risikobewertung schließt sich an die Risikoidentifikation an.

Die identifizierten Risiken werden im Hinblick auf ihren Zeitbezug, ihre Eintrittswahrscheinlichkeit und die mögliche Schadenhöhe bewertet. Die Bedeutung der Risiken und die Auswirkungen auf das Unternehmen werden festgestellt. Das Ausmaß der Gefährdung des Erreichens der Unternehmensziele durch die Risiken soll durch die Bewertung verdeutlicht werden.

Zur Risikobewertung existiert eine große Zahl qualitativer und quantitativer Verfahren. Es wird hier nicht auf sie eingegangen, sondern auf die spezielle Fachliteratur hingewiesen z. B. *Ehrmann:* Risikomanagement in Unternehmen, *Gleißner:* Grundlagen des Risikomanagements im Unternehmen.

7.4.4 Risikoaggregation

Risikoaggregation bedeutet die Bestimmung der Gesamtrisikoposition eines Unternehmens. Man fasst die bewerteten Einzelrisiken zu einem Gesamtrisiko des Unternehmens zusammen.

Folgt man der Auffassung, dass die Risikobewertung gleichzeitig eine Bewertung von Planungs- bzw. Zukunftsszenarien eines Unternehmens ist, die in einem Planungsmodell abgebildet werden, kann die Risikoaggregation als ein simultaner Planungsvorgang angesehen werden (*Oepping*).

Die Aggregation von Einzelrisiken bereitet zahlreichen Unternehmen Schwierigkeiten, vor allem methodischer Art. Dies veranlasst manche Unternehmen die Aggregation zu unterlassen bzw. mit unsicheren Verfahren vorzugehen.

Näheres über die Risikoaggregation siehe *Ehrmann:* Risikomanagement in Unternehmen, *Oepping:* Integration von Risikomanagement und Rating, 2001.

7.4.5 Bildung der Strategien/Maßnahmen

Auf die Risikoanalyse folgt die **Risikosteuerung,** die aus der Erarbeitung geeigneter Risikostrategien und strategischen Maßnahmen besteht.

Die Risikostrategien müssen in enger Beziehung zu der **Unternehmensstrategie** stehen, in ihrem Rahmen müssen sich die einzelnen Risikostrategien bewegen.

Bei der Bildung der Strategien müssen auch die einzusetzenden Maßnahmen mitbehandelt werden. Eine Trennung der Bereiche Bildung der Strategien und Einsatz der Maßnahmen ist unzweckmäßig und daher abzulehnen.

Die folgende Übersicht vermittelt einen Überblick über die fünf hauptsächlichen Risikostrategien:

- Risikovermeidung
- Risikoverminderung
- Risikoüberwälzung
- Risikodiversifikation
- Risikoübernahme.

Strategie	Inhalt der Strategie
Risiko-vermeidung	Verzicht auf Investitionen, Verzicht auf „unsichere" Kunden, Verzicht auf die Produktion bzw. den Einsatz umweltbelastender Produkte und Transportmittel, Drosselung des Exports in bestimmte Länder. Die Strategie kann auch Chancen verhindern.
Risiko-verminderung	a) Schadenverhütung Ein Schadeneintritt wird verhindert, z. B. durch sehr gutes Personal, sehr gute Materialien. b) Herabsetzung des Schadenausmaßes Eingetretene Schäden sollen so gering wie möglich gehalten werden, z. B. durch besondere Schutzmaßnahmen, durch die Angabe tolerierbarer Risiken, durch Richtlinien über den Umgang mit Risiken.
Risiko-überwälzung	Transfer vor Risiken auf Dritte, vollständig oder teilweise, z. B. - Versicherungen - Verträge und Geschäftsbedingungen - alternative Finanzierungsmöglichkeiten - Ausgliederung von Sondervereinbarungen.

Strategie	Inhalt der Strategie
Risiko-diversifikation	Es handelt sich um eine systematische Kombination mehrerer, unabhängiger Einzelrisiken, um das Gesamtrisiko zu minimieren (*Grof, 2002*). Ein immer wieder gebrachtes einprägsames Beispiel lautet: Eine wichtige Personengruppe, die zu einem wichtigen Termin fährt, unternimmt die Reise getrennt, um den totalen Ausfall aller Personen zu vermeiden.
Risiko-übernahme	Risiken gehören zu jeder Unternehmenstätigkeit und werden zum Teil auch bewusst in Kauf genommen. Welche Risiken das Unternehmen zu tragen bereit ist, hängt von der Größe des Risikos und von dem vorhandenen Potenzial ab. Bevor Risiken ohne Weiteres übernommen werden, muss überprüft werden, welche Strategien eingesetzt werden können, um das zu übernehmende Risiko zu begrenzen. Wahrscheinlich wählt man eine Kombination mehrerer Strategien und bildet einen **Strategie-Mix**.

7.4.6 Risikohandhabung

Die Risikohandhabung erstreckt sich auf die

- Bereitstellung geeigneter Instrumente
- organisatorische Handhabung.

Da sich dieses Buch nicht primär mit dem Risikomanagement befasst, sondern dieses als ein Führungsinstrument betrachtet, das auch einen starken Bezug zur Logistik hat, können nicht alle Bereiche in gleicher Weise intensiv und ausführlich behandelt werden. So kann auch in diesem Kapitel lediglich ein Überblick vermittelt werden.

7.4.6.1 Bereitstellung geeigneter Instrumente

Um die Ziele zu erreichen, die Strategien durchzusetzen und geeignete Maßnahmen ergreifen zu können, muss ein entsprechender Apparat vorhanden, müssen Instrumente verfügbar sein bzw. geschaffen werden.

Unter einem geeigneten Instrumentarium werden die Einrichtungen, Mittel, Techniken, Richtlinien, Grundsätze u. Ä. verstanden, die in den Dienst der Risikohandhabung gestellt werden können. Die einzusetzenden Instrumente lassen sich wie folgt einteilen:

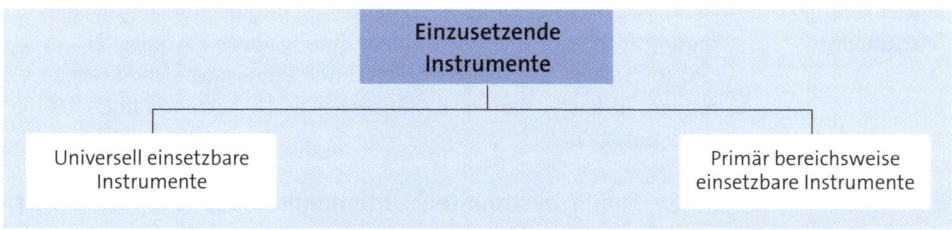

Die **universell einsetzbaren Instrumente** werden zur Handhabung von Risiken, die im ganzen Unternehmen auftreten, eingesetzt. Es sind:

Instrumente	Erläuterung
Frühwarnsysteme	Frühwarnsysteme dienen nicht nur dem frühzeitigen Erkennen von Bedrohungen und Chancen, sondern dienen auch der Initiierung von Gegenmaßnahmen.
Berichtswesen	Das Berichtswesen hat die Aufgabe, Informationen zu erstellen und zum Zwecke der Planung und Kontrolle an das Management weiterzuleiten und leistet damit wertvolle Dienste bei der Risikohandhabung.
Richtlinien	Sie haben die Aufgabe, das Bedrohungspotenzial einzugrenzen und Hinweise für den Umgang mit Chancen und Risiken zu geben. Sie können sich auf sämtliche Unternehmensbereiche erstrecken.
Kennzahlen-systeme	Kennzahlen sind Informationen in verdichteter Form über betriebswirtschaftliche Fakten, Prozesse und Zusammenhänge. Durch sie werden Ziele (vor allem strategische) verständlich und präzise zum Ausdruck gebracht. Sie sind Messgrößen für die Zielerreichung. Sowohl das Management als auch die Mitarbeiter erkennen, auf welche Weise die Zielerreichung gemessen wird und die Entwicklung der Zielerreichung verläuft.
Limits	Vom Management gesetzte Limits sollen dazu beitragen, Risiken einzugrenzen. Sie quantifizieren Verlustgefahren bei ihrer Überschreitung. Limits sollen stets zukunftsbezogen sein und sich nicht allein an Erfahrungen der Vergangenheit orientieren.
Grundsätze für den Umgang mit Partnern	Die Bewertung und Auswahl der Geschäftspartner, in erster Linie der Kunden und Lieferanten, wie auch die Handhabung der laufenden Kontakte haben Auswirkungen auf die Risikogefahr.
Grundsätze für die Vertrags-gestaltung	Diese Grundsätze können im Zusammenhang mit den Limits gesehen werden. Es werden Festlegungen getroffen, welchen Vertragsarten beim Eintritt bestimmter Situationen der Vorrang einzuräumen ist. Etwa Leasing statt Kauf, Factoring, Sicherungsübereignung, Eigentumsvorbehalt u. Ä.
Mitarbeiter-führung	Eine sorgfältige, überlegte Mitarbeiterführung kann zur Risikominimierung und -vermeidung in vielen Bereichen beitragen.
Entscheidungs-instrumente	Bestimmte Entscheidungsinstrumente, wie die Kostenrechnung, die Planungsrechnung, die Investitionsrechnung aber auch Entscheidungstechniken, lassen sich in allen Unternehmensbereichen verwenden. Sie leisten wertvolle Dienste bei der Umsetzung sämtlicher Risikostrategien.

Viele Instrumente können nur in **bestimmten Unternehmensbereichen** eingesetzt werden. Es handelt sich dabei z. B. im **Materialbereich** um Bestandsfestlegungen, die Lieferantenauswahl, die Lagerbuchführung, die Lagerorganisation u. Ä.

Im **Verkaufsbereich** sind geeignete Instrumente die Kundenbeurteilung, die Vertrags-gestaltung oder ein modernes Kostenrechnungssystem.

7.4.6.2 Organisatorische Handhabung

Ein Risikomanagement-System ist nur erfolgreich, wenn gute organisatorische Vo-raussetzungen für seinen Aufbau und für die einzelnen Abläufe geschaffen werden.

Die organisatorische Gestaltung des Riskomanagements hängt ab

- von der Unternehmensgröße
- von der Unternehmensart
- von der Rechtsform des Unternehmens
- von der Struktur des Unternehmens
- von den Intentionen des Managements.

Die Art der organisatorischen Eingliederung des Managements und die organisato-rische Gestaltung der Abläufe wird weitgehend von Zweckmäßigkeitsgründen be-stimmt. Gesetzliche Vorschriften spielen eine relativ untergeordnete Rolle. Zum einen gelten sie nur für einen beschränkten Unternehmenskreis und zum anderen sind ihre Inhalte nicht umfassend.

Im Rahmen der Aufbauorganisation sind zwei Hauptprobleme zu lösen. Es geht zum einen um die Frage **Zentralisation/Dezentralisation** und zum anderen um die Frage der **Institutionalisierung.**

Zentralisation bedeutet die Zusammenfassung gleichartiger Teilaufgaben.

Die Vor- und Nachteile der **Zentralisation** stellen sich wie folgt dar:

Vorteile	Nachteile
- konsequente Durchsetzung des Leitungs-willens	- Behinderung der Initiativfreudigkeit der Mitarbeiter
- Konzentration des Einflusses	- Überlastung der Zentralinstanzen
- Straffung der Aufgabenerfüllung	- Brachliegen von Spezialwissen
- Verhinderung von Kompetenzstreitigkeiten	- Verlängerung des Weges Entscheidung – Ausführung
- Vermeidung von Mehrfacharbeit	- Gefahr der verspäteten Reaktion auf Verän-derungen
- räumliche Konzentration	

Dezentralisation bedeutet eine Verteilung gleichartiger Aufgaben auf mehrere Abtei-lungen oder Stellen, die nicht zu einem Zentrum gehören. In ihrem Rahmen werden an die dezentralen Organisationseinheiten entsprechende Befugnisse und Verantwor-tung delegiert.

Bei der **Dezentralisation** ergeben sich folgende Vor- und Nachteile:

Vorteile	Nachteile
► Das Wissen und die Kenntnisse der Mitarbeiter werden besser genutzt.	► Gefahr der unwirtschaftlichen Mehrfacharbeit.
► Die Selbstständigkeit und Entscheidungsfreudigkeit der Mitarbeiter und damit ihre Motivation werden gefördert.	► Es drohen Bereichsegoismen.
	► Dezentralen Organisationseinheiten kann der Gesamtüberblick fehlen.
► Die Anpassung an Umweltveränderungen wird erleichtert.	► Zentrale Organisationseinheiten laufen Gefahr, von dezentralen Einheiten nicht vollständig informiert zu werden.
► Zentrale Organisationseinheiten werden entlastet.	

Die Frage der Institutionalisierung ist eng mit der der Zentralisierung verbunden. Wenn man sich für eine Institutionierung entscheidet, ist auch die Entscheidung für eine Zentralisierung gefallen.

Wenn man die Dezentralisation wählt, sind zwei Konzepte möglich:

► Das **Integrationskonzept**, bei dem die gleichen Organisationseinheiten für die Risiken verantwortlich sind, sie eingehen und bewältigen.

► Das **Separationskonzept**, das von einer Trennung von Eingehen und Bewältigen von Risiken durch die gleichen Organisationseinheiten ausgeht (*Grof, 2002*).

Unabhängig von der Bevorzugung eines der beiden Konzepte sollen möglichst viele Bereiche des Risikomanagements dezentral organisiert werden (*Gleißner/Füser, 2003*).

Gleichzeitig sollen zahlreiche Aufgaben bereits bestehenden Organisationssystemen übertragen werden. **Treasuring** oder **Qualitätsmanagement** sind dafür gleichermaßen geeignet wie das **Controlling**.

Zu der organisatorischen Handhabung zählt auch die **Zuordnung der Aufgaben auf die Aufgabenträger**. Dabei empfiehlt sich eine schrittweise Vorgehensweise.

Es wird vorgeschlagen, bei der Aufgabenzuordnung zuerst die Aufgabenfelder zu berücksichtigen, d. h. festzulegen, welche Aufgabenträger jeweils am Risikomanagement-Prozess in den Feldern zu beteiligen sind. Steht diese erste Aufgabenverteilung fest, ist zu klären, welche Einzelaufgaben von den Aufgabenträgern im Detail auszuführen sind.

Es ergibt sich also folgende Vorgehensweise:

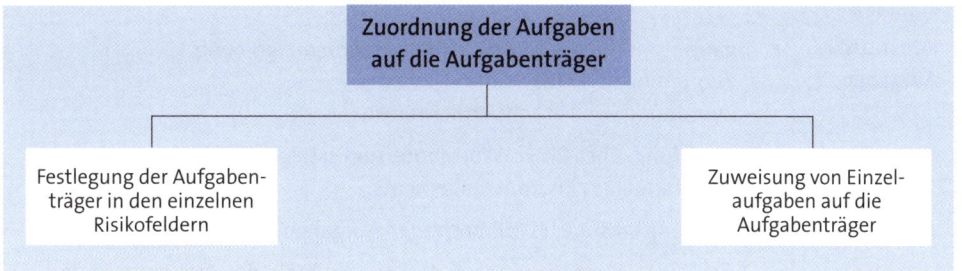

Hilfestellung kann eine Tabelle leisten, die die Aufgabenzuordnung in den einzelnen Risikofeldern wiedergibt. Sie kann folgendes Aussehen haben:

	Identifikation	Bewertung	Steuerung
Strategische Risiken	U, B, C, G	U, B, C, G	U, B, G
Markt- und Wettbewerbsrisiken	U, B, C, G	U, B, C, G	U, B
Finanzrisiken	U, B, C, G, M	U, B, C, M	U, B
Politische, rechtliche und gesellschaftliche Risiken	U, B, C, G	U, B, C, G	U, B
Risiken aus Corporate Governance	U, C, G	U, C, G	U
Leistungsrisiken	B, C, M	B, C, M	B, M
Sonstige Risiken	B, C, M	B, C, M	B, M

U = Unternehmensleitung   G = Gremien
B = Bereichsleitungen   M = Mitarbeiter in den Organisationseinheiten
C = Controlling

Der nächste Schritt besteht in der **Zuweisung von Aufgaben** auf die **Aufgabenträger**. Infrage kommen

- die Unternehmensleitung
- das Controlling
- die Mitarbeiter der einzelnen Unternehmensbereiche.

Verbunden mit der Zuweisung ist die **Bestimmung der Vorgehensweise.** Die folgenden Ausführungen in Tabellenform erstrecken sich auf die Aufgaben des Controlling im Rahmen des Risikomanagements (s. *Ehrmann:* Risikomanagement in Unternehmen).

Aufgaben-komplex	Wichtige Einzelaufgaben

Konstitutive Aufgaben	► organisatorische Ausgestaltung des Risikomanagements
	  - Zuordnung von Aufgaben
	  - Zuordnung von Verantwortlichkeiten

	► Einberufung eines Risiko-Workshops zur Festlegung der benötigten Instrumentarien des Risikomanagements
	► Einführungsgespräche mit wichtigen Aufgabenträgern
	► Durchführung von Schulungen der Mitarbeiter in den Risikobereichen
	► Beschaffung, Bearbeitung und Weiterleitung von Risikoinformationen
	► Mitwirkung bei der Identifizierung von Risikofeldern
	► Festlegung von Methoden und Verfahren zur Identifizierung interner und externer Risiken
	► Mitwirkung bei der Festlegung von Frühindikatoren
	► Mitwirkung bei der Festlegung von Verfahren der Risikobewertung
	► Mitwirkung bei der Risikoaggregation

	► Ausgestaltung des Berichtswesens im Hinblick auf
	
	  - die Berichtsempfänger
	  - die Berichtszeitpunkte
	  - die Berichtsinhalte
	  - die Berichtsform
	  - den Berichtsumfang

	► Verbreitung der Risikogrundsätze im Unternehmen
	► Koordinierungsaufgaben, die sich aus der Risikohandhabung der einzelnen Risikobereiche ergeben.
	► Konzipierung und Unterstützung bei der Führung des Risikoinventars
	► Konzipierung und Unterstützung bei der Führung des Risikohandbuchs (ein Muster wird am Ende dieser Tabelle dargestellt)
	► Entscheidung über Art und Umfang einer EDV-Unterstützung
	► Aufgaben in der Risikokontrolle
	► Mitwirkung beim Aufbau der Balanced Scorecard

Aufgaben-komplex	Wichtige Einzelaufgaben
Strategischer Bereich	▸ Vorbereitung von Entscheidungen der Unternehmensleitung
	▸ Unterstützung der Zielbildung
	▸ Unterstützung der Planung, insbesondere hinsichtlich der Planungsmethoden, Berücksichtigung von Unsicherheiten in der Planung
	▸ Beurteilung neuer und geplanter Aktivitäten
	▸ Weiterentwicklung von Risikogrundsätzen
	▸ Mitwirkung bei der Strategienplanung
	▸ Feststellung der Risikokosten im Vergleich mit Aufwendungen bei Verminderungs- und Vermeidungsstrategien
	▸ Mitwirkung bei der Festlegung strategischer Maßnahmen
	▸ Durchführung der strategischen Kontrolle
	▸ Ermittlung des Deckungspotenzials
	▸ Unterstützung der Unternehmensleitung bei der Formulierung von Berichten an Aufsichtsorgane und externe Stellen
Operativer Bereich	▸ Beratung der Mitarbeiter bei ihren Aufgaben
	▸ Entwurf von Fragebögen und von Arbeitspapieren
	▸ Auswertung der Fragebögen
	▸ Durchführung von Koordinierungsmaßnahmen
	▸ Durchführung der Risikokontrolle
	▸ Durchführung von Schulungen
	▸ Versorgung der Mitarbeiter mit ausreichenden Informationen
	▸ Organisatorische Unterstützung einschließlich EDV-Unterstützung

Risikohandbuch									
Risikoidentifikation					Risikobewertung				Risiko-steuerung
Be-reich	Risiko-klasse	Risiko	Ur-sache	Identifka-tions-verfahren	Eintritts-wahr-schein-lichkeit	Risiko-höhe	Risiko-auswir-kungen	Bewer-tungs-verfah-ren	Strategien/Maßnah-men

7.4.7 Risikoüberwachung

Die Risikoüberwachung setzt sich aus zwei Bereichen zusammen:

► laufende Kontrolle
► Frühwarnung.

Die Risikolage eines Unternehmens ist mit ständigen Änderungen verbunden, deshalb ist eine **laufende Kontrolle** erforderlich. Diese wird in vielen Unternehmen als „Internes Kontrollsystem" oder „Internes Überwachungssystem" bezeichnet.

Unter dem Kontrollsystem wird nicht mehr wie früher die Überprüfung der einzelnen Bilanz- und GuV-Positionen verstanden. Unter dem Internen Kontrollsystem sind laut *WP-Handbuch (2011)* alle Methoden und Maßnahmen in einem Unternehmen zu sehen, die zur Sicherung des Vermögens, zum Gewährleisten der Genauigkeit und Zuverlässigkeit der Abrechnungsdaten und zur Unterstützung der Einhaltung der vorgeschriebenen Geschäftspolitik eingesetzt werden.

In Anlehnung an *Klinger/Klinger (2002)*, die unter der internen Kontrolle die Gesamtheit der Sicherungsmittel im Inneren der Organisation des Betriebes (Unternehmens) verstehen, kann das Interne Kontrollsystem folgendermaßen dargestellt werden:

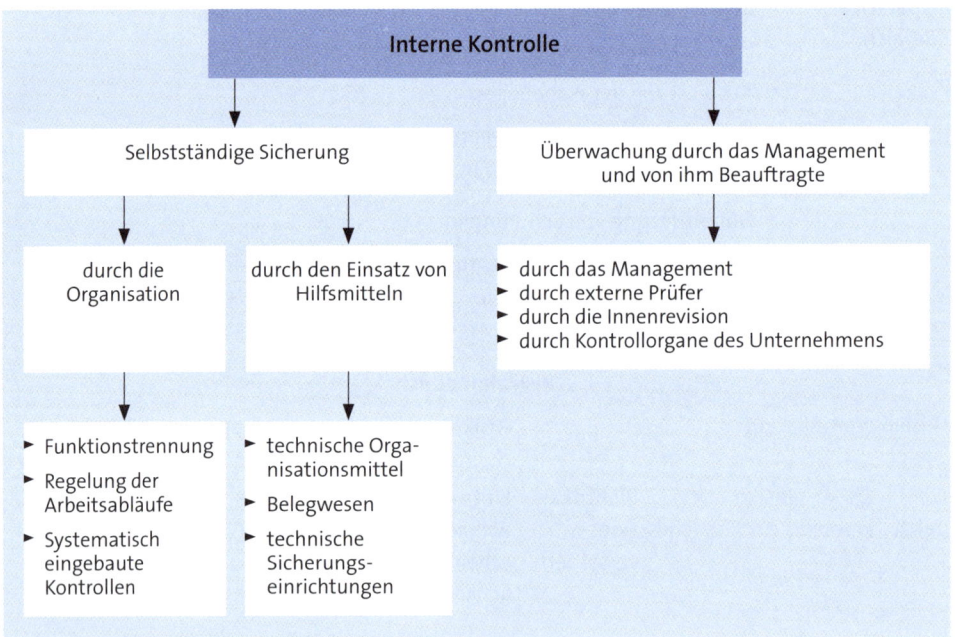

Quelle: *Klinger/Klinger*

Für die Arbeit des Internen Kontrollsystems gelten bestimmte **Grundsätze,** von denen die folgenden die wichtigsten sind:

► Vorliegen eines übersichtlichen, möglichst einfachen und anpassungsfähigen Gesamtaufbaus der Organisation.

Aufbau- und Ablauforganisation sind so zu gestalten, dass nicht nur die unternehmerischen Ziele erreicht werden, sondern sie auch überwachungsfähig sind. Kontrollvorrichtungen (= apparative Kontrollinstrumente) und Kontrolleinrichtungen (= institutionelle Einrichtungen) müssen reibungslos funktionieren können.

▸ Funktionstrennung
Die Funktionen sollen so weit wie möglich getrennt und die Verantwortungen eindeutig abgegrenzt werden. Kein Geschäftsvorfall sollte vom Beginn bis zu seinem Ende von einer einzigen Person durchgeführt werden. Vollziehende, verwaltende und abrechnende Aufgaben sind getrennt voneinander auszuführen.

▸ Einbau von vor-, gleich- und nachgeschalteten Kontrollen manuell durch Mitarbeiter, durch die EDV und durch den Einsatz der Technik.

Vielfach im Rahmen des Internen Kontrollsystems eingesetzte Hilfsmittel sind:
▸ Organisationspläne
▸ Arbeitsanweisungen, einschließlich Anweisungen für die EDV
▸ das innerbetriebliche Belegwesen (bei entsprechender Organisation)
▸ die Innenrevision.

Neben der laufenden Kontrolle spielen **Frühwarnsysteme** eine bedeutende Rolle bei der Risikoüberwachung. Der Vorteil der Frühwarnung gegenüber der Kontrolle besteht in der **Zukunftsorientierung.**

Frühwarnsysteme sind besondere Informationssysteme, die es ermöglichen, sich anbahnende Entwicklungen mit dem zeitlichen Vorlauf zu erkennen, der es ermöglicht, rechtzeitig Gegenmaßnahmen zur Minderung oder Abwehr der Störungen zu treffen (s. o.).

Frühwarnsysteme werden sowohl in der Risikoidentifikation als auch in der Risikoüberwachung eingesetzt. Sie sind ein Instrument, auf das erfolgreiche Unternehmen nicht verzichten können.

Wegen ihrer Bedeutung wird auf die Frühwarnung nochmals ausführlich in Kapitel H.3.2.4 eingegangen.

7.4.8 Risikoinventar

Das Risikoinventar ist ein wesentlicher Bestandteil des Risikomanagements in vielen Unternehmen.

Ein Risikoinventar enthält alle Einzelrisiken mit ihrer Bewertung im Hinblick auf die Eintrittswahrscheinlichkeit und die Schadenhöhe, in der Regel gegliedert in Risikokategorien.

Das Inventar vermittelt der Unternehmensleitung und anderen Entscheidungsträgern wichtige Informationen über die Risikosituation des Unternehmens. Aus dem Risikoinventar lässt sich ablesen, welcher Verlust beim Eintritt eines Risikos entsteht. Darüber hinaus enthält das Risikoinventar Angaben über die Effizienz der eingesetzten Maßnahmen mit Verbesserungsvorschlägen und Hinweise für die Vorgehensweise bei der Risikohandhabung im Hinblick auf die Dringlichkeit.

In manchen Unternehmen wird das Risikoinventar durch qualitative Bewertungen des möglichen Eintritts von „Großschäden" ergänzt. Die Aussagen könnten sich etwa auf den Ausfall eines gewinnträchtigen Produktes oder Großkunden oder auf einen unerwarteten Preisverfall beziehen.

Aufgabe 1 > Seite 625

Aufgabe 2 > Seite 625

Aufgabe 3 > Seite 625

Aufgabe 4 > Seite 625

	Lösung
1. Geben Sie eine Definition des Logistikbegriffs!	S. 27
2. Seit wann kann man von der modernen Logistik sprechen?	S. 29
3. Nennen Sie die Haupteinsatzgebiete der Logistik!	S. 30
4. Was will ein Logistikkonzept bewirken?	S. 31
5. Welche Hauptinhalte sollte ein Logistikkonzept aufweisen?	S. 33
6. Nennen Sie wichtige Anforderungen, die an ein Logistikkonzept gestellt werden müssen!	S. 34
7. Wie lässt sich die Logistik in die betriebliche Organisation einordnen?	S. 47 f.
8. Was versteht man unter einem Unternehmensziel?	S. 58
9. In welchen Stufen läuft ein Zielbildungsprozess ab?	S. 59
10. Welche Anforderungen sind an Ziele zu stellen?	S. 59
11. Was versteht man unter einem Zielsystem?	S. 61
12. Nennen Sie wichtige Zielbeziehungen!	S. 64
13. Wie lautet das generelle Logistikziel?	S. 66
14. Was versteht man unter dem Logistikservice?	S. 66
15. In welche Kostenblöcke lassen sich die Logistikkosten einteilen?	S. 67
16. Geben Sie einige wichtige Logistikeinzelziele an!	S. 68
17. Wodurch unterscheiden sich strategische und operative Logistikziele?	S. 69
18. Nennen Sie wichtige strategische Logistikziele!	S. 69
19. Zählen Sie einige operative Logistikziele auf!	S. 69
20. Können auch immaterielle Logistikziele gebildet werden?	S. 70
21. Nennen Sie einige interne Risikoquellen.	S. 71
22. Nach welchen Gesichtspunkten können Risikoursachen eingeteilt werden?	S. 72 f.
23. Aus welchen Phasen besteht der Risikomanagementprozess?	S. 75
24. Nennen Sie einige wichtige Risikoziele.	S. 67
25. Was versteht man unter strategischen Risiken?	S. 69

B. Logistikplanung

1. Bedeutung der Planung für das Unternehmen

Der betriebliche Leistungserstellungsprozess lässt sich nur **wirtschaftlich gestalten**, wenn eine Planung vorliegt.

> Unter Planung versteht man den Entwurf einer Ordnung, nach der sich das betriebliche Geschehen in der Zukunft vollziehen soll, sie ist das gedankliche, systematische Gestalten des zukünftigen Handelns.

Die Planung ist ein wichtiges Führungsinstrument, das ermöglicht, Ziele zu erreichen und Maßnahmen zu treffen, zu agieren, zu reagieren und Kontakte zu fördern. Ihre Bedeutung für das Unternehmen ergibt sich im Einzelnen durch folgende Momente:

- ▶ Die Planung erleichtert das Erkennen und Strukturieren von Problemen.
- ▶ Die Planung fördert kreatives Denken und die Entwicklung von Fantasie.
- ▶ Die Planung trägt zu problemorientiertem und problemlösendem Verhalten bei.
- ▶ Die Planung zwingt zu wirtschaftlichem Denken und sachlichem Vorgehen.
- ▶ Die Planung veranlasst die damit betrauten Mitarbeiter, das Unternehmen als ein Ganzes zu sehen.
- ▶ Die Planung erleichtert die Identifikation der Mitarbeiter mit dem Unternehmen.
- ▶ Die Planung fördert Kommunikation auf horizontaler und vertikaler Ebene.
- ▶ Die Planung bereitet Entscheidungen vor, sie hilft Ziele zu entwickeln, zu variieren und Maßnahmen zu treffen.
- ▶ Die Planung trägt zur Koordinierung von Zielen und Maßnahmen bei.
- ▶ Die Planung zwingt zum Reagieren auf veränderte Situationen.
- ▶ Die Planung veranlasst die Mitarbeiter zum Denken in Zeitabschnitten, zu längerfristigem Denken und zum Erkennen von Horizonten.
- ▶ Die Planung zwingt zum Überdenken von Entscheidungen.
- ▶ Die Planung macht es möglich, Soll-Ist-Vergleiche anzustellen und schafft damit Kontrollmöglichkeiten.

Die Planung ist gekennzeichnet durch

- ▶ Sachlichkeit
- ▶ Kompetenz
- ▶ Kreativität
- ▶ Problem- bzw. Problemlösungsorientierung
- ▶ Zukunftsorientierung.

Die Planung beinhaltet allerdings auch einige Gefahrenpunkte und zwar, wenn von utopischen Zielen ausgegangen wird, unrealistische Annahmen gemacht werden, Nicht-Planbares geplant werden soll, die Planung einen extrem hohen Aufwand verursacht, unsichere Entwicklungen zu falschen Planansätzen führen oder Frustration bei den Planern hervorrufen, die die Motivation zu einer weiteren Planung hemmt.

Die Planung erstreckt sich auf das Gesamtunternehmen und auf einzelne Unternehmensbereiche. Für die Logistik ist sie von großer Bedeutung, weil die Logistik in besonderem Maße zu wirtschaftlichem Denken und Handeln gezwungen ist, Kreativität und Kooperation bei ihr im Vordergrund stehen und Probleme von ihr ständig erkannt und strukturiert werden müssen. Dazu kommen noch wichtige Koordinierungstätigkeiten.

Wegen der Bedeutung der Planung für die Logistik müssen die für die Logistik Verantwortlichen in den Unternehmen mit den Grundlagen, Problemen und Verfahren der Planung vertraut sein. Aus diesem Grund wird in diesem Buch **Planungsfragen breiter Raum gewidmet**.

2. Planungsprinzipien

Die Planung muss so viele Fakten und Geschehnisse innerhalb und außerhalb des Unternehmens berücksichtigen, die teilweise recht kompliziert sind, dass sie sich an wichtigen Prinzipien orientieren muss.

Die folgenden Prinzipien sind als Mindestanforderungen an die Planung zu sehen:

- ► Langfristigkeit der Planung
- ► Vollständigkeit der Planung
- ► Anpassungsfähigkeit der Planung
- ► Stabilität der Planung
- ► Verbindlichkeit der Planung
- ► Kontrollierbarkeit der Planung
- ► Realisierbarkeit der Planungsvorgaben.

3. Planarten

Man kann in den Unternehmen nicht schlechthin von der Planung sprechen, da aus unterschiedlichen Anlässen, auf den verschiedensten Ebenen, in unterschiedlichen Bereichen und bei unterschiedlichen Eintrittswahrscheinlichkeiten geplant wird. Demnach werden die Pläne nach unterschiedlichen Kriterien eingeteilt, es gibt also verschiedene Planarten.

In den Unternehmen erfolgt die Planung nach folgenden Gesichtspunkten:

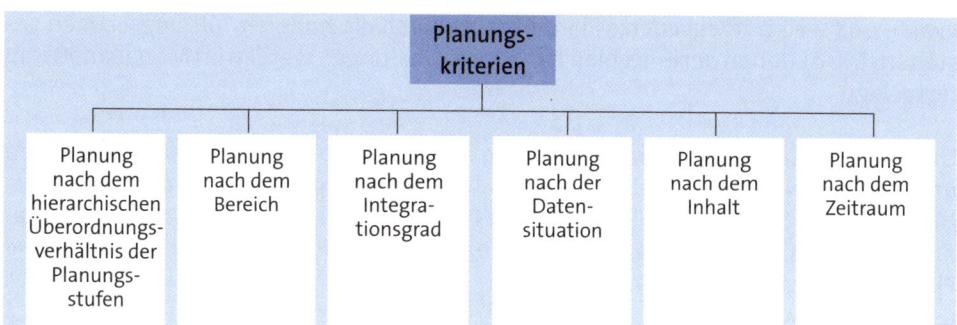

3.1 Planung nach dem hierarchischen Überordnungsverhältnis der Planungsstufen

Man unterscheidet

- die strategische Planung
- die operative Planung
- die taktische Planung.

Die **strategische Planung** hat die Aufgabe, die Strategien für bestimmte Geschäftsfelder für einen längeren Zeitraum (etwa fünf bis zehn Jahre) festzulegen. Sie befasst sich mit den Faktoren, Quellen und Tätigkeiten des Unternehmens, die den Erfolg bewirken. Es handelt sich dabei um Potenziale, die sich innerhalb und außerhalb des Unternehmens befinden, es sind die **Erfolgspotenziale**.

Es ist Aufgabe der Leitungsfunktionen des Unternehmens, die Erfolgspotenziale zu erkennen und nutzbar zu machen; sie zu quantifizieren und geeignet darzustellen, ist Aufgabe der strategischen Planung. Die von der obersten Führungsebene konzipierte strategische Planung ist durch „Richtungsdenken" charakterisiert.

Es muss ausdrücklich erwähnt werden, dass die strategische Planung eine langfristige Planung ist, jedoch nicht jede langfristige Planung eine strategische Planung darstellt (Näheres vgl. Kap. B. 7).

Die **operative Planung** hat die Aufgabe, die strategische Planung zu realisieren. Es handelt sich um eine detailliertere Planung als es die strategische Planung ist, deren Vorgaben sie konkretisiert.

Die operative Planung wird auf der Führungsebene der Geschäftsbereiche vorgenommen. Die Planung erstreckt sich meist über einen Zeitraum bis zu fünf Jahren, die Operationen (= Ablaufphasen) werden im Jahresmaßstab definiert.

Die **taktische Planung** geschieht auf der untersten hierarchischen Planungsstufe, sie wird von den Leitungen der Funktionsabteilungen vorgenommen. Diese schon sehr exakte und weit aufgegliederte Planung wird durch die höheren Führungsebenen gesteuert. Die Aktionen der einzelnen Funktionsabteilungen werden im Monatsmaßstab festgelegt.

Unstimmigkeiten in der Literatur bestehen hinsichtlich der Zuordnung der operativen und taktischen Planung zu den hierarchischen Planungsstufen. Autoren wie etwa *Hammer* oder *Olfert* weisen die operative Planung der untersten hierarchischen Planungsebene zu, während u. a. *Bramsemann, Ehrmann (2007), Koch (1994)* die taktische Planung dieser Planungsebene zuordnen.

3.2 Planung nach dem Bereich

Die Planung nach dem Bereich kann wie folgt eingeteilt werden:
► Beschaffungsplanung
► Lagerplanung
► Produktionsplanung
► Absatzplanung
► Logistikplanung
► Finanzplanung
► Kostenplanung
► Ergebnisplanung
► Personalplanung.

3.3 Planung nach dem Integrationsgrad

Es sind zu unterscheiden:

► Die integrierte Gesamtplanung
► Die nichtintegrierte Teilplanung.

Bei einer **integrierten Gesamtplanung** erfolgt die Planung sämtlicher Unternehmensbereiche unter völliger gegenseitiger Abstimmung in sachlicher und zeitlicher Sicht.

Eine **nichtintegrierte Teilplanung** ist gegeben, wenn die Planung der einzelnen Unternehmensbereiche relativ isoliert vorgenommen wird.

3.4 Planung nach den Datensituationen

Eine Planung lässt sich vornehmen als

► eine Planung bei Sicherheit
► eine Planung bei Unsicherheit.

Bei der **Planung bei Unsicherheit** sind mehrere Datensituationen denkbar, auf die sich die Planer einzustellen haben. Mehrere Situationen müssen mithilfe entsprechender Planungsmethoden berücksichtigt werden.

3.5 Planung nach dem Inhalt

Darunter ist zu verstehen

- die Grundsatzplanung
- die Zielplanung
- die Strategieplanung
- die Maßnahmenplanung.

3.6 Planung nach dem Zeitraum

Die Planung lässt sich einteilen in

- eine langfristige Planung für Zeiträume über fünf Jahre
- eine mittelfristige Planung für Zeiträume von einem Jahr bzw. von zwei Jahren bis fünf Jahren
- eine kurzfristige Planung für Zeiträume in der Regel bis zu einem Jahr.

Die genannten Zeiträume können betriebsindividuell festgelegt werden.

Bei der kurz- bis mittelfristigen Planung spielen die **Engpässe** eine besondere Rolle. Je kurzfristiger eine Planung ist, umso mehr hat sie sich an bestehenden Engpässen zu orientieren. Der **Minimumsektor** ist in diesem Falle der Ausgangspunkt der Planung, den alle kurz- und mittelfristigen Planungen berücksichtigen müssen. *Gutenberg* spricht in diesem Zusammenhang vom **Ausgleichsgesetz der Planung**.

Die langfristige Planung geht nicht von Engpässen aus, sondern versucht diese zu beseitigen.

4. Planungsträger

Planungsträger sind die Personen und Instanzen, die mit Planungsaufgaben betraut werden.

Die **organisatorische Struktur des Unternehmens** und die **Art der Planung** sind die Bestimmungsfaktoren für den Einsatz von Planungsträgern.

Es handelte sich um einen Idealzustand der Planung, wäre jeder Mitarbeiter der Planungsträger für seinen eigenen Aufgaben- und Verantwortungsbereich, er ist ja mit diesem am besten vertraut.

Die Interdependenz der einzelnen Teilpläne würde allerdings eine so große Anzahl von Koordinierungsmaßnahmen erforderlich machen, dass die Planung zum einen sehr langwierig und zum anderen unwirtschaftlich ausfallen würde.

Grundsätzlich infrage kommen folgende Planungsträger:

- einzelne Funktionsträger
- übergeordnete Funktionseinheiten
- Leitungen von Bereichen wie etwa das Beschaffungs-Management mit seinen Linieninstanzen
- zentrale Planungsabteilungen
- zentrale Planungsstäbe
- Planungsteams
- Ausschüsse und Kommissionen
- Planungsinstanzen von Unternehmenszusammenschlüssen
- Controller
- externe Stellen wie Unternehmensberater oder Wirtschaftsprüfer.

5. Planungsprozess

Der Planungsprozess enthält alle sich auf den einzelnen hierarchischen Stufen ergebenden Planungsaktivitäten sowohl im strategischen als auch im operativen und taktischen Bereich.

Beim Planungsprozess sind

- der globale Planungsprozess
- Teilprozesse

zu unterscheiden.

Der globale Planungsprozess stellt sich wie folgt dar:

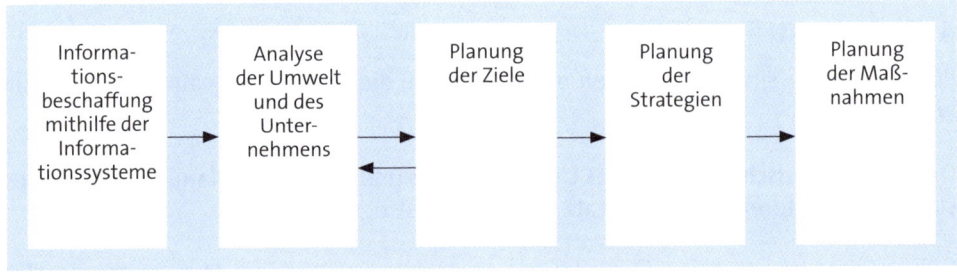

Zwischen den einzelnen Planungsphasen können sich jeweils Überlappungen ergeben.

Es ist nicht unumstritten, ob der Planungsstart nach der Phase der Informationsgewinnung mit der Situationsanalyse oder mit der Zielplanung erfolgen soll. Letztendlich ist es gleichgültig, ob man die Situationsanalyse oder die Zielplanung an den Anfang stellt, da zwischen beiden Phasen starke Wechselbeziehungen existieren.

Die **Phase der Informationsbeschaffung** stellt eine Vorbereitungsphase dar. In ihr werden die Daten gewonnen, die in irgendeiner Beziehung zur Planung stehen (*Wöhe, 2008*). Sie sind die Basis der Planung.

Die **Phase der Situations- und Zukunftsanalyse** ist von besonderer Bedeutung für die Planung, da sich in der Umwelt ständige Veränderungen ergeben und auch im Unternehmen selbst Schwankungen in mancherlei Hinsicht festzustellen sind und Stärken und Schwächen zu verschiedenen Zeiten in unterschiedlichen Bereichen auftreten.

Die erforderlichen Analysen umfassen in erster Linie

- die Analyse des politischen Umfeldes
- die Analyse der gesellschaftlichen Entwicklung
- die Analyse der gesamtwirtschaftlichen Entwicklung
- Marktanalysen
- Branchenanalysen
- Konkurrentenanalysen
- Unternehmensanalysen.

Während der **Phase der Zielplanung** formulieren die Leitungsfunktionen ihre Absichtserklärungen, sie peilen einen zukünftigen Zustand an. Ohne konkrete Zielvorstellungen ist eine Planung nicht sinnvoll durchführbar.

Die **Phase der Strategieplanung** befasst sich mit der Entwicklung von Strategien, dies bedeutet Grundsatzentscheidungen zu treffen, die alle Unternehmensbereiche tangieren. Die Strategieplanung macht deutlich, wie die Erfolgspotenziale erkannt und nutzbar gemacht werden können.

Die **Phase der Maßnahmenplanung** hat die Aufgabe, die Maßnahmen festzustellen, die am geeignetsten sind, die Ziele möglichst optimal zu erreichen. Es handelt sich um eine „operative" Phase, während der die Strategien konkretisiert werden.

Während der Maßnahmenplanung legt man im Einzelnen

- Aktivitäten
- Termine
- Mengengrößen
- Wertgrößen

fest.

Der globale Planungsprozess besteht aus **mehreren Teilprozessen**, die wie folgt charakterisiert werden können:

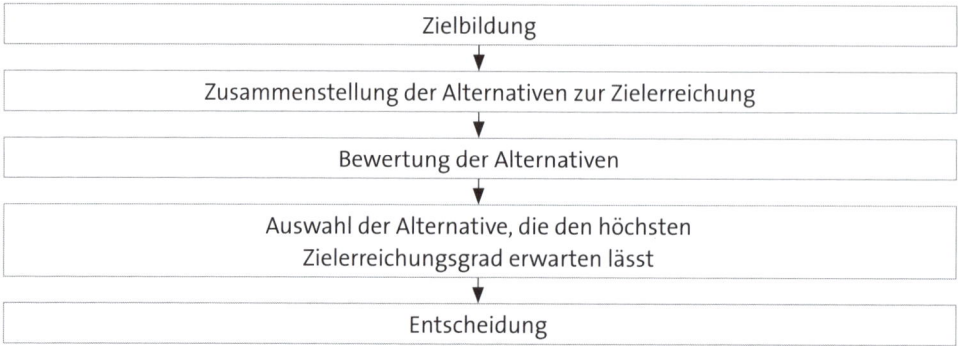

Zielbildung
Zusammenstellung der Alternativen zur Zielerreichung
Bewertung der Alternativen
Auswahl der Alternative, die den höchsten Zielerreichungsgrad erwarten lässt
Entscheidung

Betrachtet man die Teilprozesse im Gesamtzusammenhang und ordnet sie den einzelnen hierarchischen Stufen zu, erhält man folgende Darstellung:

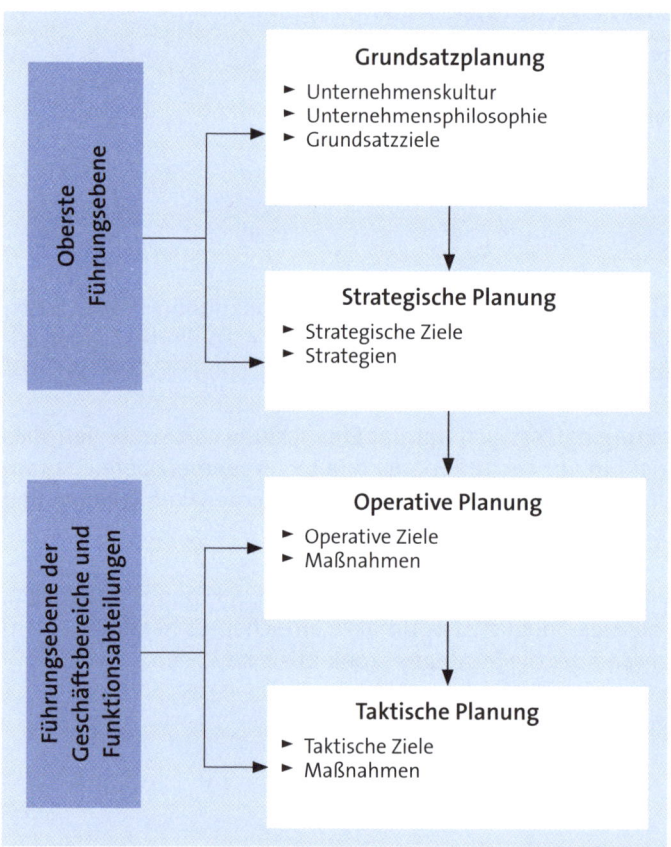

Oberste Führungsebene

Grundsatzplanung
- ► Unternehmenskultur
- ► Unternehmensphilosophie
- ► Grundsatzziele

Strategische Planung
- ► Strategische Ziele
- ► Strategien

Führungsebene der Geschäftsbereiche und Funktionsabteilungen

Operative Planung
- ► Operative Ziele
- ► Maßnahmen

Taktische Planung
- ► Taktische Ziele
- ► Maßnahmen

6. Planungsvorbereitung

Ohne gründliche Vorbereitung kann eine Planung nicht den erwarteten Erfolg bringen.

Die Vorbereitung der Planung erstreckt sich auf die **Gewinnung von Informationen**, den **Entwurf von Planungsrichtlinien** und deren **Dokumentation**.

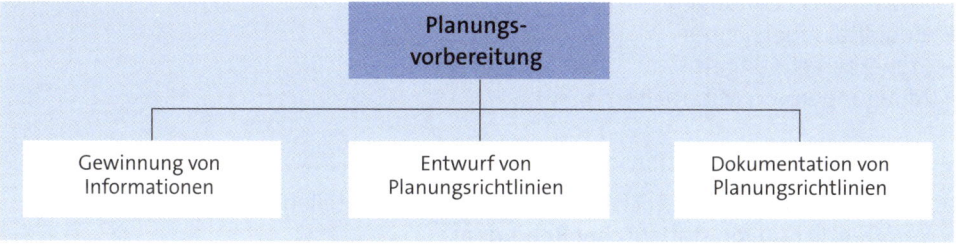

6.1 Gewinnung von Informationen

Jede Planung ist auf Informationen angewiesen.

Für die Planung ist es äußerst wichtig,

- ► den Informationsbedarf zu kennen
- ► die möglichen Informationsquellen zu kennen
- ► die richtigen Informationen herauszufiltern
- ► sich vollständig zu informieren
- ► überflüssige Informationen außer Acht zu lassen.

Dem Unternehmen stehen zahlreiche Informationsquellen zur Verfügung, die sich innerhalb und außerhalb des Unternehmens befinden.

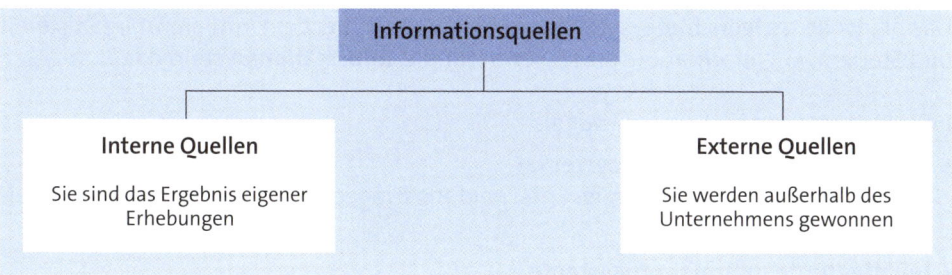

Interne Informationsquellen sind in erster Linie

- ► das Allgemeine Rechnungswesen (Geschäftsbuchhaltung)
- ► die Kostenrechnung
- ► die Statistik
- ► Berichte aus den unterschiedlichsten Sachgebieten
- ► Primärforschung der eigenen Marktforschungsabteilung
- ► Kundenkarteien
- ► Interessentenkarteien

- Lieferantenkarteien
- Anlagenkarteien
- Lagerbestandsübersichten
- Kapazitäts- und Kapazitätsbelegungsangaben
- die Arbeitsvorbereitung
- Kapitalbedarfsrechnungen
- Investitionsrechnungen
- Liquiditätsübersichten
- Steuerberechnungen
- Anregungen von Mitarbeitern u. Ä.

Zu den **externen Informationsquellen** zählen:

- Veröffentlichungen staatlicher und überstaatlicher Stellen
- Veröffentlichungen statistischer Behörden
- Veröffentlichungen von Kammern und Verbänden
- Veröffentlichungen wirtschaftswissenschaftlicher Institute
- Veröffentlichungen von Informationsdiensten
- Geschäftsberichte, Firmenveröffentlichungen
- Fachbücher, Nachschlagewerke
- Berichte in Zeitungen und Zeitschriften
- Forschungsberichte
- Berichte beauftragter Marktforschungsinstitute und Werbeagenturen
- Datenbanken
- Branchenhandbücher, Adressenverzeichnisse
- Prospekte, Kataloge
- Banken
- Auskunfteien
- Indiskretionen u. Ä.

Das planvolle, zielgerichtete, systematische Vorgehen bei dem Initiieren, Organisieren und Steuern von Informationsprozessen stellt das **Informationssystem** dar.

Informationssysteme kommen vor als

- **vollintegrierte Informationssysteme**,
  die den Informationsbedarf aller Entscheidungsträger der unterschiedlichsten Bereiche befriedigen können
- **teilintegrierte Informationssysteme**,
  bei denen die Daten aus mehrfach genutzten Quellen beschafft werden, eine Informationsbasis für mehrere Entscheidungen nutzbar gemacht wird und ein Informationsaustausch zwischen mehreren Entscheidungsträgern stattfindet
- **isolierte Informationssysteme**,
  die in der betrieblichen Praxis selten vorkommen. Ein solches System ist etwa die Lagerbestandsrechnung.

Näheres zur Informationsbeschaffung s. *Ehrmann:* Unternehmensplanung.

6.2 Entwurf von Planungsrichtlinien

Planungsrichtlinien haben die Aufgaben, die Unternehmensplanung so zu gestalten, dass sie

- zwangsläufig
- richtig
- sachlich
- vollständig
- pünktlich
- koordiniert

abläuft.

Die Planungsrichtlinien umfassen den **Aufbau** und den **Ablauf** der Planung.

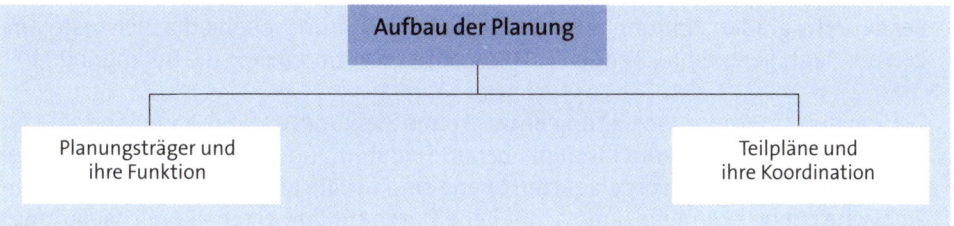

6.2.1 Aufbau der Planung

Auf die **Planungsträger** wurde bereits im Kapitel B. 4 eingegangen, ihre **Funktionen** sind in einem Aufgaben- und Kompetenzbild festzuhalten, das folgenden Inhalt hat:

- die zu erfüllenden Aufgaben
- den Inhalt
- die Kompetenz
- die kooperierenden Stellen.

Die **Festlegung der Teilpläne und ihre Koordinierung** sollte bereits in der Vorbereitungsphase der Planung erfolgen.

Es ist zu klären, wie die Planung der Hauptbereiche Absatz, Produktion, Beschaffung, Logistik, Finanzen usw. untergliedert werden muss, und wie die Koordination und Integration der Teilpläne zum Gesamtplan erfolgen soll.

6.2.2 Ablauf der Planung

Die Regelung des Ablaufs der Planung umschließt die Bereiche Planungsrichtung, inhaltlicher Planungsablauf, zeitlicher Planungsablauf und Planungstechniken.

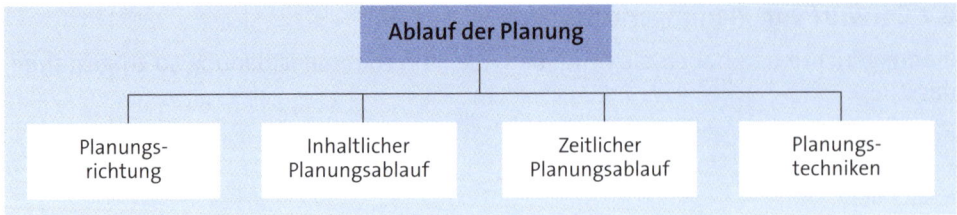

► Die **Planungsrichtung** gibt die Art der Zuordnung der Planprozesse auf die hierarchischen Ebenen an. Zu unterscheiden sind drei Möglichkeiten:
- die retrograde oder top-down-Planung
- die progressive oder bottom-up-Planung
- die Planung nach dem Gegenstromverfahren.

Bei der **retrograden Planung** arbeitet die oberste Führungsebene die Zielvorstellungen aus, legt die entsprechenden Rahmendaten fest und fixiert die Bedingungen.

Die von der Unternehmensleitung entwickelten Ziel- und Maßnahmenpläne sind für die nachgeordneten hierarchischen Ebenen Fixdaten und die Basis für ihre Planungen. Die Plandaten der vorgelagerten Ebene sind für die jeweils nachgelagerte hierarchische Ebene zwingend vorgeschriebene Daten für ihre eigene Bereichsplanung.

Die **progressive Planung** ist durch den umgekehrten Weg gekennzeichnet. Der Startpunkt der Planung befindet sich auf den unteren hierarchischen Ebenen. Auf ihnen werden die Planinhalte auf der Basis der ihnen relevant erscheinenden Daten festgelegt.

Die von den unteren und mittleren Ebenen erstellten Ziel- und Maßnahmenpläne werden von Ebene zu Ebene weiterentwickelt. Mit zunehmendem Aggregationsgrad entwickelt sich aus der taktischen und operativen Planung die strategische Planung, aus Abteilungsplänen werden Bereichspläne, und diese werden schließlich zur gesamten Unternehmensplanung verknüpft.

Bei der **Planung nach dem Gegenstromverfahren** liegt der Ausgangspunkt der Planung auf der obersten Führungsebene. Diese fällt die Grundsatzentscheidungen und entwickelt vorläufige strategische Ziel- und Maßnahmenpläne und macht gleichzeitig anspruchsvolle, jedoch realistische Vorgaben.

Die Vorgaben stellen für die nächste hierarchische Ebene den Planrahmen dar; dieser wird mit Alternativplänen und operativ/taktischen Maßnahmenplänen mit ebenfalls provisorischem Charakter ausgefüllt. Diese Vorgehensweise erstreckt sich bis auf die unterste hierarchische Ebene.

Es folgt nun die ganz konkret werdende bottom-up-Vorgehensweise. Es stellt sich heraus, ob die vorgegebenen Einzelziele erreicht werden können. Teilziele können auf der nächsthöheren Ebene jederzeit korrigiert werden, soweit dadurch nicht wichtige Hauptziele gefährdet werden. Ist das Hauptziel trotz der Korrekturmaßnahmen gefährdet, sind auf der nächsthöheren Ebene Koordinierungsmaßnahmen erforderlich. Es kann sich als notwendig erweisen, die unteren hierarchischen Ebenen wieder in den Planungsprozess einzuschalten, um alternative Zielerreichungsmaßnahmen zu entwickeln. Die Planung nach dem Gegenstromverfahren ist durch ständige Rückkoppelungen gekennzeichnet.

▸ Der **inhaltliche Planungsablauf** bedeutet die Organisation des Planungsprozesses, den funktionalen Prozessablauf. Die Planungsschritte mit unterschiedlichem inhaltlichen Gegenstand sind in eine bestimmte ablauforganisatorische Reihenfolge zu bringen (*Kiener*).

Eine wichtige Aufgabe der Planungsrichtlinien im Hinblick auf den inhaltlichen Planungsablauf ist die Festlegung zentral und dezentral durchzuführender Planungshandlungen.

Wichtige **zentrale Planungshandlungen** sind in Anlehnung an *Bramsemann*

- Initiieren bzw. Entwerfen von Formularen
- Festlegen von Unter- und Obergrenzen der Planinhalte
- Koordinieren der Teilpläne und Korrektur von Planwerten nach Rücksprache mit den betroffenen Stellen, soweit entsprechende Regelungen nicht bereits in den Aufbaurichtlinien getroffen wurden
- Konkretisieren der Planungsgrundsätze.

Wichtige **dezentrale Planungsarbeiten** sind

- Ausarbeiten der Planentwürfe
- Teilnahme an Koordinierungsmaßnahmen
- Teilnahme an der Planrevision
- Anregungen und Verbesserungsvorschläge.

▸ Der **zeitliche Planungsablauf** befasst sich mit der Terminierung der Planungsabfolge. Es wird ein Planungsterminkalender erstellt, der die Planungsprozesse möglichst kurz und wirtschaftlich gestalten soll. Er beinhaltet

- die zeitliche Reihenfolge
- die Dauer
- die Anfangs- und Endtermine
- ggf. zeitliche Reserven

der einzelnen Teilprozesse und des gesamten Planungsprozesses.

Für den Aufbau eines Planungsterminkalenders empfiehlt sich die folgende Gliederung:

Planungskalender 20..			
Planungsschritte	Für die einzelnen Schritte verantwortlicher Planer	Termine Beginn	Ende
1. 2. 3. 4. 5.			

Die einzelnen Planungsschritte erfolgen nicht alle zeitlich nacheinander, sondern teilweise nacheinander und teilweise parallel, es ergeben sich also Überlappungen.

Für Terminpläne wurden einige Techniken und grafische Darstellungen entwickelt wie etwa das **Balkendiagramm** (Gantt-Plan), der **Milestone-Plan** als eine Variante des Gantt-Plans oder die **Netzplantechnik**, auf die noch einzugehen ist (vgl. Kap. C. 2.2.2.5).

Ein detaillierter Zeitplan hat folgendes Aussehen:

Nr.	Aktivitäten	Woche (31–42)	Verantwortliche Bereiche	Vorgelegte Pläne	Nachgelagerte Pläne
1	Hochrechnung		Controlling	–	2-24
2	Planvorgaben		GL	1	3-24
3	Grobplan		Controlling	1, 2	–
4	Diskussion		GL	1, 2, 3	5-24
5	Absatzplan		Marketing	4	6-10, 13
6	Marketingplan		Marketing	4, 5	8, 21
7	Diskussion		GL/Marketing	5-6	8, 21
8	Umsatzplan		Vertrieb	4-7	21
9	Diskussion		GL/Vertrieb/Marketing	5-8	10, 21
10	Produktionsplan		Technik	5	11, 12, 16-19
11	Kapazitätsplan		Technik	10	14, 15
12	Bestandsplan		Technik, Marketing	10, 13	13, 21
13	Beschaffungsplan		Materialwirtschaft	5, 12	18, 12, 21
14	Instandhaltungsplan		Technik	11	21
15	Investitionsplan		Technik, Controlling	11	19, 21, 22
16	Personalplan		Personal	10, 17	17, 19
17	Organisationsplan		Organisation	16	–
18	Plan variable Kosten		Controlling	5, 8, 13	21
19	Overhead-Plan		Bereiche/Controlling	8,10,12,15,16	21
20	Neutrales Ergebnis		Finanzen/Controlling	18, 19	21
21	Ergebnisplan		Controlling	18, 19	22, 23
22	Finanzplan		Finanzen	15, 21	24
23	Plan G+V		Finanzen	21	24
24	Plan-Bilanz		Finanzen	22, 23	–
25	Verabschiedung		GL	1-23	–

Quelle: *Schröder*

Auf die **Planungstechniken** wird in dem Abschnitt über die Logistik-Instrumente (vgl. Kapitel C.) eingegangen.

7. Strategische Logistikplanung

7.1 Strategien

Der vom griechischen Wort strategos = Heerführer abgeleitete Begriff wurde lange Zeit fast ausschließlich im militärischen Bereich verwendet. Heute befasst sich auch die Betriebswirtschaftslehre intensiv mit Strategien, insbesondere in der Lehre von der Planung.

Im betriebswirtschaftlichen Sinne bedeutet Strategien zu entwickeln, Grundsatzentscheidungen zu treffen, die sämtliche Unternehmensbereiche tangieren; es geht darum, unternehmerische Absichten gedanklich in die Realität umzusetzen.

Strategien deuten die Richtung an, in die sich ein Unternehmen entwickelt.

7.2 Gegenstand der strategischen Planung

Die strategische Planung legt die Strategien für das Unternehmen und seine Teilbereiche für längere Zeiträume, etwa fünf bis zehn Jahre, fest. Sie beschäftigt sich mit den Faktoren, Quellen und Tätigkeiten des Unternehmens, die dessen Erfolg bewirken, mit den **Erfolgspotenzialen**.

Die Erfolgspotenziale befinden sich innerhalb und außerhalb des Unternehmens. Die strategische Planung hat die Aufgabe,

- sie zu erkennen
- neue zu schaffen
- sie sich nutzbar zu machen.

Die strategische Planung legt fest, was geschehen muss, um

- die Chancen zu erkennen und zu nutzen
- Risiken zu vermeiden, sofern sie nicht bewusst in Kauf genommen werden
- Stärken zu erhalten und auszubauen
- Schwächen zu mindern und zu beseitigen.

7.3 Strategische Erfolgsfaktoren

Die Erfolgspotenziale eines Unternehmens setzen sich aus den **Erfolgsfaktoren** zusammen.

Die strategischen Erfolgsfaktoren müssen permanent erkannt und nutzbar gemacht werden. Sie sind im Unternehmen selbst und in der Umwelt zu finden. Sie resultieren aus

- den von dem Staat und der Gesellschaft geschaffenen Bedingungen
- dem Marktgeschehen
- der Unternehmenskultur
- der Qualität der Unternehmensführung
- der Qualität der Mitarbeiter
- der Organisation
- den angewandten Verfahren
- der Investitionsintensität
- dem Forschungs- und Entwicklungsaufwand
- der Kooperationsfähigkeit und -bereitschaft mit anderen Unternehmen und Institutionen u. Ä.

Strategische Erfolgsfaktoren haben keinen Ewigkeitswert, sondern sind ständigen Wandlungen unterworfen; gegenwärtig aktuelle Erfolgsfaktoren können jederzeit durch andere ersetzt werden.

7.4 Strategische Geschäftseinheiten

Strategische Geschäftseinheiten (SGE) sind voneinander weitgehend unabhängige Tätigkeitsfelder eines Unternehmens. Sie haben jeweils eine eigenständige, kundenbezogene Marktaufgabe, gegenüber anderen Strategischen Geschäftseinheiten klar abgrenzbare Produkte oder Produktgruppen und sind durch einen klar bestimmbaren Kreis von Wettbewerbern gekennzeichnet. Sie weisen im Allgemeinen unterschiedliche Marktchancen und Risiken auf (*Nieschlag/Dichtl/Hörschgen*).

Für jede Strategische Geschäftseinheit lassen sich Strategien zur Schaffung und Erhaltung von Erfolgspotenzialen selbstständig planen und realisieren, ohne dass andere SGE davon betroffen sind und ohne selbst von anderen SGE betroffen zu werden.

Durch die Bildung Strategischer Geschäftseinheiten wird besonders eine produkt- und zielgruppenorientierte Marktbearbeitung möglich bei raschem und deutlichem Erkennen von Kostensenkungspotenzialen.

Eine Bildung von Strategischen Geschäftseinheiten führt nicht zwangsläufig zu einer grundlegenden Änderung der Aufbauorganisation.

Organisatorisch können SGE folgendermaßen gebildet werden:

- eine SGE ist gleichzeitig eine organisatorische Einheit wie etwa ein Unternehmensbereich, ein Geschäftsbereich, eine Abteilung oder eine Kostenstelle
- eine organisatorische Einheit umfasst mehrere SGE
- mehrere organisatorische Einheiten bilden eine SGE.

Die Leitungen der Strategischen Geschäftseinheiten müssen mit ausreichender Führungskompetenz ausgestattet sein und müssen Entscheidungsbefugnis über Technologie, Produktion, Marketing, Cash-Management usw. im Rahmen genehmigter Pläne haben (*Hammer*).

Die Strategischen Geschäftseinheiten werden nicht auf Dauer gebildet, sondern können Änderungen unterworfen sein, wenn sich bestimmte Bedingungen ändern.

7.5 Strategischer Planungsprozess

Der Prozess der Strategischen Planung läuft wie folgt ab:

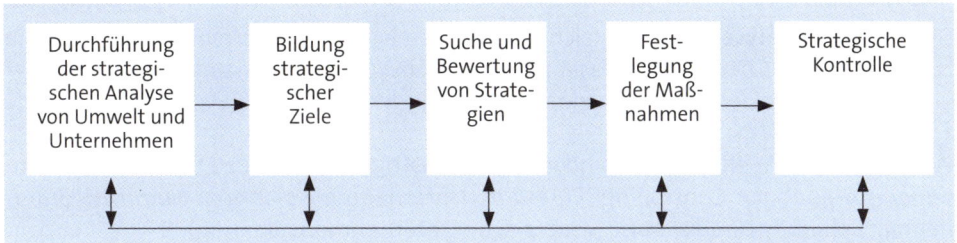

7.5.1 Strategische Umweltanalyse

Sowohl die Umweltanalyse als auch die Unternehmensanalyse stellen nicht nur wichtige Bereiche des strategischen Planungsprozesses dar, sondern sind auch wichtiger Bestandteil der logistischen Software. Eine intensive Beschäftigung mit diesen Instrumentarien ist bereits an dieser Stelle angebracht.

Die strategische Umweltanalyse beschäftigt sich mit

- dem politischen Umfeld
- den gesetzlichen Umweltbedingungen
- der gesellschaftlichen Entwicklung
- der gesamtwirtschaftlichen Entwicklung
- der ökologischen Umwelt
- der technologischen Umwelt.

Sonderformen der Umweltanalyse sind

- die Marktanalyse
- die Konkurrentenanalyse
- die Branchenanalyse.

Die **Marktanalyse** erfasst systematisch alle relevanten Sachverhalte über die vorhandenen und möglichen Marktpartner. Analyseobjekte sind abgegrenzte Märkte, Teilmärkte oder ein bestimmtes Marktsegment. Sie bedient sich der Primärerhebung („field-research") und der Sekundärerhebung („desk-research").

Die **Konkurrentenanalyse** analysiert alle Daten der Konkurrenten, die für die eigene Entscheidung im Rahmen der strategischen Planung von Bedeutung sind (*Kreikebaum*). Untersuchungsobjekte sind häufig nur die wichtigsten Konkurrenten, doch sollten auch kleinere Mitbewerber in die Analyse einbezogen werden, da diese häufig wichtige Marktnischen besetzen.

In der Konkurrentenanalyse werden alle die Bereiche erfasst, die Stärken und Schwächen der Konkurrenten erkennen lassen. Man bedient sich dabei vorbereiteter Formulare und Checklisten. Ein **Konkurrenzprofil** ergibt sich, wenn die in den Checklisten enthaltenen Analyseobjekte einer Bewertung unterzogen werden. In einem **Diagramm** stellt man dar, wie die Konkurrenten im Vergleich zu dem eigenen Unternehmen abschneiden.

Die **Branchenanalyse** setzt die gleichen Techniken wie die Konkurrentenanalyse ein. In Formularen und Checklisten erfasst man die wichtigsten Branchendaten und gelangt durch Bewertung der Analyseobjekte zu einem Branchenprofil.

Weitergehende Ausführungen sind in der reichhaltigen Literatur zu finden (u. a. *Bramsemann*: Handbuch Controlling; *Ehrmann*: Unternehmensplanung; *Hammer*: Unternehmensplanung; *Kreikebaum*: Strategische Unternehmensplanung).

7.5.2 Strategische Unternehmensanalyse

Während sich die Umweltanalyse mit dem Umfeld des Unternehmens, mit seinen Außenbeziehungen beschäftigt, hat die Unternehmensanalyse die Leistungsfähigkeit des eigenen Unternehmens, sein Potenzial, seine Stärken und Schwächen zum Gegenstand.

Die Unternehmensanalyse arbeitet in erster Linie mit folgenden Einzelanalysen:

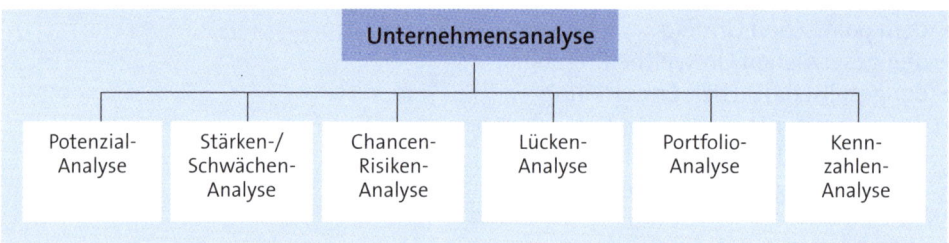

Auf die wichtigsten Analysen sei wegen ihrer Bedeutung für die Logistikplanung kurz eingegangen.

7.5.2.1 Potenzialanalyse

Die Potenziale eines Unternehmens bestehen aus seinen Stärken bzw. seinen Ressourcen, die angeben, wo sich seine Kompetenzen befinden. Will man diese eindeutig erkennen, müssen sämtliche Funktionsbereiche des Unternehmens analysiert werden. Die Analyse hat sich folglich auf diese Bereiche zu erstrecken:

- die Forschung und Entwicklung
- die Produktion
- den Materialbereich
- das Marketing
- den Finanzbereich
- den Personalbereich
- die Kosten- und Leistungsrechnung
- Bereiche mit Einflussmöglichkeiten auf andere Stellen.

Das Resultat der Analyse ist in einer Dokumentation festzuhalten.

Beispiel

Im Folgenden wird an zwei Bereichen dargestellt, wie eine Potenzialanalyse aufgebaut werden kann:

Bereich	Zu analysierendes Potenzial
Produktionsbereich	▸ Art der Anlagen ▸ Kapazität der Anlagen ▸ Modernisierungsgrad ▸ Elastizität der Anlagen ▸ Qualität der Fertigung ▸ Organisation der Fertigung ▸ Anforderungen an das Bedienungspersonal

Marketingbereich	▸ Produktbezogen
	  - Sortiment
	  - Produktzweck im Hinblick auf die Lösung von Kundenproblemen
	  - Produktqualität
	  - Produktgestaltung
	  - Altersstruktur der Produkte
	  - akquisitorische Wirkung des Produktprogramms
	
	▸ Absatzbezogen
	  - Art und Effizienz der Vertriebsorganisation
	  - Werbungskonzeption
	  - Öffentlichkeitsarbeit
	  - Kundendienst
	   .
	   .
	   .

7.5.2.2 Stärken-/Schwächen-Analyse

Die Stärken-/Schwächen-Analyse stellt eine Ergänzung der Potenzialanalyse dar. Sie analysiert die in der Vergangenheit und Gegenwart aufgetretenen Stärken und Schwächen des Unternehmens auf ihre Ursachen hin und versucht, auch zukünftige Stärken und Schwächen zu ergründen.

Die Stärken-/Schwächen-Analyse begnügt sich nicht damit, die Stärken und Schwächen des eigenen Unternehmens isoliert zu betrachten, sondern sieht diese im Vergleich mit denen der bedeutendsten Konkurrenten.

Die Stärken und Schwächen eines Unternehmens treten in mehreren Funktionsbereichen auf, sodass es sich empfiehlt, ihre Analysen im Team vorzunehmen, das sich aus Experten dieser Bereiche zusammensetzen sollte.

Die **Vorgehensweise** besteht darin, dass zunächst die **Bewertungsobjekte** festgestellt werden, also typische Sachverhalte des eigenen Unternehmens und der wichtigsten Konkurrenten, und anschließend die Bewertung vorgenommen wird. Diese erfolgt durch Zuordnung von Prozentwerten zu den Bewertungsobjekten, deren Summe 100 Prozent ergeben muss.

Die Beurteilung geschieht mithilfe einer Skala, diese kann den klassischen Schulnoten entsprechend eine Fünferskala sein. Es entstehen fünf Fragestellungen mit entsprechenden Beurteilungen:

Fragestellung	Beurteilung
Ist unser Unternehmen im Vergleich zu dem/den stärksten Konkurrenten	
► viel besser?	5
► besser?	4
► gleich gut?	3
► schlechter?	2
► viel schlechter?	1

Die maximale Potenzialsumme beträgt 500 (5 x 100 %), die niedrigste 100 (1 x 100 %).

Eine Stärken-/Schwächenanalyse kann nach folgendem **Muster** durchgeführt werden, wobei folgende Beurteilungsskala zu Grunde gelegt wird:

5 = sehr gut
4 = gut
3 = mittelmäßig
2 = schlecht
1 = sehr schlecht

Die Beurteilungsskala kann selbstverständlich erweitert werden. Statt von 1 - 5 kann die Skala von 1 - 10 reichen. Auch ist es gleichgültig, ob der unterste oder der oberste

Wert das Optimum ausdrückt. Bei der Auswertung ist dies entsprechend zu berücksichtigen.

Stärken-/Schwächen-Analyse

	Entwicklung der letzten drei Jahre					Vergleich zur Konkurrenz				
	1	2	3	4	5	1	2	3	4	5
Ergebnisse ▶ monetär ▶ quantitativ ▶ qualitativ										
Potenzial ▶ finanziell ▶ technisch ▶ personell ▶ innovativ ▶ kreativ ▶ organisatorisch										
Strategien ▶ Marketingstrategien ▶ Beschaffungsstrategien ▶ Produktionsstrategien ▶ finanzwirtschaftliche Strategien ▶ personalwirtschaftliche Strategien ▶ Forschungs- und Entwicklungsstrategien ▶ Logistikstrategien										
Management ▶ Führungsstrategien ▶ Führungsmethodik ▶ organistorisches Konzept ▶ Elastizität										

Eine **Potenzialanalyse mit Stärken-/Schwächen-Profil** hat in verkürzter Form folgendes Aussehen:

Bewertungskriterien	Gewichtungs-faktor	Im Vergleich zum stärksten Konkurrenten bewerten wir uns mit					Potenzial-summe
		5	4	3	2	1	
Forschung und Entwicklung	4						4
Technischer Stand	7						14
Innovationsfähigkeit	7						28
Sortiment	9						45
Marktbearbeitung	13						65
Finanzkraft	14						42
Qualität des Management	13						52
Qualität der Mitarbeiter	13						52
Organisation	10						20
Logistik	10						20
Gesamtpotenzial							342

Das Unternehmen erreicht 342 von 500 möglichen Potenzialpunkten. Die schlechteste Beurteilung läge bei 100 Punkten, eine durchschnittliche bei 300 Punkten.

Die **Stärken** des Unternehmens befinden sich in den Bereichen

- Marktbearbeitung
- Sortiment
- Qualität des Management
- Qualität der Mitarbeiter.

Die **Schwächen** ergeben sich

- in der Forschung und Entwicklung
- beim technischen Stand
- in der Organisation
- bei der Logistik.

Das Ergebnis der Analyse darf nicht ohne Weiteres akzeptiert werden, sondern muss auf seine **Ursachen** hin überprüft werden.

Das dargestellte **Gesamtprofil** resultiert aus den Bewertungsergebnissen der einzelnen Teammitglieder. Neben diesem Gesamtprofil lassen sich noch **Einzelprofile** erstellen, die durch Einzelanalysen verschiedener Bereiche entstehen. Bei diesen Profilen kann es sich um

- das Absatzprofil
- das Produktionsprofil
- das Beschaffungsprofil
- das Profil Entwicklungspotenzial

- das Mitarbeiterprofil
- das Verwaltungsprofil
- das Organisationsprofil
- das Logistikprofil u. Ä.

handeln.

7.5.2.3 Chancen-Risiken-Analyse

Die Chancen-Risiken-Analyse ist eine Zusammenfassung der Umwelt-, Markt-, Branchen- und Stärken-/Schwächen-Analyse. Sie dient dem rechtzeitigen Aufspüren von Strömungen und Tendenzen, die Chancen für das Unternehmen bedeuten, aber auch eine Gefahr für die Erfüllung der Unternehmensziele darstellen können.

Werden Stärken des Unternehmens von Entwicklungen der Umwelt und des Marktes tangiert, erreicht dieses Vorteile gegenüber seinen Konkurrenten. Berühren externe Entwicklungen hingegen Schwächen des Unternehmens, sollte die Unternehmensleitung schnellstens darauf reagieren.

7.5.2.4 Lückenanalyse

Die klassische Lückenanalyse stellt einer für einen planerisch überschaubaren Zeitraum quantitativ geplanten Zielgröße die erwartete Entwicklung gegenüber. Liegt dabei die erhoffte Zielerreichung unter der geplanten Zielgröße, ergibt sich eine Ziellücke (Gap).

Die Ziellücke hat die Aufgabe, Hilfestellung zur Entwicklung bzw. Anpassung von Strategien zu leisten. Näheres dazu vgl. *Becker (2006)*, *Kreikebaum (1997)*, *Bussiek (1991)*, *Ehrmann (2007)*.

7.5.2.5 Portfolio-Analyse

7.5.2.5.1 Grundsätzliches

Die Portfolio-Analyse entstammt dem Finanzbereich. Einzelne Gruppen von Anlagemöglichkeiten werden so kombiniert, dass der Gesamtgewinn maximiert und/oder das Risiko minimiert wird. Das Portfolio (Portefeuille) soll ausgeglichen sein, also aus einem Mix von soliden, sicheren, wachstumserwartenden und risikoreichen Papieren bestehen.

Die Portfolio-Analyse wurde von der strategischen Planung übernommen. Auch bei ihr geht es um einen Mix. Das Unternehmen stellt ein Portfolio dar, das sich aus verschiedenen Strategischen Geschäftseinheiten zusammensetzt. Diese müssen so aufgebaut, abgebaut, erhalten und kombiniert werden, dass ein Portfolio entsteht, das den Zielvorstellungen des Unternehmens hinsichtlich Gewinn, Deckungsbeiträgen, Umsatz, ROI, Cashflow u. Ä. möglichst nahe kommt.

Die Portfolio-Analyse eignet sich sehr gut, in gebündelter Form Aussagen über das eigene Unternehmen, die Konkurrenten, die Kunden und die Umwelt zu treffen. In ihr werden bereits vorgenommene Einzelanalysen verarbeitet, eine Fülle von Informationen auf das Wesentliche reduziert und die Ergebnisse visualisiert.

Das Analyse-Instrument Portfoliotechnik vermag gut, Fakten und Probleme aufzuzeigen und zu strukturieren. Es eignet sich nicht nur für Großunternehmen, sondern kann in allen Unternehmensgrößen eingesetzt werden.

7.5.2.5.2 Portfolio-Konzepte

In den letzten Jahren wurde eine Vielzahl von Portfolio-Konzepten entwickelt, die im Wesentlichen alle die gleiche Zielsetzung haben, sich jedoch hinsichtlich der Bewertung der Einfluss- und Erfolgsfaktoren der Strategien unterscheiden.

Die Portfolio-Analyse operiert mit der **Portfolio-Matrix**. Auf den Achsen der Matrix werden die Messkriterien, in die Felder die Strategischen Geschäftseinheiten eingetragen. Die Größe der Kreise drückt die Bedeutung aus, etwa das Marktvolumen.

Die Portfolio-Matrix besteht aus mehreren Feldern. Am meisten verbreitet sind die **Vier-Felder-Matrix** und die **Neun-Felder-Matrix**.

Am häufigsten wird mit den folgenden Portfolio-Konzepten gearbeitet:
- ▶ Marktwachstums-Marktanteils-Portfolio
- ▶ Marktattraktivitäts-Wettbewerbsvorteils-Portfolio
- ▶ Wettbewerbsmatrix von Porter
- ▶ Geschäftsfelder-Ressourcen-Portfolio
- ▶ Branchenattraktivitäts-Geschäftsfelderstärken-Portfolio
- ▶ Anfälligkeits-Portfolio
- ▶ Technologie-Portfolio.

Im Folgenden wird der Aufbau und die Durchführung der Portfoliotechnik am Beispiel des Marktwachstums-Marktanteils-Portfolios und des Marktattraktivitäts- und Wettbewerbsvorteils-Portfolios dargestellt, und anschließend wird auf den Bereich Logistik und Portfolio-Konzepte eingegangen.

(1) Marktwachstums-Marktanteils-Portfolio
Das Marktwachstums-Marktanteils-Portfolio ist die Grundform der Portfolio-Analyse. Sie wurde von der **Boston-Consulting-Group** entwickelt und baut auf Erkenntnissen von Produkt-Lebenszyklus-Analysen, des Lernkurven-Effektes und des PIMS-Projektes auf (vgl. *Ehrmann:* Unternehmensplanung).

In einem Koordinatensystem werden auf der Ordinatenachse das Marktwachstum und auf der Abszissenachse der relative Marktanteil aufgetragen.

Das **Marktwachstum** stellt die in Prozenten ausgedrückte Wachstumsrate dar, der **relative Marktanteil** gibt das Verhältnis des Marktanteils des eigenen Unternehmens zum Marktanteil des stärksten Konkurrenten an.

In die Matrix werden die Strategischen Geschäftseinheiten eingetragen, deren Kreisumfang angibt, welche Positionen sie im Hinblick auf

- ihren Umsatz
- ihren Deckungsbeitrag
- ihren Cashflow

einnehmen.

Die Lage der SGE innerhalb der Vier-Felder-Matrix gibt ihre Entwicklungsphase an. Die folgende Matrix gibt den Aufbau des Portfolios wieder:

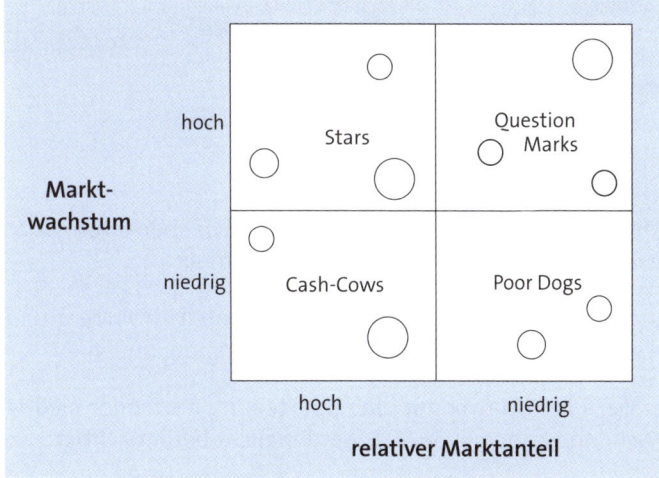

Die Strategischen Geschäftseinheiten können vier Entwicklungsphasen durchlaufen:

- Stars (Sterne)
- Cash-Cows (Milchkühe)
- Question Marks (Fragezeichen)
- Poor Dogs (Arme Hunde).

Die „Question Marks" werden auch als „Wild Cats", im Deutschen sowohl als „Fragezeichen" als auch als „Nachwuchsprodukte" bezeichnet. Die „Poor Dogs" sind unter den Bezeichnungen „Probleme" oder „Lahme Enten" zu finden.

Für die vier Entwicklungsphasen ergeben sich folgende Eigenschaften:

	Stars	Question Marks
hoch	► schnelles Wachstum ► hohe Marktanteile ► Gewinn bringend ► hoher Finanzbedarf zur Erhaltung ihrer Position ► Investitionsstrategien ► Marketinganstrengungen	► Nachwuchsprodukte in der Einführungsphase ► niedrige Marktanteile ► keine Rendite, negativer Cashflow, jedoch aufsteigende Tendenz bei Umsatzzunahme ► hoher Einführungsaufwand ► Förderung, um Portfolio auszugleichen ► Offensivstrategien ► Marketinganstrengungen
	Cash-Cows	**Poor Dogs**
niedrig	► Reifephase der Produkte erreicht ► hoher Marktanteil mit Kostensenkungspotenzial ► positive Rendite ► kein Wachstumsaufwand erforderlich ► hoher Cashflow ► hohe Einnahmeüberschüsse finanzieren das Wachstum anderer SGE ► Abschöpfungsstrategien ► Marketinganstrengungen	► Produkte sind in der Sättigungsphase ► niedrige Marktanteile und niedriges Wachstum ► geringe Überschüsse ► die Produkte sind eliminierungsverdächtig ► Desinvestitionsstrategien ► Finanzanstrengungen

Marktwachstum

hoch   **Relativer Marktanteil**   niedrig

Die Portfolio-Analyse ist in der Regel unkompliziert, und die erforderlichen Informationen können normalerweise ohne größere Probleme beschafft werden.

Kritisch ist anzumerken, dass das Marktwachstum und der Marktanteil im Vordergrund der Betrachtung stehen und viele Erfolgsfaktoren keine Berücksichtigung finden.

Darüber hinaus kann in der Vierfelder-Matrix nur eine Beurteilung hoch oder niedrig vorgenommen werden, Zwischenpositionen von SGE werden nicht berücksichtigt.

(2) Marktattraktivitäts-Wettbewerbsvorteils-Portfolio
Das Marktattraktivitäts-Wettbewerbsvorteils-Portfolio ist mit den Namen *General Electric-Company* und *McKinsey* verbunden und erlaubt eine differenziertere Beurteilung von Strategischen Geschäftseinheiten.

Die Vier-Felder-Matrix wurde zu einer **Neun-Felder-Matrix** erweitert und statt mit dem Marktwachstum und dem Marktanteil wird mit der Marktattraktivität und dem Wettbewerbsvorteil gearbeitet.

Die **Marktattraktivität** oder Branchenattraktivität besteht aus folgenden Hauptfaktoren:

► Marktwachstum
► Marktgröße
► Marktqualität
► Energie- und Rohstoffversorgung
► Umweltsituation.

Eine detaillierte Aufgliederung der Faktoren nimmt *Hinterhuber (2000)* vor.

Der **Wettbewerbsvorteil** wird durch die Kriterien

- relative Marktposition
- relatives Produktpotenzial
- relatives Forschungs- und Entwicklungspotenzial
- relative Qualifikation der Führungskräfte und Mitarbeiter

bestimmt.

Auch hierfür nimmt *Hinterhuber* eine Differenzierung vor.

Das Marktattraktivitäts-Wettbewerbsvorteils-Portfolio ist wesentlich schwerer auf-zustellen als das Marktwachstums-Marktanteils-Portfolio. Die Faktoren der Marktat-traktivität und des Wettbewerbsvorteils lassen sich zuverlässig nur ermitteln, wenn ausgebaute Informationssysteme zur Verfügung stehen.

Bei der Aufstellung des Portfolios empfehlen sich folgende Schritte:

- Ermittlung der Strategischen Geschäftseinheiten
- Erfassung von Kriterien zur Messung der Marktattraktivität
- Erfassung von Kriterien zur Messung der Wettbewerbsposition
- Erstellung eines Bewertungs- und Gewichtungskatalogs
- Bewertung der Strategischen Geschäftseinheiten in der Portfolio-Matrix
- Analyse der Beurteilungsergebnisse.

Es empfiehlt sich, für die Bewertung der SGE Formblätter zu entwickeln. Zur Ermitt-lung der Marktattraktivität lässt sich folgendes Formular etwa unter Verwendung des Hinterhuber'schen Kataloges benutzen.

Kriterien	Gewich-tung	Bewertung			Gewichtete Punktzahl	stichworthafte verbale Beurteilung
		niedrig 0-33	mittel 34-66	hoch 67-100		
Marktwachstum und Marktgröße Marktqualität						
► Rentabilität der Branche						
► Spielraum für die Preispolitik						
► technisches Niveau und Innovations-potenzial						
. . .						
Energie- und Rohstoff-versorgung						
► Störanfälligkeit der Versorgung mit Ener-gierohstoffen						
► Beeinträchtigung der Wirtschaftlichkeit des Produktionsprozesses						
. . .						
Umweltsituation						
► Konjunkturabhän-gigkeit						
► Inflationsauswirkun-gen						
► Abhängigkeit von der Gesetzgebung						
. . .						

Das Portfolio sollte im Team erstellt werden, wobei die Bewertung von den Teammit-gliedern unabhängig voneinander vorzunehmen ist. In einem vorgegebenen Rahmen haben die Mitglieder die Möglichkeit, die Bewertungspunkte frei zu vergeben. Die Er-mittlung des Bewertungsergebnisses erfolgt anschließend mithilfe einer Mittelwert-berechnung.

Das Marktattraktivitäts-Wettbewerbsvorteils-Portfolio wird nach folgendem Schema aufgebaut:

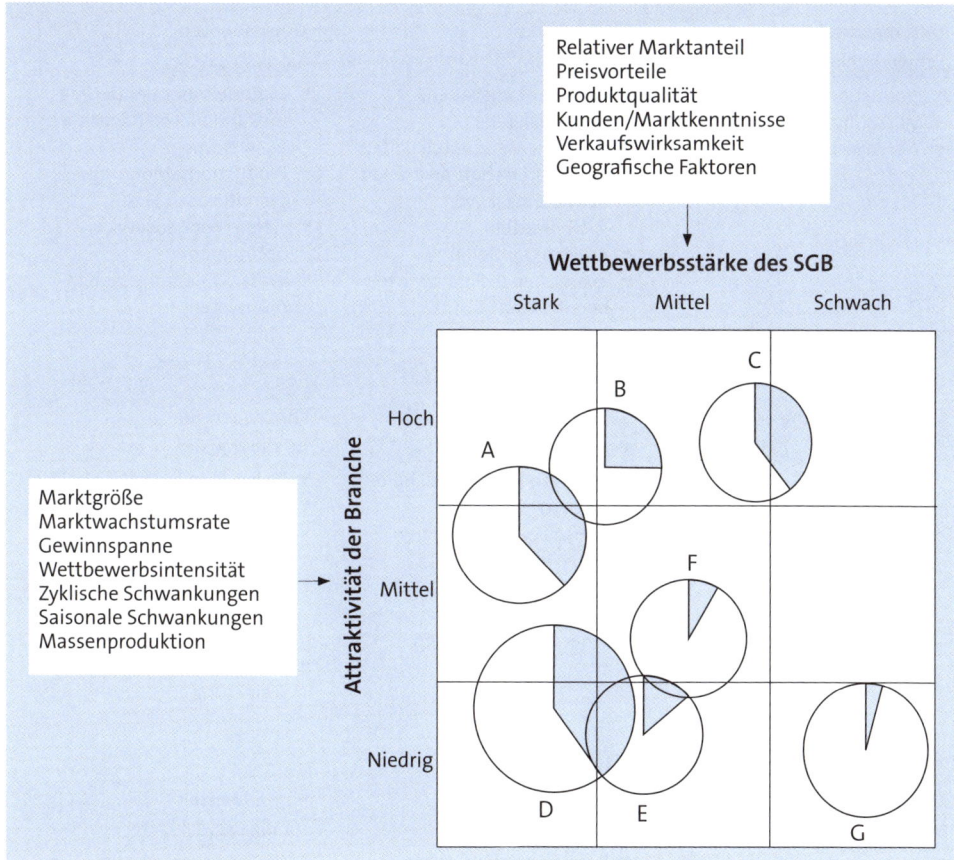

Quelle: *Kotler*

(3) Logistik und Portfolio-Konzepte
Die Porfolio-Technik spielt auch in der Logistik eine Rolle, u. a. wird sie in der Logistik-planung eingesetzt. Bei der Generierung von Logistikstrategien kann sie wertvolle Dienste leisten.

In einer **Vier-Felder-Matrix** können aus den strategischen Grundregeln, die sich für die Strategischen Geschäftseinheiten in den einzelnen Entwicklungsphasen ergeben, Konsequenzen für die Logistik abgeleitet werden.

Im Folgenden wird eine solche Ableitung in Anlehnung an *Klimke* dargestellt.

Stars		
Unternehmerische Schwerpunkte	**Strategische Grundregeln**	**Konsequenzen für die Logistik**
► Produktion ► Marketing ► Warenverteilung	► Sortiment ausbauen, diversifizieren ► relativen Marktanteil halten ► Preisführerschaft anstreben ► aktiver Einsatz von Werbemitteln ► Risiko akzeptieren ► ausreichende Finanzmittel bereithalten	► Materialflussorientierung im Rahmen von Kapazitätsausweitungen ► Produktionssteuerungssysteme optimieren ► Liefer-/Kundenservice optimieren ► Warenverteilungssystem optimieren

Cash-Cows		
Unternehmerische Schwerpunkte	**Strategische Grundregeln**	**Konsequenzen für die Logistik**
► Marketing ► Warenverteilung ► Finanzen	► relativen Marktanteil halten ► Konkurrenzabwehr ► Preisniveau stabilisieren ► Risiko begrenzen ► Kostensenkungspotenzial ausschöpfen ► Finanzmittel abgeben	► Liefer-/Kundenservice halten ► Rationalisieren aller logistischen Funktionen und Systeme ► Bestandsmanagement und Bewertungspolitik rigoros durchführen ► bewusste Produktivitätssteigerung

Question Marks		
Unternehmerische Schwerpunkte	**Strategische Grundregeln**	**Konsequenzen für die Logistik**
► Produktentwicklung ► Produktion ► Marketing	► Produktspezialisierung ► relativen Marktanteil halten ► Niedrigpreise in Kauf nehmen ► Verluste in Kauf nehmen ► Vertriebspolitik forcieren ► Risiko akzeptieren	► Produktionsstandortsuche ► Warenverteilungssystem vergrößern/konzipieren ► Lieferservice verbessern ► Logistik auf spezielle Marktsegmente ausrichten

Poor Dogs		
Unternehmerische Schwerpunkte	**Strategische Grundregeln**	**Konsequenzen für die Logistik**
► Finanzen	► aussichtslose Produkte aufgeben ► Märkte partiell aufgeben ► tendenzielle Hochpreispolitik ► vertriebspolitisches Instrumentarium zurücknehmen ► Verluste hinnehmen ► Risiko vermeiden	► Bestände minimieren ► Lieferservice nur in ausgewählten Marktsegmenten halten ► Warenverteilungssystem minimieren

Um zu klären, ob die Logistik eine strategische Bedeutung für ein Unternehmen hat und ob somit strategische Logistikziele und Logistikstrategien zu entwickeln sind, kann man sich der **Fähigkeiten-Portfolio-Analyse** bedienen. Ihre Ergebnisstruktur zeigt die folgende **Neun-Felder-Matrix** in einer Darstellung nach *Weber*.

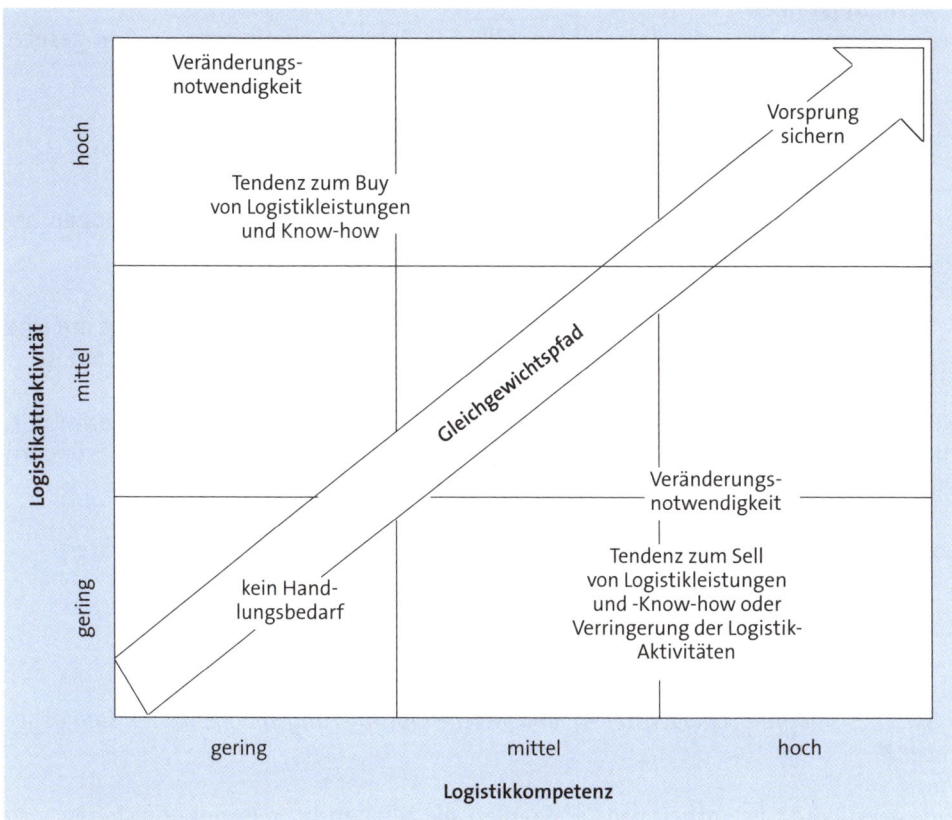

Auf eine weitere Portfolio-Analyse wird an späterer Stelle noch eingegangen.

7.5.2.6 Kennzahlenanalyse

Kennzahlen eignen sich in besonderem Maße zur

► Analyse
► Zielvorgabe
► Kontrolle.

Sie vermitteln Informationen in verdichteter Form über betriebswirtschaftliche Fakten, Prozesse und Zusammenhänge.

Kennzahlen ermittelt man als

▶ **Grundzahlen**
Es sind absolute Zahlen, die zu Kennzahlen werden, wenn sie zu anderen Daten in Vergleich gesetzt werden.

▶ **Verhältniszahlen**
Sie entstehen dadurch, dass Zahlengrößen in Relation zu anderen Größen gesetzt werden. Es handelt sich im Einzelnen um

- Gliederungszahlen,
bei denen Teilmassen in Relation zu einer Gesamtmasse gesetzt werden.

- Beziehungszahlen,
die dadurch entstehen, dass Massen, zwischen denen logische Beziehungen bestehen, zueinander in Relation gesetzt werden.

- Messzahlen,
die sich ergeben, wenn gleichartige Größen bei zeitlicher oder örtlicher Folge auf eine Basis bezogen werden, die vorher festgelegt wurde und die ihnen gemeinsam ist.

Kennzahlen werden für einzelne **Bereiche** oder für das **ganze Unternehmen** ermittelt. Ihre Aussagefähigkeit wird größer, wenn sie nicht isoliert betrachtet werden, sondern ein Zeit- oder Branchenvergleich angestellt wird.

Logistik-Kennzahlen sollen Antwort auf folgende Fragen geben (*Bichler/Schröter*):

▶ *„Was leistet die Logistik?*

▶ *Was kostet die Logistik?*

▶ *Wie hoch ist das Kostensenkungspotenzial?*

▶ *Welches sind ihre Schwachstellen, und welche Optimierungsmöglichkeiten sind gegeben?"*

Eine geordnete Gesamtheit von Kennzahlen, die zueinander in Beziehung stehen, wobei erst die Gesamtheit in der Lage ist, vollständig über Sachverhalte zu informieren, wird als **Kennzahlensystem** bezeichnet (*Horvath, 2011*).

Kennzahlensysteme treten als

▶ Ordnungssysteme
▶ Rechensysteme

auf.

Ordnungssysteme enthalten Kennzahlen ganz bestimmter Sachverhalte, sie betreffen bestimmte Aspekte des Unternehmens.

Rechensysteme sind durch ein rechnerisches Zerlegen der Kennzahlen charakterisiert, das zu einer Pyramidenbildung führt. Die in der Praxis am stärksten verbreiteten Rechensysteme sind

▸ das Du-Pont-System (vgl. Kap. A. 6.2.2.2)
▸ das ZVEI-Kennzahlensystem
▸ das Pyramid Structure of Ratios.

Bei diesen Systemen wird eine Kennzahl an die Spitze gesetzt, die eine Kernaussage trifft. Als Beispiel wird das **ZVEI-System** in einer Kurzfassung wiedergegeben:

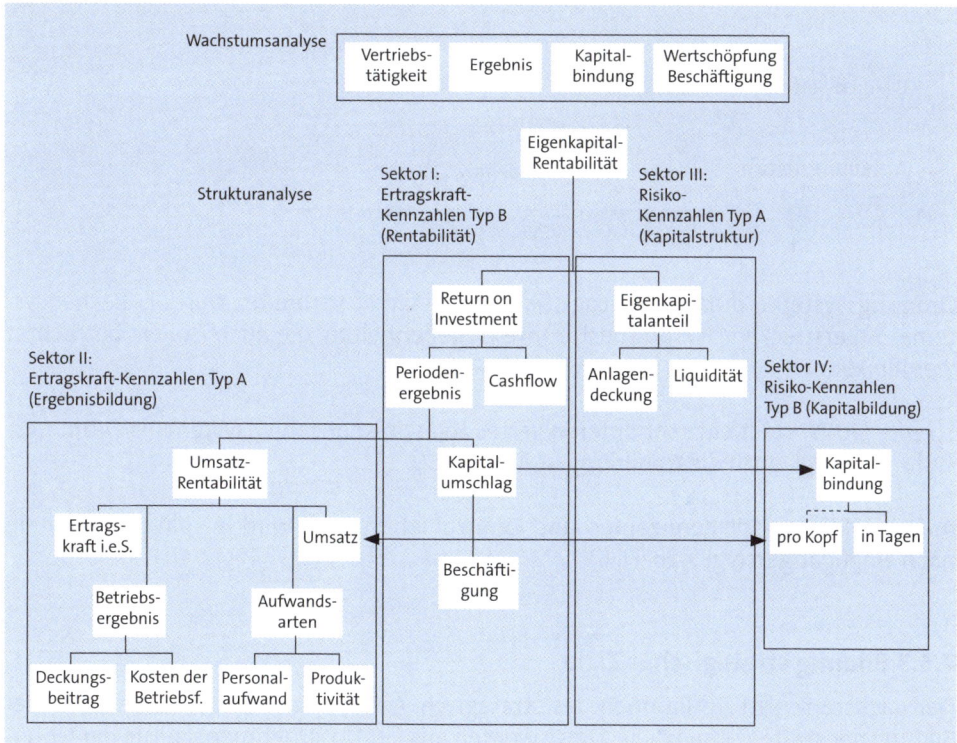

Logistik-Kennzahlensysteme sind sowohl Ordnungssysteme als auch Rechensysteme.

Handelt es sich um Rechensysteme, wird eine **Kennzahlenpyramide** gebildet, bei der eine Spitzenkennzahl in weitere untergeordnete Kennzahlen aufgespalten wird. *Bichler/Schröter* bilden dabei drei Kategorien von Kennzahlen: strategische Kennzahlen (A-Kennzahlen), dispositive Kennzahlen (B-Kennzahlen), operative Kennzahlen (C-Kennzahlen). Es ergibt sich dabei folgendes Bild:

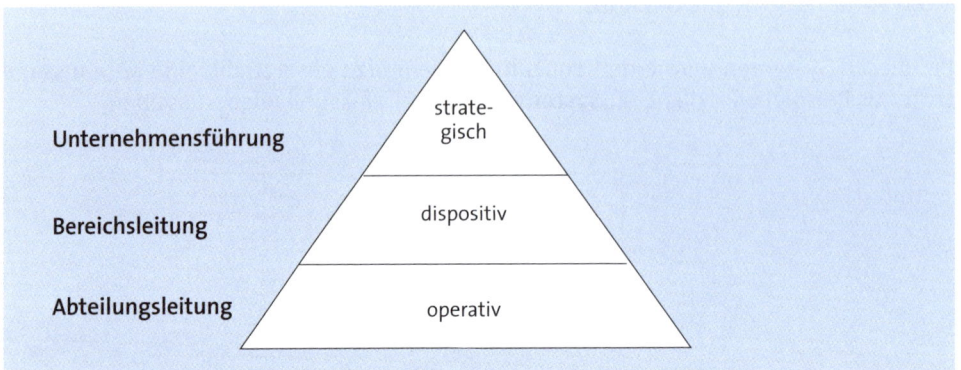

Ordnungssysteme dürften im Logistikbereich stärker verbreitet sein als Rechensysteme. Sie erstrecken sich auf bestimmte Gegebenheiten, die auch isoliert betrachtet werden können.

Schulte (2009) stellt ein sehr differenziertes Logistik-Kennzahlensystem als Ordnungssystem dar, vgl. dazu die Abbildung auf Seite 150-151.

Auf einzelne Logistik-Kennzahlen und Kennzahlensysteme wird in späteren Kapiteln noch eingegangen (vgl. Kap. H. 5).

7.5.3 Bildung strategischer Ziele

Der nächste Schritt im Rahmen des strategischen Planungsprozesses besteht in der Bildung der strategischen Ziele. Diese werden aus der Unternehmenskultur, der Unternehmensphilosophie und den daraus resultierenden Unternehmensgrundsätzen abgeleitet und wesentlich von den Resultaten der Umwelt- und Unternehmensanalyse beeinflusst.

Strategische Ziele werden betriebsindividuell gebildet, es ist kaum möglich, strategische Ziele für die Gesamtheit der Unternehmen oder alle Unternehmen einer Branche zu bilden.

Auf wichtige strategische Logistikziele wurde im Kapitel A. 6.3.3 bereits eingegangen, es wird auf diese Ausführungen hingewiesen.

7.5.4 Strategiensuche

7.5.4.1 Logistikstrategien im Rahmen der Unternehmensstrategien

In der Fachliteratur wird eine Fülle von Unternehmensstrategien beschrieben, und auch in der Praxis wurden zahlreiche Strategien entwickelt, zu denen laufend neue hinzukommen. Es ist jedoch bis heute nicht gelungen, ein geschlossenes System zu entwickeln. Dies gilt auch für die Logistikstrategien.

Um die Logistikstrategien in das Strategiegefüge einordnen zu können, wird im Folgenden eine Klassifizierung der Strategien vorgenommen. Überschneidungen ergeben sich zwangsläufig, da einige Strategien mehreren Kriterien zugeordnet werden müssen.

Zuordnungskriterium	Strategie
Wirkungsbreite	**Unternehmensstrategien** Auswirkungen auf das ganze Unternehmen. Es handelt sich um Entscheidungen über das künftige Verhalten des Unternehmens wie ► Leistungsprogramm ► grundsätzliche Art der Marktbearbeitung ► Wachstumspolitik ► Gewinnpolitik ► Risikopolitik ► grundsätzliche Haltung zur Konkurrenz u. Ä. **Geschäftsbereichsstrategien** Auswirkungen speziell auf einzelne Geschäftsbereiche. Die Unternehmensstrategien werden für die einzelnen Strategischen Geschäftseinheiten spezifiziert. **Funktionsbereichsstrategien** Auswirkungen primär auf die Funktionsbereiche des Unternehmens zur Harmonisierung der Geschäftsbereichsstrategien
Rang	**Normstrategien** Sie dienen der Angabe der strategischen Stoßrichtung, es handelt sich um ► Investitions- und Wachstumsstrategien ► Abschöpfungs- oder Desinvestitionsstrategien ► selektive Strategien. **Abgeleitete Strategien** Sie haben die Aufgabe, die Normstrategien zu realisieren, es sind ► funktionale Strategien (s. o.) ► Hilfsstrategien, die ohne funktionale Strategien zu sein, zur Realisierung der Normstrategien beitragen.

Zuordnungskriterium	Strategie
Funktionen	Dabei handelt es sich um ► Beschaffungsstrategien ► Produktionsstrategien ► Forschungs- und Entwicklungsstrategien ► Marketing-Strategien ► Logistik-Strategien ► Finanzierungsstrategien ► Investitionsstrategien ► Personalstrategien usw.
Marktverhalten	Das Marktverhalten wird gekennzeichnet durch die ► Angriffsstrategie ► Verdrängungsstrategie ► Status-Quo-Strategie ► Vermeidungsstrategie.
Wettbewerbsvorteile	Es ergeben sich die ► Strategie der Kostenführerschaft ► Differenzierungsstrategie ► Konzentrationsstrategie.

7.5.4.2 Prozess der Entwicklung und Bewertung von Logistikstrategien

7.5.4.2.1 Grundsätzliche Überlegungen

Logstikstrategien können sowohl Unternehmensstrategien als auch funktionale Strategien sein. In einem Speditionsunternehmen sind sie im Wesentlichen Unternehmensstrategien, während sie in einem Industrieunternehmen primär Funktionsstrategien sind.

Der Prozess der Entwicklung von Strategien ist ein dynamischer und kreativer Prozess, der nicht schematisch ablaufen darf. Bei der Strategienentwicklung muss man das Grundsätzliche beachten und darf sich nicht in Details verlieren. Man muss sich auch darüber im Klaren sein, dass es die optimale Strategie wahrscheinlich nicht gibt.

Bei der Entwicklung von Logistikstrategien sind einige wichtige **Grundsätze** zu beachten:

► Logistikstrategien sind problembezogen zu entwickeln.

► Es muss ohne Weiteres erkennbar sein, in welcher Weise die Strategien zur Zielerreichung beitragen.

► Die einzelnen Elemente der Strategien müssen eindeutig erkennbar sein.

► Die Logistikstrategien müssen präzise formuliert sein.

► Die Logistikstrategien müssen realistisch sein.

► Die Logistikstrategien müssen in sich konsistent sein.

► Die Logistikstrategien sollen Kunden-Nutzen erreichen helfen.

▶ Die Logistikstrategien sollen die Wertschöpfungskette gestalten (*Klepzig*).

▶ Die Logistikstrategien sollen Wettbewerbsvorteile schaffen (*Klepzig*).

▶ Die Logistikstrategien benötigen Logistik-Controlling (*Klepzig*).

7.5.4.2.2 Entwicklung von Logistikstrategien

Funktionsbereichsstrategien orientieren sich an den Unternehmensstrategien und den diese spezifizierenden Bereichsstrategien. Da die Logistik primär auf den Kundennutzen ausgerichtet ist, spielen Marketingstrategien für die Entwicklung von Logistikstrategien eine große Rolle.

Bei der Ausarbeitung von Logistikstrategien ist die Kenntnis der strategischen Dimensionen erforderlich, die Eingang in Marketingstrategien gefunden haben, wobei sämtliche Dimensionen in einer Strategie zu finden sind, oder eine Dimension gegenüber den anderen dominieren kann.

Folgende **Dimensionen** ergeben sich:

▶ Art der Marktbearbeitung
  - differenziert
  - undifferenziert
  - konzentriert

▶ Umfang der Marktbearbeitung
  - Gesamtmarkt
  - Single-Segment
  - Multi-Segment

▶ Erfahrung auf dem Markt
  - alter Markt
  - neuer Markt

▶ Räumliche Struktur des Marktes
  - lokaler Markt
  - regionaler Markt
  - nationaler Markt
  - internationaler Markt

▶ Entwicklungsrichtung im Hinblick auf das Wachstum
  - Wachstum (Investieren)
  - Stabilisierung (Halten)
  - Schrumpfen (Desinvestition)

▶ Verhalten auf dem Markt gegenüber der Konkurrenz
  - Angriff
  - Verdrängung
  - Status Quo
  - Vermeidung von Konflikten

- Produkt-/Marktbeziehungen
  - Marktdurchdringung
  - Marktentwicklung
  - Produktentwicklung
  - Diversifikation
- Wettbewerbsvorteile / Marktabdeckung
  - Kostenführerschaft
  - Differenzierung
  - Konzentration
- Innovation
  - Erneuerung
  - Anpassung
- Kooperation
  - Förderung
  - Ablehnung
- Technologieorientierung
  - Führerschaft
  - Abwartungshaltung
  - Imitation.

Die genannten strategischen Dimensionen münden einerseits in Marketingstrategien, und andererseits trägt eine Orientierung daran zur Generierung und Formulierung von Logistikstrategien bei.

Betrachtet man die strategische Dimension **Wettbewerbsvorteile/Marktabdeckung**, lässt sich feststellen, dass diese Eingang in die **Wettbewerbsstrategien** gefunden hat. Diese haben die Aufgabe,

- dem Unternehmen eine Marktposition zu sichern, die ihm eine optimale Vorbereitung gegen den Wettbewerb garantiert.
- zu erreichen, dass Veränderungen auf dem Markt rechtzeitig erkannt werden und das Unternehmen rascher als die Konkurrenz dem Wandel angepasste Strategien entwickelt
- die Position des Unternehmens durch strategische Maßnahmen zu entwickeln (*Weis*).

Bei den Wettbewerbsstrategien handelt es sich nach *Porter* um

- die Strategie der umfassenden Kostenführerschaft
- die Strategie der Differenzierung
- die Strategie der Konzentration.

Diese Strategien sind eng mit den Marktbearbeitungsstrategien *Kotlers* als kunden- bzw. abnehmerorientierte Basisstrategien verwandt; er bezeichnet sie als

- undifferenziertes Marketing
- differenziertes Marketing
- konzentriertes Marketing.

Die Wettbewerbsstrategien sind durch folgende Merkmale charakterisiert und ergeben die dargestellten **Konsequenzen für Logistikstrategien**:

Wettbewerbs- strategien	Merkmale	Konsequenzen für Logistikstrategien
Strategie der umfassenden Kostenführer- schaft	Verursachung niedrigerer Kosten als die Konkurrenz (stückzahl- und marktanteilsabhängig). Politik relativ niedriger Preise.	Schwerpunkt auf Reduzierung der Logistikkosten setzen. Halten des Servicegrades der Logistik auf einem akzeptablen Mindestniveau (*Weber/Kummer, 1998*).
Strategie der Differenzie- rung	Die Leistungen des Unternehmens werden als einzigartig für die ganze Branche gestaltet. Durch Differenzierung der Produkte/Leistungen werden Kundennutzen und Kundenzufriedenheit erhöht.	Verminderung von Reaktions- und Durchlaufzeiten, höhere Lieferflexibilität und Lieferbereitschaft, hohe Termintreue und Informationsbereitschaft (*Isermann*).
Konzentra- tionsstrategie	Der Erfolg ergibt sich aus der Konzentration auf bestimmte Leistungen und/oder Käufer. Auf maximale Erfolge wird u. U. verzichtet.	Spezielle Ausrichtung der Logistikabteilung auf den Bedarf der Zielkunden. Erhöhung der Lieferflexibilität, Erhöhung des Servicegrades gegenüber der Konkurrenz.

Neben den Marketingstrategien sind auch die Beschaffungs-, Lager- und Fertigungsstrategien für die Entwicklung von Logistikstrategien von Bedeutung.

Die **Beschaffung und die Lagerung** zählen zu den Haupteinsatzgebieten der Logistik. Werden dafür Strategien entwickelt, empfiehlt es sich, zunächst die einzelnen Teilbereiche zu analysieren und danach die Strategien hierfür zu generieren.

Im Folgenden werden wichtige Aufgabenbereiche genannt und Hinweise für die Beschreibung der Strategien gegeben.

Aufgabenbereiche im Material-/ und Lagerwesen	Hinweise für die inhaltliche Beschreibung der Strategien
Organisation des Beschaffungsbereichs	Objekt- oder Verrichtungsprinzip
Einkaufsorganisation	zentraler/dezentraler Einkauf
Lieferantenauswahl	wirtschaftlich/technische Leistungsfähigkeit der Lieferanten, Flexibilität der Lieferanten, geringe/große Anzahl
Beschaffungsdurchführung	a) Beschaffungsart ▸ fallweise Beschaffung ▸ Vorratsbeschaffung ▸ fertigungssynchrone Beschaffung ▸ Just-in-time-Beschaffung als Flussoptimierung b) Bestellmenge/Bestellzeitpunkt ▸ Einmal-Bestellung ▸ Mehrfach-Bestellung ▸ systemlose Bestellung ▸ Mindestbestand ▸ Meldebestand ▸ optimale Bestellmenge/Bestellzeitpunkt u. Ä.
Bedarfsermittlung	Stochastische/deterministische Bedarfsermittlung
Lagerwesen	a) Lagersysteme ▸ Lagereinrichtungen ▸ Lagertechnik b) Lagerorganisation ▸ zentrales Lager/dezentrale Läger ▸ Lagerbestandsrechnung
Materialverwaltung	a) Einsatz von Transportsystemen b) Minimierung von Zeiten und Wegen

Bei der Entwicklung von Logistikstrategien, die den **Fertigungsbereich** betreffen, wird so vorgegangen wie oben beschrieben, man geht von den einzelnen Aufgabenbereichen aus. Zu berücksichtigen ist dabei, dass nicht ausschließlich produktionswirtschaftliche Überlegungen im Vordergrund stehen, sondern auch Marketingüberlegungen. Auf Produktionsstrategien wird im Kapitel F. 2 ausführlicher eingegangen.

Ein Bereich, der in den letzten Jahren besonders an Bedeutung gewonnen hat, ist der der Entsorgung. Betrachtet man die Entsorgungsaufgaben, ist ohne Weiteres einzusehen, dass die Logistik bei ihrer Bewältigung eine große Rolle spielt. Je nach Branche und Unternehmensgröße kommt den Logistikstrategien Gewicht bei.

Ein Überblick über wichtige Entsorgungsaspekte, wiederum mit Hinweisen für die inhaltliche Beschreibung entsprechender Logistikstrategien, hat folgendes Aussehen:

Aufgabenbereiche im Entsorgungswesen	Hinweise für die inhaltliche Beschreibung der Strategien
Vermeidung	Verzicht auf die Verwendung bestimmter Verpackungen, Verwendung von Fördermitteln, bei denen auf zusätzliche Verpackung verzichtet werden kann.
Verwertung	konsequente Trennung, Aufbereitung, stoffliche Umwandlung
Entsorgung	Deponieren, Endlagern, Verbrennen

7.5.4.2.3 Bewertung der Strategien

Es wurde bereits erwähnt, dass der Strategie-Entwicklungsprozess ein Suchprozess ist, der kreatives Vorgehen erfordert.

Häufig wird man nicht gleich „die" Strategie finden, sondern unter mehreren Alternativen ist die geeignetste auszuwählen. Das ist die, mit deren Hilfe die angestrebten Ziele am besten erreicht werden können. Die Auswahl erfolgt durch einen Bewertungsvergleich. Dazu ist es erforderlich, einen Katalog von Bewertungskriterien zu entwickeln.

Bewertungsinstrumente bzw. Bewertungsmethoden können sowohl qualitative als auch quantitative Verfahren sein. Besonders geeignet sind

- Kosten-Nutzen-Analysen
- Kosten-Wirksamkeits-Analysen
- Nutzwertanalysen
- Relevanzbäume
- Break-even-Analysen
- Kennzahlensysteme u. Ä.

Auf die wichtigsten Verfahren wird in dem Kapitel über die Logistik-Instrumente eingegangen (vgl. C. 2.2 - 2.4).

7.5.4.3 Festlegung von strategischen Maßnahmen

Strategien sind zum Scheitern verurteilt, wenn bei ihrer Planung nicht auch die Maßnahmen, durch die sie konkretisiert werden, Berücksichtigung finden. Nicht selten kann festgestellt werden, dass durchaus anstrebbare Strategien nicht zum Zuge kommen, weil sich die zu ihrer Realisierung erforderlichen Maßnahmen nicht im Realitätsbereich befinden.

Die strategische Planung muss sich häufig den Vorwurf gefallen lassen, dass sie „strategische Wellen" erzeuge, ohne die Umsetzung der Strategien konsequent zu betreiben (*Weber/Kummer, 1998*). Die Festlegung der Maßnahmen, die zur Durchsetzung der Strategien erforderlich sind, geschieht durch die Instanzen, die die Strategien planen; betroffene Geschäfts- bzw. Funktionsbereiche können ein Vorschlagsrecht für Maßnahmen erhalten.

Die strategischen Maßnahmen dürfen nicht mit den Handlungen verwechselt werden, die sich aus operativen Plänen ergeben. Die Einführung der elektronischen Datenfernübertragung von Auftragsdaten beispielsweise stellt eine Maßnahme dar, um etwa Strategien zur Erhöhung der Lieferflexibilität und Lieferbereitschaft durchzusetzen; die Handhabung des Datenübertragungssystems hat Handlungscharakter.

Bei der Planung von Maßnahmen sind folgende Punkte von Gewicht:

- Orientierung der Maßnahmen ausschließlich an den Zielen und Strategien
- Festlegung von Maßnahmenschwerpunkten
- Bestimmen von Verantwortlichen für die Durchführung von Maßnahmen
- Festlegung von Terminen, zu denen die Maßnahmen zu erfolgen haben
- Überprüfung der Kosten der Maßnahmen und Festlegung von Limits
- Gestaltung einer strategiegerechten Organisationsstruktur der Logistik.

Es ist eine Selbstverständlichkeit, dass Regeln vorhanden sein bzw. festgelegt werden müssen, die die Durchsetzung der Maßnahmen gewährleisten.

7.5.4.4 Strategische Kontrolle

Die strategische Kontrolle überprüft die strategischen Pläne ständig auf ihre Durchsetzbarkeit.

Die Kontrolle soll bewirken, dass die Verantwortlichen so rasch wie möglich

- auf nicht erkannte oder nicht erwartete Aktivitäten und Tatbestände reagieren
- die Voraussetzungen der Strategieplanung überprüfen können
- die Durchführung der Strategien überwachen können.

In Anlehnung an *Kreikebaum* lassen sich drei Blöcke von Kontrollaktivitäten darstellen:

Kontrollaktivitäten	Kontrollinhalt
Strategische Überwachung	Rasches Erkennen von Ereignissen, die die Existenz des ganzen Unternehmens bzw. wichtiger Bereiche gefährden können und entweder übersehen oder falsch eingeschätzt wurden.
Strategische Kontrolle der Prämissen	Überprüfung der expliziten Planannahmen
Strategische Durchführungskontrolle	Erkennen und richtiges Einschätzen von Problemen bei der Umsetzung und das Nichterreichen von strategischen Zielen und Überprüfung, inwieweit der geplante Kurs dadurch gefährdet wird.

7.5.4.5 Techniken und Entscheidungshilfen bei der Entwicklung von Strategien

Es wurde bereits mehrfach dargestellt, dass der Prozess der Strategieentwicklung ein äußerst kreativer Prozess ist. Eine Formalisierung ist nur sehr bedingt möglich. Dennoch ist der Einsatz einiger Techniken bzw. Entscheidungshilfen angebracht, um ein systematisches Vorgehen zu erreichen und die Strategieauswahl zu erleichtern.

Welche Techniken bzw. Entscheidungshilfen jeweils angebracht sind, hängt u. a. von

- der Unternehmensgröße
- der Art der Strategie
- den an ihrer Generierung und Formulierung beteiligten Personen (Anzahl, hierarchische Stellung, Einstellung)
- der verfügbaren Zeit
- den vorhandenen Hilfsmitteln

ab.

Bewährt haben sich u. a. folgende Techniken:

- Szenario-Technik
- Kreativitätstechniken
  - Brainstorming
  - Methode 635
  - Synektik
  - Morphologische Analyse
  - Portfolio-Technik.

Auf die wichtigsten dieser Techniken wird in dem Abschnitt über die Instrumente der Logistik eingegangen (vgl. Kapitel C.).

7.6 Balanced Scorecard und Logistik

7.6.1 Überblick

Mit der Balanced Scorecard wurde ein Managementsystem geschaffen, mit dessen Hilfe Strategien im Unternehmen durchgesetzt werden. Damit steht der Unternehmensleitung ein Instrument zur Verfügung, das in der Lage ist, ein großes Manko in manchen Unternehmen zu beseitigen. Im Rahmen des Konzeptes werden Strategien nicht nur entwickelt (falls bisher nicht vorhanden), sondern es wird auch festgestellt, ob und in welchem Ausmaß sich das Unternehmen im Rahmen der Strategien bewegt.

Das Managementsystem Balanced Scorecard ist in der Lage, Strategien in konkrete Handlungen umzusetzen.

Die wichtigsten Elemente der Balanced Scorecard sind

- ▶ die Vision und Mission
- ▶ die Strategien
- ▶ die Ziele
- ▶ die Perspektiven
- ▶ die Messgrößen (Kennzahlen).

Kaplan/Norton, die „Väter" der Balanced Scorecard, beschreiben ihr Konzept folgendermaßen:

„Die Balanced Scorecard übersetzt Mission und Strategie in Ziele und Kennzahlen und ist dabei in vier verschiedene Perspektiven unterteilt, die finanzwirtschaftliche Perspektive, die Kundenperspektive, die interne Prozessperspektive und die Lern- und Entwicklungsperspektive. Die Scorecard schafft einen Rahmen, eine Sprache, um Mission und Strategie zu vermitteln. Sie verwendet Kennzahlen, um Mitarbeiter über Erfolgsfaktoren für gegenwärtigen und zukünftigen Erfolg zu informieren. Durch genaue Artikulation der gewünschten Ergebnisse und der dahinterstehenden Leistungstreiber hoffen Manager, die Energien, Potenziale und das Spezialwissen der Mitarbeiter der gesamten Organisation auf die langfristigen Ziele hin auszurichten."

Die **Vision** ist der Ausgangspunkt der Balanced Scorecard. Visionen sind die Wunschvorstellungen der Unternehmen, die oft noch recht vagen oberen Ziele, sie können einen Antrieb zum Handeln darstellen. Aus ihnen werden die Strategien abgeleitet.

Die **Mission** entfaltet eine Außenwirkung, sie drückt aus, wie ein Unternehmen von „draußen", speziell von den Kunden, gesehen werden will. Missionen drücken immer etwas Positives aus.

Das Kernstück der Balanced Scorecard sind die **strategischen Ziele**. Sie dienen der Realisierung der Strategien.

Bei der Zielformulierung geht die Balanced Scorecard neue Wege. Das Unternehmen wird nicht nur aus der Finanzsicht betrachtet, wie es in vielen Unternehmen der Fall ist, sondern aus mehreren Perspektiven. Wie bereits erwähnt, schlagen *Kaplan/Norton* vier Perspektiven vor.

1. Die **Finanzperspektive** (finanzwirtschaftliche Perspektive)

   Diese Perspektive verdeutlicht, ob die Unternehmensstrategie eine Ergebnisverbesserung bedeutet. Typische Kennzahlen, die die strategischen Ziele dieser Perspektive ausdrücken und messen, sind die Kapitalrentabilität, Umsatzveränderungszahlen, Unternehmenswertveränderungszahlen oder der Cashflow.

   Finanzwirtschaftliche Kennzahlen erfüllen eine Doppelfunktion (*Weber/Schäffer, 2001*). Zum einen definieren sie die von einer Strategie erwartete finanzielle Leistung, zum anderen sind sie das Endziel für die anderen Perspektiven der Balanced Scorecard. Die Kennzahlen der übrigen Perspektiven stehen über Ursache-Wirkungsbeziehungen mit den finanziellen Zielen in Verbindung.

2. Die **Kundenperspektive**

   Die Kundenperspektive wird von vielen Unternehmen als eine entscheidende Perspektive angesehen. Ziele wie Erhöhung der Kundenzufriedenheit, Steigerung des Rufs als Partner der Kunden, Forcierung der Kundenbindung oder Steigerung des Bekanntheitsgrades sind typische Kundenperspektivziele.

   Die Bedeutung der Perspektive ergibt sich u.a. daraus, dass die Ziele der Finanzperspektive nur voll erreicht werden können, wenn auch ihre Ziele erreicht werden.

3. Die **interne Prozessperspektive** identifiziert nach *Kaplan/Norton* die kritischen Prozesse, in denen die Organisation ihre Verbesserungsvorschläge setzen muss. Die Zielerfüllung dieser Perspektive löst das Problem, wie die Prozesse zu gestalten sind, damit die berechtigten Wünsche der Kunden und Kapitalanleger erfüllt werden.

4. Die **Lern- und Entwicklungsperspektive**

   In dieser Perspektive wird die Infrastruktur charakterisiert, die nötig ist, um ein langfristiges Wachstum und Verbesserungen sicherzustellen.

   Die Lern- und Entwicklungsperspektive entfaltet eine Langzeitwirkung. Ihre Ziele müssen auf eine Infrastruktur gerichtet sein, die die Erfüllung der Ziele der anderen Perspektiven ermöglicht.

   Die Kennzahlen der Lern- und Entwicklungsperspektive zielen auf die Fähigkeiten und das Potenzial der Mitarbeiter, aber auch auf die Nutzung der Informationstechnologien (*Friedag/Schmidt*).

Selbstverständlich bieten die von *Kaplan/Norton* beschriebenen Perspektiven lediglich Anhaltspunkte. Jedes Unternehmen wird entsprechend seiner Gegebenheiten individuelle Perspektiven bilden.

Sehr häufig findet man unter den genannten Bezeichnungen oder unter unterschiedlichen Bezeichnungen aber mit dem gleichen Inhalt folgende Perspektiven:

- Finanzwirtschaft
- Kundenzufriedenheit
- Engagement der Mitarbeiter (im weitesten Sinne)
- Interne Prozesse.

Die folgende Darstellung bietet einen Überblick über mögliche Perspektiven.

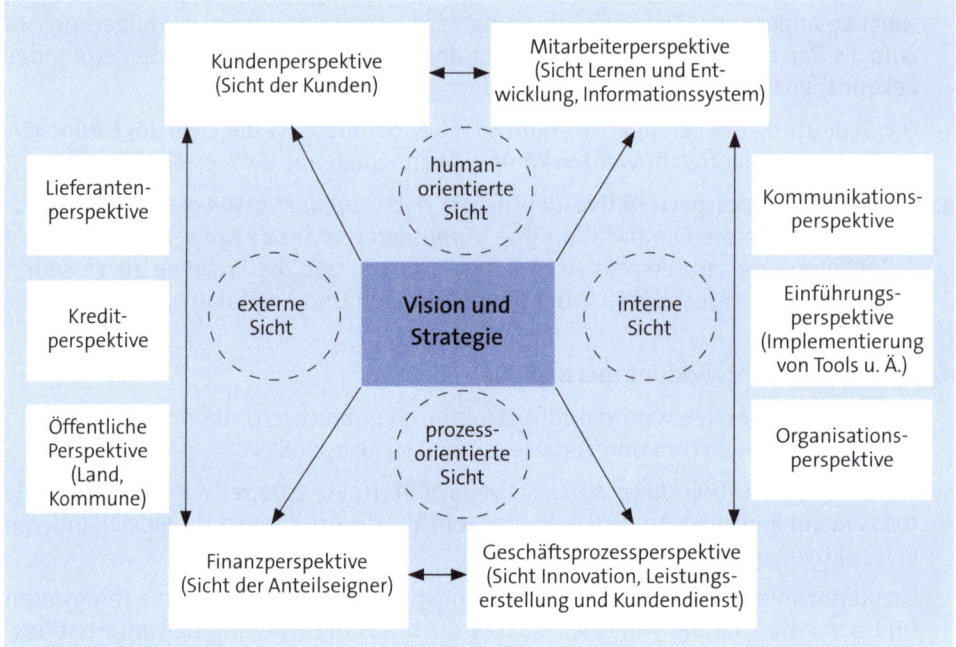

Quelle: *Friedag/Schmidt*

Für die genannten Perspektiven werden jeweils Ziele gebildet. Diese werden nicht isoliert betrachtet, sondern in ihrem Ursache-Wirkungszusammenhang gesehen. Jedes erreichte strategische Ziel ermöglicht die Erfüllung eines anderen strategischen Zieles. Die Verbindung der strategischen Ziele verdeutlicht die Strategie erst richtig.

Die Balanced Scorecard muss so aufgebaut sein, dass die Strategie durch eine Ursache-Wirkungskette bekundet wird. Diese Kette entsteht durch die „Wenn-Dann-Aussagen".

Um die Ziele konkret planen, kommunizieren und deren Erreichung beobachten zu können, werden **Messgrößen** (Kennzahlen) ermittelt.

Im Gegensatz zu herkömmlichen Systemen wird nicht nur mit finanziellen Größen, sondern auch mit nichtfinanziellen Größen operiert. Damit wird berücksichtigt, dass neben finanziell messbaren Erfolgsfaktoren auch eine Vielzahl nichtfinanzieller Erfolgsfaktoren zum Gesamtergebnis beiträgt. Zu diesen Potenzialen gehören beispielsweise

▸ die Lieferantenbeziehungen
▸ die Kundenbeziehungen
▸ die schöpferischen Fähigkeiten des Management
▸ die innovativen Fähigkeiten der Mitarbeiter
▸ der Aufbau und die Beherrschung der Informationssysteme.

Darüber hinaus werden Spätindikatoren und Frühindikatoren als Kennzahlen verwendet.

Spätindikatoren sind Ergebniskennzahlen, die die Ziele von Strategien reflektieren. Es sind angestrebte Endpunkte.

Zu den Spätindikatoren zählen u.a. der Cashflow, der Return on Investment (ROI), der Return on Capital Employed (ROCE), der Marktanteil oder die Kundenzufriedenheit.

Frühindikatoren werden auch als Leistungstreiber bezeichnet. Sie zielen auf den Beginn oder frühe Phasen eines Prozesses.

Die Frühindikatoren beziehen sich auf die Vorgänge, die schon zum gegenwärtigen Zeitpunkt dazu beitragen sollen, dass zu späteren Zeitpunkten bestimmte Ergebnisse erzielt werden.

Die Frühindikatoren spiegeln die Besonderheiten der Strategie eines Unternehmens bzw. einer Geschäftseinheit wider, z.B. finanzielle Treiber für die Rentabilität, die Marktsegmente, in denen eine Sparte konkurriert u. Ä. (*Kaplan/Norton*).

Eine Balanced Scorecard muss einen ausgewogenen Mix aus Spät- und Frühindikatoren enthalten. Arbeitet man nur mit Ergebniszahlen und vernachlässigt die Leistungstreiber, wird nicht ausgedrückt, wie die Ergebnisse erzielt werden sollen. Gibt man den Leistungstreibern den Vorzug, erhält man keine ausreichenden Auskünfte über die Verbesserung des Gesamtergebnisses.

Die Mehrdimensionalität von Kennzahlensystemen der neuen Art kommt in der folgenden Darstellung klar zum Ausdruck:

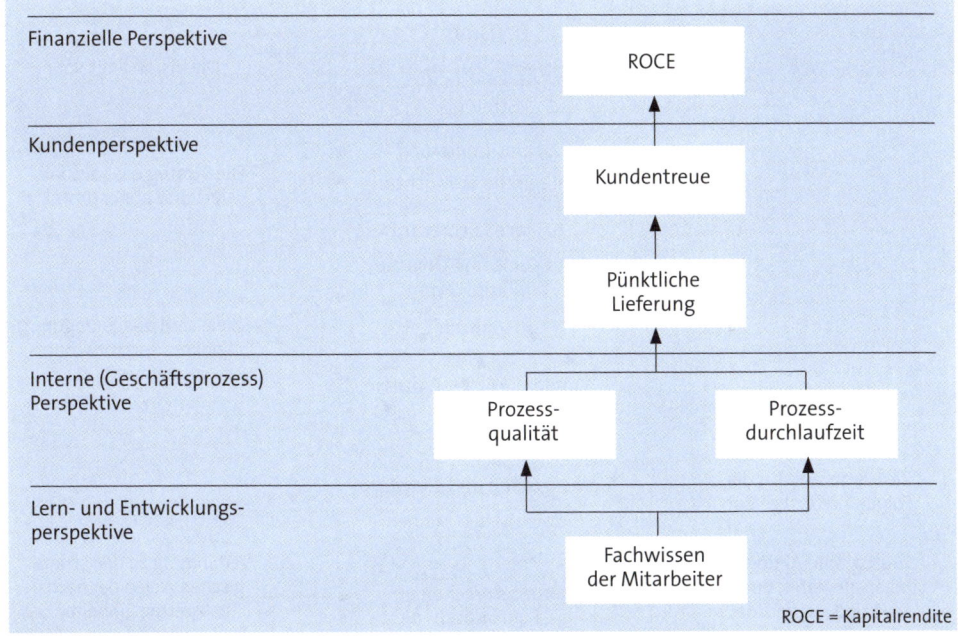

Quelle: *Kaplan/Norton*

Ein großer Vorteil des Balanced Scorecard-Konzeptes besteht in der Verknüpfung von Strategie und Operationen.

Durch die Budgetierung der zur Erfüllung der strategischen Ziele festgelegten Maßnahmen lässt sich eine Trennung zwischen strategischer und operativer Planung vermeiden.

Ein Vorzug der Balanced Scorecard ist die Einbeziehung der Mitarbeiter in den Entstehungs- und Umsetzungsprozess. Die Beteiligung der Mitarbeiter in allen wichtigen Phasen des Realisierungsprozesses der Strategien führt nicht nur zu einer großen Motivation und Bindung an das Unternehmen, sondern trägt auch zu einer Verbesserung des finanziellen Ergebnisses bei.

Die Entwicklung einer Balanced Scorecard geschieht im Wesentlichen in folgenden Schritten:

- ▸ Überprüfung der Strategie unter Berücksichtigung der Vision und Mission
- ▸ Ableitung der strategischen Ziele für die einzelnen Perspektiven
- ▸ Verknüpfung der strategischen Ziele
- ▸ Bestimmung der Messgrößen
- ▸ Bestimmung der Zielwerte
- ▸ Bestimmung der strategischen Maßnahmen
- ▸ Herstellung der Verbindung zur strategischen Planung.

Die folgende Darstellung nach *Horvath* enthält die Elemente der Balanced Scorecard und verdeutlicht die Übersetzung der Strategie in Aktivitäten.

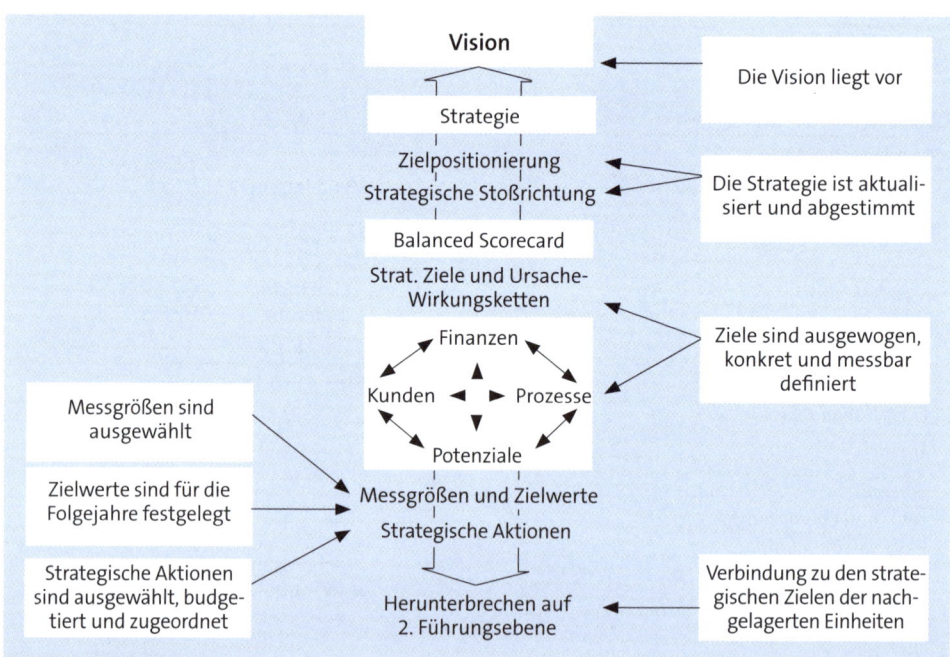

7.6.2 Die Rolle der Logistik im System der Balanced Scorecard

Die Logistik findet im Balanced Scorecard-Konzept angemessene Berücksichtigung. Zum einen können wichtige Logistikziele zur Realisierung der Unternehmensstrategie gebildet werden und zum anderen kann für die Logistik eine eigene Bereichs-Scorecard erstellt werden.

Bereichs-Scorecards entstehen durch „Herunterbrechen" der Balanced Scorecard. Es handelt sich um eine vertikale Ausdehnung der Unternehmens-Balanced Scorecard durch Einbeziehung der folgenden Hierarchiestufen. *„Wenn eine Balanced Scorecard einmal für eine SGE (ein Unternehmen, der Verfasser) entworfen wurde, wird sie zum Ausgangspunkt für Balanced Scorecards für Abteilungen und Funktionseinheiten in der SGE. Missions- und Strategiestatements für Abteilungen und Funktionseinheiten können im Rahmen der durch die Geschäftseinheit definierten Mission, Strategie und Scorecard definiert werden. Manager von Abteilungen und Funktionseinheiten können ihre eigenen Scorecards entwickeln, die mit Mission und Strategie der SGE im Einklang stehen und unterstützend wirken. Auf diese Weise führt die Geschäftseinheits-BSC stufenweise herab zu den einzelnen Verantwortungszentren in der SGE und erlaubt dieser wiederum gemeinsam auf die SGE-Ziele hin zu arbeiten"* (Kaplan/Norton).

Zum Herunterbrechen wurden folgende Methoden entwickelt:

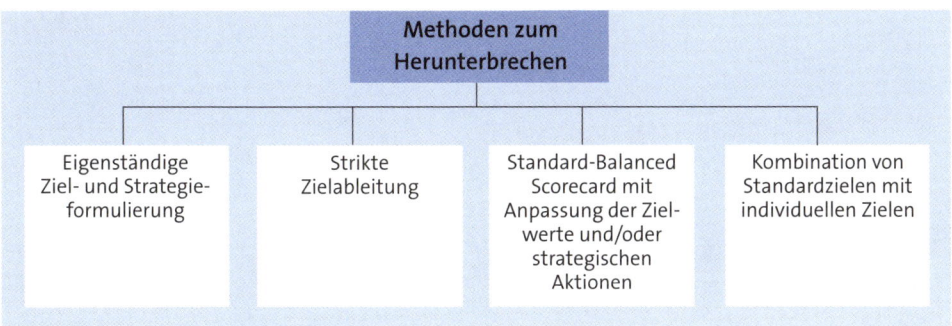

Nach der Auswahl der Methode wird das Herunterbrechen ausgeführt. Die Vorgehensweise ergibt sich aus der Methode, im Prinzip entspricht sie der Vorgehensweise beim Aufbau der Unternehmens-Balanced Scorecard (ausführlicher vgl. *Ehrmann*, Kompakt-Training Balanced Scorecard).

Im Folgenden wird ein **Beispiel** einer **Abteilungs-Balanced Scorecard** für den Bereich Logistik dargestellt (vgl. *Eschenbach/Haddad*).

Folgende Angaben liegen vor:

Branche: Großhandel alkoholfreier Getränke
Mitarbeiterzahl: 400
Umsatz: rd. 960 Mio. € p. a.
Marktanteil: 58 % bei Limonaden
Lieferanten: Erzeuger- bzw. Abfüllbetriebe
Kundenkreis: Lebensmitteleinzelhandel.

Vision:

- Wir erfüllen Kundenwünsche sowohl auf dem Heimatmarkt als auch auf den osteuropäischen Märkten.
- Wir behaupten unsere Marktführerschaft.
- Wir bieten unseren Kunden bekannte Marken und qualitativ hochwertige Produkte zu einem fairen Preis.
- Wir forcieren Selbstverantwortung und Eigenmotivation unserer Mitarbeiter.

Unternehmensstrategie:

Das Unternehmen möchte Marktführer im Erfrischungsgetränkebereich bleiben und seine Marktstellung in den nächsten fünf Jahren um 5 % ausbauen.

Perspektiven:

- Finanzen
- Kunden
- Betriebsprozesse
- Innovation und Wissen.

Die Unternehmens-Balanced Scorecard (ohne Zielwerte) hat folgendes Aussehen:

Ziele	Maßgrößen	Aktionsprogramme
Finanzperspektive		
Umsatz steigern	Umsatzwachstum, Umsätze aus neuen Kunden/Gesamtumsatz	
Liquidität erhöhen	Cashflow	
Unternehmenswert steigern	ROI Eigenkapitalrentabilität	
Kundenperspektive		
Bestell- und Lieferservice verbessern	Anzahl der Reklamationen	Reklamations-Hotline
Werbeaktionen effizienter gestalten	Bekanntheitsgrad der Werbespots, Abschöpfungsquote bei Sonderaktionen	TV-Werbeaktionen, Gewinnspiele
Vorzugslieferant bleiben	Umsatz mit Stammkunden/ Gesamtumsatz	
Konditionspolitik attraktiver gestalten	Anteil der Rabatte an Erlösschmälerungen, durchschnittliche Dauer von Forderungen	Rabatte für Stammkunden, Lieferantenkredite anbieten
Perspektive Betriebsprozesse		
Logistikprozesse optimieren	Durchlaufzeiten (Lagerlieferung), Kosten des Lagerbestandes/ Umsatz	Einführung von SAP, Optimierung von Transportwegen, Auftragsabwicklungszeit reduzieren, Lagerbestände reduzieren
Kosten in der Verwaltung senken	Zeitverkürzung der standardisierten Arbeitsgänge, Personalkosten der Verwaltung/Umatz	Einführung neuer Technologien in der Verwaltung
Produktivität des Personals steigern	Umsatz pro Mitarbeiter, Anzahl der Überstunden pro Mitarbeiter	Einführung neuer Führungsinstrumente, Einführung des Intranets, Einführung von Standardsoftware
Perspektive Innovation und Wissen		
Personalausbildung und -umschulung fördern	Ausbildungstage pro Mitarbeiter, Anzahl der umgesetzten Mitarbeitervorschläge	mehrere Weiterbildungsprogramme anbieten
Marktforschung intensivieren	Marktforschungsbudget/Umsatz, Häufigkeit der Datenerhebung	Marktforschungsstudien in Osteuropa durchführen, Einhaltung festgelegter Erhebungszyklen
Mitarbeiterzufriedenheit pflegen	Anzahl der Mitarbeitergespräche Fehlstunden/Mitarbeiter	regelmäßige Mitarbeitergespräche einführen, Firmenveranstaltungen häufiger organisieren

Die Ursachen-Wirkungsketten stellen sich wie folgt dar:

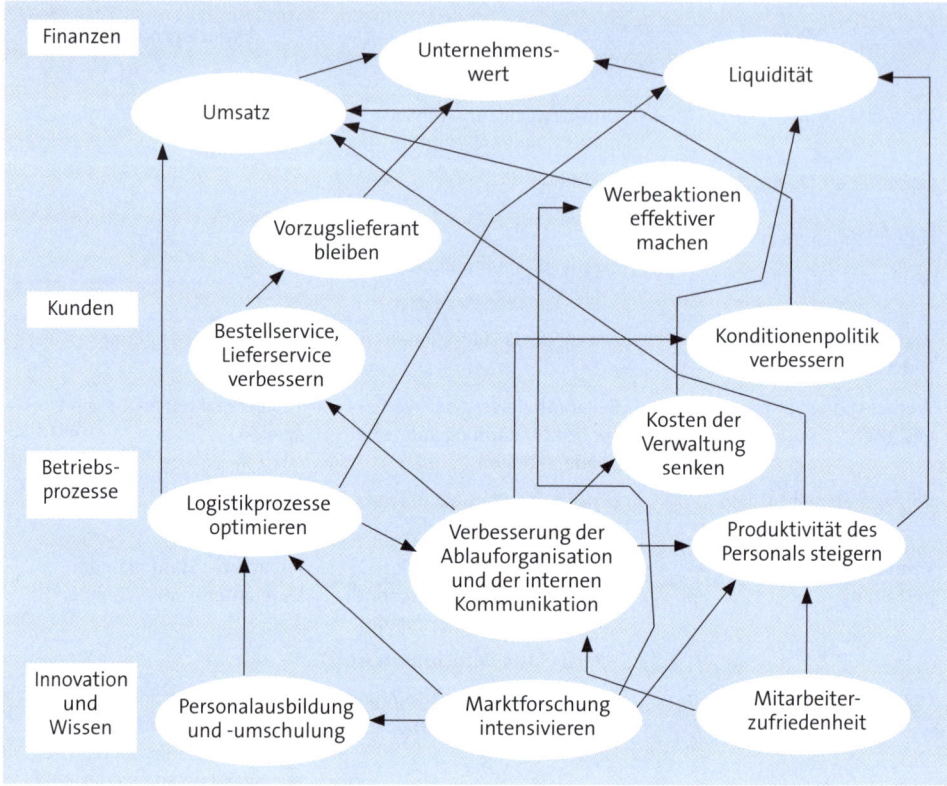

Quelle: *Eschenbach/Haddad*

Die Abteilungs-Balanced Scorecard für den Logistikbereich sieht wie folgt aus:

Ziele	Maßgrößen	Aktionsprogramme
Finanzperspektive		
Gebundenes Kapital im Lager senken	Lagerkosten/Umsatz	
Personalkosten senken	Personalkosten/Umsatz	
Fuhrparkkosten senken	Fuhrpark/Umsatz Transportkostenquote	
Kundenperspektive		
Bestellservice verbessern	Bearbeitungszeit/Auftrag	
Lieferservice effizienter gestalten	Lieferbereitschaftsgrad, Anzahl der Fehlkommissionierungen	
Perspektive Innovation und Wissen		
Fuhrpark effizienter gestalten	Anzahl der Leerfahrten Eiltransportquote	
Lager effizienter gestalten	Bestand/Kapazität, Ein-, Um- und Auslagerungskosten, ABC-Analyse nach Lagerumschlagshäufigkeit	
Perspektive Betriebsprozesse		
EDV-Vernetzung mit Kunden herstellen/intensivieren	Anzahl der EDV/Anzahl der Bestellungen	
Elektronische Datenerfassung erweitern	Computerisierungsgrad	Data Missing einführen, Warenwirtschaftssystem erweitern

8. Operative Logistikplanung

8.1 Grundlagen

Der operativen Planung fällt die Aufgabe zu, die Entscheidungen bzw. Vorgaben der strategischen Planung in Vorgaben und Einzelmaßnahmen der Teilbereiche der Unternehmen umzusetzen.

Die operative Logistikplanung ist eine kurz- bis mittelfristige Planung, wobei über den Begriff kurz- und mittelfristig keine einheitliche Auffassung existiert. Nach Möglichkeit sollte ein Zeitraum von vier bis maximal fünf Jahren nicht überschritten werden. Der Begriff kurzfristig reicht bis zu einem Jahr.

Von der strategischen Planung unterscheidet sich die operative Planung durch folgende Merkmale:

Merkmale	Strategische Planung	Operative Planung
Planungsträger	Top Management	Middle Management
Zeitliche Reichweite	Langfristige Planung	Mittel- bis kurzfristige Planung
Inhaltliche Reichweite	Gesamtheit der Unternehmensaktivitäten	Aktivitäten der Teilbereiche des Unternehmens
Konkretisierungsgrad der Aussagen	Globale Aussagen	Detaillierte Aussagen
Sicherheitsgrad	Relativ große Unsicherheit	Geringere Unsicherheiten
Zentralisierungsgrad	Zentrale Planung	Dezentrale Planung
Benötigte Informationen	Umwelt- und Unternehmensinformationen	Primär Unternehmensinformationen

8.2 Planungsinhalt

Die operative Planung kann die Planungsinhalte aus folgenden Fragestellungen ableiten:

► Was soll erreicht werden?
► Wie können die Zielvorstellungen erreicht werden?
► Womit können die Zielvorstellungen erreicht werden?
► Wann sollen die Zielvorstellungen erreicht werden?
► Wer ist für die Planung (mit ihren einzelnen Phasen) verantwortlich?
► Unter welchen Bedingungen erfolgt die Planung?

Die **mittelfristige** operative Logistikplanung hat die Aufgabe, die strategischen logistischen Erfolgspotenziale in eine operationale Programm- und Kapazitätsplanung umzusetzen. *„Gegenstand der mittelfristigen Logistikplanung ist das art- und mengenmäßig spezifizierte logistische Leistungsprogramm, Entscheidungen, in welchem Umfang das logistische Leistungsprogramm selbst erstellt bzw. fremd bezogen werden soll (Make-or-buy) sowie die konkrete Ausgestaltung des generellen logistischen Leistungspotenzials für die selbst zu erstellenden Logistikleistungen einschließlich der logistischen Informationsleistungen in Form von sachlichen und personellen Kapazitäten und Potenzialen"* (Isermann).

Die **kurzfristige** logistische Planung hat die Planung der logistischen Prozesse zum Inhalt.

Mehrere Autoren (*George/Gibson, Shostack, Steffen oder Isermann*) empfehlen zur Analyse und Gestaltung des logistischen Leistungsprozesses Prozessablaufpläne in Gestalt eines „service blueprints" zu verwenden. Hierin werden

- alle zur Erstellung der Logistikleistung erforderlichen Teilprozesse einschließlich der logistischen Informationsprozesse mit ausreichendem Detaillierungsgrad dargestellt
- die ablauforganisatorische Verknüpfung der logistischen Teilprozesse festgelegt
- die maximale Bearbeitungszeit für jeden Prozess vorgegeben
- die Qualität der Logistikleistung in Form von Toleranzintervallen festgelegt
- die für die Qualität der Logistikleistung kritischen Prozesse gekennzeichnet (*Isermann*).

Auch für die operative Planung gelten die Grundsätze der Planung
- Vollständigkeit
- Anpassungsfähigkeit
- Kontrollierbarkeit
- Realisierbarkeit der Planungsvorgaben.

8.3 Planungsablauf

Die operative Planung ist im Prinzip eine Ziel- und Maßnahmenplanung, ergänzt durch eine Kostenplanung. Sie befasst sich mit Zielen, Aktivitäten, Terminen, Mengengrößen, Wertgrößen.

Der Ablauf der operativen Planung kann wie folgt gesehen werden:

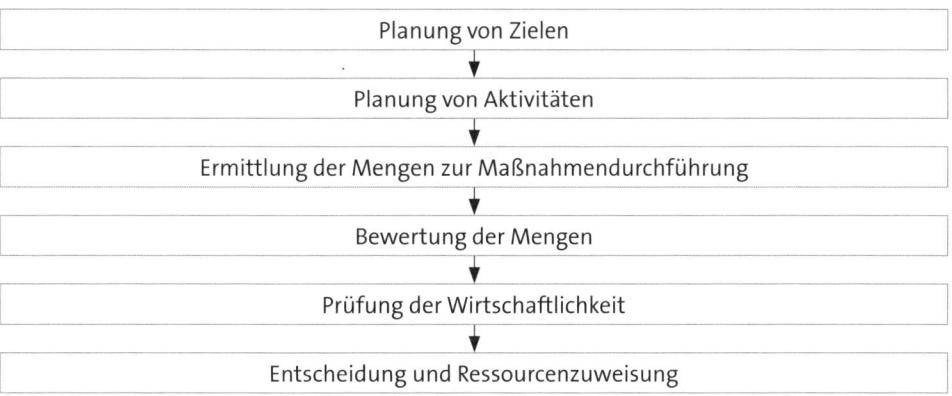

Beim Ablauf der operativen Logistikplanung sind folgende Überlegungen anzustellen:
- Planungsträger
- Planungsrichtung
  - Progressive Planung (bottom-up-Planung)
  - Retrograde Planung (top-down-Planung)
  - Planung nach dem Gegenstromverfahren

▸ Integrationsgrad der Planung
  - Prinzip der Reihung
  - Prinzip der Staffelung
  - Prinzip der Schachtelung

▸ Flexibilität der Planung
  - rollierende Planung
  - Alternativ-Planung
  - Not-Planung.

(Ausführlicher vgl. *Ehrmann:* Unternehmensplanung)

Aufgabe 5 > Seite 625

Aufgabe 6 > Seite 625

Aufgabe 7 > Seite 626

Aufgabe 8 > Seite 626

Aufgabe 9 > Seite 626

Aufgabe 10 > Seite 626

Lösung

	Lösung
1. Was versteht man unter Planung?	S. 91
2. Welche Bedeutung hat die Planung für das Unternehmen?	S. 91
3. Nennen Sie die wichtigsten Planungsprinzipien!	S. 92
4. Nach welchen Kriterien lassen sich Planarten bilden?	S. 93
5. Was ist unter einem Planungsträger zu verstehen?	S. 95
6. Wie läuft der globale Planungsprozess ab?	S. 96
7. Auf welche Aufgaben erstreckt sich die Planungsvorbereitung?	S. 99
8. Welche Gruppen von Informationsquellen stehen der Planung zur Verfügung?	S. 99 f.
9. Was versteht man unter internen Informationsquellen?	S. 99
10. Was sind externe Informationsquellen?	S. 100
11. Welche Aufgaben haben Planungsrichtlinien?	S. 101
12. Welche Bereiche umfasst die Regelung des Planungsablaufs?	S. 102
13. Wodurch unterscheiden sich retrograde und progressive Planung?	S. 102
14. Wie erfolgt die Planung nach dem Gegenstromverfahren?	S. 102
15. Was bedeutet der Begriff „inhaltlicher Planungsablauf"?	S. 103
16. Nennen Sie einige wichtige zentrale und dezentrale Planungshandlungen!	S. 103
17. Welche Inhalte hat ein Planungskalender?	S. 103
18. Erläutern Sie den Begriff Strategie!	S. 105
19. Was ist Gegenstand der strategischen Planung?	S. 105
20. Was sind Erfolgspotenziale?	S. 105
21. Woraus setzen sich die Erfolgspotenziale eines Unternehmens zusammen?	S. 105
22. Woraus resultieren die strategischen Erfolgsfaktoren?	S. 106
23. Geben Sie an, was Sie unter Strategischen Geschäftseinheiten verstehen!	S. 106
24. In welchen Phasen läuft der strategische Planungsprozess ab?	S. 107
25. Mit welchen Bereichen befasst sich die strategische Umweltanalyse?	S. 107
26. Welche Aufgaben haben die Marktanalyse, die Konkurrentenanalyse und die Branchenanalyse zu erfüllen?	S. 107 f.
27. Mit welchen Einzelanalysen operiert die Unternehmensanalyse?	S. 108 f.
28. Welchen Inhalt haben Potenzialanalysen?	S. 109

Lösung

	Lösung
29. Was bezweckt die Stärken-/Schwächenanalyse?	S. 110
30. Wie stellt man die Ergebnisse einer Stärken-/Schwächenanalyse übersichtlich dar?	S. 111
31. Welche Aussagen macht eine Chancen-Risiken-Analyse?	S. 113
32. Was versteht man unter einem Portfolio?	S. 113
33. Nennen Sie die wichtigsten Portfolio-Konzepte!	S. 114
34. Welche Rolle spielen Portfolio-Konzepte für die Logistik?	S. 119 f.
35. Wodurch sind die „Stars" gekennzeichnet?	S. 120
36. Welche Eigenschaften haben die „Cash-Cows"?	S. 120
37. Welche Entwicklung können „Question Marks" nehmen?	S. 120
38. Welche Strategien bieten sich für „Poor Dogs" an?	S. 120
39. Welche Erkenntnisse vermittelt das „Fähigkeiten-Portfolio"?	S. 121
40. Welche Kritik-Punkte lassen sich der Portfolioanalyse gegenüber ausdrücken?	S. 116 f.
41. Was versteht man unter Kennzahlen?	S. 121
42. In welcher Form können Kennzahlen ermittelt werden?	S. 122
43. Auf welche Fragen sollen Logistik-Kennzahlen Antwort geben?	S. 122
44. Was versteht man unter einem Kennzahlensystem?	S. 122
45. Nennen Sie einige etablierte Kennzahlensysteme!	S. 123
46. Welche Aufgaben hat die Bildung strategischer Ziele?	S. 124
47. Nach welchen Kriterien können Strategien eingeteilt werden?	S. 125 f.
48. Welche Grundsätze sind bei der Entwicklung von Logistikstrategien zu berücksichtigen?	S. 126
49. Was versteht man unter strategischen Dimensionen?	S. 127
50. Beschreiben Sie einige wichtige strategische Dimensionen!	S. 127 f.
51. Welche Konsequenzen für Logistikstrategien hat die Strategie der umfassenden Kostenführerschaft?	S. 129
52. Was bedeutet die Strategie der Differenzierung für die Logistik?	S. 129
53. Welche Auswirkungen für die Logistik ergeben sich aus der Konzentrationsstrategie?	S. 129
54. Nennen Sie mögliche Entsorgungsstrategien!	S. 129

Lösung

55. Mit welchen Techniken können Strategien bewertet werden?	S. 131
56. Was ist unter strategischen Maßnahmen zu verstehen?	S. 131
57. Auf welche Bereiche erstreckt sich die strategische Kontrolle?	S. 132
58. Nennen Sie wichtige Kontrollaktivitäten im Rahmen der strategischen Kontrolle!	S. 132 f.
59. Welcher Techniken und Entscheidungshilfen bedient sich die Entwicklung von Strategien?	S. 133
60. Wodurch unterscheidet sich die operative Logistikplanung von der strategischen Logistikplanung?	S. 144
61. Aus welchen Fragestellungen kann die operative Planung ihre Planungsinhalte ableiten?	S. 144
62. Wer kommt als Planungsträger bei der operativen Planung in Frage?	S. 144
63. Welche Planungsrichtungen sind bei der operativen Planung angebracht?	S. 145
64. Was bedeutet der Integrationsgrad der Planung?	S. 146
65. Wodurch unterscheiden sich rollierende Planung, Alternativ-Planung und Not-Planung?	S. 146
66. Skizzieren Sie den Ablauf der operativen Planung!	S. 145
67. Auf welche Fristen erstreckt sich die operative Planung?	S. 144 f.
68. Welche Grundsätze gelten für die operative Planung?	S. 145

Logistik-Kennzahlen-System (LKS)

Beschaffung

Materialfluss und Transport

Struktur- und Rahmen-kenn-zahlen

Beschaffung:
- Anzahl der Einkaufsteile
- Materialeinkaufsvolumen
- Bestellpositionen pro Monat
- Anzahl der Lieferanten
- Rahmenvertragsquote
- Bestellstruktur
- Lieferpositionen pro Lieferschein
- Anzahl der eintreffenden Warenlieferungen pro Periode
- Gewicht eingehender Warenlieferungen
- Anzahl und Gewicht der Auslieferungen
- Anteil der Barcode-Lieferscheine
- Anteil der mit der Bestellabwicklung beschäftigten Mitarbeiter
- Anzahl der MA in der Warenannahme
- Sachmittelkapazität
- Beschaffungskosten
- Gesamtkosten in der Warenannahme

Materialfluss und Transport:
- mengenmäßiges Transportvolumen
- Transportaufträge pro Transport
- Zurückgelegte Transportstrecken
- Anzahl der Reparaturen
- Mechanisierungs-/Automatisierungsgrad
- Flächenanteil der Verkehrswege
- Anzahl der Mitarbeiter in der Transportabteilung
- Anzahl Fördermittel
- Kapazität der Fahrzeuge
- Transportkosten

Produk-tivitäts-kenn-zahlen

Beschaffung:
- Anzahl abgewickelter Sendungen pro Personalstunde
- Warenannahmezeit pro eingehender Sendung
- Auslastungsgrad der Entladeeinrichtungen

Materialfluss und Transport:
- Transportzeit pro Transportauftrag
- Auslastungsgrad der Transportmittel
- Transportleistung
- zurückgelegte Strecke pro Transportmittel
- zurückgelegte Transportstrecke pro Fahrer
- Ø Reparaturzeit

Wirt-schaft-lich-keits-kenn-zahlen

Beschaffung:
- Warenannahmekosten je eingehender Sendung
- Beschaffungskosten je Bestellung
- Beschaffungskosten in % des Einkaufsvolumens

Materialfluss und Transport:
- Transportkosten je Transportauftrag
- Ø Transportkosten je Gewichtseinheit
- Kosten je Tonnen-Kilometer
- Anteil der Förderkosten an den Fertigungs- oder Herstellkosten
- Ø Betriebskosten eines Fördermittels
- Ø Wartungs- und Instandhaltungskosten eines Fördermittels pro Zeiteinheit
- Kapitalbindung ruhender Bestände

Qualitäts-kenn-zahlen

Beschaffung:
- Ø Verweilzeit im Wareneingang
- Quote der Fehllieferungen
- Beanstandungsquote
- Zurückweisungsquote
- Lieferverzögerungsquote
- Ø Wiederbeschaffungszeit

Materialfluss und Transport:
- Servicegrad
- Termintreue
- Unfallhäufigkeit
- Schadenshäufigkeit

Lager- und Kommissionierung	Produktionsplanung und -steuerung	Distribution
► Anzahl der bevorrateten Artikel ► Anzahl unterschiedlicher Verpackungseinheiten ► Ø Menge gelagerter Teile ► Anzahl der Ein- oder Auslagerungen ► Struktur des Auftragsaufkommens ► Flächenanteil der Läger ► Anzahl Kommissionierpositionen pro Auftrag ► Anzahl der Mitarbeiter im Lagerwesen ► Sachmittelkapazitäten ► Lagerkosten	► Anzahl der zu disponierenden Materialien bzw. Teile ► Gesamtzahl der Auftragspapiere ► Ø Anzahl von Positionen pro Bestellung ► Anteil der DV-erstellten Auftragspapiere ► Anzahl der Auftragseingänge ► Anzahl der listenmäßigen Positionen am Auftragseingang ► Anteil der Änderungen am Auftragseingang ► Ø Wert einer Auftragseingangsposition ► Fertigungstiefe ► Anzahl der Mitarbeiter in den einzelnen PPS-Funktionen ► Sachmittelkapazität ► Kosten der Produktionsplanung und -steuerung	► Anzahl der Kunden ► Ø Umsatz je Kunde ► Anzahl Auslieferungen pro Zeiteinheit ► Anzahl der Lagerstufen ► Anzahl der Lagerstandorte ► Ø Entfernung zwischen den Lagerstufen ► Ø Entfernung zwischen Lager und Kunde ► Auftragsgröße ► Anteil der Distributionsmitarbeiter ► Kosten der Kundenauftragsabwicklung ► Kosten des externen Transportes ► Fehlmengenkosten
► Flächennutzungsgrad ► Höhennutzungsgrad ► Raumnutzungsgrad ► Kapazitätsauslastung der Lagermittel ► Anzahl der Lagerbewegungen je Mitarbeiter ► Kommissionierzeit je Auftrag	► mittlere Anzahl von Auftragseingangspositionen je Mitarbeiter ► Auftragsabwicklungszeit pro Auftrag ► mittlere Anzahl der Bestandskonten pro Mitarbeiter ► mittlere Anzahl der Dispositionsvorgänge je Mitarbeiter	► Produktivität der Versandabwicklung ► Produktivität der Auftragsabwicklung ► Transportzeit je Transportauftrag
► Ø Lagerplatzkosten ► Kosten pro Lagerbewegung ► Lagerkostensatz ► Lagerhaltungskostensatz ► Kommissionierkosten pro Auftrag	► Bearbeitungskosten einer Auftragseingangsposition ► Kosten je Dispositionsvorgang ► Bearbeitungskosten je Fertigungsauftrag ► Steuerungskosten je Auftrag	► Ø Kosten der Kundenauftragsabwicklung ► Anteil der Auftragsabwicklungskosten am Umsatz ► Distributionskosten je Auftrag ► Versandkostenquote ► Umschlagshäufigkeit Fertigwaren ► Transportkosten je Transportauftrag ► Verhältnis Eigentransportkosten zu Fremdtransportkosten
► Fehlerquote ► Ausfallgrad ► Termintreue ► Lager-/Servicegrad ► Ø Verweildauer in Kommissionierzone ► Lagerverlust je Periode ► Vorratsstruktur	► Vorratsintensität ► Ant. Vorratsver. an der Bilanzsumme ► Dispositionsbedingte Beanstandungs- bzw. Fehllieferungsquote ► Anteil dispo.bed. Produktionsstörungen ► Dispo. bed. Not- und Eilbestellungen ► Bestände ohne Bewegungen ► Dispo. bed. Fehlmengenkosten ► Ø Lagerbestand ► Bestandsreichweite ► Umschlagshäufigkeit ► Ø Verweildauer ► Kapitalbindung ► Altersstruktur der Bestände ► Anteil nicht mehr verwertbarer Bestände am Umsatz	► Ø Lieferzeit ► Lieferbereitschaft ► Fehllieferungsquote ► Liefertreue ► Verzugsquote ► Beanstandungsquote ► Anteil der Nachlieferungen

C. Logistik-Instrumente

1. Überblick

Unter Logistik-Instrumenten sind sämtliche Verfahren, Objekte und Hilfsmittel zu verstehen, die zur Erfüllung logistischer Aufgaben eingesetzt werden.

Die Instrumente lassen sich wie folgt unterscheiden:

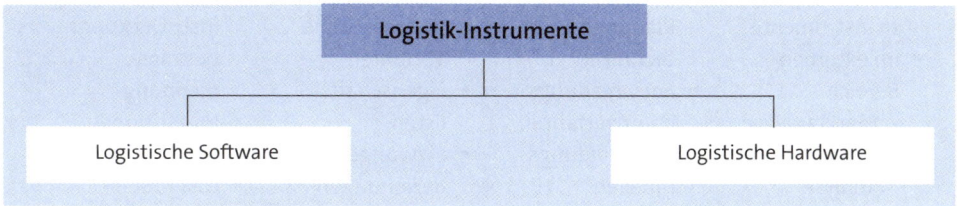

2. Logistische Software

Die logistische Software umfasst die Methoden und Verfahren, die der Unterstützung logistischer Aktivitäten und Entscheidungen dienen (*Fey*), sie besteht aus folgenden Instrumenten:

- Analyse-Instrumente
- Planungs- und Prognose-Instrumente
- Instrumente, die speziell bei der Ideengewinnung eingesetzt werden
- andere Instrumente.

Von den sehr zahlreichen Instrumenten kann im Folgenden nur auf eine Auswahl der wichtigsten und am häufigsten verwendeten eingegangen werden.

Bei dem Versuch einer Systematisierung ergeben sich zwangsläufig einige Mehrfachzuordnungen, da einige Instrumente nicht nur einem einzigen Kriterium zugerechnet werden, weil sie zur Erfüllung unterschiedlicher Aufgaben eingesetzt werden können.

Eine Auswahl wichtiger logistischer Software hat folgendes Aussehen:

Logistische Software

Analyse-Instrumente	Planungs-Instrumente	Instrumente zur Ideengewinnung	Andere Instrumente

1. global eingesetzte Instrumente
▸ im externen Bereich
  - Marktanalyse
  - Branchenanalyse
  - Konkurrentenanalyse
▸ im internen Bereich
  - Potenzialanalyse
  - Lückenanalyse
  - Portfolioanalyse
  - Kennzahlenanalyse
  - BEP-Analyse
  - Schwachstellenanalyse
2. primär in Teilbereichen eingesetzte Instrumente
▸ Schwachstellenanalyse
▸ Kennzahlenanalyse
▸ Verfahren zur Beurteilung von Massen
  - ABC-Analyse
  - XYZ-Analyse
  - weitere Verfahren
▸ Materialflussanalyse etc.
	1. qualitative Planungstechniken
	▸ Entscheidungsbaumverfahren
	▸ Entscheidungstabellen
	▸ Delphi-Modelle
	▸ Szenario-Technik
	▸ Kreativitätstechniken
	2. quantitative Planungstechniken
	▸ Zeitreihenanalysen
	▸ Regressionsanalyse
	▸ mathematische Optimierungsverfahren
	▸ experimentelle Verfahren des Operations Research
	▸ spezielle Optimierungsverfahren
	▸ Nutzwertanalyse
		1. logisch-systematische Verfahren
		▸ Eigenschaftslisten
		▸ erzwungene Beziehungen
		▸ morphologische Methode
		2. intuitiv-kreative Verfahren (Kreativitätstechniken)
		▸ Brainstorming
		▸ Methode 635
		▸ Synektik
		▸ Delphi-Modelle
		▸ Szenario-Technik
			▸ Kostenrechnung, insb. Deckungsbeitragsrechnung
			▸ Investitionsrechnung
			▸ Losgrößenrechnung
			▸ Bewertungsmethoden

2.1 Analyseinstrumente

2.1.1 Global eingesetzte Instrumente

Unter global eingesetzten Instrumenten werden solche Instrumente verstanden, die für das gesamte Unternehmen bzw. im gesamten Unternehmen eingesetzt werden können.

2.1.1.1 Im externen Bereich eingesetzte Instrumente

Im externen Bereich, für die Analyse des Umfeldes des Unternehmens, werden in erster Linie die folgenden Instrumente eingesetzt:

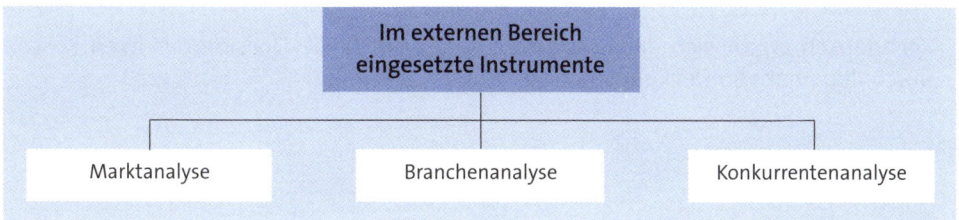

Auf diese Instrumente wurde bereits im Kapitel B. 7.5.1 eingegangen. Es wird auf die entsprechenden Ausführungen hingewiesen.

2.1.1.2 Im internen Bereich eingesetzte Instrumente

Im internen Bereich, also im Unternehmen selbst, wird u.a. mit den folgenden Instrumenten operiert:

- ▶ Potenzialanalyse
- ▶ Stärken-/Schwächenanalyse
- ▶ Chancen-Risikenanalyse
- ▶ Lückenanalyse
- ▶ Portfolioanalyse
- ▶ Kennzahlenanalyse
- ▶ BEP-Analyse
- ▶ Schwachstellenanalyse.

Bis auf die beiden letztgenannten Instrumente, die in den folgenden Abschnitten erläutert werden, wurden die übrigen Instrumente bereits im Kapitel B. 7.5.2 beschrieben.

- ▶ Die **BEP-Analyse** (Break-Even-Point-Analyse)
  Der Break-even-Punkt gibt an, bei welchem Umsatz bzw. bei welcher abgesetzten Menge Kostendeckung vorliegt, also weder ein Gewinn noch ein Verlust vorliegt. Dieser Punkt wird auch als **Gewinnschwelle** bezeichnet. Der Umsatz am BEP ist der Break-even-Umsatz (BEU).

  Die Ermittlung des Break-even-Punktes kann sowohl zur Analyse als auch zu Kontrollzwecken eingesetzt weden. Grafisch stellt er sich als Schnittpunkt der Erlöskurve mit der Gesamtkostenkurve dar. Bei unterstelltem linearen Kostenverlauf erhält man folgendes Bild:

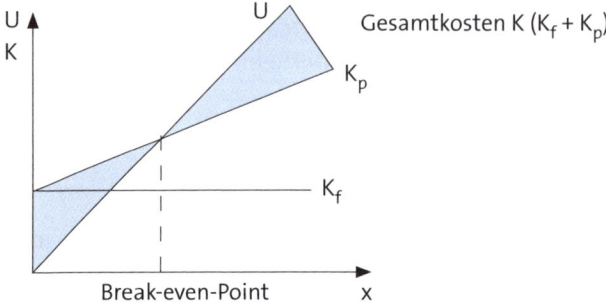

Rechnerisch ergibt sich der Break-even-Punkt durch die Division der fixen Kosten durch den relativen Deckungsbeitrag.

$$BEP = \frac{K_f}{1 - \dfrac{K_p}{U}}$$

Beispiel

Ein Produkt hat einen Umsatz von 750.000 € erreicht, die fixen Kosten betragen 187.500 € und die proportionalen Kosten 450.000 €.

Es ergibt sich folgender Break-even-Punkt:

$$BEP = \frac{187.500}{1 - \dfrac{450.000}{750.000}}$$

BEP = 468.750 €

Jeder Umsatz unter 468.750 € bedeutet einen Verlust, jeder darüber einen Gewinn.

Der Beschäftigungsgrad, bei dem der Break-even-Umsatz erreicht wird, der **Break-even-Beschäftigungsgrad**, ergibt sich aus folgender Rechnung:

$$\text{BE-Besch.} = \frac{BEU}{U} \cdot 100; \quad \text{BE-Besch.} = \frac{468.750}{750.000} \cdot 100;$$

BE-Besch. = **62,50 %**

Bei einem Beschäftigungsgrad von 62,50 % besteht Kostendeckung, darunter ergibt sich ein Verlust und darüber ein Gewinn.

Die Differenz zwischen 100 %, die den Umsatz repräsentieren, und dem Break-even-Beschäftigungsgrad, im Beispiel 37,50 %, stellt den **Sicherheitskoeffizienten** dar, er gibt die Ausdehnung der Gewinnzone in % an, indem er aussagt, um welchen Prozentsatz der Umsatz schrumpfen kann, ehe die Verlustzone erreicht wird.

Die **Sicherheitsstrecke** errechnet sich aus der absoluten Differenz zwischen Umsatz und Break-even-Umsatz, im Beispiel 750.000 € - 468.750 € = 281.250 €. es handelt sich auch hier um die Reichweite der Gewinnzone.

Die **kritische Menge** ist die Menge, bei der Kostendeckung existiert, also die Absatzmenge am Break-even-Punkt. Sie wird berechnet durch die Division der fixen Kosten durch den Deckungsbeitrag je Stück.

$$x = \frac{K_f}{db}$$

Ein Produkt erzielt einen Verkaufserlös in Höhe von 250 €/Stück, die stückproportionalen Kosten betragen 187,50 €, und die fixen Kosten belaufen sich auf 625.000 €.

$$x = \frac{625.000}{62,50} ; \qquad x = 10.000 \text{ Stück}$$

Bei einer abgesetzten Stückzahl von 10.000 besteht Kostendeckung, es liegt weder ein Gewinn noch ein Verlust vor.

Konsequenzen, die aus einer Break-even-Analyse gezogen werden können, betreffen
- die Preisseite
- die Absatzmengenseite
- die Kostenseite
- die Seite der Kombination der genannten Möglichkeiten, wobei die Mengenseite bzw. Kostenseite von logistischer Relevanz sind.

Die Break-even-Analyse ist in der Lage, die **kostendeckende Auftragsgröße** zu ermitteln. Dies ist deshalb von besonderer Wichtigkeit, weil die immer noch am stärksten verbreitete Kalkulationsform, die Zuschlagskalkulation, zu verfälschten Ergebnissen führt. Kleinaufträge, die von Unternehmen angenommen werden und Verlustbringer sein können, werden durch diese Form der Kalkulation nahezu „gefördert". Groß- und Kleinaufträge werden mit dem gleichen Zuschlagssatz kalkuliert; da Kleinaufträge eine kleinere Zuschlagsbasis haben als Großaufträge, werden sie im Vergleich mit zu niedrigen Gemeinkosten belastet.

Die Vorgehensweise bei der Ermittlung der Kosten deckenden Auftragsgröße wird am folgenden Beispiel verdeutlicht:

Beispiel

Ein Produkt ist ab Lager verfügbar, seine auftragsfixen Kosten u betragen 54 €, die proportionalen Selbstkosten v betragen 70 % des Erlöses, und der angestrebte Gewinn w wird mit 20 % des Erlöses angesetzt.

Zu ermitteln ist die Kosten deckende Auftragsgröße I und die Auftragsgröße II, die auch den gewünschten Gewinn beinhaltet.

$$\text{Auftragsgröße I} = \frac{u}{1 - \frac{v\%}{100}} ; \qquad I = \frac{54}{1 - \frac{70}{100}} ; \qquad I = 180\ €$$

$$\text{Auftragsgröße II} = \frac{u}{1 - \frac{v\%}{100} - \frac{w\%}{100}} ; \qquad II = \frac{54}{1 - \frac{70}{100} - \frac{20}{100}} ; \qquad II = 540\ €$$

Die Kosten deckende Auftragsgröße beläuft sich auf 180 €. Jeder Auftrag unter dieser Größe ist ein Verlustbringer, ab 180 € befindet man sich in der Gewinnzone, jedoch erst bei einer Auftragsgröße von 540 € wird der kalkulierte Gewinn realisiert.

Es sei noch erwähnt, dass neben dem geschilderten Break-even-Punkt auch der **Finanz-Break-even-Punkt** ermittelt werden kann; er ergibt sich am Schnittpunkt der Erlöskurve mit der Kurve der erlöswirksamen Kosten.

Es empfiehlt sich, den Break-even-Punkt gesondert für jedes Erzeugnis zu errechnen. Eine Ermittlung des Kostendeckungspunktes für das ganze Unternehmen führt zu einem nicht sehr aussagefähigen Durchschnittsergebnis.

Als **Kritik** an der Break-even-Analyse bieten sich folgende Punkte an:
- die Kosten und Erlöse werden lediglich in Abhängigkeit von der Menge gesehen
- Kosten und Erlöse werden als voneinander unabhängige Größen gesehen
- die Problematik der Auflösung der Kosten in ihre fixen und proportionalen Bestandteile wird nicht beachtet
- die Analyse ist sinnvoll nur produktbezogen durchführbar.

► Die **Schwachstellenanalyse**
ist ein weiteres global einsetzbares Analyseinstrument, es eignet sich besonders für den Logistikbereich.

Die Schwachstellenanalyse hat die Aufgabe der Problemerkennung. Unter Schwachstellen werden **Störungen und Verlustquellen** verstanden; sie rechtzeitig zu erkennen und ihnen auf den Grund zu gehen, ist Gegenstand der Schwachstellenanalyse.

Die Ursachen für Schwachstellen können sehr unterschiedlich sein und sowohl im externen als auch im internen Bereich liegen.

Interne Ursachen für Schwachstellen können u. a. Folgende sein:

- schlechtes Management
- schlechter Führungsstil
- mangelhafte Mitarbeiterauswahl
- mangelhafte Mitarbeiterführung
- nicht ausreichende oder falsche Planung
- schlechte Organisation
- mangelhafte Kontrolle
- zu geringe bzw. zu starke Risikobereitschaft
- nichtbeachtung wichtiger betriebswirtschaftlicher Grundsätze
- nichterkennen bestimmter Zusammenhänge
- nichtbeachtung des Flussprinzips
- schlecht vorbereitete Entscheidungen
- schlechtes Rechnungswesen
- falsche Investitionspolitik
- forciertes Umsatzdenken
- falsche Kapazitätsbelegung
- zu geringer oder falscher Einsatz technischer Hilfsmittel
- schlechte oder fehlende Marktforschung
- noch Erfolg bringende Auftragsgrößen sind nicht bekannt
- Die gewinn- bzw. deckungsbeitragsoptimale Produktzusammensetzung ist nicht bekannt.
- Der Anteil einzelner Produkte, Produktgruppen, Käufer, Käufergruppen, Verkaufsgebiete u. Ä. am Erfolg ist nicht bekannt.

Instrumente, die im Rahmen der Schwachstellenanalyse eingesetzt werden, sind in erster Linie

- Schwachstellenkataloge
- Checklisten

- Mängel- und Wunschlisten
- betriebswirtschaftliche Kennzahlen
- die ABC-Analyse
- die Deckungsbeitragsrechnung.

Schwachstellenkataloge enthalten Auflistungen von Problemen in erster Linie aus dem Organisationsbereich.

Durch systematisches Abprüfen der Stichworte zu einzelnen Unternehmensbereichen und Organisationsbedingungen sollen Abweichungen zwischen einem vorhandenen Ist- und einem gewünschten Sollzustand aufgedeckt und initiativ für Veränderungen genutzt werden (*Bramsemann*).

Checklisten beinhalten Abfolgen von Fragen, die auf die Feststellung von Fehlentwicklungen gerichtet sind. Die Prüffragen setzen die Fixierung eines Soll-Zustandes voraus.

Mängel- und Wunschlisten bestehen aus Zusammenstellungen von festgestellten Störungen in der Organisation und beinhalten darüber hinaus Wunschvorstellungen für eine bessere Gestaltung der Organisation. Das Vorgehen erfolgt induktiv empirisch.

Analysen mithilfe von Kennzahlen können in fast allen Unternehmensbereichen durchgeführt werden und sind ein sehr beliebtes Analyseinstrument, da Kennzahlen einen hohen Erkenntniswert haben; sie informieren in verdichteter Form über Fakten, Abläufe und Zusammenhänge. Die Unternehmenslogistik kann ohne dieses Instrument kaum auskommen. Auf Fragen der Kennzahlenanalyse wurde bereits in Kapitel B. 7.5.2.6 ausführlich eingegangen.

Die **Deckungsbeitragsrechnung** ist eine **Teilkostenrechnung**, die den Leistungen nur einen Teil der Kosten, die proportionalen Kosten, unmittelbar zurechnet. Die fixen Kosten sind Periodenkosten und werden durch das Betriebsergebnis abgedeckt. Der Deckungsbeitrag ist der Überschuss des Verkaufserlöses über die proportionalen Kosten, er beinhaltet die fixen Kosten und den Gewinn.

Die Hauptaufgaben der Deckungsbeitragsrechnung bestehen in der

- Preispolitik
- Absatzpolitik
- Erfolgsplanung
- Wirtschaftlichkeitskontrolle
- Erleichterung der Produktwahl bzw. Sortimentsgestaltung
- Entscheidungshilfe bei
  · der Ermittlung wirtschaftlicher Losgrößen
  · der Wahl zwischen Eigenfertigung und Fremdbezug
  · Investitionsprojekten.

Sieht man von den ersten zwei Aufgaben ab, ist ohne weiteres einzusehen, dass die Deckungsbeitragsrechnung in den Dienst der Logistik gestellt werden kann.

Auf Fragen der Deckungsbeitragsrechnung wird in einem der folgenden Kapitel noch ausführlich eingegangen (vgl. Kap. C. 2.4.1.5.5).

Die **ABC-Analyse** ist eine Technik zur Feststellung des Verlaufs der Konzentration bestimmter Daten. Sie wird im folgenden Kapitel dargestellt.

2.1.2 Primär in Teilbereichen eingesetzte Instrumente

Bei den in Teilbereichen einsetzbaren Instrumenten handelt es sich um Analyseinstrumente, die typisch für bestimmte Teilbereiche des Unternehmens sind. Dies bedeutet allerdings nicht, dass sie nur in einem Bereich einsetzbar sind, eine Abgrenzung zu den global einsetzbaren Instrumenten kann nicht immer ganz eindeutig vorgenommen werden.

2.1.2.1 Verfahren zur Beurteilung von Massen

Die Verfahren zur Beurteilung von Massen haben die Aufgabe, **Konzentrationsschwerpunkte** von Daten zu erkennen. Dies geschieht durch

- Analysen von Mengen-Wert-Verhältnissen
- Analysen der Verbrauchsstruktur einzelner Materialarten
- Produkt-Mengenbetrachtungen u. Ä.

2.1.2.1.1 ABC-Analyse

Die ABC-Analyse stellt die Grundform der Verfahren zur Beurteilung von Massen dar und ist eins der am weitesten verbreiteten Analyseinstrumente.

Die ABC-Analyse wurde ursprünglich im Materialbereich angewandt, sie lässt sich jedoch auch in anderen Bereichen einsetzen. Sie geht von dem Grundgedanken aus, dass einem relativ kleinen Mengenanteil einer Gesamtheit ein relativ hoher Wertanteil daran entgegensteht. Lässt sich der kleine Mengenanteil ermitteln, ist es möglich, den hohen Wertanteil im Sinne der beabsichtigten Vorgehensweise zu beeinflussen. Dies erlaubt eine Konzentration auf das Wesentliche, was einer wichtigen logistischen Grundeinstellung entspricht.

Üblicherweise wird im Rahmen der ABC-Analyse eine Beurteilung der Objekte in drei Kategorien vorgenommen, eine Erweiterung der Kategorien und damit eine ABCDE-Analyse usw. ist ohne weiteres möglich.

Nimmt man eine klassische ABC-Einteilung vor, kann diese wie folgt aussehen:

Kategorien	Wertanteil	Mengenanteil
A-Güter	70 % - 80 % des Gesamtwertes	geringer Anteil
B-Güter	15 % - 20 % des Gesamtwertes	30 % - 50 % der Gesamtmenge
C-Güter	5 % - 10 % des Gesamtwertes	40 % - 50 % der Gesamtmenge

Es handelt sich bei der Zuordnung der Mengen- und Wertanteile zu den drei Kategorien lediglich um Anhaltspunkte. Präzisierungen müssen betriebsindividuell vorgenommen werden.

Die Kategorienbildung und die sich daraus ergebenden Konzentrationsschwerpunkte können zu dem Ergebnis führen, dass aus Gründen der Wirtschaftlichkeit A-Artikeln im erhöhten Maße Aufmerksamkeit zu widmen ist, C-Artikeln nicht im gleichen Ausmaß Beachtung zu schenken ist, ohne sie jedoch zu vernachlässigen. B-Artikel nehmen eine Zwischenposition ein.

Die Zugehörigkeit von Artikeln zu den drei Kategorien kann im **Materialbereich** zu folgenden Handlungsweisen führen.

Artikel	Handlungsweisen
A-Artikel	► intensive Marktanalysen ► gründliche Kostenanalysen ► exakte Bedarfsermittlung ► gründliche Bestellvorbereitung ► exakte Dispositionsverfahren ► Disposition in kurzen Zeitabschnitten ► intensive Bestandsrechnung ► genaue Bestandsüberwachung ► strenge Handhabung der Sicherheits- und Meldebestände ► geringe Bestellhäufigkeit bei hoher Abrufhäufigkeit ► kurze Lagerreichweiten ► Just-in-Time-Bezug usw.
C-Aritikel	► vereinfachte Bestellabwicklung ► vereinfachte Bestandsüberwachung ► vereinfachte Disposition ► vereinfachte Lagerbuchführung ► geringe Anlieferhäufigkeit ► wenig aufwändige Terminkontrolle ► verstärkte Automatisierung bei allen Vorgängen usw.

In der üblichen **Vorgehensweise** ergeben sich folgende Arbeitsschritte:

► Erfassung des Mengenanfalls (Bestand, Verbrauch, Verkauf) und Feststellung der korrespondierenden Werte

► Ermittlung der Rangfolge der Werte

► Aufstellung der Werte nach dem Rang und Bildung von Rangklassen aus der Kumulierung der absoluten und relativen Daten

► Zuordnung der ermittelten Daten zu den einzelnen Rangklassen.

Das folgende Beispiel soll die Vorgehensweise verdeutlichen.

Beispiel

Zunächst wird aus den abgegebenen Mengen und den daraus resultierenden Werten eine Rangfolge gebildet.

Artikel	Verbrauch in Stück	Stückpreis	Verbrauch in €	Rang
1	100.000	3,00	300.000	6
2	37.500	18,00	675.000	5
3	180.000	1,00	180.000	10
4	105.000	36,00	3.780.000	1
5	250.000	2,80	700.000	4
6	10.000	20,00	200.000	9
7	20.000	40,00	800.000	3
8	55.000	5,00	275.000	7
9	175.000	1,40	245.000	8
10	97.500	38,00	3.705.000	2
	1.030.000		10.860.000	

Im nächsten Arbeitsgang werden die Mengen und Werte kumuliert und Rangklassen gebildet.

Ar-tikel	kumulierter Mengen-verbrauch		Ver-brauch je Klasse	Ver-brauch in €	kumulierter Werte-verbrauch		Ver-brauch je Klasse	Klas-se
	Stück	%			€	%		
4	105.000	10,19		3.780.000	3.780.000	34,81		A
10	202.500	19,66		3.705.000	7.485.000	68,92		A
7	222.500	21,60	21,60	800.000	8.285.000	76,29	76,29	A
5	472.500	45,87		700.000	8.985.000	82,73		B
2	510.000	49,51		675.000	9.660.000	88,95		B
1	610.000	59,22	37,62	300.000	9.960.000	91,71	15,42	B
8	665.000	64,56		275.000	10.235.000	94,25		C
9	840.000	81,55		245.000	10.480.000	96,50		C
6	850.000	82,52		200.000	10.680.000	98,34		C
3	1.030.000	100,00	40,78	180.000	10.860.000	100,00	8,29	C

Die ABC-Analyse führt zu dem Ergebnis, dass 21,60 % des Mengenverbrauchs ein Wertverbrauch von 76,29 % entgegensteht (Klasse A). 37,62 % der Artikelmenge entsprechen einem wertmäßigen Verbrauch von 15,42 % (Klasse B) und 40,78 % des Mengenverbrauchs korrespondieren mit einem Wertverbrauch von 8,29 % (Klasse C).

2.1.2.1.2 XYZ-Analyse

Die ABC-Analyse ist Ausgangspunkt weiterer Analysen. Neben dem Verhältnis der Mengen und Werte können noch andere Kriterien, XYZ-Kriterien, zur unterschiedlichen Behandlung von Anteilen an Grundgesamtheiten dienen. Je nach Art der zu beurteilenden Massen können die verschiedensten Kriterien verwendet werden.

Für den Bereich der **Lager-Logistik** ist es von besonderer Bedeutung, die Verbrauchsstrukturen der einzelnen Materialien zu kennen. Ihre Klassifizierung lässt sich wie folgt vornehmen:

Klassifizierung	Inhalt
X-Materialien	Materialarten, die eine hohe Konstanz des Verbrauchsverlaufs aufzeigen
Y-Materialien	Materialarten, deren Verbrauch trendmäßig steigend oder fallend verläuft oder saisonalen Schwankungen unterliegt
Z-Materialien	Materialarten, deren Verbrauch unregelmäßige Verläufe anzeigt (*Grochla*)
X-Materialien	hohe Voraussagegenauigkeit
Y-Materialien	mittlere Voraussagegenauigkeit
Z-Materialien	geringe Voraussagegenauigkeit (*Hartmann*)
X-Materialien	hohe Beschaffungskosten
Y-Materialien	mittelhohe Beschaffungskosten
Z-Materialien	geringe Beschaffungskosten
X-Materialien	leicht beschaffbare Materialien
Y-Materialien	nicht so leicht beschaffbare Materialien
Z-Materialien	schwer beschaffbare Materialien

Die nach den einzelnen Kriterien klassifizierten Materialien können Entscheidungshilfen für wichtige Dispositionsmaßnahmen zur Verfügung stellen. *Bramsemann* nennt folgende Standardprinzipien:

Gruppe X: fertigungssynchrone Beschaffung
Gruppe Y: Vorratsbeschaffung
Gruppe Z: Einzelbeschaffung im Bedarfsfall.

Die ABC-Analyse lässt sich ohne weiteres mit der XYZ-Analyse kombinieren. Eine solche Kombination könnte folgendes Aussehen haben (*Bramsemann*):

	A	B	C
X	hoher Verbrauchswert hoher Vorhersagewert	mittlerer Verbrauchswert hoher Vorhersagewert	niedriger Verbrauchswert hoher Vorhersagewert
Y	hoher Verbrauchswert mittlerer Vorhersagewert	mittlerer Verbrauchswert mittlerer Vorhersagewert	niedriger Verbrauchswert mittlerer Vorhersagewert
Z	hoher Verbrauchswert niedriger Vorhersagewert	mittlerer Verbrauchswert niedriger Vorhersagewert	niedriger Verbrauchswert niedriger Vorhersagewert

2.1.2.1.3 Weitere Verfahren zur Beurteilung von Massen

Unter den weiteren Verfahren zur Beurteilung von Massen werden einige Analysen zusammengefasst, die primär im Materialbereich eingesetzt werden und dazu dienen, Konzentrationsschwerpunkte von Daten zu erkennen.

► **Teileklassifikation**
Die Teileklassifikation hat die Aufgabe, eine differenzierte Steuerung des Materialflusses zu gewährleisten. Zu diesem Zweck werden sämtliche Teile eines Produktionsprogramms daraufhin untersucht, wie sie zu steuern sind. Daraus resultiert eine Teileklassifikation in I-, II- und III-Teile.

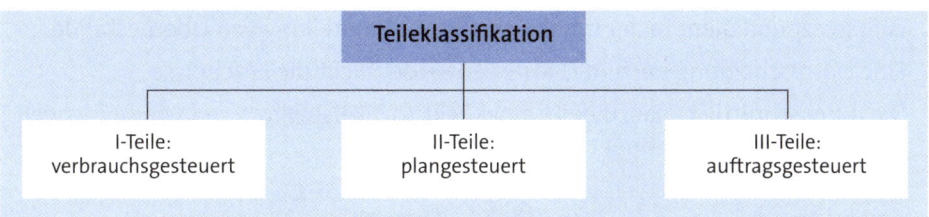

Ziel der Analyse ist es, eine Mischung von Programmfertigung und Auftragsfertigung so zu erreichen, dass

- eine Differenzierung des Materialflusses
- die Realisierung unterschiedlicher Planungs- und Steuerungsprinzipien
- die Durchführung verschiedener Modelle der Auftragsabwicklung

gegeben ist (*Bichler/Schröter*).

Verbrauchsgesteuerte I-Teile weisen meist nur geringe Werte auf. Ihre Planung basiert in der Regel auf dem durchschnittlichen Bedarf der Periode. I-Teile werden häufig gefertigt, wenn II- und III-Teile keine Kapazitäten besetzen. Sie weisen normalerweise Lagerbestände auf.

Plangesteuerte II-Teile sind durch hohe Werte gekennzeichnet. Sie sind so zu planen, dass sie bereitstehen, wenn im Rahmen der Produktionsprogrammplanung mit Kundenaufträgen gerechnet wird. Durch eine rollierende Planung soll die Spanne zwischen geplantem und tatsächlichem Bedarf so klein wie möglich gehalten werden. Der Beginn der Fertigung ergibt sich aus der Subtraktion der Durchlaufzeit vom Bereitstellungstermin.

Auftragsgesteuerte III-Teile weisen sehr hohe Werte auf. Ihre Planung ergibt sich aus den Bedarfsterminen, die durch die einzelnen Kundenaufträge bestimmt sind. Die Produktionsprogrammplanung muss erreichen, dass die Einplanung unmittelbar nach Auftragseingang erfolgen kann.

Es muss gewährleistet sein, dass Engpässe bei den III-Teilen bekannt sind und Maßnahmen zu ihrer Beseitigung getroffen werden. Die Investitionsplanung kann davon beeinflusst werden (*Bichler/Schröter*).

Die hohen Werte der III-Teile sprechen für eine Just-in-Time-Steuerung der Produktion (ausführlicher *Bichler/Schröter, Ebel*).

► **Produkt-Quantum-Analyse**
Die Produkt-Quantum-Analyse ist eine Mengenanalyse. Sie hat die Aufgabe, die Teileklassifizierung einer Überprüfung zu unterziehen. Durch Feststellung der exakten Verbrauchsmengen, Durchlaufzeiten und des Wiederbeschaffungsmodus wird die Einstufung von Teilen der Kategorie C als I-Teil u. U. korrigiert und eine Umstufung als II- oder III-Teil vorgenommen.

► **Lagerreichweiten-Analyse**
Die Lagerreichweiten errechnen sich aus dem durchschnittlichen Lagerbestand eines Produktes (Teils, Artikels) dividiert durch den durchschnittlichen Verbrauch einer Periode.

Die Lagerreichweiten-Analyse wird in der Disposition verbrauchsgesteuerter Teile eingesetzt und dient in der Lagerkontrolle der Darstellung von Überbeständen.

Eine Unterscheidung nach ABC-Kriterien verdeutlicht die Ergebnisse.

Die durchschnittliche Reichweite eines Teils (Artikels) wird, wie in der folgenden Tabelle dargestellt, berechnet.

Artikel-Nr.		Lagerort:	
Periode	durchschn. Bestand in ME	durchschn. Verbrauch in ME	Reichweite in Monaten
Januar	200	125	1,60
Februar	250	150	1,67
März	260	180	1,44
April	180	120	1,50
Mai	220	130	1,69
Juni	240	100	2,40
Juli	220	90	2,44
August	250	90	2,78
September	260	130	2,00
Oktober	180	140	1,29
November	200	150	1,33
Dezember	220	120	1,83
Durchschnitt			1,83

➤ **Überbestands-Analyse**

Die Überbestands-Analyse baut auf der Reichweiten-Analyse auf. Sie geht von den **optimalen Reichweiten** aus, die mithilfe der Formel von Andler durch Berücksichtigung der Bestell- und Lagerkosten berechnet werden können (vgl. Kap. C. 2.4.3).

Mittels einer **ABC-Analyse** werden die entsprechenden Beschaffungs- bzw. Verbrauchsumsätze ermittelt. Um die Lagerkapazitäten berücksichtigen zu können, empfiehlt es sich, eine **XYZ-Analyse** unter Berücksichtigung der Volumina der Teile anzuschließen. Ein ausführliches **Beispiel** geben *Bichler/Schröter*:

Optimale Lagerreichweiten:	
X-Teile = Großvolumige Teile	
AX-Teile:	LRW < 30 Tage sind Teile mit einem hohen Anteil am Gesamtverbrauch und hohem Lagervolumenbedarf
BX-Teile:	LRW < 40 Tage sind Teile mit einem mittleren Anteil am Gesamtverbrauch und hohem Lagervolumenbedarf
CX-Teile:	LRW < 60 Tage sind Teile mit einem geringen Anteil am Gesamtverbrauch und hohem Lagervolumenbedarf
Y-Teile = Mittelvolumige Teile	
AY-Teile:	LRW < 60 Tage sind Teile mit einem hohen Anteil am Gesamtverbrauch und mittlerem Lagervolumenbedarf
BY-Teile:	LRW < 80 Tage sind Teile mit einem mittleren Anteil am Gesamtverbrauch und mittlerem Lagervolumenbedarf
CY-Teile:	LRW < 120 Tage sind Teile mit einem geringen Anteil am Gesamtverbrauch und mittlerem Lagervolumenbedarf
Z-Teile = Kleinvolumige Teile	
AZ-Teile:	LRW < 80 Tage sind Teile mit einem hohen Anteil am Gesamtverbrauch und geringem Lagervolumenbedarf
BZ-Teile:	LRW < 120 Tage sind Teile mit einem mittleren Anteil am Gesamtverbrauch und geringem Lagervolumenbedarf
CZ-Teile:	LRW < 120 Tage sind Teile mit einem geringen Anteil am Gesamtverbrauch und geringem Lagervolumenbedarf

Es ist ersichtlich, dass die Teile drei unterschiedliche optimale Lagerreichweiten haben.

Die Bestände, die die optimalen Bestände überschreiten, sind Überbestände.

Eine detaillierte Analyse lässt sich tabellarisch oder grafisch durchführen. Die Reichweiten lassen sich etwa in einem 10-Tagesraster darstellen. Es lässt sich dann ohne weiteres ablesen, in welchem Ausmaß die tatsächlichen Lagerreichweiten die Soll-Lagerreichweiten überschreiten. Die Darstellung kann die Lagerreichweiten in Werten und in Mengen berücksichtigen.

Auf der Grundlage dieser Analyse und weitergehender Einzelanalysen können Maßnahmen zum Abbau von Überbeständen ins Auge gefasst werden.

► **Ladenhüter-Analyse**

Die Ladenhüter-Analyse ergibt sich aus der Überbestands-Analyse. Es sind die Bestände aufzuzeigen, bei denen über einen längeren Zeitraum hinweg keine Lagerbewegungen stattgefunden haben. Dieser Zeitraum muss individuell festgelegt werden, häufig betrifft er 12 Monate.

Die Ladenhüter-Analyse sollte getrennt nach Teilearten, Baugruppen, Rohmaterial und Endprodukten vorgenommen werden.

Auch in diesem Bereich gilt die ABC-Betrachtungsweise.

► **Lagervolumen-Analyse**

Es wurde bereits im Rahmen der Beschreibung der Reichweiten-Analyse festgestellt, dass das Volumen von Teilen, Artikeln, Rohstoffen usw. von Bedeutung für die Lagerhaltung ist.

Es ist ohne Weiteres einzusehen, dass großvolumige C-Artikel mit einer großen Reichweite, selbst mit einer relativ hohen optimalen Reichweite zu Unwirtschaftlichkeiten bei der Lagerhaltung führen. Eine XYZ-Analyse unter Berücksichtigung des Volumens ist also dringend zu empfehlen.

Die Feststellung der Volumina ist mit einem nicht geringen Aufwand verbunden, der dadurch allerdings in einem vertretbaren Rahmen gehalten werden kann, dass bei einer großen Artikelvielfalt nicht jeder einzelne Artikel berücksichtigt wird, sondern von **Repräsentanten-Artikeln** bzw. **Typenvertretern** ausgegangen wird.

Folgende wichtige Volumendaten müssen bekannt und in den Artikelstammdaten enthalten sein:

- Teileklassifikation
  · Schüttgut
  · Kleinteile
  · Stückgut
  · Sperrgut
  · Langgut
  · Trommeln usw.
- Abmessungen der Einzelteile
- Baugruppen-Volumen
- Endprodukt-Volumen
- Verpackungs-Volumen
- Gewicht, bezogen auf Teile/Baugruppen/Endprodukt/Verpackungen
- Empfindlichkeitsklassen
- Gefahrgutklassen
- Stapelfähigkeit
- Handhabbarkeitsklassen u. Ä.

Sind die Volumendaten bekannt, kann mithilfe einer XYZ-Analyse eine Klassifizierung der Artikel nach Volumen vorgenommen werden, in der Regel wird die Klassifizierung so aussehen:

- X = großvolumig
- Y = mittelvolumig
- Z = kleinvolumig.

Die Einteilung richtet sich dabei nach betriebsindividuellen bzw. branchentypischen Kriterien.

Im Rahmen der Volumenanalyse sollte auch der Einsatz von Ladehilfsmitteln berücksichtigt werden, d. h. die Zuordnungsmöglichkeiten der Artikel auf einzelne Ladehilfsmittel. Dies führt dann zu einer Ladehilfsmittel-Analyse.

► **Materialfluss-Analyse**
Die Materialfluss-Analyse wird häufig als logistisches Hilfsmittel dargestellt. Da der Materialfluss im Zentrum logistischer Handlungen steht, wird er nicht an dieser Stelle behandelt, sondern ihm im Rahmen der Lagerlogistik breiterer Raum gewidmet.

2.2 Planungsinstrumente

Als Planungsinstrumente werden die Techniken verstanden, die die Planer bei ihrer Gesamtfunktion unterstützen.

Da der Planung gerade in der Logistik eine überragende Rolle zukommt, wird im Folgenden auf die wichtigsten Planungstechniken eingegangen, wobei nicht jedes Detail behandelt werden kann, der Rahmen des Buches würde sonst bei weitem gesprengt. Es wird auf die reichhaltige Literatur hingewiesen.

Die Planungstechniken treten in zwei Grundformen auf:

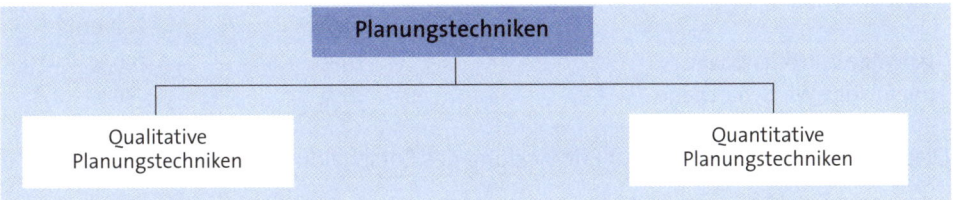

2.2.1 Qualitative Planungstechniken

Die qualitativen Planungstechniken gehen von Erfahrungen, Kenntnissen, Überlegungen und Intuitionen aus. Sie finden Einsatz bei der Suche und Bewertung von Alternativen und haben Bedeutung in der Entscheidungsphase, können aber auch in der Analyse angewandt werden.

2.2.1.1 Entscheidungsbaumverfahren

Die Entscheidungsbaumtechnik bietet sich an, wenn komplexe und unsichere Entscheidungen mehrere Lösungen möglich erscheinen lassen.

Ein Entscheidungspunkt markiert die zu treffenden Entscheidungen und stellt den Ausgangspunkt dar. Die verschiedenen Lösungswege mit ihren Konsequenzen erscheinen als Äste eines Baumes. Von jedem Knotenpunkt lassen sich je nach Anzahl der

Alternativen und deren Folgen neue Verästelungen darstellen. Die Anzahl der einge-
bauten Parameter und der möglichen Konsequenzen bestimmt die Form des Entscheidungsbaumes.

Ein Beispiel soll die Vorgehensweise verdeutlichen:

Beispiel

Ein Produkt lässt sich durch zwei Produktionsverfahren herstellen, jedes Verfahren
macht den Einsatz unterschiedlicher Maschinen erforderlich. Es liegen folgende Informationen vor:

	Maschine I	Maschine II
Anschaffungskosten	105.000 €	105.000 €
Nutzungsdauer in Jahren	2	2
Einzahlungsüberschüsse		
a) bei günstiger Wirtschaftslage	210.000 €	168.000 €
b) bei ungünstiger Wirtschaftslage	21.000	84.000
Kalkulationszinsfuß 10 %		

Übergangswahrscheinlichkeiten für die wirtschaftliche Entwicklung:

	1. Jahr	2. Jahr
günstige Wirtschaftslage	70 %	30 %
ungünstige Wirtschaftslage	30 %	70 %

Diese Informationen führen zur Entwicklung des Entscheidungsbaumes für Maschine I:

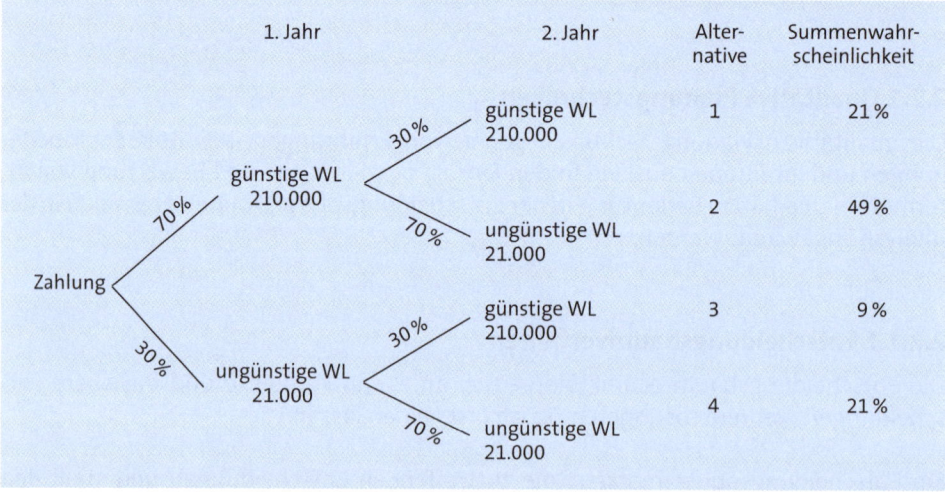

Für die Maschine I ermittelt man für die einzelnen Alternativen die folgenden Kapitalwerte:

$$C_0 = -a + d \cdot \frac{1}{(1 + i)^n}$$

C_0 = Kapitalwert
a = Anschaffungskosten
d = Einzahlungsüberschuss
n = Nutzungsdauer
i = $-\dfrac{p}{100}$

$C_1 = -105.000 + 210.000 \cdot 0,9091 + 210.000 \cdot 0,8264 = 259.455,00$
$C_2 = -105.000 + 210.000 \cdot 0,9091 + 21.000 \cdot 0,8264 = 103.265,40$
$C_3 = -105.000 + 21.000 \cdot 0,9091 + 210.000 \cdot 0,8264 = 87.635,10$
$C_4 = -105.000 + 21.000 \cdot 0,9091 + 21.000 \cdot 0,8264 = -68.554,50$

Aus der Multiplikation der Kapitalwerte mit der Summenwahrscheinlichkeit ergeben sich folgende Werte:

$259.455,00 \cdot 21\,\% = 54.485,55$
$103.265,40 \cdot 49\,\% = 50.600,05$
$87.635,10 \cdot 9\,\% = 7.887,16$
$-68.554,50 \cdot 21\,\% = -14.396,45$

Der durchschnittliche Kapitalwert beträgt 98.576,31 €.

Ermittelt man den Kapitalwert für die Maschine II auf die gleiche Weise, erhält man 115.062,24 €.

Unter Berücksichtigung der angewandten Kriterien ist Maschine II und damit das Verfahren 2 günstiger.

2.2.1.2 Entscheidungstabellentechnik

Die Entscheidungstabellentechnik leistet Hilfestellung bei der Suche nach Alternativen und bei der Entscheidungsfindung.

Die sehr einfach zu handhabende Methode arbeitet mit einer Matrix, in der Bedingungen und Aktionen von Alternativen formuliert werden. Die Zeilen enthalten die Wenn- und Dann-Komponenten, also die Voraussetzungen und Konsequenzen und die Spalten die Regeln für die Bedingungskomponenten.

Durch Ankreuzen in den Feldern wird dargestellt, welche Maßnahmen sich unter welchen Bedingungen ergeben.

			Regel 1	Regel 2	Regel 3	Regel 4	
Bedingunen (Wenn-Komponenten)	B 1		ja	ja	nein	nein	Bedingungs-anzeige
	B 2		ja	nein	ja	nein	
Aktionen (Dann-Komponenten)	A 1		x		x	x	Aktions-anzeige
	A 2			x			

2.2.1.3 Delphi-Methode

Die Delphi-Methode findet ihre Anwendung in der Prognose und bei der Suche nach Lösungsideen. Ihr Hauptmerkmal ist die schriftliche Befragung von Experten. Aus den abgegebenen Einzelurteilen ergibt sich ein Gesamturteil.

Die Experten können sich sowohl aus unternehmensinternen als auch aus externen Persönlichkeiten zusammensetzen. Eine Begrenzung der Gruppengröße wird nicht vorgenommen. Die Anonymität der Experten muss gewahrt bleiben.

In Anlehnung an *Nieschlag/Dichtl/Hörschgen* kann die Befragung, die in mehreren Phasen abläuft, wie folgt vor sich gehen:

Phase I: Die Experten werden über das Prognose- bzw. Entscheidungsgebiet informiert und nach möglichen zukünftigen Ereignissen im relevanten Bereich befragt.

Phase II: Den Experten wird die Liste mit den in der ersten Phase ermittelten denkbaren Ergebnissen zugesandt, mit der Bitte abzuschätzen, innerhalb welcher Zeit sich diese realisieren lassen.

Phase III: Die Ergebnisse der Phase III werden allen Beteiligten mitgeteilt; diese können nun ihre Einschätzungen korrigieren bzw. Abweichungen begründen.

Phase IV: Diese Phase und erforderlichenfalls alle weiteren Phasen verlaufen prinzipiell wie die dritte. Die Experten erhalten jeweils die neuen Daten und schriftliche Begründungen für abweichende Werte. Durch Berücksichtigung der vorliegenden Ergebnisse ergibt sich die endgültige Beurteilung des Sachverhaltes bzw. die endgültige Prognose steht fest.

Die Befragungsphasen sollte man solange wiederholen, bis sich das Gruppenurteil stabilisiert hat.

Die statistischen Gruppenurteile der einzelnen Phasen werden in der Regel durch den Median der Einzelurteile und den Interquartilbereich beschrieben.

2.2.1.4 Szenario-Technik

Die Szenario-Technik geht von der gegenwärtigen Unternehmenssituation aus und versucht alle erwägbaren Entwicklungen zu erfassen. Nach einer gründlichen Analyse des Untersuchungsfeldes werden künftige Entwicklungen abgeleitet.

Die Technik eignet sich in erster Linie für die Entwicklung von Zielen und Strategien.

Von Reibnitz schlägt für die Szenario-Technik folgende Schritte vor:
- ► Definition und Gliederung des Untersuchungsfeldes
- ► Identifizierung und Strukturierung der wichtigsten das Untersuchungsfeld beeinflussenden Faktoren (Umfelder)
- ► Ermittlung von Entwicklungstendenzen und kritischen Deskriptoren für die Umfelder
- ► Bildung und Auswahl alternativer konsistenter Annahmebündel
- ► Interpretation der ausgewählten Umfeld-Szenarien
- ► Einführung und Analyse der Auswirkungen signifikanter Störereignisse
- ► Ausarbeiten der Szenarien bzw. Ableiten von Konsequenzen für das Untersuchungsfeld
- ► Konzipieren von Maßnahmen und Erstellen von Plänen für das Unternehmen.

Die Ergebnisse sind die Zielvorstellungen der Szenariogruppe.

2.2.1.5 Kreativitätstechniken

Die Kreativitätstechniken werden immer dann eingesetzt, wenn aus mehreren Alternativen die günstigste Entscheidung gesucht werden soll.

Von den zahlreichen Kreativitätstechniken sei hier auf die am stärksten verbreiteten,
- ► das Brainstorming
- ► die Methode 635
- ► die Synektik
- ► die morphologische Methode

eingegangen.

Das **Brainstorming** stellt eine Vorgehensweise dar, bei der in kleinen Gruppen Ideen geäußert, diskutiert und weitergesponnen werden. Wichtig dabei ist, dass Spontanität und „Lockerheit" im Vordergrund stehen.

Charakteristisch für das Brainstorming sind die folgenden sechs Punkte:

- ▸ die Gruppen sollen sich aus nicht mehr als 12 Mitgliedern zusammensetzen
- ▸ die Gruppenmitglieder müssen gleichberechtigt sein
- ▸ die Sitzungsdauer soll maximal 30 Minuten betragen
- ▸ jedes Gruppenmitglied kann Vorstellungen äußern und Ideen anderer Mitglieder fortentwickeln
- ▸ Spontaneität ist unbedingte Voraussetzung
- ▸ die Ideen anderer Gruppenmitglieder sind nicht zu kritisieren.

Die Sitzungsergebnisse sind zu protokollieren und, falls sie realistisch sind, auszuwerten.

Die **Methode 635** ist eng mit dem Brainstorming verwandt.

Einer sechsköpfigen Gruppe **(6)** werden schriftlich Problemstellungen vorgelegt, zu denen sich ihre Mitglieder mit jeweils mindestens drei **(3)** Lösungsvorschlägen innerhalb von fünf **(5)** Minuten zu äußern haben.

Die Lösungsvorschläge gehen von jedem Gruppenteilnehmer an einen anderen, der die Gedanken seines „Vorgängers" weiterentwickelt. Die schriftlich fixierten Lösungsvorschläge machen anschließend wieder ihre Runde. Bei einer Gruppengröße von sechs Teilnehmern ergeben sich 18 Lösungsvorschläge, fünfmal unter verschiedenen Aspekten.

Die Technik der **Synektik** verfremdet ein Ausgangsproblem schrittweise durch Bildung von Analogien zu anderen Lebensbereichen.

Die Analogiebildung vollzieht sich in mehreren Stufen, hierauf erfolgt eine „gewaltsame" Rückbesinnung auf das Ausgangsproblem; diesen Vorgang nennt man „force fit".

Das in der Literatur in diesem Zusammenhang am häufigsten beschriebene Beispiel ist das der „Wirbelknochen-Antenne".

Konstrukteure erhielten den Auftrag, eine mindestens 20 m lange schnell aufrichtbare und wieder zusammenlegbare Antenne zu entwickeln, die von einer Person ohne weiteres zu tragen sein sollte.

Während einer Screening-Sitzung wurde von Teilnehmern eine Analogie zu der Wirbelsäule von Dinosauriern, die lang und elastisch war und den Tieren das Hochrichten erlaubte, hergestellt. Durch diese Überlegungen wurde das Antennenproblem gelöst.

Die beschriebene Methode dürfte besonders in der Logistik Anhänger finden.

Die **morphologische Methode** könnte auch unter den Analyse-Instrumenten aufgeführt werden, da sie im Grunde eine Strukturanalyse ist.

Der Erfinder dieser Methode, *Zwicky*, der es für möglich hält, mit ihr alle denkbaren Lösungen eines vorhandenen Problems abzuleiten, schlägt eine Ablauffolge in fünf Schritten vor:

1. Schritt: Allgemeine Definition des Problems noch ohne Angabe von Lösungsansätzen.

2. Schritt: Zerlegung des Problems in die lösungsbeeinflussenden Komponenten (= Aufstellung der Parameter).

3. Schritt: Bildung einer Matrix, des **morphologischen Kastens**. In diesen Kasten werden für jeden Parameter festgelegte Lösungsalternativen eingetragen.

4. Schritt: Die Lösungsalternativen werden zu kreativen Lösungen kombiniert.

5. Schritt: Die Lösungsalternativen, die nach unternehmensinternen Kriterien optimal sind, werden ausgewählt.

2.2.2 Quantitative Planungstechniken

Die quantitativen Verfahren stellen mathematisch-statistische Verfahren dar. Ihre Bandbreite ist sehr groß, sie reicht von sehr einfachen Vorgehensweisen, wie z. B. der Technik des gleitenden Durchschnitts bis zu mathematisch anspruchsvollen Optimierungsverfahren.

Die quantitativen Verfahren finden ihre Anwendung vor allem in der Prognose, bei der Festlegung von Bewertungskriterien und bei der Planung von Terminen.

2.2.2.1 Zeitreihenanalysen

Zeitreihen liegen vor, wenn Daten über einen Sachverhalt für eine Reihe von Zeitpunkten oder Zeiträumen zur Verfügung stehen.

Zeitreihenanalysen nehmen eine Analyse der zeitreihenbestimmenden Komponenten vor und führen darüber hinaus eine Extrapolation durch.

Zu den Zeitreihenanalysen zählen die folgenden Verfahren:

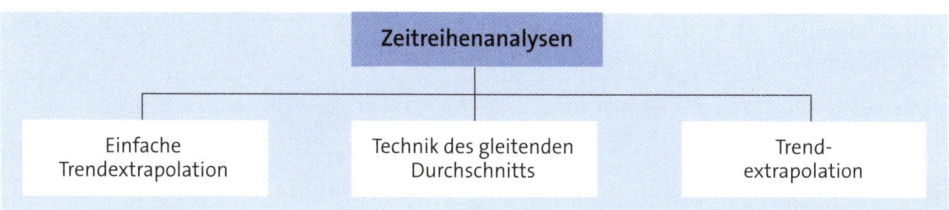

2.2.2.1.1 Einfache Trendextrapolation

Die einfache Trendextrapolation wird auch als Freihandmethode bezeichnet, es handelt sich um ein grafisches Verfahren. Eine festgestellte Entwicklung wird grafisch in die Zukunft verlängert. Die Trendextrapolation ist eine Extrapolation der Entwicklung, die sich aus einem Kurvenbild ergibt.

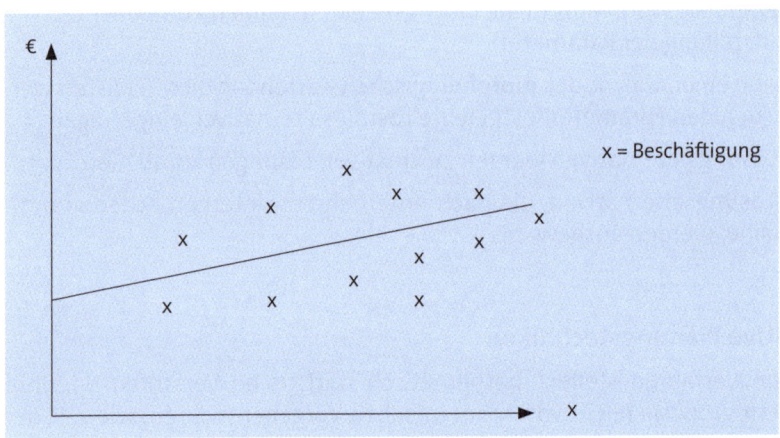

Dieses sehr einfache Verfahren weist keinen hohen Genauigkeitsgrad auf, es wird überwiegend in der kurz- bis mittelfristigen Prognose eingesetzt.

2.2.2.1.2 Technik des gleitenden Durchschnitts

Die Technik des gleitenden Durchschnitts ist auch ein sehr einfaches Verfahren. Aus einer stets gleichen Zeitreihe werden kontinuierlich Mittelwerte gebildet, wobei der jeweils älteste Periodenwert durch den neuesten ersetzt wird.

Beispiel

In einem Unternehmen ist der Materialbedarfsplan aus einer Zeitreihe zu ermitteln:

Periode	1	2	3	4	5	6	7	8
Materialbedarf	288	252	306	378	324	324	414	468
Gleitender Durchschnitt							312 [1]	333 [2]

[1] (288 + 252 + 306 + 378 + 324 + 324) = 1.872; 1.872 : 6 = 312
[2] 1.872 - 288 + 414 = 1.998; 1.998 : 6 = 333

Die Werte sind T€.

2.2.2.1.3 Trendextrapolation

Die Trendextrapolation geht von in der Vergangenheit angefallenen Zahlen aus und nimmt eine Extrapolation in die Zukunft vor. Es wird unterstellt, dass sich die Gesetzmäßigkeiten der Vergangenheit in der Zukunft fortsetzen. Solange nicht mit dynamischen Entwicklungen zu rechnen ist, kann diese Annahme gerechtfertigt werden.

Die verbreitetste Methode der Trendextrapolation ist die **Methode der kleinsten Quadrate**.

Die Ausgleichsgerade

$$y = a + b \cdot x$$

wird mathematisch so bestimmt, dass die Summe der Abweichungsquadrate von der Geraden minimal wird.

Beispiel

In einem Unternehmen liegen Verbrauchszahlen für die Jahre 2005 bis 2013 vor. Der Verbrauch für das Jahr 2014 ist mithilfe der Trendextrapolation zu ermitteln.

a = Anfangstrend
b = Trendwinkel (Steigungsmaß)
x = Periodenabstände
y = Verbrauch in TE
n = Anzahl der Perioden

Jahr	x	y	x^2	$x \cdot y$
2005	1	120	1	120
2006	2	132	4	264
2007	3	156	9	468
2008	4	180	16	720
2009	5	192	25	960
2010	6	216	36	1.296
2011	7	252	49	1.764
2012	8	276	64	2.208
2013	9	288	81	2.592
	45	1.812	285	10.392

$\sum y = n \cdot a + b \cdot \sum x$

$\sum xy = a \cdot \sum x + b \cdot \sum x^2$

$1.812 = 9 \cdot a + b \cdot 45 \mid \cdot 5$
$10.392 = 45 \cdot a + b \cdot 285 \mid \cdot -1$

$9.060 = 45\,a + b \cdot 225$
$-10.392 = -45\,a - b \cdot 285$

$\overline{}$

$-1.332 = 0 - b \cdot 60$

$b = \mathbf{22{,}2}$

$1.812 = 9 \cdot a + 22{,}2 \cdot 45$
$1.812 = 9 \cdot a + 999$
$9a = 813$
$a = 90{,}33$

Für das Jahr 2014 wird der Verbrauch folgendermaßen berechnet:

$y = a + b \cdot x$
$y = 90{,}33 + 22{,}2 \cdot 10$
$y = \mathbf{312{,}33}$

2.2.2.1.4 Exponenzielle Glättung 1. Ordnung

Bei der Trendextrapolation gehen sämtliche Werte „gleichberechtigt" in die Rechnung ein, die exponenzielle Glättung gewichtet die vorliegenden Werte unterschiedlich. Es wird mit einem Glättungsfaktor gearbeitet, je größer dieser ist, umso schwächer werden alte Werte und umso stärker die aktuellen Werte gewichtet.

Beispiel

Bei einer Kostenplanung wurde in der Periode $t-1$ ein alter Vorhersagewert in Höhe von 22.500 € ermittelt. Der im Rahmen der Kostenkontrolle festgestellte Istbetrag I_t macht 24.075 € aus. Es wird ein betrieblicher Glättungsfaktor von 0,25 verwendet.

$P_{t+1} = (1 - \alpha) \cdot Pt + (\alpha \cdot It)$

P_{t+1} = Vorhersagewert

P_t = alter Vorhersagewert für Periode t, ermittelt in $t - 1$

I_t = Istwert der Periode t

α = Glättungsfaktor

$P_{t+1} = (1 - 0{,}25) \cdot 22.500 + (0{,}25 \cdot 24.075)$

P_{t+1} = 0,75 · 22.500 + 6.018,75

P_{t+1} = 16.875 + 6.018,75

P_{t+1} = **22.893,75**

2.2.2.2 Regressionsanalyse

Die Regressionsanalyse könnte auch den Zeitreihenanalysen zugerechnet werden, wegen ihrer besonderen Bedeutung wird ihr ein eigener Abschnitt gewidmet.

Regressionsanalysen werden immer dann vorgenommen, wenn man von einem Zusammenhang zwischen einer abhängigen und einer oder mehrerer unabhängigen Variablen ausgehen kann.

Die Regressionsanalyse tritt in mehreren Varianten auf, am verbreitetsten ist die einfachste Form, die lineare Regression mittels der Methode der kleinsten Quadrate.

Beispiel

In einem Unternehmen will man mittels der Berechnung der Regressionsanalyse die Abhängigkeit zwischen den Logistikkosten und dem Umsatz feststellen. Die Logistik wurde in den letzten Jahren besonders forciert.

In den Jahren 2008 bis 2014 ergeben sich folgende Logistikkosten, und es werden folgende Umsätze getätigt.

Jahr	Logistikkosten	Umsätze
2008	144.000	8.352.000
2009	172.800	8.928.000
2010	165.600	9.360.000
2011	180.000	10.224.000
2012	187.200	10.800.000
2013	208.800	11.088.000
2014	216.000	11.664.000

Logistikkosten geordnet T€	Umsätze T€	Logistikkosten quadriert	Logisikkosten mal Umsätze
x	y	x²	x · y
144,0	8.352	20.736,00	1.202.688,00
165,6	9.360	27.423,36	1.550.016,00
172,8	8.928	29.859,84	1.542.758,40
180,0	10.224	32.400,00	1.840.320,00
187,2	10.800	35.043,84	2.021.760,00
208,8	11.088	43.597,44	2.315.174,40
216,0	11.664	46.656,00	2.519.424,00
1.274,4	70.416	235.716,48	12.992.140,80

$$\sum y = n \cdot a + b \cdot \sum x$$
$$\sum xy = a \cdot \sum x + b \cdot \sum x^2$$

70.416,00	=	7	· a + b ·	1.274,40	| · 1.274,40
12.992.140,80	=	1.274,40 · a + b ·	235.716,48		| · - 7
89.738.150,40	=	8.920,80 · a + b ·	1.624.095,36		
- 90.944.985,60	=	- 8.920,80 · a - b ·	1.650.015,36		
- 1.206.835,20	=	0	- b ·	25.920,00	
b	=	**46,56**			

70.416 = 7 a + 46,56 · 1.274,40
70.416 = 7 a + 59.336,06
   7 a = 11.079,94
     a = **1.582,85**

Der Anfangstrend der Regressionslinie beträgt 1.583 T€. Die Regressionslinie y = a + b · x ergibt sich aus der folgenden Tabelle:

Logistik-kosten	Anfangsstand des Trends	Regressions-zuwachs	Logistik-kosten mal Regressions-zuwachs	Regressions-linie
x	a	b	b · x	y = a + b · x
144,0	1.583	46,56	6.705	8.288
165,6	1.583	46,56	7.710	9.293
172,8	1.583	46,56	8.046	9.629
180,0	1.583	46,56	8.381	9.964
187,2	1.583	46,56	8.716	10.299
208,8	1.583	46,56	9.722	11.305
216,0	1.583	46,56	10.057	11.640

Die Regressionsanalyse trifft eine Aussage über die typischen Beziehungen zwischen Logistikkosten und Umsatz. Die Werte etwa in der dritten Zeile der ersten und letzten

Spalte sagen aus, dass Logistikkosten in Höhe von 172.800 € und ein Umsatz von 9.629.000 € einander entsprechen. Bei 172.800 € Logistikkosten erwartet man einen Umsatz in Höhe von 9.629.000 €.

Die Rechnung sagt nicht eindeutig aus, ob effektiv eine Korrelation in der berechneten Höhe besteht, neben den Logistikanstrengungen beeinflusst noch eine Fülle anderer Faktoren die Umsatzhöhe. Erst wenn diese im Einzelnen eliminiert werden können, ist eine deutliche Aussage möglich.

Die Ermittlung der rein mathematischen Korrelation ist ohne weiteres möglich, sie lässt sich leicht mithilfe des Standardfehlers der Schätzung oder des Pearson'schen Korrelationskoeffizienten vornehmen, sagt jedoch wenig über die sachliche Korrelation aus. Die mathematische Korrelation ist übrigens im Beispiel sehr gut.

2.2.2.3 Mathematische Optimierungsverfahren

Die mathematischen Optimierungsverfahren werden häufig vereinfachend als Verfahren des „Operations Research" bezeichnet. Sie lassen sich in vielen Bereichen der Planung und Prognose einsetzen.

Die folgende Darstellung vermittelt in Anlehnung an *Korndörfer* einen Überblick über die wichtigsten mathematischen Optimierungsverfahren.

Verfahren	Anwendungsbereich
Lineare Programmierung	► Bestimmung des optimalen Produktionsprogramms ► kostengünstige Zuordnung von Arbeitsgängen auf verschiedene Maschinen ► kostengünstiger Transport ► Abstimmung der kostenminimalen und kapazitätsgerechten Produktions- und Einkaufsplanung
Nichtlineare Programmierung	► Produktionsplanung unter Berücksichtigung technischer Beziehungen ► Bestimmung und Verteilung des optimalen Werbebudgets ► Portfolio-Selektion

Verfahren	Anwendungsbereich
Dynamische Programmierung	► mehrperiodige Produktions- und Investitionsplanung ► mehrperiodiges Budgetierungsproblem bei der Werbeplanung ► mehrperiodige Planung von Lagerhaltungs- und Ersatzproblemen
Parametrische und stochastische Programmierung	Die Anwendungsgebiete entsprechen denen der linearen Programmierung.

Beispiele zu der auch im Logistikbereich sehr verbreiteten linearen Programmierung finden sich an anderen Stellen dieses Buches (vgl. Kap. C. 2.4.2.2.2).

2.2.2.4 Experimentelle Verfahren des Operations Research

Liegen für mathematische Optimierungsverfahren keine Algorithmen vor bzw. ist der Rechenaufwand zu groß, lassen sich experimentelle Verfahren des Operations Research einsetzen.

Verfahren	Anwendungsbereich
Heuristische Programmierung	► Planung des Produktionsablaufs ► Bestimmung des innerbetrieblichen Standortes ► Lagerhaus-Standortplanung ► Ansetzung zur Lösung des „Rundreiseproblems" von Vertretern u. Ä.
Simulation	► Unternehmensplanspiele ► Lagerhaltungs- und Ersatzprobleme ► Prognosen des Käuferverhaltens ► Probleme der Planung von Organisationsproblemen

2.2.2.5 Netzplantechnik

Die Netzplantechnik kann bei einer Vielzahl von Logistik-Projekten eingesetzt werden. Besonders geeignet ist sie für die Logistikplanung, da sie in der Lage ist, diese sehr überschaubar zu gestalten.

Netzpläne können

► den zeitlichen Ablauf einzelner Planungsschritte und ganzer Pläne übersichtlich darstellen

► den sachlichen und zeitlichen Zusammenhang der einzelnen Planungsschritte und einzelne Pläne im Gesamtzusammenhang der Planung verdeutlichen

► die vorhandenen Reserven in Plänen darstellen.

Die Netzplantechnik zeichnet sich durch folgende **Vorzüge** aus:

- universelle Einsatzmöglichkeit
- Zwang zum gedanklichen Durchdringen von Komplexen
- übersichtliche Darstellung von Gesamtobjekten und deren einzelnen Aktivitäten
- Möglichkeit der Berücksichtigung von Alternativen
- Flexibilität
- gute Erkennbarkeit von Planabweichungen
- gute Möglichkeit des EDV-Einsatzes.

Die Netzplantechnik wurde in den USA entwickelt, die wichtigsten Verfahren sind:

CPM   = Critical Path Method
PERT   = Program Evaluation and Review Technique
MPM   = Metra Potenzial Method
LESS   = Least Cost Estimating and Scheduling
RAMPS = Resources Allocation and Multi-Project-Scheduling.

Im Folgenden wird auf das CPM-Verfahren eingegangen.

Die Netzplantechnik stellt die **Ablaufplanung** und **Zeitplanung** als Diagramm dar.

Die CPM-Methode verwendet folgende **Begriffe** und **Darstellungsformen**:

Knoten, Ereignisse: Anfangsereignis = i; Schlussereignis = j
Aktivitäten: v (v = A, B ...)
Termine t: Anfangstermin = t_0 ; Endtermin = t_z
Tätigkeitszeiten: T (u, v) m

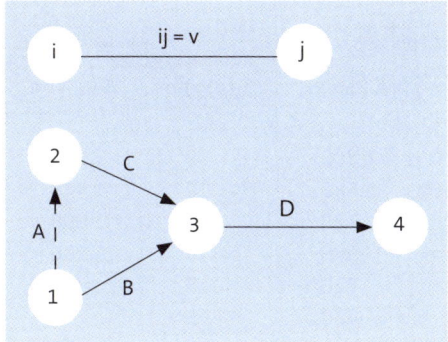

Aus der Zeichnung lässt sich ablesen, dass die Aktivitäten B und C im Zeitpunkt 1 beginnen und im Zeitpunkt 3 beendet sein können, dann erst kann die Aktivität D gestartet werden. A ist eine Scheinaktivität, sie gibt an, dass die Ereignisse 1 und 2 zeitgleich sind. A hat einen Zeitbedarf von 0. Jedes Ereignis kann erst gestartet werden, wenn das vorhergehende beendet ist, außer es liegen Überlappungen vor.

Es bedeuten:

FAZ = Frühester Anfang einer Aktivität
FEZ = Frühestes Ende einer Aktivität
SAZ = Spätester Anfang einer Aktivität
SEZ = Spätestes Ende einer Aktivität
P = Puffer- oder Schlupfzeiten.

Die **Termine** des Netzplanes werden nach folgenden Regeln berechnet:

FAZ = t_0 + T (u, v)m, die sich auf dem zeitlängsten Weg durch den Netzplan zwischen dem Anfangsereignis und dem Anfang der entsprechenden Aktivität befinden

FEZ = SEZ - T (u, v)m

SEZ = t_z - T (u, v)m, die auf dem zeitlängsten Weg vom vorgegebenen Endtermin t_z zum Endtermin der entsprechenden Aktivität führen

P = SEZ - FAZ - T (u, v)m, oder SEZ - FEZ.

Der **kritische Weg** ist der Weg durch das Netz, dessen Aktivitäten den größten Zeitbedarf haben. Er ist dadurch gekennzeichnet, dass der frühestmögliche Zeitpunkt für die Beendigung der Aktivität, die auf dem zeitlängsten Weg zum Schlussereignis führt, gleichzeitig der frühestmögliche Termin für die Beendigung des gesamten Projektes ist.

Ein fiktives Beispiel in Anlehnung an *v. Wysocki* behandelt den Einsatz von drei Planern für ein Projekt. Es soll die Vorgehensweise bei der Aufstellung von Netzplänen verdeutlichen.

Beispiel

Planer	I		II		III	
Planungs-schritt	T (u, v)m	A (u, v)m	T (u, v)m	A (u, v)m	T (u, v)m	A (u, v)m
A	13	2.340	10	1.200	9	1.296
B	12	2.160	14	1.680	10	1.440
C	3	540	6	720	7	1.008
D	6	1.080	8	960	9	1.296
E	7	1.260	6	720	5	720
F	3	540	4	480	5	720
G	1	180	2	240	3	432
	45	8.100	50	6.000	48	6.912

T (u,v)m = Aktivitätszeit in Tagen
A (u,v)m = Ausgaben je Arbeitsgebiet

Aus arbeitsablaufbedingten Gründen können die Aktivitäten nur in einer ganz bestimmten Reihenfolge durchgeführt werden; man spricht in diesem Zusammenhang vom **Reihenfolgengesetz**, es lautet im Beispiel:

1. D lässt sich erst nach A bearbeiten
2. E lässt sich erst nach D bearbeiten
3. F lässt sich erst nach B bearbeiten
4. G lässt sich erst nach F bearbeiten
5. C lässt sich vor oder nach jedem Arbeitsgang bearbeiten.

Die Vorgehensweise ist unter mehreren Gesichtspunkten möglich:

1. nach der niedrigsten erreichbaren Gesamtzeit
2. nach den niedrigsten Aktivitätszeiten
3. nach den niedrigsten Kosten
4. nach der Entscheidung des Projektleiters.

Im Beispiel sollen die Aktivitätszeiten minimiert werden, weil die Mitarbeiter am Projekt dringend für weitere Aufgaben benötigt werden.

Es ergibt sich folgender Einsatzplan:

Arbeitsgebiet	A	B	C	D	E	F	G	Summe
Mitarbeiter	III	III	I	I	III	I	I	
Aktivitätszeiten	9	10	3	6	5	3	1	37

Mitarbeiter II kommt nicht zum Einsatz, weil er für jeden Arbeitsschritt einen größeren Zeitbedarf hat als die beiden anderen Mitarbeiter.

Die nun zu ermittelnde Termintabelle hat folgendes Aussehen:

Arbeits-gebiet	A	B	C	D	E	F	G
Mitarbeiter	III	III	I	I	III	I	I
T (u, v)m	9	10	3	6	5	3	1
FAZ	0	9	0	9	19	19	22
SAZ	9	19	3	15	24	22	23
FEZ	0	9	11	14	19	20	23
SEZ	9	19	14	20	24	23	24
P	0	0	11	5	0	1	1

Frühestens nach 24 Tagen sind die Aktivitäten beendet.

Der Netzplan hat folgendes Aussehen:

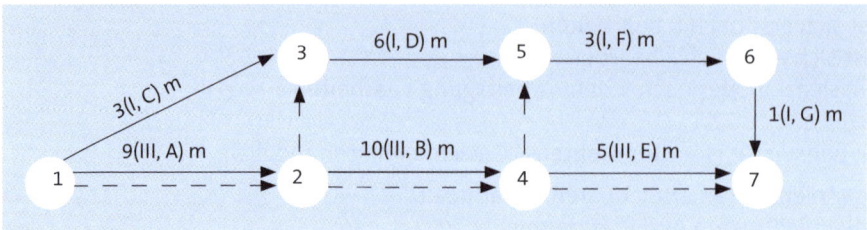

Aus dem Netzplan geht deutlich hervor, dass der Mitarbeiter I das Gebiet D erst bearbeiten kann, wenn die Arbeiten im Bereich A von Mitarbeiter III beendet worden sind und seine Tätigkeit im Gebiet F erst einsetzen kann, wenn die Arbeiten im Gebiet B abgeschlossen sind. Die Scheinaktivitäten drücken diesen Sachverhalt aus.

Alle Aktivitäten von Mitarbeiter III liegen auf dem kritischen Weg, Zeiteinsparungen sind somit nicht möglich.

2.2.2.6 Nutzwertanalyse

Die Nutzwertanalyse ist ein Instrument, das gut einsetzbar ist, wenn bei mehrfacher Zielsetzung mehrere Alternativen zu bewerten sind.

Nutzwertrechnungen stellen den in Zahlen ausgedrückten subjektiven Wert von Maßnahmen im Hinblick auf die Zielvorgabe fest. Dadurch können verschiedene Alternativen mithilfe von Nutzenzuweisungen miteinander verglichen werden.

In der Logistik wird die Nutzwertanalyse sowohl in der Ziel- als auch in der Maßnahmenplanung eingesetzt.

Die Nutzwertanalyse läuft in fünf Schritten ab:

1. Schritt:	Fixierung des Zielprogramms
2. Schritt:	Bildung einer Ergebnismatrix unter Angabe der Zielerträge für die einzelnen Alternativen
3. Schritt:	Bildung einer Transformationsmatrix mit den Bewertungsregeln
4. Schritt:	Bewertung der Alternativen und Bildung einer ungewichteten Punktwertmatrix
5. Schritt:	Gewichtung der einzelnen Kriterien und Bildung der gewichteten Punktwertmatrix.

Von zentraler Bedeutung für den erfolgreichen Einsatz der Nutzwertanalyse ist die Festlegung der **Bewertungskriterien**. Folgende Gruppen von Kriterien bieten sich an:

- ▸ wirtschaftliche Kriterien
- ▸ technische Kriterien
- ▸ rechtliche Kriterien
- ▸ soziale Kriterien
- ▸ Umweltkriterien.

Der Nutzen der einzelnen Kriterien muss mittels geeigneter **Bewertungsmaßstäbe** ausgedrückt werden. Folgende Messinstrumente kommen infrage:

- ▸ die nominale Skalierung
- ▸ die ordinale Skalierung
- ▸ die kardinale Skalierung.

Folgende **Prinzipien** müssen bei der Bildung von Punkteskalen beachtet werden:

- ▸ Die Punkteskala muss für alle Kriterien gleich sein.
- ▸ Die Punkteskala sollte nicht bei 0 beginnen, damit auch extrem niedrige Punktwerte berücksichtigt werden können.
- ▸ Die Bewertungsrichtung muss bei allen Kriterien die gleiche sein.
- ▸ Die Punkteskala muss eine ausreichende Differenzierung ermöglichen.
- ▸ Die Punkteskala sollte Bewertungssprünge möglichst vermeiden.
- ▸ Die Punktewerte sollten im Interesse der Anschaulichkeit in Prozentpunkte umgewandelt werden.
- ▸ Eine Transformationsmatrix, die die Regelung der Punktvorgabe enthält, sollte unbedingt verwendet werden.

Normalerweise werden nicht sämtliche Bewertungskriterien die gleiche Bedeutung für die Entscheidung haben, deshalb wird eine Kriteriengewichtung vorgenommen.

Die Punktwertmatrix und die Transformationsmatrix werden wie folgt aufgebaut:

Punktwertmatrix

Ziel		Z_1		Z_2		Z_3		Z_4	
Alternativen	G	B	B · G	B	B · G	B	B · G	B	B · G
A1									
A2									
A3									
A4									
Summe									

Z = Ziel, A = Alternative, G = Gewichtung, B = Bewertung

Transformationsmatrix

Kriterien \ Punkte	5	4	3	2	1
Z1	sehr hoch	hoch	mittel	gering	sehr gering
Z2	sehr gering	gering	mittel	hoch	sehr hoch
Z3	sehr schlecht	schlecht	mittel	gut	sehr gut

2.3 Instrumente zur Ideengewinnung

Auf neue Ideen sind alle Unternehmensbereiche angewiesen. Ideen zur Findung neuer Produkte, neuer Verfahren, neuer Transportwege, neuer Vertriebssysteme usw. müssen ständig entwickelt werden. Vom „Logistiker" werden besonders gute Ideen verlangt.

Die **Quellen** neuer Ideen sind in den unterschiedlichsten Bereichen zu finden, im eigenen Unternehmen, bei der Konkurrenz, bei Kunden, in Fachzeitschriften usw.

Beim **Prozess der Ideengewinnung** spielen zwei Gruppen von Verfahren eine Rolle:

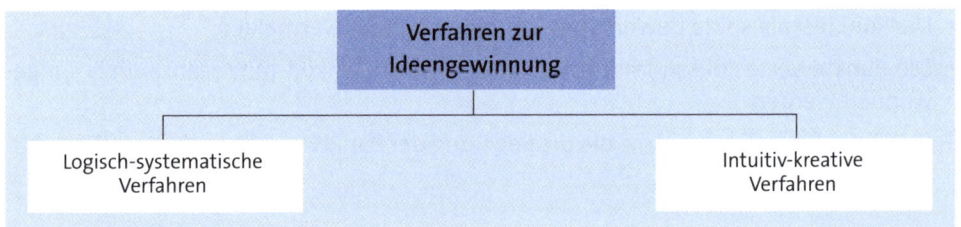

2.3.1 Logisch-systematische Verfahren

Die logisch-systematischen Verfahren sind bestrebt, das Lösungsfeld für ein bestimmtes Problem möglichst umfassend darzustellen. Man versucht, neue Problemlösungen zu finden, indem man systematisch das Gesamtproblem in Teilprobleme gliedert, die Teilprobleme analysiert und verschiedene Lösungsmöglichkeiten kombiniert (*Weis*).

Die am stärksten verbreiteten logisch-systematischen Verfahren sind die Eigenschaftslisten (Attribute Listing), die Methode der erzwungenen Beziehungen (Forced Relationship) und die Morphologische Methode.

2.3.1.1 Eigenschaftslisten

Eigenschaftslisten dienen dazu, kreative Ideen zur Verbesserung von Verfahrensabläufen und Produkten zu entwickeln. Man beschreibt alle Eigenschaften, Ausprägungen und Merkmale eines Objektes. Die Ideenentwicklung ergibt sich daraus, dass ein Merkmal oder mehrere Merkmale bzw. Attribute durch Austausch oder Veränderung zu einer neuen Kombination zusammengesetzt werden. *„Austausch oder Kombination von Faktoren oder Funktionen ist eine der ergiebigsten Möglichkeiten, Produkte durch neue Ideen den sich wandelnden Anforderungen anzupassen. Voraussetzung für die Anwendung des Attribute Listing ist die Feststellbarkeit der für die Problemlösung relevanten Eigenschaften"* (Weis).

Beispiel für das Attribute Listing zur Neugestaltung eines Gartenschirms:

Beispiel

Merkmal	Derzeitige Lösung	Merkmal-Varianten			
Form des Schirms	rund	oval	viereckig	dreieckig	unregel-mäßig
Kante der Bespannung	eingenäht glatt	mit Fransen	gebogen gezackt	mit Schabracke	...
Material des Gestells	Stahlrohr lackiert	Stahlrohr verchromt	Alumini-um	Kunststoff	...
Art der Bespannung	undurchsichtiges Gewebe	transpa-rent getönt	gelocht perforiert	netzförmig	...

Quelle: *Weis*

2.3.1.2 Erzwungene Beziehungen (Forced Relationship)

Das Verfahren der „Erzwungenen Beziehungen" beschränkt sich wie das Verfahren der Eigenschaftslisten auf die Kombination von Eigenschaften existierender Produkte.

Mithilfe der Technik des Forced Relationship werden Ideen geboren, indem von vornherein nicht zusammengehörige Gegenstände gedanklich zusammengefasst werden. Zahlreiche Gebrauchsmöbel, Geräte und Anlagen sind aufgrund solcher Ideen entwickelt worden.

2.3.1.3 Morphologische Methode

Da die morphologische Methode auch den Kreativitätstechniken zugeordnet werden kann, wurde sie bereits im Rahmen der Planungstechniken im Kapitel C. 2.2.1.5 behandelt.

2.3.2 Intuitiv-kreative Verfahren (Kreativitätstechniken)

Zu den Kreativitätstechniken zählen

- das Brainstorming
- die Methode 635
- die Synektik
- die morphologische Methode.

Es wurde bereits in der Einleitung zum Kapitel C. 2 „Logistische Software" ausgeführt, dass sich bei der Systematisierung der logistischen Software zwangsläufig Mehrfachzuweisungen ergeben, weil nicht alle Instrumente einem einzigen Kriterium zugeordnet werden können, da sie zur Erfüllung verschiedener Aufgaben einsetzbar sind. Dies ist auch bei den intuitiv-kreativen Verfahren der Fall. Sie können sowohl in´der Planung, als auch ganz allgemein zur Ideengewinnung eingesetzt weden. Aus diesem Grunde wurde bereits im Kapitel C. 2.2.1.5 auf die Kreativitätstechniken eingegangen. Es darf auf diese Ausführungen hingewiesen werden.

2.4 Andere Instrumente

Unter dem Begriff „Andere Instrumente" werden verschiedene Verfahren zusammengefasst, die sich den bisher behandelten Kriterien nicht zuordnen lassen. Die Verfahren reichen von der Kostenrechnung bis zu den diversen Bewertungsmethoden.

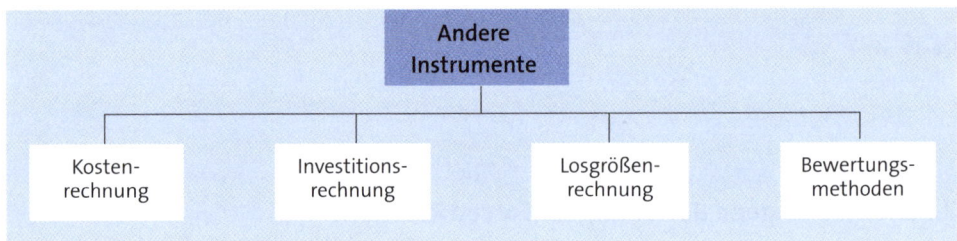

2.4.1 Kostenrechnung

2.4.1.1 Grundsätzliches

Logistikaufgaben müssen

- gesteuert
- kontrolliert
- abgerechnet
- transparent gemacht werden.

Darüber hinaus ist eine Reihe von wichtigen Entscheidungen zu treffen, es ist unter mehreren Alternativen zu wählen.

Um diese Aufgaben erfüllen zu können, muss ein geeignetes Instrument zur Verfügung stehen. Ein solches ist in der Kostenrechnung zu sehen.

Eine wirkungsvolle Logistik erfordert eine funktionierende Logistik-Kostenrechnung.

Da die Logistik-Kostenrechnung eine Erweiterung der im Unternehmen existierenden Kostenrechnung darstellt, soll zunächst auf die wichtigsten Grundlagen der Kostenrechnung eingegangen werden.

2.4.1.2 Aufgaben der Kostenrechnung

Die wichtigsten Aufgaben der Kostenrechnung bestehen aus

- der Wirtschaftlichkeitskontrolle
- der Kalkulation bzw. Hilfe bei der Preisgestaltung
- der Ermittlung und dem Nachweis des kurzfristigen Erfolges
- der Bereitstellung von Daten für unternehmerische Entscheidungen
- der Bereitstellung von Zahlen für die Bewertung
- der Nachweisfunktion bei öffentlichen Aufträgen.

Diese Aufgaben lassen sich zu vier Aufgabenkomplexen zusammenfassen:

- Kontrollaufgaben
- Planungsaufgaben
- Dispositionsaufgaben
- Dokumentationsaufgaben.

Betrachtet man die Kostenrechnung im Zusammenhang mit dem Controlling – das Controlling spielt in der Logistik eine wichtige Rolle – stellt man fest, dass sie bedeutende Controlling-Aufgaben erfüllt, sie ist Element aller Aktivitäten des **„Controlling-Aktivitäten-Vierecks"**.

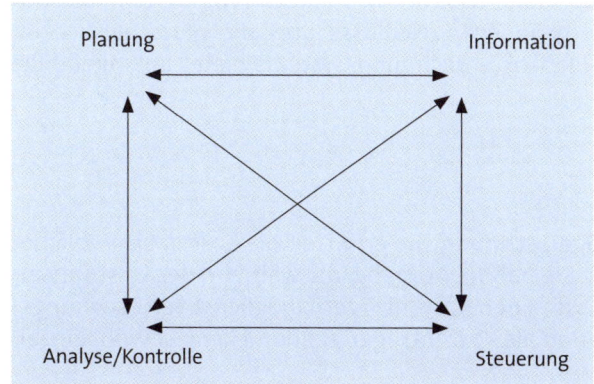

Die Kostenrechnung erfüllt somit wichtige Aufgaben bei der

- Kursfixierung
- Feststellung der Kurseinhaltung
- Feststellung der Abweichungen.

2.4.1.2.1 Wirtschaftlichkeitskontrolle

Die Kostenrechnung ist ein Instrument, das sich für die Wirtschaftlichkeitskontrolle besonders gut eignet. Zur Messung der Wirtschaftlichkeit gibt es drei Verfahren:

- Zeitvergleich
- Betriebsvergleich
- Soll-/Istvergleich.

Beim **Zeitvergleich** werden die Kosten aufeinander folgender Perioden miteinander verglichen.

Ein **Betriebsvergleich** liegt vor, wenn Kostendaten ähnlich strukturierter Betriebe miteinander verglichen werden.

Im Rahmen eines **Soll-/Istvergleichs** werden vorgegebene Kosten mit tatsächlich entstandenen Kosten verglichen. Die Wirtschaftlichkeit ergibt sich aus dem Quotienten aus Istkosten und Sollkosten.

$$\text{Wirtschaftlichkeit} = \frac{\text{Istkosten}}{\text{Sollkosten}}$$

Zeitvergleich und Betriebsvergleich allein eignen sich nicht besonders gut für die Wirtschaftlichkeitskontrolle, da die Kostenbestimmungsfaktoren nicht ohne Weiteres isoliert werden können. Erst die Kenntnis der Kosteneinflussgrößen wie Preis, Beschäftigung, Auftragszusammensetzung, Losgröße usw. ermöglicht einen aussagefähigen Zeit- bzw. Betriebsvergleich.

Es sei bereits an dieser Stelle festgestellt, dass ein Kostenrechnungssystem, das auf Basis der Istwerte arbeitet, keine genauen Aufschlüsse über die Wirtschaftlichkeit vermittelt, erst der Einsatz eines Plankostenrechnungssystems bietet aussagefähige Daten.

2.4.1.2.2 Kalkulation

Die Kalkulation ist eine **Kostenträgerrechnung**. Sie ermittelt die Kosten betrieblicher Leistungen, also der Kostenträger. Sie hat die Aufgabe, die während des Leistungserstellungsprozesses anfallenden Kosten den Kostenträgern möglichst verursachungsgerecht zuzurechnen. Die Kalkulation als Kostenträgerrechnung kann sowohl einzelne Leistungen als auch ganze Zeitabschnitte „abrechnen". Man findet sie in zwei Formen:

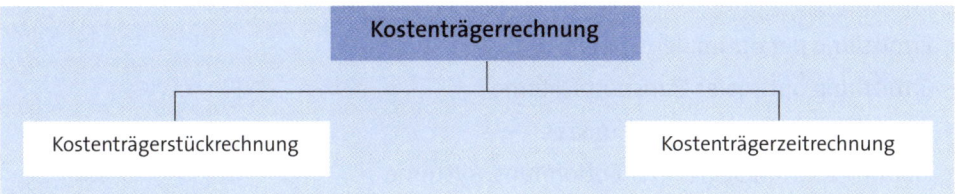

Die **Kostenträgerstückrechnung** betrifft entweder **absatzfähige Leistungen** oder **innerbetriebliche Eigenleistungen**, die gerade in der Logistik eine Rolle spielen. Solche Eigenleistungen können sowohl Produkte als auch Verfahren oder ganze Einrichtungen sein.

Die **Kostenträgerzeitrechnung** dient dem Nachweis des Erfolges eines Unternehmens, sie stellt somit eine Form der kurzfristigen Erfolgsrechnung dar. Der Zeitraum, dem die Kosten und Erträge zugerechnet werden, kann beliebig gewählt werden, in der Regel handelt es sich um einen Monat.

2.4.1.2.3 Ermittlung und Nachweis des kurzfristigen Erfolges

Der Erfolg eines Unternehmens wird mithilfe der Bilanz- und der Gewinn- und Verlustrechnung ermittelt. In der Regel geschieht dies nur einmal jährlich, zum Ende eines Geschäftsjahres, weshalb die Kostenrechnung den Auftrag übernimmt, den Erfolg kurzfristig, meist monatlich zu errechnen.

Die Kostenrechnung ist nicht nur in der Lage, den Erfolg zu ermitteln, sondern ihn auch nachzuweisen. Im Gegensatz zum Jahresabschluss ist die Kostenrechnung in der Lage festzustellen, welche Betriebsbereiche und Kostenträger zum Erfolg beigetragen haben und in welchem Ausmaß dies geschehen ist. Dies erfolgt in der Kostenträgerzeitrechnung s.o.

2.4.1.2.4 Bereitstellung von Daten für unternehmerische Entscheidungen

Die qualifizierteste Aufgabe der Kostenrechnung besteht in der Bereitstellung von Informationen für wichtige unternehmerische Entscheidungen. Infrage kommen insbesondere folgende Bereiche:

► Ermittlung des gewinn-/deckungsbeitragsoptimalen Produktionsprogramms

► Entscheidung über Eigenfertigung/Fremdbezug

► Ermittlung optimaler Verfahren

► Ermittlung optimaler Losgrößen

► Ermittlung der optimalen Bestellmenge und des optimalen Bestellzeitpunktes

- ► Investitionsentscheidungen einschließlich der Ermittlung des optimalen Ersatzzeitpunktes
- ► Ermittlung der optimalen Kunden, Verkaufsbezirke, Absatzmittler
- ► Ermittlung der optimalen Standorte
- ► Ermittlung optimaler Transportsysteme
- ► Ermittlung des Break-even-Punktes
- ► Findung leistungsgerechter Entlohnungssysteme
- ► Ermittlung relevanter Preise usw.

2.4.1.2.5 Bereitstellung von Zahlen für die Bewertung

Sieht man von den besonderen Bewertungsverfahren ab, die handels- und steuerrechtlich möglich sind, werden in der Bilanz die Vermögensgegenstände mit den Anschaffungs- bzw. Herstellungskosten ausgewiesen. Die Daten für die Ermittlung letzterer entstammen der Kostenrechnung.

Auch wenn zwischen den betriebswirtschaftlichen **Herstellkosten** und den handels- und steuerrechtlichen **Herstellungskosten** einige Unterschiede bestehen, ist die Kostenrechnung die Basis für die Ermittlung des Bilanzansatzes nach beiden Rechtsnormen. Die Herstellungskosten gelten sowohl für Gegenstände des Umlaufvermögens als auch für solche des Anlagevermögens. Selbsterstellte Anlagen etwa, die zur Erfüllung logistischer Aufgaben eingesetzt werden, sind auch zu Herstellungskosten anzusetzen.

2.4.1.2.6 Nachweisfunktion bei öffentlichen Aufträgen

Für die Ermittlung der Selbstkosten bei öffentlichen Aufträgen wird ein kostenrechnerischer Nachweis gefordert. Da dies im Logistikbereich keine Rolle spielt, soll auch nicht näher darauf eingegangen werden.

2.4.1.3 Gliederung der Kostenrechnung

Die Gliederung der Kostenrechnung wird in drei Bereiche vorgenommen, in die

- ► Betriebsabrechnung
- ► Kalkulation
- ► Ergebnisrechnung.

Die **Betriebsabrechnung** ist eine **Zeitraumrechnung**. Der Betrieb, unter dem der gesamte Leistungserstellungsprozess zu verstehen ist, wird „abgerechnet".

Die Betriebsabrechnung operiert nur mit Kosten, Erträge werden nicht berücksichtigt. Die organisatorischen Instrumente, die eingesetzt werden, sind **Kostenartenverzeichnisse** und der **Betriebsabrechnungsbogen**, in dem die entstandenen Kosten den Kostenverursachungsbereichen zugeordnet werden.

Die **Kalkulation**, von der bereits die Rede war, arbeitet auch nur mit Kosten und ist im Gegensatz zur Betriebsabrechnung eine **Stückrechnung**. Sie ordnet den Kostenträgern die ihnen direkt zurechenbaren Einzelkosten und die nicht unmittelbar zurechenbaren Gemeinkosten, die sie der Betriebsabrechnung entnimmt, zu.

Die **Ergebnisrechnung** ist eine **Zeitrechnung**, die neben den Kosten auch die Erträge enthält. Mithilfe beider wird der kurzfristige Erfolg ermittelt.

2.4.1.4 Aufbau der Kostenrechnung

Will man eine Kostenrechnung aufbauen, tut man dies zweckmäßigerweise in drei Schritten, die auch für die Logistik-Kostenrechnung Geltung haben:

- Aufbau der Kostenartenrechnung
- Aufbau der Kostenstellenrechnung
- Aufbau der Kostenträgerrechnung.

2.4.1.4.1 Kostenartenrechnung

Die Kostenartenrechnung hat die Aufgabe, festzustellen, welche Kosten in einem Unternehmen entstanden sind. Sie ermittelt den sachzielbezogenen Verzehr der Produktionsfaktoren mengen- und wertmäßig.

Die Kostenartenrechnung hat die Aufgabe,

- die Verrechnung der Kostenarten auf die Kostenträger zu ermöglichen
- die Kostenarten zu kontrollieren
- relevante Kosten für die Bewertung zur Verfügung zu stellen.

Beim Aufbau der Kostenartenrechnung fallen folgende Arbeiten an:

- Entwurf von Gliederungskriterien für die Kostenarten
- Entwicklung von Systematisierungskriterien
- Beschreibung der Kostenarten
- Entwurf von Richtlinien für die Weiterverrechnung der Kostenarten
- Erfassung der Kostenarten.

Der **vollständigen Erfassung** der Kostenarten ist besondere Aufmerksamkeit zu widmen (Näheres vgl. die reichhaltige Kostenrechnungsliteratur z. B. *Ehrmann:* Kostenrechnung, *Olfert*: Kostenrechnung).

2.4.1.4.2 Kostenstellenrechnung

Die Kostenstellenrechnung hat die Aufgabe, festzustellen, an welchen Stellen des Betriebes Kosten entstanden sind. Hauptaufgabe der Kostenstellenrechnung ist die Wirtschaftlichkeitskontrolle und die Verbesserung der Kalkulation. Im Einzelnen ergeben sich folgende Aufgaben:

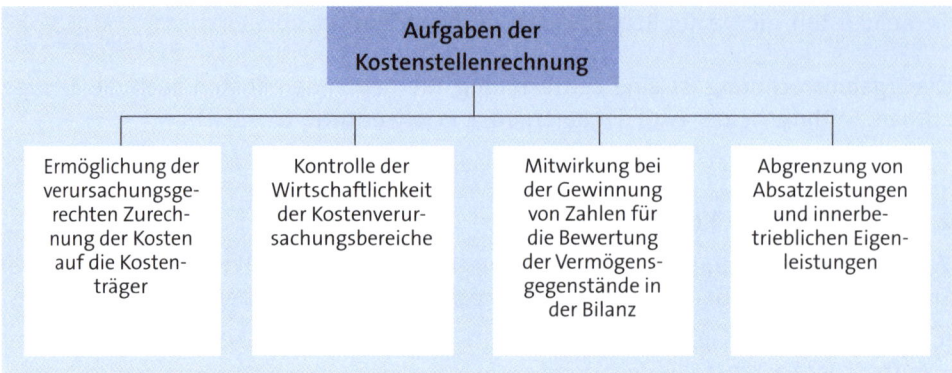

Beim Aufbau der Kostenstellenrechnung bietet sich folgende Vorgehensweise an:

- ▶ Feststellung der Kostenverursachungsbereiche
- ▶ Aufgliederung der Kostenverursachungsbereiche in Kostenstellen
- ▶ Verteilung der primären Gemeinkosten auf die Kostenstellen
- ▶ Erfassung und Verrechnung der innerbetrieblichen Eigenleistungen
- ▶ Auswertung der Kostenstellenrechnung.

(1) Feststellung der Kostenverursachungsbereiche

Die Feststellung der Verursachungsbereiche der Kosten steht am Beginn des Aufbaus der Kostenstellenrechnung bzw. seines organisatorischen Instrumentes, des Betriebsabrechnungsbogens. Im Herstellungsbetrieb erfolgt die Leistungserstellung in folgenden Bereichen:

Bereich	Kosteninhalt
Allgemeiner Bereich	Kosten, die für den ganzen Betrieb anfallen
Materialbereich	Material- oder Stoffkosten
Fertigungsbereich	Fertigungskosten
Verwaltungsbereich	Verwaltungskosten
Vertriebsbereich	Vertriebskosten
Entwicklungs- und Konstruktionsbereich	Entwicklungs- und Konstruktionskosten
Logistikbereich	Logistikkosten

(2) Aufgliederung der Kostenverursachungsbereiche in Kostenstellen

Bei einem differenzierten Leistungserstellungsprozess reicht es nicht aus, Kostenverursachungsbereiche festzustellen. Sehr unterschiedliche Fertigungsvorgänge, die die menschliche Arbeit und die Maschinen unterschiedlich in Anspruch nehmen, erfordern eine weitere Aufgliederung in Kostenstellen. Geschieht dies nicht, ist eine verursachungsgerechte, differenzierte Verrechnung der Gemeinkosten auf die Kostenträger und eine aussagefähige Kostenkontrolle nicht möglich.
Die Kostenstellen lassen sich nach folgenden **Gesichtspunkten** bilden:

- nach gleichen Funktionen
- nach Arbeitsplätzen
- nach Räumen
- nach Verantwortungsbereichen
- nach verrechnungstechnischen Gesichtspunkten.

Letzteres Kriterium sollte nur in Ausnahmefällen herangezogen werden.

Die Tiefe der Kostenstellengliederung findet ihre Grenze in der Wirtschaftlichkeit.

Die Kostenstellen können **Hauptkostenstellen** sein, in denen der sachzielorientierte Leistungserstellungsprozess durchgeführt wird. Sie sind gleichzeitig **Endkostenstellen**, da ihre Kosten im Rahmen der Kostenstellenrechnung nicht mehr weiterverrechnet werden. Sie stellen die Grundlage für die Errechnung der Kalkulationssätze dar.

Nebenkostenstellen dienen auch der sachzielbezogenen Leistungserstellung, sie enthalten jedoch nicht Kosten der Hauptleistungen, sondern von Nebenleistungen.

Hilfskostenstellen ergeben sich nicht aus dem sachzielbezogenen Leistungsprozess. Sie enthalten Kosten innerbetrieblicher Leistungen für andere Kostenstellen. Am Ende einer Abrechnungsperiode geben sie ihre Kosten an diese ab, es handelt sich also um **Vorkostenstellen**.

(3) Verteilung der primären Gemeinkosten auf die Kostenstellen

Unter den primären Gemeinkosten sind die ursprünglich angefallenen Kosten ohne Berücksichtigung der innerbetrieblichen Eigenleistungen zu verstehen.

Gemeinkosten können entweder direkt den Kostenstellen zugeordnet werden, da von vorneherein feststeht, in welcher Kostenstelle sie anfallen (z. B. Facharbeiterlöhne, Abschreibungen), oder sie müssen mithilfe verschiedener Schlüssel auf die Kostenstellen umgelegt werden. Bei der Wahl der Schlüssel ist darauf zu achten, dass zwischen ihnen und den zu verteilenden Kosten Proportionalität besteht. Vielfach bedient man sich bei der Kostenverteilung der Matrizenrechnung.

(4) Erfassung und Verrechnung der innerbetrieblichen Eigenleistungen

Nach Verteilung der primären Gemeinkosten auf die Kostenstellen sind die innerbetrieblichen Eigenleistungen zu erfassen bzw. zu verrechnen.

Die Eigenleistungen werden entweder in eigenen Hilfskostenstellen erfasst (Kantine, Fuhrpark, Energieerzeugung, u. U. Logistikleistungen), dann sind die Kosten dieser Stellen mithilfe bestimmter Verfahren (vgl. Kostenrechnungsliteratur) auf die Hauptkostenstellen umzulegen, oder sie werden in Hauptkostenstellen erbracht, die dann auch ihre Kosten enthalten. Diese müssen anschließend den empfangenden Kostenstellen angelastet werden.

(5) Auswertung der Kostenstellenrechnung

Die Auswertung der Kostenstellenrechnung besteht in

► der Ermittlung der Kalkulationssätze
► der Kostenkontrolle.

Die **Kalkulationssätze** ergeben sich dadurch, dass die Gemeinkosten der einzelnen Kostenstellen auf bestimmte Bezugsgrößen bezogen werden, man dividiert also die Gemeinkosten durch die Bezugsgrößen. Bei der Wahl der Bezugsgrößen muss die **Proportionalitätsregel** beachtet werden. Zwischen den Gemeinkosten einer Kostenstelle und der Bezugsgröße muss ein proportionales Verhältnis bestehen.

Bezugsgrößen können sein

► Wertgrößen, wie der Fertigungslohn oder das Fertigungsmaterial
► Mengengrößen, wie die Stückzahl oder das Gewicht der Erzeugnisse
► Zeitgrößen, wie Fertigungsstunden oder Maschinenstunden
► technische Größen.

Verhalten sich nicht sämtliche Kosten einer Kostenstelle proportional zu einer Bezugsgröße, muss nach weiteren Bezugsgrößen gesucht werden, die das Proportionalitätsgesetz erfüllen. In diesem Fall werden mehrere Kalkulationssätze je Kostenstelle ermittelt. Mehr als zwei Bezugsgrößen sollten tunlichst vermieden werden.

Die **Kostenkontrolle** erfolgt als Zeit- oder Betriebsvergleich. Auf die schlechte Eignung der Istkostenrechnung für die Kostenkontrolle wurde bereits im Kapitel C. 2.4.1.2.1 hingewiesen.

Die Aussagefähigkeit sowohl des Zeit- als auch des Betriebsvergleichs leidet darunter, dass die Kostenbestimmungsfaktoren nicht isoliert werden können. Der Einsatz der Plankostenrechnung trägt dazu bei, diesen Nachteil zu kompensieren.

2.4.1.4.3 Kostenträgerrechnung

Die Kostenträgerrechnung wurde schon im Kapitel C. 2.4.1.2.2 behandelt. Es wurde dargelegt, dass die Kostenträgerrechnung in zwei Formen durchgeführt wird, als

► Kostenträgerstückrechnung
► Kostenträgerzeitrechnung.

Im Folgenden wird näher auf die **Kostenträgerstückrechnung** eingegangen.

Im Rahmen der Kostenträgerstückrechnung werden betriebliche Leistungen, im Herstellungsbetrieb produzierte Güter, kalkuliert. Dafür stehen mehrere Verfahren zur Verfügung:

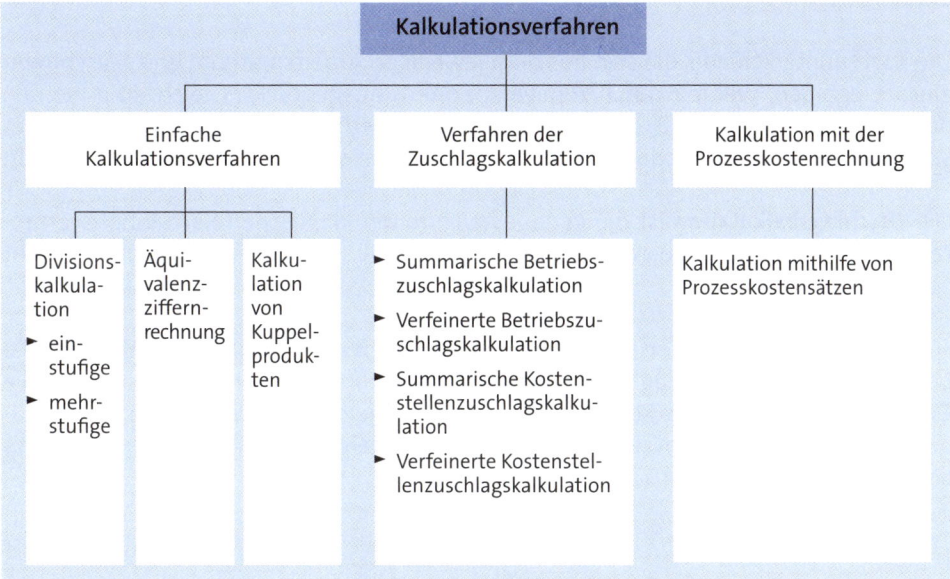

Die **Divisionskalkulation** ist die einfachste Kalkulationsform. Im Prinzip werden die entstandenen Kosten durch die hergestellten bzw. abgesetzten Produkte dividiert, um die Stückkosten zu ermitteln. Dieses Kalkulationsverfahren setzt das Vorhandensein homogener Produkte voraus.

Die Divisionskalkulation tritt in drei Formen auf, als

- einfache Divisionskalkulation ohne Berücksichtigung von Bestandsveränderungen
- einfache Divisionskalkulation mit Berücksichtigung von Bestandsveränderungen (in der Literatur auch als „mehrfache" Divisionskalkulation bezeichnet)
- mehrstufige Divisionskalkulation, die dann eingesetzt wird, wenn ein Produkt mehrere Produktionsstufen durchläuft.

Die **Äquivalenzziffernrechnung** ist ein Kalkulationsverfahren, das bei der **Sortenfertigung** angewandt wird. Es kommt dann zum Zug, wenn mehrere Erzeugnisse hergestellt werden, bei denen nur eine **geringe Differenzierung** im Hinblick auf

- Größe
- Form
- Farbe
- Qualität

besteht, der Produktionsprozess für alle Erzeugnisse der gleiche ist und man nur in Bezug auf den Einsatz von

- ▸ Material
- ▸ Arbeit
- ▸ Maschinenleistungen

differenziert.

Die Kostenunterschiede, die sich aus dem jeweiligen Arbeitsmaterial und Maschineneinsatz ergeben, werden durch Äquivalenzziffern ausgedrückt. Gleichzeitig werden die verschiedenen Produkte durch die Äquivalenzziffern vergleichbar gemacht. Bei der Kalkulation von Kuppelprodukten werden die bisher erwähnten Verfahren angewandt.

Die **Zuschlagskalkulation** ist die genaueste Form der klassischen Kalkulationsverfahren, ihr gelingt es am ehesten, den Kostenträgern die Kosten verursachungsgerecht zuzurechnen.

Man differenziert zwischen den Einzelkosten und den Gemeinkosten. Während die Einzelkosten den Kostenträgern unmittelbar zugerechnet werden können, werden die Gemeinkosten durch die Kostenstellenrechnung geleitet (Betriebsabrechnungsbogen), in der Kalkulationssätze gebildet werden, mit deren Hilfe die Kostenträger kalkuliert werden (vgl. C. 2.4.1.4.2)

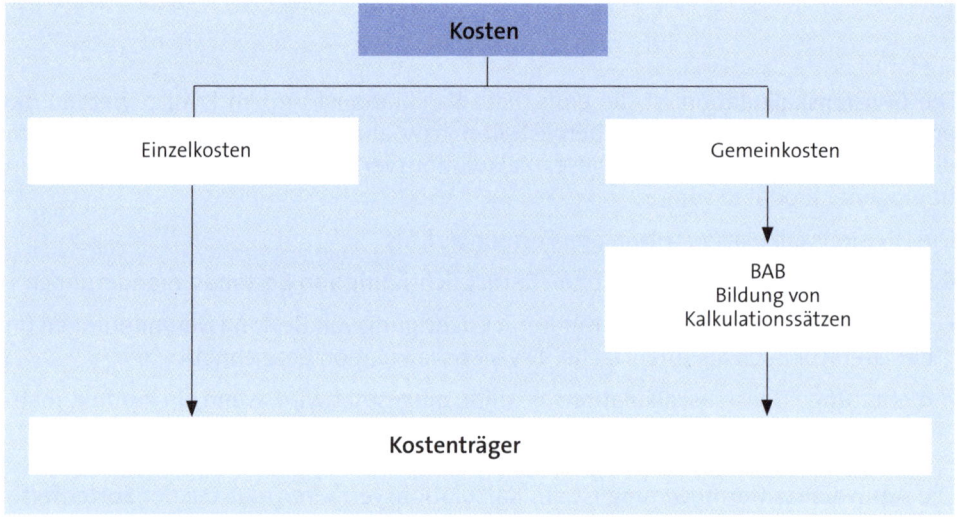

Die Zuschlagskalkulation wird bei heterogener Fertigung angewandt.

Das Kalkulationsschema hat folgendes Aussehen:

	Fertigungsmaterial	
+	Materialgemeinkosten	Materialkosten
+	Fertigungslohn	
+	Sondereinzelkosten der Fertigung	
+	Fertigungsgemeinkosten	Fertigungskosten
		Herstellkosten
		+ Verwaltungsgemeinkosten
		+ Vertriebsgemeinkosten
		+ Sondereinzelkosten des Vertriebs
		Selbstkosten

Ein Kalkulationsbeispiel wird in Kapitel H. 4.2.3 dargestellt.

2.4.1.5 Kostenrechnungssysteme

2.4.1.5.1 Überblick

Unterschiedliche Zielsetzungen der Kostenrechnung führten zur Entwicklung mehrerer Kostenrechnungssysteme. Folgende Systeme dominieren in Deutschland:

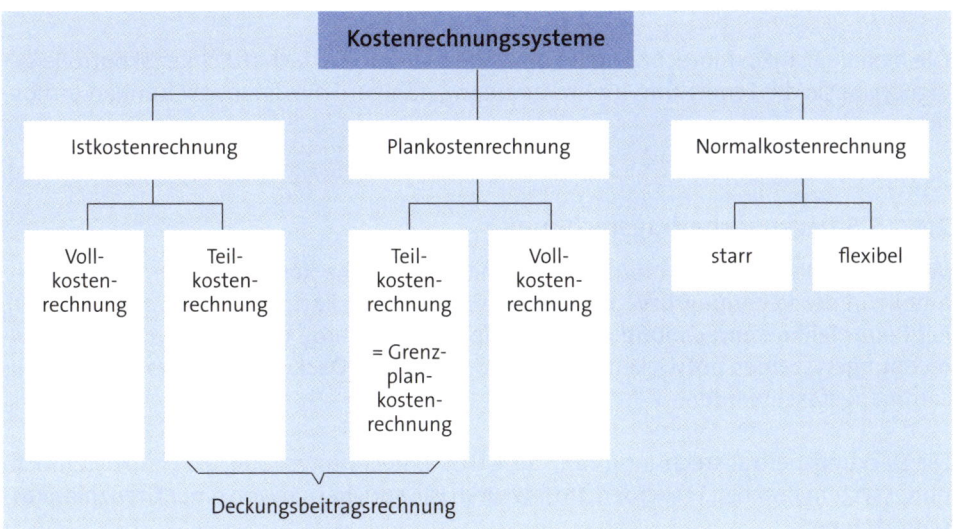

2.4.1.5.2 Istkostenrechnung

Die **Istkostenrechnung** arbeitet mit den tatsächlich angefallenen Kosten, sie ist also eine vergangenheitsbezogene Rechnung. Sie ist besonders geeignet für die Nachkalkulation und für die Bewertung der Vermögensgegenstände in der Bilanz.

2.4.1.5.3 Normalkostenrechnung

Eine **Normalkostenrechnung** liegt vor, wenn man mit Kosten operiert, die geglättet wurden, die um extreme „Ausreißer" und Zufallsschwankungen bereinigt wurden, also wenn **normalisierte Kosten** anfallen.

Die Normalkostenrechnung kann **starr** oder **flexibel** sein. Von einer flexiblen Normalkostenrechnung spricht man, wenn einzelne Kostenbestimmungsfaktoren im System berücksichtigt werden. Die flexible Normalkostenrechnung ist in Deutschland wenig verbreitet. Die Istkostenrechnung ist im Prinzip eine starre Normalkostenrechnung, da die Kalkulationssätze für die Vorkalkulation bereinigte Sätze vergangener Perioden sind.

2.4.1.5.4 Plankostenrechnung

Die **Plankostenrechnung** ist ein in die Zukunft gerichtetes Kostenrechnungssystem, das einige Anforderungen an die Organisation des Rechnungswesens stellt. Die Daten, die in der Plankostenrechnung verwendet werden, sind geplante Mengen und geplante Werte.

Die Plankostenrechnung findet man als **starre** und als **flexible** Rechnung. In Deutschland wird die flexible Form am häufigsten praktiziert. Da nicht sämtliche Kosteneinflussgrößen beachtet werden können, müsste man von einer **teilflexiblen Plankostenrechnung** sprechen. In der Regel werden die Kostenbestimmungsfaktoren Preis, Beschäftigung und sonstiger Verbrauch der Kostengüter berücksichtigt.

Die flexible Plankostenrechnung ist besonders für die Wirtschaftlichkeitskontrolle geeignet, da sie die Ermittlung mehrerer aussagefähiger Soll-/Istabweichungen ermöglicht.

2.4.1.5.5 Deckungsbeitragsrechnung

Wenn in einem Kostenrechnungssystem nicht sämtliche Kosten, sondern nur Kostenanteile in der Rechnung bzw. bei der Auswertung der Rechnung verwendet werden, liegt eine **Teilkostenrechnung** vor. Im Laufe der Zeit wurde eine Reihe von Teilkostenrechnungssystemen entwickelt, die unter dem Begriff **Deckungsbeitragsrechnung** zusammengefasst werden.

Die Deckungsbeitragsrechnung kann als Istkostenrechnungs- oder als Plankostenrechnungssystem praktiziert werden; im letzteren Fall spricht man von einer **Grenzplankostenrechnung**.

Am häufigsten angewandt werden in Deutschland

- ► das Direct Costing
- ► die Fixkostendeckungsrechnung
- ► die Grenzplankostenrechnung
- ► die Rechnung mit relativen Einzelkosten von *Riebel*.

Das **Direct Costing** ist die **Grundform** der Deckungsbeitragsrechnung und gleichzeitig das am stärksten verbreitete Teilkostenrechnungssystem. Da es auch in der Logistik sehr häufig verwendet wird, soll im Folgenden auf seine Grundzüge eingegangen werden.

Das Direct Costing nimmt eine Aufspaltung der Kosten in fixe und proportionale Kosten vor. Nur die proportionalen Kosten werden den Kostenträgern zugerechnet und sind entscheidungsrelevant, die fixen Kosten stellen Periodenaufwand dar und werden durch das Betriebsergebnis abgedeckt.

Das Direct Costing kann als Kostenarten-, Kostenstellen- und Kostenträgerrechnung durchgeführt werden, **Schwerpunkt bildet die Kostenträgerrechnung**. Das Direct Costing wird als wirksames Entscheidungsinstrument eingesetzt.

Der Deckungsbeitrag wird durch folgende Rechnung ermittelt:

	Erlös
-	proportionale Kosten
=	Deckungsbeitrag
-	fixe Kosten
=	Gewinn

Der Deckungsbeitrag drückt aus, in welchem Ausmaß die fixen Kosten gedeckt werden, und welcher Betrag nach Deckung der fixen Kosten als Gewinn ausgewiesen wird.

In der Regel ist es ein oberes Unternehmensziel, den Gesamtdeckungsbeitrag zu maximieren. Dieser ergibt sich aus der Multiplikation der Stück-Deckungsbeiträge mit den hergestellten Stückzahlen:

$$\sum_{n=1}^{m} m_n \cdot DB_n \to max.$$

DB = Deckungsbeitrag
m = Produkte
n = Anzahl der Produkte

Die Deckungsbeitragsrechnung wird in der Regel auf folgenden Gebieten eingesetzt:

► Ermittlung optimaler Losgrößen
► Ermittlung des optimalen Produktionsprogramms
► Entscheidung über Eigenfertigung/Fremdbezug
► Wirtschaftlichkeitsberechnungen
► Erfolgsplanung
► Investitionsrechnung
► Ermittlung von Preisuntergrenzen u. Ä.

Auf die Deckungsbeitragsrechnung wird noch an einigen Stellen einzugehen sein, da sie bei einer Anzahl von Logistikentscheidungen eingesetzt wird. Näheres zur Deckungsbeitragsrechnung vgl. *Ehrmann:* Kostenrechnung und *Olfert:* Kostenrechnung.

2.4.2 Investitionsrechnung

2.4.2.1 Aufgaben der Investitionsrechnung

Die Investitionsrechnung ist ein wichtiges Instrument zur Beurteilung von Investitionsobjekten in sämtlichen Unternehmensbereichen. In der Logistik wird die Investitionsrechnung immer dann angewandt, wenn es um die Anschaffung von Logistik-Hardware geht.

Es muss ausdrücklich hervorgehoben werden, dass die Investitionsrechnung nur ein Instrument zur Beurteilung von Investitionen ist und die Investitionsentscheidung nicht von ihren Ergebnissen allein abhängig gemacht werden darf. Die Rechenverfahren operieren nur mit quantitativen Kriterien und vernachlässigen die qualitativen. Die Investitionsrechnung sollte bei wichtigen Investitionsobjekten um eine Nutzwertanalyse ergänzt werden.

2.4.2.2 Verfahren der Investitionsrechnung

Folgende Verfahren der Investitionsrechnung stehen zur Verfügung:

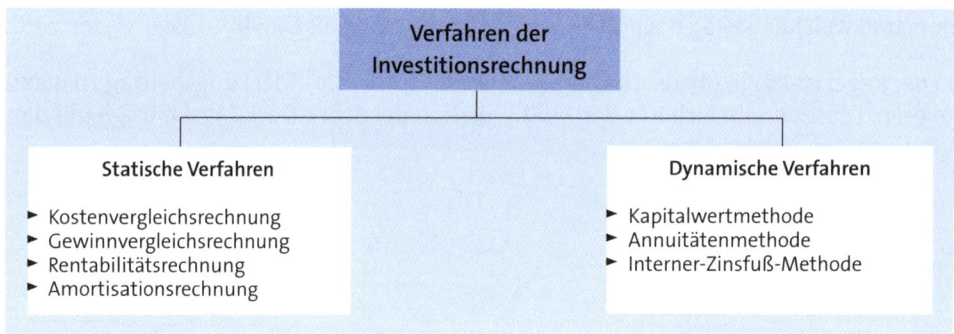

2.4.2.2.1 Statische Verfahren der Investitionsrechnung

Die statischen Verfahren der Investitionsrechnung berücksichtigen den Zeitfaktor nicht. Sie gehen von Daten der Gegenwart aus bzw. von Durchschnittswerten der Vergangenheit.

► Die **Kostenvergleichsrechnung**
unterstellt, dass die gegenwärtigen Kosten oder die Durchschnittskosten aus vergangenen Perioden repräsentativ für spätere Perioden sind. Die Rendite des einge-

setzten Kapitals und Kostenschwankungen im Zeitablauf werden nicht berücksichtigt. Darüber hinaus wird bei den zu vergleichenden Objekten von gleichen Erträgen ausgegangen.

Ein **Kostenvergleich zweier Investitionsalternativen** zeigt nachfolgende Tabelle.

Ob die kalkulatorischen Zinsen Bestandteil der Rechnung sein sollen, ist umstritten. Bei einer Rationalisierungsinvestition sollte man nur von den Kosten ausgehen, die der Betrieb der Anlagen tatsächlich verursacht.

Wenn nicht wie im Beispiel von gleichen Leistungen der Vergleichsobjekte ausgegangen werden kann, sind die Kosten je Einheit zu vergleichen.

	Objekt A	Objekt B	Differenz B - A
I. Grunddaten			
1. Anschaffungskosten	600	360	
2. Nutzungsdauer	8 Jahre	8 Jahre	
3. Leistung/Periode	48 Stück	48 Stück	
4. Kalkulatorischer Zinsfuß	10 %	10 %	
II. Fixe Kosten/Jahr			
1. Abschreibungen	75,00	45,00	- 30,00
2. Kalkulatorische Zinsen	30,00	18,00	- 12,00
3. Instandhaltungskosten	13,50	7,50	- 6,00
4. Gemeinkostenlöhne und Gehälter	22,50	22,50	-
5. Sonstige fixe Kosten	15,00	10,50	- 4,50
Summe fixe Kosten	156,00	103,50	- 52,50
III. Proportionale Kosten/Jahr			
1. Lohnkosten	45,00	90,00	+ 45,00
2. Materialkosten	30,00	30,00	-
3. Energiekosten	24,00	21,00	- 3,00
4. Sonstige proportionale Kosten	22,50	22,50	-
Summe proportionale Kosten	121,50	163,50	+ 42,00
Summe Gesamtkosten	277,50	267,00	- 10,50
Kosten je Stück	5,78	5,56	- 0,22

Werte in T€

Das Investitionsobjekt B ist um 10.500 € günstiger.

► Die **Gewinnvergleichsrechnung**
operiert nicht nur mit den Kosten, sondern auch mit den Erlösen, die bei einzelnen Investitionsobjekten unterschiedlich anfallen können.

Die Gewinnvergleichsrechnung wird angewandt, wenn die Investitionsobjekte nicht ertragsgleich sind, die Kostenvergleichsrechnung folglich nicht infrage kommt.

Während die Kostenvergleichsrechnung in erster Linie bei Ersatz- und Rationalisierungsinvestitionen eingesetzt wird, eignet sich die Gewinnvergleichsrechnung auch für Erweiterungsinvestitionen.

► Die **Rentabilitätsrechnung**
ermittelt die Verzinsung des eingesetzten Investitionskapitals.

Die Rentabilität ergibt sich durch folgende Rechnung:

$$\text{Rentabilität} = \frac{\text{Gewinn}}{\text{Kapitaleinsatz}} \cdot 100$$

Die Berechnung kann sowohl mit dem Anfangskapital als auch mit dem Durchschnittskapital durchgeführt werden.

► Die **Amortisationsrechnung**
wird auch als Amortisationsvergleichsrechnung bezeichnet, sie ermittelt den Zeitraum, innerhalb dessen das eingesetzte Kapital dem Unternehmen wieder zugeführt wird.

Die Amortisationsperiode oder Pay-back-Period bzw. Pay-off-Period erhält man, indem man den Netto-Kapitalaufwand, der in der Regel aus den Anschaffungskosten ggfs. vermindert um einen Restwert besteht, durch den durchschnittlichen Rückfluss dividiert.

Der durchschnittliche Rückfluss stellt eigentlich die Differenz zwischen den durchschnittlichen jährlichen Einzahlungen und Auszahlungen dar. Die statischen Verfahren arbeiten jedoch nicht mit Auszahlungen und Einzahlungen, sondern mit Kosten und Erträgen, sodass man als durchschnittlichen Rückfluss den um die kalkulatorischen Abschreibungen, ggf. um die kalkulatorischen Zinsen erhöhten Gewinn in die Rechnung einsetzt.

$$\text{Amortisationsperiode} = \frac{\text{Netto-Kapitalaufwand}}{\text{Gewinn} + \text{Abschreibungen}}$$

Beispiel

	Objekt 1	Objekt 2
Anschaffungskosten	150.000	225.000
Nutzungsdauer in Jahren	5	5
Abschreibungen p. a.	30.000	45.000
Gewinn €/Jahr	42.000	54.000
Rückfluss €/Jahr	72.000	99.000
Amortisationsperiode in Jahren	2,08	2,27

Das Objekt 1 hat eine kürzere Amortisationsperiode als Objekt 2

► Der **Verfahrensvergleich**
will feststellen, bei welcher Beschäftigung Investitionsobjekte die gleichen Kosten verursachen; es wird die Frage nach der **kritischen Menge** beantwortet.

Beispiel

	fixe Kosten	proportionale Kosten	Istbeschäftigung
Anlage I	144.000	199.800	12.000 St.
Anlage II	132.000	250.200	14.400 St.

Für die beiden Anlagen müssen die Kostenfunktionen aufgestellt und gleichgesetzt werden.

Die Kostenfunktion lautet:

$$y = a + b \cdot x$$

Für die beiden Maschinen werden folgende Funktionen formuliert:

$y_1 = 144.000 + 16{,}650x$
$y_2 = 132.000 + 17{,}375x$

y = Gesamtkosten
a = Fixkostenanteil
b = Steigungsmaß
x = Beschäftigung

$$
\begin{aligned}
144.000 + 16{,}650x &= 132.000 + 17{,}375x \\
-0{,}725x &= -12.000 \\
x &= 16.551{,}72 \\
x &= 16.551
\end{aligned}
$$

Bei einer Beschäftigung von 16.551 St. sind die Kosten beider Verfahren gleich hoch.

Die **kritische Menge** (Menge am Break-even-Punkt) für eine Anlage berechnet man durch die Division der fixen Kosten durch den Stückdeckungsbeitrag:

$$\text{Menge am BEP} = \frac{K_f}{db}$$

Verkaufspreis/St.	360,00 €
Proportionale Kosten/St.	216,00 €
Fixe Kosten	288.000,00 €

$$\text{Menge am BEP} = \frac{288.000}{144}$$

$$= \textbf{2.000 St.}$$

Bei einer Produktionsmenge von 2.000 St. erreicht man Kostendeckung.

2.4.2.2.2 Dynamische Verfahren der Investitionsrechnung

Die dynamischen Verfahren der Investitionsrechnung beziehen im Gegensatz zu den statischen Verfahren den Zeitablauf in die Rechnung ein.

Während die statischen Verfahren von den Kosten und Erträgen ausgehen, operieren die dynamischen Verfahren mit **Einzahlungen** und **Auszahlungen**. Das eingesetzte Recheninstrument ist die **Finanzmathematik**.

► Die **Kapitalwertmethode**
ist die Grundform der dynamischen Verfahren. Die während der Nutzungsdauer voraussichtlich anfallenden Einzahlungen und Auszahlungen werden mit einem Zinsfuß, dem Kalkulationszinsfuß, abgezinst. Das Rechenergebnis ist der Kapitalwert.

Der Kapitalwert ist der Betrag, der über die Verzinsung des eingesetzten Kapitals zum Kalkulationszinsfuß hinaus erreicht wird.

Liegt der Kapitalwert über Null, kann die Investition vorteilhaft sein.

Die Anschaffungskosten einer Maschine betragen 833,33 T€, der Kalkulationszinsfuß wird mit 10 % angesetzt, es wird mit jährlichen Einzahlungen von 416,67 T€ und jährlichen Auszahlungen von 250 T€ gerechnet. Es wird angenommen, dass Steigerungen der Auszahlungen durch Steigerungen der Einzahlungen aufgefangen werden können.

Folgende Rechnung ist durchzuführen:

$$C_0 = -K_0 + d \; \frac{(1+i)^n - 1}{i(1+i)^n}$$

C_0 = Kapitalwert

K_0 = Eingesetztes Kapital

$$C_0 = -833,33 + 166,67 \cdot \frac{(1+0,1)^{10} - 1}{0,1\,(1+0,1)^{10}}$$

d = Auszahlungs-/Ein-
  zahlungsdifferenz

$$C_0 = -833,33 + 166,67 \cdot \frac{1,5937}{0,2594}$$

$i = \dfrac{p}{100}$

n = Nutzungsdauer

$C_0 = -833,33 + 166,67 \cdot 6,1438$

$C_0 = -\mathbf{190,66\ T€}$

Der Kapitalwert beträgt 190.660 €. Um diesen Betrag wird die angestrebte Verzinsung des eingesetzten Kapitals überschritten.

Liegt nicht wie im obigen Beispiel eine uniforme Reihe vor, sondern ist mit schwankenden Einzahlungs-/Auszahlungsdifferenzen zu rechnen, muss man jede einzelne Zahlungsdifferenz abzinsen. Die Formel dafür lautet:

$$C_0 = -K_0 + \frac{K_n}{(1+i)^n}$$

► Die **Annuitätenmethode**
baut auf der Kapitalwertmethode auf. Zur Beurteilung der Vorteilhaftigkeit einer Investition werden die durchschnittlichen Einzahlungen und Auszahlungen herangezogen, ihre Differenz ist die **Gewinnannuität**.

Die Annuität gibt den gleichbleibenden Betrag an, der erforderlich ist, um eine Investitionsausgabe einschließlich der Verzinsung im Verlauf der Nutzungszeit zurückzugewinnen.

Eine Investition kann immer dann vorteilhaft sein, wenn die ermittelte Annuität positiv ist.

Die Annuität ermittelt man zweckmäßigerweise dadurch, dass man zuerst den Kapitalwert ausrechnet und diesen dann mit dem Annuitätenfaktor multipliziert.

Beispiel

Die Anschaffungskosten einer Maschine betragen 480 T€, die Nutzungsdauer wird mit 10 Jahren angenommen, die jährlichen Auszahlungen werden mit 200 T€ und die jährlichen Einzahlungen mit 320 T€ geplant. Ausgabensteigerungen sollen durch Preissteigerungen ausgeglichen werden. Der Kalkulationszinsfuß beträgt 10 %.

(1) Ermittlung des Kapitalwertes

$$C_0 = -K_0 + d \cdot \frac{(1+i)^n - 1}{i(1+i)^n}$$

$$C_0 = -480 + 120 \cdot \frac{(1+0,1)^{10} - 1}{0,1\,(1+0,1)^{10}}$$

$$C_0 = -480 + 120 \cdot 6,1438$$

$$C_0 = \mathbf{257,256\ T€}$$

(2) Ermittlung der Annuität

$$a = C_0 \cdot \frac{i(1+i)^n}{(1+i)^n - 1}$$

$$a = 257,256 \cdot \frac{0,1\,(1+0,1)^{10}}{(1+0,1)^{10} - 1}$$

$$a = \mathbf{41,8725\ T€}$$

Die Annuität beträgt 41,8725 T€; somit ist die Investition vorteilhaft.

► Die **Interner-Zinsfuß-Methode**
ermittelt die **Effektivverzinsung** einer Investition, dies ist der Zinsfuß, der den Kapitalwert gleich Null werden lässt. Der interne Zinsfuß macht eine Aussage darüber, zu welchem Zinsfuß sich die jeweils gebundenen Kapitalbeträge verzinsen.

Eine Investition kann als vorteilhaft angesehen werden, wenn der interne Zinsfuß höher als der Kalkulationszinsfuß ist.

Wenn man bei einem Investitionsobjekt von **konstanten jährlichen Zahlungsüberschüssen** ausgehen kann, ist die Ermittlung des internen Zinsfußes unproblematisch, in diesem Fall kann mit dem Rentenbarwertfaktor gearbeitet werden. Die Anschaffungskosten eines Investitionsobjektes werden durch die Einzahlungsüberschüsse dividiert, der zum Quotienten gehörende Wert kann in der Tabelle der Rentenbarwertfaktoren abgelesen werden.

Beispiel

Die Anschaffungskosten einer Anlage betragen 2.000 T€, die Nutzungsdauer soll acht Jahre ausmachen, und der jährliche Einzahlungsüberschuss beläuft sich auf 433,6 T€.

Es ist zu rechnen:

$$\frac{2.000}{433,6} = 4,6125$$

Der Tabelle der Barwertfaktoren kann ein Zinsfuß zwischen 14 % und 15 % entnommen werden. Das erforderliche Interpolieren ergibt einen internen Zinsfuß von 14,1 %.

Liegen **nicht konstante Zahlungsüberschüsse** vor, ist die Rechnung etwas komplizierter, man muss mit einer **Näherungsmethode** operieren.

Mithilfe von zwei Versuchszinssätzen werden zwei Kapitalwerte ermittelt. Aus diesen wird durch grafische Interpolation oder rechnerisch mit der „regula falsi" der interne Zinsfuß r errechnet.

Die rechnerische Vorgehensweise ist etwas zeitaufwändig, durch EDV-Einsatz lässt sich der Zeitaufwand jedoch reduzieren.

Im folgenden Beispiel wird der interne Zinsfuß sowohl rechnerisch als auch grafisch ermittelt.

Beispiel

Jahre	Anschaffungs- kosten und Rückflüsse	Versuchszinssatz 20 %		Versuchszinssatz 10 %	
		Abzinsungs- faktor	Kapital- wert	Abzinsungs- faktor	Kapital- wert
0	- 739,2	1,0000	- 739,2000	1,0000	- 739,2000
1	+ 9,6	0,8333	+ 7,9997	0,9091	+ 8,7274
2	+ 76,8	0,6944	+ 53,3299	0,8264	+ 63,4675
3	+ 192,0	0,5787	+ 111,1104	0,7513	+ 144,2496
4	+ 268,8	0,4823	+ 129,6422	0,6830	+ 183,5904
5	+ 326,4	0,4019	+ 131,1802	0,6209	+ 202,6618
6	+ 384,0	0,3349	+ 128,6016	0,5645	+ 216,7680
			- 177,3360		+ 80,2647

Setzt man die errechneten Werte in die folgende Formel ein, erhält man den internen Zinsfuß.

$$r = p_1 - K_{01} \cdot \frac{p_2 - p_1}{K_{02} - K_{01}}$$

$$r = 10 - 80,2647 \cdot \frac{20 - 10}{- 177,3360 - 80,2647}$$

$$r = 10 - 80,2647 \cdot - 0,0388$$

$$r = 10 + 3,1143$$

$$r = \mathbf{13,1143}$$

Der interne Zinsfuß kann auch grafisch ermittelt werden. Die Kapitalwerte und die ihnen zugehörenden Zinsen werden in ein Koordinatenkreuz eingetragen. Verbindet man die Kapitalwertpunkte miteinander, erhält man eine Gerade, die entweder direkt oder durch Verlängerung die Achse, auf der die Zinsen aufgetragen sind, schneidet. An diesem Schnittpunkt kann man den Wert des internen Zinsfußes ablesen.

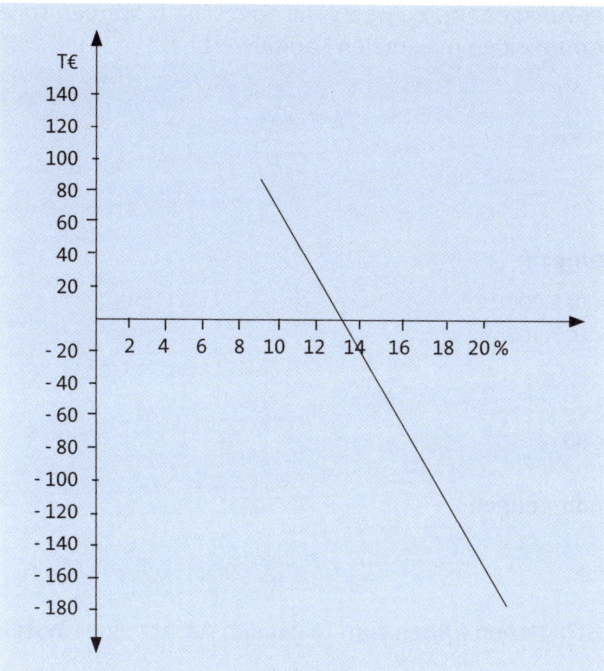

Bedient man sich in der Investitionsrechnung nicht nur finanzmathematischer Verfahren, sondern dazu mathematischer Optimierungsverfahren (vgl. C. 2.2.2.3) spricht man nicht mehr von den klassischen Verfahren der Investitionsrechnung, sondern von den **modernen Verfahren**.

Ein Beispiel soll die Vorgehensweise verdeutlichen (Quelle *Ehrmann:* Marketing-Controlling).

Beispiel

Die beiden Produkte A und B werden auf den Maschinen MA_1 und MA_2 für Produkt A und MB_1 und MB_2 für Produkt B gefertigt; folgende Daten liegen vor:

Daten	Maschine A	Maschine B
Absatzdaten	max. 160 St./Jahr	max. 80 St./Jahr
Kapazitäten der Maschinen	$KMA_1 = 20, KMA_2 = 8$	$KMB1 = 4, KMB_2 = 3$
Kapitalwerte der Maschinen	$CMA_1 = 800, CMA_2 = 200$	$CMB1 = 500, CMB_2 = 150$
Auszahlungen der 1. Periode	$AMA_1 = 500, AMA_2 = 100$	$AMB1 = 100, AMB_2 = 50$
Auszahlungen der 2. Periode	$AMA_1 = 100, AMA_2 = 30$	$AMB1 = 40, AMB_2 = 25$
Zur Verfügung stehende flüssige Mittel	Periode I: 5.000, Periode II: 2.000	

Die Wertangaben sind T€, die Kapazitätsangaben Stück.

213

Gesucht wird die Anzahl der Anlagen x_1, x_2, x_3, x_4, die angeschafft werden sollen, damit das Investitionsprogramm einen maximalen Kapitalwert hat.

Lösung:

Zielfunktion:

$800\,x_1 + 200\,x_2 + 500\,x_3 + 150\,x_4 \to$ max.

Finanzierungsnebenbedingungen:

$500\,x_1 + 100\,x_2 + 100\,x_3 + 50\,x_4 \le 5.000$
$100\,x_1 + 30\,x_2 + 40\,x_3 + 25\,x_4 \le 2.000$

Absatznebenbedingungen:

$20\,x_1 + 8\,x_2 \le 160$; $4\,x_3 + 3\,x_4 \le 80$

Vernachlässigbare Nebenbedingungen:

x_1; x_2; x_3; $x_4 > 0$ und ganzzahlig.

Die Zielfunktion und die Restriktionen führen zum folgenden Ansatz eines **Systems von Ungleichungen**:

$500\,x_1 + 100\,x_2 + 100\,x_3 + 50\,x_4 \le 5.000$
$100\,x_1 + 30\,x_2 + 40\,x_3 + 25\,x_4 \le 2.000$
$20\,x_1 + 8\,x_2 \le 160$
$4\,x_3 + 3\,x_4 \le 80$
$800\,x_1 + 200\,x_2 + 500\,x_3 + 150\,x_4 = Z$

Duch Einsetzen von Schlupfvariablen werden die Ungleichungen in **Gleichungen** umgeformt:

$500\,x_1 + 100\,x_2 + 100\,x_3 + 50\,x_4 + 1\,x_5 + 0\,x_6 + 0\,x_7 + 0\,x_8 = 5.000$
$100\,x_1 + 30\,x_2 + 40\,x_3 + 25\,x_4 + 0\,x_5 + 1\,x_6 + 0\,x_7 + 0\,x_8 = 2.000$
$20\,x_1 + 8\,x_2 + 0\,x_3 + 0\,x_4 + 0\,x_5 + 0\,x_6 + 1\,x_7 + 0\,x_8 = 160$
$0\,x_1 + 0\,x_2 + 4\,x_3 + 3\,x_4 + 0\,x_5 + 0\,x_6 + 0\,x_7 + 1\,x_8 = 80$
$800\,x_1 + 200\,x_2 + 500\,x_3 + 150\,x_4 + 0 + 0 + 0 + 0 = Z$

Darstellung als Matrix:

500	100	100	50	1	0	0	0	5.000
100	30	40	25	0	1	0	0	2.000
20	8	0	0	0	0	1	0	160
0	0	4	3	0	0	0	1	80
-800	-200	-500	-150	0	0	0	0	0

Die Aufgabe wird mithilfe der Simplex-Methode gelöst. Die obige Systemmatrix wird unter Anwendung der Äquivalenzumformung so lange verändert, bis die negativen Vorzeichen der Zielfunktionszeile nicht mehr vorhanden sind, und das letzte Simplex-Tableau ohne die Zielfunktionen so viel Spalten wie Zeilen aufweist. Die Spalten werden normiert, außer 1 enthalten sie nur Nullen.

Das **letzte Tableau** sieht wie folgt aus:

0	0	1	0,75	0	0	0	0,25	20
0	0	0	17,50	- 0,90	1	17,50	12,50	1.300
1	0	0	- 0,10	0,01	0	- 0,05	- 0,1	4
0	1	0	0,25	- 0,01	0	0,25	0,25	10
0	0	0	195,00	1,20	0	10,00	95,00	15.200

Aus der Matrix lässt sich ablesen, dass sich das Investitionsprogramm aus folgenden Maschinen zusammensetzt:

4 Maschinen MA_1 (x_1)
10 Maschinen MA_2 (x_2)
20 Maschinen MB_1 (x_3)
0 Maschinen MB_2 (x_4)

Der Kapitalwert beträgt 15.200.

2.4.3 Losgrößenrechnung

Die Losgrößenrechnung dient im Materialbereich der Ermittlung der optimalen Bestellmenge und im Fertigungsbereich der Errechnung des optimalen Fertigungsloses. Im Folgenden wird primär auf die Ermittlung der optimalen Bestellmenge eingegangen.

Eine Bestellmenge ist optimal, wenn die Kosten für die Bestellung und Lagerung zum Minimum werden.

Zur Ermittlung der optimalen Bestellmenge stehen einige Verfahren zur Verfügung, von denen die gebräuchlichsten im Folgenden vorgestellt werden.

(1) Probiermethode

Mithilfe der Probiermethode werden die relevanten Gesamtkosten für mehrere Bestellmengen ermittelt; als optimale Bestellmenge erhält man die Menge mit den niedrigsten Gesamtkosten.

Dieses Verfahren eignet sich für kleinere Betriebe mit relativ konstanten Bedingungen.

Beispiel

Bei einem Produkt beträgt die jährliche Beschaffungsmenge 6.000 ME, der Preis je Mengeneinheit beläuft sich auf 16,- €, die mittelbaren Beschaffungskosten machen 10,- € je Auftrag aus, und der Lagerkostensatz beträgt 10 %.

Bestell- menge in ME	ø Lager- bestand S ME : 2 · €/ME	Lager- haltungs- kosten	Anzahl der Bestel- lungen	Mittelbare Beschaf- fungskosten	Relevante Gesamt- kosten
100	50 · 16 = 800	80	60	600	680
150	75 · 16 = 1.200	120	40	400	520
200	100 · 16 = 1.600	160	30	300	460
250	125 · 16 = 2.000	200	24	240	440
400	200 · 16 = 3.200	320	15	150	470
500	250 · 16 = 4.000	400	12	120	520
1.000	500 · 16 = 8.000	800	6	60	860

Diese sehr einfache Rechnung ergibt eine optimale Bestellmenge von 250 ME.

(2) Klassische Losgrößenformel

Die optimale Bestellmenge lässt sich auch mit der Losgrößenformel von Andler ermitteln. Man bezieht die Kosten der Lagerung und Bestellung auf die Einheit. Die minimalen Kosten je Einheit werden dadurch errechnet, dass man die Gleichung nach x differenziert und diese Ableitung gleich 0 setzt.

Die Losgrößenformel lautet:

$$x_o = \sqrt{\frac{2 \cdot M \cdot a}{p \cdot Z}}$$

x_o = optimale Bestellmenge
M = Bedarfsmenge je Periode
p = Einstandspreis je Mengeneinheit
a = auftragsfixe Kosten
Z = Lagerkostensatz in %
s = Lagerzugangsrate
r = Lagerabgangsrate

In einem Unternehmen wird bei der Materialart M ein Mengenbedarf von 2.500 Mengeneinheiten festgestellt. Der Einstandspreis beträgt 12,50 € je Mengeneinheit, die auftragsfixen Kosten machen 125,- € aus, und der Lagerkostensatz beträgt 10 %.

$$x_o = \sqrt{\frac{200 \cdot 2.500 \cdot 125}{12,5 \cdot 10}}$$

$x_o = $ **707,11**

Nach Umformung der Grundformel kann man auch die optimale Lagerzeit t_o und die optimale Bestellhäufigkeit n_o berechnen:

$$t_o = \sqrt{\frac{2a}{p \cdot Z \cdot M}}$$

$$n_o = \sqrt{\frac{p \cdot Z \cdot M}{2a}}$$

Die Verwendung der Andler'schen Formel ist mit folgenden **Prämissen** verbunden:

► die Bedarfsmenge und die Beschaffungsmenge sind identisch. Es werden gleichbleibende Lagerzugangs- und Abgangsraten angenommen

► die auftragsfixen (bestellfixen) Kosten sind einerseits bekannt und andererseits konstant

► die Einstandspreise bleiben unabhängig von den Bestellmengen und Bestellzeitpunkten konstant

► die Lagerkosten werden als Produkt von Lagerkostensatz, Menge, Einstandspreis und Lagerzeit angesehen.

(3) Erweiterung der klassischen Losgrößenformel

Die Rechnung mit der klassischen Losgrößenformel kann etwas dynamisiert werden, wenn die Lagerzugangsraten und Lagerabgangsraten berücksichtigt werden, dann ergibt sich:

$$x_o = \sqrt{\frac{2 \cdot M \cdot a}{p \cdot Z \left(1 - \frac{r}{s}\right)}}$$

Liegen darüber hinaus noch mengenabhängige Preise vor, ergibt sich die Formel:

$$x_0 = \sqrt{\frac{(a+f) \cdot 2M}{V \cdot Z}}$$

V = mengenabhängiger Preis
f = auftragsfixe Bearbeitungskosten

(4) Gleitendes Beschaffungsmengen-Verfahren

Das gleitende Beschaffungsmengen-Verfahren ermittelt auch das Minimum aus Bestellkosten und Lagerhaltungskosten, kann aber als ein dynamisches Verfahren angesehen werden. Im Unterschied zum Verfahren mit der Andler'schen Formel geht man nicht von einem Durchschnittsbedarf, sondern von schwankenden Bedarfsmengen in den einzelnen Perioden aus.

Die optimale Bestellmenge erhält man durch einen schrittweise durchgeführten Rechenprozess. Für jede einzelne Periode wird die Summe der anfallenden Bestell- und Lagerkosten je Einheit errechnet. Die Kosten jeder Periode vergleicht man miteinander. In der Periode mit den niedrigsten Kosten beendet man die Rechnung. Der bis zu diesem Zeitpunkt aufgelaufene Bedarf ist die optimale Bestellmenge (*Oeldorf/Olfert*). In der nächsten Periode beginnt der Rechenprozess aufs neue.

Der enorme Rechenaufwand, der mit diesem Verfahren verbunden ist, macht einen EDV-Einsatz unbedingt erforderlich.

Beispiel

Der Nettobedarf eines Unternehmens beträgt:

Dekade	Mengeneinheiten
1	140
2	60
3	50
4	50
5	40
6	90
7	90
8	60
9	30
10	110

Die Bestellkosten betragen 30,00 € je Bestellung, der Lagerkostensatz je Menge und Dekade beträgt 0,25 €. Das Material soll zu Beginn der Dekade verfügbar sein und gleichmäßig im Verlauf der Dekade entnommen werden.

Rechnerisch ist das Material in der jeweils zuletzt betrachteten Dekade durchschnittlich eine halbe Dekade lang im Lager, in den vorangegangenen Dekaden des jeweiligen Rechnungsprozesses beträgt die durchschnittliche Lagerzeit jeweils eine ganze Dekade.

Dekade	Netto-bedarf	Netto-bedarf kumu-liert	Lager-dauer kumu-liert	Lager-hal-tungs-kosten-satz	Lager-hal-tungs-kosten	Bestell-kosten	Ge-samt-kosten der Be-stellung und Lager-haltung	Kosten der Be-stellung und La-gerhal-tung pro Mengen-einheit	Opti-male Be-schaf-fungs-men-ge
	A	B	C	D	E	F	G	H	I
					A·C·D		E + F	G : B	
1	140	140	0,5	0,25	17,50	30	47,50	0,34	
2	60	200	1,5	0,25	22,50	30	52,50	0,26	
3	50	250	2,5	0,25	31,25	30	61,25	0,25	
4	50	300	3,5	0,25	43,75	30	73,75	0,25	
5	40	340	4,5	0,25	45,00	30	75,00	0,22	340
6	90	430	5,5	0,25	123,75	30	153,75	0,36	
6	90	90	0,5	0,25	11,25	30	41,25	0,46	
7	90	180	1,5	0,25	33,75	30	63,75	0,35	
8	60	240	2,5	0,25	37,50	30	67,50	0,28	
9	30	270	3,5	0,25	26,25	30	56,25	0,21	270
10	110	380	4,5	0,25	123,75	30	153,75	0,40	
10	110	110	0,5	0,25	13,75	30	43,75	0,40	

Min. ↳ (vor Dekade 6)

Min. ↳ (vor Dekade 10)

.
.
.

Quelle: *Oeldorf/Olfert*

(5) Kostenausgleichs-Verfahren

Das Kostenausgleichs-Verfahren hat als Optimierungskriterium den Sachverhalt, dass sich im Minimum der Summe aus Bestellkosten und Lagerhaltungskosten je Mengeneinheit eine Gleichheit der Kostenhöhe beider Kostenarten ergibt.

Die Ermittlung der optimalen Bestellmenge geschieht durch stufenweise Feststellung der Lagerhaltungskosten für jede Periode, bis sie von der Höhe her in etwa mit den Bestellkosten korrespondieren. Hat man diesen Punkt erreicht, ist der bis hierhin kumulierte Nettobedarf die optimale Beschaffungsmenge. Der Rechenprozess setzt sich in der gleichen Weise für die folgenden Perioden fort.

Die Schwankungen der Bedarfsmengen in den einzelnen Perioden werden anders als bei Verwendung der Andler'schen Formel in die Rechnung einbezogen.

Das folgende Beispiel arbeitet mit den bereits im Vorbeispiel verwendeten Zahlen von *Oeldorf/Olfert*.

Beispiel

	Dekade	Netto-bedarf	Netto-bedarf kumu-liert	Lager-dauer kumu-liert	Lager-hal-tungs-kosten-satz	Lager-hal-tungs-kosten	Lager-hal-tungs-kosten kumu-liert	Bestell-kosten	Opti-male Be-schaf-fungs-menge
		A	B	C	D	E	F	G	H
						A·C·D		E + F	
	1	140	140	0,5	0,25	17,50	17,50	30	
opt.	2	60	200	1,5	0,25	22,50	40,00	30	200
	3	50	50	0,5	0,25	6,25	6,25	30	
opt.	4	50	100	1,5	0,25	18,75	25,00	30	100
	5	40	40	0,5	0,25	5,00	5,00	30	
opt.	6	90	130	1,5	0,25	33,75	38,75	30	130
	7	90	90	0,5	0,25	11,25	11,25	30	
opt.	8	60	150	1,5	0,25	22,50	33,75	30	150
	9	30	30	0,5	0,25	3,75	3,75	30	
opt.	10	110	140	1,5	0,25	41,25	45,00	30	140

2.4.4 Bewertungsverfahren

Die Bewertung von Ideen kann mithilfe verschiedener Methoden erfolgen, *Weis* schlägt die folgenden vor:

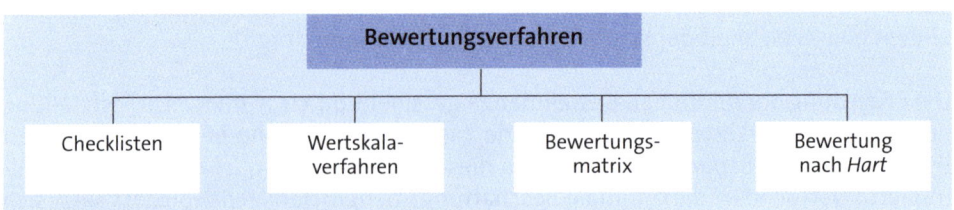

Sämtliche Verfahren bewerten qualitative Kriterien und führen dadurch ihre Vergleichbarkeit herbei.

Checklisten führen alle Kriterien auf, die zur Bewertung heranzuziehen sind, und berücksichtigen die Faktoren dieser Kriterien.

Wertskalaverfahren sind sehr einfach durchzuführen, eignen sich dennoch für eine Reihe von Bewertungen. In Bewertungsschemata werden die einzelnen Einflussfaktoren für die Bewertung zusammengestellt und mit einer „Notenskala" bewertet. In Diagrammen lassen sich damit grafisch verschiedene Profile darstellen. Eine **Bewertungsmatrix** liegt vor, wenn zusätzlich zu der Bewertung noch Gewichtungen vorgenommen werden (vgl. B. 7.5.2.2).

Hart hat einen Katalog entwickelt, der zwölf Kriterien enthält. Auf der Basis von qualitativen und quantitativen Merkmalen werden Punktbewertungen vergeben (*Weis*). (Näheres vgl. *Weis*).

Aufgabe 11 > Seite 626

Aufgabe 12 > Seite 627

Aufgabe 13 > Seite 627

Aufgabe 14 > Seite 627

Aufgabe 15 > Seite 627

Aufgabe 16 > Seite 628

Aufgabe 17 > Seite 628

Aufgabe 18 > Seite 628

Aufgabe 19 > Seite 628

3. Logistische Hardware

3.1 Inhalt

Während zur logistischen Software in erster Linie Methoden und Verfahren zählen, hat die logistische Hardware Objekte und Hilfsmittel zum Gegenstand.

Der logistischen Hardware lassen sich im Wesentlichen folgende Bestandteile zurechnen:

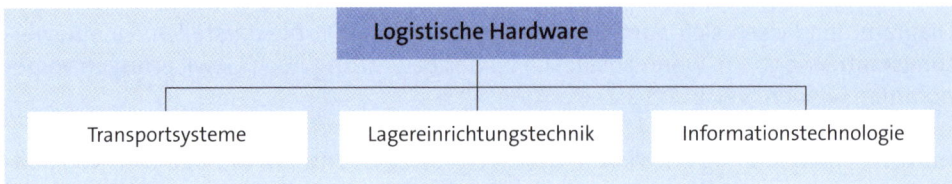

3.2 Transportsysteme

Die Überwindung räumlicher Distanzen, also der Transport von Roh-, Hilfs- und Betriebsstoffen, unfertigen Erzeugnissen, Fertigerzeugnissen und Waren zählt zu den logistischen Hauptaufgaben, zu wichtigen Gliedern in der Logistikkette; somit muss den Instrumenten, die dafür eingesetzt werden, besondere Aufmerksamkeit gewidmet werden. Es handelt sich dabei um die Transportsysteme.

Folgende zwei Gruppen von Transportsystemen sind zu unterscheiden:

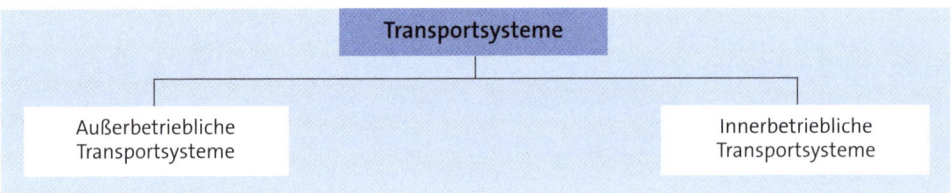

3.2.1 Außerbetriebliche Transportsysteme

Der außerbetriebliche Transport befördert Güter von Lieferanten zu dem jeweils betrachteten Unternehmen und von diesem zu seinen Kunden.

Anstelle des Begriffs fördern oder befördern lässt sich auch der Begriff transportieren verwenden.

Bei der Auswahl von Transportsystemen sind einige **Beurteilungskriterien** zu berücksichtigen, die nur zum Teil vom Unternehmen beeinflusst werden können, es handelt sich dabei in erster Linie um rechtliche Kriterien, Kostenkriterien, Leistungskriterien und die Infrastruktur.

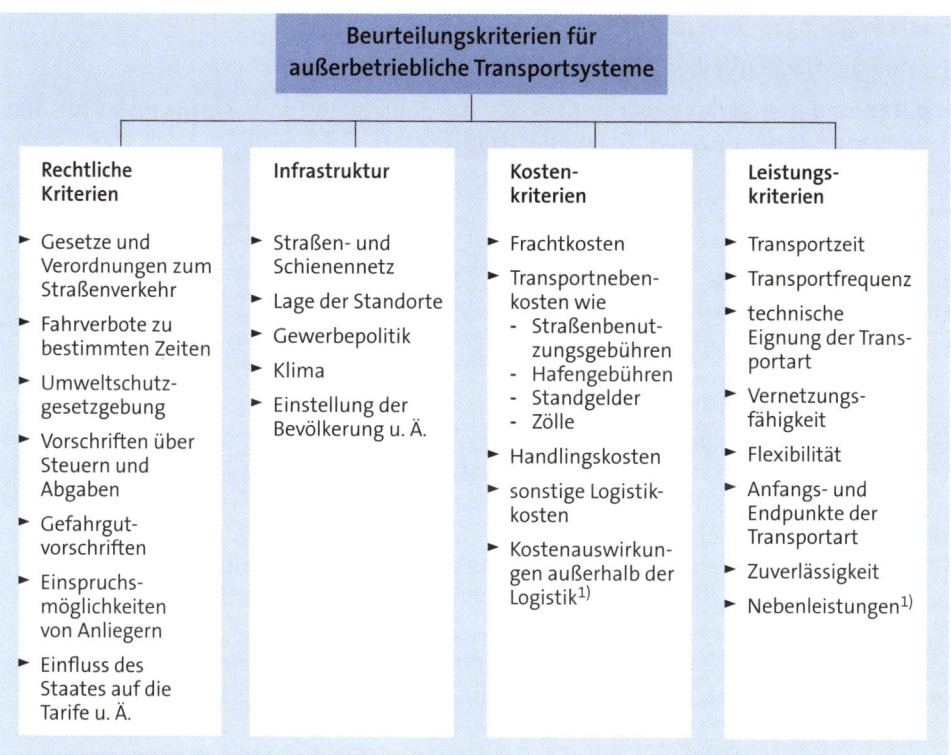

Beurteilungskriterien für außerbetriebliche Transportsysteme

Rechtliche Kriterien	Infrastruktur	Kosten-kriterien	Leistungs-kriterien
► Gesetze und Verordnungen zum Straßenverkehr	► Straßen- und Schienennetz	► Frachtkosten	► Transportzeit
► Fahrverbote zu bestimmten Zeiten	► Lage der Standorte	► Transportneben-kosten wie	► Transportfrequenz
► Umweltschutz-gesetzgebung	► Gewerbepolitik	- Straßenbenut-zungsgebühren	► technische Eignung der Trans-portart

► Vorschriften über Steuern und Abgaben	► Klima	- Hafengebühren
		  - Standgelder
		  - Zölle
			► Vernetzungs-fähigkeit

► Gefahrgut-vorschriften	► Einstellung der Bevölkerung u. Ä.	► Handlingskosten	► Flexibilität
► Einspruchs-möglichkeiten von Anliegern		► sonstige Logistik-kosten	► Anfangs- und Endpunkte der Transportart
► Einfluss des Staates auf die Tarife u. Ä.		► Kostenauswirkun-gen außerhalb der Logistik[1]	► Zuverlässigkeit
			► Nebenleistungen[1]

[1] Vgl. *Schulte, 2009*

Für den außerbetrieblichen Transport gibt es die folgenden **Verkehrsträger**:

► Straßenverkehr
► Schienenverkehr
► Schiffsverkehr
► Luftverkehr
► Kombinierter Verkehr
► Rohrleitungsverkehr.

3.2.1.1 Straßengüterverkehr

3.2.1.1.1 Durchführung des Straßengüterverkehrs

Der Straßengüterverkehr zeichnet sich durch folgende **Vorteile** aus:

► hohe Flexibilität im Hinblick auf die Annahme-, Ablieferungs- und Transporttermine und die Umdispositionsmöglichkeiten von Gütern und Transportmitteln

► permanent möglicher Einsatz in der Haus-zu-Haus-Beförderung

► flächendeckende Güterverteilung im 24-Stunden-Takt

► relativ hohe Schnelligkeit

► relativ niedrige Stillstands- und Wartezeiten

► relativ geringes Transportrisiko

► rationale Flächenbedienung

► güter- und mengenangepasster Einsatz von Fahrzeugen (z. B. Kühltransporter, Silofahrzeuge, Tankfahrzeuge, Schwerlasttransporter).

Als **Nachteile** ergeben sich

► Verkehrsstörungen
► Witterungseinflüsse
► Einschränkungen bei Gefahrgütern
► eingeschränktes Transportvolumen
► rechtliche Einschränkungen.

Die gesetzliche Regelung des Straßengüterverkehrs in Deutschland ist entscheidend von der EU beeinflusst. Seit Mitte der achtziger Jahre ist eine Reihe von liberalisierenden und vereinheitlichenden Maßnahmen von der EU beschlossen worden. Wichtige Beispiele dafür sind der Wegfall der Tarifbindung, einheitliche Bestimmungen über die Höchstlänge und Gewichte der LKW, einheitliche Berufszulassungskriterien oder einheitliche Bestimmungen über Lenk- und Ruhezeiten.

Eine entscheidende Phase für den Straßengüterverkehr begann mit dem Tariffreigabegesetz und dem freien Marktzugang von ausländischen Transportunternehmen.

Die deutsche Gesetzgebung reagierte auf die europäischen Vereinbarungen und beschloss einige wesentliche Änderungen, vor allem

► den Fortfall der Konzessionierung
► den Fortfall der Kontingentierung
► die Beseitigung der rechtlichen Unterscheidung zwischen Nah- und Fernverkehr.

Die maßgebliche Rechtsnorm für den Straßengüterverkehr in Deutschland ist das Güterkraftverkehrsgesetz (GüKG). Es unterscheidet folgende Formen des Straßengüterverkehrs:

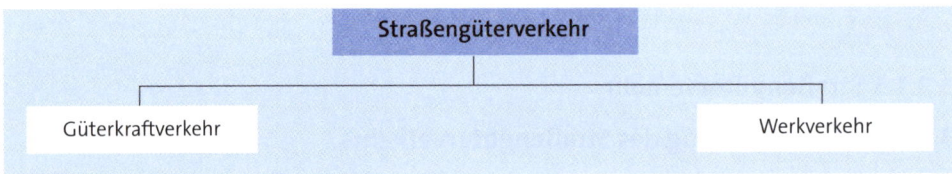

Der **Güterkraftverkehr** stellt die geschäftsmäßige oder entgeltliche Beförderung von Gütern mit Kraftfahrzeugen, die einschließlich Anhänger ein höheres zulässiges Gesamtgewicht als 3,5 Tonnen haben, dar.

Werkverkehr ist der Güterkraftverkehr für eigene Zwecke.

Beim Straßengüterverkehr unterscheidet man

- den Ladungsverkehr
- den Sammelgutverkehr.

Beim **Ladungsverkehr** wird ein ganzer LKW beansprucht bzw. ein wesentlicher Teil des Fahrzeugs wird in Anspruch genommen, während beim **Sammelgutverkehr** mehrere kleinere Sendungen zu einer Ladung zusammengefasst werden.

Beim Sammelgutverkehr spielt das **Kleingut** eine besondere Rolle. Hierbei dominiert der Transport von Paketen.

Seit Mitte der siebziger Jahre sind in Deutschland einige **Paketdienste** tätig. Sie gewinnen immer mehr an Bedeutung. Ebenfalls im Kleingutverkehr engagiert sind die **Kurier**- und **Expressdienste**, die in der Lage sind, Güter in kürzester Zeit zu befördern.

Im Straßengüterverkehr werden

- Kombiwagen
- Lieferkraftwagen
- Lastkraftwagen als Solofahrzeuge oder Lastzüge

eingesetzt.

Vom Volumen her dominieren die Lastkraftwagen bei weitem.

Für den Transport von Ladegütern durch LKW steht eine Vielzahl von Aufbauten zur Verfügung. Häufig verwendet werden (*Ihme*):

- Rungenpritsche für den Transport von Lang-, Flachmaterial und schweren Einzelstücken
- Pritsche und Plane für nässeempfindliche Güter
- Kipperaufbauten für Schüttguttransporte
- Kofferaufbauten zum besseren Schutz von Ladegütern z. T. mit gepolsterten Wänden, Ladungssicherungseinrichtungen und Zwischenböden
- Kühl- und Thermosaufbauten
- Aufbauten zum Transport von Wechselpritschen, Wechselbehältern und Containern
- Volumenaufbauten mit großer Innenraumhöhe für Ladegüter mit geringem spezifischen Gewicht
- Tankaufbauten für flüssige und verflüssigte gasförmige Ladegüter
- Tankaufbauten mit Kippvorrichtung zur Schwerkraftentladung von Schüttgütern
- Tankaufbauten mit Druckluftentleerung für staubförmige Ladegüter
- Tieflader für den Transport von Schwergut.

Darüber hinaus stehen zahlreiche Spezialaufbauten für bestimmte Güter zur Verfügung, z. B. Langholztransporter, Getränkeaufbau, Aufbauten für Autos, Flachgas, Vieh, Müll etc.

Die **Transportkosten** sind ein wichtiger Entscheidungsfaktor bei der Wahl des Verkehrsträgers. Ihre Höhe wird durch

- die Beförderungsstrecke
- die Güterart
- die Handlingskosten

bestimmt.

In naher Zukunft ist mit weiteren Beschlüssen der EU zum Transportrecht zu rechnen. Insbesondere erwartet man Besteuerungsvorschriften, Vorschriften zum Umweltschutz, zu technischen Voraussetzungen und noch weitere Vorschriften zu den Lenkzeiten.

In Deutschland basieren die Regelungen im Straßengüterverkehr auf dem Güterkraftverkehrsgesetz (GüKG).

Die Abmessungen, Gewichte und Achslasten der Straßenfahrzeuge regelt die Straßenverkehrs-Zulassung-Ordnung (StVZO). Die Länge der Fahrzeuge ist nach Solo-Fahrzeug, Sattel-LKW sowie LKW mit Anhänger gestaffelt. Die Innenbreite der Ladeflächen beträgt in der Regel 2,42- 2,44 m. Dies ist ausreichend für zwei 1,2 m lange Paletten; bei Kühlfahrzeugen, die über eine Wärmeisolierung verfügen, ist eine Außenbreite von 2,60 m erlaubt.

Im Nahverkehr und Verteilerverkehr werden Lieferwagen, Transporter und leichte LKW bis 7,5 t zulässiges Gesamtgewicht eingesetzt. Die ebenfalls eingesetzten Fahrzeugkombinationen aus LKW mit zwei- oder dreiachsigen Anhängern gestatten den Transport größerer Lasten. Spezielle Kurzkuppelungen zwischen LKW und Anhänger in Verbindung mit einem kurzen Fahrerhaus, dem so genannten „Topsleeper", können bis zu 38 Euro-Paletten in einer Ebene auf einem LKW mit Anhänger befördern, die Ladeflächen-Innenlänge macht dabei ca. zweimal 7 m aus.

Sattel-LKW, die aus einer Zugmaschine und einem aufgesattelten Anhänger bestehen, können die gesamte Ladung aufnehmen (vgl. *Ihme, 2006*).

Am 1. Juli 1998 trat das Gesetz zur Neuregelung des Fracht-, Speditions- und Lagerrechts (Transportrechtsgesetz) in Kraft. Dieses Gesetz findet seinen Niederschlag in den §§ 407 bis 475h HGB. Es fasst verschiedene frachtrechtliche Regelungen zusammen, die bisher in verschiedenen Gesetzen enthalten waren.

Mit dieser Gesetzesreform wurde eine schon seit langer Zeit erhobene Forderung erfüllt.

Der zukünftige Straßengütertransport wird gekennzeichnet sein durch

- ► den Wegfall bzw. die Vereinfachung von Grenzformalitäten mit damit verbundenen verkürzten Transportzeiten bei entsprechender Kostensenkung
- ► einen vereinfachten Marktzugang
- ► den Wegfall des Verbots der Durchführung innerstaatlicher Transporte durch Außerstaatliche, soweit nicht bereits erfolgt.
- ► stärkere Konkurrenz
- ► leistungsbezogene Tarife
- ► mittel- bis langfristig insgesamt eine Verbilligung der Transporte (aber: Treibstoffkosten beachten).

Effizienzsteigerungen im Straßengüterverkehr lassen sich u. a. erreichen durch (vgl. *Aberle*):

- ► Verbesserung der Fahrzeugauslastung, vor allem durch Reduzierung des Leerfahrtenanteils mithilfe von börsenähnlichen Informationssystemen und Unternehmenskooperationen
- ► die intensivierte Nutzung von Tourenplanungs- und Fahrzeuginformationssystemen
- ► eine Reduzierung des auslastungsschwachen Werkverkehrs durch den gewerblichen Straßengüterverkehr.

Hemmnisse ergeben sich durch

- ► Überlastung der Straßen
- ► Restriktionen im Transitverkehr
- ► ungleichmäßige Belastungen mit entsprechenden Engpässen
- ► z. T. mangelnde Kommunikation und Organisation zwischen den Trägern des Straßengüterverkehrs innerhalb Deutschlands und international.

3.2.1.1.2 Information und Kommunikation während des Transports

Der Straßengüterverkehr wird in zunehmendem Maße duch die moderne Informations- und Kommunikationstechnologie beeinflusst.

Bei diesen IuK-Technologien muss zwischen unternehmensinternen und unternehmensexternen Systemen unterschieden werden (*Spelthahn/Schloßberger/Steger*).

Bei den **unternehmensinternen IuK-Systemen** spielen vor allem die digitalen Fernsprechnetze und in Verbindung damit der Einsatz von Bordcomputern und deren datentechnische Verbindung mit einem Terminal beim Verlader eine wichtige Rolle.

Ein **Bordcomputer** stellt eine zusätzliche Computereinheit im LKW dar. Sensoren übermitteln fahrzeugspezifische Daten wie Drehzahlen, Kraftstoffverbrauch, Brems- und Beschleunigungsvorgänge u. Ä. und geben sie an den Fahrer ebenso wie allgemeine

Daten über die zu fahrende Tour weiter. *„Die geplante Tour im Soll-Zustand wird über ein Datenmodul vom Disponenten dem Fahrer übergeben, der das Datenmodul in den Bordcomputer in seinem LKW einsetzt. Von dort aus erhält der Fahrer über ein Display Informationen über die jeweils nächsten anzufahrenden Kunden. Hierbei sind Informationen über Lademenge, Fahrkilometer, Adresse usw. abgelegt. Wesentliche Elemente des Fahrberichts kann der Fahrer über seine Tastatur in den Bordcomputer eingeben und damit umgehend den Bericht aktuell ergänzen. Hierzu zählen verschiedene Arten von Standzeiten, die Meldung der Ankunft beim jeweiligen Kunden, Lade- und Inkassoarten usw."* (Vahrenkamp, 2005)

Nach Beendigung der Tour übergibt der Fahrer sein Datenmodul zur Auswertung. Ein Papierhandling kann weitestgehend entfallen.

Vahrenkamp sieht folgende Möglichkeiten für den Bordcomputer:

- *„Erfassen von verschiedenen Zeitanteilen, wie Warten auf dem Hof, Warten beim Kunden, Lenkzeiten und Ruhezeiten.*
- *Erfassen von Laufkilometern und Tempo.*
- *Erfassen von Drehzahlen und Bremsverhalten.*
- *Erfassen von Daten für Durchschnittsgeschwindigkeiten auf einzelnen Straßenabschnitten.*
- *Erzeugung einer Datenbasis für computergestützte Disposition für Fuhrparkinformationssysteme und für die Selbstkostenkalkulation sowohl der gesamten Touren wie auch bei einzelnen Kunden und Ladungsarten."*

In Deutschland wird eine Reihe von Bordcomputer-Systemen angeboten, von denen Fleetlogic, Flottenmanagementsysteme FMS 1332, Der Tripmaster und Truck Data erwähnt seien.

Bei den **unternehmensexternen IuK-Systemen** muss zwischen horizontalen und vertikalen Informationssystemen unterschieden werden.

Horizontale Informationssysteme dienen dem Datenaustausch zwischen den Spediteuren. Sie existieren vor allem als Frachtbörsen.

Vertikale Informationssysteme sind für den Datenaustausch zwischen den Verladern, Spediteuren und Empfängern bestimmt. In diesem Zusammenhang spielt der Iso-Standard 9735 Edifact (Electronic Data Interchange for Administration, Commerce and Transport), der einen geregelten elektronischen Datenaustausch ermöglicht, eine entscheidende Rolle (vgl. Kap. G. 3.2.7).

Große Fortschritte hat der Einsatz der Elektronik im Bereich des Straßengüterverkehrs auch bei der Computersteuerung von Fahrzeugkolonnen gemacht.

Sechzehn Unternehmen haben sich zu dem von der Europäischen Kommission geförderten Projekt „Promote Chauffeur" zusammengeschlossen. Im Rahmen dieses bereits fortgeschrittenen Projektes wird ein autonomes Fahrerassistenzsystem entwickelt.

In dem System werden mehrere LKW aneinander gekoppelt und nur das erste Fahrzeug wird auf herkömmliche Weise gelenkt, die nächsten Fahrzeuge werden „ferngesteuert". Das Führungsfahrzeug sendet Infrarotlichtsignale aus, die von den Folgefahrzeugen erfasst werden. Auf der Basis dieser Impulse werden Abstand und Geschwindigkeit gesteuert. Das Motormanagement, die Getriebe-, Brems- und Lenkungssysteme werden vom Computer beeinflusst.

Das Endziel des Projektes ist ein vollautomatisches System, bei dem auch das Leitfahrzeug fahrerlos bleibt.

Die bei der Informationsübermittlung eingesetzten Telekommunikations-Systeme sind recht unterschiedlicher Art, sie reichen von technisch unkomplizierten Funktelefonsystemen bis zu komplizierten Satellitensystemen.

In Anlehnung an *Heiserich* wird im Folgenden ein Überblick über Systeme der Telekommunikation gegeben:

- **Erdgestützte Systeme**
  - Funktelefonsysteme
    Die Kommunikation erfolgt zwischen einer Mobilstation und einem stationären oder mobilen Partner.

  - Betriebs-/Bündelfunk
    Er ist der klassische Betriebsfunk mit Gegensprechbetrieb ohne Zugang zu anderen Netzen. Das System steht in begrenzten Bereichen mehreren Benutzern zur Verfügung.

  - Funkrufdienste
    Sie sind für die einseitige Übertragung kurzer Nachrichten von einem stationären Sender an einen mobilen Empfänger gedacht.

  - Mobile Datenkommunikation
    Die mobile Datenkommunikation ist eine Erweiterung der Bündelfunk- und Funktelefon-Dienste durch eine Non-voice-Komponente zur Direktübertragung.

- **Satellitengestützte Systeme**
  - Geostationäres System (geostationary satellite orbit)
    Die Satelliten befinden sich in einer erdfernen Umlaufbahn (36.000 km) über dem Äquator.

  - Erdnahes Satellitensystem (low earth orbit)
    Das Satellitensystem setzt sich aus einer größeren Anzahl erdnaher Satelliten zusammen. Sie befinden sich auf verschiedenen Umlaufbahnen und ermöglichen eine weltweite Datenübertragung.

  - Einige dieser Satelliten sind:
    - EUTELSAT (European Telecommunication Satellite Organisation)
    - INMARSAT (International Maritime Satellite Organisation)

- · GPSC (Global Positioning System)
- · GLONASS (Global Navigation Satellite System).

Das aktuellste Satellitensystem ist das europäische **Galileosystem.**

Seit Oktober 2011 befinden sich die ersten beiden Satelliten (Natalia, Thijs) im Welt-raum, bis 2020 sollen es 30 sein. Die zum großen Teil in Deutschland entwickelten Satelliten erreichen eine Höhe von 23.000 km und werden vom DLR-Kontrollzentrum in Oberpfaffenhofen gesteuert und überwacht.

Das neue Satellitensystem hat u. a. die Aufgabe, die Unabhängigkeit vom US-System GPS zu erreichen. Seine Präzision ist dem amerikanischen überlegen. Die Genauigkeit der an Bord befindlichen Atomuhren ist so groß, dass innerhalb von drei Millionen Jah-ren nur eine Sekunde Abweichung verzeichnet würde. Aus der Laufzeit der Signale und den Satellitenpositionen werden die exakten Standorte auf der Erde berechnet.

Die Einsatzmöglichkeiten des Systems sind sehr groß, sie reichen von der Verkehrs-steuerung (Luftfahrt, Schifffahrt, Landverkehr) über die Geodäsie, die Landwirtschaft, die Industrie bis zur Raumfahrt.

Das System ist mit GPS interoperabel, d. h. beide Systeme können genutzt werden.

Unter dem Stichwort **Verkehrsmanagement** werden erd- und satellitengestützte Syste-me der Kommunikation und Navigation zur optimalen Durchführung des Straßengüter-verkehrs zusammengefasst. *Heiserich* unterscheidet in diesem Zusammenhang Mittel der kollektiven Verkehrsbeeinflussung und der individuellen Verkehrsbeeinflussung.

Zu den Mitteln der **kollektiven Verkehrsbeeinflussung** zählen Telematik-Dienste (Ver-kehrsleitsysteme) und Systeme zur Fahrerunterstützung. Mithilfe von Induktions-schleifen, Infrarotsensoren, dem Einsatz von Verkehrsleitrechnern u. Ä. soll der Verkehr so gesteuert werden, dass der Schadstoffausstoß reduziert und eine günstige zeitliche und räumliche Nutzung der Straßen ermöglicht wird.

Mittel zur Steuerung der Verkehrsströme sind gegenwärtig

- ► der Verkehrsfunk in traditioneller und digitaler Ausrichtung

- ► Road-Pricing-Systeme als Mautsysteme mit Mautstellen oder unter Einsatz elektro-nischer Erfassungsgeräte an den Verkehrswegen oder per Satellit

- ► Wechselsignalanlagen an Leitbrücken mit Hinweisen auf Gefahrenstellen, Parkmög-lichkeiten, Geschwindigkeitsbegrenzungen u. Ä.

Individuelle Verkehrsbeeinflussung ist auf einzelne Fahrzeuge gerichtet. *„Interaktiver Informationsaustausch zwischen Fahrer und den zentralen Leitsystemen erlaubt indivi-duelle Lösungen von Verkehrsaufgaben mit Navigationshilfen"* (*Heiserich*).

- ► Fahrerassistenzsysteme werden in unterschiedlichen Ausstattungen angeboten. Ein-richtungen, die der Sichtverbesserung, Hindernisfeststellung, Spur- und Abstandhal-tung oder Einparkerleichterung dienen, sind ebenso möglich wie Antriebsschlupfregelungen, wie automatische Zielführung mittels CD-ROM-gestützter Straßenkarten und Satellitenortung (GPS-System). Zahlreiche Zusatzinformationen beispielsweise über Notdienste, Hotels, Tankstellen u. Ä. sind ebenfalls im Angebot.

▶ Verkehrsleitsysteme verwenden eine Vielzahl von Informationen über Verkehrssituationen. Ein Navigationsrechner leitet den Fahrer unter Berücksichtigung der jeweiligen Verkehrslage an sein Ziel. Die Information zwischen der Leitzentrale mit ihrem Verkehrsleitrechner und dem Fahrzeug mit seinem Bordcomputer geschieht mittels Funk- oder Infrarot-Signal über Baken entlang der Fahrstrecke.

Dem Kommunikations- und Informationsbereich zuzurechnen ist auch das **Flottenmanagement**. Sein Ziel ist die zentrale Planung und Steuerung der Fahrzeugflotte mit einer optimalen Auslastung der Fahrzeuge und der Reduzierung von Leerfahrten.

Eine zentrale Leitstelle ist in der Lage, durch Verwendung von Informations- und Kommunikationssystemen Tourendaten und Fahrzeugdaten zu verarbeiten und die Touren und Routen der einzelnen Fahrzeuge optimal zu planen und zu steuern.

Mobilfunknetze (z. B. das europaweite GSM-/GPRS-Mobilfunknetz) in Verbindung mit GPS einer LKW-Leitzentrale vermögen aktuelle Daten über den jeweiligen Standort, den Lade- und Fahrstatus, den Kraftstoffverbrauch und -bestand, die Lenk- und Fahrzeiten, Stillstände usw. zu jedem Zeitpunkt zu erlangen.

Ein Flotten-/Fuhrparkmanagement führt eine Optimierung von Fahrzeugeinsatz und Auftragsabwicklung durch Zusammenfassung von Fahrzeugleitvorgängen über Telematiksysteme und der Auftragsabwicklung über eine Fuhrparkleitzentrale zu einer Gesamtfunktion durch.

Mithilfe vorhandener Daten des interaktiven Informationsaustausches zwischen der Fuhrparkdisposition und dem Fahrzeug wird eine optimale Auftrags-, Touren- und Routenplanung möglich.

Jeder Fahrer erhält vor seinem Start per Fahrzeugcomputer einen genauen Tourenplan, Angaben über die Reihenfolge der zu beliefernden Kunden, entsprechende Kundendaten, Ladelisten u. Ä. Während der Fahrt wird eine Datenerfassung bzw. ein Datenaustausch der Fahrparameter und der aktuellen Auftragsdaten vorgenommen. Nach der Beendigung der Fahrt erfolgt eine Auswertung der Daten (vgl. *Heiserich*).

3.2.1.2 Schienengüterverkehr

Der Schienenverkehr und damit auch der Schienengüterverkehr wird in Deutschland in erster Linie von der **Deutschen Bahn AG** durchgeführt.

Die **Hauptvorteile** des Schienengüterverkehrs bestehen in

▶ der Unabhängigkeit vom Straßenverkehr

▶ der Unabhängigkeit von Sonntags- und Feiertagsfahrverboten auf der Straße

- der Eignung für viele Güterarten einschließlich sehr schwerer und sperriger Güter sowie von Massengütern

- geringen Einschränkungen beim Transport von Massengütern

- der Möglichkeit der Beförderung von Gütern mit hohem Wert wie Maschinen, Kraftfahrzeuge, Militärfahrzeuge u. Ä.

- dem kostengünstigen Langstreckentransport

- dem relativ umweltfreundlichen Transport

- dem relativ sicheren Transport

- der Möglichkeit, Gleisanschlüsse für Industrieunternehmen mithilfe der Bahn zu errichten.

Den genannten Vorteilen stehen eine Reihe von **Nachteilen** gegenüber, etwa

- die feste Bindung an Fahrpläne (allerdings nicht durchgängig)

- die Monopolstellung des Hauptbetreibers

- die Tendenz zu Tariferhöhungen

- die Unterlegenheit gegenüber dem Straßengüterverkehr im Nah- und Flächenverkehr.

Die Bahn ist bestrebt ihr Schienennetz auszubauen, eng mit Partnern im In- und Ausland zu kooperieren sowie ihre Anstrengungen im Dienstleistungssektor zu intensivieren.

Die Deutsche Bahn AG wurde 1994 gegründet und ist in rd. 130 Ländern tätig. Im Geschäftsjahr 2010 beschäftigte sie rd. 276.000 Mitarbeiter (Vollzeitpersonen) bei stark abnehmender Tendenz. Der Konzernumsatz belief sich auf ca. 34,4 Mrd. €. Die Bahn verfügt über ein eigenes Schienennetz von 33.723 km und hat rd. 5.700 Betriebsstellen (Bahnhöfe, Haltepunkte u. a.). Die Güterbeförderung betrug 415 Mio. Tonnen (*Deutsche Bahn AG, Zahlen, Fakten, 2010*).

Die **Konzernstruktur** der Deutschen Bahn AG umfasst (zurzeit) die Ressorts

- Personenverkehr
- Transport und Logistik
- Infrastruktur.

Den jeweiligen Ressorts sind die Geschäftsfelder der Bahn zugeordnet, es handelt sich um:

Ressort	Geschäftsfelder	Aufgaben
Personenverkehr	DB Bahn Fernverkehr	Nationale und grenzüberschreitende Fernverkehrsleistungen auf der Schiene
	DB Bahn Regio	Bus- und Schienenverkehr im Regionalverkehr
	DB Arriva	Regionalverkehr außerhalb Deutschlands mit Ausnahme des grenzüberschreitenden Verkehrs „hin und zurück"

Ressort	Geschäftsfelder	Aufgaben
Transport und Logistik	DB Schenker Logistics	Globaler Güteraustausch im Landverkehr, in der Luft- und Seefracht
	DB Schenker Rail	Gütertransport in Europa im Einzelwagen, Ganzzügen und kombinierter Verkehr
Infrastruktur	DB Dienstleitungen	Durchführung zahlreicher Dienstleistungen, u. a. Reparaturen
	DB Netze Fahrweg	Dienstleistungen für alle Eisenbahnverkehrsunternehmen
	DB Netze Personenbahnhöfe	Betrieb der Personenbahnhöfe, Vermarktung der Bahnhofsflächen
	DB Netze Energie	Energieübergreifende Versorgung von Eisenbahnverkehrsunternehmen

Quelle: *www.deutschebahn.com*

Das **Leitbild** lautet: Auf dem Weg zum weltweit führenden Mobilitäts- und Logistikunternehmen. Das Leitbild beschreibt die Mission, die Vision und die Werte des DB-Konzerns und gibt Antwort auf die Fragen „Was ist unser Ziel?" und „Wie machen wir das?" (Deutsche Bahn AG, Leitbild des Konzerns, *www.deutschebahn.com*).

Die Bahn ist bestrebt, ihr Schienennetz auszubauen, eng mit Partnern im In- und Ausland zusammenzuarbeiten sowie ihre Anstrengungen auf dem Dienstleistungssektor zu intensivieren. Fachleute sehen mögliche **Effizienzsteigerungen** durch (vgl. *Aberle, 1998*):

► die weitere Umsetzung der rechnergestützten Zugsteuerung
► die Einführung bzw. den Ausbau eines ökonomischen Trassenmanagements zur optimalen wirtschaftlichen Nutzung von Engpasstrassen
► Verbesserung des Auslastungsgrades von Zügen und Waggons
► Entmischung von Personen- und Güterverkehr.

Große Anstrengungen unternimmt die Deutsche Bahn AG beim Ausbau der digitalen Funktechnologie. Im Vordergrund steht zurzeit eines der größten digitalen Funknetze für den Bahnbetrieb, das **Global System for Mobile Communication – Rail (GSM-R)**.

GSM-R oder GSM-Rail ist eine Weiterentwicklung von GSM, ausgerichtet auf die Anforderungen der Eisenbahnunternehmen. Ziel ist ein international einheitliches digitales Eisenbahnsicherungs- und Kommunikationssystem.

Bereits im Jahr 1997 sind 32 europäische Bahnverwaltungen übereingekommen, auf 150.000 Streckenkilometern von 250.000 Streckenkilometern GSM-R einzuführen. Im Geschäftsjahr 2013 ist mit dem Ende des Ausbaus zu 90 % zu rechnen (vgl. GSM-R/GSM-Rail, Elektronik-Kompendium).

GSM-R löst die alten acht analogen Systeme, z. B. Zug-, Rangier- und Betriebsfunk, ab.

GSM basiert auf dem durch das **European Telecommunications-Standard Institute (ETSI)**. verabschiedeten Standard für öffentliche Mobilfunknetze, der um bahnspezifische Merkmale erweitert wurde.

Für den Betrieb von GSM-R verfügen die europäischen Bahnen erstmals über einen einheitlichen Frequenzbereich zur ausschließlichen Nutzung. Eine große Anzahl von Nachbarländern hat sich entschlossen, ebenfalls die Realisierung von GSM-R in Angriff zu nehmen. Zur Anpassung des GSM-R-Standards an die Anforderungen der Zugnetzbetreiber wurde das Projekt **EIRENE** (European Integrated Railway Radio Enhanced Network) ins Leben gerufen.

Die Deutsche Bahn AG betreibt seit März 2008 rd. 2100 Streckenkilometer mit GSM-R-Zugfunk; zu diesem Zweck mussten zahlreiche Investitionen getätigt werden, in erster Linie Basis-/Funkstationen, Basisstationssteuerungen, Mobilfunkvermittlungscenter bzw. Operation and Maintenance Center (OMC) und ein Network Management Center. Diese Einrichtungen mussten aufgebaut, abgenommen und integriert werden.

Bei GSM-R gelten wesentlich strengere Qualitätskriterien als in öffentlichen Mobilfunknetzen. Außerdem bringt GSM-R, wie bereits erwähnt, spezielle, auf bahnbetriebliche Anforderungen abgestimmte Dienstmerkmale mit. Unter anderem sind das:

- Bahnnotrufe
- Funktionale und ortsabhängige Adressierung
- Rufpriorisierung
- Sammel- und Gruppenrufe.

Die von GSM-R möglichen Hauptleistungen sind:

- digitaler Zugfunk
- digitaler Rangierfunk (in ausgewählten Bereichen)
- digitale Datenübertragung (für ausgewählte Dienste wie beispielsweise EBuLa (Elektronischer Buchfahrplan und Langsamfahrstellen)
- Trägerdienst für das zukünftige European Train Control System (ETCS).

Bevor auf den Schienengüterverkehr eingegangen wird, seien einige Anmerkungen über die Konzernstruktur gemacht. In den letzten Jahren wurden eine Reihe von Umstrukturierungen vorgenommen, die dem Außenstehenden den Überblick bisweilen erschwerte.

Heute stellt sich die Struktur des Konzerns mit seinen über 500 Tochterunternehmen wie folgt dar:

Das für den **Schienengüterverkehr** relevante Geschäftsfeld ist der Bereich **Transport und Logistik**.

Die Deutsche Bahn AG hat sich bereits seit längerer Zeit von einer alleinigen Transportaufgabe gelöst und ist zu einem modernen Transport- und Logistikunternehmen geworden. Auch von einem reinen Schienengüterunternehmen kann nicht mehr gesprochen werden, Straßen-, Luft- und Seeverkehr spielen auch eine wichtige Rolle.

Die Deutsche Bahn AG ist bestrebt, integrierte Logistiklösungen von A, wie Abholen. bis Z, bis Zustellen, anzubieten. Neben dem Transport wird eine Kombination aller Dienstleistungen rund um den Transport offeriert, von der alleinigen Beratung bis zum Gleisanschluss, vom Lager bis zum Supply Chain Management. Die GPS-gesteuerte Transportüberwachung und Sendungsverfolgung ist in dem Angebot ebenso enthalten wie die Lagerhaltung in den bahneigenen Lägern, was somit eine flexible Just-in-time-Lösung ermöglicht.

Die Informationstechnik der Bahn wird ständig optimiert. Systeme wie Barcoding, Tracking- & Tracing-Systeme (TTS-Sendungsverfolgung), DFÜ (Datenfernübertragung) und ähnliche Systeme sind dauerhaft im Einsatz und einer steten Weiterentwicklung unterzogen.

Im Bereich Transport und Logistik wird der Ausbau der Transportwege zu den Kunden vorangetrieben.

Ein wichtiges Thema ist dabei der elektronische Austausch von Daten per **EDI** und **via Internet**. Basis dafür ist die Vernetzung mit den Kunden. Dadurch werden eine schnellere Auftragsabwicklung und Übermittlung von Transportdaten, eine Zeit- und Kostenersparnis in der Bearbeitung, eine reduzierte Fehlerquote durch Standardisierung von Abläufen möglich.

Die Deutsche Bahn AG operiert im Transport- und Logistikbereich als „**DB Schenker Rail**" mit fünf Geschäftseinheiten. Neben den regionalen drei Einheiten „West", „Central", „East" sind es die Fachbereiche „Automotive" und „Intermodal".

Der Bereich **Automotive** führt Transporte und verschiedene spezielle Logistikleistungen für die Automobilindustrie durch. **DB Intermodal** ist der Spezialist für den kombinierten Verkehr.

DB Schenker Rail hat mit rd. 114.000 Güterwagen und rd. 3.400 Lokomotiven den größten Fuhrpark in Europa. *„Mit rund 4.200 Kundengleisanschlüssen in Europa bietet DB Schenker seinen Kunden Zugang zu einem der größten Schienennetze der Welt und ist damit die Nummer eins im europäischen Schienengüterverkehr. DB Schenker ist führender global integrierter Logistikdienstleister und gleichzeitig, gemessen an der Verkehrsleistung, die größte Güterverkehrsbahn Europas."*

DB Schenker bietet für Geschäftskunden aller Branchen europaweite Schienentransporte aus einer Hand. Im DB Schenker Rail-Verbund werden täglich 4.200 Gleisanschlüsse und Terminals von ca. 5.000 Güterzügen mit durchgängigen Transporten auf der Nord-Süd-Achse von Skandinavien bis Italien bedient. Ebenso besteht ein breites Angebot auf der Ost-West-Achse (*DB Schenker Unternehmen*).

Im Folgenden werden einige **Kernprodukte** von DB Schenker Rail aufgeführt:

Ganzzugverkehr
Für den schnellen Transport großer Mengen, langfristig geplant oder als Last-Minute-Züge.

Einzelwagenverkehr
Flächendeckende und flexible Lösung für Einzelwagen im nationalen und internationalen Netz inklusive transportbegleitender Information.

DB SCHENKER railog
Organisation von schienenbasierten Logistiklösungen mit allen Verkehrsträgern

Branchenprodukte:
DB SCHENKERchem-solution
Zeitsensible Einzelwagentransporte der Chemiebranche in Europa

DB SCHENKERoil-solution
Ganzzugtransporte für die Mineralölindustrie
(*DB Schenker-Produkte*)

DB SCHENKERdisposal-solution
Innovative Logistik für die Entsorgungs- und Rohstoffwirtschaft

DB SCHENKERpaper-solution
Papierlogistik europaweit und Just-in-time

Montan
Kunden- und branchenorientierte Lösungen für die Stahlindustrie und Energiewirtschaft, mit zahlreichen Spezialwagen auf große Transportvolumina ausgerichtet

Automotive
Maßgeschneiderte Lösungen entsprechend den Anforderungen der Automobilindustrie für Komponenten und Fahrzeuge europaweit.

Zusätzliche Services:
Door-to-Door-Logistik
Multimodale Logistikzentren mit Schienenanbindung in einem europäischen Netzwerk bieten kundenindividuelle Logistiklösungen für die ganze Transportkette an.

Schienenlogistik
Die Logistikexperten von DB Schenker entwickeln mit den Experten der Kunden kosten- und leistungsoptimierte verkehrsträgerübergreifende Logistiklösungen.

Gleisanschluss
Transport mit einem eigenen Gleisanschluss der Güter mit der Bahn in die Wirtschaftszentren Europas.

Instandhaltung
Einsatz moderner Technologien für die Instandhaltung von Schienenfahrzeugen. Darüber hinaus Angebot eines mobilen Service für Instandhaltungsleistungen im Gleis oder bei den Kunden vor Ort.

Zur Güterbeförderung steht eine große Zahl unterschiedlicher Güterwagen zur Verfügung. Eine grobe Einteilung erfolgt in offene Güterwagen und gedeckte Güterwagen.

Offene Güterwagen sind rundum geschlossene Güterwagen ohne Dach mit und ohne Seitentüren. Sie werden für den Transport witterungsunempfindlicher Güter verwendet. Im internationalen Verkehr eingesetzte Güterwagen müssen entsprechend den UIC-Richtlinien mit einem einheitlichen Gattungszeichen und einer Wagennummer gekennzeichnet sein.

Man unterscheidet:

- offene Güterwagen der Regelbauart
- offene Güterwagen der Sonderbauart.

Gedeckte Güterwagen (Kastenwagen) haben einen Laderaum, der durch die Seitenwände und das Dach einen Kasten bildet. Sie werden in erster Linie für den Transport von Gütern eingesetzt, die witterungsempfindlich sind oder durch Verlust und Diebstahl bedroht sind.

Man unterscheidet:

- gedeckte Güterwagen der Regelbauart
- gedeckte Güterwagen der Sonderbauart.

Die folgende Übersicht stellt eine **relativ kleine Auswahl** aus dem großen Güterwagenpool der Bahn dar (*DB Güterwagenkatalog*).

Gattung E: Offene Wagen
Die E-Wagen haben zwei und vier Radsätze, einen offenen, kastenförmigen Laderaum, Holzfußboden und stählerne Seiten- und Stirnwände.

Gattung F: Offene Schüttgutwagen
Die Wagen eignen sich für den Transport nässeunempfindlicher Güter.

Gattung H: Gedeckte, großräumige Schiebewandwagen
Diese großräumigen Wagen sind mit Schiebewänden ausgerüstet.

Gattung K: Flachwagen mit 2 Radsätzen
Flachwagen der Gattung K sind mit Stirn- und Seitenborden ausgerüstet. Die Borde können umgelegt und für die Be- und Entladung der Wagen überKopf- bzw. Seitenrampen befahren werden.

Gattung R: Drehgestellflachwagen mit 4 Radsätzen
Diese Wagen dienen der Beförderung von schweren, langen Erzeugnissen der Eisen- und Stahlindustrie und Fertigbauteilen, Holz, Kleineisenzeug, Halbzeug, Steinen, Fahrzeugen u.a.m.

Gattung S: Drehgestellflachwagen mit 6 Radsätzen
Drehgestell-Flachwagen mit sechs Radsätzen bewähren sich beim Transport außergewöhnlich schwerer Lasten, insbesondere solcher mit kleiner Auflagenfläche.

Gattung S: Drehgestellflachwagen für Coiltransporte
Diese Wagen dienen zur Beförderung nässeempfindlicher
Coils.

Gattung S: Drehgestellflachwagen für den Transport von
Blechtafeln
Der Slps-u 725 ist ein Schräglader und besonders für den
Transport von Großblechen bis zu einer Breite von 5,50 m
geeignet. Durch die Schrägstellung der Ladegerüste können
Bleche bis zu 3970 mm ohne Lademaßüberschreitung und
dem damit verbundenen zusätzlichen betrieblichen Aufwand
befördert werden.

Gattung S: Drehgestellflachwagen mit Niederbindeeinrich-
tungen
Die Snps-Wagen zeigen ihre Stärken vornehmlich bei der
Beförderung von Rohren, Stamm- und Schnittholz.

Gattung T: Gedeckte Schüttgutwagen
Wagen mit Schwenk- oder Rolldach und Seitenwandtüren
bewähren sich bei schweren Stückgütern.

Gattung T: Wagen mit öffnungsfähigem Dach
Diese Wagen sind hervorragend geeignet für den Transport
von witterungsempfindlichen Schüttgütern. Sie besitzen eine
gleisseitige, dosierbare Entladeeinrichtung.

Gattung U: Behälterwagen für Druckluftentladung
Speziell für die Beförderung staubförmiger und feinkörniger
Güter sind diese Wagen geschaffen.

Kfz-Transport
Gute Fahrt garantieren diese Spezialwagen zum Transport
von Fahrzeugen/Automobilen.

Kombinierter Verkehr
Mit diesen Wagen können Sie Großcontainer und Wechsel-
behälter transportieren.

Die einzelnen Geschäftsfelder operieren eigenverantwortlich, sind aber in der Lage, ihre Kompetenzen optimal miteinander zu vernetzen.

Der Schienengüterverkehr in der **Schweiz** spielt gleichfalls eine bedeutende Rolle. Der Bereich der SBB für den Schienengütertransport im Inland und ins Ausland ist **SBB Cargo.** In den verschiedenen Aufgabenbereichen sind 4.248 Mitarbeiter (Stand 2010) tätig; sie erbringen eine Verkehrsleistung von 12,53 Milliarden Nettotonnen an Kilometern, wobei sie insgesamt 54,4 Millionen Nettotonnen befördern.

Die täglich beförderten 220.000 Tonnen Güter bedeuten einen Anteil von 30 % am Güterverkehr.

Neben Standardprodukten bietet SBB Cargo bahnnahe Zusatzleistungen und einen gut ausgebauten Kundenservice an.

Der Schienengüterverkehr von SBB Cargo vollzieht sich in folgenden Geschäftsbereichen:

► Geschäftsbereich Schweiz
  - Zustellung von Wagen und Wagengruppen über Nacht
  - dicht bedientes Netz, auch für Import und Export

- ▸ Geschäftsbereich International
  - Strecken von 400 bis 1.000 km
  - SBB Cargo Deutschland, Duisburg
  - SBB Cargo Italia, Gallarate
  - Chem Oil Logistics, Basel
- ▸ Geschäftsbereich Asset Management
  - Management von Rollmaterial und Flotte
- ▸ SBB Infrastruktur betreibt das Schienennetz, das Energienetz und das Bahntelekommunikationsnetz.

  Die Infrastruktur ist dafür verantwortlich, dass die 9.000 Züge, die das 3.000 km lange Netz befahren, reibungslos zu ihrem Auftraggeber und an ihr Ziel gelangen.

Für die Basisleistungen von SBB Cargo und die zahlreichen Zusatz- und Sonderleistungen können die Kunden eine Reihe von Einrichtungen und Angeboten in Anspruch nehmen *(SBB Infrastruktur)*.

Auf die wichtigsten wird im Folgenden eingegangen.

Cargo Rail
Cargo Rail hat ein flächendeckendes Angebot von Einzelwagen und Wagengruppen. Das Angebot gilt für den Schweizer Bahntransport sowie für die Partnerbahnen für den Import-, Export- und Transitverkehr. Abholung und Hauslieferung per LKW sind eingeschlossen.

Cargo Express
Dieses Angebot bietet schnelle Nachtverbindungen zwischen ausgewählten Bedienpunkten an. Es eignet sich besonders für zeitkritische Güter.

Cargo Train
Das Angebot richtet sich an Versender großer Transportmengen. Es steht flächendeckend und maßgeschneidert zur Verfügung. Die Ganzzüge verkehren das ganze Jahr über.

Fix und Flexi
Hierbei besteht die Wahlmöglichkeit zwischen zwei Ganzzugsangeboten. Bei „Fix" wird ein regelmäßiges Monatsprogramm, bei dem die Zeiten von vornherein geplant sind, in Anspruch genommen. „Flexi" bedingt die Planung wochenweise.

Cargo Domino
Cargo Domino ist ein „Von Tür zu Tür"-Konzept. Eingesetzt werden besondere Behälter.

Haus-zu-Haus-Verkehr
Hierbei handelt es sich um eine Form des kombinierten Verkehrs. Der Transport wird unabhängig von einem Gleisanschluss des Kunden durchgeführt.

Neben den Transportaufgaben mit den erforderlichen Zusatzleistungen nimmt SBB Cargo noch eine Reihe von bahnnahen Logistikleistungen vor, von denen einige wichtige angesprochen werden:

- branchenorientierte Logistikleistungen
- Ein- und Ausladen von Güterzügen
- Flottenmanagement
- Informationen zum Transport
- Lademittelsortiment
- Organisation des Vor- und Nachlaufs
- Rangieren der kundeneigenen Güterzüge
- Tauschgeräte
- Verzollungen.

Zu erwähnen ist **Euro-Hub Basel** als die zentrale Drehscheibe auf der Nord-/Südachse. Hier werden Einzelwagen und Wagengruppen speditiv rangiert, neu formiert, in Ganzzügen gebündelt und auf dem schnellsten Weg nach Süden befördert (*SBB Kennzahlen*).

Die Drehscheibe Euro-Hub Basel kann als der perfekte Standort im europäischen Güterverkehrsnetz angesehen werden. Die unmittelbare Nähe zum Rheinhafen ermöglicht den Direktumschlag zwischen Bahn, Schiff und Straße. Rund um die Uhr wird gebündelt und kanalisiert.

Der Schienengüterverkehr spielt im zweiten Nachbarland, auf das kurz eingegangen werden soll, in **Österreich**, eine besondere Rolle. Mit 37 % Anteil des Schienengüterverkehrs am gesamten Gütertransport nimmt er die Spitzenstellung in Europa ein. Für den Schienengütertransport verantwortlich ist **Rail Cargo Austria** mit Sitz in Wien. Mit rund 11.000 Mitarbeitern und Mitarbeiterinnen an über 25 Standorten wird ein Umsatz von 2,2 Milliarden Euro erzielt *(www.railcargo.at)*. Damit ist Rail Cargo Austria Marktführer in Österreich sowie Zentral- und Südosteuropa.

In den kommenden Jahren will Rail Cargo Austria seine Position in den Branchen Chemie, Mineralöl, Montan, Automotive, Agrar, Konsumgüter, Baustoffe und Entsorgung weiter ausbauen.

Seit 2005 ist die Rail Cargo Austria eine 100-prozentige Tochter des ÖBB-Konzerns.

Ihre Leistungen erbringt das Transport- und Logistikunternehmen in mehreren Geschäftsbereichen. Es handelt sich dabei um:

Cargo & Logistik
In diesem Geschäftsbereich werden täglich 183.000 t Güter in Einzelmargen oder Ganzzügen Tag und Nacht transportiert. Gemeinsam mit Konzerntöchtern und Kooperationspartnern werden die Transportströme zu direkten Zügen in die wichtigsten Wirtschaftszentren Europas und Retour gebündelt.

Intermodale Logistik
Hierbei werden die Vorteile von Schiene, Straße und Wasser kombiniert. Die Pünktlichkeit und Sicherheit stehen dabei im Vordergrund.

Kontraktlogistik
Dieses auf den Stückgutbereich ausgerichtete Gebiet befasst sich mit der Haus-Hausbeförderung innerhalb Österreichs und europaweit. Die Leistungen umfassen nicht nur den klassischen Transport von Paketsendungen, sondern auch Teilladungen und branchenspezifische Transportlösungen.

Speditionslogistik
Rail Cargo Austria verfügt über eine Reihe von Speditionen, mit deren Einsatz das gesamte Speditionsgeschäft getätigt werden kann.

Lagerlogistik
Geboten werden Dienstleistungen zwischen Bestell- und Versandvorbereitung wie Musterkonfektionierung, Etikettierung, Umrüstung sowie Mindesthaltbarkeitsdauer und Chargen-Verwaltung von Lieferanten bis zum Endempfänger.

Anschlussbahnlogistik
In dieser Dienstleistung wird eine für individuelle Bedürfnisse maßgeschneiderte Anschlussbahn entwickelt. Damit sollen optimale Voraussetzungen für die Kundenlogistik im Haus-Hausverkehr geschaffen werden (*Rail Cargo Austria, Unsere Leistungen*).

Ein Transportunternehmen, das ursprünglich ein „Schienenunternehmen" war und sich zum Logistikunternehmen weiterentwickelte ist **ABX LOGISTICS (Deutschland) GmbH**. Das Unternehmen ist eine belgische Gründung mit Geschäftssitz in Duisburg. Es gehört zu den führenden Stückgutspediteuren im nationalen und internationalen Ladeverkehr.

Das Unternehmen bietet einen flächendeckenden Service für Teil- und Komplettlösungen, Beschaffungs- und Distributionslogistik einschließlich Lagerhaltung sowie standardisierte Expressdienste an. ABX LOGISTICS engagiert sich mit der COLLICO Verpackungslogistik und Service GmbH in einem wichtigen Spezialbereich.

Im Einzelnen hat ABX folgende Dienste in seinem Angebot:

- ► Bahntransporte
- ► Entsorgung
- ► Gefahrgut
- ► Kontraktlogistik
- ► Kurier-, Express- und Paketdienste
- ► Lagerhaltung
- ► Luftfracht
- ► Sammelgut
- ► Seefracht
- ► Teil- und Komplettladungen.

3.2.1.3 Schiffsverkehr

Beim Schifffahrtsgütertransport ist zu unterscheiden:

3.2.1.3.1 Seegütertransport

Der Seegütertransport ist die bedeutsamste Transportart im **interkontinentalen Handel**, vor allem auf langen Strecken. Seine Vorteile liegen in der Kostengünstigkeit besonders gegenüber dem Lufttransport, der vielfach die einzige Konkurrenz darstellt, seiner Möglichkeit zum Massentransport auf langen Strecken, seiner Eignung besonders zum Transport von Gütern, die nicht zeitempfindlich sind, und zum Transport von Gütern, die aufgrund besonderer Eigenschaften nur schwer mit anderen Transportmitteln zu befördern sind.

Beim Seegütertransport unterscheidet man die **Linienschifffahrt** und die **Trampschifffahrt**.

▶ Die **Linienschifffahrt** ist dadurch gekennzeichnet, dass sie planmäßig auf festgelegten Routen verkehrt, und dass Frachtraten festgesetzt werden, die für eine bestimmte Zeit gelten.

Die **Vorteile der Linienschifffahrt** liegen vor allem in
- dem Einsatz von Schiffen mit guter Klassifizierung
- der guten Ausrüstung der Schiffe mit Ladegeschirr
- der Terminkenntnis für Exporteur und Importeur mit den sich daraus ergebenden Dispositionsmöglichkeiten
- der Kenntnis der Seewege und Häfen.

▶ Die **Trampschifffahrt** befördert Massengüter im „Gelegenheitsverkehr". Bei dieser Transportart werden Charterverträge für einzelne oder sämtliche Laderäume in der Regel über Makler abgeschlossen. Die Preise werden durch den Markt geregelt.

Die Trampschifffahrt zeichnet sich durch folgende **Vorteile** aus:
- keine Bindung an die conference terms (c. t.), sondern Frachtraten nach Angebot und Nachfrage. Dumpingpreise und „Sonderangebote" sind häufig festzustellen.
- Einsatzmöglichkeit auf allen Seewegen und mit selbstgewählten Häfen (*Piontek, 1994*).

Den Vorteilen stehen aber auch einige **Nachteile** gegenüber:

- mehrere Verfrachter mit konträren Seewegs- und Hafenwünschen können die Transportzeit verlängern
- die Liegezeiten sind nicht von vornherein fixiert
- die Schiffe können für manche Ladungen ungeeignet sein
- „Leerkosten" für ungenutzte Frachträume können entstehen
- die Bonität der Reederei und der eingesetzten Schiffe kann nicht erstklassig sein.

Eine große Rolle beim Seegütertransport spielen die **Container**.

Laut ISO-Empfehlung 668 (DIN 30791) ist ein Container durch folgende Merkmale charakterisiert:

- ► von dauerhafter Beschaffenheit, genügend widerstandsfähig für den Wiederholungsgebrauch
- ► dafür gebaut, die Güter auf einem Transportmittel oder auf mehreren Transportmitteln ohne Umpackung der Ladung zu befördern
- ► für den mechanischen Umschlag geeignet
- ► leicht be- und entladbar
- ► Rauminhalt von mindestens 1 cbm.

Abweichende Definitionen anderer Institutionen sind zu finden.

Der **Vorteil** der Container liegt in ihrer **Normung**. Diese ermöglicht eine **Transportkette** (Container-Transportkette), die ein Umladen der Güter überflüssig macht, ein Umsetzen von einem Verkehrsträger auf einen anderen gestattet.

Es kann davon ausgegangen werden, dass im Handel mit Übersee die hochwertigen Güter in erster Linie per Container befördert werden.

Selbstverständlich eignet sich nicht jedes Gut für den Container-Transport. *Piontek* empfiehlt, vor einer Containerverladung folgende Punkte zu prüfen:

1. Sind die Kolli nach Größe und Gewicht containerisierbar?
2. Ist der Auftrag containergerecht (optimale Füllung des Containers)?
3. Werden von der in Auswahl genommenen Reederei Container akzeptiert und zu welchen Bedingungen?
4. Welcher Containertyp eignet sich für den Transport der Ware und steht dieser mit der üblichen Notizzeit zur Verfügung?
5. Ist die Infrastruktur für den Vor- und Nachlauf eines Containers vorhanden?

6. Welche örtlichen Gegebenheiten sind bei der Auslieferung des Containers bis zum Kunden zu beachten?

7. Ist der Kunde technisch darauf eingerichtet, auf seinem Betriebsgelände Container zu entladen?

8. Ist das Ladungsgut im Sinne der Transportvorschriften als Gefahrengut eingestuft?

9. Welche Verpackung ist unter Berücksichtigung des gesamten Transportweges geeignet?

Container befinden sich in unterschiedlichen Ausführungen im Verkehr, demnach wird man auch mit Einteilungen nach mehreren Gesichtspunkten konfrontiert. Am häufigsten dürfte eine Unterscheidung in den Formaten Standardcontainer und Sonderform sein.

Standard-Container, für die man auch die Bezeichnung General Purpose Container findet, werden ihrerseits weiter unterteilt. Am häufigsten eingesetzt werden **geschlossene** Container, die nach der Anzahl der Türen und der Stelle ihrer Anbringung unterschieden werden:

▸ Standard-Container mit Türen an einer oder beiden Stirnseiten

▸ Standard-Container mit Türen an einer oder beiden Stirnseiten und Türen über die gesamte Länge an einer oder beiden Seiten

▸ Standard-Container mit Türen an einer oder beiden Stirnseiten und Türen an einer oder beiden Seiten.

Weiterhin werden Standard-Container nach ihren **Abmessungen** und **Gewichten** eingeteilt. Dadurch erhält man Klein-, Mittel- und Großcontainer. ISO-Container nach DIN ISO 668 haben eine Länge von 10, 20, 30 oder 40 Fuß und eine Breite von 8 Fuß = 2.438 mm. Die Standardhöhe macht 8 Fuß aus. Haben die Container eine Höhe von 8 1/2 oder 9 1/2 Fuß, spricht man vom High Cube Container.

Die am häufigsten eingesetzten Standard-Container haben die Längenabmessung 20 oder 40 Fuß.

Standard-ISO-Container können sechsfach übereinander gestapelt werden und haben als 40-Fuß-Container in einer Ebene Platz bis zu 14 Euro-Paletten.

Ihme (2006), beschreibt folgendes Angebot an geschlossenen Containern:

▸ General Purpose Container

▸ Open Top Container (mit Planendach für Kranbeladung)

▸ Ventilated Container (mit Belüftungsöffnungen)

▸ Refrigerated Container (mit eigenem Diesel oder Elektro-Kühlaggregat)

▸ Insulated Container (Isolier-Container mit Luftführungsanschlüssen für schiffseigene Kühlanlagen)

► Tank-Container (Tank-Container für Lebensmittel wie Fruchtsaft, Speiseöl, Alkohol usw. sowie für chemische Produkte).

Folgende zwei Tabellen geben einen Überblick über die Ausmaße von Containern, die von Hapag-Lloyd eingesetzt werden:

Standard-Container aus Stahl: 20' lang und 8'6" hoch, mit gesickten Wänden und Holzboden								
Innenabmessungen			Türöffnungen		Gewichte			
Länge	Breite	Höhe	Breite	Höhe	Zul. Gesamt-gewicht	Eigen-ge-wicht	Max. Zu-ladung	Volumen (m³)
(mm)	(mm)	(mm)	(mm)	(mm)	(kg)	(kg)	(kg)	
5.895	2.350	2.392	2.340	2.292	30.480	2.250	28.230	33,2
5.895	2.350	2.285	2.338	2.292	24.000	2.250	21.750	33,2

Standard-Container aus Stahl: 40' lang und 8'6" hoch, mit gesickten Wänden und Holzboden								
Innenabmessungen			Türöffnungen		Gewichte			
Länge	Breite	Höhe	Breite	Höhe	Zul. Gesamt-gewicht	Eigen-gewicht	Max. Zuladung	Volumen
(mm)	(mm)	(mm)	(mm)	(mm)	(kg)	(kg)	(kg)	(m³)
12.029	2.350	2.392	2.340	2.292	30.480	3.780	26.700	67,7

Quelle: *TIS*

Im Überseeverkehr wurde eine Reihe von Beförderungsmöglichkeiten entwickelt, auf die hier nur am Rande eingegangen werden kann. Es handelt sich um

► den An-/Ablieferungsstatus
z. B. Haus-Haus-Transport, Haus-Pier-Verkehr, Pier-Haus-Verkehr, Beförderung von Stückgutsendungen in Reedereisammelcontainern u. Ä.

► Konferenzlinien/Kontaktbindung
Konferenzlinien befördern regelmäßig in bestimmte Gebiete mit einer Reihe von Schifffahrtsdienstleistungen zu festen Tarifen.

► Konferenzunabhängige Linie
Outsider befördern zu günstigen Tarifen, aber ohne breitgefächerte Dienstleistungen.

► Non Vessel Operating Common Carrier (NVOCC)
Container werden von einem Unternehmen zur Verfügung gestellt und mit diversen Verkehrsträgern transportiert.

Ausführlich vgl. *Jahrmann, Jünemann, Piontek (1994)*.

Der Erfolg des Container-Verkehrs ist u. a. auf **Container-Informations- und Kommunikationssysteme** zurückzuführen, wie **Seedos, Taldos, Condicos, Contradis, Ships**.

3.2.1.3.2 Binnenschifffahrt

Die Binnenschifffahrt eignet sich vornehmlich für den Transport von Massengütern, die nicht schnellstens befördert werden müssen.

Die **Vorteile** der Binnenschifffahrt liegen in

- der Kostengünstigkeit des Transports
- der Massenleistungsfähigkeit
- der Umweltfreundlichkeit.

Nachteile ergeben sich aus

- dem geringen Streckennetz

- der Witterungsabhängigkeit

- nicht unerheblichen Kosten für Handling und Umschlag bei Fehlen geeigneter Anlegestellen am Entladungsort.

Eine Sonderstellung nehmen die **Short-Sea-Verkehre in Europa** ein. Es handelt sich dabei um Transporte entlang der Küsten und auf Flüssen und Kanälen innerhalb Europas, die das europäische Straßen- und Schienensystem entlasten.

3.2.1.3.3 Hauptsächlich eingesetzte Schiffstypen

Im Wesentlichen werden im Schifffahrtsgütertransport folgende Schiffstypen eingesetzt (vgl. *Jünemann*):

Schiffstypen	Merkmale
Schubschiffe	In der Binnenschifffahrt eingesetzte Motorschiffe zur Bewegung eines Schubverbandes.
Stückgutfrachter	Motorschiffe, die auf hoher See, in der Küstenschifffahrt sowie in Binnengewässern Stückgut befördern.
Schüttgutfrachter	Motorschiffe, die auf hoher See, in der Küstenschifffahrt sowie in Binnengewässern Schüttgut befördern.
Tanker	Frachtschiffe für den Fließguttransport mit großer Länge. Sie werden als Hochsee- und als Binnenschiffe gebaut.
Containerschiffe	In der Regel als Hochseeschiffe eingesetzte offene Frachtschiffe. Die Laderäume enthalten senkrechte, zellenförmige Führungsschächte für die Container. Unter Deck lassen sich bis zu neun Lagen, über Deck bis zu vier Lagen Container stapeln.

Schiffstypen	Merkmale
Feeder	Zum Transport von Containern im Kurzstrecken- und Zubringer-dienst im Nahbereich einer kontinentalen Hafenkette eingesetzt. Weitaus kürzer und weniger leistungsfähig als Containerschiffe.
Swim-in-Swim-out-Schiffe	Zum Transport von Binnenschifffahrtsverkehrsmitteln über See als Sonderbauart konstruierte Spezialschiffe.
Roll-on-Roll-off-Schiffe	Zum Transport von Straßen- und Schienenverkehrsmitteln einge-setzte Spezialschiffe. In erster Linie auf relativ kurzen Strecken fah-rend, u.a. im Mittelmeer, in der Nord- und Ostsee, in der Irischen See, im Gebiet der großen Seen u. Ä.
Barge-Carrier	Trägerschiffe, die in einer Binnengewässer-Hochsee-Binnengewäs-ser-Transportkette eingesetzt werden. Binnenschiffe und Leichter sind das Transportgut.

Welche Schiffe in Anspruch genommen werden, hängt ab von

- den Transportkosten
- der Qualität des Schiffes
- der Geschwindigkeit des Schiffes
- der Kapazität des Schiffes
- der Eignung für das jeweilige Transportgut
- der Eignung, bestimmte Häfen anzufahren
- der Qualität der Mannschaft
- dem Ruf der Reederei u. Ä.

Eine zunehmende Bedeutung kommt den Häfen für die Logistik zu. Dies gilt für die Binnenhäfen und in verstärktem Ausmaß für die Seehäfen. Die Häfen verlieren im-mer mehr ihre alleinige Funktion als Umschlags-, Lager- und Kommissionsplätze und werden mehr zu logistischen Dienstleistungszentren, in die ein vielfältiger logistischer Service ausgelagert wird. Dies kann umso stärker von Erfolg gekrönt sein, wenn logisti-sches Know-how konzentriert wird und moderne Kommunikations- und Informations-techniken zum Einsatz gelangen.

3.2.1.4 Luftfrachttransport

3.2.1.4.1 Einsatz des Luftfrachttransports

Der Luftfrachttransport bietet sich an bei

- hochwertigen Gütern
- zeitkritischen Gütern

und ist gekennzeichnet durch

- kurze Beförderungszeiten
- die Möglichkeit zur Überbrückung großer Distanzen
- große Zuverlässigkeit
- große Transporthäufigkeit

- hohe Transportkosten
- relativ niedrige Beförderungskapazität
- noch relativ wenige Standorte.

Bei der Entscheidung über den geeigneten Transportweg sollten nicht nur die reinen Transportkosten berücksichtigt werden, sondern auch die anfallenden Nebenkosten für Anlieferung, Versicherung, Verpackung u. Ä.

Neben den durch den Transport entstehenden Gesamtkosten sind noch andere Entscheidungskriterien heranzuziehen, wie die Verkürzung der Lagerhaltungsdauer durch den schnellen Transport, Verminderung von Kapitalbindungskosten oder Einsparungen bei den Versicherungsbeiträgen, die im Luftverkehr niedriger sind als bei anderen Verkehrsträgern.

3.2.1.4.2 Anforderungen an den Luftfrachttransport

Neben der kurzen Beförderungsdauer über große Entfernungen, der Transportsicherheit und Transporthäufigkeit ist es für die Effizienz des Luftfrachtmarktes entscheidend, dass

- auf den Kunden „maßgeschneiderte" Leistungen zu akzeptablen Preisen angeboten werden
- ein weltweites Flugnetz existiert
- weltweite „door-to-door-Lösungen" zur Verfügung gestellt werden
- Komplettangebote möglichst aus einer Hand offeriert werden.

Beder geht von folgenden individuellen Kundenanforderungen an die Luftfrachtleistung aus:
- Differenzierung in Leistung und Preis für einzelne Produkte
- permanente Laufzeit und Wegkontrolle
- maßgeschneiderte Transportlösungen „door-to-door"
- Produkt- und Servicequalität
- kompetente und zuverlässige Partner im Transportbereich
- einheitliche und zentrale Kundenbetreuung
- ständige Auskunftsbereitschaft durch entsprechende Informationssysteme.

Auch auf dem Gebiet des Luftfrachttransports herrscht Klarheit darüber, dass ein reines Transportmanagement nicht mehr zeitgemäß und durch ein Logistikmanagement zu ersetzen ist. Die Versender haben in der Regel die gesamte Transportkette vor Augen und legen Wert auf ganzheitliche Lösungen ihrer Transportprobleme.

Fluggesellschaften und andere Dienstleister haben sich zusammengeschlossen mit dem Ziel, auf globaler Basis EDV-Verarbeitungs- und Kommunikationssysteme zu entwickeln und mit einheitlichem, internationalen Standard zu verbinden (gegenwärtig UN Edifact-Standard). Das Ergebnis soll eine Steuerung und Kontrolle der gesamten Transportkette vom Versender bis zum Empfänger mit einem ungebrochenen Informationsfluss sein (*Beder*).

3.2.1.4.3 Luftfrachttransportkette

Die Luftfrachttransportkette entsteht wie folgt:

1. Abholen der Waren durch den Spediteur (Consolidator) beim Versender

2. Bündelung nach Eilbedürftigkeit, Größe, Menge, Gewicht zu Sammelladungssendungen und eventuelle Zwischenlagerung

3. Verzollung der Ware im grenzüberschreitenden Verkehr

4. Transport per Linienmaschine oder Frachtflugzeug zum Bestimmungsflughafen

5. Ggf. Zollabfertigung

6. Ggf. Zwischenlagerung

7. Abholen der Ware durch einen Spediteur und Zustellung an den Empfänger mit LKW.

Die Waren befinden sich während des „door-to-door-Transportes" lediglich etwa zu 10 % - 20 % in der Luft, die restliche Zeit sind sie am Boden (Transport vom Versender zum Flughafen und vom Flughafen zum Empfänger, Umschlag, Lagerung, Zollabfertigung), was die Entscheidung für ein anderes Transportmittel erleichtern kann.

Der Transport selbst geschieht größtenteils durch Linienfluggesellschaften. Der Luftfrachttransport wird in Passagiermaschinen, in Kombinationsflugzeugen und reinen Frachtflugzeugen durchgeführt.

Seit Beginn der achtziger Jahre des 20. Jahrhundert spielt der Integrator im Luftfrachttransport eine bedeutende Rolle. Der **Integrator** verfügt über eine eigene oder gemietete Luftflotte vom kleinen Transportflugzeug bis zum Großraumfrachtflugzeug und über Bodentransportmittel. Er bietet Expressleistungen und „door-to-door-Leistungen" an, garantiert Laufzeiten und offeriert günstige Komplettpreise. Sein Auftreten hat dem Luftfrachtmarkt wichtige Impulse gegeben. Integrierte Transportlösungen werden den Luftfrachtmarkt der nächsten Jahre bestimmen.

3.2.1.5 Kombinierter Transport

Aus Gründen der Wirtschaftlichkeit, aber auch der Verkehrsinfrastruktur wird die Güterbeförderung häufig nicht nur mit einem Transportmittel vorgenommen, sondern mehrere Transportmittel werden zu einer Transportkette kombiniert. Die Vorteile des Straßen-, Schienen-, Wasser- und Luftverkehrs werden miteinander verbunden. Als Nachteil ergibt sich in der Regel eine längere Transportzeit als mit nur einem Transportmittel, bedingt durch den Warenumschlag und die Abhängigkeit von Fahrplänen. Je länger allerdings eine Fahrstrecke ist, umso mehr werden diese Nachteile kompensiert.

Die wichtigsten Formen des kombinierten Verkehrs sind

▸ der Huckepackverkehr, als „rollende Landstraße", Transport von Sattelanhängern, Transport von Wechselbehältern

▸ der kombinierte Containerverkehr

- Ro/Ro-Verkehr (Roll-on-Roll-off-Verkehr)
- Lash-Verkehr (Lash = Lighter aboard ship).

Kombinationsform	Charakteristika
Huckepackverkehr mit den folgenden Formen:	Kombination von Straßen- und Schienentransport. Der Transport zum Bahnhof des Versenders und vom Bahnhof des Empfängers erfolgt per LKW.
Rollende Landstraße	Vollständige Last- oder Sattelzüge werden auf Spezialwaggons der Bahn befördert. Üblicherweise fährt der LWK-Fahrer im Personenwaggon (Liegewagen) mit.
Transport von Sattelanhängern	Sattelanhänger werden mittels eines Kranes auf Spezialwaggons verladen. Die Zugmaschine wird nicht mitbefördert.
Transport von Wechselbehältern	Containerähnliche Behälter werden mit Kranen verladen und befördert.
Kombinierter Containerverkehr	Container werden mit mehreren Verkehrsmitteln befördert. Praktisch bieten sich alle Kombinationen zwischen Straße, Schiene, Luftfahrt und Seefahrt an.
Ro/Ro-Verkehr	Landfahrzeuge werden teilweise auf Schiffen befördert, man spricht auch von der „schwimmenden Landstraße".
Lash-Verkehr (lighter aboard ship)	Kombination von Binnenschifffahrt und Seeschifffahrt. Per Kran werden schwimmende Leichter auf Seeschiffe verladen und mit diesen befördert.
Rail Ro Cargo	Haus-Haus-Verkehr unter Einbindung von Bahn, LKW und Schiff.

Weitere spezielle Kombinationsformen werden laufend entwickelt.

3.2.1.6 Rohrleitungstransport

Der Rohrleitungstransport dient der Beförderung von flüssigen und gasförmigen Gütern wie Wasser, Erdöl mit seinen Produkten und Erdgas.

Verkehrsweg, Transportgefäß und Transportmittel sind bei dieser Transportart identisch. Mithilfe fest installierter Maschinen oder der Schwerkraft wird der Transport in Gang gesetzt.

Vorteile des Rohrleitungstransports ergeben sich aus

- seiner Umweltfreundlichkeit
- der hohen Zuverlässigkeit
- der Wetterfestigkeit
- der Unabhängigkeit von Verkehrswegen
- der relativen Diebstahlsicherheit.

Nachteile sind

- ▶ die hohen Errichtungs-und Revisionskosten
- ▶ die Gefahr des „Anzapfens" der Pipelines durch Unbefugte
- ▶ umständliche Genehmigungsverfahren.

3.2.1.7 Beurteilung der außerbetrieblichen Transportsysteme

Wenn die Wahlmöglichkeit zwischen einzelnen Transportsystemen besteht, müssen die Vor- und Nachteile der Systeme bekannt sein.

Schulte hat eine von Entscheidungsträgern häufig herangezogene Tabelle über Vor- und Nachteile einzelner Transportarten entwickelt, die im Folgenden wiedergegeben wird.

Transportart	Vorteile	Nachteile
Straßengüter-transport	▶ Zeit- und Kostenersparnis im Nah- und Flächenverkehr ▶ u. U. Zeitersparnis im Fernverkehr ▶ flexible Fahrplangestaltung ▶ Eignung für spezifische Lade-güter ▶ Anpassungsfähigkeit bei Annahmezeiten	▶ keine zeitgenauen Fahrpläne ▶ Witterungsabhängigkeit ▶ Abhängigkeit von Verkehrs-störungen ▶ begrenzte Ladefähigkeit ▶ Ausschluss gewisser Gefahr-güter
Schienenverkehr	▶ größere Einzelladegewichte als beim LKW ▶ exakte Fahrpläne ▶ weitgehend störungsfrei ▶ Gefahrgüter zulässig	▶ privates Schienennetz/Gleis-anschlüsse oder Einsatz sog. Straßenroller erforderlich ▶ Zusatzkosten bei Anmietung von Spezialwagen
Binnenschifffahrts-gütertransport	▶ große Einzelladegewichte ▶ große Laderäume ▶ Angebot von Spezialschiffen ▶ günstige Beförderungskosten	▶ eingeschränktes Streckennetz ▶ ohne eigene Anlegestelle erhöhte Kosten durch sog. gebrochenen Verkehr ▶ Abhängigkeit vom Wasserstand sowie von Eisgang und Nebel
Seeschifffahrts-gütertransport	▶ große Einzelladegewichte ▶ große Laderäume ▶ Angebot von Spezialschiffen	▶ Beschränkung auf Nordsee-häfen und Ostseehäfen ▶ abhängig von Sturm, Eisgang und Nebel ▶ im Linienverkehr Abhängigkeit von festen Routen (anders als bei Charterung von Schiffen)
Luftfracht-transport	▶ hohe Transportgeschwindigkeit ▶ Wegfall seemäßiger Ver-packung	▶ hohe Transportkosten

Transportart	Vorteile	Nachteile
Kombinierter Verkehr	► Nutzung der spezifischen Vorzüge der in einer Transportkette beteiligten Verkehrsmittel	► Zeitverbrauch durch die Umschlagsvorgänge ► Bindung an Fahrpläne ► Wartezeiten an den Umschlagbahnhöfen
Rohrleitungstransport	► bei kontinuierlichem Bezug bzw. Absatz von Gasen, Flüssigkeiten und Feststoffen (als Aufschwemmungen) allen anderen Beförderungsmitteln kostenmäßig überlegen ► hohe Zuverlässigkeit ► Umweltfreundlich	► hohe Investitionen, daher nur rentabel bei langfristiger Absicherung des Absatzes bzw. des Bezuges
Paketverkehr	► kostengünstige private Paketbeförderungsdienste neben der Post AG vorhanden	► bei privaten Paketbeförderungsdiensten keine Kontraktverpflichtung, Beschränkung auf Hauptverkehrsgebiete
Privater Kurierdienst	► kostengünstigere private Paketbeförderungsdienste neben der Post AG vorhanden	► bei privaten Paketbeförderungsdiensten keine Kontraktverpflichtung, Beschränkung auf Hauptverkehrsgebiete

3.2.2 Innerbetriebliche Transportsysteme

3.2.2.1 Aufgaben und Ziele

Innerbetriebliche Transportsysteme haben die **Aufgabe**, die Raumüberwindung von Objekten innerhalb des Unternehmens bzw. innerhalb von Betriebsstätten vorzunehmen. Der Transport vollzieht sich dabei innerhalb von Baulichkeiten oder zwischen Baulichkeiten. Die Instrumente, die zum Transport eingesetzt werden, bezeichnet man im Gegensatz zu den in außerbetrieblichen Transportsystemen eingesetzten Verkehrsmitteln als **Fördermittel** (vgl. DIN 30781).

Bei der Konzipierung innerbetrieblicher Transportsysteme sind folgende **Ziele** zu verfolgen (vgl. *Schulze/Weber*):

Ziele	Zielinhalte
Optimale Nutzung	▸ minimale Transportkosten ▸ minimale Leerwege ▸ hohe funktionale und zeitliche Auslastung
Hoher Servicegrad	▸ kurze Auftragswartezeiten ▸ niedrige Transportzeiten
Hohe Flexibilität	▸ breites Spektrum an Transportgütern ▸ leichte Anpassung an betriebliche Umstellungen
Hohe Transparenz	▸ Informationen über die aktuelle Situation ▸ Verursachungsgerechte Kostenverrechnung ▸ Erzeugung von Kennzahlen

3.2.2.2 Fördermittelarten

Zur Bewältigung der innerbetrieblichen Transportaufgaben ist eine Vielzahl von Fördermitteln konstruiert worden, sodass ein Überblick schwer fällt.

Welche Fördermittel eingesetzt werden, hängt von den folgenden Faktoren ab:
- Verfügbare Mittel
- Unternehmensgröße
- Innerbetriebliche Standorte
- Art der Fertigungsverfahren
- Förderungsstrecken
- Förderungsgeschwindigkeit und Förderungsintensität
- Art und Ausmaße der zu fördernden Güter
- Automatisierungsgrad des Betriebes
- Elastizität des Betriebes u. Ä.

Bedingt durch die Vielzahl der Förderzeuge, ihre unterschiedlichen Einsatzmöglichkeiten, ihren Aufbau, Raumbedarf, Antrieb u. Ä. findet man eine Reihe von Klassifizierungen. Da die Merkmale, nach denen diese erfolgen, das Leistungsspektrum dieser Fördermittel häufig nicht eindeutig beschreiben können, ist oft eine weitere Differenzierung nach „Unterkriterien" erforderlich. Dies kann zu unübersichtlichen Gliederungen führen, wobei sich Überschneidungen nicht vermeiden lassen.

Die folgende Übersicht vermittelt einen Überblick über häufig verwendete Einteilungen von Förderzeugen. Die Form und teilweise auch der Inhalt orientieren sich an *Ebel u. a.*

Kriterium	Ausprägung	Beispiele
Stetigkeit z. B. *Jünemann, Schulte, Weber/Kummer*	Stetigförderer[1] Unstetigförderer[1]	Rollenbahn Schwingförderer Schlepper Stapler Diverse Krane
Flurbindung z. B. *Heiserich, Koether*	flurgebunden[1] flurfrei[1]	Regalbediengeräte Stapler Gabelhubwagen Kreisförderer Elektrohängebahn Diverse Krane
Richtung z. B. *Ebel*	horizontal vertikal diagonal horizontal und vertikal	Rollenbahn, Kreisförderanlage Aufzug, Paternoster Förderband, Rutsche Laufkran, Gabelstapler
Weg	fixiert technisch vorgegeben frei	Aufzug, Rutsche Rollenbahn Gabelstapler
Einsatzort	unbegrenzt begrenzte Strecke begrenzter Raum punktbezogen	Gabelstapler Förderband, Rutsche Flurförderer, Laufkran Aufzug, Hebezeug
Installation	fest demontabel keine	Paternoster, Rohrpost Förderband, Kran Gabelstapler
Automatisierungsgrad	manuell maschinell automatisch	Diverse Krane, Rohrbahn Kreisförderer Regalbediengeräte, Fahrerlose Transportsysteme (FTS)

[1] Weitere Gliederungen empfohlen

Die Liste dieser „Hauptkriterien" lässt sich ohne Weiteres noch verlängern. Es kann sich auch als Vorteil erweisen, die Fördermittel weiter aufzugliedern, also „Unterkriterien" heranzuziehen, um eine aussagefähige Klassifizierung zu erreichen.

Es fällt auf, dass einzelne Förderer unter mehreren Merkmalen genannt werden, eine „saubere" Einteilung der Förderzeuge ist wegen ihrer Eigenschaften und Funktionen nicht ohne Weiteres möglich. Erläuternde Aussagen zu den wichtigsten Transportanlagen sind zu Ihrem Verständnis angebracht.

In den folgenden Ausführungen wird die **Stetigkeit** als Hauptunterscheidungsmerkmal verwendet und die Flurbindung als zweites wichtiges Kriterium herangezogen. Danach ergibt sich zunächst folgende Gliederung:

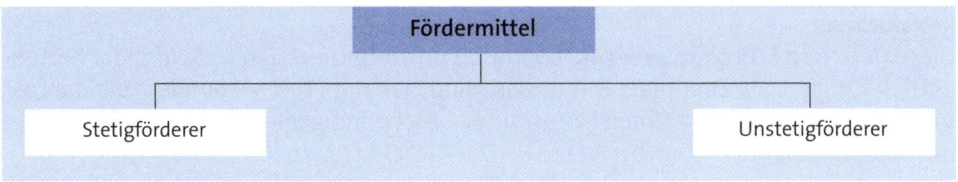

3.2.2.2.1 Stetigförderer

Stetige Fördermittel werden verwendet, wenn feste Transportstrecken vorhanden sind, die einen kontinuierlichen Materialfluss ermöglichen.

Gebräuchliche Stetigförderer sind u. a.:

- Rollenbahnen
- Röllchenbahnen
- Scheibenrollbahnen
- Umlaufförderer
- Schaukelförderer
- Stahlbandförderer
- Gurtförderer
- Stapelförderer
- Kreisförderer
- Schleppkreisförderer
- Unterflurförderanlagen

- Kettenförderer
- Schleppkettenförderer
- Rutschen
- Wendelrutschen
- Fallrohre
- Wendelförderer
- Gliederbandförderer
- Schleppzugförderer
- Tragkettenförderer
- Becherwerke.

Diese Fördermittel spielen vor allem in der Massenfertigung eine große Rolle. Sie transportieren die Güter bis zur Entnahme, die unterschiedlich erfolgen kann, automatisch, mechanisch oder manuell.

Stetige Fördermittel weisen als **Vorteile**

- die Einsatzbereitschaft während 24 Stunden
- den niedrigen Mitarbeiterbedarf
- relativ niedrige Betriebskosten

aus.

Nachteile ergeben sich aus

- den hohen Investitionskosten
- der Wirtschaftlichkeit erst bei größerer Auslastung
- der mangelnden Möglichkeit eines anderweitigen Einsatzes
- großen Materialflussproblemen bei einem Ausfall.

Als **Beispiele** für Stetigförderer werden zwei Anlagen – der Kreisförderer sowie der Schleppkreisförderer – angesprochen, die technisch unkompliziert sind und relativ niedrige Investitionskosten verursachen, sowie ein fahrerloses Transportsystem.

Kreisförderer

Diese flurfreien Stetigförderer sind technisch unkompliziert. Ein umlaufender Kettenantrieb fungiert als Zugorgan. Mit diesem sind Gehänge fest verbunden, die die Last tragen. Die Kette zieht mit meist konstanter Geschwindigkeit die in einer Schiene geführten Laufwagen.

Vorteile der Kreisförderer ergeben sich aus:

- den niedrigen Investitionskosten
- den niedrigen Betriebskosten
- der großen Anpassungsfähigkeit an unterschiedliche räumliche Verhältnisse
- der Eignung für extreme Umgebungsbedingungen.

Nachteile sind

- die Geräuschentwicklung der Ketten
- Fehlen von Steuerungs- und Verzweigungsmöglichkeiten
- der Zwang zu geschlossenen Kreisläufen.

Besonders geeignet sind Kreisförderer für den Transport großer Mengen, bei linienförmigem Materialfluss und für Arbeiten in belasteten Räumen (z. B. Lackiererei, Galvanisierung etc.).

Schleppkreisförderer (Power-and-Free-Förderer)

Power-and-Free-Förderer sind eine verbesserte Variante der Kreisförderer. Es handelt sich bei ihnen um ein Zwei-Schienen-System.

In der oberen Schiene läuft die Kette, die in der unteren Schiene die Laufwagen mit dem Fördergut schleppt. Die Längen der Wagen ist abhängig von der Größe und Beschaffenheit der anzuhängenden Teile. Die Teile können bis maximal 18 m lang sein. Das kleinste Wagenmaß (Puffermaß) beträgt 300 mm. Je nach Bedarf können Weichen, Stopper, Hub-Senk-Stationen und andere Komponenten eingesetzt werden. (Vgl. *Möhlmann/Niemann*).

Vorteile ergeben sich aus der Möglichkeit,

- den Laufwagen jederzeit anzuhalten, zu beladen und entladen, zur Vornahme von Operationen an oder mit dem Transportgut
- Verzweigungen und Zusammenführungen vorzunehmen
- Höhendifferenzen zu überwinden
- Laufwagen in Pufferzonen auszuklinken (z. B. bei Auffahren eines Wagens auf einen anderen erfolgt dies automatisch).

Nachteilig ist das komplizierte System durch geschlossene Kettenkreisläufe.

Haupteinsatzgebiete sind die Massen- und Großserienproduktion. (Ausführlicher s. *Koether*.)

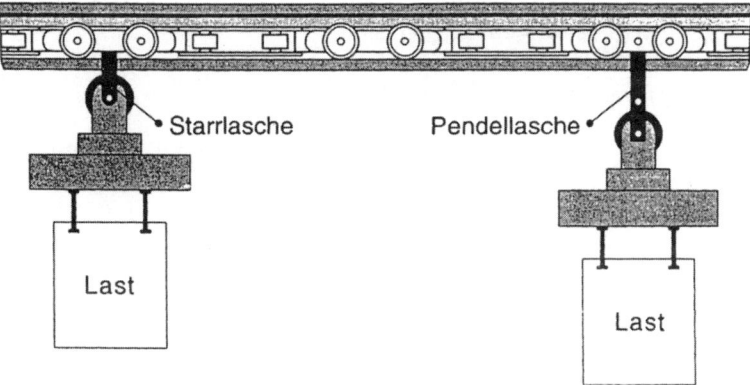

Förder-Kette

Starrlasche

Pendellasche

Last

Last

Arbeitsweise eines Kreisförderers

Fahrerlose Transportsysteme (FTS)

Die Strecke eines fahrerlosen Transportsystems besteht lediglich aus einem im Boden verlegten Leitdraht. Das Fahrzeug folgt diesem berührungslos. *„Der Leitdraht wird von einem Wechselstrom durchflossen und umgibt sich mit einem pulsierenden Magnetfeld, dessen Stärke abnimmt, je weiter man vom Leiter entfernt ist (Induktion). Mit zwei Antennen, zwei Spulen rechts und links von der Induktionsspur, einem Regler und der Fahrzeuglenkung hält sich das FTS-Fahrzeug über dem Induktionsdraht.*

Der Leitdraht im Boden kann Informationen zwischen Fahrzeug und zentralem Steuerungsrechner übermitteln." (Koether, 2010)

Vorteile von FTS sind:

► niedrige Investitionskosten für die Strecken
► die Möglichkeit der flexiblen Streckenführung
► Verzicht auf eigene Trassen.

Nachteile

► hohe Investition für die Fahrzeuge
► begrenzte Ladekapazität der Batterie
► großer Aufwand für Vorbereitung und laufende Pflege des Bodens
► großer Aufwand für die Wartung der Fahrzeuge.

Moderne, leitlinienlose Geräte erlauben ein freies Navigieren mit Sensorik (über Laser, Kamera, Ultraschall) und eine funk- oder infrarotgestützte Datenübertragung zur Identifikation und Kontrolle der Transportgüter (*Heiserich, 2011*).

3.2.2.2.2 Unstetigförderer

Unstetigförderer unterscheiden sich von den Stetigförderern dadurch, dass sie die Transportrichtung größtenteils bestimmen können und dass während ihrer Transportwege Unterbrechungen möglich sind.

Unstetigförderer lassen sich wie folgt einteilen:

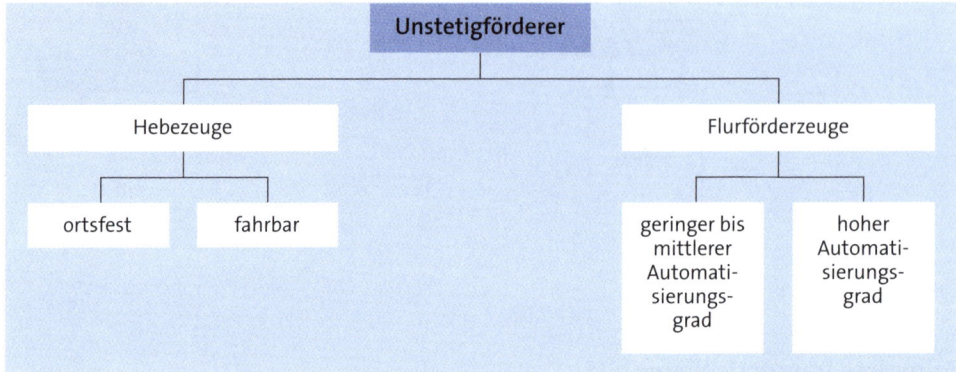

3.2.2.2.2.1 Hebezeuge

Hebezeuge können ortsfest und fahrbar sein.

Ortsfeste Hebezeuge sind

- ▸ Aufzüge
- ▸ spezielle Hebebühnen.

Sie werden in mehrstöckigen Gebäuden eingesetzt und dienen der Beförderung von Personen und Gütern in vertikaler Richtung.

Die wichtigsten **fahrbaren Hebezeuge** sind die Krane; sie zeichnen sich dadurch aus, dass sie nicht an Wege (Fluren) gebunden sind und große Flächen sowie die ganze Höhe des Lagers bedienen können. Sie sind in der Lage, Güter

- ▸ aufzunehmen
- ▸ in mehreren Richtungen zu transportieren
- ▸ zu stapeln
- ▸ abzulegen.

Häufig eingesetzte Krane sind

- ▸ Brückenkrane
- ▸ Hängekrane
- ▸ Drehkrane
- ▸ Stapelkrane
- ▸ Portalkrane
- ▸ Laufkrane.

Der **Vorteil** dieser Krane besteht darin, dass sie keine Bodenflächen als Transportwege blockieren, sondern die Raumdecken ausnutzen.

Automatisierungsmöglichkeiten bei Kranen sind die **Rufsteuerung**, mit deren Hilfe unbeladene Krane herangeholt werden und die **Zielsteuerung** (Verfahren zu einer Koordinatenposition in einer Halle).

Fahrbare Hebezeuge werden mit verschiedenen Lastaufnahmevorrichtungen ausgestattet. Ihr **Nachteil** liegt in ihrer relativen Starrheit.

3.2.2.2.2.2 Flurförderzeuge

Flurförderzeuge benötigen Flure, d. h. Wege, auf denen sie sich zwischen den gelagerten Gütern bewegen. Diese Wege müssen ausreichend dimensioniert sein.

Flurförderzeuge können manuell oder maschinell betrieben werden, sind frei fahrbar oder geführt fahrbar und können einen geringen bis mittleren oder einen hohen Automatisierungsgrad haben.

Unter den **Flurförderzeugen mit geringem bis mittlerem Automatisierungsgrad** nehmen die Stapler, was die Menge der eingesetzten Förderzeuge anbelangt, den ersten Rang ein.

Stapler sind dadurch gekennzeichnet, dass bei ihnen im Gegensatz zu den Wagen der „Lastangriff" außerhalb der Radbasis geschieht.

Bei der Auswahl der Stapler sind
- die Antriebsart
- der konstruktive Aufbau
- die benötigte Arbeitsfläche
- die Tragkraft
- der Einsatzbereich innen/außen

zu berücksichtigen (vgl. *Bichler/Schröter*).

Es befindet sich eine Vielzahl von Staplern mit verschiedenen Gabelsystemen im Einsatz, auf die hier nicht im Einzelnen eingegangen werden kann. Gebräuchliche Stapler sind:

- **Frontstapler** (Gegengewichtstapler) mit der zu befördernden Last freitragend vor den Vorderrädern. Der Fahrer sitzt in Richtung des Fördergutes. Diese Stapler werden innen wie außen eingesetzt und zeichnen sich durch die Möglichkeit hoher Traglasten und großer Geschwindigkeiten aus.

- **Schubmaststapler** werden in erster Linie zur Lagerung von Paletten in Gebäuden eingesetzt. Der Fahrer sitzt quer zur Fahrtrichtung. Um die Lasten aufzunehmen und abzugeben, muss der Mast bis an die Vorderräder geschoben werden, während des Transportes wird er wieder in die Ausgangslage gebracht. Diese Form der Stapler kann für große Gewichte nicht eingesetzt werden und eignet sich schlecht für Transporte außerhalb der Gebäude.

- **Gabelhubwagen** können handbetrieben oder elektroangetrieben werden. Mit ihnen werden Paletten bewegt und bis zu ca. 4 m angehoben (Gabelhochhubwagen).

- **Seitenstapler** transportieren Langgut, deshalb befindet sich ihr Schiebemast quer zur Fahrtrichtung.

- **Schmalgangstapler** gibt es mit Schwenkhub- oder Teleskopgabel mit und ohne hebbaren Bedienkorb und mit starrer Gabel. Sie zeichnen sich durch große Arbeitsgeschwindigkeiten aus, haben seitliche Schienenführung im Arbeitsgang, haben die Eigenschaft der Diagonalfahrt und können sehr schnell am Einsatzort positioniert werden. (Ausführlicher siehe *Bichler/Schröter, Jünemann*)

Zu den **Flurförderzeugen mit hohem Automatisierungsgrad** zählen

- die Regalbediengeräte
- die fahrerlosen Transportsysteme (FTS).

Regalbediengeräte bedienen rechnergesteuerte Lagerplätze, sie fahren diese an und sind in der Lage, automatisch ein- und auszustapeln. Wegen ihrer Arbeitsgeschwindigkeit, der guten Steuerbarkeit und des geringen Raumbedarfs können sie als besonders wirtschaftlich angesehen werden.

Fahrerlose Transportsysteme verfügen über keine festen mechanischen Führungen; ihren Weg zeichnet man durch am Boden optisch, magnetisch oder induktiv verlegte Leitlinien oder mithilfe von rechnergespeicherten Umweltmodellen (Bildverarbeitung, Ultraschall) vor (*Weber/Kummer*). Fahrerlose Transportsysteme haben eine **physische Ebene** (Fahrzeug, Fahrkurs, Lastübergabe) und eine **informatorische Ebene** (Fahrzeug- und Anlagensteuerung). Die Fahrzeugsteuerung bewirkt die Zielsteuerung, die Anlagensteuerung soll Kollisionen unmöglich machen.

Beispiel

Zum Abschluss dieses Kapitels sei nochmals als **Beispiel** für fahrbare Hebezeuge kurz auf **Hängekrane** eingegangen. Sie beanspruchen relativ wenig Platz, da sie an der Hallendecke aufgehängt werden. Die Hallenfläche kann nach Fertigungsgesichtspunkten genutzt werden. Die Bewegungsfreiheit wird nicht eingeengt, auch bei niedrigen Hallenbauten lassen sich maximale Hubhöhen erreichen.

Benachbarte Hängekrane oder Hängekrane und Hängebahnen können miteinander über eine Verbindungseinrichtung gekoppelt werden. Diese Verknüpfung ermöglicht es, dass die Katze mit angehängter Last auf den Nachbarkran oder das benachbarte Bahnsystem überfährt. Lasten können dadurch, ohne abgesetzt zu werden, jeden Bestimmungsort im Arbeitsbereich der verbundenen Kran- oder Bahnsysteme erreichen.

Quelle: *DEMAG*

3.2.3 Förderhilfsmittel

Zu der Logistik-Hardware sind auch die Förderhilfsmittel zu zählen. Sie haben die Aufgabe, **Ladeeinheiten** zu bilden, d. h. mehrere einzelne Güter zu größeren Transporteinheiten zu kombinieren.

Förderhilfsmittel werden auch als Transporthilfsmittel, Ladehilfsmittel, Lagerhilfsmittel oder Packmittel bezeichnet.

Die Förderhilfsmittel sollen folgende **Aufgaben** erfüllen:

- Schutz des Ladegutes (Transportgutes)
- Erleichterung des Auf- und Abladens
- rationelle Gestaltung des Transports
- Herstellung einer guten Lagerfähigkeit
- Identifizierung der Ladegüterart.

Bei der Entscheidung für geeignete Förderhilfsmittel sind folgende **Prinzipien** zu beachten:

- Ladeeinheit = Transporteinheit = Lagereinheit
- Auswahl kostengünstiger Förderhilfsmittel, aber die billigsten Förderhilfsmittel sind nicht gleichzeitig die sichersten
- Beschränkung auf möglichst wenige Förderhilfsmittelarten
- Einsatz von möglichst vielen mehrfach verwendbaren Förderhilfsmitteln
- Verwendung möglichst vieler genormter Förderhilfsmittel
- Auswahl von Förderhilfsmitteln, die nicht rücktransportiert werden müssen, sondern Bestandteil eines Pools sein können (z. B. bei Kabeltrommeln)
- Verwendung Umwelt schonender bzw. leicht entsorgbarer Materialien
- Verwendung international gebräuchlicher Förderhilfsmittel.

Förderhilfsmittel können nach mehreren Gesichtspunkten eingeteilt werden. Häufig wird nach

- Paletten
- formstabilen Behältern
- forminstabilen Behältern
- sonstigen Förderhilfsmitteln

unterschieden.

Eine Zusammenstellung der Förderhilfsmittel hat dann folgendes Aussehen:

Unterscheidungsmerkmal	Zugehörige Förderhilfsmittel
Paletten	- Flachpaletten - Rungenpaletten - Behälterpaletten (Gitterboxpaletten, Vollwandboxpaletten, Tankpaletten, Silopaletten)
Formstabile Behälter	- Kästen - Kartons - Styropor-Verpackungen - Fässer - Dosen, Kanister - Flaschen u. Ä.
Forminstabile Behälter	- Säcke - Beutel
Sonstige Förderhilfsmittel	- Rollen - Gebinde u. Ä.

Eine weitere verbreitete Einteilung der Förderhilfsmittel erfolgt in

- tragende Förderhilfsmittel
- umschließende Förderhilfsmittel
- abschließende Förderhilfsmittel.

Daraus ergibt sich folgender Überblick:

Unterscheidungsmerkmal	Zugehörige Förderhilfsmittel
Tragende Förderhilfsmittel	- Flachpaletten - Werkstückträger
Umschließende Förderhilfsmittel	- Gitterboxpaletten - Paletten mit Aufsetzrahmen - Kästen

Unterscheidungsmerkmal	Zugehörige Förderhilfsmittel
Abschließende Förderhilfsmittel	► Großbehälter wie Container, Wechselpritschen für Lkw
	► Kisten
	► Fässer
	► Kartons
	► Kanister u. Ä.

3.2.4 Beurteilungskriterien für Investitionsobjekte

Fördermittel verkörpern in der Regel hohe Werte, sodass vor einer beabsichtigten Investition gründliche Überlegungen angestellt werden müssen. Neben rein technischen Aspekten ist noch eine Reihe weiterer Faktoren zu beachten.

Zur Beurteilung von Investitionsobjekten bieten sich generell zwei Gruppen von Kriterien an, quantitative und qualitative.

Kriteriengruppe	Einzelkriterien
Quantitative Kriterien	Kosten Gewinn Rentabilität Break Even Point Auszahlungen Einzahlungen Kapitalwert Annuität Interner Zinsfuß MAPI-Dringlichkeitszahl
Qualitative Kriterien	Technische Kriterien Wirtschaftliche Kriterien Umweltkriterien Rechtliche Kriterien Soziale Kriterien Psychologische Kriterien

Dieser Kriterienkatalog kann nicht auf alle Investitionsobjekte gleichermaßen angewandt werden. Für die Feststellung der Wirtschaftlichkeit von Fördermitteln werden bei der Anwendung mancher Methoden Daten benötigt, die nicht oder nicht in zufriedenstellendem Maße zur Verfügung stehen. Dies gilt insbesondere dann, wenn man quantitative Verfahren der Beurteilung anwenden will.

Es empfiehlt sich, im Rahmen der Investitionsplanung eine Liste der Daten zu erstellen, die zur Feststellung der Eignung des Investitionsobjektes zur Verfügung stehen und welche ohne größere Schwierigkeiten beschafft werden können. Man sollte dabei nach Möglichkeit auch Alternativen ins Auge fassen.

Die erwähnte Liste kann folgendes Aussehen haben:

► Technische Daten:
  - Leistungsfähigkeit
  - Automatisierungsgrad
  - Zuverlässigkeit
  - Reparaturanfälligkeit
  - Energieverbrauch
  - technische und wirtschaftliche Nutzungsdauer
  - Bedienungsfreundlichkeit.

► Wirtschaftliche Daten:
  - Anschaffungskosten einschließlich Anschaffungsnebenkosten wie z. B. Transportkosten, Provisionen, Begutachtungskosten, Kommissionen, Verladekosten usw.
  - Aufwendungen zur Herbeiführung eines betriebsbereiten Zustandes wie Fundamentierungskosten, Montagekosten, Kosten für Anschlüsse, Abbruchkosten u. Ä.

  Die Anschaffungskosten umfassen auch Kosten für erforderliche Errichtungen für Strecken, Dachkonstruktionen, Schutzgitter u. Ä.

► Laufende Kosten:
  - Personalkosten
  - Energiekosten
  - Wartungskosten für die Anlage und Strecken u. Ä.
  - Reparaturkosten
  - kalkulatorische Abschreibungen
  - kalkulatorische Zinsen
  - Versicherungskosten
  - anteilige Steuern
  - Umlagekosten.

► Rechtliche Einschränkungen

► Umweltauflagen

► Berücksichtigung schwerer Arbeitsbedingungen (Lärm, Licht, Geruch, ekelerregende Arbeiten etc.)

► Erfahrungen befreundeter Unternehmen bzw. von Konkurrenzunternehmen

► Empfehlungen von Kammern und Verbänden.

Dieser Katalog lässt sich unternehmensindividuell erweitern.

Mit den genannten und ggf. noch weiteren Daten lassen sich Fördermittel und auch andere Anlagen beurteilen. Hierfür stehen einige Verfahren, auf die hier im Einzelnen nicht eingegangen werden muss. Ich weise auf die einschlägige Literatur hin. Insbesondere sei noch einmal auf Kapitel 2.4.2 zu Fragen der Investitionsrechnung verwiesen.

3.2.5 Transportproblem in einem Krankenhaus (Praxisbeispiel)

Transportfragen spielen in Krankenhäusern eine große Rolle, da täglich eine Vielzahl von Abteilungen mit Materialien der verschiedensten Art versorgt werden und ebenfalls Entsorgung vorgenommen werden muss.

Hier sei in groben Zügen der automatische „Warentransort" zwischen den diversen Gebäuden eines modernen Klinikums, wiedergegeben. Verbesserungen erfolgen permanent.

Der Ablauf erstreckt sich auf

- sämtliche Pflegestationen der medizinischen Fachbereiche
- die Küche
- die Apotheke
- die Versorgungszentrale
- die Wäscherei
- die Müllstation.

Die folgende grafische Darstellung gibt einen Überblick über die Gebäude des Klinikums und der sie verbindenden Elektrohängebahn.

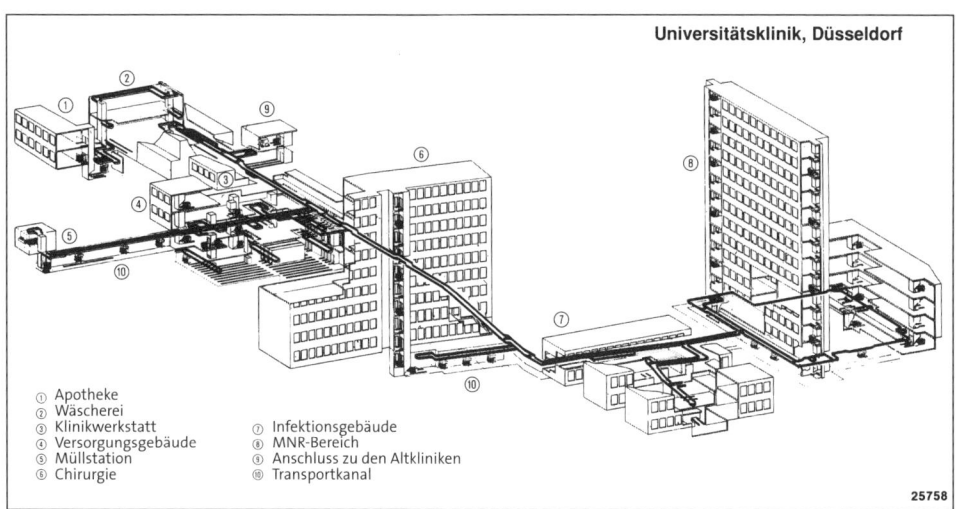

Quelle: *DEMAG*

Als Transportmittel werden über 1.000 spezielle Edelstahl-Rollcontainer eingesetzt.

Bei den transportierten „Waren" handelt es sich um

- portionierte Speisen
- Medikamente
- Reinwäsche
- Schmutzwäsche
- Müll.

Vierundsechzig Fahrzeuge mit automatischer Lastaufnahme für die rollbaren Container bewältigen 3,5 km Fahrstrecke, die fast ausschließlich unterirdisch verläuft und zwar vollautomatisch, von festen Versandstellen aus über Bar-Code-Leser den einzelnen Zielen zugeordnet.

Die Fahrgeschwindigkeit beträgt bis 80 m/min in der Geraden und 25 m/min in den Kurven, Weichen und Kreuzungen. Die jährliche Fahrleistung beläuft sich bei 16 Stunden Einsatz pro Tag und 7 Tagen je Woche auf bis 650.000 km.

Die Vertikalbeförderung zu den einzelnen Gebäudeetagen wird von 22 Aufzügen übernommen. Insgesamt 800 Leitförderer ermöglichen die Führung und den Transport der Rollcontainer auf dem Boden. Die Leitförderer bilden auch die Schnittstellen zur Übernahme der Container durch die Elektrohängebahn-Fahrzeuge mit Greifer.

Nach jedem Zyklus werden die Container durch die Waschanlage geleitet.

Der Transport zwischen den Lastaufzügen, der Waschanlage und dem Speicher für gereinigte Leerbehälter wird von 23 DSB-Fahrzeugen (Demag-System-Bahn) mit Gehänge und Leitförderern ausgeführt.

Die Anlage hat folgende Ausmaße:

Gesamtlänge der Elektrohängebahn:	3.500	m
Fahrzeuge mit Greifer:	64	Stück
Fahrzeuge mit Leitförderer:	23	Stück
Weichen:	115	Stück
Drehscheiben:	5	Stück
Heber:	10	Stück
Leitförderer:	800	Stück

Die Steuerungshierarchie hat folgendes Aussehen:

10 Bereiche, 32 SPS-Steuerungen
1 Zentralsteuerung
Fahrzeugdisposition
1 PC, Anlagenprotocollierung
Kommunikation Fahrzeug/Bahn über
DEMAG-Datenübertragung 7.000 E.

3.3 Lagereinrichtungstechnik

3.3.1 Aufgaben

Die Lagerung hat die Aufgabe der Zeitüberbrückung zwischen der Warenverfügbarkeit und dem Bedarf (*Stadtler*).

Im Interesse des Flussprinzips sollte die Logistik zwar dazu beitragen, dass eine Lagerhaltung ganz entfällt oder zumindest nur im geringen Umfang erforderlich wird, jedoch kann dieses Postulat aus naheliegenden Gründen nicht erfüllt werden. Die Logistik kann allerdings dazu beitragen, dass die Lagerfunktionen möglichst optimal erfüllt werden. Es handelt sich dabei um die folgenden Funktionen:

- Sicherungsfunktion
- Ausgleichsfunktion
- Spekulationsfunktion
- Sortierfunktion
- Kostensenkungsfunktion.

Um die genannten Lagerfunktionen ausüben zu können, ist eine Reihe von **Einrichtungen** zu schaffen, sind diverse **Techniken** einzusetzen und **organisatorische Regelungen** zu treffen, die zu einem Gesamtsystem Lager zusammengefasst werden.

In diesem Kapitel wird der Bereich behandelt, der der logistischen Hardware zuzurechnen ist, also in erster Linie die technischen Einrichtungen.

Die Lagertechnik bzw. Lagereinrichtungstechnik prägt die Lagerart bzw. den Lagertyp. In welchem Ausmaße dies der Fall ist, lässt sich erkennen, wenn man die Strukturierung der Lagerarten betrachtet.

3.3.2 Lagerarten

Läger lassen sich nach mehreren Gesichtspunkten strukturieren, die im Folgenden dargestellte Einteilung geht von den Hauptkriterien aus.

Unterscheidungsmerkmal	Lagerart
Eigentümer	► Eigenlager ► Fremdlager ► Kommissions- bzw. Konsignationslager
Marktbeziehung	► Beschaffungslager ► Absatzlager
Zentralisierungsgrad	► Zentrallager ► dezentrale Läger
Bedeutung	► Hauptlager ► Nebenlager
Wertschöpfungsprozesse	► Eingangslager ► Zwischenlager ► Absatzlager
Gelagerte Güter	► Materiallager ► Fertigproduktlager ► Handelswarenlager ► Werkzeuglager ► Ersatzteillager ► Büromateriallager u. Ä.

Unterscheidungsmerkmal	Lagerart
Standort	► Außenlager ► internes Lager
Lagerbauweise	► offenes Lager ► halboffenes Lager ► festes Gebäude ► flaches Gebäude ► hohes Gebäude
Position des Lagergutes während der Lagerdauer	► statisches Lager ► dynamisches Lager
Automatisierungsgrad	► manuell bedientes Lager ► mechanisiertes Lager ► automatisiertes Lager
Lagertechnik	► Bodenlager ohne Lagerhilfsmittel ► Blocklager ► Zeilenlager ► Regallager
Lagereinrichtungen	► Regallager ► Palettenlager ► Behälterlager ► Schranklager ► Vitrinenlager u. Ä.
Lagertransportmittel	► Lager mit Stetigförderern ► Lager mit Unstetigförderern

Im Folgenden wird primär auf das Kriterium Lagertechnik, das zwangsläufig auch das Kriterium Lagereinrichtungen tangiert, und auf das Kriterium Automatisierungsgrad eingegangen. Im Übrigen sind Lagereinrichtungen, die gleichzeitig Förderhilfsmittel sind, bereits im Kapitel C. 3.2.3 behandelt worden.

3.3.3 Lagertechnik

Unter der Lagertechnik sind die **technischen Lagersysteme** zu verstehen, sie stellen sich wie folgt dar:

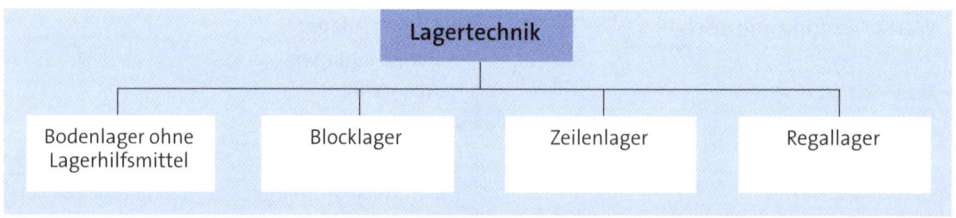

3.3.3.1 Bodenlager ohne Lagerhilfsmittel

Die reinen Bodenläger, auch Flachläger genannt, ermöglichen die einfachste Form der Lagerung. Die Lagergüter werden verpackt oder unverpackt flach auf den Boden gelegt. Diese Lagerungsform ermöglicht problemlos den Zugriff zu den Lagergütern, vorausgesetzt es werden entsprechende Lagerwege geschaffen.

Das Fifo-Prinzip (first in-first out) wird durch das Bodenlager gewährleistet.

Die Bodenläger bieten sich für sperrige Güter besonders an. Für die Lagerung vieler Güter kann der Raum in voller Flächenausdehnung und voller Höhe genutzt werden.

Eine **Sonderform** sind die **Schüttläger** für Lagergüter wie Getreide.

3.3.3.2 Blocklager

Bei der technisch sehr unkomplizierten Blocklagerung werden die Lagergüter in großen Blocks auf dem Boden gelagert. Werden die Güter gestapelt, muss auf eine druck- bzw. reißunempfindliche Verpackung geachtet werden. Theoretisch können die Lagerräume bis unter die Decke ausgenutzt werden, doch hängt dies neben der Güterart und Verpackung von den Raumeigenschaften ab.

Als besonders vorteilhaft erweisen sich Blockläger, wenn keine große Artikelvielfalt gelagert wird und größere Mengen der einzelnen Lagergüter vorliegen.

Häufig findet man Blockläger u. a. in

► der Baustoffindustrie und im Baustoffhandel
► der Getränkeindustrie
► der Lebensmittelindustrie
► der Papierindustrie.

Um Raum zu sparen und gleichzeitig die Lagergüter vor Beschädigung zu schützen, werden diese oft auf Paletten oder in Containern positioniert.

Vorteile der Blocklagerung liegen in

► den niedrigen Investitionskosten
► in der Regel geringen Lagerkosten
► der Flexibilität
► der geringen Störanfälligkeit
► dem geringen Personalbedarf
► den häufig niedrigen Anforderungen an das Lagergebäude.

Nachteile ergeben sich dadurch, dass

► bei einer größeren Artikelzahl keine Transparenz besteht
► die Produktentnahme nur von wenigen Stellen vorgenommen werden kann
► das Fifo-Prinzip nicht eingehalten werden kann

- die Bestandsführung und Bestandskontrolle erschwert ist
- nur geringe Automatisierungsmöglichkeiten gegeben sind
- eine Beschädigungsgefahr beim Handling besteht.

3.3.3.3 Zeilenlager

Von Zeilenlägern spricht man, wenn die Güter auf dem Lagerboden in Zeilen gelagert werden; dadurch wird der Zugriff zu den Lagergütern erleichtert, der Raumbedarf jedoch größer.

Die Vor- und Nachteile der Zeilenlagerung sind im Wesentlichen die gleichen wie bei der Blocklagerung.

3.3.3.4 Regallager

Bei der Regallagerung erfolgt die Lagerung in mehreren Ebenen mithilfe eines Regalsystems. Der direkte Zugriff auf die gelagerten Güter ist jederzeit möglich, und die Raumausnutzung ist sehr günstig.

Regale existieren in den unterschiedlichsten Ausführungen und werden aus verschiedenen Materialien hergestellt.

Die Regallagerung kann

- statisch
- dynamisch

erfolgen.

Eine **statische Lagerung** liegt vor, wenn die Lagergüter von der Einlagerung an bis zur Auslagerung nicht mehr bewegt werden z. B. Palettenlager. Bei einer **dynamischen Lagerung** finden vor der Auslagerung noch Bewegungen statt, wobei folgende Möglichkeiten bestehen (*Venitz*):

- Bewegung der Lagergüter in feststehenden Regalen z. B. Durchlaufregalen
- Bewegung der Lagergüter mit den Regalen (bewegte Regale, feststehende Lagereinheiten z. B. Umlaufregale)
- Bewegung der Lagergüter auf Fördermitteln mit Lagerfunktion, z. B. Rollbahnen oder Hängebahnen mit Lagerfunktion.

Im Folgenden werden wichtige Regallager-Formen dargestellt.

3.3.3.4.1 Fachboden-Regallager

Fachboden-Regale setzen sich aus Ständern und Fachböden zusammen. Letztere werden eingehängt oder eingeschraubt. Als Zubehörteile stehen Schubladen, ausziehbare Fachböden, Trennbleche, Muldeneinsätze, Seitenwände, Rückwände, Haken u. Ä. zur Verfügung, was die Regale für eine Reihe unterschiedlicher Lagergüter geeignet macht.

Die Regalhöhen sind unterschiedlich. Die „Standardhöhe" beträgt ca. 2 m; dies macht eine manuelle Bedienung ohne besondere Hilfsmittel möglich. Für Regale bis zu einer Höhe von ca. 8 m benötigt man Leitern oder Stapler.

Werden mehrere Regale mit „Normalhöhe" aufeinandergesetzt, entsteht eine **Geschossanlage**. Diese wird durch Aufzüge oder eingebaute Treppen bedient.

Vorteile der Fachboden-Regalläger sind

- die gute Raumausnutzung
- die direkte Zugriffsmöglichkeit zu den gelagerten Gütern
- die Flexibilität
- die Möglichkeit zu hoher Umschlagsleistung
- die einfache Lagerorganisation
- die guten Kontrollmöglichkeiten der Bestände
- die geringe Störanfälligkeit
- relativ niedrige Investitionskosten
- relativ niedrige laufende Kosten.

Nachteile resultieren aus

- der geringen Automatisierungs-Möglichkeit
- der vielfach nicht sehr günstigen Greifposition im unteren und oberen Bereich
- dem großen körperlichen Kraftaufwand
- häufig auftretenden Temperatur-, Feuchtigkeitsproblemen u. Ä.
- der nur eingeschränkt möglichen Einhaltung des Fifo-Prinzips.

3.3.3.4.2 Paletten-Regallager

Paletten-Regallager nehmen auf Paletten zusammengefasste Güter auf. Die Regale sind nicht mit Regalböden, sondern Auflageträgern ausgestattet.

Folgende Formen der Paletten-Regalläger lassen sich unterscheiden:

- **Einplatzregallager**
  Beim Einplatzregallager wird das Lagergut auf zwei Konsolen je Feldebene positioniert. Die Möglichkeit der Höhenverstellung der Konsolen gestattet, Paletten unterschiedlicher Höhen zu lagern.

- **Mehrplatzregallager**
  Ein Mehrplatzregallager ermöglicht die Lagerung mehrerer Paletten nebeneinander. Dies wird möglich durch die Installierung von Längstraversen.

- **Paletten-Flachregallager**
  Paletten-Flachregalläger eignen sich für große Sortimente bei großen Mengen der Sortimentseinheiten.

Die Ladevorgänge werden meistens mit

- Gabelstaplern
- Hochregalstaplern
- Stapelkranen
- Regalförderzeugen

vorgenommen.

Die **Vorteile** des Paletten-Flachregallagers ergeben sich aus seiner

- hohen Anpassungsfähigkeit an unterschiedliche Lagergüter
- Erweiterungsmöglichkeit
- guten Zugriffsmöglichkeit zu jedem Artikel
- Transparenz
- günstigen Organisationsmöglichkeit
- guten Bestandsüberwachung
- Automatisierungsmöglichkeit.

Nachteile entstehen durch

- den hohen Platzbedarf
- häufig lange Wegstrecken
- das Ausfallrisiko bei Automatisierung
- hohen Personaleinsatz bei manueller Bedienung
- die nur eingeschränkt mögliche Beachtung des Fifo-Prinzips.

▶ **Paletten-Hochregallager**
Paletten-Hochregalläger können eine Höhe von 40 - 45 m erreichen.

Es ist zu unterscheiden, ob

- die Regale in der Höhe aufgestellt werden (Einbau-Hochregallager)
- die Regale gleichzeitig tragende Elemente für das Dach und die Wände sind (Gebäudetragende Silobauweise).

Das Einbau-Hochregallager verursacht hohe Baukosten, sodass bei einer Neuerrichtung der Silobauweise der Vorzug zu geben ist.

Paletten-Hochregalläger mit geringen Höhen von 8,5 - 10,5 m werden mit Schubmaststaplern, mit Höhen bis ca. 14 m mit Schmalgangstaplern und Läger bis 45 m Höhe mit schienengeförderten Regalförderzeugen bedient.

Beim **herkömmlichen Paletten-Hochregallager** erfolgt die Zu- und Abförderung an der Stirnseite der Hochregale, während sog. **integrierte Hochregalläger** längs der Regalwand und auf unterschiedlichem Höhenniveau bedient werden. Dieses Lager übt auch Förder- und Verteilfunktionen aus.

Das Paletten-Hochregallager hat eine Reihe von **Vorteilen**:

- hohe Anpassungsfähigkeit an unterschiedliche Lagergüter
- gute Zugriffsmöglichkeit zu jedem Artikel
- Transparenz
- günstige Organisationsmöglichkeit
- gute Bestandsüberwachung
- in der Regel hoher Automatisierungsgrad

- niedriger Personalbedarf
- hohe Umschlagsleistung.

Nachteile sind:

- großer Investitionsaufwand
- geringe Ausbaumöglichkeit
- großer Fördermittelbedarf
- Störanfälligkeit bei Ausfall wichtiger Elemente.

Paletten-Hochregalläger bieten sich im Rahmen der **chaotischen Lagerung**, bei der die Lagerplätze frei wählbar sind, an. Voraussetzung dafür ist eine computergestützte Lagerführung.

Paletten-Hochregallager

Quelle: *DEMAG*

3.3.3.4.3 Kragarmregallager

Die Regale im Kragarmregallager bestehen aus Ständern mit ein- und zweiseitig auskragenden Armen. Auf diesen Armen wird in erster Linie Langgut gelagert, also Rohre, Balken, Bretter, Stangen u. Ä. Die Lagerung der Güter erfolgt entweder einzeln oder in Bündelung bzw. in Stapelung oder als Behälter-Lagerung. Die Bedienung erfolgt mit geeigneten Staplern.

Die **Hauptvorteile** liegen

- im Einzelzugriff
- in der Transparenz
- in den niedrigen Investitionsaufwendungen
- in der kompakten Lagerung.

Als **Nachteil** wirkt sich vor allem der große Raumbedarf für die Bedienvorgänge aus.

3.3.3.4.4 Wabenregallager

Das Wabenregal wird auch als Köcherregal oder **Langgutregal** bezeichnet. Wie der Name es ausdrückt, dient dieses Regal vorwiegend der Lagerung von Langgut.

Beim Wabenregal befinden sich die Regalebenen übereinander, wobei jede Regalebene ihrerseits wieder horizontal unterteilt wird.

Betrachtet man die Regale von der Stirnseite, bietet sich das Bild einer Wabe. Die Regaltiefe erstreckt sich bis zu 6 m. Aufnahmebehälter wie Langgut-Paletten oder Langgut-Kassetten dienen in der Regel der Lagerung. Oft weisen die Fächer Rollbahnen auf, um unhandliche oder schwere Güter besser ein- und auslagern zu können.

Vorteile liegen in

- der guten Zugriffsleistung
- der Anpassungsfähigkeit
- der Lagerkapazität für die Lagerung vieler unterschiedlicher Artikel
- der guten Raumvolumennutzung.

Als **nachteilig** erweisen sich

- der niedrige Automatisierungsgrad
- die relativ hohen Investitionsaufwendungen.

3.3.3.4.5 Durchlauf-Regallager

Die Durchlauf-Regalläger zählen zu den **dynamischen** Lagersystemen.

In einer Regalkonstruktion sind Regalkanäle nebeneinander und übereinander angeordnet. Die Ein- und Auslagerung erfolgt von verschiedenen Stellen aus, nämlich von den sich gegenüber befindlichen Kanalöffnungen.

Das Lagergut lagert hintereinander und wird mithilfe der Schwerkraft oder mittels Antriebsaggregaten von der Einlagerungs- zur Auslagerungsstelle bewegt. Die Beschickung behindert die Entnahme grundsätzlich nicht.

Die zu lagernden Güter müssen sachgerecht verpackt oder auf entsprechenden Ladehilfsmitteln positioniert sein.

Je nach Form, Größe, Gewicht u. Ä. werden in den Kanälen verschiedene **Fördersysteme** praktiziert:

- ▸ Tragrollen für schwere Lasten auf Paletten oder in Behältern mit glattem Boden; bei horizontaler Anordnung elektromotorischer Antrieb
- ▸ Röllchenbahnen, Röllchenschienen für leichte bis mittelschwere Lasten in Behältern mit glattem Boden oder Führungsprofilen
- ▸ L-Profile für leicht rutschende Lasten mit oder ohne Gleitkufen oder für mittelschwere bis schwere Lasten mit Rollvorrichtungen an der Behälterunterseite
- ▸ Fachböden für leicht rutschende Lasten oder für mittelschwere Lasten mit Roll- oder Gleitvorrichtungen (vgl. *Kettner*).

In der Regel kann ein Antrieb je Kanal eingesetzt werden. Bei dem Einsatz der Schwerkraft zur Fortbewegung der Ladegüter muss für einen geeigneten Neigungswinkel gesorgt und eine Bremsvorrichtung eingebaut werden.

Die **Vorteile** der Durchlauf-Regalläger bestehen in der

- ▸ Möglichkeit der Einhaltung des Fifo-Prinzips
- ▸ hohen Raumausnutzung
- ▸ hohen Zugriffs- und Entnahmeleistung
- ▸ guten Automatisierungsmöglichkeit
- ▸ Anpassungsfähigkeit innerhalb bestimmter Grenzen
- ▸ einfachen Organisierbarkeit
- ▸ leichten Bestandsüberwachung.

Nachteile ergeben sich dadurch, dass

- ▸ nicht jeder Ladungsträger uneingeschränkt einsetzbar ist
- ▸ Lagergut im Kanal liegen bleiben kann
- ▸ immer nur ein bestimmter Ladungsträger berücksichtigt werden kann
- ▸ verschiedene technische Sicherungen eingebaut werden müssen
- ▸ hohe Wartungskosten entstehen
- ▸ je nach technischer Ausstattung hohe Investitionskosten entstehen können
- ▸ Störanfälligkeit gegeben ist
- ▸ Durchlaufregale relativ starr sind
- ▸ die Kommissionierung aufwändig verlaufen kann.

3.3.3.4.6 Einschub-Regallager

Einschub-Regalläger, die auch dynamischen Charakter haben, stellen eine Sonderform der Durchlauf-Regalläger für Paletten dar, die eine gute Qualität aufweisen müssen.

Eine Palette wird auf die Rollbahn eines Kanals gebracht und durch die nächste Palette weiter geschoben.

3.3.3.4.7 Verschiebe-Regallager

Die ebenfalls zu den dynamischen Systemen zählenden Verschiebe-Regalläger eignen sich besonders gut, wenn auf allerengstem Raum eine Vielzahl von unterschiedlichen Teilen im Einzelzugriff zu halten ist. Da jedoch immer nur ein Gang im direkten Zugriff ist, liegt eine Einschränkung in der Zugriffsgeschwindigkeit vor. Für den nächsten Gang müssen die Regale verschoben werden (vgl. *Bichler/Schröter*).

Bei dieser Lagerform werden Paletten- oder Fachregale auf seitlich verfahrbare Fahrge-stelle gesetzt. Diese Schlitten bewegen sich auf Lauf- und Führungsschienen mitsamt den Regalaufbauten. Der Antrieb kann manuell oder maschinell erfolgen.

Die **Vorteile** von Verschiebe-Regallägern sind:

► gute Flächen- und Raumnutzung
► Übersichtlichkeit
► Möglichkeit der Einhaltung des Fifo-Prinzips
► Eignung für die „Chaotische Lagerung"
► Einzelzugriff zu jedem Lagerplatz
► Möglichkeit der geschützten Lagerung durch geschlossene Regalzeilen.

Nachteile ergeben sich vor allem aus

► der geringen Zugriffsleistung
► der kaum vorhandenen Automatisierbarkeit
► der schlechten Erweiterungsmöglichkeit
► den hohen Investitionsaufwendungen
► der schlechten Kommissionierungsmöglichkeit.

3.3.3.4.8 Schwingregallager

Dieses mit dem Verschieberegallager verwandte Lager ist durch das seitliche Klappen der einzelnen Schwingen gekennzeichnet, der Zugriffsbereich ist also ständig geöff-net. Die Schwingen lassen sich unterschiedlich beladen.

Als **Vorteile** des Schwingregallagers sind zu nennen:

- die hohe Raumausnutzung
- die Zugriffsmöglichkeit zu jedem einzelnen Artikel
- die Lagerungsmöglichkeit einer großen Zahl unterschiedlicher Artikel.

Ein wesentlicher **Nachteil** ist in der Einschränkung der Teileabmessung zu sehen.

3.3.3.4.9 Umlauf-Regallager

Die dynamischen Umlauf-Regalläger findet man in einer

- horizontalen Form
- vertikalen Form,

wobei in der Regel zwei Lagerblöcke existieren, die sich aus hintereinander errichteten Einzelregalen zusammensetzen. Die Fachboden- oder Paletten-Regale werden auf Schienen geführt.

Wird ein Regal am ortsfesten Zugriffsort positioniert, müssen die Regale verfahren und umgesetzt werden. *„Hierbei sind bei Regalanlagen mit zwei Lagerblöcken alle Regale zu bewegen. Bei Umlauf-Regalen, die nach dem Vertikalprinzip arbeiten, sind an der Stirnseite Aufzüge zum Umsetzen zu installieren"* (Schulte).

Vorteile liegen in

- der guten Automatisierbarkeit
- der guten Raumausnutzung
- der Gewährleistung des Fifo-Prinzips
- der guten Organisationsmöglichkeit
- dem möglichen Schutz der gelagerten Güter
- der guten Kommissionierungsmöglichkeit.

Als **Nachteile** sind zu nennen:

- die relativ geringe Flexibilität
- die hohen Investitionsaufwendungen
- die hohen Wartungskosten
- die erschwerte Ausbaumöglichkeit
- das Ausfallrisiko.

3.3.3.4.10 Paternoster-Regallager

Beim Paternoster-Regal werden Lastaufnahmevorrichtungen (Fachböden) zwischen zwei parallele vertikal (auch z. T. horizontal) umlaufende Ketten eingehängt. Die Ketten werden in der Regel mit einem Elektromotor angetrieben (vor- oder rücklaufend).

Der Antrieb und die Steuerung bewirken den Transport der angeforderten Fachebene zur Entnahmeöffnung.

Verbreitete Formen des Paternoster-Regals sind

▸ der Schrankpaternoster für Akten, Ersatzteile, Kleinteile u. Ä.

▸ der Etagenpaternoster für Langgut und Ballen

▸ der Schwerpaternoster für Lasten bis zu 50 t mit Bedienung durch Stapler und Krananlagen.

Die **Vorteile** der Paternoster-Regalläger resultieren aus

▸ der guten Flächen- und Raumnutzung
▸ der sauberen Lagerungsmöglichkeit
▸ der Zugriffsmöglichkeit nur für berechtigte Personen
▸ der guten Automatisierbarkeit
▸ der Möglichkeit zur Einhaltung des Fifo-Prinzips
▸ der guten Kommissionierbarkeit.

Nachteile liegen in

▸ den relativ hohen Investitionsaufwendungen
▸ der schlechten Ausbaumöglichkeit
▸ der nicht sehr großen Flexibilität
▸ der Gefahr von Störungen, die die Entnahme unmöglich machen.

3.3.3.4.11 Lagerung auf Förderanlagen

Bei dieser Form der Lagerung handelt es sich lediglich um eine **Zwischenlagerung** im Fertigungsprozess. Als Förderanlagen kommen **Stetigförderer** infrage (vgl. Kap. C. 3.2.2.2).

3.3.4 Automatisierungsgrad des Lagers

Geht man vom Automatisierungsgrad eines Lagers aus, findet man folgende Lagerformen:

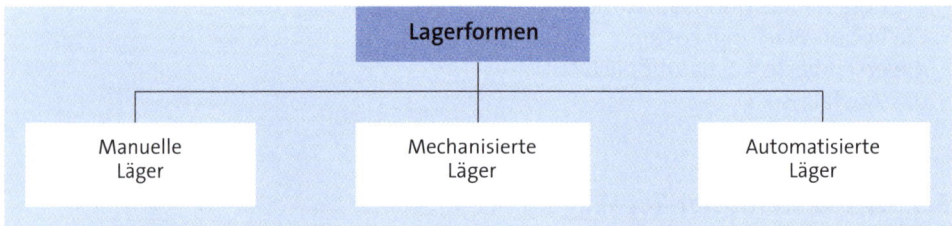

Wenn man eine solche Einteilung der Läger vornimmt, muss man sich darüber im Klaren sein, dass die einzelnen Lagerformen in Reinkultur nur sehr selten anzutreffen sind, sondern dass Mischformen vorherrschen.

3.3.4.1 Manuelle Läger

Manuelle Läger sind heute die Ausnahme und finden sich nur noch in wenigen Wirtschaftszweigen und bei kleinen Unternehmensgrößen. In einigen Unternehmen des Handwerks und des Handels sind sie noch anzutreffen.

Im klassischen manuellen Lager geschieht die Ein- und Auslagerung durch Krafteinsatz der Mitarbeiter, handgetriebene Geräte dienen als Hilfsmittel. Dazu zählen u. a. Handkarren, Kommissionierungskörbe, Leitern u. Ä.

Nicht verwechselt werden dürfen manuelle Läger mit Lägern, die hochtechnisiert sind, in denen jedoch manuell vorzunehmende Tätigkeiten erforderlich sind.

3.3.4.2 Mechanisierte Läger

Werden die im Lager eingesetzten Einrichtungen durch Energien wie Elektro- oder Kraftstoffenergie betrieben, liegt ein mechanisiertes Lager vor. Bei den mechanisch betriebenen Einrichtungen handelt es sich vor allem um Transportmittel.

Eine Mechanisierung der Läger in den letzten Jahren wurde erforderlich, weil

- die zu lagernden Güter immer mehr zunahmen
- der Zugriff zu den Lagergütern immer schneller erfolgen musste
- die Beförderungsgeschwindigkeit erhöht werden musste
- die Läger immer größer wurden (flächen- und höhenmäßig)
- die Gütervielfalt zunahm.

Aus den genannten Gründen wurde eine Vielzahl von technischen Einrichtungen geschaffen und immer wieder weiterentwickelt. Dadurch ist man in der Lage, immer schwerere Lasten immer schneller und immer höher zu transportieren, wobei die Transportsicherheit immer größer wurde. Flurfreie Fördermittel, vor allem aber Flurfördermittel haben eine moderne Lagerung erst ermöglicht (vgl. Kap. C. 3.2.2.2).

3.3.4.3 Automatisierte Läger

Wenn die Lagerbedienung nicht mehr durch den Menschen, sondern durch ferngesteuerte Anlagen erfolgt, liegt ein automatisiertes Lager vor; dem Menschen fallen lediglich bestimmte Überwachungs- und Steuerungsaufgaben zu. Erfolgen auch diese automatisch, ist ein vollautomatisches Lager gegeben.

Die Automatisierung spielt vor allem in **Hochregallägern** eine wichtige Rolle. Die dort vorhandene Lagerkapazität kann nur dann effektiv genutzt werden, wenn man den Material- und Informationsprozess miteinander koppelt und dazu echte aktuelle Materialfluss- und Bestandsführungsinformationen, so genannte Materialfluss- und Bestandsführungs- bzw. Regalabbilder eingesetzt werden (*Kopsidis*). Die damit verbundene Informationsverarbeitung lässt sich nur mithilfe der EDV vornehmen.

Der EDV-Einsatz kann sowohl indirekt als auch direkt erfolgen:

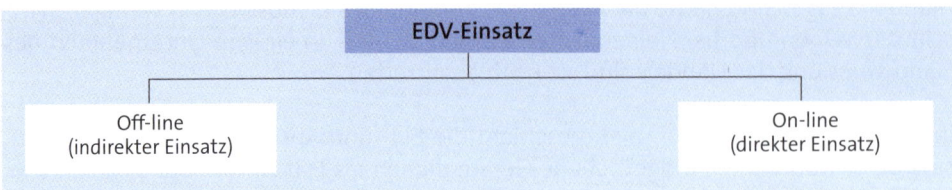

Die **Off-line-Vorgehensweise** bedeutet eine EDV-gestützte Lagersteuerung. Mittels Datenübertragungsgeräten schließt man das Lagerwesen an einen Prozessrechner außerhalb des Lagers an. Über ein Steuerpult wird die Verbindung zwischen dem Prozessrechner und den Förderzeugen aufrechtgehalten.

Erfolgt eine **On-line-Steuerung**, wird der Prozessrechner vollständig für das Lagerwesen eingesetzt.

Die für die automatische Steuerung benötigten Bestandsinformationen werden entweder im Batch-processing (Stapelbetrieb) oder im Real-time-processing (Echtzeitbetrieb) gewonnen.

Beim **Batch-processing** sammelt man die Materialbewegungs-Belege und verarbeitet sie zu festgelegten Zeiten. Dies beinhaltet den Nachteil, dass in den Zwischenzeiten das Informationsflussabbild und das Materialflussabbild nicht übereinstimmen, also die Buchbestände und die Istbestände nicht identisch sind. Erst nach der nächsten Belegverarbeitung können die frei gewordenen Lagerplätze als Leerplätze angezeigt werden; damit kann die Lagerkapazität nicht voll belegt werden.

Für **Real-time-processing** gilt: *„Eine echte Automation des Informationsflusses wird erst durch eine Real-time-Belegverarbeitung erreicht. In Kombination mit einer On-line-Steuerung der Förderzeuge erlaubt sie eine schnelle Koppelung des Material- und Informationsflusses mit echten, aktuellen Materialfluss- und Bestandsführungsabbildern. Ein ähnliches Ergebnis kann auch bei einer Off-line-Steuerung mit vielen Terminals im Lager und einer Real-time-Bestandsführung erzielt werden"* (Kopsidis).

3.4 Informationstechnologie

Die Informationstechnologie kann auch als Bestandteil der logistischen Hardware angesehen werden. Als Informationstechnologie sollen die Hilfsmittel verstanden werden, die der Informationsweiterleitung und Informationsverarbeitung dienen (*Fey*).

Es sprengte den Rahmen dieses Buches bei weitem, würde in ausführlicher Form in einem eigenen Kapitel auf die in den letzten Jahren immer weiter entwickelte Informationstechnologie eingegangen. Es werden vielmehr in den einzelnen Kapiteln, die Informationsweiterleitung und Informationsverarbeitung zum Gegenstand haben, die eingesetzten technischen Hilfsmittel dargestellt. Im Übrigen wird auf die reichhaltige Literatur, insbesondere auf den Bereich der Informatik, hingewiesen.

Um jedoch bereits an dieser Stelle einen Eindruck zu vermitteln, welche Bedeutung und welchen Umfang die Informationstechnologie mittlerweile angenommen hat, wird ein **Beispiel** eines Verwaltungs- und Materialflusskonzeptes zur Integration in Produktions- und Materialflusssysteme kurz dargestellt (s. nachfolgende Abbildung).

Aufgabe 20 > Seite 629

Aufgabe 21 > Seite 629

Aufgabe 22 > Seite 629

Aufgabe 23 > Seite 629

Aufgabe 24 > Seite 629

Aufgabe 25 > Seite 629

Aufgabe 26 > Seite 630

Aufgabe 27 > Seite 630

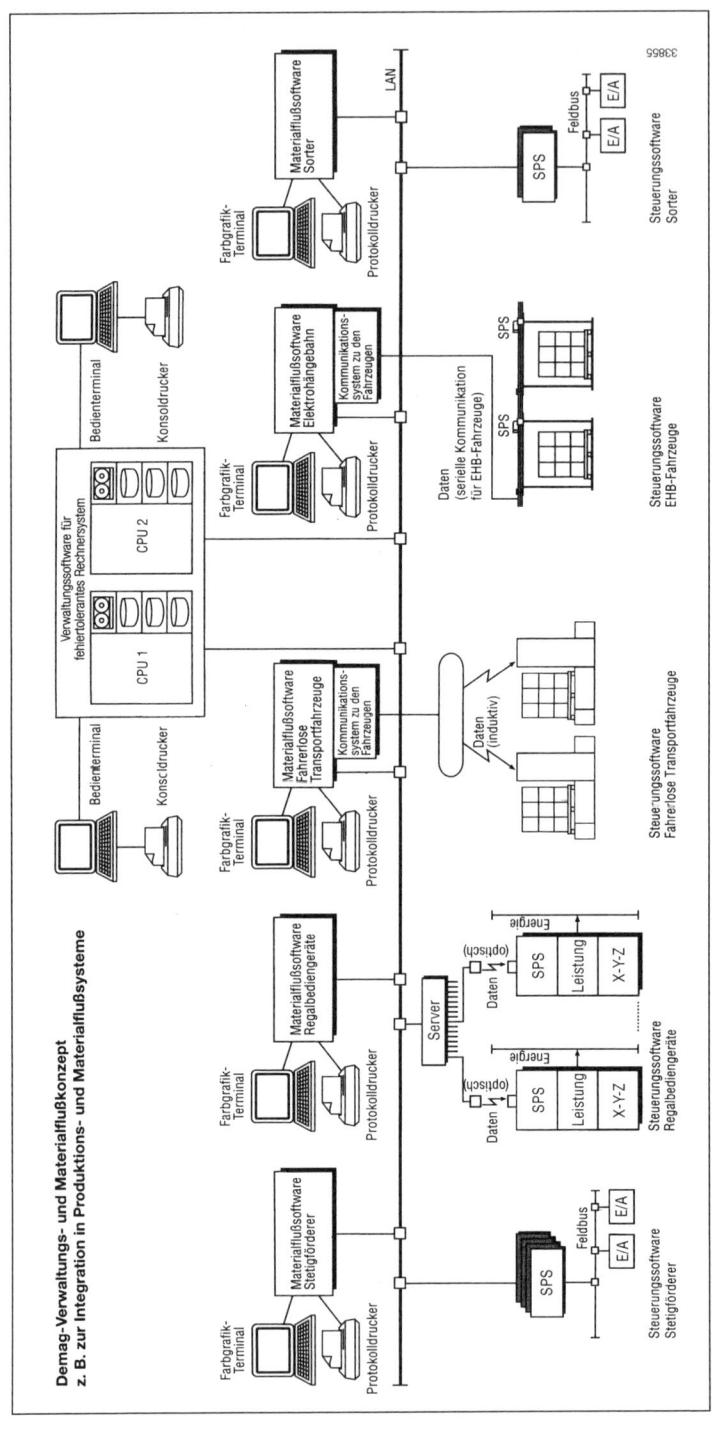

Demag-Verwaltungs- und Materialflußkonzept z. B. zur Integration in Produktions- und Materialflußsysteme

Lösung

	Lösung
1. Was versteht man unter Logistik-Instrumenten?	S. 153
2. Welchen beiden Bereichen lassen sich die Logistik-Instrumente zuordnen?	S. 153
3. Was ist unter der logistischen Software zu verstehen?	S. 153
4. Aus welchen Instrumenten setzt sich die logistische Software zusammen?	S. 154
5. Beschreiben Sie die global einsetzbaren Analyse-Instrumente!	S. 155
6. Welche Analyse-Instrumente lassen sich im internen Bereich einsetzen?	S. 155 f.
7. Was bezweckt die Break-even-Analyse?	S. 155
8. Wie wird der Break-even-Beschäftigungsgrad ermittelt?	S. 156
9. Was sagt der Sicherheitskoeffizient aus?	S. 157
10. Was ist die kritische Menge, wie wird sie ermittelt?	S. 157
11. Welche Aufgaben hat die Schwachstellenanalyse?	S. 159
12. Zählen Sie einige Ursachen für Schwachstellen im Unternehmen auf!	S. 159
13. Welcher Instrumente bedient sich die Schwachstellenanalyse?	S. 159 f.
14. Was enthalten Schwachstellenkataloge?	S. 160
15. Was beinhalten Checklisten?	S. 160
16. Nennen Sie die Inhalte von Mängel- und Wunschlisten!	S. 160
17. Beschreiben Sie die Aufgaben der ABC-Analyse!	S. 161
18. Wie nimmt man ABC-Einteilungen vor?	S. 161
19. Schildern Sie die Vorgehensweise bei der Durchführung einer ABC-Analyse!	S. 161 f.
20. Wodurch unterscheidet sich die XYZ-Analyse von der ABC-Analyse?	S. 164
21. In welchen Bereichen der Logistik wird die XYZ-Analyse eingesetzt?	S. 164
22. Weshalb wird eine Teileklassifikation durchgeführt?	S. 165
23. Worauf erstreckt sich die Produkt-Quantum-Analyse?	S. 166
24. Welche Aufgaben hat die Lagerreichweiten-Analyse?	S. 166
25. Warum nimmt man Überbestands-Analysen vor?	S. 167
26. Wie geht man bei einer Lagervolumen-Analyse vor?	S. 168 f.
27. Wodurch unterscheiden sich qualitative und quantitative Planungs-techniken?	S. 169
28. Nennen Sie wichtige qualitative Planungstechniken!	S. 169 f.
29. Wann bietet sich das Entscheidungsbaumverfahren an?	S. 169

Lösung

56. Führen Sie die einzelnen Kostenrechnungssysteme auf!	S. 201
57. Welche Vorteile hat die Plankostenrechnung gegenüber der Istkosten-rechnung?	S. 202
58. Erläutern Sie das Wesen der Deckungsbeitragsrechnung!	S. 202
59. Welche Verfahren der Investitionsrechnung sind zu unterscheiden?	S. 204
60. Welche Daten verwendet die Kostenvergleichsrechnung?	S. 205
61. Wann empfiehlt sich der Einsatz der Gewinnvergleichsrechnung?	S. 205
62. Was bezweckt die Amortisationsrechnung?	S. 206
63. Was drücken die Ergebnisse von Verfahrensvergleichen aus?	S. 207
64. Welche Vorteile haben die dynamischen Verfahren der Investitionsrech-nung gegenüber den statischen?	S. 208
65. Was drückt der Kapitalwert aus?	S. 208
66. Wodurch unterscheiden sich Kapitalwert- und Annuitätenmethode?	S. 209
67. Wie wird der interne Zinsfuß ermittelt?	S. 211
68. Welche Beziehung besteht zwischen der Kapitalwertmethode und der Methode des internen Zinsfußes?	S. 212
69. Wann müssen in der Investitionsrechnung mathematische Optimie-rungsverfahren eingesetzt werden?	S. 213
70. Wie lautet die klassische Losgrößenformel?	S. 216
71. Welche zusätzlichen Daten enthält die erweiterte klassische Losgrößen-formel?	S. 217
72. Wie funktioniert das gleitende Beschaffungsmengen-Verfahren?	S. 218
73. Welches Optimierungskriterium hat das Kostenausgleichs-Verfahren?	S. 219
74. Nennen Sie die gängigsten Bewertungsverfahren!	S. 220 f.
75. Was versteht man unter logistischer Hardware?	S. 222
76. Welche Hauptbestandteile hat die logistische Hardware?	S. 222
77. Welche Gruppen von Transportsystemen sind zu unterscheiden?	S. 222
78. Beschreiben Sie Beurteilungskriterien für außerbetriebliche Transport-systeme!	S. 223
79. Welche Verkehrsträger existieren für den außerbetrieblichen Transport?	S. 223
80. Wie wird der Straßengüterverkehr eingeteilt?	S. 224

Lösung

81. Wo liegen die Hauptvorteile des Straßengüterverkehrs?	S. 223
82. Wodurch lassen sich Effizienzsteigerungen im Straßengüterverkehr erreichen?	S. 227
83. Wodurch ergeben sich Hemmnisse im Straßengüterverkehr?	S. 227
84. Worin bestehen die Hauptvorteile des Schienenverkehrs?	S. 231 f.
85. Mit welchen Nachteilen ist der Schienenverkehr verbunden?	S. 232
86. Wodurch sind Effizienzverbesserungen bei der Bahn möglich?	S. 233
87. Welche Arten des Schifffahrtsgütertransportes sind zu unterscheiden?	S. 244
88. Geben Sie die Transportarten im Seegüterverkehr an!	S. 245
89. Was versteht man unter einer Container-Transportkette?	S. 246
90. Worauf soll sich die Prüfung vor einer Containerverladung erstrecken?	S. 246
91. Welche Vor- und Nachteile sind für den Verlader mit dem Transport mittels der Binnenschifffahrt verbunden?	S. 248
92. Welche Schiffstypen werden hauptsächlich im Schifffahrtsgütertransport eingesetzt?	S. 249
93. Welche Kriterien gelten für die Wahl eines Schiffstypus?	S. 249
94. Für welche Güter bietet sich der Luftfrachttransport an?	S. 250
95. Welche Anforderungen sind an den Luftfrachttransport zu stellen?	S. 250
96. Wie entsteht eine Luftfrachttransportkette?	S. 251
97. Was versteht man unter dem kombinierten Transport?	S. 251
98. Nennen Sie wichtige Kombinationsformen!	S. 252
99. Für welche Güter kommt der Rohrleitungstransport infrage?	S. 253
100. Mithilfe welcher Kriterien lassen sich außerbetriebliche Transportsysteme beurteilen?	S. 253
101. Welche Aufgaben haben innerbetriebliche Transportsysteme?	S. 255
102. Welche Fördermittelarten sind zu unterscheiden?	S. 256
103. Was versteht man unter Stetigförderern?	S. 257
104. Nennen Sie wichtige Stetigförderer!	S. 257
105. Welche Vor- und Nachteile sind mit Stetigförderern verbunden?	S. 257
106. Welche Fördermittel sind zu den Unstetigförderern zu zählen?	S. 260 f.
107. Worin besteht das Wesen der Unstetigförderer?	S. 260

Lösung

	Lösung
108. Was versteht man unter Hebezeugen?	S. 260
109. Nennen Sie ortsfeste und fahrbare Hebezeuge!	S. 260
110. Was ist unter Flurförderzeugen zu verstehen?	S. 261
111. Beschreiben Sie kurz die wichtigsten Flurförderzeuge!	S. 261 f.
112. Welche Flurförderzeuge haben den höchsten Automatisierungsgrad?	S. 262
113. Was sind Förderhilfsmittel?	S. 263
114. Welche Palettenarten kennen Sie?	S. 264
115. Welche Aufgaben hat die Lagerung?	S. 269
116. Nach welchen Kriterien lassen sich Läger einteilen?	S. 269 f.
117. Was versteht man unter Lagertechnik?	S. 270
118. Für welche Lagergüter eignen sich Bodenläger ohne Lagerhilfsmittel?	S. 271
119. Wie wird die Lagerung in Blocklägern vorgenommen?	S. 271
120. Wann spricht man von einem Zeilenlager?	S. 272
121. Woraus setzt sich ein Fachboden-Regallager zusammen?	S. 273
122. Wodurch unterscheiden sich statische und dynamische Lagerung?	S. 272
123. Welche Formen von Paletten-Regallägern sind zu unterscheiden?	S. 273 f.
124. Wo liegen die Vorteile eines Paletten-Hochregallagers?	S. 274
125. Mit welchen Nachteilen können Paletten-Hochregalläger verbunden sein?	S. 275
126. Welche weiteren Formen von Regallägern sind zu unterscheiden?	S. 276 ff.
127. Um welche Form der Lagerung handelt es sich bei der Lagerung auf Förderanlagen?	S. 280
128. Welche Lagerformen sind hinsichtlich des Automatisierungsgrades des Lagers zu unterscheiden?	S. 281
129. In welchen Wirtschaftszweigen dominieren noch manuelle Läger?	S. 281
130. Wann spricht man von mechanisierten Lägern?	S. 281
131. Wann liegt ein automatisches Lager vor?	S. 281
132. Wie erfolgt der EDV-Einsatz im Lager?	S. 282
133. Was ist unter Informationstechnologie zu verstehen?	S. 282

D. Beschaffungslogistik

1. Stellenwert der Beschaffungslogistik

Der Beschaffungslogistik fällt eine besondere Rolle im Rahmen der optimalen Versorgung der Kunden zu. Betrachtet man die unten wiedergegebene logistische Kette, erkennt man die Bedeutung der Beschaffungslogistik.

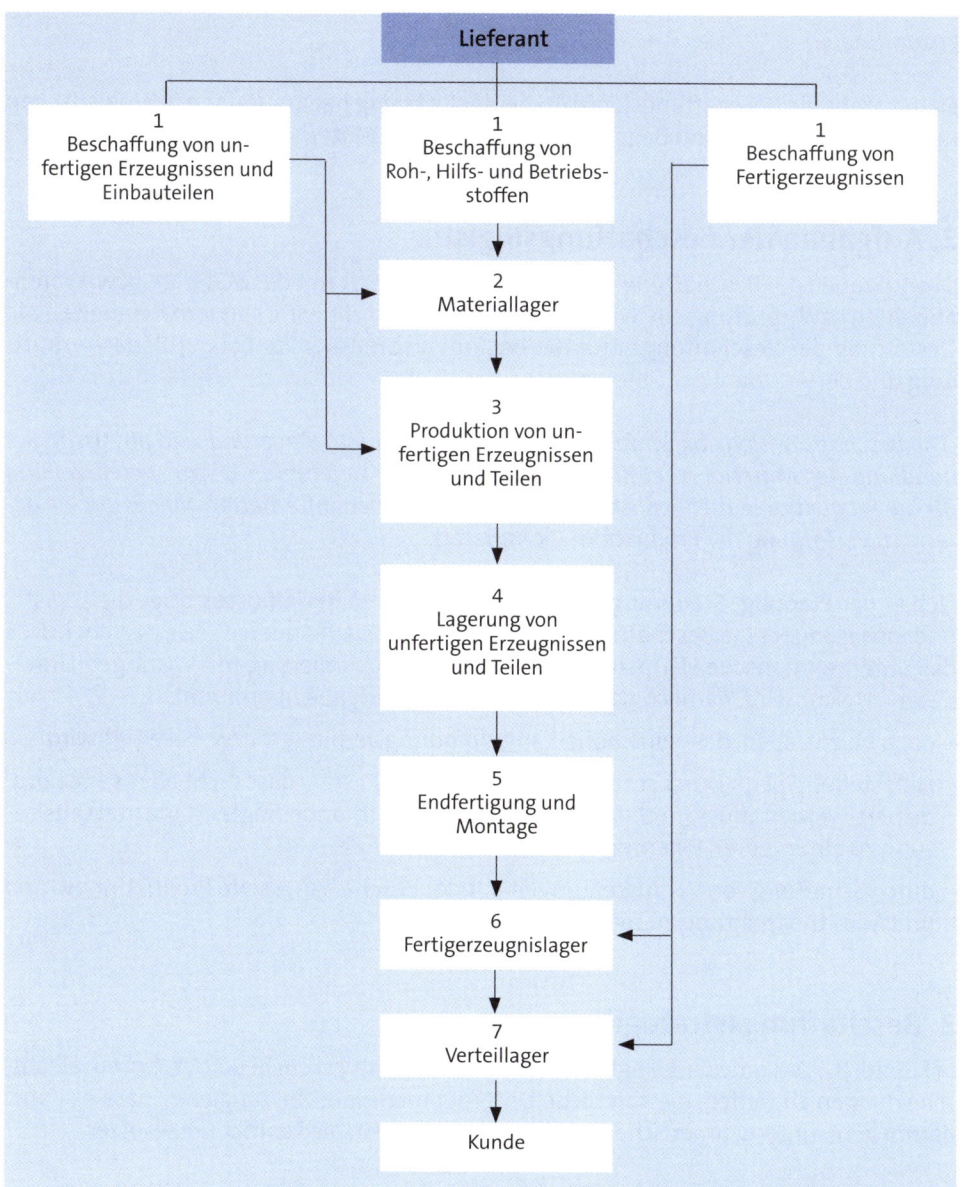

Der Beschaffungslogistik im weiteren Sinne sind aus dieser Kette die Bereiche

► Gestaltung von Lieferantenbeziehungen mit der Beschaffung von Roh-, Hilfs- und Betriebsstoffen, unfertigen Erzeugnissen, Einbauteilen sowie von Fertigerzeugnissen (1)

► Materiallager (2)

► Lagerung von unfertigen Erzeugnissen und Teilen (4)

► innerbetriebliches Transportwesen

zuzuordnen.

Damit steht die Beschaffungslogistik von der Richtung her am Anfang der logistischen Kette und damit auch am Beginn der Steuerung der Materialflüsse.

2. Aufgaben der Beschaffungslogistik

Die Aufgaben der Beschaffungslogistik setzen nicht erst mit der Material- bzw. Warenannahme bzw. -prüfung ein, wie gelegentlich dargestellt wird, sondern beinhalten die Gestaltung der Beschaffungsstruktur, beginnen somit bereits bei der Bedarfsermittlung und der Auswahl der Lieferanten.

„Die Beschaffungslogistik umfasst die Komplexe Planung, Steuerung und physische Behandlung des Material- und Kaufteilflusses von den Lieferanten bis zur Bereitstellung für die Produktion einschließlich des dazu erforderlichen Informationsflusses zur zielgerechten Versorgung der Produktion" (Sommerer).

Neben der **Planung, Steuerung und Gestaltung des Materialflusses** trägt die Logistik und insbesondere die Beschaffungslogistik auch noch auf andere Weise dazu bei, dass das unternehmerische Hauptziel der Rentabilitätsmaximierung mit wichtigen Unterzielen erreicht wird, nämlich dadurch, dass sie die Aufgabe übernimmt,

► dazu beizutragen, dass eine hohe Kapitalbindung verhindert bzw. beseitigt wird

► Hilfestellung beim Durchsetzen der Erkenntnis zu leisten, dass nicht alles selbst produziert werden muss, und dass die Forderung nach unbedingter Kapazitätsauslastung zu einer teuren Eigenfertigung führen kann

► durch Schaffung von Voraussetzungen auf der Beschaffungsseite Produktinnovation und Marktbearbeitung zu forcieren.

3. Beschaffungsstrategien

In Kapitel B. 7.1 wurde dargelegt, dass Strategien zu entwickeln bedeutet, Grundsatzentscheidungen zu treffen, die sämtliche Unternehmensbereiche tangieren, dass es dabei darum geht, unternehmerische Absichten gedanklich in die Realität umzusetzen.

Die Strategien prägen weitgehend Aufgaben der Unternehmensbereiche und Vorgehensweisen, sodass es angebracht ist, im Rahmen von Ausführungen über Beschaffungslogistik auf Beschaffungsstrategien einzugehen.

Aufgabenbereiche, auf die Beschaffungsstrategien hinzielen, sind

- die Organisation des Beschaffungsbereichs
- die Einkaufsorganisation
- die Lieferantenauswahl
- die Beschaffungsdurchführung
- das Lagerwesen
- die Materialverteilung u. Ä.

(vgl. Kap. B. 7.5.4.2.2)

Bevor einzelne Beschaffungsstrategien entwickelt werden, ist die strategische Grundrichtung für das Marktverhalten des Unternehmens festzulegen. Dies kann mithilfe
der von *Kraljic* entwickelten **Einkaufsportfolio-Analyse** geschehen. Diese läuft in den
folgenden vier Schritten ab:

Schritte	Gegenstand
1. Schritt	Klassifizierung der Beschaffungsartikel
2. Schritt	Marktanalyse
3. Schritt	Strategische Positionierung
4. Schritt	Handlungsempfehlungen

1. Schritt: Klassifizierung der Beschaffungsartikel
Im ersten Schritt werden die zu beschaffenden Wirtschaftsgüter nach ihrer Bedeutung
für den Erfolg und nach ihrem Beschaffungsrisiko eingeteilt:

Beschaffungsrisiko	Erfolgsbeitrag	
	niedrig	hoch
niedrig	Unkritische Produkte	Hebelprodukte
hoch	Engpassprodukte	Strategische Produkte

Strategische Produkte üben einen großen Einfluss auf das Ergebnis aus und haben ein
hohes Beschaffungsrisiko.

Engpassprodukte haben einen geringen Einfluss auf das Ergebnis, sind jedoch mit einem hohen Beschaffungsrisiko verbunden.

Hebelprodukte haben einen großen Einfluss auf das Ergebnis bei einem geringen Beschaffungsrisiko.

Unkritische Produkte haben sowohl einen geringen Einfluss auf das Ergebnis als auch ein geringes Beschaffungsrisiko.

Die Klassifizierung der Produkte ist so genau wie möglich vorzunehmen und regelmäßig auf ihre Aktualität zu überprüfen.

Die Produkte der einzelnen Artikelklassen erfordern unterschiedliches Operieren bei der Beschaffung. In Anlehnung an *Kraljic* ergeben sich für die einzelnen Beschaffungsschwerpunkte folgende Hauptaufgaben:

Beschaffungsschwerpunkt	Hauptaufgaben
Strategische Produkte	Präzise Bedarfsprognose, umfassende Marktforschung, Schaffung guter, langfristiger Lieferantenbeziehungen, Risikoanalyse, Notfallplanung, regelmäßige Kontrollen, Make-or-buy-Entscheidungen u. Ä.
Engpassprodukte	Mengensicherung, Lieferantenkontrolle, Bestandssicherheit, Ausweichpläne
Hebelprodukte	Ausnutzen der vollen Einkaufsmacht, Lieferantenauswahl, gezielte Preis- und Verhandlungsstrategien, Auftragsmengenoptimierung, Einkauf auf unterschiedlichen Märkten u. Ä.
Unkritische Produkte	Produktstandardisierung, Optimierung der Auftragsmengen, Bestandsoptimierung u. Ä.

Die Klassifizierung setzt eine Vielzahl von Informationen voraus, die sich auf Marktdaten, Bedarfsentwicklungen, Kostenentwicklungen u. Ä. erstrecken, also funktionierende Informationssysteme bedingen (vgl. *Ehrmann:* Marketing-Controlling).

2. Schritt: Marktanalyse
Die Marktanalyse hat die Aufgabe, die Stärken des Abnehmers mit denen der Lieferanten zu vergleichen. Die festgestellte Nachfrage- und Lieferantenmacht ermöglicht den Aufbau einer Einkaufsportfolio-Matrix.

Zur Beurteilung der Machtpositionen des Abnehmers und der Lieferanten bedient man sich zweckmäßigerweise eines Kriterienkataloges.

Kraljic schlägt für die Feststellung der **Lieferantenmacht** folgende Kriterien vor:

- Marktgröße im Verhältnis zur Lieferantenkapazität
- Marktwachstum im Verhältnis zur Kapazitätsausweitung
- Kapazitätsauslastung oder Engpassrisiken
- Wettbewerbssituation
- ROI oder ROC
- Kosten- und Preisstruktur
- Gewinnschwelle
- Besonderheit des Produktes und technologische Stabilität
- Eintrittsbarrieren
- Logistische Situation.

Die **Nachfragemacht** lässt sich mithilfe des folgenden Kataloges beurteilen:

- Einkaufsmenge im Verhältnis zur Kapazität der wichtigsten Produktionseinheiten
- Nachfragewachstum im Verhältnis zur Kapazitätsausweitung
- Kapazitätsauslastung der wichtigsten Produktionseinheiten
- Marktanteil im Vergleich zu den wichtigsten Wettbewerbern
- Ergebnisbeitrag der wichtigsten Fertigprodukte
- Kosten- und Preisstruktur
- Kosten bei Lieferausfall
- Möglichkeiten zur Eigenfertigung bzw. Integrationstiefe
- Eintrittskosten für neue Bezugsquellen im Verhältnis zu den Kosten einer Eigenfertigung
- Logistik.

3. Schritt: Strategische Positionierung
Im dritten Schritt werden die als strategische Produkte klassifizierten Artikel in die Einkaufsportfolio-Matrix positioniert.

Die Einkaufsportfolio-Matrix umfasst drei Bereiche, wobei jedem Bereich eine strategische Grundrichtung zuordenbar ist:

- Abschöpfen
- Abwägen
- Diversifizieren.

Die Einkaufsportfolio-Matrix ergibt folgendes Bild:

Nachfragemacht			
hoch	Abschöpfen	Abschöpfen	Abwägen
mittel	Abschöpfen	Abwägen	Diversifizieren
gering	Abwägen	Diversifizieren	Diversifizieren
	gering	mittel	hoch
		Lieferantenmacht	

- **Abschöpfen** bedeutet aktives Auftreten auf dem Markt bei Produkten, bei denen der Nachfrager eine starke Position hat bei einer mittel bis niedrig zu beurteilenden Lieferantenmacht. Das nachfragende Unternehmen wird versuchen, seine Macht auszuspielen, also günstige Preise und sonstige Vertragsbedingungen zu erreichen, ohne seine starke Stellung zu überziehen, um die Lieferantenbeziehungen nicht zu gefährden und Gegenreaktionen auszulösen.

- **Diversifizieren** heißt in diesem Zusammenhang defensives Verhalten und Suchen nach Alternativen. Der Nachfrager hat keine besonders günstige Position auf dem Beschaffungsmarkt, seine Macht ist gering bis mittel, die der Lieferanten hoch. Das nachfragende Unternehmen muss seine Anstrengungen auf dem Beschaffungsmarkt intensivieren.

- **Abwägen** ist die strategische Richtung der Mitte, des Gleichgewichthaltens. Sie kommt bei Artikeln ohne größere Risiken und ohne größeren Nutzen infrage.

  Da die Position eines Nachfragers bei den einzelnen nachgefragten Produkten und bei den einzelnen Lieferanten in der Regel uneinheitlich ist, ergeben sich differenzierte Beschaffungsstrategien.

4. Schritt: Handlungsempfehlungen
Jede der drei strategischen Stoßrichtungen wirkt sich unterschiedlich auf die Mengen, Preise, Lieferantenwahl u. Ä. aus. Aus diesem Grund werden bestimmte Handlungsempfehlungen im Hinblick auf die Einzelelemente einer Beschaffungsstrategie gegeben.

Eine Zusammenstellung von Handlungsempfehlungen, die für die drei strategischen Stoßrichtungen infrage kommen, kann folgendes Aussehen haben:

Strategische Stoßrichtung			
	Abschöpfen	**Abwägen**	**Diversifizieren**
Grundsatzfragen			
Menge	Verteilen	Beibehalten oder vorsichtig verändern	Zentralisieren
Preis	Reduzierungen erzwingen	Opportunistisch verhandeln	Thema nicht zu sehr betonen
Vertragliche Absicherung	Auf den Spot-märkten kaufen	Gleichermaßen Spotmarktkäufe wie Vertragskäufe	Bedarf über Verträge sichern
Neue Lieferanten	In Kontakt bleiben	Ausgewählte Lieferanten	Intensiv danach suchen
Bestände	Niedrig halten	Bestände als Puffer einsetzen	Bestandspolster aufbauen
Eigenfertigung	Verringern bzw. überhaupt nicht anfangen	Selektiv entscheiden	Verstärken bzw. neu anfangen
Substitution	In Kontakt bleiben	Guten Gelegen-heiten nachgehen	Aktiv danach suchen
Wertanalyse	Lieferanten dazu zwingen	Auf selektiver Basis durchführen	Ein eigenes Pro-gramm starten
Logistik	Kosten minimieren	Selektiv optimieren	Ausreichende Bestände aufbauen

Quelle: *Kraljic*

Diese Handlungsempfehlungen sind noch recht global und verfeinerungsbedürftig. Sie müssen ggf. erweitert werden und in detaillierten strategischen Plänen ihren Niederschlag finden.

Neben den Grundsatzfragen, von denen *Kraljic* ausgeht, können noch weitere Elemente in die Handlungsempfehlungen einbezogen werden.

Die geschilderte Vorgehensweise kann als eine wichtige Anregung für das Vorgehen bei der Festlegung der strategischen Grundrichtung für das Verhalten eines Unternehmens auf dem Beschaffungsmarkt angesehen werden.

Folgt man den Anregungen *Kraljics*, dient dies zumindest dem Erkennen und Strukturieren von Problemen im Beschaffungsbereich.

4. Gestaltung der Beschaffungslogistik

4.1 Grundsätzliche Überlegungen

Die Beschaffungslogistik ist so zu gestalten, dass alle betrieblichen Bereiche, die zur optimalen Kundenversorgung beitragen, ihrerseits optimal mit den erforderlichen Materialien und Informationen versorgt werden.

Im Folgenden ist auf die Gestaltungs- und Entscheidungsfelder einzugehen, die von beschaffungslogistischer Relevanz sind.

In der Literatur wird die Beschaffungslogistik nicht einheitlich behandelt. Einige Autoren ordnen ihr alle Bereiche zu, die im weitesten Sinne mit der Beschaffung in Berührung stehen, während andere einige Gebiete wie etwa die Bedarfsermittlung im Zusammenhang mit der Produktionslogistik sehen. Auf solche unterschiedlichen Auffassungen wird in den folgenden Kapiteln nicht eingegangen. Sieht man die Logistik im Sinne des Fließprinzips, verbietet sich ein strenge Abgrenzung eigentlich von selbst. Entscheidend ist nicht, unter welchen Überschriften logistische Aktivitäten erfolgen und beschrieben werden, sondern wie sie in den Dienst des Ganzen gestellt werden, wie sie dem Unternehmen am besten nützen.

4.2 Bedarfsermittlung

Der Materialbedarf eines Unternehmens muss so exakt wie möglich ermittelt werden, geschieht dies nämlich nicht, muss das Unternehmen mit größeren Belastungen rechnen. Diese ergeben sich sowohl aus einer zu geringen als auch aus einer zu großen Materialmenge. Die folgende Übersicht gibt die Konsequenzen wieder.

Beschaffung einer zu geringen Materialmenge	Die geplanten Produktionsmengen können nicht rechtzeitig realisiert werden. Mögliche Konsequenzen: ► Absatzverpflichtungen können nicht fristgerecht erfüllt werden. ► Maschinenkapazitäten werden vorübergehend nicht ausgelastet. ► Arbeitsplätze können gefährdet werden. ► das Image des Unternehmens nimmt Schaden.
Beschaffung einer zu großen Materialmenge	Lagerbestände mit folgenden Konsequenzen: ► Erhöhung der Kapitalbindung ► Erhöhung der Lagerkosten ► Erhöhung der Zinskosten ► Erhöhung des Verderb-/Untergangsrisikos.

Jedes Unternehmen muss bestrebt sein, seinen Materialbedarf **artgerecht**, **mengengerecht** und **zeitgerecht** zu decken.

Bei der Materialbedarfsermittlung sind

- die Materialbedarfsarten
- die Verfahren der Bedarfsermittlung

zu berücksichtigen.

Materialbedarfsarten

Der Materialbedarf eines Unternehmens wird üblicherweise als

- Primärbedarf
- Sekundärbedarf
- Tertiärbedarf

definiert.

Der Gegenstand der drei Bedarfsarten ergibt sich aus der folgenden Darstellung:

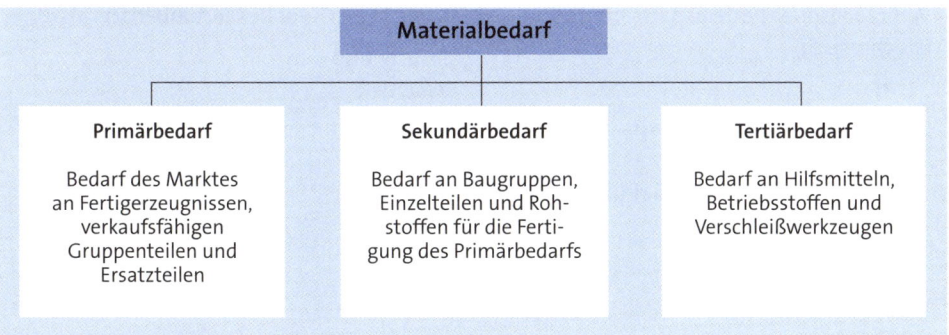

Eine andere Einteilung des Materialbedarfs geht vom Brutto- und Nettobedarf aus:

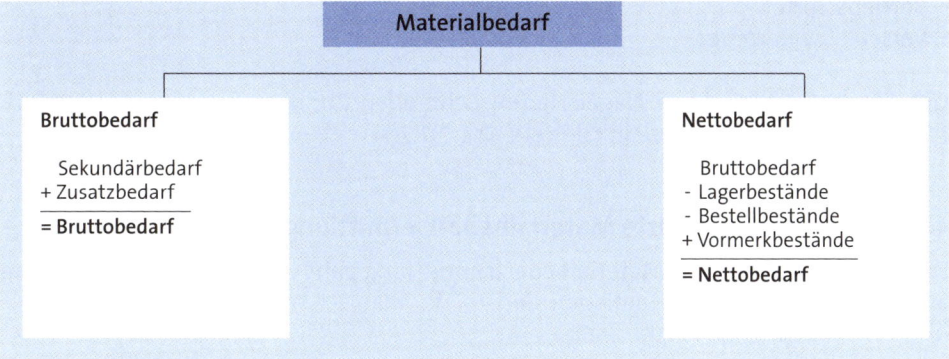

Zusatzbedarf ist der Mehrbedarf für Reparaturen und Wartung, der Nebenbedarf für Sonderzwecke wie Versuche sowie der Bedarf an selten verlangten Erzeugnissen und Minderlieferungen etwa wegen Ausschuss und Schwund.

Der Nettobedarf muss als der eigentliche Beschaffungsbedarf angesehen werden.

Verfahren der Bedarfsermittlung
Der Materialbedarf kann hauptsächlich durch drei Verfahren ermittelt werden:

Verfahren der Materialbedarfsermittlung	Zu beschaffende Güter
Programmorientierte Bedarfsermittlung (deterministisch)	In der Regel Güter des Sekundärbedarfs (außer Ersatzteile) als A-Güter und B-Güter.
Verbrauchsorientierte Bedarfsermittlung (stochastisch)	In der Regel Güter des Tertiärbedarfs als C-Güter und Ersatzteile.
Schätzung des Materialbedarfs	bei Gütern mit sehr geringem Wert

A-Güter und **B-Güter** des **Sekundärbedarfs** sind

- Rohstoffe
- Einzelteile
- Baugruppen.

C-Güter des **Tertiärbedarfs** sind vornehmlich

- Hilfsstoffe
- Betriebsstoffe
- Verschleißwerkzeuge.

Geschätzte Güter sind u. a. Nägel, Nieten, Schrauben. Zur Klassifizierung der Beschaffungsgüter vgl. ABC-Analyse in Kapitel C. 2.1.2.1.1.

4.2.1 Programmorientierte Materialbedarfsermittlung

Die programmorientierte Materialbedarfsermittlung geht von der Fertigungsplanung aus. Ihre unmittelbaren Grundlagen sind:

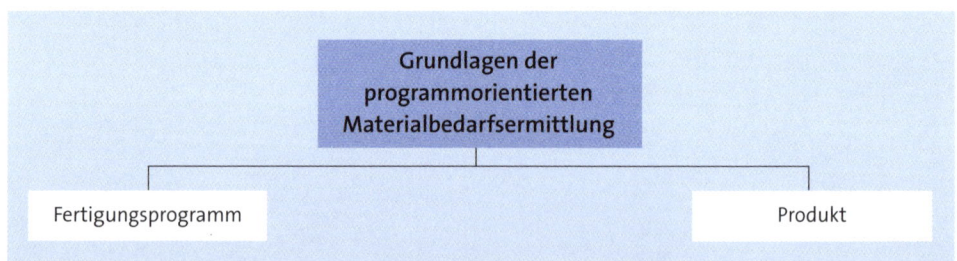

4.2.1.1 Fertigungsprogramm

Das **Fertigungsprogramm** bestimmt

- die Reihenfolge der Fertigung der einzelnen Produkte
- die zu produzierende Menge
- die Fertigung als Kundenaufträge oder Lageraufträge.

Die **Reihenfolge der Fertigung** ergibt sich aus den bereits vorhandenen und den noch zu erwartenden Bestellungen. Es ist in einer Reihenfolge zu fertigen, die möglichst niedrige Sortenwechselkosten gewährleistet.

Die **Produktionsmengenfestlegung** resultiert aus absatz-, produktions- und finanzpolitischen Überlegungen.

Eng verbunden mit der Festlegung der Produktionsmengen ist die **Kapazitätsplanung**. Die verfügbaren Kapazitäten werden den erforderlichen Kapazitäten gegenübergestellt, woraus sich in der Regel Anpassungsmaßnahmen ergeben (ausführlich *Ebel*).

Die Kapazitätsplanung hängt sowohl von den zu produzierenden Mengen als auch von den Terminierungen ab, weshalb sie vielfach im Rahmen der Fristenplanung durchgeführt wird.

Von großer Bedeutung für die Produktionsmenge ist die **Losgröße**. Das ist die Fertigungsmenge einer Produktart, die ohne Sorten- oder Serienwechsel hintereinander auf einer Anlage gefertigt werden kann.

Grundsätzlich angestrebt wird die kostengünstigste Losgröße, die **optimale Losgröße**. Sie ist das Los, bei dem die Summe der Fertigungs- und Lagerkosten zum Minimum wird.

Die optimale Losgröße kann mithilfe mehrerer Verfahren errechnet werden u. a. mit

- der klassischen Andler'schen Formel
- der dynamsichen Losgrößenrechnung
- dem SELIM-Algorithmus
- dem Stückperioden-Ausgleich
- der gleitenden wirtschaftlichen Losgrößenrechnung
- der ABC-Disposition,

wobei die klassische Andler'sche Formel und die dynamische Losgrößenrechnung immer noch am beliebtesten zu sein scheinen (vgl. Kap. C. 2.4.3).

Aus fertigungswirtschaftlicher Sicht sind große Lose erwünscht, bei denen keine oder nur geringe Umstellungskosten anfallen. Zu berücksichtigen ist dabei jedoch, dass große Lose zu einer Ausweitung der Lagerbestände mit der Folge hoher Lager- und Kapitalkosten führen.

Die Frage der optimalen Losgröße hat in den letzten Jahren an praktischer Bedeutung verloren, da sich die Unternehmen vielfach nicht an dem angestrebten Kostenoptimum orientieren können. Die Abnehmer wollen immer öfter und immer schneller mit unterschiedlichen und dabei vor allem mit kleinen Auftragsgrößen bedient werden, was von den liefernden Unternehmen hinsichtlich der Losgrößen hohe Flexibilität erfordert.

Ob **Kundenaufträge** oder **Lageraufträge** zu forcieren sind, kann unter dem Gesichtspunkt

► des Lagerrisikos
► der Kapitalbindung
► des Absatzrisikos
► der Kostendegression

entschieden werden.

Kundenaufträge sind naturgemäß mit kleinen Lägern verbunden, verursachen keine hohe Kapitalbindung und kaum ein Absatzrisiko, dafür besteht aber in der Regel nicht die Möglichkeit, Kostendegression so zu bewirken, wie das bei Lageraufträgen möglich ist.

Von besonderer Wichtigkeit ist, dass mit dem Kunden eine Lieferzeit vereinbart wird, die länger ist als

► die Zeit für die Beschaffung der benötigten Materialien
► die Produktionszeit.

Lageraufträge werden für einen anonymen Markt ausgeführt. Sie verursachen Lagerkosten, binden Kapital und haben ein Absatzrisiko, ermöglichen jedoch die Kostendegression.

In der betrieblichen Praxis wird in der Regel ein Kompromiss geschlossen, es werden sowohl Kunden- als auch Lageraufträge ausgeführt.

Erzeugnisse, deren Fertigung hohe Kosten verursacht und die ein größeres Absatzrisiko aufweisen, werden auf Bestellung produziert, alle anderen auf Lager gefertigt. Bei der Auswahl der Kunden- und Lageraufträge können die ABC-Analyse und die XYZ-Analyse wertvolle Hilfestellung leisten (vgl. Kap. C. 2.1.2.1).

4.2.1.2 Produkt

Das Produkt stellt die zweite Grundlage der Materialbedarfsermittlung dar.

Die Zusammensetzung eines Erzeugnisses und damit seinen Materialbedarf erfährt man aus

► Stücklisten
► Verwendungsnachweisen.

Sie haben folgenden Inhalt:

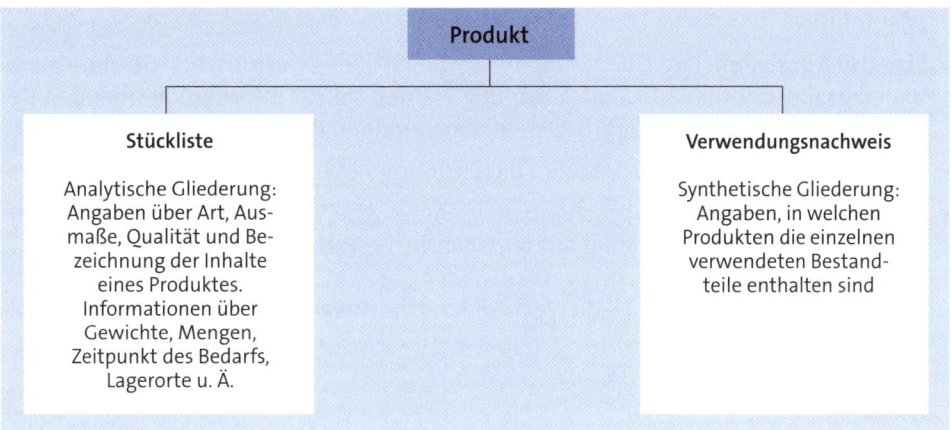

Stücklisten gibt es in verschiedenen Ausgestaltungen.

Oeldorf/Olfert unterscheiden folgende Stücklisten:

Gesamt-stückliste	Zusammenstellung aller Bestandteile eines Erzeugnisses ohne Ordnung nach bestimmten Merkmalen.
Konstruktions-stückliste	Nach Konstruktionsgesichtspunkten erstellte Stücklisten mit den relevanten technischen Daten. In der Regel eine Baukastenstückliste oder Strukturstückliste.
Dispositions-stückliste	Unterscheidung der Bestandteile nach Eigenfertigung und Fremdbezug. Es handelt sich um eine Mengenstückliste.
Einkaufs-stückliste	Aus der Dispositionsliste abgeleitete Stückliste für die fremd zu beschaffenden Teile. Häufig enthält sie Angaben über Lieferanten, Preise und Liefertermine.
Bereitstellungs-stückliste	Sie wird für die Kommissionierung der Fertigungsaufträge erstellt, sie ist nach den Lagerorten sortiert.
Ersatzteil-stückliste	Sie ist für die Wartung und Reparatur der Erzeugnisse bestimmt, ferner für die Bestellung von Ersatzteilen.
Kalkulations-stückliste	Ihr Aufbau hängt von den angewandten Kalkulationsverfahren ab und enthält Daten der Kalkulation wie Verrechnungswerte und Durchschnittspreise.

Die Stücklisten können auch von ihrem **Aufbau** her unterschiedlich sein, d. h. die Struktur eines Erzeugnisses wird in jeweils anderer Form wiedergegeben. Man unterscheidet dann:

- **Mengenstücklisten.** Sie sind eine Zusammenstellung sämtlicher Bestandteile eines Produktes in unstrukturierter Form. Sie sind nur für die quantitative Dokumentation bestimmt.

- **Strukturstücklisten.** Ihre Gliederung weist die fertigungstechnischen Strukturmerkmale aus. Bei der mehrstufigen Fertigung werden sie zur Information über den Bedarf an Einzelteilen und Baugruppen in den einzelnen Fertigungsstufen verwendet.

- **Baukastenstücklisten.** Sie enthalten die Zusammenbauten einer Fertigungsstufe.

- **Variantenstücklisten.** Sie beschreiben mehrere sich nur geringfügig unterscheidende Erzeugnisse listenmäßig auf wirtschaftliche Weise.

Sowohl die **Stücklisten** als auch die **Verwendungsnachweise** enthalten in der Regel folgende Daten (*Oeldorf/Olfert*):

Basisdaten:

- Sachnummer des Materials
- Benennung des Materials
- Maßeinheit des Materials
- Charakterschlüssel des Materials
- Beschaffungsschlüssel des Materials
- Statusschlüssel des Materials.

Technische Daten:

- Teileklassifikation des Materials
- Gewicht je Einheit des Materials
- Konstruktionsabteilung
- Konstrukteur.

Daten der Materialwirtschaft:

- Lagerort des Materials
- ABC-Schlüssel des Materials
- Preiseinheit des Materials
- Lieferant des Materials.

Daten des Rechnungswesens:

- Verrechnungswert des Materials
- Materialkonto
- Kalkulationsschlüssel des Materials
- Kostenträger
- Durchschnittspreis des Materials.

4.2.1.3 Vorgehensweise bei der Bedarfsermittlung

Die programmorientierte Bedarfsermittlung ist durch folgenden Ablauf gekennzeichnet:

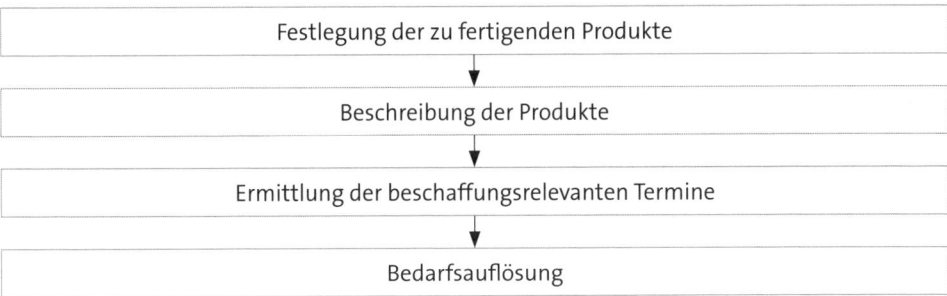

Festlegung der zu fertigenden Produkte

↓

Beschreibung der Produkte

↓

Ermittlung der beschaffungsrelevanten Termine

↓

Bedarfsauflösung

4.2.1.3.1 Festlegung der zu fertigenden Produkte

Die zu fertigenden Produkte ergeben sich aus dem **Erzeugnisplan** als Teil der Produktionsplanung (vgl. *Ehrmann, 2007*). Der Erzeugnisplan gibt an, aus welchen Produkten sich das Produktionsprogramm zusammensetzen soll; die Basis für diese Entscheidung sind Marketingüberlegungen.

Die Frage, welche Mengen der Produkte herzustellen sind, wird durch das Fertigungsprogramm beantwortet.

4.2.1.3.2 Beschreibung der Produkte

Mit der Beschreibung der Produkte beginnt die Erzeugnisplanung aus **fertigungswirtschaftlicher Sicht**. Dabei erfolgt die Festlegung der Merkmale eines Erzeugnisses mittels

► der Zeichnung
► der Stückliste
► der Nummerung,

ohne dass bereits die Bedarfsauflösung stattfindet.

Die **Zeichnung** bildet die Grundlage der Erzeugnisbeschreibung, sie beschreibt ein Produkt detailliert grafisch.

Die **Stückliste** ist eine Zusammenstellung der Angaben über Art, Ausmaße, Qualität und Bezeichnung der Rohstoffe, Teile und Baugruppen eines Produktes. Sie vermittelt Informationen über Gewichte, Mengen, Zeitpunkt des Bedarfs, Lagerorte, Reihenfolge des Zusammenbaus u. Ä. (vgl. Kap. D. 4.2.1.2).

Die **Nummerung** kann als ein organisatorisches Hilfsmittel der Erzeugnisplanung angesehen werden. Sie sorgt für ein einheitliches Ordnungsprinzip sachlich zusammengehörender Gegenstände. Die Nummerung dient der Identifikation, Klassifikation und Information.

4.2.1.3.3 Ermittlung der beschaffungsrelevanten Zeiten

Als beschaffungsrelevante Zeiten kommen infrage:

- die Beschaffungszeit
- die Durchlaufzeit.

Die **Beschaffungszeit** wird bestimmt durch die Faktoren

- Einkaufsorganisation
- Wiederbeschaffungszeiten
- Lieferantenverhalten
- Lagerorganisation
- innerbetrieblicher Transport.

Es sind also sowohl innerbetriebliche als auch außerbetriebliche Gegebenheiten zu beachten.

Die **Durchlaufzeit** ist die zweite für die Bedarfsfeststellung relevante Zeit. Es ist die Zeit, die für ein Erzeugnis von der Bereitstellung über die einzelnen Bearbeitungsstellen bis zum letzten Arbeitsgang benötigt wird.

Die Durchlaufterminierung kann auf folgende Weise vorgenommen werden:

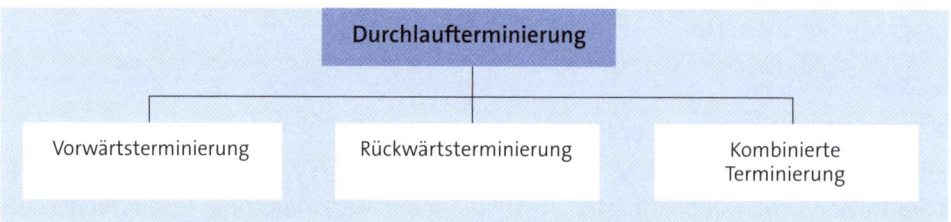

Bei der **Rückwärtsterminierung** geht man von dem Endtermin der Fertigung aus und zieht davon die Durchlaufzeit des letzten Arbeitsganges ab, um den Endtermin des vorhergehenden Arbeitsganges zu erhalten usw. Der spätestmögliche Anfangstermin einer Aktivität ergibt sich aus ihrem Endtermin abzüglich ihrer Aktivitätszeit.

Auf diese Weise ermittelt man die spätestmöglichen Anfangstermine sämtlicher Aktivitäten (Arbeitsgänge), und als Endresultat erhält man den Zeitpunkt, zu dem der erste Arbeitsgang und damit der Auftrag begonnen werden muss.

Die **Vorwärtsterminierung** geht von einem bestimmten Termin („heute") aus und ermittelt die frühesten Anfangstermine der erforderlichen Aktivitäten (Arbeitsgänge). Die jeweiligen Durchgangszeiten werden zu den entsprechenden Anfangsterminen addiert.

Die Vorwärtsterminierung ist im Gegensatz zu der Rückwärtsterminierung eine Rechnung in die Zukunft, sie entspricht dem zeitlichen Ablauf der Fertigung.

Die **kombinierte Terminierung** geht von einem bestimmten Termin aus; zuerst wird in der einen Richtung und anschließend in der anderen Richtung terminiert. Aus dieser Vorgehensweise resultieren für jede Aktivität zwei Termine:

- der früheste Termin aus der Vorwärtsterminierung
- der späteste Termin aus der Rückwärtsterminierung.

Die Differenz aus dem frühesten und spätesten Anfangstermin einer Aktivität stellt die **Pufferzeit** dar. Das ist die Zeit, die für eine Aktivität über den Zeitbedarf hinaus zur Verfügung steht (DIN 69900).

Pufferzeiten stellen eine Sicherheit dar, sie können aber auch zu einer höheren Kapitalbindung in der Fertigung führen.

Die Aktivitäten, die über keine Zeitreserven verfügen, die also **pufferlos** sind, liegen auf dem sog. „kritischen Weg" (vgl. die Ausführungen über Netzplantechnik im Kap. C. 2.2.2.5).

Einen wichtigen Punkt bei der Ermittlung der Durchlaufzeiten stellt die **Durchlaufzeitverkürzung** dar. Häufig können Aufträge mit vorgegebenen Anfangs- und/oder Endterminen nicht in der vorgesehenen Zeit durchgeführt werden. Lassen sich die vorgegebenen Termine nicht ändern, muss eine Durchlaufzeitverkürzung vorgenommen werden. Diese kann durch folgende Maßnahmen erreicht werden (vgl. *Ebel*):

- Losteilung
- Arbeitsgangsplitting
- Überlappung
- Ausweichen
- Übergangszeitverkürzung
- Rüstzeitverkürzung
- Familienfertigung.

Im Wesentlichen haben die genannten Maßnahmen folgenden Inhalt:

Maßnahmen	Inhalt der Maßnahmen
Losteilung	Aufteilung der Auftragsmenge (des Loses) in mehrere kleinere Aufträge (Lose). Die Bearbeitungszeit für die kleineren Lose verkürzt sich gegenüber dem Gesamtauftrag. Die Rüstzeit vervielfacht sich. Zu beachten ist: - technisch mögliche Losteilung - mengenmäßig mögliche Losteilung - wirtschaftliche Losteilung.
Arbeitsgangsplitting	Trennung des Auftrages nur bei einem Arbeitsgang. Der Arbeitsgang wird an mehreren Arbeitsplätzen parallel durchgeführt. Neben den sachlichen Voraussetzungen muss auch die Rechtfertigung für die höheren Rüstkosten gegeben sein.

Maßnahmen	Inhalt der Maßnahmen
Überlappung	Verkürzung der Durchlaufzeit durch zeitlich parallele Durchführung mehrerer Arbeitsgänge.
	Nach Bearbeitung eines Werkstücks an einem Arbeitsplatz wird es zum nächsten Arbeitsplatz transportiert; der nächste Arbeitsgang kann gestartet werden, ohne abzuwarten, bis alle Werkstücke am ersten Arbeitsplatz bearbeitet sind.
	Weitere Verkürzung der Durchlaufzeit durch Überlappung des Rüstens des Arbeitsplatzes. Die zusätzlich entstehenden Kosten müssen sich rechtfertigen lassen.
Ausweichen	Ausweichen auf ein Fertigungsverfahren mit höheren Kosten und einer kürzeren Belegungszeit, wenn sich die Kostenerhöhung durch die Zeitminderung kompensieren lässt.
Übergangszeitverkürzung	Verkürzung der ▸ Transportzeit ▸ Liegezeit.
Rüstzeitminimierung	Verminderung des Zeitbedarfs für das Umrüsten von Maschinen durch Optimierung der Belegungsreihenfolge.
Familienfertigung	Zusammenfassung mehrerer Aufträge mit gleichen oder ähnlichen Fertigungsverfahren mit den Zielen ▸ Verminderung des Rüstzeitbedarfs ▸ Einsatz eines besseren Fertigungsverfahrens ▸ geringere Transporterfordernisse ▸ höherer Leistungsgrad durch Lernkurvenwirkung.

Die Durchlaufterminierung darf nicht isoliert durchgeführt werden, sondern ist im Zusammenhang mit der **Kapazitätsbedarfsrechnung** vorzunehmen.

Bei der Kapazitätsbedarfsrechnung sind folgende Punkte, auf die an späterer Stelle noch einzugehen ist (vgl. Kap. F. 4.2.2.1.3), zu beachten:

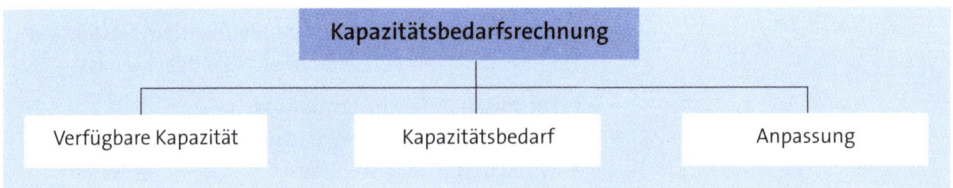

Ausführlicher zur Durchlaufterminierung vgl. *Ebel*.

4.2.1.3.4 Deterministische Methoden der Bedarfsauflösung

Führt man eine programmorientierte Materialbedarfsermittlung durch, stehen folgende deterministischen Methoden zur Verfügung:

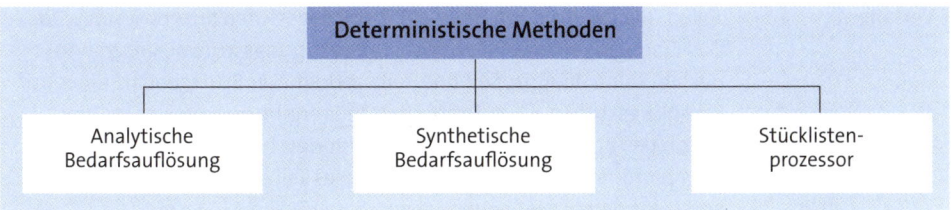

Mithilfe der deterministischen Methoden der Bedarfsermittlung kann man den Materialbedarf bestimmen nach

- Art
- Menge
- Zeit.

4.2.1.3.4.1 Analytische Bedarfsauflösung

Bei der analytischen Bedarfsauflösung kann sowohl der Periodenbedarf als auch der genau terminierte Bedarf ermittelt werden.

Die analytische Bedarfsauflösung bedient sich der Mengenübersichts- und Baukastenstücklisten und der Strukturstücklisten.

Geht man von Mengenübersichtsstücklisten aus, wird der Sekundärbedarf ermittelt, indem der Primärbedarf mit den Angaben aus den Stücklisten multipliziert wird. Dies ist allerdings nur dann möglich, wenn nur der Periodenbedarf zu ermitteln ist und kein Zusatzbedarf wegen Ausschuss oder Primärbedarf an Baugruppen berücksichtigt werden muss (*Melzer-Ridinger*).

In der Regel wird von den **Baukastenstücklisten** und den **Strukturstücklisten** ausgegangen.

Folgende Verfahren werden eingesetzt:

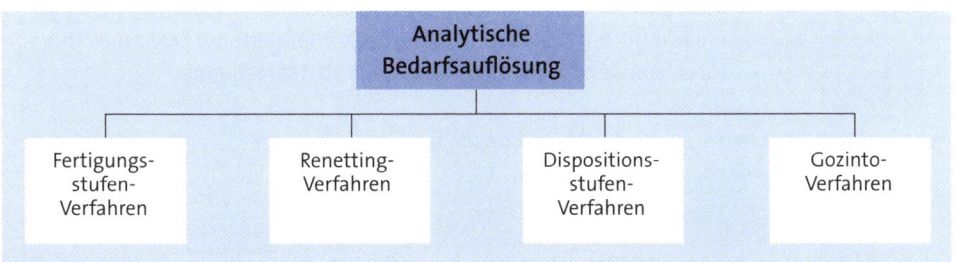

Die Verfahren der analytischen Bedarfsauflösung laufen wie folgt ab:

Fertigungs-stufen-Verfahren	Basis ist die nach Fertigungsstufen gegliederte Strukturstückliste, in der die Zusammensetzung eines Produktes aus seinen Rohstoffen, Teilen und Baugruppen über alle Fertigungsstufen ausgewiesen wird. Das Erzeugnis wird von der höchsten Fertigungsstufe aus nach und nach in seine Baugruppen und Teile zerlegt. Der Bruttobedarf eines auf Fertigungsstufe n + 1 auftretenden Teils ergibt sich aus der Multiplikation des Bruttobedarfs der auf Fertigungsstufe n vorkommenden übergeordneten Baugruppe, in die dieses Teil direkt eingeht mit der entsprechenden Mengenangabe in der Stückliste (*Grochla*).
Renetting-Verfahren	Das Renetting-Verfahren vermag im Gegensatz zum Fertigungsstufen-Verfahren einen Mehrfachbedarf in verschiedenen Erzeugnissen und Fertigungsstufen zu berücksichtigen. Ist ein Teil in mehreren Erzeugnissen enthalten und/oder kommt auf verschiedenen Auflösungsebenen mehrfach vor, muss die Bedarfsermittlung mehrfach erfolgen, der bis dahin entstandene Bedarf muss berücksichtigt werden.
Dispositions-stufen-Verfahren	Auch das Dispositionsstufen-Verfahren wird verwendet, wenn einzelne Teile in mehreren Erzeugnissen oder auch in verschiedenen Fertigungsstufen zu finden sind. Jedes Teil wird nur einmal aufgelöst, alle gleichen Teile werden deshalb auf die unterste Verwendungsstufe, die Dispositionsstufe, heruntergezogen. Nur noch in ihr erscheinen über das gesamte Produktionsprogramm betrachtet alle gleichen Teile und werden „insgesamt ermittelt".
Gozinto-Verfahren	Das Gozinto-Verfahren operiert mit mathematischen Verfahren der Bedarfsermittlung. Ein Graph, der Gozinto-Graph, stellt die Zusammensetzung des Erzeugnisses dar. Die Erzeugnisstruktur wird durch Kreise (Knoten) dargestellt, Pfeile verbinden sie zu einem Netzwerk. Die Knoten geben die Teile und Baugruppen sowie das Erzeugnis an, die Pfeile den jeweiligen Bedarf. Die Mengenangaben neben den Pfeilen sagen aus, wie häufig untergeordnete Materialien und Baugruppen in übergeordneten zu finden sind. Der Gozinto-Graph enthält jedes Teil nur einmal. Wird ein Teil im gleichen Erzeugnis mehrfach eingesetzt, gehen von ihm mehrere Pfeile aus. „Ausgehend von den geplanten Mengen an Endprodukten wird der Bedarf an Vorprodukten durch Multiplikation entlang der in die entsprechenden Knoten eingehenden Pfeile ermittelt" (*Schulte, 2009*). Bei komplizierteren Erzeugnisstrukturen empfiehlt sich der Einsatz der Matrizenrechnung.

Ausführlich u. a. *Oeldorf/Olfert, Köhler, Kopsidis*.

4.2.1.3.4.2 Synthetische Bedarfsauflösung

Die synthetische Bedarfsauflösung spielt in der Praxis keine große Rolle. Sie basiert auf den **Verwendungsnachweisen**, ihr Ausgangspunkt ist nicht das Produkt, sondern es wird von den einzelnen Teilen ausgegangen; man stellt ihre Verwendung fest und ermittelt ihren Bedarf.

Der **Bruttobedarf** wird festgestellt

- mithilfe von Strukturverwendungsnachweisen
- mithilfe von Baukastenverwendungsnachweisen
- u. U. mithilfe von Mengenverwendungsnachweisen.

Der **Nettobedarf** lässt sich ermitteln

- mithilfe von Strukturverwendungsnachweisen
- mithilfe von Baukastenverwendungsnachweisen.

Die Sortierung der Teile erfolgt nach Stufen.

4.2.1.3.4.3 Stücklistenprozessor

Bei einem Stücklistenprozessor handelt es sich um ein Programmsystem zur Speicherung und Pflege von Teilestammdaten und Erzeugnisstrukturdaten.

Dem Stücklistenprozessor liegt der Gedanke zugrunde, mehrfach benötigte Teile und Baugruppen nur einmal zu speichern; so lässt sich Speicherkapazität sparen.

Liegt eine mehrstufige Produktionsstruktur vor, benötigt der Stücklistenprozessor eine Stückliste je Stufe. Ein Produkt lässt sich also durch mehrere Baukastenstücklisten verschiedener Stufen definieren.

Beim Stücklistenprozessor sind zwei verschiedenartige Datenbestände aufzubauen und zu verwalten (*Ebel, Oeldorf/Olfert*):

Teilestamm-daten	Charakterisierung, Kennzeichnung, Identifizierung aller im Unternehmen eingesetzten Teile durch Teilenummer, Benennung, Maßeinheit, Materialangaben, Bedarfsdaten, Bestandsdaten, Bestelldaten, Lager- und Statistikdaten. Die Abspeicherung der Daten geschieht in logisch fortlaufender Form. Dadurch wird eine streng sequenzielle Verarbeitung der Teile möglich, wenn alle Teile zu verarbeiten sind. Teiledaten können über Indizes direkt verarbeitet werden.
Erzeugnis-strukturdaten	Darstellung der Beziehungen zwischen einer übergeordneten Baugruppe und den zugehörigen Stücklistenpositionen durch Angabe von Stücklistennamen, Sachnummern und Menge. Aus einer Teilenummer wird die Verwendung in übergeordneten Baugruppen definiert. Das Abspeichern der Daten geschieht nach den in jedem Struktursatz enthaltenen übergeordneten Teilenummern. Der Benutzer kann keinen unmittelbaren Zugriff auf die Erzeugnisdaten nehmen. Angaben zu einer Baukastenstückliste erhält man für charakteristische Daten des Baukastens durch Zugriff auf die Teilestammdatei. Die zugehörigen Positionen werden anschließend über die Strukturdaten angezogen.

Ebel geht davon aus, dass prinzipiell vier **Ketten** aufzubauen sind:

► Eine Kette verweist vom Teilestamm auf die erste zugehörige Stücklistenposition, danach werden die weiteren Stücklistenpositionen des Baukastens miteinander verbunden.

► Eine Verweiskette verbindet jeden Struktursatz eines Baukastens mit dem Teilestammsatz.

► Eine Kette zeigt vom Stammsatz aus an, an welcher Stelle im Erzeugnisstrukturbereich sich die erste Teileverwendung befindet und zeigt danach alle weiteren Verwendungen dieses Teils auf.

► Eine Kette verbindet die übergeordnete Baukastennummer mit dem Teilestammsatz.

Ebenso werden ausgehend vom Teilestammsatz die Arbeitsplandaten und Arbeitsplatzdaten miteinander verknüpft. Ausführlich siehe *Ebel*.

4.2.2 Verbrauchsorientierte Materialbedarfsermittlung

4.2.2.1 Grundsätzliche Überlegungen

Die verbrauchsorientierte Materialbedarfsermittlung ermittelt einen Bedarf, der verbrauchsorientierten Schwankungen unterworfen ist und so genau wie möglich vorhergesagt werden soll. Die Bedarfsermittlung geschieht auf der Grundlage von Vergangenheitswerten, entsprechende Erfahrungen des Unternehmens sind also Voraussetzung.

Die Verfahren der verbrauchsorientierten Materialbedarfsermittlung werden angewandt

► bei Hilfs- und Betriebsstoffen, Verschleißwerkzeugen, die als C-Güter angesehen werden können

► wenn deterministische Methoden nicht infrage kommen wie beim Ersatzteilbedarf, ungeplanten Entnahmen, hohem Ausschuss bei neuen Produkten und Techniken

► wenn deterministische Methoden unwirtschaftlich sind.

Die Wahl der einzusetzenden Methoden hängt von mehreren Faktoren ab, die wichtigsten sind

► der Prognosezeitraum, je länger dieser Zeitraum ist, um so schwieriger ist es, exakte Vorhersagen zu treffen

► die Prognosehäufigkeit, die sich an dem jeweiligen Informationsstand orientiert

► der Bedarfsverlauf.

Bei den Bedarfsverläufen unterscheidet man drei charakteristische Verläufe:

► einen konstanten Bedarfsverlauf
► einen trendbeeinflussten Bedarfsverlauf
► einen saisonal schwankenden Bedarfsverlauf.

Grafisch stellen sich die Bedarfsverläufe wie folgt dar:

Konstanter Bedarfsverlauf

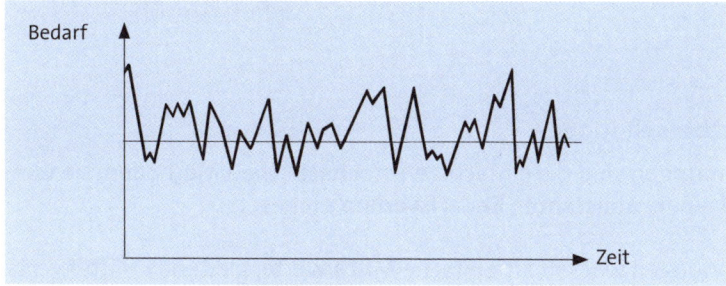

Trendbeeinflusster Bedarfsverlauf

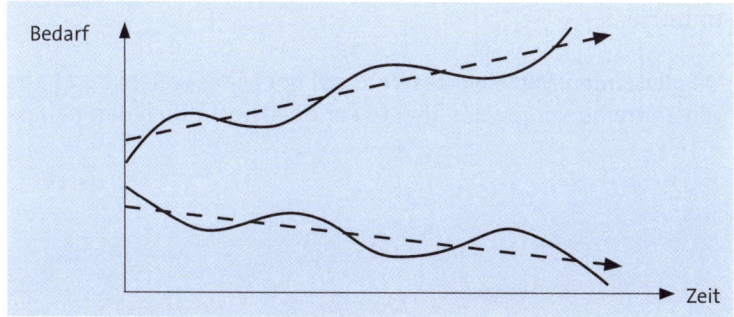

Saisonabhängiger Bedarfsverlauf

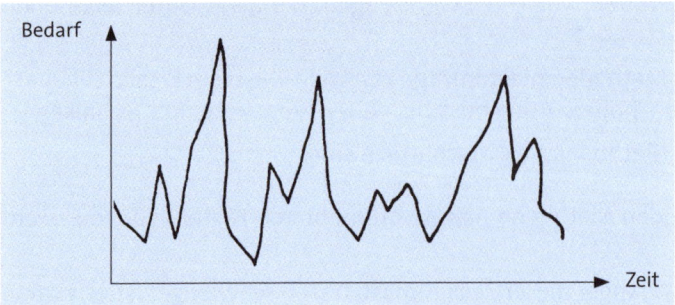

4.2.2.2 Methoden der verbrauchsorientierten Materialbedarfsermittlung

Folgende Methoden der verbrauchsorientierten Materialbedarfsermittlung (stochastische Methoden) werden angewandt (vgl. Kap. C. 2.2.2):

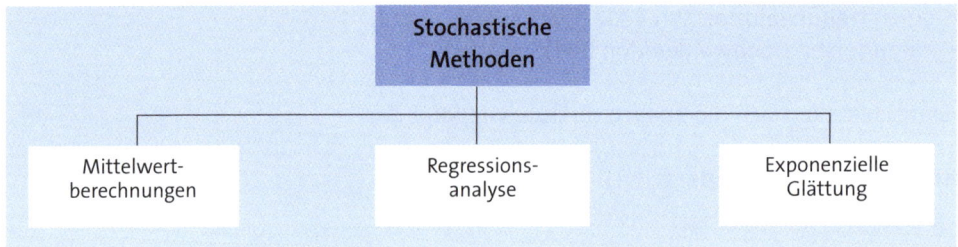

4.2.2.2.1 Mittelwertberechnungen

Die Mittelwertberechnungen sind die einfachsten stochastischen Methoden, sie werden in erster Linie bei einem **konstanten Bedarfsverlauf** eingesetzt.

Die Mittelwertberechnungen werden als einfache Mittelwerte, gleitende Mittelwerte und gewogene gleitende Mittelwerte berechnet.

Der **einfache Mittelwert** führt zu ungenauen Ergebnissen, deshalb sollte seine Berechnung normalerweise unterbleiben.

Bei der Berechnung des **gleitenden Mittelwertes** wird bei der Mittelwertbildung aus einer stets gleich langen Zeitreihe der jeweils älteste Periodenwert durch den neuesten ersetzt.

Der gleitende Durchschnitt ist für eine jeweils 6 Perioden dauernde Zeitreihe zu ermitteln:

Periode	1	2	3	4	5	6	7	8	9
Materialbedarf	192	168	204	252	216	216	276	312	288
gleitender Durchschnitt							208[1]	222[2]	246

[1] (192 + 168 + 204 + 252 + 216 + 216) = 1.248; 1.248 : 6 = 208

[2] (1.248 - 192 + 276) = 1.332; 1.332 : 6 = 222

Die Methode des **gewogenen gleitenden Mittelwertes** gewichtet die einzelnen Perioden. In der Regel werden die letzten Perioden höher gewichtet als die älteren, um Trends besser berücksichtigen zu können.

Der gewogene gleitende Durchschnitt wird nach der folgenden Formel berechnet, wobei wiederum der älteste Periodenwert durch den neuesten ersetzt wird:

$$V = \frac{MB_1 + G_1 \cdot MB_2 + G_2 \cdot MB_3 \cdot G_3 + \ldots Mb_m \cdot G_n}{G_1 + G_2 + G_3 + \ldots G_n}$$

V = Vorhersagewert für die nächste Periode
MB = Materialbedarf
G = Gewichtungsfaktor

Beispiel unter Verwendung der Zahlen des Vorbeispiels

Gewichtungsfaktoren:

$G_1 = 4\%$ $G_4 = 20\%$
$G_2 = 8\%$ $G_5 = 26\%$
$G_3 = 12\%$ $G_6 = 30\%$

$$V = \frac{192 \cdot 4 + 168 \cdot 8 + 204 \cdot 12 + 252 \cdot 20 + 216 \cdot 26 + 216 \cdot 30}{4 + 8 + 12 + 20 + 26 + 30}$$

$$V = \frac{21.696}{100}$$

$$V = \mathbf{216,96}$$

4.2.2.2.2 Regressionsanalyse

Bei einem trendförmigen Bedarfsverlauf ist mit der Regressionsanalyse zu arbeiten.

Regressionsanalysen werden immer dann eingesetzt, wenn man einen Zusammenhang zwischen einer abhängigen und einer oder mehrerer unabhängiger Variablen annehmen kann. Bei dieser Methode sieht man die Bedarfsentwicklung von der Zeit abhängig, wobei der Bedarf die zu erklärende und die Zeit die erklärende Variable ist.

Es muss untersucht werden, ob der vorherzusagende Verbrauch linear oder nichtlinear von der Zeit abhängt. Je nach Kurvenverlauf wird dann eine

- lineare Regressionsanalyse
- nichtlineare Regressionsanalyse

vorgenommen.

Lineare Regressionsanalyse

Bei einer linearen Abhängigkeit des Verbrauchs von der Zeit wird die lineare Regressionsanalyse eingesetzt. Es wird eine **Trendgerade** ermittelt mit der Funktion

$$y = a + bx$$

y	=	Regressionswert (Verbrauch)
a	=	Anfangstrend (konstanter Verbrauch)
b	=	Steigungsmaß der Trendgeraden (Verbrauchsveränderung je Periode)
t	=	Periodenabstände
x	=	Anzahl der Perioden

Beispiel

Aus dem Jahr 200. liegen folgende Bedarfszahlen vor:

Jan.	141 ME	April	169 ME
Feb.	163 ME	Mai	175 ME
März	173 ME	Juni	179 ME

Die Rechnung wird in folgenden Schritten durchgeführt:

1. Erstellen einer Tabelle der relevanten Daten als Arbeitserleichterung

Periode	x	y	x^2	$x \cdot y$
Januar	1	141	1	141
Februar	2	163	4	326
März	3	173	9	519
April	4	169	16	676
Mai	5	175	25	875
Juni	6	179	36	1.074
	21	1.000	91	3.611

2. Einsetzen der in der Tabelle ermittelten Werte in die folgenden Gleichungen:

$\sum y \quad = n \cdot a + b \cdot \sum x$

$\sum xy \quad = a \sum x + b \cdot \sum x^2$

$1.000 = \ 6 \cdot a + b \cdot 21 \qquad | \cdot 7$

$3.611 = 21 \cdot a + b \cdot 91 \qquad | \cdot -2$

$7.000 \ = \quad 42 \cdot a + b \cdot 147$

$- \ 7.222 \ = -42 \cdot a - b \cdot 182$

_____

$- \quad 222 = \qquad 0 - b \cdot \ 35$

$\mathbf{b = 6,34}$

$1.000 = 6 \cdot a + 6,34 \cdot 21$

$1.000 = 6 \cdot a + 133,14$

$6a = 866,86$

$\mathbf{a = 144,48}$

3. Ermittlung des Bedarfs für den Monat Juli

$y = a + b \cdot x$

$y = 144,48 + 6,34 \cdot 7$

$y = \mathbf{188,86}$

Der Bedarf im Monat Juli beläuft sich voraussichtlich auf 189 ME.

Nichtlineare Regressionsanalyse
Bei einer nichtlinearen Abhängigkeit des Verbrauchs von der Zeit muss eine nichtlineare Regressionsanalyse vorgenommen werden.

Für eine nichtlineare polynominale Regressionsanalyse ist anzusetzen:

$$y = a + bx + cx^2 + dx^3 + \dots nx^n$$

Ohne EDV-Einsatz ist die Durchführung der nichtlinearen Regressionsanalyse kaum möglich.

4.2.2.2.3 Exponenzielle Glättung

Die exponenzielle Glättung gewichtet im Gegensatz zu der Regressionsanalyse die Daten. Bei Trendberechnungen gehen sämtliche Werte „gleichberechtigt" in die Rechnung ein, die exponenzielle Glättung gibt den vorliegenden Werten eine unterschiedliche Gewichtung. Je größer der verwendete Glättungsfaktor ist, umso stärker werden die aktuellen Werte berücksichtigt.

Bei der verbrauchsorientierten Materialbedarfsermittlung werden

► die exponenzielle Glättung erster Ordnung
► die exponenzielle Glättung höherer Ordnung

unterschieden.

Exponenzielle Glättung erster Ordnung
Die exponenzielle Glättung erster Ordnung bietet sich bei **konstantem Materialbedarf** an. Der Materialbedarf ergibt sich aus einer fortgeschriebenen Mittelwertbildung.

Es gilt:

$$P_{t+1} = (1 - \partial) \cdot P_t + (\partial \cdot I_t)$$

P_{t+1} = Vorhersagewert
P_t = alter Vorhersagewert für Periode t, ermittelt in t - 1
I_t = Istwert der Periode t
∂ = Glättungsfaktor

Beispiel

Bei der Materialbedarfsermittlung wurde in der Periode t - 1 ein alter Vorhersagewert in Höhe von 12.000 ME ermittelt. Als Istwert wurden 12.840 ME festgestellt. Es wird in dem Unternehmen mit einem Glättungsfaktor von 0,25 gearbeitet.

$P_{t+1} = (1 - 0,25) \cdot 12.000 + (0,25 \cdot 12.840)$
$P_{t+1} = 0,75 \cdot 12.000 + 3.210$
$P_{t+1} = 9.000 + 3.210$
$P_{t+1} = \mathbf{12.210}$

Erweiterung des Beispiels: In der Periode t + 1 wird ein Istwert in Höhe von 12.360 ME festgestellt. Der Vorhersagewert wird wie folgt berechnet:

$P_{t+2} = (1 - 0,25) \cdot 12.210 + (0,25 \cdot 12.360)$
$P_{t+2} = 0,75 \cdot 12.210 + 3.090$
$P_{t+2} = 9.175,5 + 3.090$
$P_{t+2} = \mathbf{12.247,50}$

Exponenzielle Glättung zweiter Ordnung

Die exponenzielle Glättung zweiter Ordnung berücksichtigt im Gegensatz zu der erster Ordnung einen **Trend**, und es wird eine Bereinigung von Zufallsschwankungen der Zeitreihe vorgenommen.

Die exponenzielle Glättung zweiter Ordnung wird bei **trendförmigem Bedarfsverlauf** und bei schwankendem Bedarf eingesetzt.

Die Vorgehensweise besteht darin, dass man für jede Periode jeweils zwei Punkte berechnet und unterstellt, dass der Trend gleichmäßig weiterverläuft. Den ersten Punkt erhält man aus dem Glättungswert erster Ordnung, der zweite wird in der Vergangenheit angesetzt.

Es ist anzusetzen (*Bichler/Schröter*):

Mittelwertfortschreibung:

    Glättungsfaktor · Mittelwert erster Ordnung bis zur Periode
+   (1 - Glättungsfaktor) · Mittelwert zweiter Ordnung bis zur Periode
=   **Mittelwert zweiter Ordnung bis zur Periode**

Planwertfeststellung:

    Glättungsfaktor - (1 - Glättungsfaktor) · Index der Planperiode
·   (Mittelwert erster Ordnung bis zur Periode - Mittelwert
    zweiter Ordnung bis zur Periode)
+   2 · Mittelwert erster Ordnung bis zur Periode
-   Mittelwert zweiter Ordnung bis zur Periode
=   **Planwert der Planperiode**

Diese Vorgehensweise ist allerdings nur angebracht, wenn der Trend Bestätigung findet, d. h. es muss untersucht werden, ob ein kontinuierlicher Trend, ein saisonaler Trend oder lediglich eine zufällige Abweichung vorliegt.

4.3 Materialbestandsermittlung

Wird die Materialbedarfsermittlung nicht durch die Materialbestandsermittlung ergänzt, kann dies zur Beschaffung und Lagerung zu hoher oder zu geringer Mengen
führen. Auf die schwerwiegenden Folgen, die sich daraus ergeben, wurde bereits im
Kapitel D. 4.2 eingegangen. Der Materialbestandsermittlung ist folglich großes Augenmerk zu widmen.

Folgende **Bestandsarten** werden in den Unternehmen festgestellt:

Inventurbestand	Der Inventurbestand ist der tatsächliche Bestand, er wird ermittelt durch ► Stichtagsinventur ► vom Bilanzstichtag abweichende Inventur ► permanente Inventur ► Stichprobeninventur (s. *Bussiek/Ehrmann*).
Lagerbestand	Der Lagerbestand kann identisch mit dem Inventurbestand sein oder als Buchbestand infolge von Diebstahl, Schwund, Verderb, Erfassungs-fehler von ihm abweichen
Verfügbarer Bestand	Der verfügbare Bestand ist ein Teil des Lagerbestandes, er wird ermit-telt: Lagerbestand + disponierter Bestand - Reservierungen für Kunden- oder Fertigungsaufträge - Rückstände = **verfügbarer Bestand**
Reservierter Bestand	Ein Bestand wird für Kunden-/Fertigungsaufträge reserviert, die bereits vorliegen oder erst geplant sind. Pauschal-Reservierungen sind zu vermeiden.
Disponierter Bestand	Unter dem disponierten Bestand wird entweder der reservierte Be-stand verstanden, oder es handelt sich um bestellte Artikel und Teile, die sich noch nicht im Lager befinden.
Höchstbestand	Der Höchstbestand ist der Bestand, der maximal im Lager vorhanden sein darf, um hohe Kosten und eine hohe Kapitalbindung zu verhin-dern.
Durchschnitt-licher Lager-bestand	Der durchschnittliche Lagerbestand wird für Vergleichs- und Planungs-zwecke ermittelt. Seine Berechnung kann auf mehrere Arten erfolgen, z. B. (Anfangsbestand + Endbestand) : 2; (Anfangsbestand + 12 Monatsendbestände) : 13; (Sollbestellmenge : 2) + Sicherheitsbestand.

Sperrbestand	Der Sperrbestand ist der im Lager vorhandene Bestand, der nicht entnommen werden darf (z. B. wegen einer noch erforderlichen Überprüfung).
Meldebestand	Der Meldebestand muss so hoch sein, dass er in der Lage ist, den Beschaffungszeitraum zu überbrücken. Er kann ermittelt werden: $B_M = V_t \cdot t_B + R_e$ $\quad$ B_M = Meldebestand $\qquad\qquad\qquad\qquad$ V_t = Verbrauch/Zeiteinheit $\qquad\qquad\qquad\qquad$ t_B = Beschaffungszeit $\qquad\qquad\qquad\qquad$ R_e = Sicherheitsbestand
Sicherheits-bestand	Der Sicherheitsbestand stellt die „eiserne Reserve", den Mindestbestand dar, er soll möglichst nicht unterschritten werden, da er der Aufrechterhaltung der Leistungsbereitschaft des Unternehmens dient.

Der **Sicherheitsbestand** soll bei innerbetrieblichen und außerbetrieblichen Störungen die Leistungsbereitschaft des Unternehmens weiter gewährleisten. Er berücksichtigt den Zeitraum für die Wiederbeschaffung der Materialien bzw. den Zeitraum für die Eigenfertigung der Güter.

Die Störungen bzw. Unsicherheiten, für die der Sicherheitsbestand ermittelt wird, kann eine Vielzahl von Ursachen haben; man unterscheidet drei Gruppen von Unsicherheiten:

► Bedarfsunsicherheit, wenn der ermittelte Bedarf nicht mit dem effektiven Bedarf übereinstimmt

► Lieferzeitunsicherheit, wenn der festgelegte Soll-Liefertermin und der tatsächliche Termin nicht deckungsgleich sind

► Bestandsunsicherheit, wenn der Buchbestand und der Lagerbestand nicht deckungsgleich sind.

Eine exakte Ermittlung des Sicherheitsbestandes ist kaum möglich, man operiert deshalb mit **Näherungsrechnungen**. *Oeldorf/Olfert* schlagen folgende Vorgehensweisen vor:

Sicherheitsbestand = durchschnittlicher Verbrauch je Periode · Beschaffungsdauer

$\qquad\qquad$ oder: $\quad$ errechneter Verbrauch in der Zeit der Beschaffung + Zuschlag für Verbrauchs- und Beschaffungsschwankungen

$\qquad\qquad$ oder: $\quad$ mengenmäßiger Umsatz je Monat · Reichweite für den Mindestbestand.

Eine Bestimmung des Sicherheitsbestandes lässt sich auch auf der Basis wahrscheinlichkeitstheoretischer Überlegungen vornehmen, was mit einem relativ großen Rechenaufwand verbunden ist, die höchste Genauigkeit jedoch nicht gewährleistet.

4.4 Der Lieferant als Ausgangspunkt der logistischen Kette

Wie bereits in Kapitel D.1 dargestellt wurde, steht der Lieferant materialflussbezogen am Anfang der logistischen Kette. Die Gestaltung der Beziehungen zu den Lieferanten hat Auswirkungen auf die gesamte Logistik. Dem Komplex der Gestaltung der Lieferantenbeziehungen ist somit höchste Aufmerksamkeit zu widmen.

Folgende Bereiche sind in diesem Kapitel darzustellen:

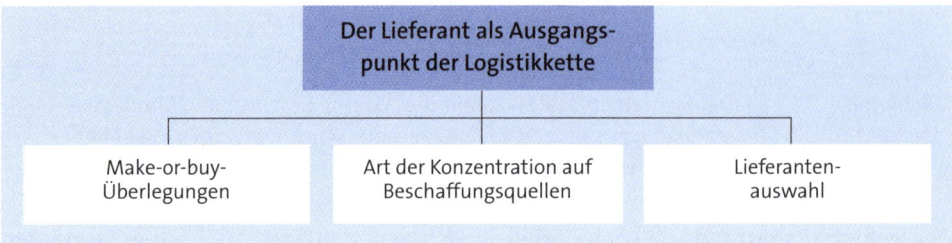

4.4.1 Make-or-buy-Überlegungen

Stellt ein Unternehmen Make-or-buy-Überlegungen an, sind zwei Komplexe davon betroffen:

► Eigenfertigung oder Fremdbezug von fertigen Produkten und Teilen

► Ausführung von Logistikleistungen durch das eigene Unternehmen oder durch fremde Unternehmen (vgl. Kapitel A. 4.5).

Entschließt sich ein Unternehmen zum Fremdbezug von Erzeugnissen, ist die Gestaltung der Lieferantenbeziehungen von großer Bedeutung. Die Auswahl und laufende Kontrolle der Lieferanten sowie entsprechende Untersuchungen im eigenen Unternehmen müssen gewährleisten, dass das liefernde Unternehmen

► Güter in gleicher Qualität wie die selbstgefertigten herstellt
► pünktlich leistet
► kostengünstig produziert.

Wegen der starken Auswirkungen von Make-or-buy-Überlegungen auf eine Reihe von Unternehmensbereichen, auch auf die Logistik, wird im Folgenden auf die wichtigsten Entscheidungskriterien für Make-or-buy eingegangen.

4.4.1.1 Kostenkriterien

Betrachtet man die Make-or-buy-Entscheidungen unter Kostenaspekten, muss zwischen

► kurzfristigen Entscheidungen
► langfristigen Entscheidungen

unterschieden werden.

Bei der **kurzfristigen Entscheidung** kommen zwei Betrachtungen infrage, zum einen für eine Situation, bei der Unterbeschäftigung vorliegt, und zum anderen für die Engpasssituation.

Ist **Unterbeschäftigung** gegeben, vergleicht man den Einstandspreis einschließlich im eigenen Unternehmen noch anfallender Kosten mit den eigenen proportionalen Stückkosten. Sind diese niedriger als der Einstandspreis, ist die Eigenfertigung unter Kostenaspekten vorzuziehen.

Beispiel

Einstandspreis als Fremdbezugskosten	800,00 €	
+ im eigenen Unternehmen noch anfallende Kosten	80,00 €	
		880,00 €
Proportionale Kosten der Eigenfertigung		
Materialkosten	330,00 €	
Fertigungskosten	500,00 €	
anteilige Verwaltungskosten	20,00 €	850,00 €
Vorteil der Eigenfertigung		**30,00 €**

Wichtig ist, dass die im eigenen Unternehmen noch anfallenden Kosten in die Rechnung einbezogen werden, und nicht nur der Einstandspreis mit den proportionalen Kosten der Eigenfertigung verglichen wird. Bei den genannten Kosten handelt es sich in erster Linie um Kosten der Einkaufsverwaltung, der Terminüberwachung, Eingangskontrolle, Qualitätskontrolle, Überweisungskosten, Buchungskosten u. Ä.

In der **Engpasssituation** fällt die Entscheidung für eine Fremdfertigung nicht, wenn die Fremdfertigungskosten (Einstandskosten zuzüglich im Unternehmen noch anfallende Kosten) unter den proportionalen Stückkosten der Eigenfertigung liegen, sondern die Kapazitätsbelastung muss noch als Entscheidungskriterium berücksichtigt werden.

Beispiel

In einem Unternehmen werden die Produkte A - F auf mehreren Maschinen hergestellt, eine Maschine, die von sämtlichen Produkten durchlaufen wird, stellt den Engpass dar.

Folgende Informationen liegen vor:

Produkt	Absetzbare Stückzahl	Proportionale Kosten bei Eigenfertigung je Stück	Einstandspreis bei Fremdbezug je Stück
A	600	90	100
B	648	55	70
C	576	115	120
D	612	50	80
E	420	118	110
F	360	102	90
	3.216		

Produkt	Bearbeitungszeit in Zeiteinheiten je Stück	Bearbeitungszeit je Produktart
A	33	19.800
B	35	22.680
C	30	17.280
D	40	24.480
E	25	10.500
F	36	12.960
Erforderliche Kapazität in ZE		107.700
Vorhandene Kapazität in ZE		72.000
ZE = Zeiteinheiten		

Lösung:

Produkt	Kostenvorteil $(p - k)$ in €	Bearbeitungszeit je Stück in ZE	Engpassbezogener Eigenfertigungsvorteil $\dfrac{p - k}{t}$	Rang
A	10	33	0,3030	3
B	15	35	0,4286	2
C	5	30	0,1667	4
D	30	40	0,7500	1
E	- 8	25		
F	- 12	36		
p = Preis/Stück; k = Kosten/Stück; kp = proportionale Kosten/Stück; t = Engpasseinheit				

Aus der Tabelle ergibt sich, dass die Produkte E und F fremdzubeziehen sind, ihre Einstandspreise sind niedriger als die proportionalen Stückkosten. Aus der letzten Spalte der Tabelle ist die Reihenfolge der Eigenfertigung zu ersehen.

Den Kapazitätsverbrauch für die Herstellung der vier Produkte zeigt die nächste Tabelle, die auch die Basis für die Ermittlung der Fremdbezugsmengen ist.

Produkt	Eigenfertigung in Stück	Verbrauchte Kapazität in ZE	Verbleibende Kapazität in ZE
D	612	24.480	47.520
B	648	22.680	24.840
A	600	19.800	5.040
C	168	5.040	-
		72.000	

In der letzten Tabelle werden die Eigenfertigungs- und Fremdbezugsmengen zusammengestellt.

Produkt	Gesamte Produkt- menge in Stück	Eigenfertigung in Stück	Fremdbezug in Stück
A	600	600	
B	648	648	
C	576	168	408
D	612	612	
E	420		420
F	360		360
	3.216	2.028	1.188

Liegen mehrere Engpässe vor, muss die Methode der linearen Optimierung eingesetzt werden (vgl. Kap. C. 2.4.2.2.2).

Langfristige Make-or-buy-Entscheidungen sind in der Regel mit Investitionsentscheidungen verbunden. Es ist zu klären, ob Fremdbezug günstiger ist, oder ob es sich lohnt, unter Vornahme von Investitionen selbst zu fertigen.

Für die Entscheidung ist es erforderlich festzustellen, ab welchem Stückpreis die Eigenfertigung von Vorteil ist, und ab welcher Stückzahl sich die Fremdfertigung lohnt.

Beispiel

Ein Unternehmen bezieht ein Einbauteil in einer Stückzahl von 1.000, sein Einstandspreis beträgt 1.224 €. Wollte man dieses Teilstück selbst herstellen, müsste man eine Investition in Höhe von 2.160.000 € vornehmen. Die stückbezogenen mit Auszahlungen verbundenen Kosten werden auf 864 € kalkuliert. Die neue Anlage verursacht außerdem zusätzliche Personalkosten in Höhe von 43.200 € je Periode. Die Nutzungsdauer der Anlage soll 6 Jahre betragen, in dem Unternehmen wird mit einem Kalkulationszinsfuß von 10 % gearbeitet.

Lösung: Bei der Ermittlung des kritischen Preises und der kritischen Menge ist von den durchschnittlich anfallenden Auszahlungen auszugehen. Aus diesem Grunde muss die Investitionsauszahlung mithilfe des Annuitätenfaktors in konstante Zahlungen umgewandelt werden. Im vorliegenden Fall beträgt der Annuitätenfaktor 0,229607.

Der **kritische Preis** wird errechnet, indem die im Durchschnitt der Periode anfallenden Auszahlungen mit dem Fremdbezugspreis gleichgesetzt werden:

2.160.000 · 0,229607 + 43.200 + 1.000 · 864 = kritischer Preis · 1.000

$$\text{Kritischer Preis} = \frac{1.403.151,12}{1.000}$$

Kritischer Preis = **1.403,15 €**

Der Fremdbezugspreis beläuft sich auf 1.224 €, somit ist der Fremdbezug um 179,15 € günstiger.

Die **kritische Menge** ergibt sich aus der Gleichsetzung der formulierten Daten für die Eigenfertigung und den Fremdbezug:

2.160.000 · 0,229607 + 43.200 + kritische Menge · 864 = kritische Menge · 1.224

$$\text{Kritische Menge} = \frac{539.151,12}{360}$$

Kritische Menge = **1.497 Stück**

Ab einer Produktion von 1.497 Stück empfiehlt sich unter Kostenaspekten die Eigenfertigung, also ab einer Ausweitung des Absatzes um 497 Stück.

Es muss ausdrücklich betont werden, dass die Rechenergebnisse eine Entscheidungsgrundlage darstellen, die Entscheidung für die Eigenfertigung oder den Fremdbezug jedoch nicht vorwegnehmen.

4.4.1.2 Andere Kriterien

Eine Make-or-buy-Entscheidung wird in den allerseltensten Fällen allein auf Kostenüberlegungen basieren, anderen Kriterien kommt auch große Bedeutung zu. Es sind Recherchen vorzunehmen, die sich sowohl auf das eigene Unternehmen als auch auf einen potenziellen Lieferanten erstrecken.

Untersuchungen, die das **eigene Unternehmen** betreffen, beziehen sich darauf, ob für die Eigenfertigung

- das erforderliche Know-how vorhanden ist
- geeignetes Personal in ausreichender Zahl verfügbar ist
- Fertigungseinrichtungen zur Verfügung stehen.

Darüber hinaus muss festgestellt werden,

- wie sich ein Fremdbezug auf die vorhandenen Kapazitäten auswirkt (Kosten der nicht genutzten Kapazität)
- wie sich die Kalkulationssätze ändern, wenn von Eigenfertigung auf Fremdbezug umgestellt wird.

Untersuchungen, die sich auf **potenzielle Lieferanten** erstrecken, zielen auf

- die wirtschaftliche Lage des Lieferanten
- die Lieferzeit im Vergleich zur Fertigungsdurchlaufzeit
- die Liefertreue
- die Qualität der zu liefernden Produkte
- die Flexibilität des Lieferanten bei Änderungswünschen.

Zusätzliche Überlegungen müssen darüber angestellt werden, ob

- durch einen möglichen Fremdbezug Betriebsgeheimnisse preisgegeben werden müssen
- durch die Einschaltung Fremdfertiger nicht auch für Konkurrenten günstige Bezugsquellen geschaffen werden
- eine Abhängigkeit von der Modellpolitik des Lieferanten entstehen kann
- die Entwicklung eigener Technologien gehemmt wird.

4.4.2 Art der Konzentration auf Beschaffungsquellen

Die Frage, wie sich ein Unternehmen auf Beschaffungsquellen konzentriert, betrifft den strategischen Aspekt der Lieferantenbeziehungen, wird doch dadurch die **Beschaffungsstruktur** geprägt.

Folgende Konzentrationsarten sind zu betrachten:

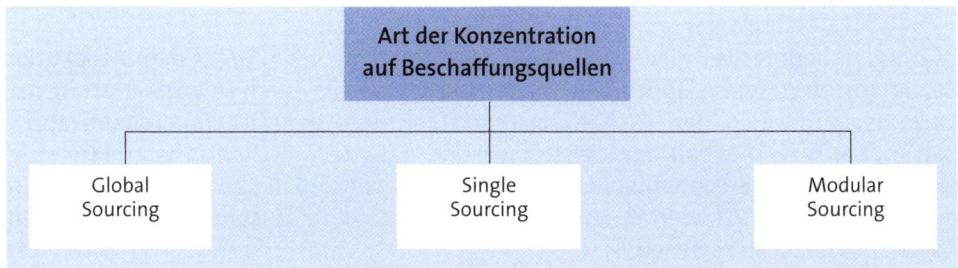

4.4.2.1 Global Sourcing

Die Auffassungen in Literatur und Praxis über Global Sourcing sind nicht einheitlich. Hier wird unter Global Sourcing die internationale Marktbearbeitung in Form der systematischen Ausdehnung der Beschaffungspolitik auf internationale Beschaffungsquellen mit strategischer Ausrichtung verstanden (vgl. *Weber/Kummer*).

Global Sourcing lässt sich nur praktizieren, wenn eine Reihe von **Voraussetzungen** erfüllt wird. Die wichtigsten sind:

► politische Stabilität im Land der Zulieferer

► Handels- und Rechtssicherheit im Land der Zulieferer

► gute Kenntnis der Partnerländer

► intensive Marktforschung

► Bereitschaft zu internationaler Zusammenarbeit

► hohe Qualität der Mitarbeiter

► breite Management-Erfahrung

► international einsatzfähige Einkaufsorganisation

► spezifische logistische und datentechnische Infrastruktur (Fähigkeit zur Nutzung der globalen Datenfernübertragung, diverser Transportmittel u. Ä., vgl. Supply Chain Management A. 4.4).

Global Sourcing ist in der Lage, folgende wichtige **Vorteile** zu bieten:

► Versorgung mit Gütern, die im Inland knapp oder gar nicht vorhanden sind

► Erlangung von Transparenz über global angebotene Leistungen

► Ausnutzung von Konjunktur-, Wachstums- und Inflationsunterschieden

► Senkung der Materialkosten

► Schaffung von Absatzmärkten durch Kontakte im Rahmen der Beschaffungsaktivitäten

► Druck auf inländische Lieferanten

► Verminderung der Abhängigkeit von inländischen Lieferanten

► Erweiterung der Beschaffungsmarktforschung zur Technologieforschung

► Erschließung bisher nicht zugängiger Märkte (Länder) durch Kompensationsgeschäfte.

Es muss unbedingt vermieden werden, Global Sourcing allein unter dem Aspekt der Bezugskosten zu sehen. Zum einen müssen die Kosten, die durch eine Erweiterung der Einkaufsorganisation, der Beschaffungsmarktforschung, der Mitarbeiterqualifikation, den Aufbau bzw. Ausbau der logistischen und datentechnischen Infrastruktur u. Ä. entstehen, gegengerechnet werden, und zum anderen sind die genannten Vorteile in quantifizierbaren Nutzwerten auszudrücken und dann im Zusammenhang mit den Kosten des Bezuges zu sehen.

Den Vorteilen des Global Sourcing stehen einige nicht zu unterschätzende **Nachteile** gegenüber, sie liegen in

- Wechselkursschwankungen, denen allerdings durch Abschlüsse auf Euro-Basis, Kurssicherungsgeschäfte u. Ä. begegnet werden kann
- Transportrisiken
- Qualitätsrisiken
- Kommunikationsproblemen
- politischen und wirtschaftlichen Risiken.

4.4.2.2 Single Sourcing

Single Sourcing bedeutet die Konzentration auf eine einzige Beschaffungsquelle einer bestimmten Materialart.

Kennzeichen des Single Sourcing sind

- eine intensive Gestaltung der Beziehungen zwischen den beiden Partnern
- gegenseitige Abhängigkeiten mit gegenseitigen Vorteilen
- aufeinander abgestimmte Organisation
- Übernahme von technischem Know-how durch den Zulieferer
- gemeinsame Investitionen
- gemeinsame Mitarbeiterteams.

Die materialfluss- und datentechnische Infrastruktur ist integraler Bestandteil der Single Sourcing-Beziehungen (*Weber/Kummer*).

Voraussetzung für Single Sourcing ist ein höchstes Maß an Kooperationsbereitschaft, das von Fachleuten sogar als „Selbstaufgabe" bezeichnet wird.

Single Sourcing spielt insbesondere bei der Just-in-Time-Anlieferung eine besondere Rolle (vgl. Kap. D. 4.5.4).

Die **Vorteile** des Single Sourcing liegen in erster Linie in

- der Senkung der Beschaffungskosten, die sich hauptsächlich aus der Kostendegression beim Zulieferer durch die Fertigung größerer Lose, geringerer Transportkosten u. Ä. ergibt
- der Senkung der Logistikkosten
- dem Wegfall der Materialeingangskontrolle
- der Sicherstellung einer gleichmäßigen Qualität
- der Verminderung der Kapitalbindung.

Nachteile ergeben sich aus

- ▸ Produktionsunterbrechungen beim Zulieferer
- ▸ Streiks
- ▸ Wegfall des Wettbewerbs unter Zulieferern
- ▸ einer möglichen Vernachlässigung der technologischen Entwicklung
- ▸ Schwierigkeiten beim Wechsel des Zulieferers.

4.4.2.3 Modular Sourcing

Es kann sich herausstellen, dass trotz des Praktizierens des Single Sourcing noch zu viele Unternehmen als Zulieferer fungieren. Um dem entgegenzutreten, kann das Modular Sourcing eingeführt werden.

Beim Modular Sourcing werden nicht mehr Einzelteile bezogen, sondern schon vormontierte bzw. montierte Module wie ganze Armaturenbretter, komplette Türen, Sitze und Sitzbänke in der Automobilindustrie oder Festplatten und Diskettenlaufwerke in der Computerindustrie.

Die nachfolgende Darstellung gibt einen Überblick über Modular Sourcing im Vergleich zur herkömmlichen Beschaffung.

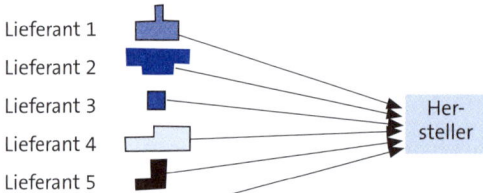
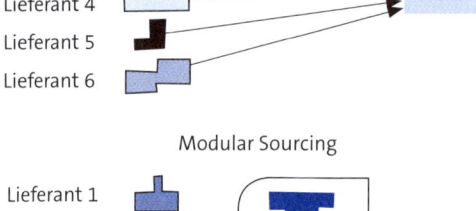
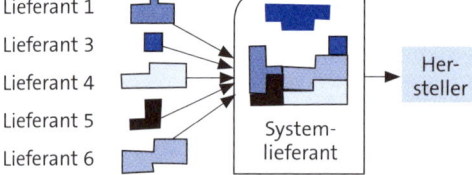

Quelle: *Weber/Kummer*

Beim Modular Sourcing werden wichtige Leistungen wie Forschung und Entwicklung, Beschaffungsmarktforschung, Qualitätssicherung, Einkauf, Logistikleistungen, Fertigungsleistungen vom Abnehmer auf den Zulieferer abgewälzt.

Modular Sourcing erfreut sich in immer mehr Branchen großer Beliebtheit und kann als ein wichtiger Baustein beschaffungslogistischer Konzepte angesehen werden.

4.4.3 Lieferantenauswahl

Auch die Lieferantenauswahl kann als dem strategischen Bereich der Beschaffungslogistik zugehörend angesehen werden.

Die Auswahl der Lieferanten ist selbstverständlich im engen Zusammenhang mit der Gestaltung der Beschaffungsstruktur zu sehen, also mit der Art der Konzentration auf Beschaffungsquellen. Wenn auch naturgemäß der Lieferantenauswahl beim Single Sourcing höchste Bedeutung zukommt, darf bei allen anderen Gestaltungen der Beschaffungsstruktur die Auswahl der Zulieferer nicht vernachlässigt werden.

Der Auswahlprozess vollzieht sich in zwei Phasen:

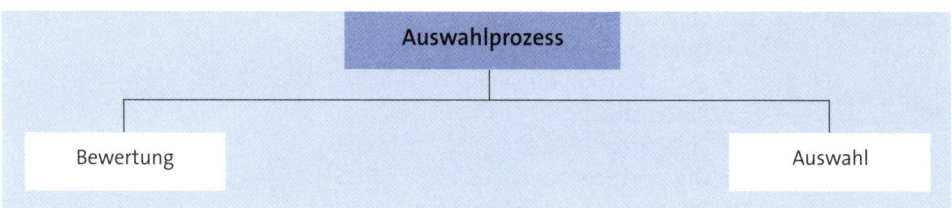

4.4.3.1 Bewertung der Lieferanten

Der erste Schritt bei der Bewertung von Lieferanten besteht in der Festlegung der **Bewertungskriterien**. Jedes Kriterium bezieht sich auf einen Sachverhalt, der aus der Sicht des Abnehmers als wichtig anzusehen ist. Bei der Auswahl der Kriterien ist unbedingt darauf zu achten, dass ein Kriterium nur einen Sachverhalt umfasst und nicht den Sachverhalt eines anderen Kriteriums miterfasst. Es muss Überschneidungsfreiheit bestehen; diese kann erreicht werden, wenn ein paarweiser Vergleich aller Kriterien auf ihre eindeutige inhaltliche Abgrenzung vorgenommen wird (*Sommerer*).

Die Bewertungskriterien dürfen sich nicht allein auf den zu beschaffenden Gegenstand erstrecken, sondern müssen die gesamte Leistungsfähigkeit des Lieferanten umfassen.

Bei der Zusammenstellung von Bewertungskatalogen ist es von Wichtigkeit, dass das bewertende Unternehmen über zuverlässige Informationen über die potenziellen Lieferanten verfügt.

Informationsquellen sind

► Kammern und Verbände
► Mitbewerber

- veröffentlichte Abschlüsse
- Unternehmensberichte aus Fachzeitungen und Fachzeitschriften
- Bankauskünfte
- Branchenverzeichnisse
- Angebote, Kataloge, diverse Werbemittel
- Außendienstberichte
- Gesprächsnotizen qualifizierter Mitarbeiter von Tagungen, Messen u. Ä.
- Vertreterbesuche
- Auskunfteien
- Datenbanken u. Ä.

Ein Bewertungskatalog könnte folgende Kriterien umfassen:

Kriterien zur Beurteilung der wirtschaftlichen Lage des Lieferanten	- Rechtsform - Image - Kapitalbasis - Stellung auf dem Markt - Qualität des Management - Qualität der Mitarbeiter - Kostenstruktur - Ertragslage - Organisation - Forschungs- und Entwicklungsintensität
Kriterien zur Beurteilung der grundsätzlichen Eignung als Zulieferer	- Entfernung zum Abnehmer - Anlieferungsmöglichkeiten - Möglichkeit zur Just-in-Time-Anbindung - Flexibilität im Hinblick auf später mögliche Änderungen - Service - Garantie/Kulanz - Recyclingmöglichkeit - Abstimmung bzw. Integration der rechnergestützten Informationssysteme - Möglichkeit von gemeinsamen Investitionen - Möglichkeit der gemeinsamen Produktionsplanung und Produktionssteuerung - Forschungs- und Entwicklungsaktivitäten u. Ä.
Kriterien zur Beurteilung des Lieferanten im Hinblick auf das Beschaffungsobjekt	- Qualität - Preis - Lieferungsbedingungen - Zahlungsbedingungen - Liefertermine

Nach Festlegung der Bewertungskriterien erfolgt die eigentliche Lieferantenbewertung. Diese wird zweckmäßigerweise mithilfe einer Nutzwertanalyse durchgeführt.

Im Rahmen der **Nutzwertanalyse** wird zunächst eine Punktbewertung der Kriterien vorgenommen, d. h. der Nutzen der einzelnen Kriterien wird mittels bestimmter Bewertungsmaßstäbe ausgedrückt. Als Maßinstrumente kommen infrage:

- die nominale Skalierung
- die ordinale Skalierung
- die kardinale Skalierung.

Die einzelnen Bewertungskriterien haben in der Regel nicht alle den gleichen Rang für die Entscheidungsfindung, sodass die einzelnen Kriterien noch einer Gewichtung unterzogen werden (ausführlicher vgl. Kap. C. 2.2.2.6).

Beispiel

Kriterien	Gewich-tung	Bewertung von 0 - 5 Punkten			
		Lieferant A	Lieferant B	Lieferant C	...
Image					
Zuverlässigkeit					
Entfernung					
Flexibilität					
Kooperationsfähigkeit					
Qualität					
Preis					
Konditionen					
Terminsicherung					

Der Lieferant, bei dem sich die höchste bzw. niedrigste Summe aus der Bewertung und Gewichtung ergibt, je nachdem, ob die höchste oder niedrigste Bewertungszahl als die günstigste angenommen wurde (entweder 1 oder 5 stellt den günstigsten Wert dar), wird als der geeignetste Zulieferer angesehen.

4.4.3.2 Auswahl der Lieferanten

Die Nutzwertanalyse ist eine wertvolle Entscheidungshilfe, stellt jedoch noch nicht die Entscheidung selbst dar. Oft spielen sehr subjektive Momente eine Rolle, die keinen Eingang in die Nutzwertanalyse finden konnten, etwa persönliche Sympathien. Gelegentlich ergeben sich auch Interessenkollisionen. Lieferant A weist zwar die höchste Bewertungssumme auf, aber etwa beim Kriterium Service schneiden Lieferanten B und C besser ab. Trotz der vorgenommenen Gewichtung kann der Entscheidungsträger dem Service so viel Bedeutung beimessen, dass seine Entscheidung nicht zu Gunsten des Lieferanten A ausfällt.

Eine vertretbare Entscheidung kann erst dann getroffen werden, wenn alle infrage kommenden Komponenten objektiver und subjektiver Art berücksichtigt wurden.

Die Lieferantenauswahl ist kein einmaliger Vorgang, sondern erfolgt permanent. Selbst im Rahmen des Single Sourcing ist es angebracht, eine Lieferantenbewertung in gewissen Zeitabständen zu wiederholen.

Zu beachten ist bei der Lieferantenauswahl, dass die damit verbundenen Arbeiten in einem vernünftigen Verhältnis zu dem Stellenwert des Lieferanten im Rahmen des Leistungserstellungsprozesses stehen müssen.

4.5 Beschaffungsformen

Folgende Beschaffungsformen sind zu unterscheiden:

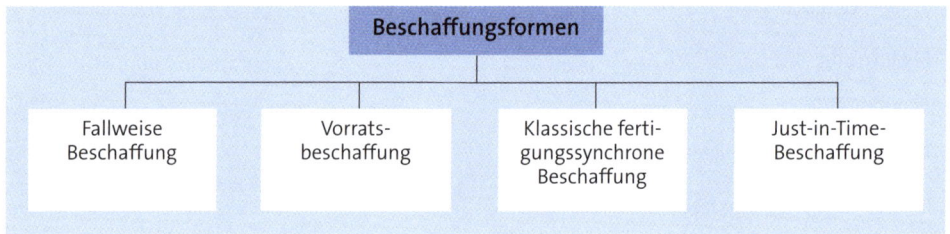

4.5.1 Fallweise Beschaffung

Die fallweise Beschaffung oder Einzelbeschaffung ist eine Beschaffung bei Bedarf und typisch für die Einzelfertigung.

Vorteile der fallweisen Beschaffung liegen in
- einer geringen Kapitalbindung
- niedrigen Zins- und Lagerkosten.

Nachteile bestehen in
- dem Risiko verspäteter Lieferungen
- Nichtlieferungen
- qualitativ unzureichenden Lieferungen
- höheren Beschaffungskosten, wenn zu schlechten Bedingungen eingekauft werden muss, weil etwa Mengenrabatte nicht in Anspruch genommen werden können.

Bei der fallweisen Beschaffung fällt der Terminplanung eine wichtige Rolle zu.

4.5.2 Vorratsbeschaffung

Die Vorratsbeschaffung ist dadurch gekennzeichnet, dass Beschaffungsmengen und Verbrauchsmengen stichtagbezogen nicht deckungsgleich sind.

Vorratsbeschaffung wird von den Unternehmen betrieben, weil sie folgende **Vorteile** sehen:

- ► Sicherung des Leistungserstellungsprozesses durch ausreichende und jederzeit verfügbare Lagervorräte
- ► Ausnutzung günstiger Konditionen durch die Beschaffung größerer Mengen
- ► Ausnutzung günstiger Preise bzw. Kurse.

Den Vorteilen stehen auch gravierende **Nachteile** entgegen wie

- ► hohe Kapitalbindung
- ► hohe Zins- und Lagerkosten
- ► größerer Raum- und Personalbedarf
- ► größere Schwundgefahr.

4.5.3 Klassische fertigungssynchrone Beschaffung

Die produktionssynchrone Beschaffung versucht, die Nachteile der fallweisen Beschaffung und der Vorratsbeschaffung zu kompensieren.

Von einer fertigungssynchronen Beschaffung spricht man, wenn Beschaffungsmenge und Bedarfsmenge weitestgehend identisch sind.

Bei der fertigungssynchronen Beschaffung werden mit Lieferanten längerfristige Verträge abgeschlossen, die neben den üblichen Bestandteilen die Verpflichtung des Lieferanten zum Inhalt haben, die „eingekauften" Güter zu bestimmten am Produktionsprozess orientierten Terminen zu liefern. Dadurch entfällt die Lagerhaltung beim Beschaffer weitgehend, sieht man von Übergangslägern ab, und die damit verbundenen Risiken (s. o.) werden minimiert.

Voraussetzungen für eine sinnvolle fertigungssynchrone Beschaffung sind

- ► ein einheitliches Produktionsprogramm
- ► ein kontinuierlicher Fertigungsablauf
- ► eine entsprechende Marktmacht, um günstige Verträge vereinbaren zu können
- ► Kooperationsbereitschaft auf beiden Seiten.

Häufig werden in den Kaufverträgen **Konventionalstrafen** vereinbart, um den Risiken verspäteter und fehlerhafter Lieferungen oder sogar von Nichtlieferungen zu begegnen.

4.5.4 Just-in-Time-Beschaffung

4.5.4.1 Wesen des Just-in-Time-Konzeptes

Just-in-Time ist ein Begriff, der seit einigen Jahren breiten Kreisen der Bevölkerung vertraut geworden ist. Obwohl über Just-in-Time viel geschrieben und diskutiert wurde, wird dieser Begriff noch unterschiedlich interpretiert und in unterschiedlichen Zusammenhängen verwendet.

Das Just-in-Time-Konzept kann als ein unternehmensübergreifendes Konzept angesehen werden, das das Hauptziel hat, nicht wertschöpferische Tätigkeiten auf ein Minimum zu reduzieren. *„Das Ziel von Just-in-Time ist, fortdauernde Verschwendung und Verzögerung in jeder Stufe vom Rohmaterial zum Endkunden und vom Konzept zum Markt zu eliminieren"* (*Bicheno*).

Der unternehmensinterne und der externe Materialfluss und Datenfluss sind möglichst zu vereinfachen und zu rationalisieren, und nur solche Leistungen sind zu produzieren, für die der Kunde bereit ist zu zahlen, es handelt sich dabei um „Arbeiten mit Wertzuwachs". Sämtliche Teile und Produkte werden erst gefertigt, wenn die nachfragenden Leistungseinheiten den Bedarf anmelden. Das benötigte Material wird produktionssynchron beschafft.

Wildemann, 2000 führt für das Just-in-Time-Konzept aus: *„Ein moderner Ansatz, die Kosten zu senken, ist die Realisierung niedriger Durchlaufzeiten und Bestände bei hoher Flexibilität sowie gleichzeitiger Verringerung des Umlaufvermögens zu Gunsten des Anlagevermögens."*

Just-in-Time kann sowohl in der Beschaffungslogistik als auch in der Produktionslogistik und Distributionslogistik eingesetzt werden, wobei die Beschaffung und Produktion eine sehr enge Schnittstelle aufweisen.

Das Just-in-Time-Konzept reicht über den reinen Logistik-Bereich hinaus und kann als eine eigene Philosophie angesehen werden. Viele sehen im Just-in-Time ein „Logistik-Leitbild".

Die Einführung des Just-in-Time-Konzeptes in der Praxis basiert auf folgenden Überlegungen (*Wyss*):

► Bestände in der Produktion und im Lager stellen gespeicherte Kapazität dar. Diese „Kapazitäten" sind im Anlagevermögen und nicht im Umlaufvermögen zu speichern.

► Ein Senken der Bestände bei einer flussorientierten Produktion ermöglicht das Sichtbarmachen von Fehlern wie nichtabgestimmte Kapazitäten, fehlende Flexibilität, mangelnde Termintreue und von Qualitätsproblemen.

► Kurze Durchlaufzeiten sind erforderlich, um die Komplexität in der Fertigung zu reduzieren und die Planungssicherheit und die Termintreue zu verbessern.

► Die Produktion soll wieder überschaubar werden. Dies zwingt zu einfachen Strukturen.

► Die Vorteile der Fließfertigung sind mit denen aus der Losfertigung zu vereinen, was im Idealfall durch die Produktion von kleinen periodengerechten Losgrößen möglich wird.

Niedrige Rüstzeiten sowie harmonisierte Kapazitäten sind zwingende Voraussetzungen.

Die folgende Darstellung gibt einen Überblick über Arbeiten mit „Wertzuwachs" bzw. versteckte und offene Verschwendung:

Arbeiten mit Wertzuwachs (wofür der Kunde bereit ist, zu zahlen)	Versteckte Verschwendung (Arbeiten ohne Wertzuwachs, aber unter gegenwärtigen Bedingungen notwendig)	Offene Verschwendung (alles, was für die eigentliche Arbeit nicht benötigt wird)
► Fügen von Werkstücken ► Druck einer Presse, um Teile zu formen ► Anschrauben von Teilen ► Schweißen von Teilen ► Lackieren der Karosserie	► Werkzeugwechsel ► Transport von Teilen, weil Maschinen und Einrichtungen zu weit voneinander entfernt sind ► Mehrfaches Handhaben von Werkstücken ► Teile auspacken ► Teile holen Ziel: Veränderung der Arbeitsbedingungen und -methoden	► Überproduktion ► Unnötige Materialbewegungen durch unzureichende Organisation ► Produzieren fehlerhafter Teile ► hohe Lagerbestände ► Wartezeiten durch fehlende Materialien Ziel: Verringerung der Durchlaufzeiten durch verbesserten Materialfluss und Abbau von Beständen

Quelle: *Rogalla in Verb. mit Trainingspaket KVP der Adam Opel AG*

Just-in-Time bedeutet, wie bereits dargestellt wurde, nicht nur die fertigungssynchrone Beschaffung, sondern bedeutet u. a. noch

► Minimierung der Wartezeiten (Zero Lead Time)
► Minimierung des Arbeitszeitbedarfs (Zero Handling)
► Minimierung der Rüstzeiten (Zero Set-Up)
► Minimale Losgrößen (Zero Lot Size)
► Minimierung der Qualitätsfehler (Zero Defects)
► Minimierung der Fertigungsschwankung (Zero Surging)
► Schnellste Fehlerbeseitigung und vorbeugende Instandhaltung (Zero Breakdown).

Obwohl Just-in-Time weitaus mehr Aspekte abdeckt als den beschaffungslogistischen Gesichtspunkt, wird im Zusammenhang der Beschaffungslogistik darauf eingegangen, da das JIT-Konzept eine wichtige Rolle in der Beschaffung spielt.

Unter dem **beschaffungslogistischen Aspekt** kann Just-in-Time als ein Konzept gesehen werden, das

- die Senkung der Bestände innerhalb der gesamten logistischen Kette zum Ziel hat und sie möglichst an den Anfang der Wertschöpfung platzieren will
- enge Anbindungen des Lieferanten an das Unternehmen erreichen will und eine Gewinnpartnerschaft mit dem Lieferanten anstrebt
- das Hol- durch das Bringprinzip ablöst
- die Qualitätskontrolle nicht auf den Materialeingang und Warenausgang beschränkt, sondern die Qualitätskontrolle auf den gesamten Leistungserstellungsprozess ausdehnt vom Zulieferer bis zum Endabnehmer
- die Transaktionskostensenkung zum Ziel hat.

Das Praktizieren von Just-in-Time hat zu Änderungen des Anspruchs gegenüber der Produktionsplanung und -steuerung geführt. *„Gefragt sind PPS-Modelle, welche in der Lage sind, auf mehreren hierarchischen Planungs- und Steuerungsebenen die unterschiedlichen Anforderungen abzudecken". Wyss* stellt folgende funktionale Anforderungen aus der Anwendersicht an PPS-Systeme:

- der Funktionsumfang von PPS-Systemen ist hinsichtlich Planungshorizont und zu planenden Ressourcen wesentlich zu erweitern
- die Planungs-, Steuerungs- und Kontrollfunktionen müssen durchgängig, stufengerecht und in die logistische Kette integrierbar sein.

Hinzu kommen müssen Funktionen wie

- PPS-Module für produktionssynchrone Beschaffung: Rahmenverträge, Abrufbestellungen
- Einbindung von Zulieferern in PPS-Systeme, Kommunikation
- Bedarfsplanung simultan mit Durchlauf- und Kapazitätsterminierung
- Simulationsmöglichkeiten für die Größen Lagerbestände, Durchlaufzeiten und Kapazitätsauslastungen
- Aufbereitung von logistischen Erfahrungswerten wie Lagerbestände, Durchlaufzeiten, Auslastung von Pufferlagern und Transportmitteln
- stufengerechte und zeitliche Verdichtungsmöglichkeiten
- verschiedene PPS-Methoden und Planungstiefen in Abhängigkeit der Ausprägung verschiedener Textsegmente (Größe, Anzahl der Aufträge, Bearbeitungs- und Durchlaufzeiten, Automatisierungsgrad, Steuerungssysteme)
- Visualisierung, Grafikfähigkeit.

Es ist an dieser Stelle nicht die Aufgabe, auf die zahlreichen PPS-Konzepte einzugehen, die ständig weiterentwickelt werden. Es wird in diesem Zusammenhang auf die bekanntesten Konzepte hingewiesen:

- die Kanbansteuerung
- das MRP-II-Konzept (Manufacturing Resource Planning)

- die belastungsorientierte Auftragsfreigabe (BOA)
- die Engpasssteuerung OPT (Optimized Production Technique)
- das Fortschrittskennzahlen-Modell.

Wird mit dem Just-in-Time-Konzept gearbeitet, werden zwar PPS-Systeme eingesetzt, aber PPS und JIT sind nicht gleichzusetzen wie dies gelegentlich fälschlicherweise geschieht.

In der folgenden tabellarischen Darstellung wird anhand eines vereinfachten Auftragsdurchlaufs in 17 Schritten gezeigt, bei welchen Funktionen

- ein PPS-Einsatz erfolgt
- JIT-Verfahren angewandt werden
- eine Kombination beider erfolgt.

Systeme wie Just-in-Time sind im Zusammenhang mit dem Supply Chain Management zu sehen (vgl. A. 4).

4.5.4.2 Voraussetzungen für Just-in-Time

In den letzten Jahren hat in einigen Branchen eine Just-in-Time-Euphorie um sich gegriffen, und Unternehmen haben versucht, ein Just-in-Time-Konzept einzuführen, ohne sich völlig im Klaren zu sein, dass zumindest ein Teil der Voraussetzungen nicht gegeben war.

Soll ein Just-in-Time-Konzept erfolgreich ablaufen, müssen folgende Hauptvoraussetzungen erfüllt sein:

- Bereitschaft zu einer vertrauenswürdigen, sehr engen Zusammenarbeit über einen längeren Zeitraum zwischen den beiden Partnern
- höchste Qualitätssicherheit des Lieferanten
- hoher Lieferbereitschaftsgrad (Servicegrad) des Lieferanten
- Abstimmung von Strategien des Lieferanten und des Abnehmers
- Abstimmung der Informationssysteme
- möglichst gemeinsame Bestandsführung
- Zugriffsmöglichkeit des Abnehmers auf die PPS-Systeme des Lieferanten
- ablauforientierte Gestaltung der Fertigung
- Informations- und Materialflussoptimierung
- Fertigung kleiner Losgrößen
- Schaffung von Kapazitätsreserven
- hohe Prognosesicherheit
- gute Verkehrsinfrastruktur
- gutes Management

- gutes Logistik-Know-how von Lieferanten und Abnehmern
- eine entsprechende Marktmacht des Bestellers
- Bereitschaft des Lieferanten, sich in Werksnähe anzusiedeln.

Weitere Voraussetzungen beziehen sich auf die im Rahmen der Just-in-Time-Anlieferung zu beziehenden Teile. Diese müssen einen hohen Verbrauch und einen hohen
Wert bzw. ein hohes Volumen repräsentieren. Bei der Bestimmung dieser Teile leisten
die ABC-Analyse und die diese ergänzende XYZ-Analyse wertvolle Dienste (vgl. Kap.
C. 2.1.2.1.1 und 2.1.2.1.2).

Nr.	Aufgabe	JIT	PPS
1	Auftragsannahme (Verfügbarkeitsprüfung, Kreditlimitprüfung)		X
2	MRP-Planung (Net-Change), Brutto-Netto-Rechnung, Stücklistenauf-lösung, Vorlaufverschiebung, Kapazitätsterminierung, Kapazitätsab-gleich		X
3	Terminänderungen berücksichtigen		X
4	Auftragsbestätigung erstellen		X
5	Einkauf von Materialien und Überwachung der Lieferung	X	X
6	Ware annehmen, prüfen und einlagern bzw. zur Verbrauchsstelle (Kostenstelle) liefern	X	X
7	Zubuchung (Material)		X
8	Eingangsrechnung prüfen und bezahlen		X
9	Auftragsbezogene Teile zum Starttermin bereitstellen	X	X
10	Produkte fertigen	X	X
11	Kanban-Baugruppen fertigen	X	
12	Kanban-Teile nachfüllen	X	
13	Schüttgut (C-Teile) nachfüllen	X	X
14	Abbuchungen (Material, Baugruppen) und Zubuchungen (Baugrup-pen, Endprodukt)		X
15	Produkte versandfertig machen	X	X
16	Lieferschein erstellen, Auslieferung (inkl. Quittung), Abbuchung (End-produkt), Rechnung fakturieren		X
17	Kundenauftrag nachkalkulieren		X

Quelle: *Specht/Ahrens/Wolter*

4.5.4.3 Vorteile und Risiken des Just-in-Time-Konzeptes

Die **Vorteile** des Just-in-Time-Konzeptes liegen in

- dem Aufbau einer Vertrauensbasis zwischen Lieferanten und Abnehmer
- der Senkung der Bestands-, Lager- und Handlingkosten

Folgende Kostensenkungspotenziale werden genannt:

- bis 80 % bei den Beständen
- bis 65 % bei den Flächen
- bis 50 % beim Handling.

Darüber hinaus kann eine Verbesserung der Durchlaufzeit bis ca. 70 % erreicht werden.

Eine Steigerung der Produktivität um 25 % ist festgestellt worden.

► der Vermeidung von Problemen in der Materialwirtschaft

► der Möglichkeit, Schwachstellen im Auftragsdurchlauf aufzudecken und zu beseitigen

► einer möglichen Mitarbeitermotivation.

Den Vorteilen stehen auch einige **Risiken** gegenüber. Hauptrisiken sind

► die Möglichkeit, in Abhängigkeit von Lieferanten zu geraten
► die Erhöhung der Transportkosten durch Erhöhung der Anzahl der Lieferungen
► ökologische Belastungen durch das erhöhte Transportaufkommen.

Nicht von der Hand zu weisen sind Risiken, die für die Zulieferer dadurch entstehen, dass Probleme der Abnehmer auf sie verlagert werden. Auch die Gefahr darf nicht übersehen werden, dass Just-in-Time zu einem „Lieferantensterben" führen kann.

4.5.4.4 Realisierung des Just-in-Time-Konzeptes in der Beschaffung

Die Just-in-Time-Beschaffung läuft in der Regel in folgenden Phasen ab:

► Vorbereitung der Mitarbeiter auf das System
► Lieferantenauswahl
► Abschluss von Rahmenvereinbarungen mit den Lieferanten
► Lieferabruf
► Feinabruf.

Die genannten Phasen haben folgende Inhalte und Aktivitäten:

Vorbereitung der Mitarbeiter auf das System	Die Mitarbeiter sind rechtzeitig auf das neue System durch Information und Schulung einzustellen. Personelle Änderungen bzw. Änderungen von Arbeitsgebieten sind rechtzeitig zu planen und den Mitarbeitern mitzuteilen. Solche Änderungen erstrecken sich beispielsweise auf die Qualitätskontrolle, die nicht mehr als Eingangskontrolle durchgeführt wird, sondern eine permanente Kontrolle während des gesamten Leistungserstellungsprozesses vom Lieferanten bis zum Endabnehmer darstellt.
Lieferanten- auswahl	Die Lieferantenauswahl erfolgt besonders sorgfältig. Es wird auf die Ausführungen in den Kapiteln D. 4.4.2 „Art der Konzentration auf Beschaffungsquellen" und D. 4.4.3 „Lieferantenauswahl" hingewiesen.
Abschluss von Rahmenvereinbarungen mit den Lieferanten	Die Rahmenvereinbarungen erstrecken sich in der Regel auf einen Zeitraum von 12 bis 18 Monaten und sind rollierend zu aktualisieren. Sie stellen eine Bedarfs- und Kapazitätsvorschau dar.
Lieferabruf	In den Lieferabrufen werden die Lieferkonditionen genau festgelegt. Es sind Rahmenaufträge, durch die die Freigabe beim Lieferanten für die Beschaffung der benötigten Materialien und für die Vorfertigung erfolgt. Der Käufer verpflichtet sich, bestimmte Mengen innerhalb eines bestimmten Zeitraumes abzunehmen. Die Aktualisierung erfolgt üblicherweise monatlich.
Feinabruf	Der Feinabruf oder Direktabruf oder Versandabruf geschieht auf der Grundlage des Rahmenauftrages. Die genauen Mengen, Liefertermine und Lieferorte werden konkretisiert. Es sind häufig produktionssynchrone Abrufe. Bei den Abrufen werden moderne Kommunikationstechniken eingesetzt.

Die folgende Darstellung vermittelt einen Überblick über Abrufvarianten bei Kaufteilen eines Automobilherstellers.

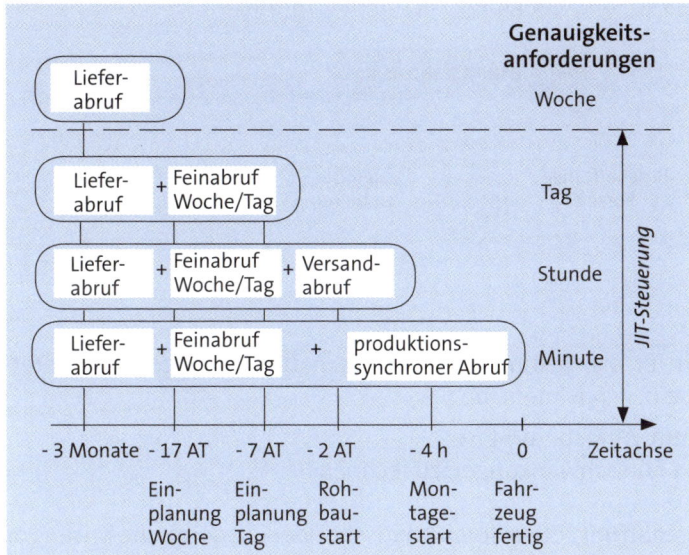

Quelle: *Weber/Kummer*

Auf weitere Aspekte des Just-in-Time-Konzeptes wird im Rahmen der Produktionslogistik (vgl. Kap. F. 4.3.8) eingegangen.

4.6 Beschaffungsmenge

Nach der Bedarfsermittlung, der Bestandsermittlung und der Festlegung der Beschaffungsform ist das nächste Glied in der logistischen Kette die Festlegung der Beschaffungsmenge.

Bei den Überlegungen, die bei der Planung der Beschaffungsmenge anzustellen sind, wird von drei Möglichkeiten ausgegangen:

- ► Beschaffungsmenge = Bedarfsmenge
- ► Beschaffungsmenge = Bedarfsmenge - Bestandsmenge
- ► Beschaffungsmenge > Bedarfsmenge.

Auf die Beschaffungsformen, die diesen Möglichkeiten zugrunde liegen, wurde bereits ausführlich eingegangen. Die Ausführungen über die Beschaffungsmenge sind deshalb grundsätzlicher Art und beziehen sich nicht auf eine bestimmte Beschaffungsform.

4.6.1 Bestimmungsfaktoren der Beschaffungsmenge

Die Beschaffungsmenge wird durch folgende Faktoren bestimmt:

4.6.1.1 Marktsituation

Die Marktsituation kann für die Bestimmung der Beschaffungsmengen von unterschiedlicher Bedeutung sein, je nachdem, ob

- die Beschaffung gehemmt/ungehemmt ist
- mit größeren Preis- und Kursschwankungen zu rechnen ist.

Bei einer **gehemmten Beschaffung**, etwa durch politische oder ökonomische Krisen vor allem im Ausland oder bei drohenden Streiks u. Ä. wird ein Unternehmen dazu tendieren, größere Mengen zu beschaffen.

In Situationen mit **größeren Preis- und/oder Kursschwankungen**, denen nicht durch vertragliche Regelungen begegnet werden kann, wird man die Beschaffungsmengen diesen Schwankungen anpassen und sich ggf. mit größeren Mengen als ursprünglich beabsichtigt eindecken bzw., falls die Bedarfsmengenfeststellung das gestattet, kleinere Mengen beschaffen.

4.6.1.2 Beschaffungskosten

Ein wichtiges logistisches Ziel ist es, zur Minimierung der Beschaffungskosten beizutragen. Es ist also erforderlich, sämtliche anfallenden Beschaffungskosten zu kennen.

Im Folgenden wird der Begriff der Beschaffungskosten weit gefasst, er umfasst

- die eigentlichen Beschaffungskosten
- die Lagerkosten
- die Finanzierungskosten
- die Fehlmengenkosten.

Im Einzelnen handelt es sich bei den Beschaffungskosten um folgende Kosten:

Beschaffungskosten	
Bestandteile der Beschaffungskosten	Kosteninhalt
Eigentliche Beschaffungskosten	▶ Unmittelbare Beschaffungskosten = Menge · Einstandspreis ▶ Mittelbare Beschaffungskosten von Bestellzahl und -größe abhängig
Lagerkosten	▶ Raumkosten ▶ Vorratshaltungskosten ▶ Zinskosten für das gebundene Kapital ▶ Innerbetriebliche Transportkosten
Finanzierungskosten	▶ Kapitalbeschaffungskosten
Fehlmengenkosten	▶ Preisdifferenzen ▶ Konventionalstrafen ▶ Stillstandskosten ▶ Entgangene Gewinne ▶ Goodwill-Verluste ▶ Sonstige Kosten

4.6.1.3 Losgrößeneinheiten

Losgrößeneinheiten haben eine hohe Logistikrelevanz. Losgrößeneinheiten können sein:

Transportmittel- einheit	Verpackungs- einheit	Lagerraum- einheit	Branchenübliche Bestelleinheit
Die Losgröße stellt ein Vielfaches des Fassungsvermögens eines einzuset- zenden Transport- mittels dar.	Die Losgröße stellt ein Vielfaches des Fassungsvermögens der gewählten Ver- packungsform dar.	Die Losgröße stellt ein Vielfaches des Fassungsvermögens des Lagerraums dar.	Aus Vereinba- rungsgründen u. a. orientiert sich die Bestellung daran.
LKW, Container- schiffe, Feeder Schiffe, Lufttrans- porter u. Ä. Vgl. Kap. C 3.2.1	Container, Paletten, formstabile Behäl- ter, forminstabile Behälter, Gebinde. Vgl. Kap. C 3.2.3	Lagerblocks, Lager- fächer, Bunker, Silos u. Ä. Vgl. Kap. C 3.3.3	100 Stück, 1.000 Stück, kg, t, Dzd.

4.6.1.4 Finanzieller Spielraum

Nicht zuletzt orientiert sich die Beschaffungsmenge am finanziellen Spielraum eines Unternehmens. Hat es einen hohen finanziellen Spielraum, ist es in der Lage, größere Mengen bei günstigen Preisen abzunehmen und grundsätzlich günstige Zahlungsbedingungen auszuhandeln.

Bei einem geringen finanziellen Spielraum muss besonders großer Wert auf die Gestaltung der Zahlungsbedingungen gelegt werden.

Auf jeden Fall ist ein Kostenvergleich Eigenfinanzierung/Kreditfinanzierung anzustellen.

4.6.2 Beschaffungsmengenoptimierung

Auf die Ermittlung der optimalen Beschaffungsmenge wurde bereits im Kapitel C. 2.4.3 ausführlich eingegangen, sodass an dieser Stelle lediglich ein zusammenfassender Überblick gegeben wird.

Die Beschaffungsmengenoptimierung ist mithilfe folgender Verfahren möglich:

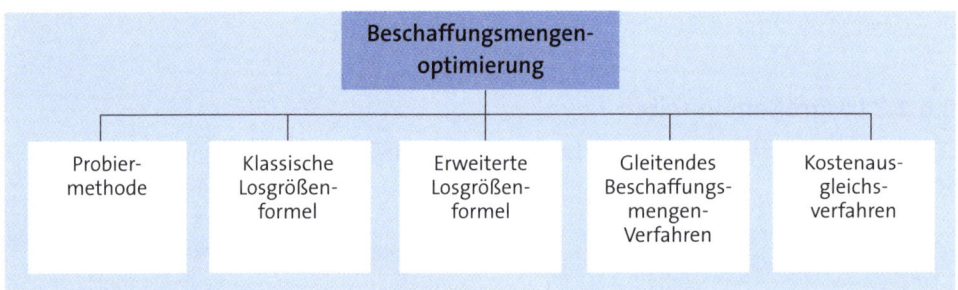

Diese Verfahren lassen sich wie folgt charakterisieren:

Probiermethode	Die relevanten Gesamtkosten werden für mehrere Beschaffungsmengen ermittelt. Die optimale Beschaffungsmenge ist die mit den niedrigsten Gesamtkosten (vgl. C. 2.4.3).
Klassische Losgrößenformel	Die Andler'sche Losgrößenformel lässt sich auch zur Ermittlung der optimalen Beschaffungsmenge einsetzen. Die Kosten der Beschaffung und Lagerung werden auf die Einheit bezogen. Die minimalen Kosten der Einheit lassen sich errechnen, indem man die formulierte Gleichung nach x differenziert und diese Ableitung gleich 0 setzt (vgl. C. 2.4.3).
Erweiterte Losgrößenformel	Es findet eine gewisse Dynamisierung der klassischen Losgrößenformel statt, indem die Lagerzugangsraten und Lagerabgangsraten in die Rechnung einbezogen werden (vgl. C. 2.4.3).

Gleitendes Beschaffungs-mengen-Verfahren	Auch beim gleitenden Beschaffungsmengen-Verfahren wird das Minimum aus Bestell- und Lagerkosten ermittelt, allerdings in einer dynamischen Rechnung. Man geht nicht wie *Andler* von einem Durchschnittsbedarf, sondern von schwankenden Bedarfsmengen in den einzelnen Perioden aus. Es wird ein umfangreicher Rechenprozess schrittweise durchgeführt (vgl. C. 2.4.3).
Kosten-ausgleichs-verfahren	Das Kostenausgleichsverfahren geht davon aus, dass sich im Minimum der Summe aus Bestellkosten und Lagerhaltungskosten je Mengen-einheit eine Gleichheit der Kostenhöhe beider Kostenarten ergibt. Die optimale Beschaffungsmenge wird ermittelt, indem die Lagerhaltungs-kosten stufenweise für jede Periode festgestellt werden, bis sie von der Höhe her in etwa mit den Bestellkosten korrespondieren. Ist dieser Punkt erreicht, ist der bis hierhin kumulierte Nettobedarf die optimale Beschaffungsmenge (vgl. C. 2.4.3).

4.7 Beschaffungstermine

In engem Zusammenhang mit den Beschaffungsformen und den Beschaffungsmen-gen sind die Beschaffungstermine zu sehen. Ihnen ist ein besonderes Augenmerk zu widmen, da eine falsche Terminplanung den gesamten Leistungserstellungsprozess zum Stocken bringen kann.

Die Beschaffungstermine orientieren sich an den betrieblichen Erfordernissen und Ge-gebenheiten wie Bedarf, Lagerbestand, Beschaffungsform u. Ä. und an der Wiederbe-schaffungszeit.

4.7.1 Wiederbeschaffungszeit

Als Wiederbeschaffungszeit ist die Zeit vom Initiieren der Bestellung bis zur Dispositi-onsmöglichkeit der gelieferten Wirtschaftsgüter im Lager anzusehen.

Die Wiederbeschaffungszeit setzt sich aus folgenden Zeiträumen zusammen

- Zeit der Auftragsvorbereitung
- Lieferzeit
- Einlagerzeit und Kontrollzeiten.

Die **Zeit der Auftragsvorbereitung** umfasst Aktivitäten der Disposition und des Ein-kaufs.

Die **Lieferzeit** reicht von dem Bestelleingang beim Lieferanten bis zur Lieferung der Wirtschaftsgüter ins Unternehmen.

Die **Einlagerzeit** beinhaltet die Zeit der körperlichen Einlagerung und die buchmäßige Erfassung. Die **Kontrollzeiten** erstrecken sich auf die Wareneingangskontrolle und die Qualitätskontrolle. Bei einer Just-in-Time-Anlieferung entfallen diese Kontrollzeiten.

4.7.2 Ermittlung der Beschaffungstermine

Für die Ermittlung der Beschaffungstermine gibt es mehrere Möglichkeiten, je nachdem, ob es sich um eine

- ► verbrauchsbedingte Bestandsergänzung oder
- ► bedarfsbedingte Bestandsergänzung

handelt.

4.7.2.1 Verbrauchsbedingte Bestandsergänzung

Die verbrauchsbedingte Bestandsergänzung kommt für Hilfs- und Betriebsstoffe sowie andere Materialien mit nicht hohem Wert infrage (vgl. Kap. D. 4.2.2.1).

Für die Ermittlung der Beschaffungstermine ergeben sich zwei Verfahren:

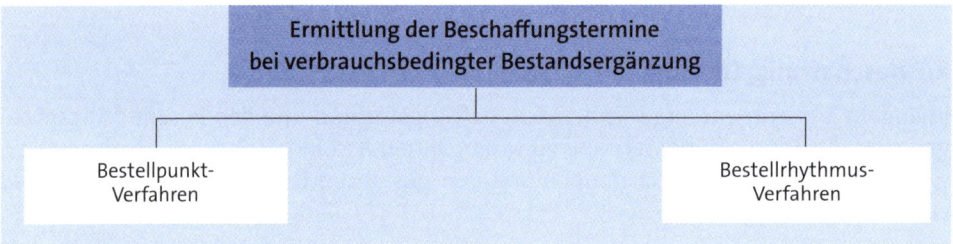

4.7.2.1.1 Bestellpunkt-Verfahren

Das Bestellpunkt-Verfahren geht vom verfügbaren Bestand aus. Die Beschaffung wird ausgelöst, wenn der auf Lager befindliche Bestand eine vorgegebene Menge, den Bestellpunkt, erreicht hat. Dabei handelt es sich um die Menge, die zur Abdeckung des Bedarfs benötigt wird, der zwischen der Auslösung der Bestellung und der Bereitstellung der ergänzenden Lieferung im Lager voraussichtlich verbraucht wird, ohne die „eiserne Reserve" anzugreifen (*Olfert/Rahn*).

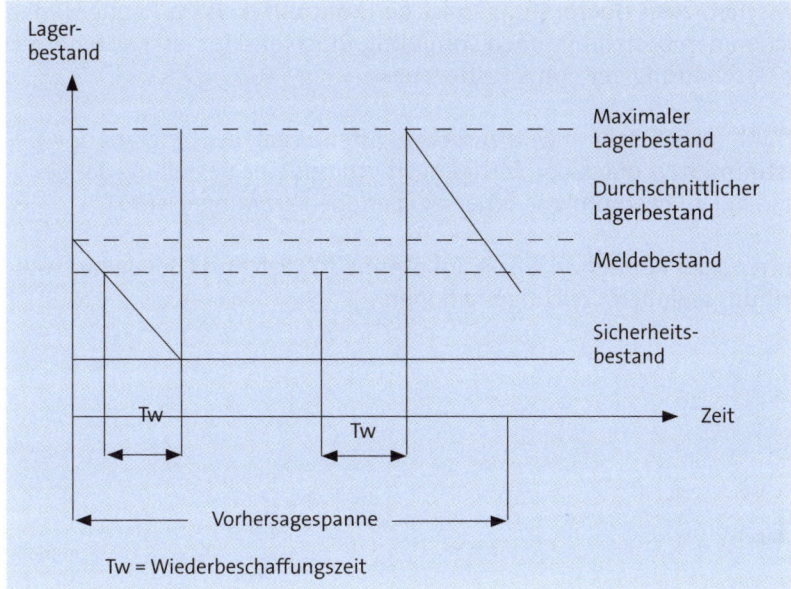

Quelle: *Olfert/Rahn*

Zur Ermittlung des Bestellpunktes findet man zwei Verfahren:

- fester Bestellpunkt
- gleitender Bestellpunkt.

Beim Verfahren der **festen Bestellpunkte** legt man die Bestellpunkte am Anfang der Rechenperiode fest. Während dieser wird die Bestellnotwendigkeit nicht weiter überprüft. Da konstanter Bedarf und konstante Wiederbeschaffungszeiten unterstellt werden, kommt dieses Verfahren selten zur Anwendung.

Beim **gleitenden Bestellpunkt-Verfahren** wird der Lagerbestand kontinuierlich bei jedem Abgang per EDV kontrolliert. Dieses Verfahren gestattet eine Anpassung an Veränderungen des Bedarfs und der Wiederbeschaffungszeit. Eine umgehende Berücksichtigung der Lagerbewegungen ermöglicht sofortige Reaktionen auf kritische Bestandssituationen mit dem Vorteil des Haltens niedriger Sicherheitsbestände (ausführlich *Oeldorf/Olfert*).

4.7.2.1.2 Bestellrhythmus-Verfahren

Beim Bestellrhythmus-Verfahren wird der Lagerbestand in bestimmten konstanten Zeitintervallen überprüft. Wird der Bestellpunkt unterschritten, erfolgt die Auslösung der Beschaffung.

Der Abstand zwischen zwei Überprüfungen ist der **Kontrollzyklus**. Je häufiger man Kontrollen zwischen den Bestellrhythmen vornimmt, umso exakter lässt sich die Bestellmenge zum Beschaffungszeitpunkt festlegen.

Auf das Bestellrhythmus-Verfahren wird zurückgegriffen, wenn der Lieferant den Lieferrhythmus bestimmt bzw. durch den Fertigungsrhythmus eine Bestellung der benötigten Materialien nur zu bestimmten Vorhersageperioden erzwungen wird.

Der Bestand während der Kontrollzyklen ist unbekannt, folglich muss der Bedarf während der Überprüfungszeit Berücksichtigung finden:

$$B_M = \frac{V_T \left(T_W + T_U \right)}{T_P}$$

B_M = Bestellpunkt = Meldebestand

V_T = Verbrauch in Tagen

T_W = Wiederbeschaffungszeit in Tagen

T_U = Überprüfungszeit in Tagen

T_P = Vorhersageperiode in Tagen

Beispiel

V_T = 180 Stück

T_W = 18 Tage

T_U = 6 Tage

T_P = 6 Tage

$$B_M = \frac{180 \, (18 + 6)}{6}$$

$$B_M = \mathbf{720}$$

4.7.2.2 Bedarfsbedingte Bestandsergänzung

Die bedarfsbedingte Bestandsergänzung eignet sich für Materialien mit höherer Qualität, für A-Güter und B-Güter. Zur Bedarfsermittlung bedient sie sich der Stücklistenauflösung.

Bei der bedarfsbedingten Bestandsergänzung wird die Reichweite des Lagers festgestellt. Eine Lagerergänzung erfolgt, wenn sich durch die Eindeckung ein bestimmter Wert ergibt.

Für die Beschaffungstermin-Bestimmung benötigt man die

► Isteindeckungszeit
► Solleindeckungszeit.

Als **Isteindeckungszeit** versteht man die Zeit, bis zu der der verfügbare Bedarf unter Zugrundelegung des zu erwartenden Bedarfs ausreicht.

Die **Solleindeckungszeit** gibt die Zeit an, bis zu der Lagerbestand und Bestellbestand ausreichen müssen. Folgende Zeiten müssen abgedeckt sein:

- ► Wiederbeschaffungszeit
- ► Kontrollzeit
- ► Sicherheitszeit
- ► Länge der Planperiode.

Die Solleindeckungszeit wird ermittelt:

$$T_{Soll} = T_X + T_W + T_U + T_p + T_S$$

T_{Soll} = Solleindeckungszeit

T_X = Tag der Bestellung

T_W = Wiederbeschaffungszeit

T_U = Überprüfzeit (Kontrollzeit)

T_p = Länge der Planperiode

T_S = Sicherheitszeit

Eine Bestellung wird ausgelöst, wenn die Solleindeckungszeit größer als die Ist-Eindeckungszeit ist.

Der **Soll-Liefertermin** ist der letzte Termin, der die Lieferbereitschaft noch garantiert. Er resultiert aus dem Ist-Eindeckungstermin, vermindert um eine Sicherheitszeit und Kontrollzeit (ausführlich *Oeldorf/Olfert*).

4.8 Beschaffungswege

Die Beschaffungswege sind so zu wählen, dass die Beschaffungszeiten kurz gehalten werden und die Transport-, Lager- und Dispositionskosten minimiert werden können.

Folgende Beschaffungswege sind zu unterscheiden:

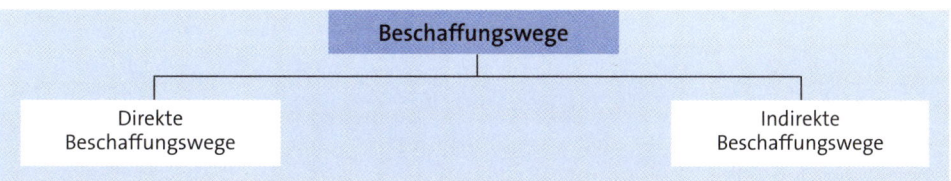

4.8.1 Direkte Beschaffungswege

Beim direkten Beschaffungsweg erfolgt der Warenfluss unmittelbar vom Hersteller (Lieferanten) zum Abnehmer. Diese Form der Beschaffung ist vor allem bei A-Gütern zu finden. Tendenziell verursacht der direkte Beschaffungsweg niedrigere Beschaffungskosten als der indirekte.

Für direkte Beschaffungswege sind drei Geschäftsarten zu finden:

4.8.1.1 Direktgeschäft

Beim Direktgeschäft geschieht der Vertragsabschluss unmittelbar zwischen dem Lieferanten und dem Abnehmer, die Ware gelangt auf direktem Weg zum Abnehmer, und die Bezahlung erfolgt ebenfalls direkt an den Lieferanten.

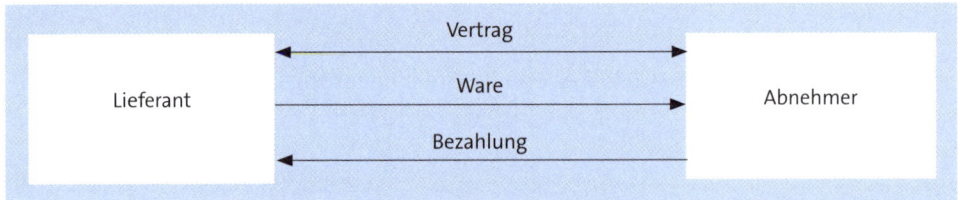

4.8.1.2 Streckengeschäft

Das Wesen des Streckengeschäfts ergibt sich aus der Einschaltung eines Zwischengliedes, das in der Regel aus einem Großhändler besteht.

Das ganze Geschäft wird über den Großhändler abgewickelt, d. h. die Anfragen und Angebote, der Vertragsabschluss selbst, die Materialabrufe u. Ä. laufen über den Zwischenhändler. Dieser steht in unmittelbarer Beziehung zum Lieferanten und veranlasst den Warenfluss vom Lieferanten zum Kunden. Der Warenfluss erfolgt auf **direkter Strecke** und nicht über den Großhändler.

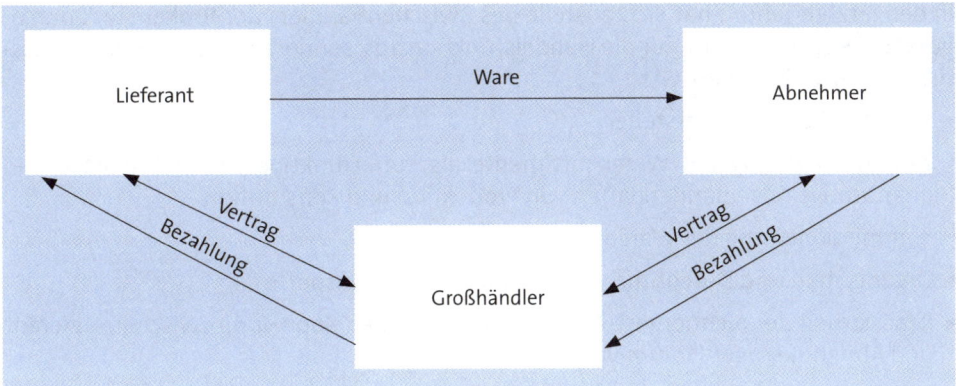

4.8.1.3 Vermittlungsgeschäft

Das Vermittlungsgeschäft ist bei größeren Projekten üblich, wird aber auch bei A-Gütern praktiziert.

Zwischen den Lieferanten und den Abnehmern wird eine weitere Stelle, der Vermittler, zwischengeschaltet. Seine Aufgaben liegen in erster Linie im Bereich der Geschäftsanbahnung; der Vertrag wird unmittelbar zwischen dem Lieferanten und dem Abnehmer abgeschlossen. Auch die Zahlung wird direkt vom Abnehmer an den Lieferanten geleistet.

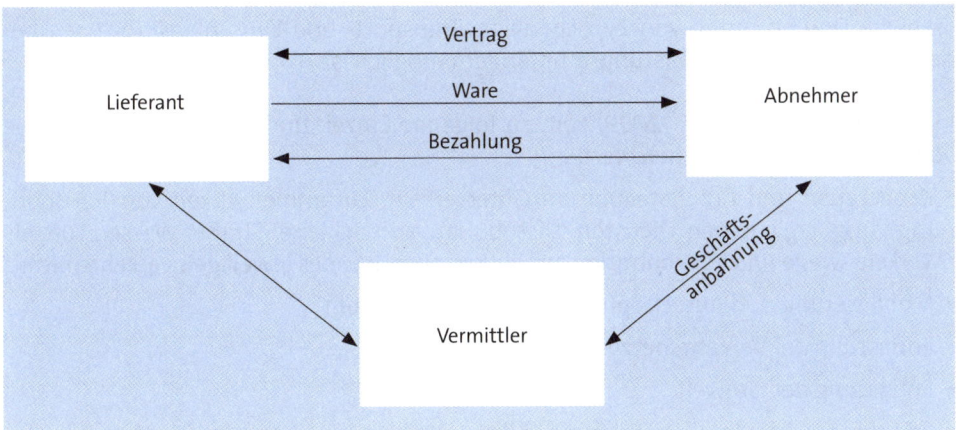

4.8.2 Indirekte Beschaffungswege

Bei den indirekten Beschaffungswegen ist zwischen dem Hersteller und dem Abnehmer ein Zwischenglied eingeschaltet (Handel, Kommissionär) bzw. es können mehrere Stellen zwischengeschaltet werden. Der Warenweg verläuft über den (die) Zwischenhändler, und auch die Kommunikation nimmt den Weg über den Händler.

In den letzten Jahren hat sich anstelle des Zwischenhändlers der **Broker** stark durchgesetzt. Dieser übt nicht nur die Handelsfunktion aus, sondern übernimmt auch **logistische Dienstleistungen**, wie

- Kauf der Ware vom Hersteller
- Zwischenlagerung der Warensortimente als Pufferfunktion für das zeitliche und quantitative Auseinanderklaffen von Produktion und Konsumtion
- Kommissionierung der Waren
- Organisation und Durchführung der Anlieferungstransporte
- Realisierung der rechnergestützten informationellen Koppelung zwischen Lieferant und Abnehmer usw. (*Sommerer*).

Im Zusammenhang mit dem Broker können auch die „Logistischen Zentren" gesehen werden. Diese Dienstleistungsinstitutionen erfüllen wichtige Aufgaben für Hersteller und Abnehmer und stellen für diese ein bedeutendes Rationalisierungspotenzial dar. Wie bei zahlreichen anderen Einrichtungen gibt es keine einheitliche Bezeichnung für diese Funktionen.

Piontek (2009) z. B. spricht von Logistikzentren, *Heiserich (2011)* von Warenverteilzentren, und *Kracke et al (1998)* sprechen von Güterverkehrs- und -verteilzentren. Darüber hinaus findet man noch andere Bezeichnungen.

Die Zentren fassen Warensortimente unterschiedlicher Branchen zusammen und sind in der Lage, eine Vielzahl von Kunden zu bedienen, was eine wirtschaftlichere und effektivere Durchführung von Zwischenlager-Transport- und Umschlagsprozessen bedeutet, als dies bei den Leistungsempfängern möglich ist.

In Anlehnung an *Piontek (2009)* können folgende Einzel- und Funktionsbereichsziele von Logistikzentren gesehen werden:

- Kooperation und Arbeitsteilung im Güterverkehr. Zusammenwirken von Transport, Lagerung, logistischen Diensten, Distribution, von Schiene, Straße, Wasser, Luft als Verkehrswege und Konzentration auf die Systemstärke des jeweiligen Verkehrsmittels
- Mobilisierung und Ausschöpfung von Synergieeffekten
- Entlastung der Verkehrsnetze
- Entlastung der Umwelt
- Erleichterung der Implementierung verkehrsübergreifender Transportketten, Erweiterung des Dienstleistungsangebots als Erhöhung der Attraktivität von Logistikzentren
- Ver- und Entsorgung von Ballungsgebieten.

Für die Kunden ergibt sich eine Kostenersparnis aus der Konzentration von Investitionen für die Transport-, Umschlags- und Lagertechnik (TUL-Technik), Automatisierung oder Teilautomatisierung von TUL-Prozessen, Minimierung der Kapitalbildung und Kapitalbildungskosten, termingerechtere Warenbereitstellung (*Sommerer*).

Logistikzentren umfassen folgende **Funktionsbereiche:**

- Transportfunktion
- Umschlagsfunktion
- Lagerfunktion
- Güterbehandlungsfunktion
- Servicefunktion
- Infrastrukturförderungsfunktion
- Dienstleistungsfunktion.

Die Güterverkehrszentren und ähnliche Einrichtungen werden als **transportlogistische Knoten** bezeichnet; einige der wichtigsten können wie folgt charakterisiert werden:

Güterverkehrs- zentrum (GVZ)	Güterverkehrszentren stellen eine Konzentration von Verkehrs-, Logistik- und Dienstleistungsunternehmen an einem verkehrsmäßig möglichst optimalen Standort dar.
	Folgende Funktionen werden erfüllt (*Kracke u. a.*):
	- Schnittstelle möglichst vieler Verkehrsträger - Schnittstelle zwischen Nah- und Fernverkehr - Kristallisationspunkt von Anbietern logistischer Dienstleistungen.
	Voraussetzung für ein GVZ ist eine Umschlaganlage für den kombinierten Verkehr.
	Sämtliche im GVZ aktiven Unternehmen sind gleichrangig und gleichberechtigt. Sie können sich dort ganz niederlassen, Filialen errichten oder Grundstücke erwerben.
	Alle Unternehmen im GVZ behalten ihre volle Selbstständigkeit.
	Zusätzliche Dienstleistungsunternehmen ergänzen das Logistikangebot.
Güterverteil- zentrum (GVtZ)	Ein Güterverteilzentrum ist eine moderne Speditionsanlage, in der das Unternehmen seinen Kunden ein umfassendes logistisches Dienstleistungs- und Serviceangebot bietet (*Kracke u. a.*).
	Neben dem Transport übernimmt das GVtZ eine Reihe von weiteren Funktionen wie
	- Just-in-Time-Belieferung - Verpackung - Warenauszeichnung - Warenplatzierung - Gerätebedienung u. Ä.
Logistische Dienstleistungs- zentren (LDZ)	Logistische Dienstleistungszentren führen selbst keine Transporte durch, sondern üben Dienstleistungsfunktionen im Logistikbereich, Versicherungsbereich und ähnlichen anderen Bereichen aus.

Zentrum für Produktions- logistik (ZPL)	Ein Zentrum für Produktionslogistik umfasst Unternehmen, die versorgungslogistische Leistungen für in der Nähe befindliche Unternehmen erbringen. Es handelt sich um Transportunternehmen, Lagerunternehmen und Zulieferunternehmen.
Transportgewer- begebiet (TGG)	Gezielte Ansiedlung von Betrieben für Transport-, Lager- und Distributionsaufgaben.

Häufig erwähnt wird ein aus den USA stammendes Verfahren, das **Cross Docking.** Der Begriff kommt aus der amerikanischen Logistik-Literatur. Er beschreibt *„den Vorgang, dass an der einen Stirnseite eines Lagerhauses die LKW andocken und dort die Lieferungen des Regionallagers eintreffen und an der gegenüber liegenden Seite angedockte LKW mit den Lieferungen für die einzelnen Geschäfte beladen werden"* (*Vahrenkamp, 2007*).

Bei dem vom Handel praktizierten Cross Docking liegt eine informationstechnische Verknüpfung zwischen Lieferanten und Kunden vor. Deshalb wird die Zusammensetzung der Ladeeinheiten bereits bei der Güterbereitstellung im Lieferunternehmen für den Endabnehmer endgültig kommissioniert. Im Umschlagslager können die Ladeeinheiten ohne weitere Handhabungen vom Wareneingang direkt zum Warenausgang weitergeleitet werden. Dadurch entfallen Einlagerungs- und Auslagerungsoperationen und die Verbuchung der Lagerbewegungen (*Wenzel*).

Cross Docking wird in mehreren Formen praktiziert, etwa als

- Cross Docking von ganzen Paletten
- Cross Docking von Paketen
- Cross Docking von vorkommissionierten Paletten.

(Ausführlicher *Piontek, Swoboda/Morschlett*)

4.8.3 Entscheidung für einzelne Beschaffungswege

In der Regel wird sich ein Unternehmen nicht ausschließlich für einen Beschaffungsweg entscheiden, sondern für unterschiedliche Teile seines Sortiments unterschiedliche Beschaffungswege wählen. Die Entscheidungskriterien sind quantifizierbarer und nicht quantifizierbarer Art. In erster Linie wird die Entscheidung durch folgende Punkte beeinflusst:

- Branchenüblichkeit
- Zuverlässigkeit der Lieferanten und Zwischenglieder
- Kapazität der Lieferanten und Zwischenglieder
- Reaktionsfähigkeit auf Änderungen der Lieferanten und Zwischenglieder
- Kommunikationsmöglichkeit mit den Lieferanten und Zwischengliedern
- Serviceangebot der beteiligten Stellen
- Höhe der Beschaffungskosten.

Bei der Entscheidung für die Beschaffungswege leisten die Nutzwertanalyse (vgl. Kap. C. 2.2.2.6) und die ABC-/XYZ-Analyse (vgl. Kap. C. 2.1.2.1) wertvolle Dienste.

Im Folgenden wird ein Schema für die Zuordnung von ABC-/XYZ-Teilen zu einzelnen Beschaffungswegen wiedergegeben:

	direkter Warenweg			indirekter Warenweg	
	Direkt-geschäft	Strecken-geschäft	Vermittlungs-geschäft	über Broker, Logistikdienstleister	
AX	geeignet	geeignet	nicht geeignet	geeignet	
AY	geeignet	geeignet	nicht geeignet	nicht geeignet	
AZ	weniger geeignet	nicht geeignet	geeignet	weniger geeignet	
BX	geeignet	geeignet	weniger geeignet	nicht geeignet	
BY	nicht geeignet	nicht geeignet	weniger geeignet	geeignet	
BZ	nicht geeignet	nicht geeignet	nicht geeignet	geeignet	
CX	nicht geeignet	geeignet	nicht geeignet	geeignet	
CY	nicht geeignet	nicht geeignet	nicht geeignet	geeignet	
CZ	nicht geeignet	nicht geeignet	nicht geeignet	geeignet	

Legende: ■ geeignet · ▨ weniger geeignet · □ nicht geeignet

Quelle: *Sommerer*

4.9 Fragen der Beschaffungsorganisation

4.9.1 Beschaffungslogistik und Unternehmensorganisation

Im Kapitel A. 5.2.4 wurde die Einbindung der Logistik in verschiedene Organisations-formen dargestellt. Es wurde dabei festgestellt, dass

➤ die Logistikaufgaben in der klassischen Funktionalorganisation aufgesplittert sind, es sei denn, es wird eine gleichberechtigte Logistik-Abteilung installiert,

➤ in einer divisionalisierten Organisation die Logistik über den einzelnen Divisionen (Sparten) angesiedelt wird und in die einzelnen Divisionen Logistikbereiche einge-gliedert werden,

➤ in der Matrixorganisation die Logistik als Zentralinstanz oder als Matrixinstanz ins-talliert werden kann. Wird ein Zentralbereich eingerichtet, werden sämtliche Logis-tikprozesse in diesem Bereich konzentriert. Die Logistik erbringt Dienstleistungen für alle übrigen Bereiche.

Als Matrixinstanz hat die Logistik Querschnittsfunktion.

Schließlich ist es denkbar, dass keine eigenen Logistikbereiche eingerichtet werden, sondern Logistikaufgaben von den Linieninstanzen vorgenommen werden.

Logistikaufgaben können demnach **zentralisiert** und **dezentralisiert** vorgenommen werden, über die jeweiligen Vor- und Nachteile muss sich jedes Unternehmen klar werden.

Für die Zusammenfassung von Logistikaufgaben in **Zentralbereiche** lassen sich **folgende Vorteile** anführen:

- Wichtige logistische Aufgaben lassen sich leichter realisieren.
- Der Leiter eines Zentralbereichs hat ein stärkeres Durchsetzungsvermögen.
- Die vorhandenen logistischen Einrichtungen können effizienter eingesetzt und besser ausgelastet werden.
- Der Personaleinsatz lässt sich effizienter gestalten.
- Mehrfacharbeiten können vermieden werden.
- Der Stellenwert der Logistik wird besser betont.

In einer **divisionalisierten Organisation** z. B., die sehr verbreitet ist, können die Logistikaufgaben des Zentralbereichs wie folgt definiert sein:

- Der Zentralbereich Logistik erarbeitet abteilungsübergreifende Systemlösungen, übernimmt alle entsprechenden Stabsaufgaben und übernimmt die Fachbereichskompetenz gegenüber den anderen Logistikaktivitäten im Unternehmen

oder:

- Im Zentralbereich Logistik werden alle zentralisierungswürdigen Aufgaben zusammengefasst, eine Fachbereichskompetenz gegenüber den Logistikaufgaben in den Divisionen besteht nicht.

oder:

- Dem Zentralbereich Logistik werden sämtliche Logistikaufgaben zugeordnet. Er hat auch Fachbereichskompetenz zu den Logistikaufgaben in den Sparten (*Endlicher*).

Sind die Logistikaufgaben **aufgesplittert**, besteht die Gefahr, dass ihnen nicht die ihnen zukommende Bedeutung beigemessen wird und sie nur „nebenher" bewältigt werden. In diesem Falle kommt der Koordinierung der Logistikaufgaben große Bedeutung zu.

Es sind strukturelle und nicht strukturelle Koordinationsinstrumente einzusetzen.

Strukturelle Koordinationsinstrumente gehen von organisatorischen Regeln aus, während **nicht strukturelle Koordinationsinstrumente** Maßnahmen umfassen, um Organisationsmitglieder zu beeinflussen, sich mit den Organisationszielen zu identifizieren (*Schulte, 2009*); es handelt sich um

- Koordination durch persönliche Weisung
- Koordination durch Selbstabstimmung
- Koordination durch Programme
- Koordination durch Pläne.

Sämtliche ständig wiederholbare Logistikaktivitäten sollten standardisiert werden, hierzu lassen sich Richtlinien, EDV-Programme u. Ä. einsetzen.

Was für die Logistik allgemein gilt, hat auch Geltung für die Beschaffungslogistik. Auch in diesem logistischen Subsystem können Logistikaufgaben zentralisiert und dezentralisiert durchgeführt werden. Sie können von eigenen Instanzen vorgenommen oder Linieninstanzen übertragen werden.

Im Gegensatz zu einigen anderen logistischen Aufgaben ist bei den beschaffungslogistischen Aufgaben eine Konzentration und damit die Verhinderung einer Aufsplitterung zu empfehlen. Es kann nicht im Interesse eines Fließprinzips und damit einer konsequenten Marktbedienung sein, an wichtigen Stellen der logistischen Kette eine Aufsplitterung zuzulassen. Sollte aus übergeordneten organisatorischen Gründen eine Bündelung der beschaffungslogistischen Aufgaben nicht möglich sein, ist der Koordination höchstes Augenmerk zu widmen.

4.9.2 Einkauf und Beschaffungslogistik

Sowohl in der Literatur als auch im verstärkten Ausmaß in der betrieblichen Praxis ist noch nicht ganz eindeutig geklärt, wie eine Trennung zwischen der klassischen „Einkaufsabteilung" und der Beschaffungslogistik vorzunehmen ist.

Die Gesamtfunktion der Logistik ergibt sich aus der Vereinigung der sechs logistischen Hauptaufgaben

- die richtige Menge
- der richtigen Objekte
- am richtigen Ort
- zum richtigen Zeitpunkt
- in der richtigen Qualität
- zu den richtigen Kosten

bereitzustellen.

Daraus lässt sich entnehmen, dass der Beschaffungslogistik wichtige Funktionen zufallen und für den herkömmlichen Einkaufsbereich in erster Linie Aufgaben der Beschaffungsmarktforschung, der Preis- und Wertanalyse, juristische und administrative Aufgaben reserviert sind.

Nimmt man eine Trennung der Aufgaben Einkauf/Beschaffungslogistik vor, kann man zu folgender Gegenüberstellung gelangen:

Einkauf	Beschaffungslogistik
► Beschaffungsmarktforschung ► Kontaktierung von Lieferanten ► Verhandlung mit Lieferanten ► Vertragsabschluss ► Preis- und Wertanalyse ► Reklamationen ► administrative Aufgaben ► Erledigung von Routineangelegenheiten	► maßgebliche Funktion bei der Materialbedarfsermittlung ► Materialbestandsermittlung ► maßgebliche Mitwirkung bei der Entscheidung Make-or-buy ► maßgebliche Mitwirkung bei der Festlegung der Art der Bezugsquellen ► maßgebliche Mitwirkung bei der Lieferantenauswahl ► maßgebliche Mitwirkung bei der Festlegung der Beschaffungsformen ► Beschaffungsmengenfestlegung ► Festlegung der Beschaffungstermine ► maßgebliche Mitwirkung bei Festlegung der Beschaffungswege ► Warenannahme und Warenprüfung ► Lagerwesen, soweit nicht getrennter Bereich Lagerlogistik

Werden die genannten Einkaufsaufgaben und beschaffungslogistischen Aufgaben von einer Instanz durchgeführt, ist unbedingt darauf zu achten, dass innerhalb des entsprechenden Unternehmensbereichs eine Trennung vorgenommen wird und es zu keiner Verwässerung logistischer Aufgaben kommt.

4.9.3 Zentraler/dezentraler Einkauf

Unabhängig von organisatorischen Einzelfragen wird sehr häufig die Frage des zentralen oder dezentralen Einkaufs diskutiert. Eine grundsätzliche Empfehlung für einen zentralen oder dezentralen Einkauf kann nicht gegeben werden. Jedes Unternehmen muss die Vor- und Nachteile genau erkennen und bewerten.

Die Entscheidung für oder gegen eine Zentralisierung wird in erster Linie durch folgende Faktoren beeinflusst:

► Wirtschaftszweig
► Standort des Unternehmens
► Größe des Unternehmens (Betriebsgröße und Kapazität)
► Elastizität des Unternehmens
► Fertigungsprogramm des Unternehmens

- Situation auf dem Markt
- Anzahl der Marktpartner
- Beschaffungsform
- Organisationsstruktur des Unternehmens.

Auf die **Organisationsstruktur** des Unternehmens und die Beschaffungsform soll etwas näher eingegangen werden.

Die Organisationsstruktur wirkt sich besonders auf die Entscheidung zentraler/dezentraler Einkauf aus, wie die folgende Übersicht zeigt.

Funktionale Organisations- struktur	Im Unternehmen mit funktionaler Organisationsstruktur herrscht die zentrale Einkaufsorganisation vor.
Sparten- organisation	Bei einer Spartenorganisation ist ein Trend zur dezentralen Einkaufs- organisation festzustellen.
Objektorien- tierte Organisa- tion mit unter- schiedlichen Produktgruppen	In Unternehmen mit vielen Produktgruppen und dadurch bedingtem unterschiedlichem Materialbedarf wird ein dezentraler Einkauf von Experten vielfach empfohlen.

Vorteile des zentralen Einkaufs sind primär darin zu sehen, dass

- die Verhandlungsposition gegenüber Lieferanten stärker ist als bei dezentralen Verhandlungen, vor allem, wenn mehrere Produkte angeboten werden und sich ein Verhandlungserfolg oder -misserfolg auf mehrere einkaufende Unternehmensbereiche erstrecken kann
- die preisunabhängigen Beschaffungskosten je Einheit sinken, weil die Bestell- und Frachtkosten auf eine größere Menge umgelegt werden als bei einem dezentralisierten Einkauf
- günstige Preise zentral für alle Unternehmensbereiche ausgehandelt werden können.

Nachteile einer zentralen Einkaufsorganisation ergeben sich, wenn

- die zentrale Einkaufsstelle nicht ausreichend über den Markt für alle zu beschaffenden Güter informiert ist
- die ausgehandelten Preise und Konditionen allein vom persönlichen Verhandlungsgeschick der Zentraleinkäufer abhängen.

Vorteile eines dezentralen Einkaufs sind:

- eine bessere Marktübersicht und ein besserer Informationsstand als beim zentralisierten Einkauf

- die Möglichkeit, für einen kleineren Bereich eher günstigere Preise und Konditionen zu erreichen als für einen großen
- die Möglichkeit, bessere Kontakte zu den Lieferanten zu pflegen.

Als **Nachteile des dezentralen Einkaufs** können

- eine geringere Verhandlungsmacht
- eine Preisdiskriminierung des Lieferanten gegenüber anderen einkaufenden Stellen des Unternehmens

gesehen werden.

Eine Preisdiskriminierung lässt sich jedoch durch eine gute Kommunikation zwischen den einzelnen Einkaufsbereichen weitgehend verhindern.

Die Organisation des Einkaufs wird auch im Hinblick auf den Zentralisierungsgrad stark durch die Beschaffungsform geprägt.

Bei einer fallweisen Beschaffung oder bei einer Vorratsbeschaffung wird sich die Organisation des Einkaufs von der bei der Just-in-Time-Beschaffung unterscheiden. Schon allein der organisatorische Aufwand des Just-in-Time-Konzeptes spricht für einen zentral durchgeführten Einkauf.

In größeren Unternehmen wird vielfach eine Kombination von zentraler und dezentraler Finkaufsorganisation gewählt. Die einzelnen Unternehmensbereiche führen den Einkauf weitgehend selbstständig durch, eine zentrale Einkaufsabteilung nimmt Koordinierungshandlungen vor, erlässt Richtlinien und führt Kontrollen durch.

Eine andere Möglichkeit besteht darin, dass der Einkauf grundsätzlich zentral durchgeführt wird, einzelne Produkte jedoch davon ausgenommen sind. In einer Brauerei beispielsweise wird der Einkauf zentralisiert vorgenommen, die Hopfenbeschaffung aber der Produktion übertragen.

Ob zentral oder dezentral eingekauft werden soll, hängt schließlich auch davon ab, ob der Einkauf erfolgen soll nach

- Einkaufsprodukten
- Fertigprodukten
- Funktionen
- Lieferanten
- Regionen
- Beschaffungswegen.

Bei einem Einkauf nach den Kriterien Funktionen, Lieferanten und Regionen lässt sich ein zentraler Einkauf rechtfertigen, ohne dass dies zu einer Forderung zu erheben ist.

4.10 Lieferantenkontakte

Nach Durchführung der wichtigen beschaffungslogistischen Aufgaben, wie

- Bedarfsermittlung
- Materialbestandsermittlung
- Make-or-buy-Entscheidungen
- Festlegung der Art der Konzentration auf Beschaffungsquellen
- Lieferantenauswahl
- Fixierung auf bestimmte Beschaffungsformen
- Bestimmung der Beschaffungsmengen
- Festlegung der Beschaffungswege
- Klärung organisatorischer Fragen,

ergibt sich die Realisierung der Beschaffung, an deren Beginn die Lieferantenkontakte (im weitesten Sinne) stehen.

Es handelt sich hierbei nicht um primär logistische Funktionen, jedoch um Aufgaben, die stark **logistikgeprägt** sind, deshalb wird im Folgenden kurz darauf eingegangen.

Die Kontakte mit den Lieferanten laufen in der Regel in folgenden Schritten ab:

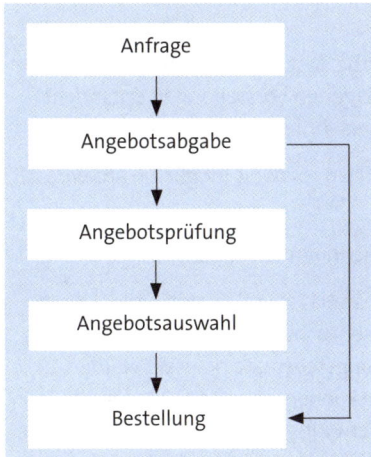

Die Lieferantenkontakte erstrecken sich dabei im Wesentlichen auf folgende Bereiche:

Anfrage	Die Anfrage hat in der Regel folgende Inhalte:
	- Materialart - Materialqualität - Materialausführung - Materialpreis - Liefer- und Zahlungsbedingungen - Transportwege und Transportmittel - Erfüllungsort - Gerichtsstand.

Die rechtlich unverbindliche Anfrage führt in der Regel zu dem Angebot.

Angebotsabgabe (a) Angebotsinhalt	Der Angebotsinhalt ist normalerweise mit dem der Anfrage deckungsgleich, unter Umständen ergänzt um zusätzliche Angaben (z. B. kurzfristige Sonderkonditionen, Sonderqualitäten).
b) Angebotsform	Angebote werden in der Regel in Schriftform abgegeben. Genau wie die Anfrage kann auch das Angebot in einem Formular abgegeben werden.
	Sowohl für die Anfrage als auch für das Angebot kann die EDV eingesetzt werden. Insbesondere wenn man mit Lieferanten in ständiger Beziehung steht, können Anfrage und Angebot via Bildschirm erfolgen.
	Die mittels EDV erfassten und gespeicherten Stammdaten werden jeweils durch aktuelle Daten ergänzt.
	Das Angebot wird vielfach später schriftlich bestätigt (Beweisgründe).
Angebotsprüfung a) Formelle Prüfung	Die formelle Prüfung stellt fest, ob Abweichungen von der Anfrage vorliegen. Prüfungsprogramme können dabei wertvolle Hilfestellung leisten.
b) Materielle Prüfung	Die materielle Prüfung hat die Aufgabe, festzustellen, ob der Inhalt der einzelnen Angebotspositionen den eigenen Vorstellungen entspricht und welche sachlichen Abweichungen vorliegen.
	Liegen mehrere Angebote vor, sind diese – soweit möglich – auf eine einheitliche Basis zu beziehen.
Angebotsauswahl	Die Angebotsauswahl ermittelt aus mehreren Angeboten das günstigste.
	Die ohne weiteres quantifizierbaren Daten lassen sich problemlos vergleichen; nicht quantifizierbare oder nur sehr schwer quantifizierbare Daten müssen mithilfe entwickelter Bewertungsschemata beurteilt werden. Einfache Formen der Nutzwertanalyse können verwendet werden. Strittige Punkte und Unklarheiten sowie der Wunsch nach einem verbesserten Angebot führen zu Verhandlungen mit dem/den Lieferanten.
Bestellung	Mit der Bestellung findet der Vertragsabschluss statt. Bei dem abgeschlossenen Vertrag handelt es sich um einen ▶ Kaufvertrag gem. §§ 433 ff. BGB ▶ Werkvertrag gem. §§ 631 ff. BGB ▶ Werklieferungsvertrag gem. § 651 BGB. Der Vertrag bedeutet Kongruenz zwischen Angebot und Bestellung. Bei den vertraglichen Regelungen wird oft Bezug auf Geschäftsbedingungen genommen, die häufig für eine gesamte Branche, gelegentlich für eine Region gelten. Im Vertrag spielen festgelegte Klauseln (Incoterms) eine Rolle, die besondere Bedeutung im Außenhandel haben.

Ausführlich zu den Lieferantenkontakten vgl. *Oeldorf/Olfert*.

Der Vertragsabschluss durch die Bestellung löst automatische **Kontrollen** aus. Diese erstrecken sich auf

- die Beschaffungskosten (Preis-, Rabatt-, Bestellkostenkontrolle)
- die Bestellmengen (jederzeitige Übersicht über bestellte Materialarten und Materialmengen, über Liefertermine, Lieferkonditionen und die einzelnen Lieferanten)
- die Liefertermine (durch die einkaufende Stelle, eine Terminüberwachungsstelle, automatisch per EDV in Form der Auflistung fälliger Posten bzw. das Durchsuchen der Bestellsätze mittels Abfrageprogrammen).

4.11 Materialeingang

Der Materialeingang wird in der Fachliteratur häufig der Lagerlogistik zugeordnet. Da der Materialeingang den Abschluss der Beschaffung bildet, soll er hier auch als letzter Abschnitt des Kapitels Beschaffungslogistik behandelt werden.

Der Materialeingang bewirkt eine Reihe von Handlungen. Im Wesentlichen handelt es sich dabei um folgende Aktivitäten:

- Annahme des Materials
- Identitätsprüfung hinsichtlich der Übereinstimmung von Bestellung und Lieferung bei
  - der Materialart
  - der Materialmenge
  - der Materialqualität
  - den Lieferterminen
- Rechnungsprüfung
- Erstellen von Materialeingangsunterlagen

Nach erfolgter erster Prüfung wird die Lieferung zur Entladung an einer Entladestelle (spezielle Entladestelle, Lager, Produktionsstelle) freigegeben.

Vom Zentralverband der Elektrotechnischen und Elektronischen Industrie (ZVEI) wurde eine Darstellung des Material- und Informationsflusses im Wareneingang (Materialeingang) entwickelt, die nicht nur für die elektrotechnische und elektronische Industrie typisch ist, sondern den **Material- und Informationsfluss** generell widerspiegelt. Sie wird im Folgenden wiedergegeben.

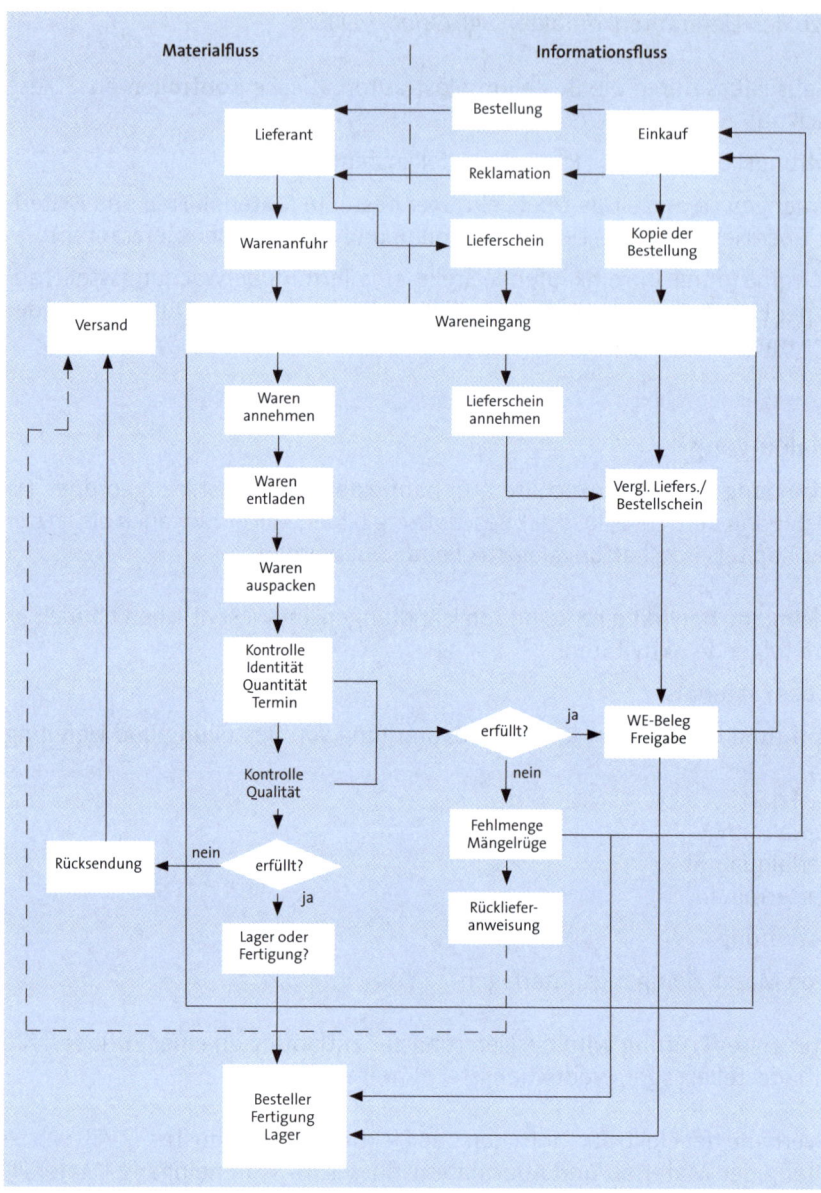

Quelle: *ZVEI*

Seit der Darstellung des Materialflusses sind einige Änderungen vorgenommen worden, die an dem Prinzip jedoch nichts ändern.

Der Materialeingang kann

- ► zentral
- ► dezentral

vonstatten gehen.

Für einen **zentral** vorgenommenen Materialeingang lassen sich anführen:

- räumliche Gründe. Es muss lediglich an einem Ort im Unternehmen Platz für die anfahrenden Fahrzeuge geschaffen werden, und nur an diesem Ort müssen Einrichtungen für die Materialannahme, die Materialprüfung und für den Weitertransport des Materials installiert werden.

- Gründe der Mitarbeiterqualifikation. Die Identitätsprüfung erfordert sehr häufig sehr gute Warenkenntnisse vor allem technologischer Art. Zentral lässt sich das erforderliche Know-how in der Regel effizienter und kostengünstiger einsetzen, als dies dezentral an mehreren Stellen des Unternehmens möglich wäre.

Eine **dezentralisierte** Materialannahme bietet sich immer dann an, wenn eine Just-in-Time-Anlieferung vorliegt, und wenn aus den verschiedensten Gründen Qualitätskontrollen nicht vorgenommen werden müssen.

4.11.1 Materialannahme

Die Materialannahme erfolgt

- an einer speziellen Entladestelle
- im Eingangslager
- im Fertigungsbereich.

Der Annahmeort wird durch die Beschaffungsform, die Beschaffungsmenge, das eingesetzte Transportmittel, die am Ort vorhandenen Entlade- und Prüfeinrichtungen sowie die organisatorische Regelung hinsichtlich der Zusammenfassung bzw. Trennung der Handlungen Materialannahme und Qualitätsprüfung bestimmt.

Im Rahmen der Materialannahme sollte auf jeden Fall eine Prüfung der Termineinhaltung und eine Prüfung auf offene, d. h. gleich erkennbare Mängel (falsches Material, Beschädigung des Materials und der Verpackung, Verderb u. Ä.) vorgenommen werden.

EDV-mäßig wird

- das eingehende Material mit Bildschirmgeräten in der Dialogverarbeitung erfasst
- ein Abgleich der Bestellbestände vorgenommen, dadurch erfolgt ein sofortiges Erkennen nicht bestellter Ware bzw. von Überlieferungen.

Zu den EDV-Arbeiten zählt nach *Schulte (2009)* auch die **Erstellung** der **Wareneingangssätze**, wobei die benötigten Steuerungsinformationen angezeigt werden. Hierzu können beispielsweise gehören:

- Unterscheidung zwischen Groß- oder Kleinteilen
- Kennzeichnung von Fehlteilen, die beschleunigt abzuwickeln sind
- Hinweise für Stoffprüfvorschriften
- Angabe des Prüfintervalls und der Prüfmenge
- Abbuchung vom Bestellbestand

- Verbuchung der Eingangsmengen als Zugang
- Anzeigen der Wareneingänge für Disposition, Beschaffung und Steuerung
- Anzeigen der Wareneingänge für Rechnungsprüfer.

4.11.2 Ablauf der Materialprüfung

Die Materialprüfung erstreckt sich, wie bereits erwähnt wurde, auf

- die Materialart
- die Materialmenge
- die Materialqualität
- den Liefertermin
- die Rechnung.

Die Art und Intensität dieser Prüfungshandlungen hängt vom Material selbst (A-, B- oder C-Gut), von den vertraglichen Abmachungen mit den Lieferanten hinsichtlich der Qualitätsprüfung, dem Vertrauen zu den Lieferanten bzw. den bisherigen Erfahrungen mit ihnen, den verfügbaren Einrichtungen, dem verfügbaren Personal u. Ä. ab.

Im Wesentlichen haben die einzelnen Prüfungsaktivitäten folgende Inhalte:

Prüfung der Materialart	Die Prüfung der Materialart wird durch den Vergleich der Daten der Warenbegleitunterlagen mit den Bestelldaten durchgeführt (Bestellsatz).
Prüfung der Materialmenge	Auch die Prüfung der Materialmenge erfolgt mittels Vergleich der Lieferdaten der Warenbegleitunterlagen mit den Bestelldaten. Es kann sich eine körperliche Bestandsaufnahme anschließen.
Prüfung der Materialqualität	Die Qualitätsprüfung kann als die wichtigste Prüfungshandlung im Rahmen der Materialeingangsprüfung angesehen werden. Wegen ihrer Bedeutung wird sie im nächsten Abschnitt als Hauptpunkt behandelt.
Prüfung des Liefertermins	Die Prüfung, ob die Liefertermine korrekt eingehalten wurden, geschieht durch den Vergleich des Termins der Warenlieferung mit dem im Bestellsatz fixierten Termin.
Rechnungsprüfung des Materials	Die Rechnungsprüfung erstreckt sich auf den Vergleich der in den Warenbegleitpapieren enthaltenen Angaben über Menge, Art und Qualität des Materials mit dem Bestellsatz. Bei Übereinstimmung kann der Bestand fortgeschrieben und der Rechnungsausgleich in die Wege geleitet werden. Das Gleiche gilt für akzeptierte Abweichungen.

4.11.3 Qualitätsprüfung

Nach DIN 55350 ist Qualität die Beschaffenheit einer Einheit bezüglich ihrer Eignung, festgelegte oder vorausgesetzte Erfordernisse zu erfüllen.

Dabei bedeuten:

Beschaffenheit: Gesamtheit der Merkmale und Merkmalswerte
Einheit: materieller oder immaterieller Gegenstand der Betrachtung
Merkmal: Eigenschaft zum Erkennen oder Unterscheiden von Einheiten.

Die zu prüfende Qualität ist relativ, man muss sie immer in Beziehung zu den gegebenen Erfordernissen stellen, und dafür muss man Qualitätsmerkmale und deren Merkmalswerte vollständig benennen und mit ihren zulässigen Grenzwerten beschreiben (*Specht/Ahrens/Wolter*).

Die Qualitätsprüfung im Rahmen des Materialeingangs steht im Dienste der Qualitätssicherung des beschafften Materials.

Findet eine Materialprüfung nicht statt, besteht die Gefahr der Verwendung minderwertiger bzw. schadhafter Materialien. Dies führt dazu, dass während des Fertigungsprozesses kostentreibende Korrekturen vorgenommen werden müssen bzw. Teile neu gefertigt werden müssen.

Die **Qualitätsprüfung beim Abnehmer wirkt sich hemmend auf den Materialfluss aus**, verursacht Kosten und bedeutet vielfach eine Doppelprüfung, da selbstverständlich beim Lieferanten auch Prüfungen vorgenommen werden. Aus diesem Grunde verstärkt sich die Tendenz, Qualitätsprüfungen grundsätzlich dem Lieferanten zuzuweisen.

Die Übernahme der Qualitätskontrolle durch den Lieferanten gilt nicht nur für die Just-in-Time-Belieferung, sondern kann für alle Beschaffungsformen vorgesehen werden.

Dem Zulieferer werden bestimmte Qualitätsmerkmale vorgeschrieben, Prüfumfang und Prüfintensität, Prüfmethoden, Prüfgeräte und Toleranzen vorgegeben. Qualitätssicherungsabkommen, Systemprüfungen und Ablaufprüfungen im Unternehmen des Zulieferers sollen die Qualitätseinhaltung gewährleisten.

Prüfungen beim Zulieferer verhindern auch bei ihm Kosten für Ausschuss und für die Folgen von Fehlern. Im Abnehmerunternehmen entfallen aufwändige Reklamations-, Verpackungs- und Versandarbeiten sowie abermalige Prüfvorgänge beim Eingang der Ersatzware. Bei der Qualitätsprüfung sind folgende **Bereiche** zu berücksichtigen:

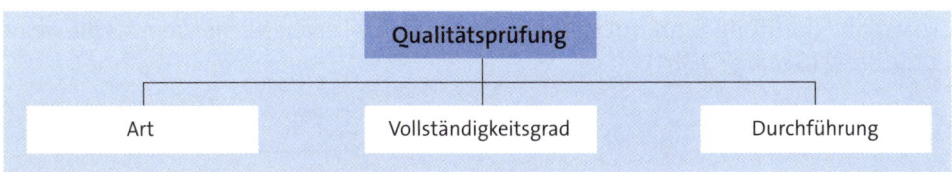

4.11.3.1 Art der Qualitätsprüfung

Die Qualitätsprüfung beurteilt die Qualität eines Produktes aufgrund des Vorhandenseins bestimmter Eigenschaften, wobei die **Entwurfsqualität** (Beurteilung der Eignung eines Produktes für den vorgesehenen Verwendungszweck) und die **Fertigungsqualität** (Beurteilung der Qualität des Produktes und Feststellung von Abweichungen von der Entwurfsqualität) zu unterscheiden sind.

Die Prüfung der Qualität findet statt als

- Attributprüfung
- Variablenprüfung.

4.11.3.1.1 Attributprüfung

Die Attributprüfung ist ein einfaches systematisch-logisches Verfahren, bei dem festgestellt wird, ob ein Prüfmerkmal der Qualitätsnorm entspricht.

Das Prüfungsverfahren arbeitet mit statistischen Verfahren der Stichprobenrechnung. Einem zu prüfenden Los wird eine Stichprobe entnommen. Die Anzahl der fehlerhaften Einheiten wird ermittelt und mit der Zahl der Einheiten verglichen, bei denen das Los noch akzeptiert wird. Liegt die Zahl der fehlerhaften Einheiten unter dieser Vergleichszahl, kann das Los akzeptiert werden.

Die Attributprüfung lässt sich in der Literatur auch unter der Bezeichnung **Gut-Schlecht-Prüfung** finden.

4.11.3.1.2 Variablenprüfung

Die Variablenprüfung ist etwas schwieriger als die Attributprüfung und deshalb in der Praxis nicht so häufig zu finden wie diese.

Bei einem zu prüfenden Los wird eine Stichprobe entnommen. An jeder Stichprobeneinheit misst man das interessierende Qualitätsmerkmal. Eine Prüfgröße dient als Maß für die Qualität des Loses. Sie ist der Soll- oder Grenzwert, mit dem eine Entscheidung über Annahme oder Ablehnung des Loses möglich wird.

Ein Messwert enthält mehr Informationen über die einzelnen Einheiten als die Aussage „gut" oder „schlecht"; aus diesem Grunde kann man sich bei der Variablenprüfung mit kleineren Stichprobenumfängen begnügen als bei der Attributprüfung, wenn man von gleichen Risiken ausgeht.

Die Variablenprüfung kann trotz höherer Prüfkosten wirtschaftlicher sein als die Attributprüfung (*Oeldorf/Olfert*).

4.11.3.2 Vollständigkeitsgrad der Prüfung

Der Vollständigkeitsgrad der Prüfung umfasst die Häufigkeit der Prüfung und den Umfang der Prüfung.

Häufigkeit der Prüfung bedeutet die Festlegung der Prüfungsintervalle, etwa ob jede Lieferung, jede fünfte Lieferung, jede zehnte Lieferung usw. geprüft werden soll.

Die Festlegung auf den **Umfang der Prüfung** ist die eigentliche Bestimmung des Vollständigkeitsgrades. Es wird vorgegeben, ob eine Lieferung vollständig zu prüfen ist oder nur in einem bestimmten Umfang.

Bei der Festlegung des Vollständigkeitsgrades einer Prüfung müssen betrachtet werden:

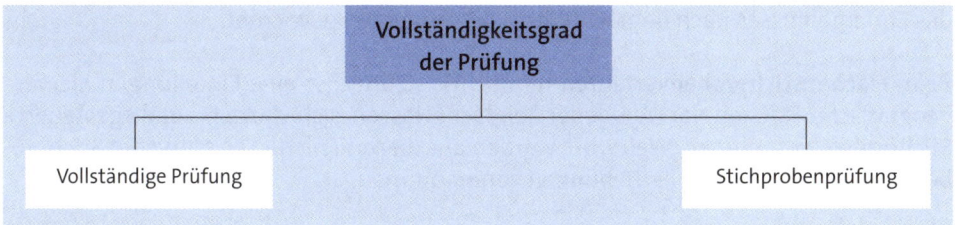

4.11.3.2.1 Vollständige Prüfung

Bei der vollständigen Prüfung wird jede Einheit einer Lieferung geprüft.

Die vollständige Prüfung gewährleistet am ehesten, dass die verlangten Prüfstandards eingehalten werden. Nicht infrage kommt eine vollständige Prüfung, wenn dadurch die Qualität des Prüfgegenstandes zerstört wird (Crash-Tests, Zerreißproben, bestimmte chemische Verfahren, Brennproben u. Ä.).

Gegen eine Vollständigkeitsprüfung sprechen folgende Argumente:
- Die Prüfverfahren sind sehr zeitaufwändig und verursachen unverhältnismäßig hohe Kosten.
- In der Vergangenheit hat es wenige Beanstandungen gegeben.
- Der Zulieferer führt intensive Prüfungen durch.
- Es handelt sich um Massengüter in relativ gleichbleibender Qualität.

4.11.3.2.2 Stichprobenprüfung

Die Stichprobenprüfung stellt eine Teilprüfung dar, bei der eine Lieferung die Grundgesamtheit ist, aus der eine repräsentative Stichprobe entnommen wird.

Die Praxis bedient sich der **Zufallsauswahlverfahren**, auch **Randomverfahren** genannt. Dazu zählen

- das einfache Stichprobenverfahren
- das geschichtete Stichprobenverfahren
- das Flächenstichprobenverfahren
- das Klumpenstichprobenverfahren.

Beim **einfachen Stichprobenverfahren** müssen sämtliche Elemente der Grundgesamtheit die gleiche Chance haben, in die Stichprobe zu gelangen, für alle Elemente muss die gleiche Wahrscheinlichkeit bestehen, in die Stichprobe genommen zu werden.

Beim **geschichteten Stichprobenverfahren** wird die Grundgesamtheit in mehrere Schichten (Untergruppen) aufgeteilt. Aus jeder Schicht wird eine zufallsgesteuerte Stichprobe gezogen. Die Ergebnisse der einzelnen Schichten werden zur Ermittlung des Endergebnisses nach dem Verhältnis der Schichten gewichtet.

Beim **Flächenstichprobenverfahren** nimmt man zunächst eine Einteilung in kleinere geografische Flächen vor. Aus jeder Teilfläche lassen sich danach zufallsgesteuerte Stichproben entnehmen. Weiterhin werden aus diesen Teilstücken entweder Stichproben entnommen oder Vollerhebungen vorgenommen.

Beim **Klumpenstichprobenverfahren** teilt man die Grundgesamtheit in sog. Klumpen (= Erhebungseinheiten) auf, aus denen anschließend die endgültige Stichprobe entnommen wird.

Bei der Qualitätsprüfung im Rahmen des Materialeingangs spielt das **einfache Stichprobenverfahren** eine Rolle.

Weis weist darauf hin, dass beim einfachen Stichprobenverfahren drei Bereiche von Relevanz sind:

- der Umfang der Stichprobe
- die Auswahl der in die Stichprobe einzubeziehenden Elemente
- die Verlässlichkeit der Ergebnisse der Stichprobe.

Der **Umfang** der Stichprobe kann nach dem Fehlerspannenmonogramm oder rechnerisch ermittelt werden.

Ermittelt man den Stichprobenumfang **rechnerisch**, benötigt man folgende Angaben:

- den Sicherheitsfaktor z
- das Anteilsmerkmal 1 der Stichprobe p
- das Anteilsmerkmal 2 der Stichprobe q
- die Fehlertoleranz e.

Es gilt:

$$n = \frac{z^2 \cdot p \cdot q}{e^2}$$

Beispiele

Beispiel 1:
In einem Unternehmen soll eine Stichprobe entnommen werden, bei der ein Fehlerbereich von ± 4 toleriert und eine Aussagewahrscheinlichkeit von 95,0 % angestrebt wird (vgl. Tabelle auf der folgenden Seite).

Die Anteilsmerkmale p und q sollen zu je 50 % in die Rechnung eingehen.

$$n = \frac{1{,}96^2 \cdot 0{,}50 \cdot 0{,}50}{0{,}04^2}; \qquad\qquad n = \mathbf{600{,}25}$$

Es muss eine Stichprobe in Höhe von 600 gezogen werden.

Beispiel 2:
Man strebt eine Stichprobe mit einer Aussagewahrscheinlichkeit von 99,7 % an, toleriert lediglich einen Fehlerbereich von ± 1 und setzt p mit 90 % und q mit 10 % an.

$$n = \frac{3^2 \cdot 0{,}90 \cdot 0{,}10}{0{,}01^2}; \qquad\qquad n = \mathbf{8.100}$$

Der Stichprobenumfang muss in diesem Falle 8.100 betragen.

Die Verlässlichkeit des Stichprobenergebnisses hängt von drei Faktoren ab, nämlich

- von der Aussagewahrscheinlichkeit
- vom tolerierten Fehlerbereich
- von der Verteilung der tatsächlichen Anteilsmerkmale der Grundgesamtheit.

Die Basis für die Ermittlung der Wahrscheinlichkeit bildet die Normalverteilung.

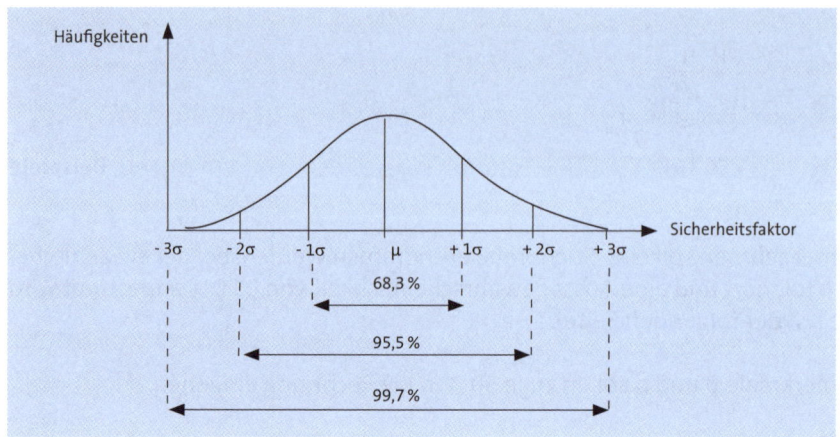

Die Beziehung zwischen Sicherheitsfaktor z und Wahrscheinlichkeit bzw. Irrtumwahrscheinlichkeit ist auszugsweise in folgender Tabelle wiedergegeben:

Sicherheitsfaktor	Aussagewahrscheinlichkeit	Irrtumswahrscheinlichkeit
z = 1,00	68,3 %	31,7 %
z = 1,50	86,6 %	13,4 %
z = 1,96	95,0 %	5,0 %
z = 2,00	95,5 %	4,5 %
z = 2,58	99,0 %	1,0 %
z = 3,00	99,7 %	0,3 %
z = 3,29	99,9 %	0,1 %

Die **Auswahl der Elemente** bei der zufallsgesteuerten Stichprobe kann u. a. erfolgen durch

▶ Auslosen bzw. Auswürfeln der kleineren Stichproben (Urnen-Modell)
▶ Zufallstabellen, wenn „Karteien" vorliegen
▶ systematische Auswahlverfahren
▶ Zufallsgenerator (bei EDV-Einsatz).

Bei der Stichprobenprüfung spielen die Prüfungspläne eine wichtige Rolle.

Ein Stichprobenplan enthält die Richtlinien für die Annahme bzw. Zurückweisung des beurteilten Loses in Abhängigkeit von den Prüfergebnissen.

Beispiel

Aus einer Grundgesamtheit von 12.000 Stück ist eine Stichprobe von 500 zu entnehmen. Bei einem Qualitätsniveau von 40 Stücken könnte eine Sendung ab 41 fehlerhafter Stücke nicht mehr akzeptiert werden.

Bei **Mehrfach-Stichprobenplänen** wird eine Lieferung angenommen, nachdem zwei oder mehrere Stichproben überprüft wurden.

Stichprobenpläne können auch aufgrund von AQL-Werten erstellt werden.

Die Abkürzung AQL wird von „acceptable quality level" abgeleitet und bedeutet **annehmbare Qualitätslage**. Toleriert man eine Fehlerquote von einem Prozent, ist der AQL-Wert 1,0.

Der folgende Stichprobenplan geht von einem AQL-Wert von 1,0 aus:

Losgröße N		Stichprobengröße n	Annahmezahl c
über	bis		
	150	13	0
150	1.200	50	1
1.200	3.200	80	2
3.200	10.000	125	3
10.000	35.000	200	5
35.000	150.000	315	7
150.000	500.000	500	10
500.000		800	14

Quelle: *Steinbuch*

Beispiel

Bei einer Losgröße von 5.000 Stück beispielsweise muss eine Stichprobe von 125 Stück entnommen werden, in der nicht mehr als drei fehlerhafte Stücke gefunden werden dürfen, um die Lieferung noch anzunehmen. Enthält die Stichprobe mehr als drei fehlerhafte Einheiten, genügt die Sendung nicht den Qualitätsanforderungen nach AQL 1,0.

Stichprobenpläne werden in der Regel zwischen Käufer und Verkäufer festgelegt und stellen einen Vertragsbestandteil dar.

In den Unternehmen werden bei Stichprobenplänen mehrere Systeme eingesetzt wie

► ABC-Standard (USA)
► Standard-Stichproben-System (Philips)
► Dodge-Raming-System (USA).

Oeldorf/Olfert führen an, dass heute weltweit nur noch die Normen auf der Basis des ABC-STD 105 Bedeutung haben, auf dem in Deutschland VG 95083, DGQ/SAQ/ÖPWZ 1 und DIN 40080 basieren.

4.11.3.3 Durchführung der Qualitätsprüfung

Nach der Festlegung der Art der Qualitätsprüfung und des Vollständigkeitsgrades der Prüfung kann die Durchführung in Angriff genommen werden.

Die Prüfung läuft in der Regel in folgenden Phasen ab:

- Erstellung von Prüfvorschriften über die Art der Prüfverfahren
- Vorgabe der Art und Dauer der Prüfung, der Methode der Vollständigkeitsprüfung bzw. der Stichprobe und der tolerierten Fehlergrenzen
- Dokumentierung der Prüfergebnisse
- Festlegung von Prüfungsstandards.

Im Folgenden wird auf die

- Prüfverfahren
- Dokumentierung der Prüfergebnisse

eingegangen.

4.11.3.3.1 Prüfverfahren

Die Art der Prüfverfahren hängt in erster Linie von der **Erzeugnisart** und deren **Eigenschaften** ab.

Wichtige zu prüfende Eigenschaften sind:

- Abmessungen
- Gewichte
- Festigkeit
- Dichte
- Leitfähigkeit
- Widerstandsfähigkeit gegen chemische Einflüsse
- Verhalten bei Wärme, Feuchtigkeit, im Feuer u. Ä.
- thermische Ausdehnung
- Feuchtigkeitsgehalt
- Korrosionsfestigkeit
- Verschleißfestigkeit.

Einige wichtige Verfahren, mit deren Hilfe die genannten und auch weitere Eigenschaften geprüft werden können, werden im Folgenden wiedergegeben (vgl. auch *Oeldorf/Olfert* und *Specht/Ahrens/Wolter*):

Chemische Analysen	Ermittlung der Zusammensetzung von Werkstoffen. Wichtigste Verfahren sind: ▸ Potentiometrie ▸ Photometrie ▸ Flammenphotometrie ▸ Polarographie ▸ Spektral- und Röntgenfluoreszensverfahren ▸ Schmelzverfahren
Metallurgische Prüfverfahren	Das Mikro- und Makrogefüge von Metallen und Legierungen zur Erforschung von Umwandlungs-, Ausscheidungs- und Lösungsvorgängen wird untersucht. Die Gefügeuntersuchungen werden mit bis zu 160.000facher Vergrößerung durchgeführt.
Mechanische Prüfverfahren	Die Prüfung ist auf die Festigkeit der Teile gerichtet. Die Prüfverfahren werden bei ruhender, dynamischer oder schwingender Beanspruchung durchgeführt. Bei Schlagbeanspruchung ist zwischen Festigkeit auf Zug, Druck, Biegung oder Abscherung zu unterscheiden.
Korrosions-Prüfverfahren	Die Prüfverfahren sind unterschiedlichster Art, da Korrosionserscheinungen viele Gründe und Ausprägungen haben. Gewichtsveränderungen und äußere Veränderungen der Probe dienen als Bewertungsmaßstab.
Zerstörungsfreie Prüfverfahren ▸ Eindringungsverfahren	Zur Erkennung unsichtbarer Risse und Gefügetrennungen an der Oberfläche von Materialien wird eine Farblösung auf die Oberfläche des Werkstoffes gebracht und nach dem Trocknen ein Entwickler aufgetragen, der die Fehlerstelle aufdeckt, da aus ihr Farbspuren austreten.
▸ Gammastrahlverfahren	Gussstücke und Schweißverbindungen werden auf Fremdeinschlüsse und Bindefehler hin untersucht.
▸ Magnetpulververfahren	Fehlerquellen werden erkannt, wenn das zu prüfende Material in ein magnetisches Feld gebracht wird, sie werden durch feines Eisenpulver und ultraviolettes Licht verdeutlicht.
▸ Röntgenstrahlverfahren	Voluminöse Fehler wie Gasblasen, Poren, Schlackeneinschlüsse u. Ä. werden aufgedeckt.
▸ Ultraschallverfahren	Das Verfahren ist in der Lage, Wanddicken von mehreren 100 mm auf Fehlerstellen hin zu überprüfen.

Weitere Verfahren werden ständig entwickelt, wobei in der Raumfahrt gewonnene Erkenntnisse von vielen Produktionsbereichen genutzt werden.

4.11.3.3.2 Dokumentierung der Prüfergebnisse

Nach erfolgter Qualitätsprüfung wird ein **Prüfbericht** erstellt, der die Ergebnisse der Prüfung darstellt. Die Darstellung erfolgt normalerweise schriftlich und grafisch.

Die Dokumentierung der Prüfergebnisse erfüllt mehrere Aufgaben:

- Sie dient als Grundlage für die Fehleranalyse.
- Sie ist die Grundlage für Gespräche mit den Lieferanten.
- Sie stellt die Fertigmeldung der Prüfarbeiten dar und löst die Zubuchung des mängelfreien Materials zu dem Bestand und die Lagerung bzw. Verwendung aus.
- Sie dient als Basis für die Überwachung von Reklamationen.
- Sie ist Voraussetzung für die Rechnungsprüfung.
- Sie kann Veranlassung geben, die Prüfarten oder Prüfintensitäten zu ändern.
- Sie kann Grundlage für Materialforschungsarbeiten sein.

4.11.4 Einsatz von Förderhilfsmitteln

Die Art der Anlieferung, die Verpackung des Materials, die Lagerart bzw. der Lagerplatz können ein Umladen der zu lagernden Güter auf Förderhilfsmittel erforderlich machen.

Als Förderhilfsmittel kommen infrage:

- Paletten
- formstabile Behälter wie Kästen, Kartons, Styropor-Verpackungen u. Ä.
- forminstabile Behälter wie Säcke oder Beutel
- sonstige Förderhilfsmittel (vgl. Kap. C. 3.2.3).

Aufgabe 28 > Seite 630

Aufgabe 29 > Seite 630

Aufgabe 30 > Seite 630

Aufgabe 31 > Seite 631

Aufgabe 32 > Seite 631

Aufgabe 33 > Seite 631

Aufgabe 34 > Seite 631

Aufgabe 35 > Seite 631

Aufgabe 36 > Seite 632

Aufgabe 37 > Seite 632

Lösung

1.	An welcher Stelle der logistischen Kette steht die Beschaffungslogistik?	S. 292
2.	Welche Aufgaben erfüllt die Beschaffungslogistik?	S. 292
3.	Auf welche Aufgabenbereiche zielen Beschaffungsstrategien hin?	S. 293
4.	In welchen Schritten läuft die Einkaufsportfolio-Analyse ab?	S. 293 f.
5.	Welche Produkte enthält die Portfolio-Matrix von Kraljic?	S. 293 f.
6.	Wie erfolgt die Marktanalyse im Rahmen der Einkaufsportfolio-Analyse?	S. 295
7.	Nach welchen Gesichtspunkten erfolgt die Positionierung der strategischen Produkte in der Einkaufsportfolio-Matrix?	S. 297
8.	Welche Handlungsempfehlungen ergeben sich aus den strategischen Stoß-richtungen „Abschöpfen", „Abwägen" und „Diversifizieren"?	S. 297
9.	Welches sind die obersten Prinzipien bei der Gestaltung der Beschaffungs-logistik?	S. 298
10.	Welche Gefahren sind mit der Beschaffung einer zu großen oder zu kleinen Materialmenge verbunden?	S. 298
11.	Nennen Sie die Formen des Materialbedarfs eines Fertigungsunternehmens!	S. 299
12.	Wodurch unterscheiden sich Brutto- und Nettobedarf?	S. 299
13.	Welche Verfahren der Bedarfsermittlung sind zu unterscheiden?	S. 300 f.
14.	Für welche Güter kommt jeweils die programmorientierte und die ver-brauchsorientierte Bedarfsermittlung infrage?	S. 300
15.	Wann ist die Schätzung angebracht?	S. 300
16.	Auf welchen Grundlagen baut die programmorientierte Materialbedarfser-mittlung auf?	S. 300
17.	Was bestimmt das Fertigungsprogramm?	S. 301
18.	Unter welchen Gesichtspunkten wird entschieden, ob Kundenaufträge oder Lageraufträge gefertigt werden sollen?	S. 302
19.	Welche Unterlagen geben Auskunft über die Zusammensetzung eines Erzeugnisses?	S. 302 f.
20.	Geben Sie Arten von Stücklisten an!	S. 303
21.	Welche Daten enthalten Stücklisten?	S. 304
22.	Was versteht man unter Verwendungsnachweisen?	S. 305
23.	Wie ist die Reihenfolge der Vorgehensweise bei der Bedarfsermittlung?	S. 305
24.	Aus welchem Plan ergeben sich die zu fertigenden Erzeugnisse?	S. 305

Lösung

25. Welche beschaffungsrelevanten Zeiten kommen infrage?	S. 306
26. Durch welche Faktoren wird die Beschaffungszeit bestimmt?	S. 306
27. In welcher Form kann die Durchlaufterminierung vorgenommen werden?	S. 306
28. Wie können Durchlaufzeitverkürzungen vorgenommen werden?	S. 307
29. Welche Faktoren sind bei der Kapazitätsbedarfsrechnung zu berücksichtigen?	S. 308
30. Nennen Sie die Verfahren der deterministischen Bedarfsauflösung!	S. 309
31. Von welchen Stücklisten geht man in der Regel bei der analytischen Bedarfsauflösung aus?	S. 309
32. Welche Verfahren der analytischen Bedarfsauflösung werden eingesetzt?	S. 309
33. Wie wird bei der synthetischen Bedarfsauflösung vorgegangen?	S. 311
34. Was versteht man unter einem Stücklistenprozessor?	S. 311
35. Welche beiden Datenbestände sind beim Stücklistenprozessor aufzubauen und zu verwalten?	S. 312
36. Bei welchen Gütern wird die verbrauchsorientierte Materialbedarfsermittlung in der Regel angewandt?	S. 313
37. Welche Methoden der verbrauchsorientierten Materialbedarfsermittlung werden eingesetzt?	S. 314
38. Wann bieten sich Mittelwertberechnungen an?	S. 314
39. Bei welchem Bedarfsverlauf wird mit der Regressionsanalyse gearbeitet?	S. 316
40. Wann bietet sich die exponenzielle Glättung an?	S. 318
41. Weshalb ist die Materialbedarfsermittlung durch die Materialbestandsermittlung zu ergänzen?	S. 320
42. Welche Bestandsarten lassen sich unterscheiden?	S. 320 f.
43. Welche Funktion erfüllt der Sicherheitsbestand?	S. 321
44. Welche Kriterien sind für die Entscheidung Eigenfertigung/Fremdbezug heranzuziehen?	S. 322 f.
45. Weshalb muss bei Make-or-buy-Entscheidungen unter Kostengesichtspunkten zwischen langfristigen und kurzfristigen Entscheidungen unterschieden werden?	S. 323
46. Welche Berechnungen sind bei langfristigen Entscheidungen anzustellen?	S. 325
47. Wodurch wird die Beschaffungsstruktur geprägt?	S. 327 f.

Lösung

48. Welche Arten der Konzentration auf Beschaffungsquellen lassen sich unterscheiden?	S. 327 f.
49. Beschreiben Sie die Vor- und Nachteile des „Global Sourcing"!	S. 328 f.
50. Welches sind die Kennzeichen des „Single Sourcing"?	S. 329
51. Wodurch unterscheidet sich das „Modular Sourcing" vom „Global Sourcing" und „Single Sourcing"?	S. 328 ff.
52. In welchen Phasen vollzieht sich der Auswahlprozess der Lieferanten?	S. 331
53. Welche Kriterien enthält ein Auswahlkatalog für Lieferanten?	S. 331 f.
54. Welches Verfahren zur Lieferantenbewertung bietet sich an?	S. 332
55. Worauf muss bei der Auswahl der Lieferanten im Einzelnen geachtet werden?	S. 334
56. Welche Beschaffungsformen sind zu unterscheiden?	S. 334 f.
57. Wann bietet sich die fallweise Beschaffung an?	S. 334
58. Wodurch ist die Vorratsbeschaffung gekennzeichnet?	S. 335
59. Wann liegt eine klassische fertigungssynchrone Beschaffung vor?	S. 335
60. Schildern Sie das Wesen der Just-in-Time-Beschaffung!	S. 336
61. Auf welchen Überlegungen basiert die Einführung des Just-in-Time-Konzeptes in der Praxis?	S. 336
62. Was sagen die Begriffe „Wertzuwachs", „Versteckte Verschwendung" und „Offene Verschwendung" aus?	S. 337
63. Was bedeutet Just-in-Time neben fertigungssynchroner Beschaffung noch?	S. 337
64. Welche Anforderungen gegenüber der Produktionsplanung und -steuerung stellt das Just-in-Time-Konzept?	S. 338
65. Welche Voraussetzungen für Just-in-Time müssen erfüllt werden?	S. 339
66. Welche Vorteile hat das Just-in-Time-Konzept?	S. 340 f.
67. Mit welchen Nachteilen ist Just-in-Time verbunden?	S. 341
68. In welchen Phasen läuft die Just-in-Time-Beschaffung ab?	S. 341 f.
69. Von welchen Bestimmungsfaktoren hängt die Beschaffungsmenge ab?	S. 343
70. Welche Rolle spielt die Marktsituation für die Beschaffungsmenge?	S. 344
71. Welche Bestandteile haben die Beschaffungskosten?	S. 344
72. Was versteht man unter Losgrößeneinheiten?	S. 345
73. Welche Bedeutung hat der finanzielle Spielraum für die Beschaffungsmenge?	S. 346

Lösung

74. Erläutern Sie die Verfahren der Beschaffungsmengenoptimierung!	S. 346 f.
75. An welchen betrieblichen Erfordernissen und Gegebenheiten orientieren sich die Beschaffungstermine?	S. 347
76. Aus welchen Zeiträumen setzt sich die Wiederbeschaffungszeit zusammen?	S. 347
77. Wodurch unterscheiden sich verbrauchsbedingte Bestandsergänzung und bedarfsbedingte Bestandsergänzung?	S. 348 f.
78. Von welchem Bestand geht das Bestellpunktverfahren aus?	S. 348
79. Wann erfolgt die Auslösung der Beschaffung beim Bestellrhythmus-Verfahren?	S. 349
80. Für welche Güter kommt die bedarfsbedingte Bestandsergänzung in Frage?	S. 350
81. Wodurch unterscheiden sich Isteindeckungszeit und Solleindeckungszeit?	S. 351
82. Wie erfolgt der Warenfluss auf dem direkten Beschaffungsweg?	S. 352
83. Wodurch ist der indirekte Beschaffungsweg gekennzeichnet?	S. 353
84. Wodurch unterscheiden sich Direktgeschäft, Streckengeschäft und Vermittlungsgeschäft?	S. 352 f.
85. Was ist unter einem Güterverkehrszentrum zu verstehen?	S. 355
86. Welche Aufgaben erfüllt ein Güterverteilzentrum?	S. 355
87. Welche Aufgabenschwerpunkte haben logistische Dienstleistungszentren?	S. 355
88. Was ist ein Zentrum für Produktionslogistik?	S. 356
89. Nennen Sie die wichtigsten Unterscheidungsmerkmale zwischen Einkauf und Beschaffungslogistik!	S. 359 f.
90. Welche Faktoren beeinflussen die Entscheidung für einen zentralen oder dezentralen Einkauf?	S. 360
91. Welche Vor- und Nachteile hat der zentrale Einkauf?	S. 361
92. Welche Argumente sprechen für und gegen einen dezentralen Einkauf?	S. 361
93. In welchen Schritten laufen in der Regel die Kontakte mit dem Lieferanten ab?	S. 363 f.
94. Auf welche Bereiche erstreckt sich die Lieferantenkontrolle?	S. 365
95. Welche Handlungen löst der Materialeingang aus?	S. 365 f.
96. In welchen Bereichen eines Industriebetriebes kann die Materialannahme erfolgen?	S. 367
97. Welche Bereiche umfasst die Materialprüfung?	S. 368
98. Welche Faktoren bestimmen die Intensität der Prüfungshandlungen bei der Materialprüfung?	S. 368

Lösung

	Lösung
99. Welche Inhalte haben die einzelnen Prüfungsaktivitäten?	S. 368
100. Definieren Sie den Begriff „Qualitätsprüfung"!	S. 369
101. Welche Bereiche sind bei der Qualtitätsprüfung zu berücksichtigen?	S. 370 f.
102. Wodurch unterscheiden sich Attributprüfung und Variablenprüfung?	S. 370
103. Welche Prüfungsformen sind im Hinblick auf den Vollständigkeitsgrad der Prüfung zu unterscheiden?	S. 371 f.
104. Nennen Sie wichtige Verfahren der Zufallsauswahl!	S. 372
105. Wie lässt sich der Umfang einer Stichprobe ermitteln?	S. 372
106. Wie kann die Auswahl der Elemente bei der zufallsgesteuerten Stichprobe erfolgen?	S. 374
107. In welchen Phasen läuft die Qualitätsprüfung in der Regel ab?	S. 376
108. Welche Eigenschaften sind im Rahmen der Prüfverfahren zu prüfen?	S. 376
109. Nennen Sie einige häufig verwendete Prüfverfahren!	S. 377
110. In welcher Form können die Prüfergebnisse dokumentiert werden?	S. 378
111. Zählen Sie wichtige Förderhilfsmittel auf!	S. 378
112. Wodurch unterscheiden sich Paletten von den übrigen formstabilen Behältern?	S. 378

E. Lagerlogistik

1. Grundsätzliche Überlegungen

Die Lagerlogistik wird vielfach nicht als ein eigenständiger Bereich angesehen, sondern der Beschaffung bzw. dem Absatz zugeordnet. Wegen der bedeutenden Rolle, die die Lagerung im Rahmen des Materialflusses mit dem Ziel der optimalen Kundenbedienung spielt, empfiehlt es sich, die Lagerlogistik als einen wichtigen selbstständigen Teilbereich des Logistikkomplexes zu betrachten.

Ein **Lager** stellt den Bestand an Gütern dar, der nicht direkt am Leistungserstellungsprozess beteiligt ist. Güter sind bereits verfügbar, werden jedoch erst zu späteren Zeitpunkten benötigt.

Der **Lagerung** im engeren Sinne fällt die Aufgabe der Zeitüberbrückung zwischen der Warenverfügbarkeit und dem Bedarf zu (vgl. Kap. C. 3.3.1). Der Lagerprozess beginnt dabei mit der Übernahme des Materials und endet mit der Abgabe der Erzeugnisse aus dem Erzeugnis- oder Versandlager.

Die **Lagerlogistik** hat die Aufgabe, Systeme für alle Arten der Lagerung, Kommissionierung sowie Förderung der Güter vom Wareneingang über alle Stufen der Produktion bzw. Lagerung bis zum Warenausgang zu gestalten (*Rupper*).

Im Rahmen der Lagerlogistik kommt es in besonderem Maße darauf an, die Logistik-Hardware und Logistik-Software so optimal wie möglich einzusetzen.

Der Idealfall läge vor, wenn die Logistik dazu beitragen könnte, dass eine Lagerhaltung im Interesse des Flussprinzips entfiele, doch wird dies, von wenigen Ausnahmefällen abgesehen, nicht möglich sein. Die Logistik, speziell die Lagerlogistik, kann aber erreichen helfen, dass die Lagerfunktionen möglichst optimal ausgeübt werden.

Im Folgenden ist auf die wichtigsten logistikrelevanten Bereiche und Aufgaben des Lagers einzugehen. Dabei stehen die folgenden Gebiete im Vordergrund:

- ▸ Lagerstrategien
- ▸ Lagerfunktionen
- ▸ Lagerarten
- ▸ Lagerstandorte
- ▸ Bewegungen zum, vom und im Lager
- ▸ Lagerkosten
- ▸ Lagerverwaltung und Lagersteuerung
- ▸ Lagersysteme.

2. Lagerstrategien

Strategien als Grundsatzentscheidungen mit großer Wirkungsausdehnung prägen weitestgehend die Abläufe in den Unternehmensbereichen. Neben den grundsätzlichen Unternehmensstrategien, die Auswirkungen auch auf die Gesamtfunktion Lager haben, sind spezielle Lagerstrategien entwickelt worden.

Diese erstrecken sich auf folgende wichtige Hauptkomplexe, wobei hier nur eine Auswahl der wichtigsten Bereiche getroffen wird:

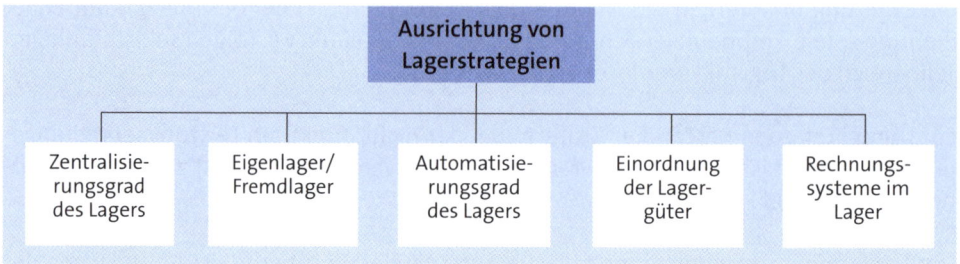

Die Lagerstrategien haben Auswirkungen auf

▶ die Lagersysteme
▶ die Lagerorganisation
▶ die Lagerkosten.

Die genannten Lagerstrategien befassen sich mit folgenden Inhalten:

Zentralisierungs-grad	Unter der Zentralisierung ist die Konzentration der Bestände an einem Standort und unter einer Instanz zu verstehen.
	Der niedrigste Zentralisierungsgrad ist bei dezentralen Lägern, der höchste bei einem Zentrallager zu finden. Daneben gibt es noch Mischformen.
	Vorteile von Zentrallägern sind:
	▶ geringer Grundstücks- und Gebäudebedarf
	▶ gute Flächenausnutzung
	▶ wirtschaftliche Lagerung infolge hoher Lagermengen
	▶ geringe Lagerraumkosten
	▶ gute Ausnutzung der Lagereinrichtungen
	▶ reduzierte Personalkosten infolge eines konzentrierten EDV-Einsatzes
	▶ einfachere, weil automatisierte Einlagerung und Auslagerung
	▶ geringere Bestände durch Zusammenfassung von Sicherheitsbeständen, durch bessere Übersichtlichkeit und durch einen leichter zu gestaltenden Informationsfluss
	▶ gute Möglichkeit der Bestandsführung und Disposition
	▶ gute Organisationsmöglichkeit
	▶ kurze Auslieferzeiten.

	Die **Nachteile** von Zentrallägern bestehen in ► längeren Transportwegen ► hohen Kosten bei schlechter Kapazitätsauslastung ► schlechteren Kontakten zu den Bedarfsträgern ► einer Schwerfälligkeit bei sich häufig ändernden Bedingungen.
Eigenlager/ Fremdlager	Die Frage Eigenlager oder Fremdlager stellt sich sowohl in der Beschaffungs- als auch in der Distributionslogistik. Bei der Entscheidung für Eigen- oder Fremdlager sind die Kriterien ► Investitionskosten ► laufende Betriebskosten ► Personalbedarf und Spezialisten-Know-how ► Grad der Abhängigkeit ► Belastungsspitzen und Kapazitätsbedarfsschwankungen zu beachten (vgl. *Schulte, 2009*). Beim **Speditionslagermodell** liefert der Lieferant die Waren, die vom Abnehmer bei ihm abgerufen werden, in das Speditionslager. Der Spediteur kommissioniert die kurzfristig benötigten Teile auf Abruf vom Abnehmer und liefert sie „Just-in-Time" an. Der Spediteur übernimmt Aufgaben der Warenannahme, Lagerhaltung, Bestandsführung, Kommissionierung und des Transports und darüber hinaus im Rahmen der vertraglichen Vereinbarungen bzw. von Rechtsvorschriften die Risiken des Untergangs, der Nichtlieferung, Spätlieferung usw.
Automatisierungsgrad des Lagers	Es sind **manuell** zu bedienende Läger, **mechanisierte** Läger und **automatisierte** Läger zu unterscheiden. Von Automatisierung wird gesprochen, wenn mehrstufige Arbeitsgänge von ferngesteuerten Maschinen verrichtet werden, die vom Menschen lediglich gesteuert und kontrolliert werden. Vollautomatische Läger liegen vor, wenn die Ein- und Auslagerung komplett per EDV-Einsatz erfolgt. Hochregalläger haben in der Regel den höchsten Automatisierungsgrad. Material- und Informationsfluss werden miteinander gekoppelt (*Kopsidis*). Der EDV-Einsatz geschieht off-line (indirekt) oder on-line (direkt). Der off-line-Einsatz bedeutet eine EDV-gestützte Lagersteuerung (vgl. Kap. C. 3.3.4.3). Der Automatisierungsgrad des Lagers hat Auswirkungen auf ► die Lagerkosten ► den Personalbedarf ► die Arbeitsgeschwindigkeit ► die Arbeitszuverlässigkeit ► den Investitionsbedarf ► die gesamte Unternehmensorganisation.

Einordnung der Lagergüter	Die Einordnung der Güter im Lager kann nach dem Magazinierprinzip oder nach dem Lokalisierprinzip erfolgen.
	Das **Magazinierprinzip** bedeutet für die zu lagernden Güter einen festen Lagerplatz. Vom **Lokalisierprinzip** spricht man, wenn die Lagerplätze frei wählbar sind, bei jeder Einlagerung ein neuer Lagerplatz bestimmt werden kann. Es liegt ein **„chaotisches Lager"** vor. Bei dieser Einordnungsform bestimmt das „System" den Lagerplatz. Voraussetzung ist eine computergestützte Lagerführung. Insbesondere bei der Hochregallagerung herrscht die chaotische Lagerung vor.
	Die Art der Einordnung der Lagergüter hat Auswirkungen auf den Platzbedarf, der bei chaotischer Lagerung niedriger ist und auf die Vorbereitungsarbeiten, die beim Magazinierprinzip geringer sind. Dies hat Auswirkungen auf Raumkosten und Lagerungskosten. Das Lokalisierprinzip bedeutet eine große Abhängigkeit vom fehlerfrei funktionierenden computergesteuerten Suchsystem.
Rechnungssysteme im Lager	Die Rechnungssysteme im Lager befassen sich mit der ▶ Bestandsrechnung ▶ Verbrauchsrechnung ▶ der Bewertung der Zugänge, Bestände und Abgänge. Die Wahl des Systems wirkt sich aus auf ▶ den Informationsstand der Lagerverwaltung und aller anderer materialdisponierender Stellen und des Rechnungswesens ▶ den Personalbedarf ▶ den Bedarf an rechentechnischen Hilfsmitteln.

3. Lagerfunktionen

Der Lagerhaltung kommt eine sehr große Bedeutung bei der Herstellung bzw. Aufrechterhaltung der Betriebsbereitschaft und damit der Kundenbefriedigung zu. Die wichtigsten Einzelfunktionen des Lagers stellen sich wie folgt dar:

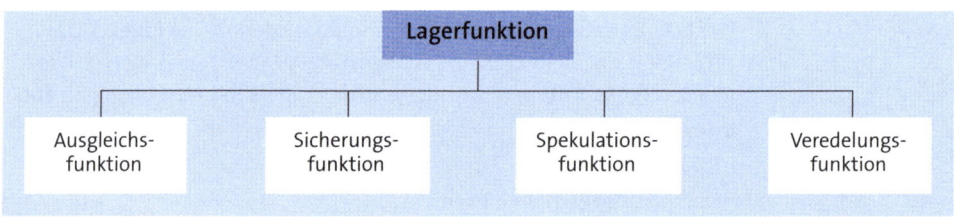

3.1 Ausgleichsfunktion

Unter Ausgleichsfunktion des Lagers versteht man die Beseitigung der Dissonanzen von Materialbedarf und Materialzufluss. Die Dissonanzen können zeitlich und mengenmäßig auftreten.

Eine **zeitliche Dissonanz** liegt vor, wenn bestimmte Materialien während des ganzen Jahres benötigt werden, die Beschaffung jedoch nur zu einem bestimmten Zeitpunkt oder nur während eines beschränkten Zeitraums möglich ist. Dies trifft etwa bei der Obstverarbeitung zu.

Da während des ganzen Jahres Obst verarbeitet wird, dieses jedoch nur während der Ernteperiode bezogen werden kann, ist eine Lagerung des Obstes erforderlich. Dem Lager kommt eine Pufferfunktion zu.

Mengenmäßig ergeben sich Dissonanzen, wenn bei bestimmten Chargenproduktionen aus technologischen Gründen nur eine bestimmte Mindestmenge produziert werden kann. Da die Chargenmindestmenge oft mit der benötigten Menge nicht übereinstimmt, müssen die auftretenden Dissonanzen durch die Lagerhaltung kompensiert werden (*Weber/Kummer*).

Die vertragliche Verpflichtung zur Abnahme von Mindestmengen kann auch Dissonanzen in mengenmäßiger Hinsicht verursachen.

3.2 Sicherungsfunktion

In den Unternehmen besteht häufig ein Informationsdefizit über

- exakte Bedarfsmengen künftiger Perioden
- Liefermengen
- Bedarfszeitpunkte
- Lieferzeitpunkte
- Lagerschwund u. Ä.

Diese Unsicherheiten der Information zwingen zu einer Lagerhaltung.

3.3 Spekulationsfunktion

Preiserhöhungen auf dem Beschaffungsmarkt können Motivation zu einer vorsorglichen Eindeckung bei noch nicht aktuellem Bedarf sein, verursachen also eine Lagerung.

Befürchtete Qualitätsverschlechterungen können ebenso Anlass zu einer Lagerhaltung geben wie günstige Sonderangebote.

3.4 Veredlungsfunktion

Die Veredlungsfunktion wird auch als Produktionsfunktion bezeichnet und kommt immer dann zum Tragen, wenn die Lagerung eine Qualitätsverbesserung der Lagergüter bewirkt. Die Lagerung ist Teil des Produktionsvorganges. Beispiele dafür sind Alterung, Trocknung, Reifung oder Gärung etwa bei Cognac, Holz, Käse, Wein.

4. Lagerarten

Die Lagerfunktionen werden nicht in **dem** Lager schlechthin ausgeübt, sondern in ganz bestimmten Arten von Lägern.

Lagerarten ergeben sich aus einer Klassifizierung nach unterschiedlichen Merkmalen.

Die Hauptmerkmale zur Unterscheidung von Lägern sind

- Eigentümer
- Marktbeziehungen
- Zentralisierungsgrad
- Bedeutung
- Wertschöpfungsprozess
- Gelagerte Güter
- Standort
- Lagerbauweise
- Position des Lagergutes während der Lagerdauer
- Automatisierungsgrad
- Lagertechnik
- Lagereinrichtungen
- Lagertransportmittel.

Beispiele

Nach den **Marktbeziehungen** unterscheidet man

- Beschaffungslager
- Absatzlager.

Nach der **Bedeutung** ergeben sich

- Hauptlager
- Nebenlager.

Nach den **gelagerten Gütern** teilt man ein in

- Materiallager
- Fertigproduktlager
- Handelswarenlager
- Werkzeuglager usw.

Nach den **Lagereinrichtungen** kann man unterscheiden

- Regallager
- Palettenlager
- Behälterlager
- Schranklager
- Vitrinenlager usw.

Eine umfassende Zuordnung der Lagerarten zu den Hauptkriterien ist in Kapitel C. 3.3.2 zu finden.

5. Lagerstandorte

Die Wahl der Lagerstandorte ist insofern von logistischer Relevanz, als sie unter dem Aspekt der Minimierung der Transportwege zu den Produktionsstätten und zu den Abnehmern erfolgt.

Der Materialfluss zu den Lägern und von den Lägern zu den verschiedenen Bestimmungsorten ist so zu gestalten, dass er nicht nur zeitminimal, sondern auch möglichst störungsfrei erfolgt. Die richtige Standortwahl kann wesentlich dazu beitragen.

Bei der Standortbestimmung können zwei Situationen vorliegen (*Oeldorf/Olfert*):

- Die räumliche Struktur ist vorgegeben, der innerbetriebliche Standort ist nach Möglichkeit so zu wählen, dass er eine Minimierung der Transportkosten ermöglicht.
- Die räumliche Struktur ist frei gestaltbar. Die Standortplanung des Lagers ist im Zusammenhang mit der Standortwahl des Gesamtunternehmens zu sehen.

Die Standortplanung im Lagerbereich darf auf keinen Fall isoliert betrachtet werden, vielmehr sind dabei folgende Bereiche zu berücksichtigen:

- die allgemeinen Unternehmensstrategien und die speziellen Lagerstrategien
- das Beschaffungslogistik-Konzept
- das Produktionslogistik-Konzept
- das Marketinglogistik-Konzept
- die Kostensituation
- die Organisationsstruktur des Unternehmens
- äußere Bedingungen.

5.1 Bestimmungsfaktoren

Drei Faktorengruppen bestimmen die Standortwahl:

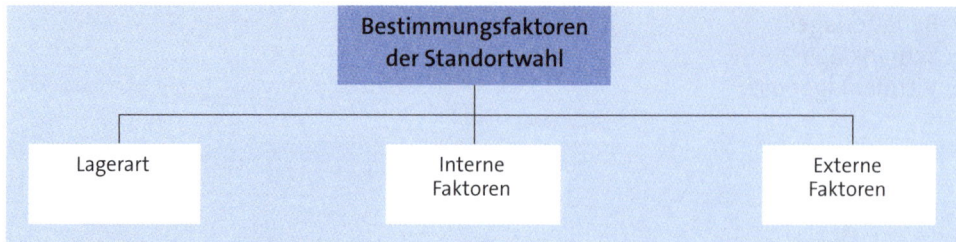

5.1.1 Lagerart

Die Lagerart im Hinblick auf die gelagerten Güter übt einen maßgeblichen Einfluss auf die Wahl der Lagerstandorte aus. Der Standort kann davon abhängen, ob es sich um ein

► Materiallager
► Fertigproduktlager
► Handelswarenlager
► Werkzeuglager
► Ersatzteillager
► Büromateriallager u. Ä.

handelt (vgl. Kap. C. 3.3.2).

5.1.2 Interne Faktoren

Folgende interne Faktoren bestimmen die Standortwahl:

► Anzahl der Artikel
► Art der Lagereinheiten
► Gewicht und Höhe der Lagereinheiten
► maximales Lagervolumen
► Anlieferungsart ins Lager
► Anlieferungshäufigkeit
► Anzahl der Einlagerungen pro Zeiteinheit
► Anzahl der Auslagerungen je Zeiteinheit
► Art der Auslagerung
► erforderliche Zeit für Einlagerung, Überwachung und Pflege der Bestände
► besondere Anforderungen durch das Lagergut.

5.1.3 Externe Faktoren

Auf die externen Faktoren hat das Unternehmen entweder keinen oder lediglich einen begrenzten Einfluss. Es handelt sich um

- staatliche Auflagen, wie Bauvorschriften, Umweltauflagen, Bestimmungen für gefährliche Güter, Lärmschutzvorschriften u. Ä.
- produktbedingte Orientierung an bestimmte Transportwege (Schiene, Straße, Wasser)
- Energieversorgungsmöglichkeit
- Entsorgungsmöglichkeit (z. B. von Chemikalien, verschmutztem Wasser u. Ä., die sich aus der Warenpflege ergeben).

5.2 Strategische Überlegungen bei der Wahl von Lagerstandorten

Bei der Wahl von Lagerstandorten kommen auch strategische Überlegungen zum Zuge wie

- die Einrichtung eines Zentrallagers oder von dezentralisierten Lägern
- die Frage Eigenlager/Fremdlager
- der Automatisierungsgrad des Lagers (vgl. Kap. E. 2).

6. Aufgaben der Lagerung

Auf die Hauptaufgabe der Lagerung, der Zeitüberbrückung zwischen der Warenverfügbarkeit und dem Bedarf sowie auf die Lagerfunktionen, nämlich die Ausgleichs-, Sicherungs-, Spekulations- und Veredlungsfunktion wurde bereits in den Kapiteln E. 1 und E. 3 ausführlich eingegangen. Im Folgenden sind die wichtigsten Einzelaufgaben der Lagerung, die die zu gestaltenden Lagersysteme bestimmen, darzustellen.

6.1 Lagerstufen

Der Leistungserstellungsprozess in einem Fertigungsunternehmen kann in verschiedenen Stufen dargestellt werden; diese Stufen steuern den **Materialfluss**, und diesen Stufen werden die einzelnen Läger zugeordnet.

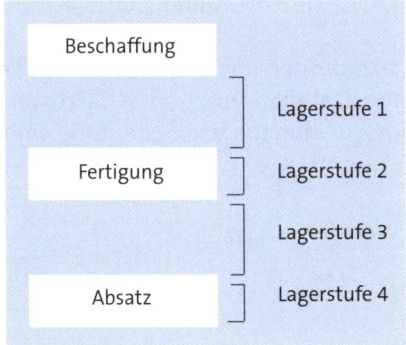

Lagerstufe 1:
Die Lagerstufe 1 stellt die Eingangsläger dar. Sie haben die Aufgabe, die Produktion sicherzustellen, indem sie der Fertigung permanent das benötigte Material zur Verfügung stellen und Sicherheitsbestände führen. Darüber hinaus nehmen sie spekulativ beschafftes Material auf. In erster Linie werden durch die Eingangsläger die Sicherheits-, Spekulations- und Pufferfunktion ausgeübt.

Lagerstufe 2:
Die Lagerstufe 2 beinhaltet Läger im Fertigungsbereich. Es handelt sich um Zwischenläger, die auch Werkstattläger oder Parallelläger genannt werden. Sie werden benötigt, wenn bereits Fertigungsstufen realisiert wurden.

Primär erfüllen die Läger die Pufferfunktion.

Lagerstufe 3:
Die Lagerstufe 3 kommt nach der Beendigung der Fertigung zum Zuge. Die Läger sind Erzeugnisläger, auch Absatz- oder Endläger genannt. Sie sind erforderlich, um Schwankungen des Absatzmarktes aufzufangen.

Erzeugnisläger üben sämtliche Lagerfunktionen aus.

Lagerstufe 4:
Die in der Literatur nicht so häufig wie die übrigen Lagerstufen behandelte Lagerstufe 4 umfasst die Lagerung der Handelsware.

Gelegentlich wird noch eine fünfte Lagerstufe erwähnt. Diese ist den Belangen der Verwaltung vorbehalten.

6.2 Materialflussanalyse

Der optimale Materialfluss wird bei der Ausübung der Lageraufgaben oft nicht berücksichtigt, weil versäumt wurde, eine Materialflussanalyse durchzuführen.

Die Materialflussanalyse ist der Logistik-Software zuzuordnen und dient nicht nur der Optimierung der Transporte, sondern ist in der Lage, Detailinformationen darzustellen, die für wichtige strategische Unternehmensentscheidungen von Bedeutung sind (*Bichler/Schröter*).

Der Materialfluss hat eine

- qualitative Komponente
- quantitative Komponente.

Zur Ermittlung des **qualitativen Materialflusses** geht man von den Arbeitsplänen aus. Man ermittelt einige „Repräsentanten", da man nicht jedes einzelne Teil verfolgen kann und stellt die betroffenen Kostenstellen fest. Daraus resultiert dann eine qualitative **Materialflussmatrix**.

Bei der Darstellung des **quantitativen Materialflusses** werden die Arbeitspläne um die Produktionsmengen ergänzt.

Zur Darstellung des Materialflusses bedient man sich häufig des Von-Nach-Diagramms und des Sankey-Diagramms.

Im **Von-Nach-Diagramm** werden für einen repräsentativen Zeitraum die aus dem Produktionsprogramm errechneten Teile den einzelnen Arbeitsschritten zugeordnet.

Von \ Nach	Rohstofflager	Fertigung	Montage	Fertigwarenlager	Abfälle, Verschnitt	Versand	Schrott	Summe
Wareneingang	100							100
Rohstofflager		72	20	10				102
Fertigung			52	16	8			76
Montage		4		65	3			72
Fertigwarenlager						91		91
Abfälle, Verschnitt	2						9	11
Summe	102	76	72	91	11	91	9	

Quelle: *Schulte*

Das **Sankey-Diagramm** enthält eine Darstellung der Betriebsmittel zueinander und die Materialflüsse, die je nach ihrer Intensität durch starke oder weniger starke Verbindungslinien dargestellt werden.

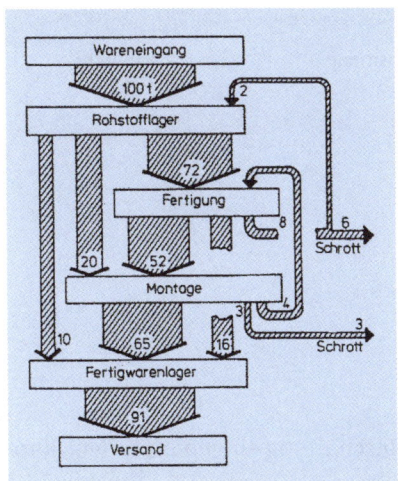

Quelle: *Schulte*

Die Darstellung der **Hauptmaterialflüsse** kann auch direkt im **Layout** erfolgen:

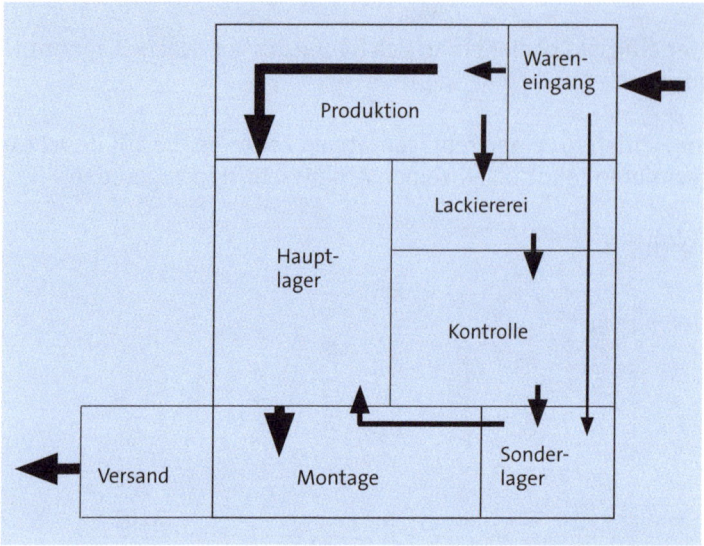

Quelle: *Bichler/Schröter*

6.3 Darstellung der Einzelaufgaben der Lagerung entsprechend dem Materialfluss

6.3.1 Einlagerung

Bei der Einlagerung sind die folgenden Arbeitsschritte darzustellen:

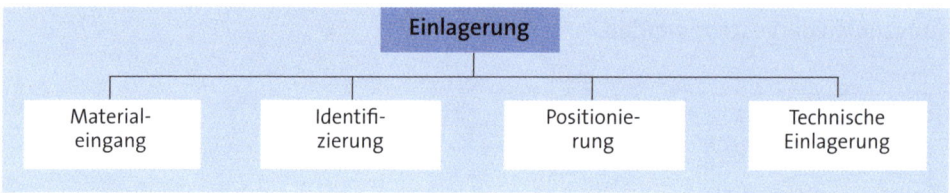

6.3.1.1 Materialeingang

Der Materialeingang umfasst

► die Annahme des Materials
► die Identifikationsprüfung
► die Rechnungsprüfung
► das Erstellen der Materialeingangsunterlagen.

Auf diese Aufgaben wurde bereits im Rahmen der Beschaffung eingegangen (vgl. Kap. D. 4.11), es wird auf diese Ausführungen hingewiesen.

6.3.1.2 Identifizierung

Die Identifizierung erfolgt vor der Einlagerung. Es wird eine Zuordnung der Lagergüter nach bestimmten feststehenden Kriterien der Lagerplatzbestimmung, auch als Präferenzen bezeichnet, vorgenommen (*Kopsidis*). Bei den Kriterien handelt es sich um

- Art des Lagergutes
- Abmessungen/Volumen
- Gewicht
- Temperatur
- Gefahrgutbestimmungen
- Überwachungs- und Pflegebedarf
- Lagereinheit
- Entnahmehäufigkeit.

6.3.1.3 Positionierung

Der Identifizierung schließt sich die Positionierung an, d. h. die Zuteilung des Lagerplatzes.

Die Lagerplatzzuteilung erfolgt entweder nach dem Magazinierprinzip oder nach dem Lokalisierprinzip (vgl. E. 2).

Beim **Magazinierprinzip** erhält jedes Lagergut einen festen Lagerplatz, was zu einer unzureichenden Auslastung der Lagerkapazität führen kann.

Das **Lokalisierprinzip** führt zum „chaotischen Lager". Bei diesem Prinzip gibt es keine festen Lagerplätze, sondern bei jeder Einlagerung wird ein neuer Lagerplatz bestimmt.

Die Bestimmung des Lagerplatzes erfolgt durch das System. Eine computergestützte Lagerführung ist Voraussetzung.

Das Lokalisierprinzip ermöglicht eine gute Auslastung der Lagerkapazität.

Die chaotische Lagerung ist für die Hochregallagerung typisch (vgl. Kap. C. 3.3.3.4.2).

Die Daten der Hochregalwände werden mit ihren maximalen Belegungsmöglichkeiten EDV-mäßig abgespeichert. Der Lagerraum setzt sich bei einer gegebenen Regalhöhe aus einer bestimmten Anzahl von Behälterplätzen zusammen. Jeder dieser Plätze lässt sich über einen dreistufigen Index, Regalwand, Regalhöhe, Gangtiefe ansteuern.

Besonders wirkungsvoll ist die Lagerung nach dem Lokalisierprinzip, wenn mit einem **hohen Automatisierungsgrad** operiert wird.

Oeldorf/Olfert schlagen den Einsatz folgender Anlagen vor:
- Eine **zentrale EDV-Anlage** zur Vornahme der Bestandsführung und Festhalten aller Informationen über das eingelagerte Gut. Sämtliche Lagerbewegungen werden erfasst, jedoch ohne Angabe der Lagerorte.

► Ein **Hochregalrechner**, dem Informationen über die Lagerbewegungen von der zentralen EDV-Anlage zugehen.

Es ergibt sich folgende Vorgehensweise:
Unter Beachtung der festgelegten Prioritäten geschieht die Einlagerung aufgrund des gespeicherten Lagerabbildes und der vorgegebenen Materialflusssteuerung. Ist ein Lagerplatz gefunden worden, wird er im intern gespeicherten Lagerabbild belegt und ist für eine weitere Reservierung nicht mehr verfügbar.

Die Materialsuche ist nur über den Lagerplatz möglich, deshalb sind u. U. sämtliche Regale zu „durchsuchen", bis die gewünschte Materialnummer gefunden wird. In vielen Systemen werden **Tabellen** aufgebaut, die es ermöglichen, über die Materialnummer auf die Regalnummer(n) zurückzugreifen.

Die Echtzeiterfassung der Lagerbewegungen nimmt man im Materialeingangs- oder Lagerbereich vor. Die erforderlichen Daten wie Materialnummer, Materialbezeichnung, Menge, Behälteranzahl und Maße werden über den Bildschirm eingegeben. Es schließt sich an die Ermittlung der Regalnummer sowie die Buchung der Daten im Materialbestandsatz des zentralen Rechners.

Nicht mehr besetzte Behälter im Lagerabbild sind nicht mehr reserviert und können bei einer unmittelbar danach erfolgten Reservierung gleich wieder verwendet werden.

Das EDV-System ist in der Lage, die Bewegungsstrecken von Einlagerungs- und Auslagerungsarbeiten zu optimieren. Innerhalb der gespeicherten Rahmenbedingungen kann das System auch Entscheidungen wie die Auslagerung nach dem Fifo-Prinzip bzw. nach anderen Prioritätsregeln treffen.

6.3.1.4 Technische Einlagerung

Die technische Einlagerung wird auch als körperliche Einlagerung bezeichnet.

Das Lagergut wird mithilfe der entsprechenden Förder- und Entladeeinrichtungen auf den reservierten Lagerplätzen eingelagert (vgl. dazu Kap. C. 3.2.2.2 Fördermittelarten).

6.3.2 Bestandsüberwachung und Bestandspflege

Die Bestandsüberwachung und Bestandspflege stellen keine primär logistischen Aufgaben dar, sind aber in diesem Zusammenhang zu erwähnen, da mangelnde Überwachung und Pflege des Lagergutes zu folgenreichen Stockungen im Materialfluss führen und damit die logistische Kette beeinträchtigen können.

Die Überwachung und Pflege der Bestände erstrecken sich auf

► Schwund durch Verdampfen, Verdunsten, Gewichtsverlust, Korrosion u. Ä.
► Diebstahl
► mangelhafte Bestandsverwaltung.

6.3.3 Auslagerung des Materials

Die Auslagerung des Materials erstreckt sich auf drei Aufgabenkomplexe:

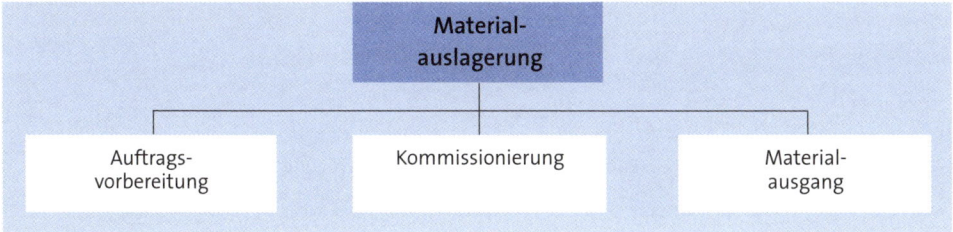

6.3.3.1 Auftragsvorbereitung

Die Auftragsvorbereitung hat die Aufgabe, Materialanforderungen bzw. Lageraufträge entsprechend den Belangen des Lagerwesens umzuformen und sie kommissionierfähig zu machen (*Kopsidis*).

Die Materialanforderungen sind häufig in einer Art gestaltet, die die Bedürfnisse des Lagers nicht ausreichend berückichtigt. Oft fehlen wichtige Angaben wie die Nummer des Lagerplatzes, oder es sind bestimmte vom Lager vorzunehmende Arbeiten den anfordernden Stellen nicht bekannt. Die daraus resultierenden Ergänzungsarbeiten sind Gegenstand der Auftragsvorbereitung.

Die Auftragsvorbereitung erfolgt entweder unmittelbar nach dem Eingang des Auftrages (der Anforderung) als **Real-time-Aufbereitung**, oder die Aufträge werden gesammelt und dann stapelweise bearbeitet; in diesem Fall liegt eine **Batch-Aufbereitung** vor.

6.3.3.2 Kommissionierung

Die Kommissionierung ist eine der wichtigsten logistischen Aufgaben im Lagerbereich. Im Rahmen der Kommissionierung werden aufgrund von Bedarfsinformationen Lagergüter aus einem lagerspezifischen Zustand in einen verbrauchsspezifischen Zustand versetzt.

Die VDI-Richtlinie definiert Kommissionieren wie folgt:

„Kommissionieren ist das Zusammenstellen von bestimmten Teilmengen (Artikeln) aus einer bereitgestellten Gesamtmenge (Sortiment) aufgrund von Bedarfsinformationen (Auftrag)."

Der Auftrag kann sowohl einen internen Charakter haben, also produktionsorientiert sein, oder extern als Kundenauftrag erfolgen, also absatzorientiert sein.

Im Folgenden wird auf die Grundlagen der Kommissionierung eingegangen, die unabhängig vom Kommissionierungszweck sind, also bei jedem Kommisionieren zu beachten sind.

6.3.3.2.1 Der Materialfluss im Rahmen der Kommissionierung

Der Materialfluss im Rahmen der Kommissionierung stellt sich wie folgt dar (in Anlehnung an *Schneider*):

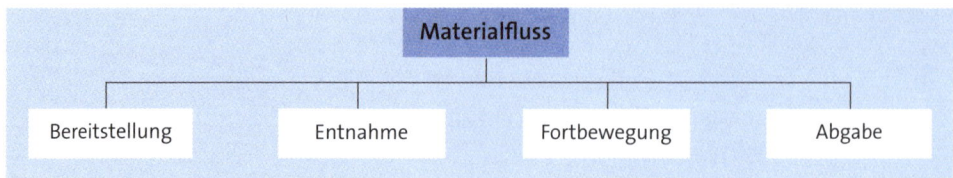

6.3.3.2.1.1 Bereitstellung

Die Bereitstellung kann

- statisch („Mann zur Ware")
- dynamisch („Ware zum Mann")

erfolgen.

Die statische Bereitstellung, auch als **„Mann-zur-Ware"**-Bereitstellung bezeichnet, ist dadurch gekennzeichnet, dass sich der Kommissionierer zur Ware bzw. zum Material hinbewegt.

In einer vorher festgelegten Reihenfolge entnimmt der Kommissionierer aus einer Gesamtmenge eine bestimmte Teilmenge. Die nicht benötigten Waren bleiben im Lager.

Die dynamische Bereitstellung ist eine **„Ware-zum-Mann"**-Bereitstellung. Die Waren werden aus einem in der Regel automatisierten Lager meist mit automatischen Geräten zum Kommissionierer transportiert. Dieser entnimmt die vorbestimmten Mengen, die Lagereinheiten mit ggf. noch vorhandenen Waren werden wieder zum Lagerplatz gebracht.

Die menschliche Tätigkeit besteht bei der dynamischen Bereitstellung lediglich aus

- Erkennen
- Greifen
- Bestätigen.

Eine Gegenüberstellung der statischen und dynamischen Bereitstellung vermittelt folgende Erkenntnisse:

Bereitstellung	Vorteile	Nachteile	Eignungskriterien
Statisch **„Mann-zur-Ware"**	▸ alle Artikel direkt im Zugriff ▸ flexibel gegenüber stark schwankenden Anforderungen ▸ kürzere mittlere Auftragsdurchlaufzeiten ▸ Abwicklung von Eilaufträgen möglich ▸ mit geringem Investitionsaufwand realisierbar	▸ geringe Kommissionierleistungen pro Kommissionierer bei Aufträgen mit weniger Zeilen wegen großer Wegzeitanteile ▸ keine optimale Gestaltung des Arbeitsplatzes möglich ▸ Nachschubprobleme größer ▸ erschwerter Abtransport leerer Ladehilfsmittel	▸ mittlere Entnahmemengen pro Position sind ein kleiner Bruchteil der bereitgestellten Menge (x > 5) ▸ Entnahmen sind ohne Hilfsmittel möglich ▸ viele Zeilen pro Auftrag (n > 10) ▸ kurze Auftragsdurchlaufzeiten gefordert ▸ Abwicklung von Eilaufträgen gefordert ▸ geringer Investitionsaufwand wichtiger als Personaleinsparungen
Dynamisch **„Ware-zu-Mann"**	▸ hohe Kommissionierleistungen pro Kommissionierer wegen fast ganz entfallender Wegzeiten ▸ optimale Gestaltung der Entnahmeplätze möglich ▸ Einsatz von Entnahmehilfsmitteln (z. B. Kran) sowie Bearbeitungen (Wiegen, Abmessen, Schneiden usw.) möglich ▸ Abtransport leerer Ladehilfsmittel leicht möglich	▸ jeweils nur wenige Artikel im direkten Zugriff ▸ wenig flexibel gegenüber stark schwankenden Anforderungen ▸ längere mittlere Auftragsdurchlaufzeiten ▸ nur mit hohem Investitionsaufwand für Förderer und Steuerung realisierbar	▸ mittlere Entnahmemengen pro Position sind ein großer Bruchteil der bereitgestellten Menge (x < 3) ▸ Entnahme nur mit Hilfsmittel möglich ▸ wenig Zeilen pro Auftrag (n < 10) ▸ lange Durchlaufzeiten bis zu mehreren Stunden zulässig ▸ keine Eilaufträge ▸ gleichmäßig hohe Auslastung ▸ Personaleinsparungen rechtfertigen hohen Investitionsaufwand

Quelle: *Gudehus*

Es kann festgestellt werden, dass die **Hauptvorteile** der dynamischen Bereitstellung darin bestehen, dass

- Fehler beim Kommissionieren weitgehend entfallen
- die Kommissionierleistung wesentlich höher ist als bei der statischen Bereitstellung
- sich technische Einrichtungen optimal einsetzen lassen
- eine Kostenersparnis durch den Wegfall von Wegzeiten erreicht wird
- sich die Tätigkeiten des Kommissionierers auf „qualifizierte" Aufgaben beschränken.

Der **Hauptnachteil** der dynamischen Bereitstellung liegt in den hohen Investitionskosten; darüber hinaus ist der organisatorische Aufwand beträchtlich.

„Ware-zum-Mann-Systeme" sind

- Hochregallager mit automatischen Regalförderzeugen
- Umlaufregalanlagen mit automatischen Ein- und Auslagervorrichtungen
- Durchlaufregallager mit automatischen Regalförderzeugen
- Paternosteranlagen (vgl. *Schulte, 2009*).

In der letzten Zeit werden Kommissionierautomaten und Roboter in der Kommissionierung eingesetzt.

Die Verwendung von **Kommissionierautomaten** bereitet noch Schwierigkeiten. Die zwar sehr schnell und zuverlässig arbeitenden Automaten können nicht breit eingesetzt werden, da sie sich nur für Waren mit bestimmten Abmessungen und Ladehilfsmitteln eignen.

Auch das Operieren mit **Robotern** verursacht Probleme. Sie müssen mit universell einsetzbaren Greifeinrichtungen und aufwändigen Bildverarbeitungssystemen ausgestattet sein, um ihre Aufgaben technisch bewältigen zu können (*Weber/Kummer*).

Die Rolle des Menschen in der Kommissionierung ist noch recht bedeutend.

6.3.3.2.1.2 Entnahme der Teilmengen

Die Entnahme der Teilmengen aus den Lagerplätzen erfolgt

- manuell
- mechanisch
- automatisch.

Die Art der Entnahme richtet sich nach

- der Art der Artikel, d. h. nach dem Volumen, dem Gewicht, der Beschaffenheit u. Ä.
- der Art der Lagerung.

Bei entsprechender Beschaffenheit der Lagergüter ist eine manuelle Entnahme unproblematisch, wenn die Güter sich im optimalen Sicht- und Greifbereich des Menschen befinden. Je mehr die Artikel sich außerhalb dieses Bereiches befinden, umso mehr müssen mechanische Hilfsmittel eingesetzt werden.

In Hochregallägern sind Regalförderzeuge und Regalbediengeräte einzusetzen, da der Mensch auch mit einfachen Hilfsmitteln nicht in der Lage ist, die Waren zu entnehmen.

Erfolgt die Entnahme völlig ohne ein Eingreifen des Menschen, liegt eine automatische Entnahme vor.

Ein Verhalten, das sich von Produktfamilien weg bewegt und sich **homogenen Teilsortimenten** bzw. **logistischen Einheiten** zuwendet, kann die Entnahme wesentlich rationeller gestalten und damit den Aufwand senken (vgl. *Delfmann/Waldmann*).

6.3.3.2.1.3 Fortbewegung

Als Fortbewegung des Kommissionierens ist der Weg zu und zwischen den Entnahmepunkten zu verstehen. Die Fortbewegung kann

- eindimensional
- zweidimensional

erfolgen (*Bichler*):

Eindimensional	Der Kommissionierer bewegt sich lediglich auf einer Fläche und kommissioniert nur in einem beschränkten Bereich.
Zwei-dimensional	Der Kommissionierer bewegt sich horizontal und vertikal. Dazu bedient er sich diverser Hilfsmittel. Der Zugriffsbereich ist somit gegenüber der eindimensionalen Fortbewegung wesentlich erweitert.
	Wichtige Hilfsmittel der zweidimensionalen Fortbewegung sind **Kommissioniergeräte**, die elektrisch betrieben werden und über Schienen geführt werden oder vom Kommissionierer frei gesteuert werden können. Die Kommissioniergeräte können technisch sehr anspruchsvoll ausgestattet werden, etwa mit Bildschirmterminal, Scanner, Messvorrichtungen u. Ä.
	Üblicherweise werden Greifhöhen bis ca. 10 m mit den Geräten erreicht. Die Kommissioniergeräte sind auch in der Lage, ganze Paletten zu bewegen.
	Einfache Hilfsmittel wie Leitern in Fachbodenregalen werden häufig eingesetzt, gestalten das Kommissionieren jedoch zeitaufwändig. Die Zugriffsbereiche erreichen Höhen von etwa 4 m. Im oberen Zugriffsbereich werden häufig Reserven und Langsamdreher gelagert.

6.3.3.2.1.4 Abgabe der entnommenen Teilmengen

Die entnommenen Teilmengen werden abgegeben und es erfolgt eine Quittierung. Häufig wird dieser Vorgang mit einer manuellen oder automatischen Kontrolle verbunden.

6.3.3.2.2 Arten der Kommissionierung

6.3.3.2.2.1 Einstufige Kommissionierung

Bei der einstufigen Kommissionierung werden die Artikel eines jeden Auftrages einzeln am Grundlagerplatz entnommen und bereitgestellt.

Die einstufige Kommissionierung eignet sich besonders für die Just-in-Time-Anlieferung, da sie die Kommissionierung auch sehr kleiner Mengen gestattet.

Diese Kommissionierungsart ist sehr zeitaufwändig, die unterstützenden Geräte erfordern ebenfalls einen hohen Aufwand.

6.3.3.2.2.2 Mehrstufige Kommissionierung

Die mehrstufige Kommissionierung läuft in der Regel in zwei Stufen ab.

Die Artikel für mehrere Aufträge werden gemeinsam vom Grundlagerplatz entnommen und zu einem besonderen Platz gebracht. Auf diesem Platz werden sie in einer zweiten Stufe nach den verschiedenen Aufträgen getrennt.

Die mehrstufe Kommissionierung ist besonders angebracht, wenn es sich um Schnelldreher handelt, für die viele Aufträge mit jeweils geringen Mengeneinheiten je Auftrag zu kommissionieren sind.

6.3.3.2.2.3 Serielle Kommissionierung

Beim seriellen Kommissionieren werden die Aufträge der Reihe der Kommissionierpositionen nach abgearbeitet. Dabei sind

- das Hauptgangverfahren
- das Hauptgang-/Stichgangverfahren

zu unterscheiden (vgl. *Lerchenmüller*).

Im **Hauptgangverfahren** stellt jeder Lagergang einen Hauptgang dar. Der Kommissionierwagen durchfährt alle Lagergänge und stellt die ganze Kommission zusammen.

Das Hauptgangverfahren nimmt lange Wege in Kauf und trägt damit zu hohen Kommissionierungskosten bei.

Das **Hauptgang-/Stichgangverfahren** kompensiert die Nachteile des Hauptgangverfahrens, indem das Lager in Haupt- und Stichgänge eingeteilt wird. Die am häufigsten benötigten Artikel werden in den Hauptgängen gelagert, die weniger frequentierten in den Stichgängen.

Werden die am wenigsten bestellten Artikel am weitesten von der Startzone gelagert, bedeutet dies für den Kommissionierer eine Wegeinsparung, da er nur gelegentlich die volle Tiefe der Stichgänge bewältigen muss.

Der Nachteil der seriellen Kommissionierung liegt in den langen Wegen des Kommissionierers.

6.3.3.2.2.4 Parallele Kommissionierung

Das parallele Kommissionieren bietet einige Vorteile, ist aber auch mit Risiken verbunden, sodass es nur in bestimmten Bereichen eingesetzt werden sollte.

Das Wesen des parallelen Kommissionierens besteht darin, dass ein Kommissionierauftrag vom Lagerverwaltungsrechner in mehrere Kommissionierbereiche unterteilt wird. Als Zerlegungskriterium dient der Lagerort.

Im **Rahmen des Lagerbereichsverfahrens** wird ein Auftrag in zwei bis vier Bestandteile aufgeteilt, in denen die in einem bestimmten Lagersektor platzierten Waren enthalten sind (*Lerchenmüller*).

Der Kommissionierer ist bei dieser Form des parallelen Kommissionierens nur noch für seinen Lagerbereich zuständig. Er ist der Spezialist, der seinen Lagersektor genauestens kennt, was zur Fehlervermeidung beiträgt.

Die aus den verschiedenen Lagerbereichen kommenden kommissionierten Artikel sind, bevor sie dem Versand bzw. der Fertigung zur Verfügung gestellt werden, wieder zusammenzuführen.

Das **Lagergangverfahren** teilt das Lager in einzelne Gänge ein, die Kommissionierbereiche darstellen.

Das Zerlegen der Aufträge in Gangzonen verkürzt die Kommissionierzeiten, erfordert jedoch einen nicht unerheblichen organisatorischen Aufwand und ist ohne EDV-Einsatz nicht durchführbar.

Die Kommissionierer stellen in ihren Zonen mehrere Aufträge zusammen, was leicht zu Fehlern führt und Kontrollen erforderlich macht.

Sowohl die Aufteilung des Kommissionierauftrages als auch die Zusammenführung kann recht aufwändig sein, sodass manche Unternehmen der parallelen Kommissionierung kritisch gegenüberstehen. Die Zeitersparnis ist in jedem einzelnen Fall dem entstehenden Aufwand gegenüberzustellen.

Auf die parallele Kommissionierung kann nicht verzichtet werden, wenn bestimmte Kommissioniergeräte nur in bestimmten Lagersektoren eingesetzt werden können.

6.3.3.2.2.5 Pick- und Pack-Kommissionierung

Das Lagerverwaltungssystem ermittelt das Kommissioniervolumen eines Auftrags und ermittelt die benötigte Größe des Versandkartons. Die entnommenen Artikel werden dann in den Versandkarton eingelegt. *Bichler/Schröter* sehen folgende Vorteile des Pick- und Pack-Kommissionierens:

- die Ware muss nicht mehr umgepackt werden
- der oft flächendeckende Verpackungsbereich entfällt
- es sind keine Kommissionierbehälter erforderlich
- Rücklauf und Pufferung der leeren Kommissionsbehälter entfällt.

6.3.3.2.3 Kommissionierunterlage

Die geeignete Kommissionierunterlage kann zur reibungslosen Gestaltung des Materialflusses wesentlich beitragen.

Belege, die aufgeschriebene oder aufgedruckte Auftragspositionen enthalten, erfordern einen gewissen Zeitaufwand und können zu hohen Fehlerquoten führen.

Folgender Weg zur Erstellung der Kommissionierunterlagen bei Kundenaufträgen ist möglich:

(1) Die Bestellung wird vom Kunden direkt an das EDV-System des Lieferanten übermittelt. Dies kann über eine On-line-Verbindung oder auch über Telefon erfolgen.

(2) Das System sammelt die Aufträge und erstellt daraus automatisch die Kommissionierunterlagen. Dabei wird jede Kommissionier-Position auf einem separaten Klebeetikett ausgedruckt. Die Etiketten befinden sich auf einem Endlospapier, welches vom Drucker nach der letzten Kommissionier-Position abgeschnitten wird.

(3) Der Kommissionierer klebt nun bei jedem zu sammelnden Artikel das entsprechende Etikett auf die Wareneinheit. Dadurch wird sichergestellt, dass weder eine Sammelposition vergessen wird (sonst bliebe ja ein Etikett übrig), noch ein Artikel doppelt kommissioniert wird (für ihn wäre kein Etikett mehr verfügbar). Der einzige durch dieses Verfahren nicht ausschließbare Fehler besteht in einer falschen Zuordnung eines Etiketts zu einem Artikel (*Lerchenmüller*).

Das Lesen von Kommissionierbelegen verursacht einen Zeitaufwand und stellt eine Fehlerquelle dar. Dies kann vermieden werden, wenn bei kleinvolumigen Artikeln **beleglos** kommissioniert wird. Die beleglose Kommissionierung sollte möglichst mit einem automatischen Fördersystem verbunden werden. Als Hauptvorteile lassen sich aufführen:

- Senkung der Verwaltungskosten
- Senkung der Personalkosten
- Verminderung der Fehlermöglichkeiten
- Erhöhung der Produktivität der Kommissionierung
- schnellere Belieferung.

Sagner gibt einen Überblick über den Arbeitsablauf bei der konventionellen Kommissionierung unter Verwendung von Belegen und bei der beleglosen Kommissionierung.

Der Arbeitsablauf wird wie folgt gestaltet:

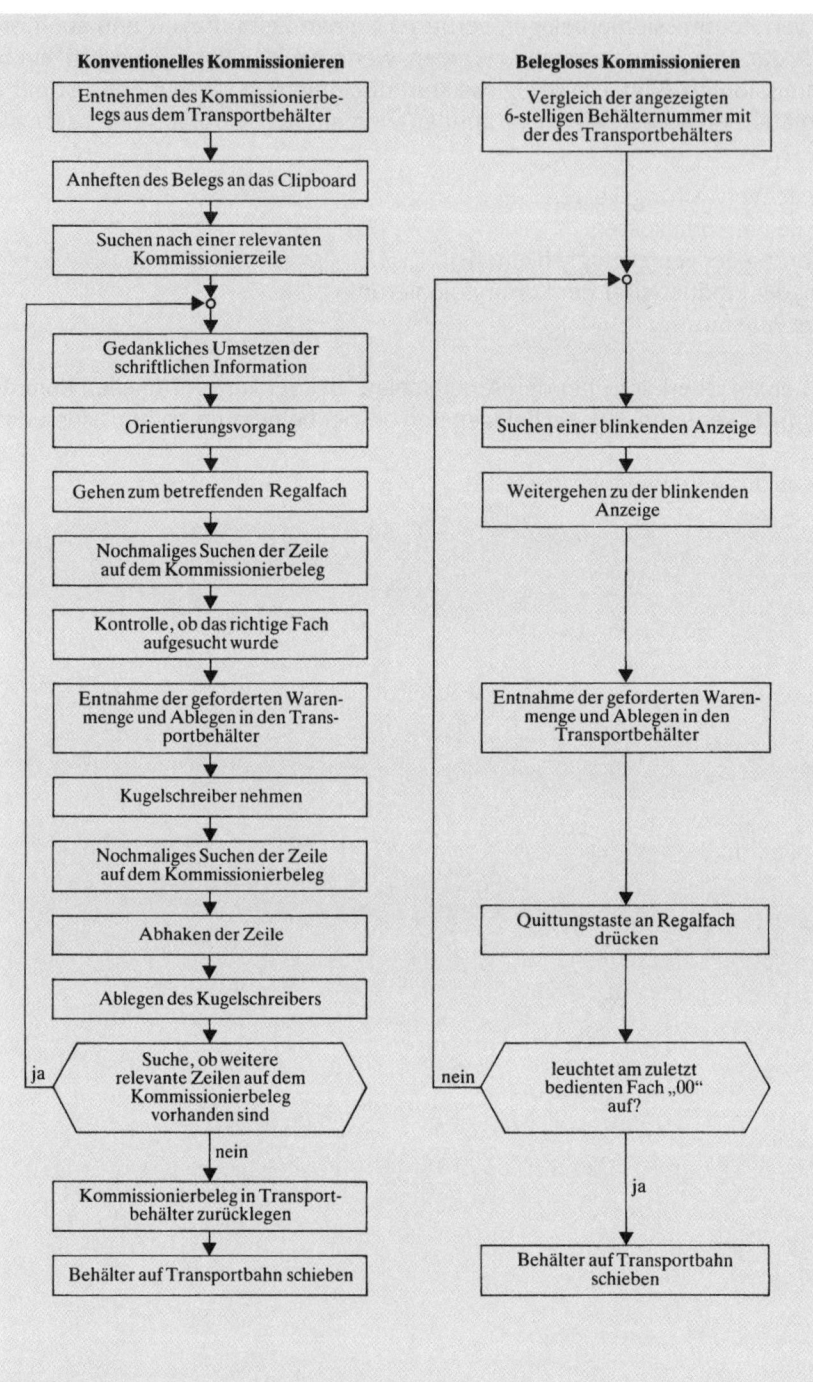

Konventionelles Kommissionieren

Entnehmen des Kommissionierbe-
legs aus dem Transportbehälter

Anheften des Belegs an das Clipboard

Suchen nach einer relevanten
Kommissionierzeile

Gedankliches Umsetzen der
schriftlichen Information

Orientierungsvorgang

Gehen zum betreffenden Regalfach

Nochmaliges Suchen der Zeile
auf dem Kommissionierbeleg

Kontrolle, ob das richtige Fach
aufgesucht wurde

Entnahme der geforderten Warenmenge und Ablegen in den Transportbehälter

Kugelschreiber nehmen

Nochmaliges Suchen der Zeile
auf dem Kommissionierbeleg

Abhaken der Zeile

Ablegen des Kugelschreibers

ja — Suche, ob weitere
relevante Zeilen auf dem
Kommissionierbeleg
vorhanden sind

nein

Kommissionierbeleg in Transportbehälter zurücklegen

Behälter auf Transportbahn schieben

Belegloses Kommissionieren

Vergleich der angezeigten
6-stelligen Behälternummer mit
der des Transportbehälters

Suchen einer blinkenden Anzeige

Weitergehen zu der blinkenden
Anzeige

Entnahme der geforderten Warenmenge und Ablegen in den
Transportbehälter

Quittungstaste an Regalfach
drücken

nein — leuchtet am zuletzt
bedienten Fach „00"
auf?

ja

Behälter auf Transportbahn
schieben

Quelle: *Schulte*

6.3.3.2.4 Einsatz einer komplexen Kommissionieranlage in einem Unternehmen (Praxisbeispiel)

In einem großen Unternehmen der Verbindungstechnik gelang es durch den Einsatz einer **Horizontal-Karussellanlage** eine dreifach höhere Kommissionierleistung gegenüber einem Lager mit herkömmlicher Technik zu erreichen. Gleichzeitig konnten im gleichen Lagerraum doppelt so viel Lagerplätze untergebracht werden. Das Lager kann zu 90 % genutzt werden, da keine Lauffläche innerhalb des Lagers erforderlich ist. Der Materialfluss erfuhr eine wesentliche Verbesserung durch die Ver- und Entsorgung über horizontale und vertikale Förderstrecken.

Die Gesamtanlage (Constructor Lagertechnik) besteht aus acht Horizontal-Umlaufkarussellen zur Lagerung von Teilen in Euronorm-Behältern. Jedes ist mit 52 verzinkten Drahtregalfeldern mit je sechs Fachböden ausgestattet. Pro Karussel ergibt das 312 Fachböden, ausgelegt für 300 kg maximale Belastung. Pro Karussell können 624 Behälter gelagert werden, da jeder Fachboden zwei Euro-Behälter aufnimmt.

Bei Ausmaßen von 24,45 m Länge, ca. 18,40 m Breite und 2,32 m Höhe hat die gesamte Anlage auf einer Fläche von 157,4 m² eine Kapazität von 4.992 Behältern.

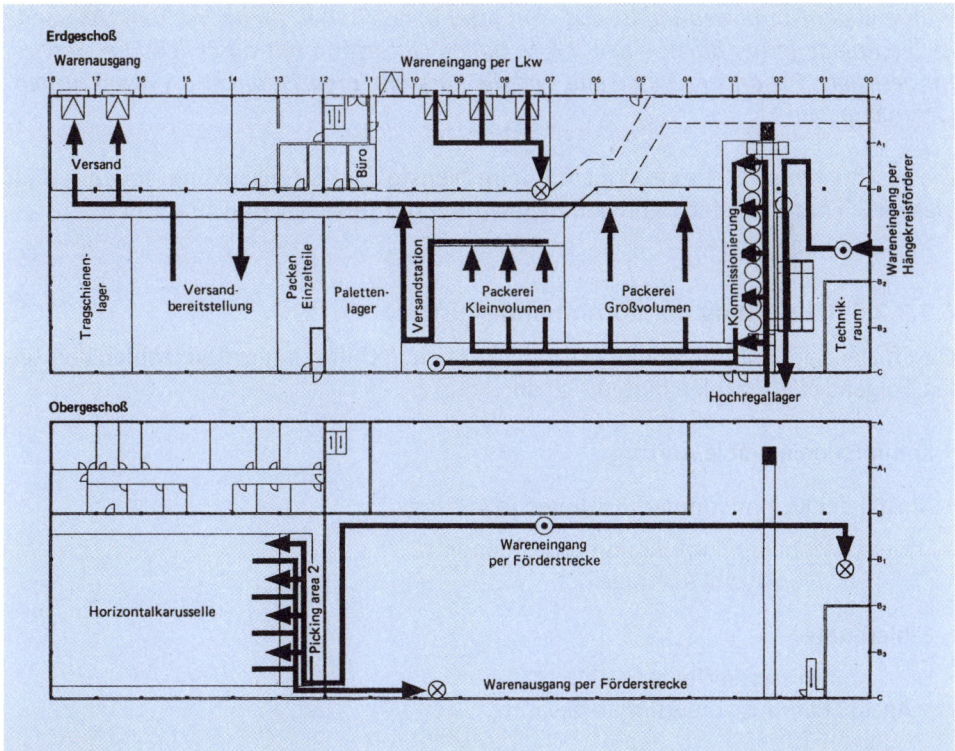

Quelle: *Semmelroggen*

Die Steuerung ist online an den AS 400-Lagerverwaltungsrechner angeschlossen. An jeder Entnahmeöffnung ist rechts ein Datenterminal mit Bildschirm zur Visualisierung des gewählten Lagerfachs, der Entnahmeposition und -menge sowie eine Eingabetastatur und Barcode-Lesepistole für den automatischen Betrieb angeordnet.

Sollen handbetriebene oder halbautomatische Arbeiten ausgeführt werden bzw. für den Fall eines Rechnerausfalls, ist die Anlage zusätzlich mit zwei alphanumerischen CCS-Tastaturen mit achtstelliger LCD-Segmentanzeige, einem Folientastaturteil mit numerischer und alphanumerischer Tastatur und Funktionstasten sowie einer Barcode-Schnittstelle ausgerüstet.

Das Bedienpersonal ist gut abgesichert; an jeder Entnahmeöffnung sind durch einen Lichtvorhang gesicherte, automatisch schließende und öffnende Falltüren angeordnet. Diese öffnen sich nur bei Stillstand des Karussells. Das Karussell kann nur bei geschlossener Tür wieder anlaufen.

„Nach automatischer Übernahme eines Fahrbefehls aus der Lagerverwaltungs-Software LogAS wird das Regalfeld auf Überladung kontrolliert und auf evtl. herausragende Teile überprüft. Solange das Lichtgitter unterbrochen ist, werden keine Schließbewegung der Falltür und keine Fahrbewegung ausgeführt, sondern erst bei freiem Lichtdurchgang. Während der Fahrbewegung ist das Lichtgitter abgeschaltet. An der rechten Längsseite ist die Anlage ferner durch einen 2,4 m hohen Gitterzaun mit abschließbarer Servicetür gesichert. Die andere Längsseite und die Rückseite grenzen direkt an Wandflächen" (Semmelroggen).

Die beschriebene Anlage steht nicht nur im Dienste der Kostensenkung, sondern trägt wesentlich dazu bei, den Kunden den gewünschten Service bieten zu können.

6.3.3.2.5 Beurteilung der Kommissionsleistung

Die Effizienz der Kommissionierleistung lässt sich mithilfe einiger **Kennzahlen** beurteilen. Folgende Kennzahlen bieten sich an:

► Kommissionierzeit je Auftrag

► Anzahl der Kommissionierpositionen je Auftrag

$$= \frac{\text{Gesamtzahl der Kommissionierpositionen}}{\text{Anzahl Aufträge}}$$

► Fehlerquote

$$= \frac{\text{Kommissionierfehler} \cdot 100}{\text{Anzahl Kommissionierungen gesamt}}$$

► Kommissionierkosten je Auftrag

$$= \frac{\text{Kommissionierkosten gesamt}}{\text{Anzahl der Kommissionieraufträge}}$$

▸ **Kommissionierkosten je Position**

$$= \frac{\text{Betriebskosten je Stunde}}{\text{Effektive Kommissionierleistung je Stunde}}$$

▸ **Effektive Kommissionierleistung**

= Theoretische Kommissionierleistung · Verfügbarkeit · Auslastbarkeit

▸ **Theoretische Kommissionierleistung**

$$= \frac{3.600 \text{ Sekunden}}{\text{Kommissionierzeit in Sekunden je Position}}$$

▸ **Verfügbarkeit**

= Grad der Einsatzbereitschaft des Kommissioniersystems. Sie steht in unmittelbarer Abhängigkeit von der Qualität und Produktivität des Systems.

▸ **Auslastbarkeit**

= maximaler Auslastungsgrad.

Zu berücksichtigen ist, dass Kennzahlen isoliert betrachtet in der Regel nicht sehr aussagefähig sind. Erst im Zeitvergleich oder Betriebsvergleich gewinnen sie an Aussagekraft.

6.3.3.3 Materialausgang

Die Auslagerung wird mit dem Materialausgang abgeschlossen.

Nach der Kommissionierung stehen die Artikel für die weitere Verwendung zur Verfügung. Entweder gelangen sie in die Fertigung oder zum Versandplatz.

Werden die Güter vom Bedarfsträger abgeholt, spricht man vom **„Holsystem"**, werden sie zum Bedarfsträger transportiert, liegt das **„Bringsystem"** vor.

Beim Transport der Güter kommt es darauf an, die Transportzeiten zu minimieren.

Der Steuerungsrechner ermittelt die Förderwege innerhalb des Lagers sehr rasch und gibt sie an die Fahrer der Förderzeuge per Computer weiter. Wird mit vollautomatischen Fördersystemen gearbeitet, gehen die Transportanweisungen an die dezentralen Rechner dieser Systeme (*Schulte, 2009*).

Eine Optimierung des Ablaufflusses im Lager kann die Transportzeiten wesentlich reduzieren und mit der Wahl des richtigen Transportsystems entscheidend zur Transportkostenminimierung beitragen.

Bei der Gestaltung des Transportsystems ist auf

▸ dessen optimale Nutzung
▸ einen hohen Servicegrad

- eine hohe Flexibilität
- eine hohe Transparenz

zu achten (vgl. Kap. C. 3.2.2.1).

Vollautomatisierte Transportsysteme (vgl. Kap. C. 3.2.2.2), die sogar dreidimensionale Bewegungsabläufe ermöglichen, werden in letzter Zeit im verstärkten Maße eingesetzt. Sie verursachen zwar hohe Investitionskosten, sind jedoch in der Lage, die Transportkosten wesentlich zu senken.

7. Lagerverwaltung und Lagersteuerung

Um einen reibungslosen Ablauf der Lagervorgänge und der Transportvorgänge in die Läger, innerhalb der Läger und aus den Lägern heraus zu den Bestimmungsorten zu gewährleisten, ist ein wirkungsvolles Lagerverwaltungs und -steuerungssystem erforderlich.

Lagerverwaltungs und -steuerungssysteme haben die Aufgabe,

- die Materialeinlagerung
- die Materialauslagerung
- die Bestandsüberwachung
- die Erfassung der Lagerbewegungen mengen- und wertmäßig

optimal zu gestalten, d.h. Maßnahmen zu planen und Regelungen zu treffen, die gewährleisten, dass die genannten Vorgänge störungsfrei, termingerecht, überprüfbar und mit möglichst niedrigen Kosten ablaufen.

Als Einzelfunktion eines Lagerverwaltungs- und -steuerungssystems sind in Anlehnung an *Kämpf/Kühnle* zu nennen:

- Optimierung der Reihenfolge von Ein- und Auslagerungsaufträgen
- Zuordnung von Einlagerungsaufträgen zu Leerfächern
- Zuordnung von Auslagerungsaufträgen zu Ladeeinheiten
- Veranlassung und Überwachung von Fahranweisungen für die Regalförderzeuge
- reibungslose Identifikation und Kontrolle der Ein- und Auslagerung von Lagerhilfsmitteln
- Führung des Lagerabbildes (Leerfächer und belegte Fächer)
- Fortschreibung aller Mengen der ein- und ausgelagerten Artikel
- Regelung sämtlicher Transportvorgänge
- Regelungen betreffend den Einsatz von Mensch und Technik.

Die Durchführung logistischer Prozesse im Lagerbereich ist ohne EDV-Einsatz kaum mehr möglich. Die noch verwendete mittlere Datentechnik wird immer mehr durch PC-Netzwerke ersetzt.

Hauptsächlich werden folgende Hardware-Ebenen eingesetzt:

- ► Hostebene
  - Großrechenanlagen
  - Mittlere Datentechnik
  - Client-Server-Architektur
- ► Unterlagerte Ebene
  - mittlere Datentechnik
  - Workstations
  - Client-Server-Architektur
  - PC-Einzelplätze mit Kopplung zu übergeordneten Systemen
- ► Systemebene
  - PCs
  - Speicherprogrammierte Steuerungen.

Die Lagerverwaltung und -steuerung auf **Hostebene** ist in der Regel ein Standardsoftwareprodukt als Baustein in primär kommerziellen Programmen. *„Leistungsfähige Programme, z. B. SAP R 3, sind mit dem entsprechenden Lagerverwaltungsmodul in der Lage, alle Grundfunktionalitäten einer modernen Lagerverwaltung abzubilden"* (*Bichler/Schröter*). Schwierigkeiten treten auf, wenn die Standardsoftware betriebliche Besonderheiten nicht erfüllen kann. Bei geringem Automatisierungsgrad des Lagers ist das System durchaus angebracht.

Bei einem Lagerverwaltungs- und Steuerungssystem auf einer dem Hostsystem **unterlagerten Ebene** entspricht die Software den Anforderungen der Lagerorganisation.

Die angebotenen Softwareprodukte können in der Regel ohne einen zu hohen Aufwand den Wünschen des Betreibers angepasst werden.

Die gebräuchlichste Form eines Lagerverwaltungs- und Steuerungssystems in einer Netzwerkarchitektur ist die mehrstufige **Client-Server-Architektur**. Ihr Grundgedanke besteht in der Verteilung von Daten und Programmen auf verschiedene Rechner. Die Präsentation und die Dialogfunktionen werden am jeweiligen Arbeitsplatz auf PCs oder Workstations vorgenommen. Die Anwendungslogistik wird auf Applikationsservern verarbeitet; eine relationale Datenbank verwaltet und koordiniert die gemeinsame Datenbasis, die allen Anwendern den Zugriff bietet. *„Für eine problemlose interne wie externe Verbindung sorgen standardisierte Schnittstellen. Sie koordinieren die Kommunikation zwischen Anwendungen auf Rechnern unterschiedlicher Hersteller, ermöglichen die Integration von PC-Programmen und öffnen das System für die organisatorische Einbindung von internen Nutzern, Kunden und Lieferanten"* (*Bichler/Schröter*).

Die angebotene Software ist sehr umfangreich und breit einsetzbar. *Bichler/Schröter* geben eine beispielhafte Auflistung von Softwarefunktionen, die betriebsindividuell zu erweitern oder zu reduzieren ist:

- ► Wareneingangsfunktion
  - Anzeige und Auswahl offener Bestellungen
  - Durchführung Bestellabgleich
  - Zuordnung Lagerbereich
  - Paletten auflösen
  - Paletten umpacken
  - Erstellung Wareneingangslabel
  - Erstellung Wareneingangsbeleg

- ► I-Punkt-Funktion
  - Wareneingangserfassung
  - Wareneingangskontrolle
  - Lagerplatzauswahl

- ► Lagerverwaltung
  - Festplatzverwaltung
  - chaotische Lagerplatzverwaltung
  - mehrere Ident-Nummern pro Lagerhilfsmittel
  - Blocklagerverwaltung
  - Durchlaufkanalverwaltung
  - Einschubregalverwaltung
  - QS-Sperrlager
  - Zolllager
  - Konsignationslager

- ► Zonenbildung
  - Umschlaggeschwindigkeit
  - Lagertechnik
  - Lagerbedientechnik
  - Lagerplatzabmessung
  - Ladehilfsmittelzuordnung
  - Temperaturzonen
  - Gefahrgutzonen
  - Gewichtzonen

- ► Einlagerung
  - Einzeleinlagerung
  - Sammeleinlagerung
  - Einlagerungswegoptimierung
  - Zulagerung
  - Gleichverteilung über mehrere Gassen
  - Einlagerungsquittierung

- ► Kommissionierung
  - Sortierung nach Priorität
  - Sortierung nach Kommissionierbereichen
  - Sortierung nach Wegeoptimierung
  - Zusammenfassung mehrerer Aufträge zu einem Kommissionierauftrag
  - Durchführung der ein- oder zweistufigen Kommissionierung
  - Erstellen von Kommissionieraufträgen

- Umrechnung in Verpackungseinheitsgrößen
- Restmengenpriorisierung
- Kommissionierquittierung

► Versand
- Unterstützung Auswahl Versandpackmittel
- Lieferscheinerstellung
- Ladelistenerstellung
- Tourenplanung
- Tourenoptimierung
- zolltechnische Abwicklung.

8. Rechnungssysteme im Lager

Der Aufbau von Rechnungssystemen im Lager und die Durchführung der Rechnungen sind keine logistikspezifischen Aufgaben. Da durch die Rechnungssysteme der Materialfluss zahlenmäßig begleitet und kontrolliert wird und die Rechnungssysteme Steuerungsinstrumente darstellen können, soll auf sie eingegangen werden.

Folgende Rechnungssysteme ergeben sich:

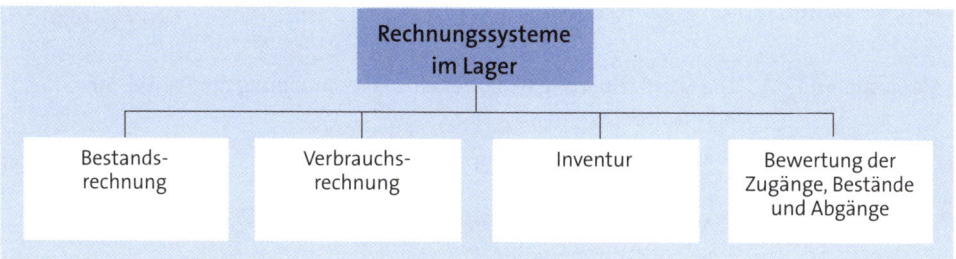

8.1 Bestandsrechnung

Die Bestandsrechnung hat die Aufgabe, sämtliche Materialeingänge und Materialausgänge mengen- und wertmäßig zu erfassen und die relevanten Bestände auszuweisen.

Bei den Beständen handelt es sich um (vgl. Kap. D. 4.3)

► den Inventurbestand
► den Lagerbestand
► den verfügbaren Bestand
► den reservierten Bestand
► den disponierten Bestand
► den Höchstbestand
► den Sperrbestand
► den Meldebestand
► den Sicherheitsbestand.

Die Bestandsrechnung ist eine wichtige Grundlage für die **Materialbedarfsermittlung** und zwar für die Ermittlung der Beschaffungsmengen und Beschaffungstermine. Darüber hinaus stellt sie dem **Rechnungswesen** wichtige Daten zur Verfügung. Zum einen erhält die **Kostenrechnung** Informationen für die Kostenträgerstückrechnung und Kostenträgerzeitrechnung, und zum anderen liefert die Bestandsrechnung Zahlen für die **Bilanzierung**.

8.2 Verbrauchsrechnung

Die Verbrauchsrechnung erfasst die bestandsverändernden Vorgänge und stellt damit fest, in welchem Ausmaße Materialien für die einzelnen Aufträge benötigt wurden.

Drei Verfahren der Verbrauchsrechnung sind zu unterscheiden:

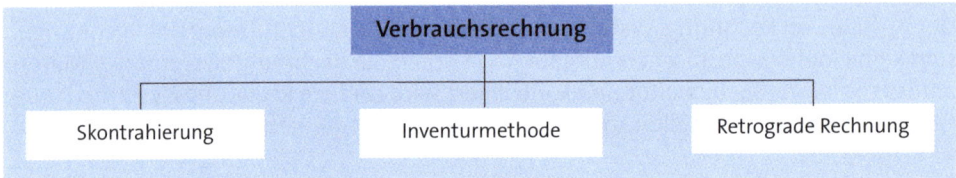

Diese Verfahren laufen wie folgt ab:

Skontrahierung	Die Skontrahierung bedeutet eine Fortschreibung der Artikel. Sie kommt vor als
	▶ Mengenskontrahierung ▶ Wertskontrahierung ▶ Mengen- und Wertskontrahierung ▶ Sortenskontrahierung.
	Organisatorische Hilfsmittel sind die Lagerbuchhaltung, der Materialentnahmeschein, die Stückliste.
	Die Skontrahierung wird **tabellarisch** oder in **Staffelform** durchgeführt.
	Die **Zugänge** werden mithilfe der Eingangsrechnungen bzw. Lieferscheine erfasst, die **Abgänge** mithilfe von Materialentnahmescheinen. Diese müssen enthalten:
	▶ Datum ▶ Materialart ▶ Menge ▶ empfangende Kostenstelle ▶ Kostenträger-Nummer ▶ abgebendes Lager ▶ Name (Unterschrift).
	Die Skontrahierung ist das genaueste Verfahren der Verbrauchsrechnung, es erfasst den bestimmungsgemäßen Verbrauch.

Inventur-methode	Der Verbrauch der einzelnen Güterarten ergibt sich durch den Vergleich zweier aufeinander folgender Inventurergebnisse unter Berücksichtigung der Zugänge:
	Materialverbrauch = Anfangsbestand + Zugänge - Schlussbestand
	Der Verbrauch wird lediglich summarisch ermittelt und kann den Kostenstellen und Kostenträgern nicht ohne weiteres differenziert zugerechnet werden. Der bestimmungsgemäße Verbrauch wird nicht erfasst.
Retrograde Rechnung	Die Retrograde Rechnung ist eine Rückrechnung. Nach Fertigstellung der Produkte wird der Materialverbrauch je Erzeugnis ermittelt. Durch Multiplikation mit der Zahl der gefertigten Produkte ergibt sich der jeweilige Materialverbrauch. Bei der Herstellung heterogener Produkte führt dieses Verfahren zu keinen exakten Ergebnissen. Der bestimmungsgemäße Verbrauch ergibt sich nicht ohne weiteres.

(ausführlich vgl. *Bussiek/Ehrmann, Ehrmann*)

8.3 Inventur

Die Inventur verfolgt die Aufgabe, die tatsächlichen Bestände zu erfassen. Infolge von Aufzeichnungsfehlern, Diebstahl, Schwund u. Ä. weichen die „buchmäßig" erfassten Bestände von den effektiven Beständen in der Regel ab.

Die Inventur als körperliche Bestandsaufnahme erfolgt nach einer exakten Planung, die den Einsatz der Mitarbeiter, den Entwurf von Arbeitsunterlagen, die Aufteilung des Betriebes in einzelne Aufnahmebereiche, die Festsetzung der Reihenfolge der Aufnahmearbeiten, die Zeitdauer und ggf. den Entwurf von Richtlinien für die Bewertung zum Inhalt hat. Die Planung soll gewährleisten, dass die Inventur

- vollständig
- richtig
- genau
- klar
- nachprüfbar

abläuft.

Folgende Verfahren der Inventur werden angewandt:

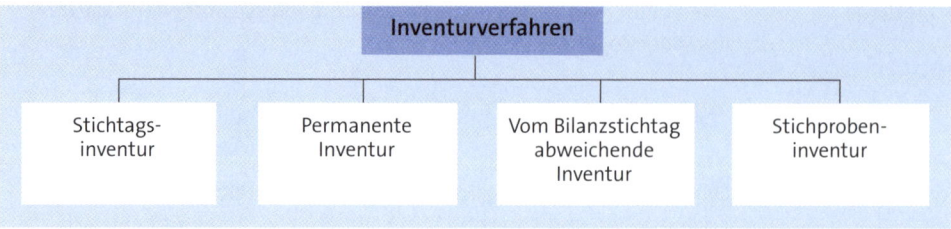

Die vom Gesetzgeber in §§ 240 f. HGB und in steuerlichen Vorschriften geregelte Inventur ist in ihrer Vorgehensweise in den einzelnen Verfahren wie folgt zu charakterisieren:

Stichtags-inventur	Die Stichtagsinventur hat den gleichen Stichtag wie die Bilanz. Die Einkommensteuerrichtlinien lassen für die Durchführung der Inventur einen Spielraum von 10 Tagen vor und nach dem Bilanzstichtag zu. Zu- und Abgänge innerhalb dieses Zeitraumes müssen belegmäßig erfasst und rechnerisch berücksichtigt werden.
Permanente Inventur	Die Zeitpunkte der körperlichen Inventur und der Inventuraufstellung weichen voneinander ab. Zu beliebigen Zeitpunkten im Geschäftsjahr wird eine körperliche Bestandsaufnahme vorgenommen und eine art-, mengen- und wertmäßige Fortschreibung der Bestände durchgeführt. Die Inventur kann in mehreren Phasen erfolgen. Voraussetzung für die permanente Inventur ist das Vorhandensein einer Lagerbuchführung.
Vom Bilanz-stichtag abweichende Inventur	Zur Entlastung des Bilanzstichtages kann die Inventur bis zu einem Zeitraum von drei Monaten vor und zwei Monaten nach dem Bilanzstichtag durchgeführt werden. Die Erfassung der Bewegungen zwischen dem Inventurtag und dem Bilanzstichtag erfolgt buchmäßig. Die Werte sind auf dem Bilanzstichtag fortzuschreiben bzw. eine Rückrechnung ist durchzuführen.
Stichproben-inventur	Eine Stichprobeninventur ist zulässig, wenn die Stichprobe repräsentativ ist und die Fehlerquote in einem bestimmten Rahmen gehalten wird. Mithilfe mathematischer Verfahren wird von der Stichprobe auf die Gesamtheit geschlossen.

(ausführlicher *Bussiek/Ehrmann*)

8.4 Bewertung der Zugänge, Bestände und Abgänge

Für die Bewertung kommt eine Reihe von Bewertungsverfahren infrage. Sowohl das Handels- als auch das Steuerrecht gehen bei der Bewertung der Gegenstände des Umlaufvermögens von dem Prinzip der **Einzelbewertung** aus, doch sind Ausnahmen davon zulässig.

Im Folgenden wird ein Kurzüberblick über die wichtigsten Bewertungsverfahren gegeben. Ausführliche Darstellungen finden sich bei *Bussiek/Ehrmann* und *Ditges/Arendt*.

8.4.1 Anschaffungskosten

Nach § 255 Abs. 1 HGB sind Anschaffungskosten *„die Aufwendungen, die geleistet werden, um einen Vermögensgegenstand zu erwerben und ihn in einen betriebsbereiten Zustand zu versetzen, soweit sie dem Vermögensgegenstand einzeln zugeordnet werden können"*. Nebenkosten zählen auch zu den Anschaffungskosten. Anschaffungspreisminderungen sind abzusetzen.

Die Anschaffungskosten werden wie folgt ermittelt:

	Rechnungspreis
-	Anschaffungspreisminderungen (Rabatte, Boni, Skonti)
+	Aufwendungen für die Versetzung des Vermögensgegenstandes in einen betriebsbereiten Zustand
+	Anschaffungsnebenkosten
+	nachträgliche Anschaffungskosten
=	**Anschaffungskosten**

8.4.2 Herstellungskosten

Die Herstellungskosten werden angesetzt, wenn ein Vermögensgegenstand im Unternehmen gefertigt wird.

Entsprechend § 255 Abs. 2 HGB sind die Herstellungskosten *„die Aufwendungen, die durch den Verbrauch von Gütern und die Inanspruchnahme von Diensten für die Herstellung eines Vermögensgegenstandes, seine Erweiterung oder für eine über seinen ursprünglichen Zustand hinausgehende wesentliche Verbesserung entstehen"*.

§ 255 Abs. 3 HGB macht auch Angaben darüber, was in die Herstellungskosten einzubeziehen ist und wofür ein Wahlrecht besteht.

Der Gesetzgeber räumt bei der Ermittlung der Herstellungskosten einen großen Spielraum ein; ein Ansatz der Vermögensgegenstände ist zu einer Untergrenze und zu einer Obergrenze möglich:

Nach **HGB** werden die Herstellungskosten wie folgt ermittelt:

1. Fertigungsmaterial (Materialkosten i. S. des § 255 Abs. 2 HGB)
2. Fertigungslohn (Fertigungskosten i. S. des § 255 Abs. 2 HGB)
3. Sondereinzelkosten der Fertigung

---

4. Untergrenze der Herstellungskosten
5. Materialgemeinkosten
6. Fertigungsgemeinkosten
7. Wertverzehr des Anlagevermögens
8. Kosten der allgemeinen Verwaltung
9. Aufwendungen für soziale Einrichtungen des Betriebes
10. Aufwendungen für freiwillige soziale Leistungen
11. Aufwendungen für betriebliche Altersversorgung
12. Zinsen für Fremdkapital, soweit nach § 255 Abs. 3 HGB zulässig

---

13. **Obergrenze der Herstellungskosten**

Die Herstellungskosten nach dem **Einkommensteuergesetz** sind enger gefasst als die handelsrechtlichen. Die Untergrenze enthält nicht nur die Einzelkosten, sondern auch die Materialgemeinkosten und Fertigungsgemeinkosten sowie den Wertverzehr des Anlagevermögens.

Die steuerlichen Herstellungskosten dürfen nur solche Aufwendungen enthalten, die als Betriebsausgaben abzugsfähig sind.

8.4.3 Festwerte

Während die Anschaffungs- und Herstellungskosten zu der Einzelbewertung zählen, weichen die Festwerte von der Einzelbewertung ab.

Vermögensgegenstände des Sachanlagevermögens sowie Roh-, Hilfs- und Betriebsstoffe, wenn sie regelmäßig ersetzt werden und wenn ihr Gesamtwert für das Unternehmen von nachrangiger Bedeutung ist, können mit einer gleichbleibenden Menge und einem gleichbleibenden Wert angesetzt werden, sofern ihr Bestand in seiner Größe, seinem Wert und seiner Zusammensetzung nur geringen Veränderungen unterliegt (§ 240 Abs. 3 HGB).

In der Regel muss alle drei Jahre eine körperliche **Bestandsaufnahme** und damit verbunden eine **Korrekturbewertung** durchgeführt werden.

8.4.4 Gruppenwerte

Auch die Gruppenbewertung ist ein Verfahren, das von dem Prinzip der Einzelbewertung abweicht.

Nach § 240 Abs. 4 HGB können *„gleichartige Vermögensgegenstände des Vorratsvermögens sowie andere gleichartige oder annähernd gleichwertige bewegliche Vermögensgegenstände jeweils zu einer Gruppe zusammengefasst und mit dem gewogenen Durchschnittswert angesetzt werden".*

Die Gruppenbewertung eignet sich besonders für Kleinteile.

Der gewogene Durchschnitt kann auf zweierlei Art ermittelt werden: zum einen wird der Durchschnitt gleitend, also permanent während der Abrechnungsperiode berechnet, zum anderen lediglich einmal am Ende des Abrechnungszeitraumes.

8.4.5 Verbrauchsfolgeverfahren

Werden die Verbrauchsfolgeverfahren angewandt, wird eine bestimmte Verbrauchsfolge angenommen. Für den Wertansatz gleichartiger Vermögensgegenstände des Vorratsvermögens wird unterstellt, dass die zuerst oder zuletzt angeschafften oder hergestellten Vermögensgegenstände zuerst oder in einer sonstigen bestimmten Folge verbraucht oder veräußert werden (vgl. § 256 HGB).

Bezüglich der handels- und steuerrechtlichen Zulässigkeit im Einzelnen vgl. *Bussiek/ Ehrmann* und *Ditges/Arendt.*

Folgende Verbrauchsfolgeverfahren kommen infrage:
- die Lifo-Methode
- die Fifo-Methode.

Bei der **Lifo-Methode** (last in-first out) wird unterstellt, dass die zuletzt erworbenen oder hergestellten Gegenstände zuerst verbraucht oder verkauft werden.

Die **Fifo-Methode** (first in-first out) geht davon aus, dass die zuerst angeschafften oder hergestellten Gegenstände zuerst verbraucht oder verkauft werden.

Das Steuerrecht lässt nur das Lifo-Verfahren zu.

Das Wesen der Verbrauchsfolgeverfahren soll am **Beispiel der Lifo-Methode** verdeutlicht werden.

Beim Lifo-Verfahren erfolgt die Bewertung zu den Preisen der zuerst angeschafften oder hergestellten Güter.

Bei **steigenden** Anschaffungs- oder Herstellungskosten setzt man die verkauften oder verbrauchten Vermögensgegenstände zu den höheren Werten der Abrechnungsperiode an. Dadurch wird die Ertragslage ungünstiger dargestellt.

Bei **sinkenden** Anschaffungs- oder Herstellungskosten führt der Ausweis der Verbrauchsmengen zu niedrigeren Werten zur Darstellung einer günstigeren Ertragslage und ein Bilanzansatz zu höheren Werten zum Ausweis einer günstigeren Vermögenslage, als es etwa bei der Durchschnittsbewertung der Fall ist.

Die Lifo-Methode kann sowohl in einer periodischen als auch in einer permanenten Rechnung angewandt werden.

9. Lagerkosten

9.1 Inhalt der Lagerkosten

Es wurde bereits mehrfach darauf hingewiesen, dass es ein wichtiges Ziel der Lagerlogistik ist, die Lagerkosten zu minimieren. Dieses Ziel ist selbstverständlich nur zu erreichen, wenn bekannt ist, in welcher Höhe und an welchen Stellen des Lagers Kosten entstehen.

Lagerkosten bestehen aus einem **fixen** Anteil, der aus der Bereitstellung der Lagerkapazitäten resultiert, und aus einem **variablen** Anteil, der sich bei der Ausübung der Lagertätigkeiten ergibt.

Als Kosten des Lagers entstehen:

- Kosten der Lagerungsvorgänge (Ein- und Auslagerung)
- Kosten der Lagerhilfsmittel
- Kosten der Lagerverwaltung und Lagerdisposition
- Kosten der Kapitalbindung
- Kosten des Lagerschwundes.

Es handelt sich bei den Lagerkosten um Sachkosten und Personalkosten.
Im Einzelnen sind es

- Personalkosten
- Gebäudekosten
- Abschreibungen
- Zinsen
- Instandhaltungskosten und Wartungskosten
- Heizungs- und Beleuchtungskosten
- Energiekosten
- Versicherungskosten
- Kosten des Schwundes
- diverse Umlagekosten.

Den Kosten der Lagerhaltung steht deren Nutzen gegenüber, der in Kosteneinsparungen im Lagerbereich besteht (vgl. *Weber/Kummer*).

Häufig wird versucht, die Lagerhaltungskosten mithilfe eines Kostensatzes zu errechnen; dabei wird zwischen den Kosten der gesamten Lagerhaltung und den Zinskosten unterschieden.

Die Kosten der Lagerhaltung werden berechnet **pro Einheit**:

$$KLH = E \cdot q$$

und **gesamt**:

$$KL = KD \cdot q$$

wobei

$$q = p + 1$$

$$I = \frac{KL \cdot 100}{KD}$$

KLH = Lagerhaltungskosten
KL = Lagerkosten
E   = Einstandspreis
q   = Lagerhaltungskostensatz
p   = Zinssatz
I   = Lagerkostensatz
KD = durchschnittlich im Lager gebundenes Kapital.

Dieses vereinfachte Verfahren kann noch weiter ausgebaut werden, wobei von sicherer Erwartung und von unsicheren Erwartungen ausgegangen werden kann (zu Lagerhaltungsmodellen vgl. *Weber, 2010*).

9.2 Möglichkeiten der Feststellung von Kostensenkungspotenzialen

Will ein Unternehmen von der Möglichkeit Gebrauch machen, Kosten zu senken, muss es feststellen, in welchen Bereichen Kostensenkungspotenziale vorhanden sind. Im Lager sind diese Potenziale

▸ die Vorgänge
▸ die Einrichtungen.

Um die Vorgänge und Einrichtungen auf ihre Wirksamkeit und die Möglichkeit der Kosteneinsparung untersuchen zu können, sind geeignete Untersuchungsmethoden und Instrumente einzusetzen. Auf diese wurde ausführlich in den Kapiteln C. „Logistikinstrumente" und A. „Grundlagen" eingegangen.

Die **Vorgänge** erstrecken sich auf die Tätigkeitsfelder

▸ Materialeingang
▸ Identifizierung
▸ Positionierung
▸ körperliche Einlagerung

- Bestandsüberwachung
- Bestandspflege
- Kommissionierung
- Materialausgang.

Zur **kostenoptimalen** Durchführung dieser **Vorgänge** sind in erster Linie die Instrumente und Verfahren der

- Analyse (vgl. Kap. A. 5.2.3.3 und B. 7.5.2)
- Planung (vgl. Kap. C. 2.2)
- Kostenrechnung (vgl. Kap. C. 2.4.1).

einzusetzen.

Mithilfe der **Analyse** werden die einzelnen Aufgaben in ihre Elemente zerlegt und danach im Rahmen der Synthese zu wirksamen Aufgabenkomplexen kombiniert.

Die **Planung** gestaltet das künftige Handeln systematisch, legt also die Arbeitsabläufe möglichst optimal fest.

Der Einsatz der **Kostenrechnung** verfolgt das Ziel, die Wirtschaftlichkeit der Vorgänge festzustellen. Die Kostenrechnung führt eine „Vorkalkulation" der Arbeitsabläufe durch und überprüft in einer „Nachkalkulation", inwieweit die Werte der „Vorkalkulation" eingehalten wurden.

Bei den **Einrichtungen** des Lagers handelt es sich um

- die Lagereinrichtungstechnik (vgl. Kap. C. 3.3)
- die Fördermittel (vgl. Kap. C. 3.2.2.2)
- die Förderhilfsmittel (vgl. Kap. C. 3.2.3).

Die Wirtschaftlichkeit der Einrichtungen und damit die Möglichkeit der Kostensenkung wird in erster Linie mithilfe

- der Methoden der Investitionsrechnung (vgl. Kap. C. 2.4.2)
- der Nutzwertanalyse (vgl. Kap. C. 2.2.2.6)

festgestellt.

Die **Planung** und die **Kostenrechnung** spielen hier eine ähnlich wichtige Rolle wie bei den Vorgängen.

Wie bei allen wichtigen Entscheidungen im Unternehmen werden auch bei der Gestaltung von Vorgängen im Lager und dem wirtschaftlichen Einsatz die Instrumente zur **Ideengewinnung** eingesetzt (vgl. Kap. C. 2.3).

10. Lagersysteme

10.1 Abgrenzung

Der Begriff Lagersystem wird nicht einheitlich verwendet. Sowohl in der Literatur als auch in der Praxis herrschen unterschiedliche Auffassungen über den Inhalt eines Lagersystems.

Am häufigsten werden die Meinungen vertreten:

► Das Lagersystem ist identisch mit der Lagerart (systematische-, chaotische Lagerung).
► Das Lagersystem ist identisch mit der Lagertechnik.

Von diesen Auffassungen abzugrenzen ist der Begriff **Gesamtsystem Lager**. Dieses umfasst sämtliche Vorgänge im Lager vom Wareneingang bis zum Warenausgang unter Berücksichtigung der Techniken und Einrichtungen. Es handelt sich dabei um die Gestaltung des Materialflusses im Lager.

Auf den Materialfluss wurde in den vorhergehenden Abschnitten ausführlich eingegangen. Im Folgenden soll die technische Seite in den Vordergrund gerückt werden.

10.2 Technische Lagersysteme

Entscheidet man sich für ein bestimmtes Lagersystem, d.h. für bestimmte Lagertechniken, sind die zu **lagernden Objekte** ein wichtiges Entscheidungskriterium. Darüber hinaus ist aber noch eine Reihe weiterer Kriterien zu beachten. Es handelt sich dabei vornehmlich um

► den Investitionsaufwand
► den Personalbedarf
► den Automatisierungsgrad bzw. die Automatisierbarkeit
► die Anforderungen an die Lagergebäude, die Möglichkeit der Raumausnutzung und die Ausbaufähigkeit
► die Lagerkosten
► die Beschädigungsgefahr
► die Störanfälligkeit des Verfahrens
► die Zugriffsmöglichkeit
► die Umschlagsleistung
► die Übersichtlichkeit
► die Möglichkeit, das Fifo-Prinzip zu realisieren
► die Anforderungen an die Lagerorganisation
► die Möglichkeit der geschützten Lagerung
► die Bestandsführung und Bestandskontrolle

- die Kommissionierbarkeit
- die Anpassungsfähigkeit an unterschiedliche Lagergüter.

Bei dieser Aufzählung handelt es sich um eine Reihenfolge und keinesfalls um eine Rangfolge.

Im Folgenden werden die wichtigsten Kriterien herangezogen, um die Vor- und Nachteile wichtiger Lagertechniken (Lagereinrichtungstechniken) herauszustellen (zu Lagertechnik vgl. Kap. C. 3.3.3).

	Vorteile	Nachteile
Bodenlager ohne Lagerhilfsmittel	verursacht nur geringen Aufwand Realisierung des Fifo-Prinzips möglich	nur für bestimmte Güter geeignet
Blocklager	niedriger Investitionsaufwand geringer Personalbedarf keine großen Anforderungen an das Gelände, geringe Störanfälligkeit große Flexibilität	keine Automatisierungsmöglichkeit fehlende Transparenz bei vielen Artikeln Beschädigungsgefahr Produktentnahme nur an wenigen Stellen möglich Realisierung des Fifo-Prinzips nicht möglich Bestandsführung und Kontrolle schwierig
Zeilenlager	s. Blocklager	s. Blocklager
Fachboden-regallager	niedrige Investitionskosten niedrige Lagerkosten gute Raumausnutzung möglich direkte Zugriffsmöglichkeit hohe Umschlagsleistung geringe Störanfälligkeit einfache Lagerorganisation gute Kontrollmöglichkeit	geringe Automatisierungsmöglichkeit großer körperlicher Kraftaufwand erforderlich schlechte Greifmöglichkeit in den unteren und oberen Bereichen Realisierung des Fifo-Prinzips nur schwer möglich Probleme durch hohe/niedrige Temperaturen
Paletten-Flachregallager	mittlerer Investitionsaufwand gute Automatisierungsmöglichkeit gute Erweiterungsmöglichkeit Transparenz ideale Zugriffsmöglichkeit zu allen Artikeln gute Organisationsmöglichkeit Bestandsüberwachung unproblematisch hohe Anpassungsfähigkeit an unterschiedliche Artikel	großer Personalbedarf bei manueller Bedienung großer Raumbedarf oft lange Wegstrecken Ausfallrisiko steigt mit zunehmender Automatisierung Realisierung des Fifo-Prinzips nur schwer möglich

	Vorteile	Nachteile
Paletten-Hochregallager	niedriger Personalbedarf hoher Automatisierungsgrad gute Zugriffsmöglichkeit zu allen Artikeln Transparenz hohe Umschlagsleistung gute Organisationsmöglichkeit Bestandsüberwachung unproblematisch hohe Anpassungsfähigkeit an unterschiedliche Artikel besonders gut geeignet für chaotische Lagerung	großer Investitionsaufwand schlechte Ausbaumöglichkeit hoher Bedarf an Fördermitteln relativ hohe Störanfälligkeit
Kragarmregallager	niedriger Investitionsaufwand Transparenz kompakte Lagerung Einzelzugriff	großer Raumbedarf für das Bedienen erforderlich
Wabenregallager	günstige Raumvolumennutzung Lagerkapazität für eine große Anzahl unterschiedlicher Artikel gute Zugriffsleistung hohe Anpassungsfähigkeit	hoher Investitionsaufwand niedriger Automatisierungsgrad
Durchlaufregallager	gute Raumausnutzung gute Automatisierungsmöglichkeit hohe Zugriffs- und Entnahmeleistungen gute Organisationsmöglichkeit Realisierung des Fifo-Prinzips möglich leichte Bestandsüberwachung	großer Investitionsaufwand hohe Wartungskosten nicht für jeden Ladungsträger geeignet hohe Störanfälligkeit das Lagergut kann im Kanal hängenbleiben technische Sicherungen sind erforderlich die Kommissionierung ist sehr aufwändig starr
Verschiebe-Regallager	gute Raum- und Flächenausnutzung	großer Investitionsaufwand geringe Erweiterungsmöglichkeiten schlechte Automatisierbarkeit geringe Zugriffsleistung ungünstige Kommissionierungsmöglichkeit
Umlauf-Regallager		großer Investitionsaufwand hohe Wartungskosten schlechte Ausbaumöglichkeit großes Ausfallrisiko geringe Flexibilität
Paternoster-Regallager		großer Investitionsaufwand schlechte Ausbaumöglichkeit hohe Störanfälligkeit geringe Flexibilität

KONTROLLFRAGEN

Lösung

1. Auf welche wichtigen Hauptkomplexe erstrecken sich die Lagerstrategien?	S. 386
2. Welche Vorteile bieten Zentralläger?	S. 386
3. Mit welchen Nachteilen sind Zentralläger verbunden?	S. 387
4. Welche Kriterien sind bei der Entscheidung für Eigen- oder Fremdlager zu berücksichtigen?	S. 387
5. Was sagt das Speditionslagermodell aus?	S. 387
6. Welche Lagerformen sind hinsichtlich des Automatisierungsgrades des Lagers zu unterscheiden?	S. 387
7. Was versteht man unter dem Magazinierprinzip?	S. 388
8. Was drückt das Lokalisierprinzip aus?	S. 388
9. Womit befassen sich die Rechnungssysteme im Lager?	S. 388
10. Nennen Sie die Einzelfunktionen des Lagers!	S. 388 f.
11. Was bedeutet die Ausgleichsfunktion des Lagers?	S. 389
12. Was ist unter der Sicherungsfunktion zu verstehen?	S. 389
13. Wodurch ergibt sich die Spekulationsfunktion des Lagers?	S. 389
14. Was bedeutet die Veredlungsfunktion des Lagers?	S. 390
15. Welches sind die Hauptmerkmale zur Unterscheidung von Lägern?	S. 390 f.
16. Unter welchen Gesichtspunkten erfolgt die Wahl der Lagerstandorte?	S. 391
17. Welche Situationen liegen bei der Standortbestimmung vor?	S. 391
18. Welche internen und externen Faktoren bestimmen die Standortwahl?	S. 392 f.
19. Welche Lagerstufen sind zu unterscheiden?	S. 393
20. Was versteht man unter der Materialflussanalyse?	S. 394
21. Was enthält das Sankey-Diagramm?	S. 395
22. Welche Arbeitsschritte werden bei der Einlagerung vorgenommen?	S. 396
23. Nach welchen Kriterien wird die Identifizierung vorgenommen?	S. 397
24. Was versteht man unter der Positionierung?	S. 397
25. Was ist unter der „chaotischen Lagerung" zu verstehen?	S. 397
26. Welche Aufgabenkomplexe umfasst die Auslagerung des Materials?	S. 399
27. Worauf erstreckt sich die Auftragsvorbereitung?	S. 399
28. Was ist unter der Kommissionierung zu verstehen?	S. 399

Lösung

29. Stellen Sie den Materialfluss im Rahmen der Kommissionierung dar!	S. 400
30. Wodurch unterscheiden sich die statische und dynamische Bereitstellung?	S. 400
31. Welche Probleme verursacht der Einsatz von Kommissionierungsautomaten?	S. 402
32. Aus welchem Grund werden Roboter selten bei der Kommissionierung eingesetzt?	S. 402
33. Wie erfolgt die einstufige Kommissionierung?	S. 404
34. Wie läuft die mehrstufige Kommissionierung ab?	S. 404
35. In welcher Weise werden die Aufträge bei der seriellen Kommissionierung abgearbeitet?	S. 404 f.
36. Welche Vorteile hat das parallele Kommissionieren?	S. 405
37. Was versteht man unter der Pick- und Pack-Kommissionierung?	S. 406
38. Welche Probleme ergeben sich beim Erstellen der Kommissionierunterlagen?	S. 406 f.
39. Womit lässt sich die Kommissionierleistung beurteilen?	S. 410 f.
40. Welche Aufgaben haben Lagerverwaltungs- und -steuerungssysteme?	S. 412
41. Welche Rechnungssysteme werden im Lager geführt?	S. 415 f.
42. Welche Aufgabe hat die Bestandsrechnung?	S. 415
43. Welche Verfahren der Verbrauchsrechnung werden eingesetzt?	S. 416
44. Welche Vorteile bietet die Skontrahierungs-Methode?	S. 416
45. Weshalb ist die Inventurmethode ungenau?	S. 417 f.
46. Wie ist die retrograde Rechnung zu beurteilen?	S. 417
47. Welche Inventurmethoden werden angewandt?	S. 418
48. Mit welchen Werten können die Zugänge, Bestände und Abgänge angesetzt werden?	S. 418 f.
49. Was ist unter den Anschaffungskosten zu verstehen?	S. 419
50. Wie werden die Herstellungskosten nach Handelsrecht und Steuerrecht ermittelt?	S. 419 f.
51. Unter welchen Voraussetzungen ist der Ansatz von Festwerten zulässig?	S. 420
52. Wann ist der Ansatz von Gruppenwerten sinnvoll?	S. 421
53. Was versteht man unter den Verbrauchsfolgeverfahren?	S. 421
54. Aus welchen Positionen setzen sich die Lagerkosten zusammen?	S. 422

Lösung

	Lösung
55. Welche Instrumente können zur Feststellung von Kostensenkungspotenzialen im Lagerbereich eingesetzt werden?	S. 423
56. Was versteht man unter dem „Gesamtsystem Lager"?	S. 425
57. Welche Kriterien sind bei der Wahl des technischen Lagersystems zu berücksichtigen?	S. 425
58. Nennen Sie die wichtigsten technischen Lagersysteme!	S. 426
59. Beschreiben Sie die Vor- und Nachteile einiger von Ihnen ausgesuchter Lagersysteme!	S. 426

F. Produktionslogistik

1. Begriff

Die Produktionslogistik ist mit den übrigen Logistikbausteinen, vor allem mit der Beschaffungs- und Lagerlogistik, eng verbunden, stellt demnach keinen isoliert zu betrachtenden und abgrenzbaren Teil der Logistik dar.

Geht man davon aus, dass die Produktion als ein Teil der logistischen Kette aufgefasst wird, ergibt sich für die Produktionslogistik folgende **Definition**: *„Die Produktionslogistik ist abgestützt auf die übergeordnete Unternehmenslogistik die Gesamtheit der Aufgaben und deren abgeleiteten Maßnahmen zur Sicherstellung eines optimalen Informations-, Material- und Wertflusses im Transformationsprozess der **Produktion**"* (Wyss).

Die Begriffe Produktionslogistik und Produktionswirtschaft dürfen keinesfalls synonym gebraucht werden, wie dies gelegentlich geschieht, handelt es sich dabei doch um zwei, wenn auch nicht immer bis ins Einzelne unterscheidbare Bereiche. Die Produktionswirtschaft reicht weiter als die Produktionslogistik.

Die Produktionslogistik übt eine flussbezogene Koordinationsfunktion im Rahmen der Produktionswirtschaft aus.

Die Produktionslogistik soll mit dazu beitragen, dass eine Reihe von Verbesserungen, Vereinfachungen und Einsparungen im Produktionsbereich erzielt wird.

Im Einzelnen handelt es sich um

- die Verbesserung der kundennahen Fertigung
- die Steigerung der Flexibilität der Fertigung
- die Reduzierung der Durchlaufzeiten
- die Reduzierung der Bestände
- die optimale Gestaltung der Transportabläufe in der Fertigung
- die Reduzierung der Teilevielfalt, Sortimentsbreite und Variantenanzahl
- den Abgleich der Losgrößen
- die Harmonisierung der Kapazitäten
- die Verbesserung der Verfügbarkeit der Produktionsfaktoren
- die Verbesserung des Layout
- die Senkung der Herstellkosten
- die sinnvolle Kombination von Eigenfertigung und Fremdbezug.

Die genannten Aufgaben stehen im Dienste der **Strategie des Fließens**, wobei das „Fließen" den Material-, Informations- und Wertfluss umfasst.

2. Produktionsstrategien

Die Produktionslogistik verfolgt als Hauptziel, die Produktion an den Marktbedürfnissen und den übergeordneten Zielen des Unternehmens auszurichten. Um diese Ziele zu erreichen, werden Produktionsstrategien entwickelt. Diese prägen die Produktionslogistik entscheidend. Sie sollen dazu beitragen, die Fertigungsplanungs- und Fertigungssteuerungsprozesse optimal zu gestalten und günstige Rahmenbedingungen dafür zu schaffen.

Bei den Produktionsstrategien sind

- ursprüngliche Produktionsstrategien
- abgeleitete Produktionsstrategien

zu unterscheiden.

Eine nicht geringe Zahl von Produktionsstrategien entstammt nicht primär produktionswirtschaftlichen Überlegungen, sondern ist das Resultat von Marketingüberlegungen und wird aus Marketingstrategien abgeleitet (vgl. Kap. B. 7.5.4.2.2).

Im Folgenden wird ein Überblick über einige wichtige Bereiche gegeben, für die Produktionsstrategien konzipiert werden, mit Hinweisen für die inhaltliche Beschreibung der Strategien (vgl. *Ehrmann, 2007*).

Bereich	Hinweise für die inhaltliche Beschreibung der Strategien
Betriebsgröße	a) Untergrenze/Obergrenze b) Art der Betriebsgrößenänderung

Kapazität	a) Kapazitätsvergrößerung
	    ▸ Investitionspolitik
	    ▸ Verhinderung von Kapazitätsüberlastung
	b) Kapazitätsabbau
	    ▸ Abbau von überschüssigen Kapazitäten
	    ▸ Fremdbezug
	c) Entflechtung von Kapazitäten

Fertigungs-steuerung	Einsatz der computergestützten Fertigung (CAM = Computer Aided Manufactoring und CIM = Computer Integrated Manufactoring)
Fertigungs-durchführung	a) Einsatz flexibler Anlagen b) Verminderung der Durchlaufzeiten c) Organisatorische Konzepte
Produktqualität	a) Festlegung von Qualitätsmerkmalen b) Intensivierung der Qualitätsüberwachung
Produktionstiefe	Make-or-buy
Kunden-Service	a) Zuordnung zum Marketing oder Produktionsbereich b) Aufbau eines Kundendienstnetzes
Kosten	a) Kostensenkungspotenziale b) Kostenrechnungssysteme

3. Einflussgrößen der Produktionslogistik

Folgende Haupteinflussgrößen der Produktionslogistik sind zu unterscheiden:

3.1 Produktentwicklung

Ein großer Nachteil bei der Produktentwicklung besteht in vielen Unternehmen darin, dass Produkt- und Prozessentwicklung in zeitlich sequenzieller Folge verlaufen. Zuerst werden für ein Produkt die Konstruktionsunterlagen erstellt und erst danach schrittweise Fertigungs-, Montage- und Qualitätsunterlagen.

Würden schon in der Phase der Entwicklung des Konstruktionskonzeptes oder einer Produktinnovation die produktionstechnischen und logistischen Aspekte mit der Produktentwicklung vorangetrieben, ließen sich große Wettbewerbsvorteile erreichen (vgl. *Wyss*).

Die Aktivitäten im Innovationsprozess verlaufen nicht mehr sequenziell, sondern parallel bzw. überlappend.

Die Einbindung von Lieferanten recht frühzeitig in den Innovationsprozess führt zu einer engen und fruchtbaren Zusammenarbeit und trägt wesentlich dazu bei, den Materialfluss reibungslos zu gestalten.

3.2 Produktstruktur

Die Produktstruktur übt einen großen Einfluss auf die Logistik aus, da durch sie Logistikleistungen ausgelöst werden. Um Prioritäten setzen und Arbeitsschwerpunkte erkennen zu können, sind die für die Logistik relevanten Programmelemente mithilfe von ABC-Analysen zu untersuchen.

Weber/Kummer stellen zur Feststellung der Produkte, die den größten flussbezogenen Koordinationsaufwand verursachen, eine Vorgehensweise in zwei Schritten vor:

► Bestimmung der Teilevielfalt und des Grades an singulären Teilen
► Gegenüberstellung der Logistikintensität und der erwarteten Produktionsmengen

Die **Teilevielfalt** und der **Grad an singulären Teilen** wirken sich auf den Logistikbedarf maßgeblich aus.

Je größer die Teilevielfalt ist, die durch komplizierte Produkte und mangelnde Standardisierung und Normung bedingt ist, umso größer ist der Logistikaufwand. Für einen hohen Grad an singulären Teilen gilt das Gleiche.

Als singulär bezeichnen *Weber/Kummer* Teile, wenn sie nur für ein Fertigprodukt oder eine Fertigproduktgruppe verwendet werden.

Eine **Vierfelder-Matrix** bestimmt die **logistikintensiven Produkte**:

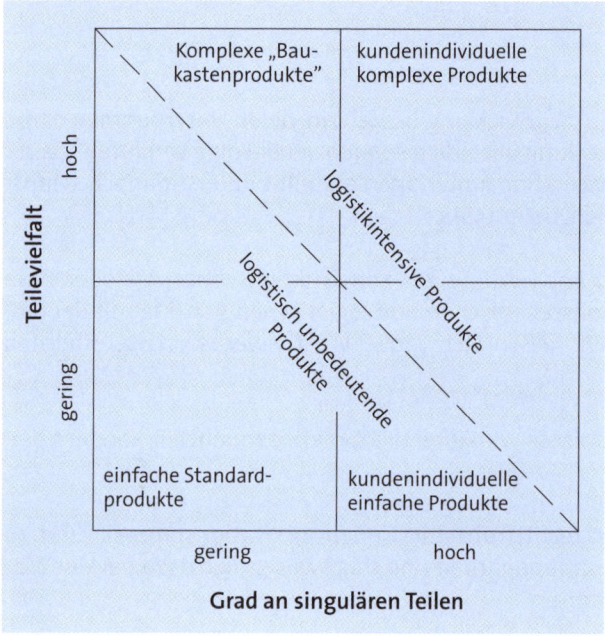

Quelle: *Weber/Kummer*

Produkte, die eine **geringe Teilevielfalt** und einen **geringen Grad** an **singulären Teilen** aufweisen, werden als einfache **Standardprodukte** bezeichnet. Sie bewirken lediglich einen geringen flussbezogenen Koordinationsaufwand.

Produkte mit einer **hohen Teilevielfalt** und einem **geringen Grad an singulären Teilen** erfordern größere logistische Aufmerksamkeit. Es geht dabei um komplexe Produkte, die nach dem Baukastenprinzip gefertigt werden. Eine Standardisierung innerhalb der Bauteile kann den Koordinationsaufwand reduzieren.

Wenn bei Produkten die Individualisierung nicht mittels des Baukastenprinzips erzielt werden kann, verursachen sie einen mittleren Koordinationsaufwand, wenn die Erzeugnisse eine große Teilevielfalt aufweisen. Eine Standardisierung und Normung von Teilen sowie die Verwendung von Baugruppen reduzieren den Koordinationsaufwand.

Produkte mit einer **großen Teilevielfalt** und einem **hohen Grad an singulären Teilen** sind mit einem hohen Koordinationsaufwand verbunden. Es handelt sich dabei um komplexe, kundenindividuelle Erzeugnisse, die sehr logistikintensiv sind. Ein in der Regel vorhandenes Rationalisierungspotenzial (Standardisierung, Komplexitätsreduzierung) muss erkannt und ausgeschöpft werden.

Eine Verringerung des flussbezogenen Koordinationsaufwandes lässt sich häufig nicht nur durch Veränderungen am Produkt, sondern auch durch ablauforganisatorische Änderungen erreichen (*Weber/Kummer*).

Der zweite Schritt besteht in der **Gegenüberstellung der Logistikintensität der Produkte und der erwarteten Produktionsmengen**:

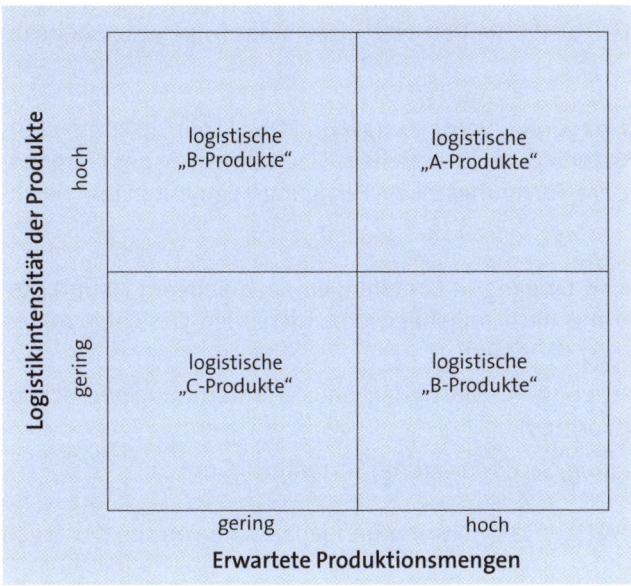

Quelle: *Weber/Kummer*

Es lässt sich der Schluss ziehen, dass mit der Produktionsmenge die Bedeutung für die Logistik steigt. Dabei ist jedoch unbedingt zu beachten, dass es logistischen Aufwand gibt, der nicht im unmittelbaren Zusammenhang mit der Produktionsmenge steht bzw. von dieser nur in geringem Ausmaß abhängt.

3.3 Fertigungsstruktur

Die Fertigungsstruktur ist von großer Bedeutung für den logistischen Prozess. Mit ihrer Fixierung wird der Materialfluss und der Informationsfluss wesentlich bestimmt. Außerdem besteht eine Wechselbeziehung zwischen der gewählten Fertigungsstruktur und den Fertigungsprozessen. Die Festlegung der Fertigungsstruktur stellt gleichzeitig die Entscheidung für den Fertigungsprozess dar (*Weber/Kummer*).

Die Fertigungsstruktur wird wesentlich von den **Fertigungsprinzipien** bestimmt. Sie prägen den Materialfluss und üben einen großen Einfluss auf die Material-Durchlaufzeiten aus. Darüber hinaus wirken sie sich auf den Koordinationsaufwand für die Sicherstellung eines optimalen Produktionsablaufs aus (vgl. *Schulte, 2009*).

Man unterscheidet

- das Verrichtungsprinzip
- das Objektprinzip
- das Gruppenprinzip.

Wenn man das **Verrichtungsprinzip** praktiziert, werden die Betriebsmittel, mit denen gleichartige Verrichtungen durchgeführt werden, in Werkstätten zusammengefasst.

Vom **Objektprinzip** spricht man, wenn die Betriebsmittel in der Folge des Arbeitsablaufs angeordnet werden.

Das **Gruppenprinzip** bedeutet, dass man Verrichtungs- und Objektprinzip kombiniert, um einen möglichst idealen Materialfluss zu erreichen. Die Realisierung des Gruppenprinzips führt zu Fertigungsinseln, Fertigungszellen, Fertigungssegmenten und flexiblen Fertigungssystemen.

Die genannten Prinzipien finden Eingang in Einteilungen nach anderen Hauptkriterien. So ist eine Systematisierung nach folgenden dominierenden Gesichtspunkten möglich (vgl. *v. Kortzfleisch, Weber/Kummer*):

- nach dem Weg (Werkstattfertigung, Fließfertigung, Baustellenfertigung oder stationäre Fertigung, kombinierte Formen)
- nach der Menge (Einzelfertigung, Serienfertigung, Sortenfertigung).

Darüber hinaus sind neuere Fertigungsstrukturen und japanische Formen der „Lean production" zu berücksichtigen.

Im Rahmen der Darstellung von Fertigungsstrukturen werden folgende Einzelstrukturen behandelt:

- Werkstattfertigung
- Fließfertigung
- Baustellenfertigung
- Gruppenfertigung
- Fertigung, die durch die Menge der in einem Los gefertigten Erzeugnisse bestimmt wird
- japanische Formen der „Lean production"
- Fertigungssegmentierung (modulare Fabrik)
- fraktale Strukturierung.

3.3.1 Werkstattfertigung

Bei der Werkstattfertigung läuft die Fertigung nach dem **Verrichtungsprinzip** ab.

Alle Maschinen, maschinelle Anlagen und Arbeitsplätze mit gleichartiger Arbeitsverrichtung werden räumlich in einer Werkstatt zusammengefasst. Beispiele dafür sind die Dreherei, die Bohrerei, die Schweißerei u. Ä.

Die **Vorteile** der Werkstattfertigung sind in erster Linie

- große Anpassungsfähigkeit an unterschiedliche Produkte und Fertigungsverfahren
- Leistungsverbesserung durch Spezialisierung
- geringe Störanfälligkeit des Fertigungsablaufs
- niedrigerer Kapitalbedarf als bei der Fließfertigung.

Nicht zu unterschätzen sind die **Nachteile** der Werkstattfertigung:

- benötigte Zwischenläger mit einer hohen Kapitalbindung
- erhebliche Transportzeiten mit entsprechend hohen Transportkosten
- großer Aufwand für die Produktionsplanung und Produktionssteuerung.

Besonders ist bei der Werkstattfertigung zu beachten, dass der Produktionsfortschritt nicht nur von der Bearbeitungsdauer je Produktionsschritt, sondern auch von der Verfügbarkeit der Maschinen abhängt, die für den nächsten Produktionsschritt erforderlich sind.

Es ist durchauch möglich, dass bei einer Maschinengruppe Engpässe existieren, bei einer anderen Maschinengruppe reichlich Kapazitäten vorliegen. Dies führt zur Erfordernis von Zwischenlägern.

Die Werkstattfertigung lässt sich wie folgt darstellen:

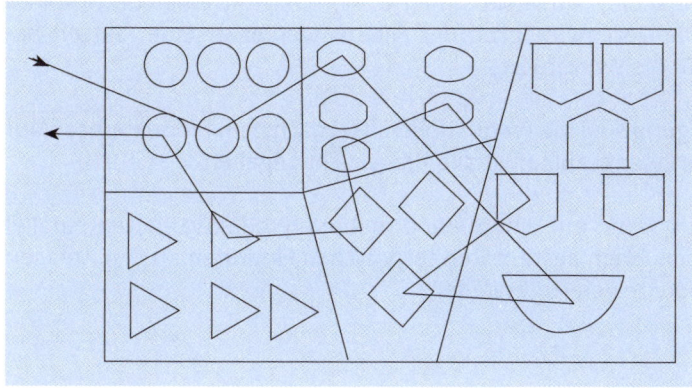

Quelle: *Steinbuch*

3.3.2 Fließfertigung

Die Fließfertigung ist nach dem **Objektprinzip** ausgerichtet. Die Maschinen, maschinellen Anlagen und Arbeitsplätze werden räumlich nach dem Fertigungsablauf angeordnet, dadurch sind die Transportwege kürzer als bei der Werkstattfertigung.

Die Fließfertigung ist mit einem hohen Kapitalbedarf verbunden, der Spezialisierungsgrad ist hoch. Die Spezialisierung kann so weit gehen, dass auf einer Anlage lediglich ein einziges Produkt hergestellt werden kann.

Die Fließfertigung zwingt zu einer hohen Kapazitätsauslastung, um Leerkosten zu vermeiden.

Vorteile der Fließfertigung sind
- kurze Durchlaufzeiten
- kurze Transportzeiten und Transportkosten
- Transparenz der Fertigung.

Als **Nachteile** lassen sich anführen:
- hohe Kosten bei Ausfall der Anlage und bei Störungen
- geringe Flexibilität
- häufig Arbeitsmonotonie.

Bei der Fließfertigung lassen sich drei Formen unterscheiden
- die Fließbandfertigung
- die Reihenfertigung
- die Fließstraße.

Bei der **Fließbandfertigung** werden die Werkstücke durch ein kontinuierlich laufendes Transportmittel (Plattenbänder, Schwebebahnen u. Ä.) oder mit einer bestimmten Taktzeit transportiert. Die Geschwindigkeit des Fließbandes bzw. seine Taktzeit bestimmt die Arbeitszeit für die Werkstücke.

Auch bei der **Reihenfertigung** sind die Produktionsmittel nach dem Produktionsablauf angeordnet, der zeitliche Zwangsablauf ist allerdings nicht gegeben.

Eine **Fließstraße** liegt vor, wenn auf einem Band mehrere Produktvarianten parallel hergestellt werden können. Nach bestimmten technischen Eingriffen an den Anlagen können auch andere Produkte gefertigt werden.

3.3.3 Baustellenfertigung

Die Baustellenfertigung entspricht dem **Objektprinzip**. Man transportiert nicht die Werkstücke zu den Betriebsmitteln, sondern diese werden bei den zu fertigenden Produkten zentralisiert. Der Hoch- und Tiefbau, Brückenbau oder Schiffbau sind typische Beispiele.

3.3.4 Gruppenfertigung

Bei der Gruppenfertigung findet eine Kombination von Verrichtungs- und Objektprinzip statt (= Gruppenprinzip). Die Vorteile beider Prinzipien werden nutzbar gemacht.

Jeweils für einen bestimmten Teil-Fertigungsprozess werden die Produktionsmittel zu einer Gruppe zusammengefasst; innerhalb dieser Gruppen erfolgt in der Regel eine Anordnung der Betriebsmittel nach dem Fließprinzip.

3.3.5 Fertigung, die durch die Menge der in einem Los gefertigten Erzeugnisse bestimmt wird

Die Menge der in einem Los gefertigten Erzeugnisse hat ebenso wie die Realisierung der Fertigungsprinzipien Einfluss auf die Koordinationsfunktion der Produktionslogistik. Dabei sind zu unterscheiden:

- ▶ Einzelfertigung
- ▶ Serienfertigung
- ▶ Massenfertigung.

Einzelfertigung bedeutet, dass zu einem bestimmten Zeitpunkt oder in einer Periode nur eine Einheit eines bestimmten Erzeugnisses hergestellt wird, wie dies etwa im Großanlagenbau der Fall ist.

Die klassische Einzelfertigung verliert immer mehr an Bedeutung.

Eine **Serienfertigung** liegt vor, wenn von bestimmten Produkten eine jeweils definierte, aber größere Menge hergestellt wird. Je nach der Anzahl der Produkte, die in einer Serie gefertigt werden, spricht man von einer **Kleinserienfertigung** oder **Großserienfertigung**.

Eine **Sonderform** der Serienfertigung ist die **Sortenfertigung**. Aus einem Ausgangsstoff oder einigen Ausgangsstoffen werden mehrere Sorten einer Produktart hergestellt. Gekuppelte Sorten liegen vor, wenn die Herstellung sämtlicher Produkte zwangsläufig am gleichen Ort erfolgt (Erdölraffinerie). Alliierte Sorten entstehen, wenn aus Wirtschaftlichkeitsgründen die Herstellung am gleichen Ort geschieht (Papierherstellung, Herstellung von Blechen).

Eine **Massenfertigung** ergibt sich dadurch, dass nicht eine vorher genau definierte Menge gefertigt wird, sondern dass ohne Begrenzung produziert wird.

3.3.6 Japanische Formen der „Lean production"

In Japan spielen Fragen der Produktionslogistik eine große Rolle. Dabei sind Fertigungsstrukturen entwickelt worden, die teilweise von deutschen Unternehmen übernommen wurden.

Japanische Unternehmensstrategien sind darauf ausgerichtet, Verschwendungen jeglicher Art zu vermeiden. Das gilt insbesondere für den Lager- und Personalsektor, aber auch für andere Bereiche. In der Fertigung sind Strukturen geschaffen worden, die die Vorteile der Werkstattfertigung mit denen der Fließfertigung kombinieren. Das Prinzip der Prozessorientierung dominiert vor dem der Objektorientierung.

Weber/Kummer geben einen Überblick über neuere japanische Fertigungsstrukturen, der hier in verkürzter Form wiedergegeben wird.

U-förmige Maschinenanordnung	Die Produktionsmittel werden u-förmig angeordnet, damit die Arbeiter mehrere Tätigkeiten in der Reihenfolge des Produktionsprozesses ausführen können, ohne dass sie wegen langer Wege zu einer losweisen Fertigung gezwungen werden.
Jidoka (Automation)	Jidoka bedeutet eine Weiterentwicklung der Automation. Die Maschinen werden mit Mechanismen ausgestattet, die die Maschinen selbsttätig anhalten, wenn Abweichungen vom normalen Prozess festgestellt werden. Das Überwachungspersonal wird automatisch verständigt.
Konzept zum Bandstop	Das Jidoka-Konzept lässt sich auf ganze Fertigungsbereiche ausdehnen. Die Arbeiter haben bei Störungen (z. B. fehlende Teile) die Möglichkeit, das Band zu stoppen. Organisatorische Rückkoppelungsschleifen sorgen für die Behebung der Ursachen des Problems, das den Bandstopp verursacht hat.
Integration der Kontrolle	Die Kontrolle der gefertigten Teile wird den direkt am Herstellungsprozess beteiligten Arbeitern übertragen. Dies trägt mit zu einem reibungslosen Herstellungsprozess bei.
Poka-Yoke (narrensicherer Mechanismus)	Das Auftreten von Problemen wird direkt an der Entstehungsquelle verhindert. Die Poka-Yoke-Vorrichtungen sind mechanische Vorrichtungen, mit denen es unmöglich wird, Maschinen falsch zu bedienen oder falsch zu bestücken.
SMED (Single Minute Exchange of Die)	Das SMED-Konzept will erreichen, dass die Losgrößen in der Fertigung an die Zahl Eins angenähert werden. Dies kann nur erreicht werden, wenn die Werkzeugwechselzeiten in den Bereich von Minuten gedrückt werden. Zu diesem Zweck ist ein ganzes System von Vorrichtungen entwickelt worden.

3.3.7 Fertigungssegmentierung

Die Bildung von Fertigungssegmenten wurde bereits im Zusammenhang mit dem Gruppenprinzip erwähnt. Wegen der besonderen Bedeutung und der hohen Logistikrelevanz soll an dieser Stelle etwas ausführlicher auf die Fertigungssegmentierung eingegangen werden.

Wildemann (2000) hat sich ausführlich mit der Bildung von Fertigungssegmenten befasst und das Konzept der **modularen Fabrik** entwickelt.

Ein Fertigungssegment ist nach *Wildemann* die Zusammenfassung produktorientierter Organisationseinheiten der Produktion, die mehrere Stufen der logistischen Kette eines Produktes umfassen und mit denen eine spezifische Wettbewerbsstrategie (vgl. Kap. B. 7.5.4.2.2) verfolgt wird.

Fertigungssegmente werden durch folgende **Merkmale** charakterisiert:

► Markt und Zielausrichtung
Bildung von Fertigungsbereichen, die auf spezielle Wettbewerbsstrategien ausgerichtet sind.

► Produktorientierung
Ausrichtung der Fertigungssegmente auf bestimmte Produkte mit der Konsequenz einer niedrigen Fertigungsbreite und einer hohen Fertigungstiefe.

► Mehrere Stufen der logistischen Kette eines Produktes
Ein Fertigungssegment erstreckt sich auf mehrere Stufen des Wertschöpfungsprozesses des Produktes.

► Übertragung indirekter Funktionen
Die Mitarbeiter führen auch indirekte Tätigkeiten aus, und planende Tätigkeiten werden vom Segment selbst vorgenommen.

► Kostenverantwortung
Die Fertigungssegmente stellen „Cost Center" dar; die indirekten Kosten lassen sich besser den Erzeugnissen zurechnen.

Durch die Segmentierung wird ein **modularer Aufbau** der Fabrik erreicht. Die einzelnen Module lassen sich an den jeweils günstigsten Standort verlagern. Die Flussoptimierung kann realisiert werden, und die Durchlaufzeiten werden minimiert. Die Bestände sinken, und der Koordinationsaufwand kann reduziert werden; es wird nicht mehr der gesamte Material- und Informationsfluss in nur einer Fertigung konzentriert.

3.3.8 Fraktale Strukturierung

Die fraktale Strukturierung ist auf *Warnecke (1996)* zurückzuführen; er schuf das Konzept der **fraktalen Fabrik**.

Unter Fraktal wird eine selbstständig agierende Unternehmenseinheit, deren Ziele eindeutig beschreibbar sind, verstanden.

Die Charakteristika der Fraktale sind

► Selbstähnlichkeit
► Selbstorganisation
► Dynamik/Vitalität.

Selbstähnlichkeit bedeutet, dass jedes Fraktal eine kleine Fabrik in sich ist, wobei eine ganzheitliche Abwicklung der Aufgaben, die das Fraktal erfüllen soll, vorgenommen wird. Die Globalziele des Unternehmens werden für jedes Fraktal zu dessen Einzelzielen konkretisiert, was die Realisierung dieser Globalziele gewährleistet.

Die **Selbstorganisation** umfasst die strategische, taktische und operative Ebene. Je nach strategischer Ausrichtung setzen unterschiedliche Fraktale unterschiedliche Methoden ein.

Warnecke führt aus, dass bei der Herstellung verschiedener Typen getrennte Fraktale bzw. Produktlinien für die unterschiedlichen Typen eingerichtet werden. Als Beispiel bringt *Warnecke* ein Unternehmen, dass eine Massenfertigung betreibt, aber auch einen exklusiven Typ des Massenproduktes herstellt.

Vitalität und Dynamik im Konzept der fraktalen Fabrik drücken aus, dass das Unternehmen aus der statischen Struktur der Fertigungssegmentierung ausbrechen und sich und seine Fraktale selbstständig an die sich stets ändernden Umweltbedingungen anpassen soll.

4. Inhalte der Produktionslogistik

Der Versuch, die Inhalte der Produktionslogistik zu systematisieren und zu Komplexen zusammenzufassen, kann zu folgenden Ergebnissen führen:

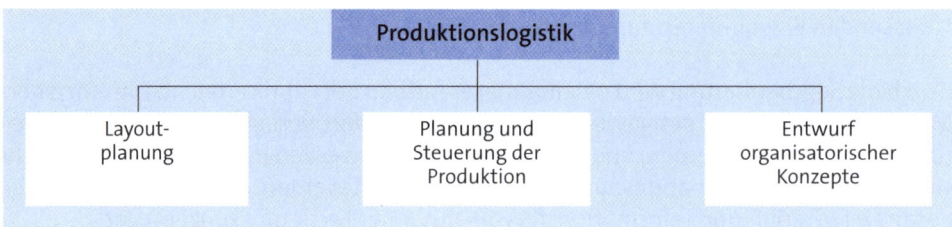

Es wurde bereits im Kapitel F. 1 darauf hingewiesen, dass die Produktionslogistik eine flussbezogene Koordinationsfunktion ausübt und die Begriffe Produktionswirtschaft und Produktionslogistik nicht deckungsgleich sind. Die oben genannten Funktionen werden deshalb auch nicht allein von der Produktionslogistik ausgeübt. Die technische Planung, die Organisation, die Arbeitsvorbereitung u. Ä. sind an der Gestaltung der Aufgaben maßgeblich beteiligt. Eine Zuweisung der einzelnen Aufgaben, Kompetenzen und Koordinationshandlungen bleibt der betriebsindividuellen Regelung vorbehalten. In den folgenden Ausführungen kann deshalb auf diese Abgrenzungsfragen nicht im Detail eingegangen werden.

4.1 Layoutplanung

Die Layoutplanung wird auch als innerbetriebliche Standortplanung bezeichnet. Sie soll die materialflussgerechte Fabrik bewirken. Wenn verschiedene Arbeitssysteme am Wertschöpfungsprozess beteiligt sind, müssen dafür innerbetriebliche Standorte bestimmt werden.

Layoutplanungsprobleme im Produktionsbereich können auf unterschiedlichen Aggregationsebenen entstehen (*Günther/Tempelmeier*). Auf der höchsten Ebene geht es um die Festlegung der günstigsten innerbetrieblichen Standorte für Produktionssegmente. Ein **Produktionssegment** ist im Gegensatz zu dem bereits beschriebenen Fertigungssegment (vgl. Kap. F. 3.3.7) ein Subsystem des Produktionsbereichs, das einem bestimmten Organisationstyp zugeordnet werden kann (*Günther/Tempelmeier*). Aus der Zuordnung können typische segmentspezifische Produktionsplanungs- und -steuerungsprobleme abgeleitet werden.

Die zu bewältigende Aufgabe auf der höchsten Ebene ist die Anordnung der arbeitsteiligen Produktionssegmente innerhalb einer Produktionsstätte.

Auf niedrigeren Aggregationsebenen ergeben sich ebenfalls Probleme der Layoutplanung. In einem Organisationstyp der Werkstattfertigung beispielsweise sind die Standorte für die einzelnen Werkstätten festzulegen.

4.1.1 Ziele der Layoutplanung

Das Hauptziel der Layoutplanung ist die Kostenminimierung.

Die Kosten dreier Kostengruppen sind zu minimieren:
- die Transportkosten
- die Standortwechselkosten
- die Zwischenlagerungskosten.

Die **Transportkosten** erstrecken sich dabei auf den Transport von
- Roh-, Hilfs- und Betriebsstoffen
- unfertigen Erzeugnissen
- Fertigerzeugnissen
- Abfall und Ausschuss
- Personen.

Bestandteil der Transportkosten sind Personalkosten, Energiekosten, Wartungs- und Instandhaltungskosten, Zinskosten, Versicherungskosten, anteilige Raum- und Verwaltungskosten.

Transportkosten lassen sich weitgehend vermeiden, wenn die benötigten Anlagen so aufgestellt werden, dass die Weitergabe der Werkstücke ohne Transport erfolgen kann. Reduzieren lassen sich die Transportkosten, wenn die Anlagenaufstellung so erfolgt, dass einerseits die Transportwege möglichst kurz sind, und andererseits wirkungsvolle und kostengünstige Fördermittel eingesetzt werden können.

Man geht davon aus, dass zwischen den Transportkosten und der Entfernung Proportionalität besteht. Dies ist in der Regel auch der Fall, es besteht allerdings keine Zwangsläufigkeit.

Standortwechselkosten entstehen bei Änderungen des Layout. Im Wesentlichen sind es Baukosten, Rüstkosten, Transportkosten, Ausfallkosten, diverse Personalkosten.

Zwischenlagerungskosten sind entweder ablaufbedingt und damit gewollt oder störungsbedingt. Es sollten alle Möglichkeiten ausgeschöpft werden, um die mit Zwischenlagern verbundenen Personalkosten, Zinskosten, Energiekosten, Versicherungskosten, Abschreibungen u. Ä. zu vermeiden.

Bei vielen Modellen der Layoutplanung werden die Standortwechselkosten und Zwischenlagerkosten vernachlässigt und lediglich die Transportkosten berücksichtigt (vgl. Kap. F. 4.1.3.3).

Weitere wichtige Ziele der Layoutplanung sind (*Corsten*)

▸ die Minimierung der Durchlaufzeiten der zu bearbeitenden Teile

▸ eine möglichst geringe Liquiditätsbelastung

▸ ein möglichst hohes Ausmaß an Arbeitssicherheit

▸ eine möglichst störungsarme Produktion

▸ eine möglichst hohe Übersichtlichkeit der Produktionsstruktur, die mit einer Erleichterung der Kontrolle des Produktionsablaufs einhergeht

▸ eine möglichst günstige Raumausnutzung

▸ ein möglichst hoher Werbungseffekt

▸ die Realisation einer angestrebten Flexibilität

▸ menschengerechte und attraktive Arbeitsplätze.

4.1.2 Die Layoutplanung bestimmende Elemente

Bei der Layoutplanung hat man keine völlige Gestaltungsfreiheit, sondern man muss eine Reihe von Bestimmungsgrößen berücksichtigen. Man unterscheidet dabei (vgl. *Götzelmann*)

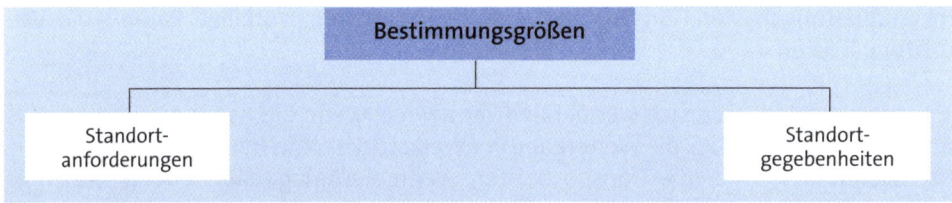

4.1.2.1 Standortanforderungen

Die Standortanforderungen erstrecken sich auf das Produkt, auf die Betriebsmittel, auf die Mitarbeiter und auf die Produktionsorganisation.

► Die **Produkte** bestimmen durch ihr Ausmaß und ihr Gewicht den Flächenbedarf für die Lagerung und die Transportmittel sowie die Transportmittel selbst. Außerdem beeinflussen die Produkte die Materialflussrichtung, die Arbeitsgangfolge etc.

► Die **Betriebsmittel** haben Auswirkungen auf den Flächenbedarf, die Raumhöhe, die Flächenform, die Bodentragfähigkeit, die Lichtverhältnisse, die Versorgung und Entsorgung, die Beziehungen zu benachbarten Bereichen u. Ä.

► Die **Mitarbeiter** spielen bei der Layoutplanung insofern eine Rolle, als sie Anspruch auf unfallgeschützte, humane Arbeitsplätze haben. Ausreichende Beleuchtung, Belüftung sind ebenso zu gewährleisten wie Lärmschutz, Schutz vor Hitze, Kälte, Gase u. Ä. Eine ergonometrisch zweckmäßige Gestaltung der Arbeitsplätze ist eine Grundanforderung.

► Die **Produktionsorganisation** beeinflusst den Arbeitsablauf und die Gestaltung des innerbetrieblichen Transports.

4.1.2.2 Standortgegebenheiten

Die Standortgegebenheiten umfassen die Betriebsgrundstücke und Gebäude sowie rechtliche Vorschriften.

► Bei den **Grundstücken** und **Gebäuden** sind Größe und Form, Bodenbeschaffenheit, Bodentragfähigkeit, Lichtverhältnisse, klimatische Erfordernisse, Verkehrsanschlüsse, Versorgungs- und Entsorgungsmöglichkeiten u. Ä. zu berücksichtigen.

► Die **rechtlichen Vorschriften** sind Bauvorschriften, Arbeitsschutzvorschriften, Gesundheitsschutzvorschriften, Umweltschutzvorschriften, Bestimmungen zur Gestaltung bestimmter Räumlichkeiten, zum Umgang mit gefährlichen Stoffen u. Ä.

Bei EDV-gestützten interaktiven Layoutplanungssystemen werden die Standortgegebenheiten gleich zu Beginn des Planungsprozesses eingegeben, die Standortanforderungen interaktiv während des gesamten Planungsprozesses (*Corsten*).

4.1.3 Schritte bei der Layoutplanung

4.1.3.1 Anlässe zur Layoutplanung

Folgende Situationen geben Anlass zur Layoutplanung:

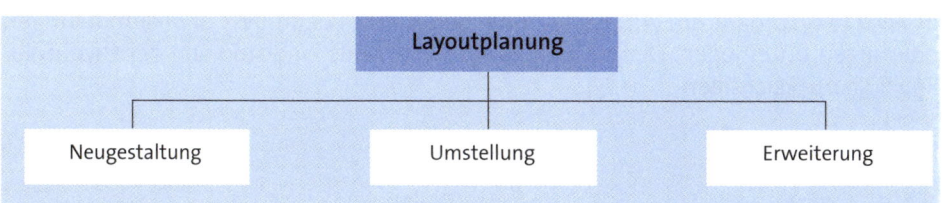

- Bei der **Neugestaltung** werden für noch leere Räume Standorte für die Produktions-segmente bzw. Werkstätten u. Ä. bestimmt.

- Im Rahmen einer **Umstellung** müssen neue Standorte infolge Änderungen des Pro-duktionsprogramms bestimmt werden. Es tritt eine Änderung der Struktur des Ma-terialflusses ein.

- Findet eine **Erweiterung** statt, werden in bereits belegten Räumen zusätzliche Pro-duktionssegmente bzw. Werkstätten u. Ä. platziert.

4.1.3.2 Informationsbedarf

Die Layoutplanung ist auf eine Reihe von Informationen angewiesen, die unter ande-rem davon abhängen, ob die Planung eine Neugestaltung, Umstellung oder Erweite-rung betrifft.

Aufbauend auf einer Unternehmensanalyse (vgl. Kap. B. 7.5.2) werden Informationen gewonnen, die sich auf

- das Erzeugnisprogramm
- das Fertigungsprogramm
- die erforderlichen Betriebsmittel
- die benötigte Fläche
- die benötigten Mitarbeiter

erstrecken.

4.1.3.2.1 Erzeugnisprogramm

Das Erzeugnisprogramm oder Leistungsprogramm gibt an, welche Erzeugnisse ein Unternehmen herstellt oder herzustellen beabsichtigt, wobei von vorhandenen oder geplanten Ressourcen ausgegangen wird.

4.1.3.2.2 Fertigungsprogramm

Das Fertigungsprogramm oder Auftragsprogramm gibt Auskunft darüber,

- welche Produkte in welcher Reihenfolge hergestellt werden sollen
- ob Kunden oder Lageraufträge ausgeführt werden sollen
- welche Mengen hergestellt werden sollen
- zu welchen Terminen die Produkte fertig gestellt sein sollen.

Das Fertigungsprogramm wird stark durch den Markt beeinflusst und kann häufigen Änderungen unterliegen. Diese Möglichkeiten der Änderung sind von der Layoutpla-nung zu berücksichtigen.

4.1.3.2.3 Erforderliche Betriebsmittel

Der Betriebsmittelbedarf ergibt sich aus dem Erzeugnisprogramm, dem Fertigungs-programm, den Fertigungsstrukturen und dem im Herstellungsplan (Arbeitsplan und Bereitstellungsplan) konkretisierten Arbeitsablauf. Zu berücksichtigen sind dabei

- notwendig werdende Änderungen im Fertigungsprogramm
- die sich ständig ändernde Fertigungstechnologie
- Entwicklungen in der Fertigungsorganisation
- rechtliche und soziale Kriterien.

Neben den Betriebsmitteln selbst sind die Anforderungen der Betriebsmittel an Räu-me, Gebäude, an die Versorgung und Entsorgung u. Ä. von der Layoutplanung zu be-rücksichtigen. Dabei handelt es sich um

- Gewichte der Betriebsmittel
- Abmessungen der Betriebsmittel
- physikalische Eigenschaften
- Energiebedarf (Versorgungsmöglichkeiten, Anschlüsse)
- Beseitigung von Abfällen, Staub, Dämpfen etc.
- erforderliche Temperatur, Luftfeuchte u. Ä.

4.1.3.2.4 Benötigte Mitarbeiter

Der Personalbedarf des Unternehmens wird qualitativ und quantitativ ermittelt. Für die Layoutplanung ist in erster Linie der quantitative Bedarf von Bedeutung.

Von der Layoutplanung ist nicht nur die Zahl der Maschinen und Anlagenbediener zu berücksichtigen, sondern es geht auch um die Anforderungen an humane Arbeitsplät-ze. Ferner sind gesetzliche Vorschriften im Hinblick auf Pausenräume, sonstige Sozial-räume u. Ä. zu beachten.

Die Zahl der benötigten Mitarbeiter ergibt sich aus der Fertigungsplanung, wobei der Arbeitsplan eine wichtige Rolle spielt. In manchen Unternehmen werden mathemati-sche Verfahren der Personalbedarfsplanung eingesetzt. Es handelt sich vornehmlich um

- die Trendextrapolation (vgl. Kap. C. 2.2.2.1)
- die Kennzahlenmethode.

Einen hohen Genauigkeitsgrad kann man von diesen Verfahren nicht erwarten.

4.1.3.2.5 Benötigte Fläche

Der Flächenbedarf ergibt sich aus

- der Aufstellungsfläche für die Betriebsmittel
- den Bereitstellungsflächen für das benötigte Material und ggf. für Werkzeuge
- Flächen für Ausschuss und Abfälle

- Lagerflächen
- Transportflächen
- Sicherheitsflächen.

Bei der Flächenermittlung werden bei bereits vorhandenen Anlagen bestehende Layoutpläne und Anlagekarteien/Anlagedateien herangezogen. Bei neuen Anlagen ist man auf Angaben des Herstellers bzw. dessen Unterlagen angewiesen. Hinzu kommen in beiden Fällen die Daten der Fertigungsplanung.

Am schwierigsten ist die Ermittlung der Transportflächen. Unterschieden werden muss, ob neue Fördermittel eingesetzt werden müssen, oder ob bereits vorhandene weiterhin eingesetzt werden können. Neu anzuschaffende Fördermittel sind in die Betriebsmittelplanung einzubeziehen.

Bei der Transportflächen-Bestimmung sind gesetzliche Vorschriften, DIN-Normen, Aspekte der Humanisierung der Arbeitsplätze und Restriktionen, die sich aus den Maschinen und maschinellen Anlagen sowie den Fördermitteln selbst ergeben, in Betracht zu ziehen.

4.1.3.3 Verfahren der Layoutplanung

Für die Layoutplanung ist eine Fülle von Verfahren entwickelt worden, die von sehr einfachen Vorgehensweisen bis zu komplexen mathematischen Modellen reichen.

Im Folgenden werden drei Gruppen von Verfahren der Layoutplanung in den Vordergrund gestellt.

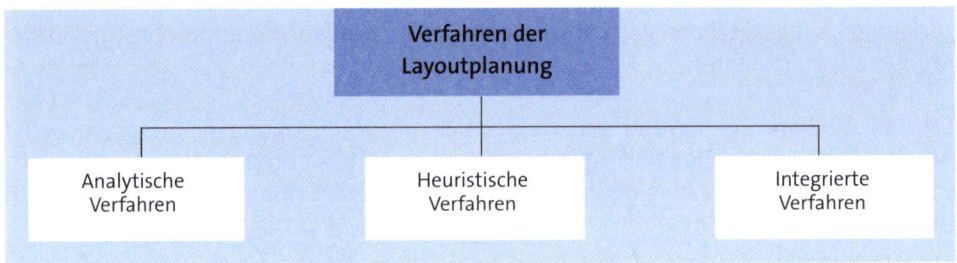

4.1.3.3.1 Analytische Verfahren

Bei den analytischen Verfahren, die auf einer algorithmischen Vorgehensweise basieren, sind zu finden:

Vollständige Enumeration	Für sämtliche Kombinationsmöglichkeiten werden Zielfunktionswerte berechnet. Der Rechenaufwand ist sehr groß.
Branch- and Bound-Verfahren	Die Lösungsmenge wird in Untermengen (Branch) zerlegt, diese werden hierauf mit dem bestmöglichen Wert, der gerade noch realisierbar erscheint, bewertet. Die Untermenge mit dem günstigsten Bound[1] wird weiter bewertet. Diese Vorgehensweise wird so lange wiederholt, bis sich in der Untermenge eine vollständige Lösung ergibt, deren Zielfunktion mit dem Bound übereinstimmt (vgl. *Müller-Merbach, Corsten*). Der Rechenaufwand kann auch sehr groß sein.
Quadratisches Zuordnungsproblem	Bei dem Zuordnungsproblem geht es darum, i Arbeitsplätze an j Standorten so zu positionieren, dass die Transportkosten zum Minimum werden.

[1] Zielfunktionswert
Ausführlicher s. *Corsten*

4.1.3.3.2 Heuristische Verfahren

Bei den heuristischen Verfahren wird zwischen

- nicht interaktiven Verfahren
- interaktiven Verfahren

unterschieden.

4.1.3.3.2.1 Nicht interaktive Verfahren

Die nicht interaktiven Verfahren sind

- die Konstruktionsverfahren
- die Vertauschungsverfahren
- die Kombinationsverfahren.

Sie können wie folgt charakterisiert werden:

Konstruktions-verfahren	Man geht von einer leeren Planungsgrundfläche aus. Nach eigenem Ermessen wird vom Planer eine Organisationseinheit ausgesucht, die nach und nach durch Einsetzen neuer Einheiten zu einem Layout führt. Schon angeordnete Einheiten werden nicht mehr verändert.

Es sind mehrere Konstruktionsverfahren möglich, sie unterscheiden sich durch das Kriterium, mit dessen Hilfe die Menge der anzuordnenden Einheiten in eine Reihenfolge gebracht wird. Die Verfahren brechen ab, wenn sämtliche Organisationseinheiten angeordnet sind (*Corsten*).

Die schematische Vorgehensweise stellt sich nach *Brandt* wie folgt dar:

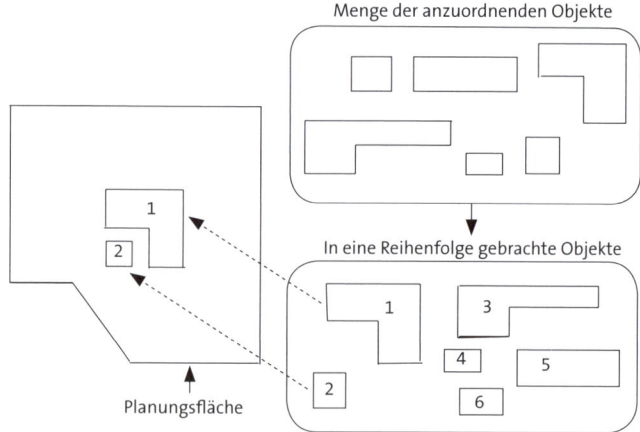

EDV-gestützte Konstruktionsverfahren haben als Input beispielsweise:

▶ Präferenzmatrix (die Elemente geben die Wünschbarkeit der Nachbar-schaft der Einheit i mit der Einheit j an)

▶ Zahl der zu berücksichtigenden Organisationseinheiten

▶ Platzbedarf der Organisationseinheiten

▶ Gewichte g für die Elemente der Präferenzmatrix.

Vertausch-verfahren	Es wird ein vorläufiges Layout gebildet, das auf eine beliebige Basis-anordnung zurückgeht = Ausgangslayout.

Durch mehrmaliges Vertauschen von Organisationseinheiten ver-sucht man, ein günstigeres Layout zu finden. Nach jedem Vertauschen ermittelt man den Zielfunktionswert. Wenn keine Verbesserung des Zielfunktionswertes mehr möglich ist, ist der Planungsprozess abge-schlossen.

Das Vertauschungsverfahren wird in seinem Prinzip von *Brandt* wie folgt dargestellt:

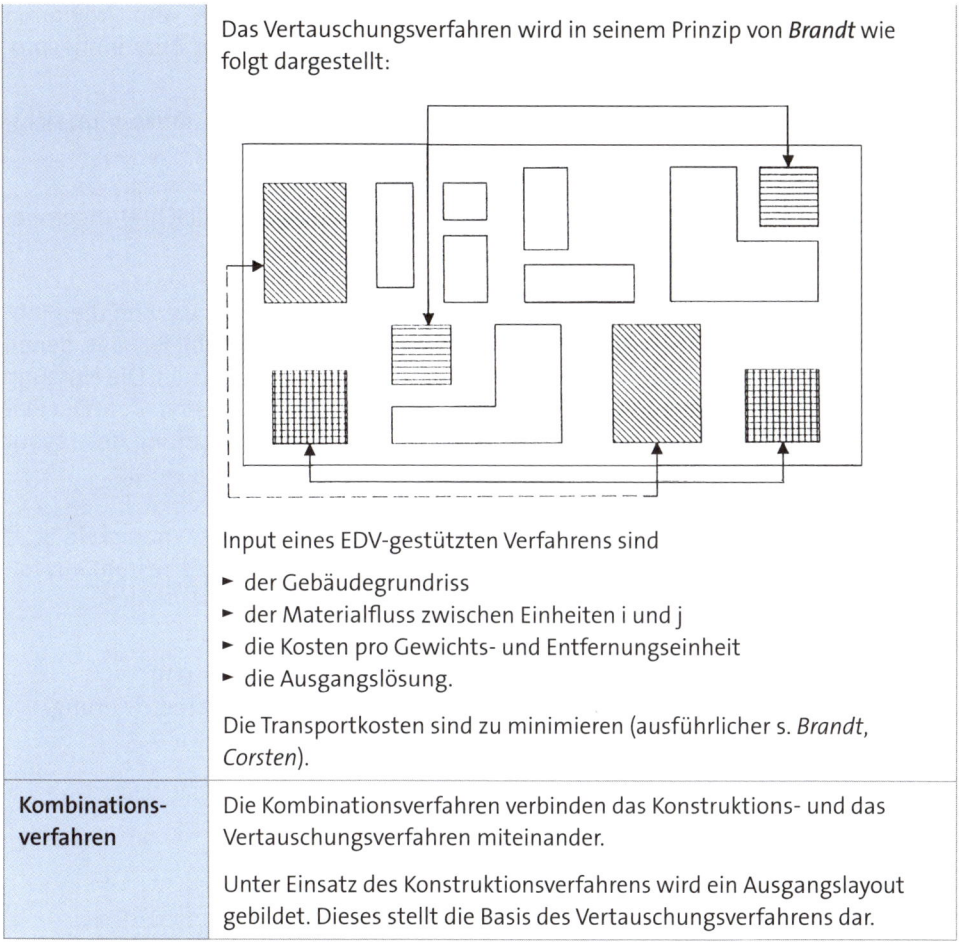

Input eines EDV-gestützten Verfahrens sind

- der Gebäudegrundriss
- der Materialfluss zwischen Einheiten i und j
- die Kosten pro Gewichts- und Entfernungseinheit
- die Ausgangslösung.

Die Transportkosten sind zu minimieren (ausführlicher s. *Brandt, Corsten*).

Kombinations-verfahren	Die Kombinationsverfahren verbinden das Konstruktions- und das Vertauschungsverfahren miteinander.
	Unter Einsatz des Konstruktionsverfahrens wird ein Ausgangslayout gebildet. Dieses stellt die Basis des Vertauschungsverfahrens dar.

4.1.3.3.2.2 Interaktive Verfahren

Bei den nicht interaktiven Verfahren erfolgt die Eingabe der Daten, und dann läuft der Layout-Planungsprozess bis zum Ende durch. Die interaktiven Verfahren sind dadurch gekennzeichnet, dass während des Planungsprozesses Nebenbedingungen eingegeben werden und Festlegungen geändert werden können. Es findet eine Mensch – Maschine – Kommunikation statt.

Folgende Interaktionsarten werden genannt (*Brandt*):

- Interaktionen bei der Programmsteuerung
- Interaktionen bei der Eingabe grafischer Größen und alphanumerischer Größen
- Interaktionen bei der eigentlichen Layouterstellung
- Interaktionen, die während und nach der durch das selbsttätige Optimierungsprogramm durchgeführten Anordnung vorgenommen werden:

- Die Anzahl der anzuordnenden Flächen wird angegeben, die vom Programm selbsttätig angeordnet werden; das Programm stoppt nach der Anordnungsprozedur und wartet auf weitere Anweisungen.
- Die vom Programm angeordneten Einheiten werden auf einem Grafikschirm sichtbar gemacht, worauf der Planer sofort reagieren kann.

Die Verwendung von **CAD-Systemen** hat für die Layoutplanung Erleichterungen gebracht.

Das Layout besteht aus mehreren Stufen; auf der untersten Stufe werden die grafischen Grundelemente in Form von Punkten, Geraden usw. abgebildet, aus denen nacheinander Bausteine, Ebenen und dann das ganze Layout entstehen. Die Nutzung der CAD- Systeme ist mit einer Integration der Einzelarbeitsgänge verbunden. Der Planer entscheidet selbstständig über eine Veränderung oder Verbesserung des Layout (*Corsten*). In den Unternehmen befinden sich einige CAD-Systeme im Einsatz.

Eines der ersten, **LAYPLA** (Layoutplanungssystem), wurde von *Heinzel* entwickelt. Starke Beachtung findet das Layoutplanungssystem **LAPLAS** von *Brandt*. Es besteht aus folgenden Programmteilen:

▸ Programmteil zur selbsttätigen Erstellung eines Layoutvorschlags
▸ Programmteil zur frei interaktiv definierbaren Layoutcharakterisierung
▸ Programmteil zur grafisch-interaktiven Layouterstellung und -parametrisierung
▸ Verknüpfendes Rahmenprogramm.

Das System LAPLAS hat folgende Grundstruktur:

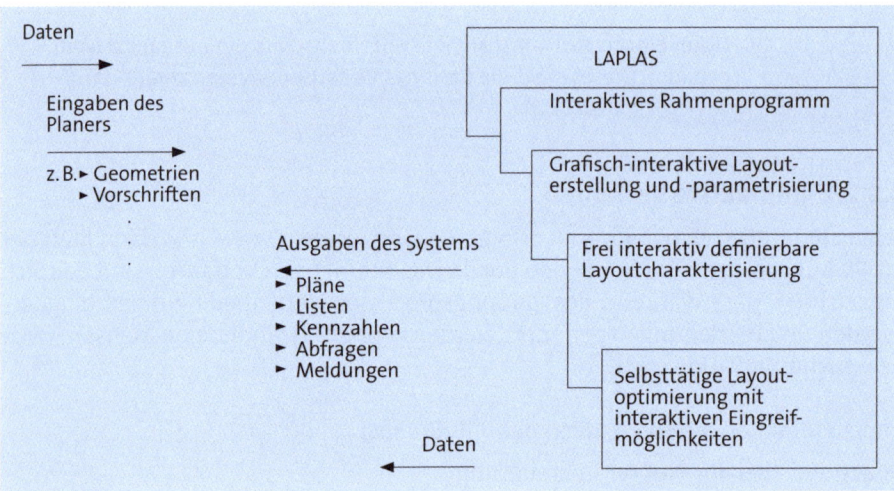

Quelle: *Brandt*

Das System LAPLAS ist ein Stufenkonzept, in dem zuerst ein Idealstandort und darauf basierend ein Realstandort aufgebaut wird. Dies gilt für jede neu anzuordnende Planungsfläche, für jede anzuordnende Organisationseinheit werden ein Ideal- und hierauf der Realstandort bestimmt. (Ausführlicher zu den interaktiven Verfahren vgl. *Brandt, Corsten, Götzelmann, Günther/Tempelmeier, Heinze*l).

4.1.3.3.3 Integrierte Verfahren

Bei den integrierten Verfahren steht die Layoutplanung nicht im Vordergrund, sondern sie ist lediglich ein Teil einer Gesamtplanung. Layoutplanungen werden in ein umfangreiches Programmsystem integriert. Damit wird die Layoutplanung in einen größeren Problemzusammenhang gestellt. Die entwickelten Systeme gehen unterschiedliche Wege. Es würde den Rahmen dieses Buches sprengen, auf die zahlreichen Programmsysteme einzugehen. Es wird auf die umfangreiche Literatur hingewiesen (z. B. *Brandt, Corsten, Martin, Reese, Wäscher u. a.*).

Die nächsten Ausführungen haben zum Teil den Charakter eines historischen Überblicks, aus dem heraus jedoch einige Entwicklungen verständlicher werden.

4.2 Grundlagen der Produktionsplanung und -steuerung (PPS)

4.2.1 Merkmale

Unter der Produktionsplanung und -steuerung versteht man die

- Planung
- Veranlassung
- Überwachung

der Durchführung der Fertigung in mengen- und terminmäßiger Hinsicht.

Die Produktionsplanung und -steuerung erstreckt sich nicht allein auf die Fertigung im engeren Sinne, sondern umfasst auch die ihr vorgelagerten und nachgeschalteten Bereiche. Eine große Rolle spielt dabei die Materialwirtschaft bzw. die Beschaffungslogistik (vgl. Kap. D.).

Charakteristisch für PPS-Systeme ist in der Regel die heuristische Vorgehensweise. Ziel ist es dabei, eine effiziente Bewältigung der Datenmengen und eine leicht verständliche Lösung der Planungsprobleme zu erreichen.

Die Aufteilung in Planung und Steuerung ist zunächst auf den Zeitpunkt der Gestaltungsentscheidung zurückzuführen. Die Produktionsprozesse werden bei der **Produktionsplanung** auf der dispositiven Ebene vor ihrer Ausführung gestaltet, bei der **Produktionssteuerung** hingegen **während** ihrer Ausführung (*Corsten, 2007*). Ein weiterer Grund für die Aufteilung ist das Problem der **Unsicherheit** des Produktionsvollzugs. Sie erstreckt sich auf unvorhergesehene Störungen und auf die Unvollständigkeit der Planung.

Der Inhalt der Produktionsplanung und -steuerung im weiteren Sinne lässt sich wie folgt darstellen:

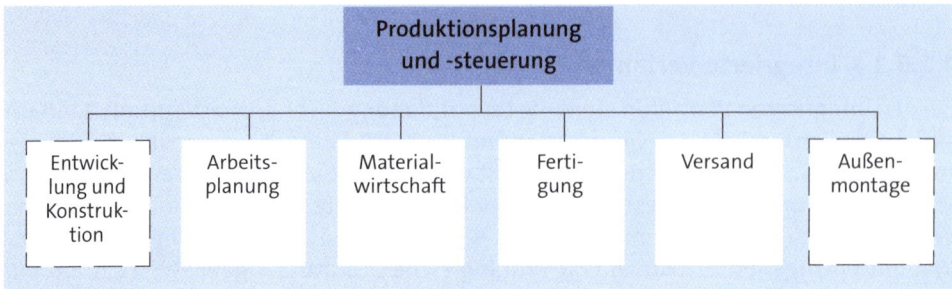

Quelle: *Steinbuch*

Seit sich in der Produktion eine logistische Denkweise durchgesetzt hat, sind Verschiebungen in den Zielsetzungen eingetreten; die ständige Ausrichtung am Markt, die absolute Termintreue, kurze Durchlaufzeiten u. Ä. haben andere Ziele, vor allem das der permanenten Kapazitätsauslastung, abgelöst.

Bichler/Kalker/Wilken haben eine Zusammenstellung von Verschiebungen von Zielgrößen der Fertigung vorgenommen, die auszugsweise wiedergegeben wird:

Kriterium	Vergangenheit	Zukunft
Arbeitsaufgabe	verrichtungsbezogen, tayloristisch	produkt- oder produktgruppenbezogene Teamarbeit, job-enrichment, Humanzentrierung, mehr Delegation von Verantwortung
Art der Fertigung	Werkstattfertigung	Fließfertigung, Pull- oder Abrufmethode (Kanban), Werkstattfertigung nur in ausgewählten und dafür prädestinierten Produktionsprozessen
Art der Steuerung bzw. Methode	programmgesteuert, deterministisch, kein oder nur geringer Planungsverlauf	kundenauftragsbezogen, deterministisch und stochastisch, hoher Planungsverlauf
Art der Planung	Sukzessivplanung: ► Materialbedarfsplanung ► Kapazitätsplanung ► Betriebsmittel	Ressourcenplanung, d. h. simultane Betrachtung aller Ressourcen
Disposition	gleichartige Behandlung aller Teile, generelles Führen von Sicherheitsbeständen	differenzierte Behandlung aller Teile und Baugruppen

Kriterium	Vergangenheit	Zukunft
Kapazität	maximale Auslastung	Dominanz niedriger Bestände und kurzer Durchlaufzeiten vor hoher Kapazitätsauslastung
Losgröße	hohe Bestände an unfertigen Erzeugnissen und Enderzeugnissen, Rüstkostenminimierung, Bestandsdenken, Lieferbereitschaft, gewährleistet durch hohe Bestände	Losgröße, abhängig von der Teilestruktur, Orientierung an den Lagerhaltungskosten, Lieferbereitschaft, gewährleistet durch Information und Planung
Beschaffungsmethodik	Einzelbedarfsbeschaffung	Langfristbedarf, Abrufaufträge
Fehlteilebehandlung	Fehlteile aufgrund deterministischer Betrachtung unumgänglich	Minimierung der Fehlteile durch ganzheitliche Planung und Steuerung

Die Verschiebung der Zielgrößen ist mit geänderten Ansprüchen an PPS-Systeme verbunden, was in einer von *Bichler/Kalker/Wilken* vorgenommenen Gegenüberstellung konventioneller PPS-Systeme mit logistikorientierten PPS-Systemen zum Ausdruck kommt.

Konventionelle PPS-Systeme	Logistikorientierte PPS-Systeme
partielle Betrachtung, keine oder geringe Integration der Fertigungssysteme, Einzeloptimierung	hohe Integration, Optimierung des gesamten Fertigungssystems, Systembetrachtung
Funktionsoptimierung	Flussoptimierung
Produktivität	Flexibilität (Verfügbarkeit, Verwendbarkeit)
hoher Kapazitätsauslastungsgrad	hoher Durchflussgrad
mit geringen Kapazitäten fertigen	mit geringen Umlaufbeständen marktorientiert fertigen
Bestände in Materialien zur Sicherung der Produktion und des Lieferservices	Betrachtung aller Ressourcen zur Erreichung hoher Flexibilität und kurzer Durchlaufzeiten
langer zeitlicher Dispositionszyklus	sehr kurzer Dispositionszyklus, Tagesraster oder Schicht
keine Betrachtung der Wertschöpfung in Abhängigkeit der Durchlaufzeit	Optimierung mit Bezug auf Wertschöpfung und Durchlaufzeit unter Einbeziehung logistischer Instrumente
programm- und lagerorientierte Fertigung	kundenauftragsorientierte Fertigung
Schwachstellenorientierung	Engpassorientierung
Reduktion der Hauptzeiten	Reduktion der Rüst- und Nebenzeiten

Konventionelle PPS-Systeme	Logistikorientierte PPS-Systeme
Einzelkostenbetrachtung	Gesamtkostenbetrachtung
terminorientierte Auftragsfreigabe	termin- und belastungsorientierte Auftragsfreigabe
wirtschaftliche Losgröße durch Minimierung von Bestell-, Rüst- und Lagerhaltungskosten	wirtschaftliche Losgröße durch ganzheitliche Betrachtung von Durchlaufzeiten, Kapitalbindung und Flexibilität
Bringsystem	Holsystem
Qualitätsprüfung am Ende der Fertigung	Qualitätsprüfung auf jeder Fertigungsstufe (Selbstkontrolle)

4.2.2 Aufbau von PPS-Systemen

4.2.2.1 Grundstruktur eines PPS-Systems

Die komplexen und komplizierten Aufgaben der Produktionsplanung und -steuerung werden in den Unternehmen überwiegend computergestützt mit PPS-Systemen (Produktionsplanungs- und -steuerungssystemen) durchgeführt.

Aufgaben eines PPS-Systems können im Einzelnen sein:

- Planung des Fertigungsprogramms und der Kapazität
- Grunddatenverwaltung, z. B. Stammdaten, Fertigungsaufträge
- Materialwirtschaftliche Aufgaben und Werkstattsteuerung
- Terminplanung und Zeitplanung (vgl. *Olfert/Rahn*).

PPS-Systeme können als der planerische Kern der CIM-Konzeption (Computer Integrated Manufactoring, s. Kap. F. 4.2.3) angesehen werden.

Ziele eines PPS-Systems sind

- hohe Termintreue
- Minimierung der Durchlaufzeiten
- Minimierung der Kapitalbindung
- niedrige Lagerbestände
- optimale Kapazitätsauslastung
- Kostenminimierung.

Die interdependenten Beziehungen zwischen den Entscheidungsvariablen sprechen für einen **simultanen Planungsansatz**, doch stehen diesem in der Praxis Schwierigkeiten gegenüber, die in der Datenbeschaffung und Datenpflege liegen, aber auch im Erkennen sämtlicher Interdependenzen. Aus diesem Grund hat sich der sukzessive Planungsansatz durchgesetzt.

Beim **sukzessiven Planungsansatz** werden die zu planenden Bereiche in einer festzulegenden Reihenfolge nacheinander bearbeitet (vgl. *Corsten*). Der Gesamtkomplex wird also in mehrere Teilprobleme zerlegt. Wenn ein übergeordnetes Teilproblem gelöst ist, ist dessen Lösung die Vorgabe für untergeordnete Teilprobleme.

Man spricht von einer Planungshierarchie mit einer Kopplung der einzelnen Stufen über eine Top-down-Beziehung.

Die Grundstruktur eines PPS-Systems als Stufenkonzept stellt sich wie folgt dar:

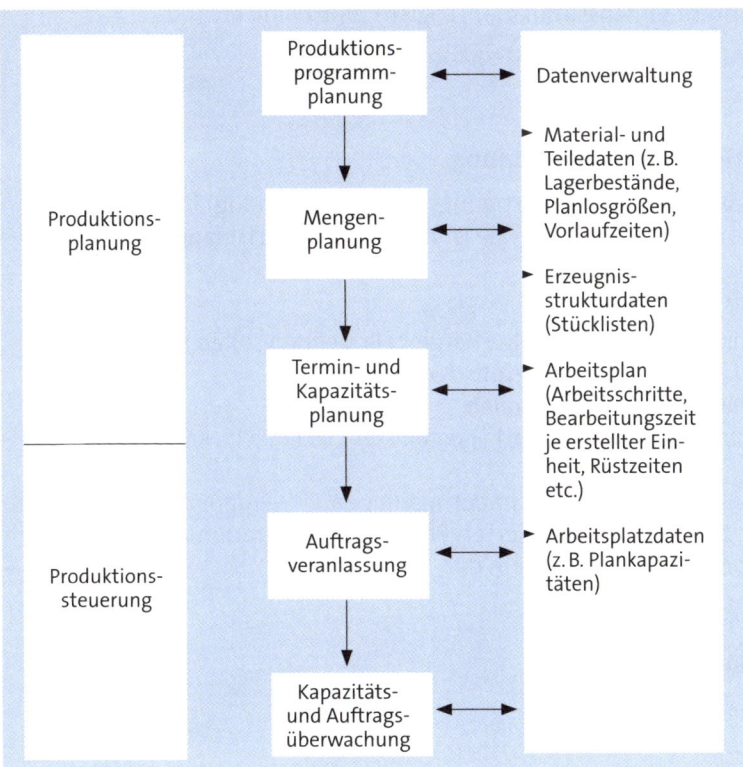

Quelle: *Corsten*

Stellt man die Hauptanforderungen an PPS-Systeme, die sich aus dem Logistikprozess und dessen Dynamik ergeben, heraus, gelangt man zu folgendem Ergebnis (*Specht/ Wolter*):

► modulare Abbildung und Unterstützung aller logistischer Teilfunktionen zu alternativen, unternehmensspezifischen Strategien

► Unterstützung moderner Optimierungsmethoden, wie JIT/KANBAN, Belastungsorientierte Auftragsfreigabe BOA, ABC-Analyse etc.

► Simulationsmöglichkeiten in verschiedenen Bereichen (Grobplanung, Feinplanung, Steuerung)

► Einsatz elektronischer Leitstandtechnik für die Werkstattsteuerung (mit Grafikunterstützung)

- Verwendung von (rationalen oder objektorientierten) Datenbanksystemen
- Integration zu anderen CIM-Modulen (insbesondere CAD und CAQ)
- Nutzung von Datenfernverarbeitungs-Standards mit Kunden und Lieferanten (EDI)
- Anschluss an Module der Bürokommunikation
- Stücklistengenerator mit flexibler Variantsteuerung
- Listengenerator für Anbindung zahlreicher Controllingaufgaben (Kostenträgerer-folgsrechnung, Unternehmenssimulation, Logistikcontrolling etc.)
- Einbindung von wissensbasierten Systemkomponenten.

4.2.2.1.1 Produktionsprogrammplanung

Die Produktionsprogrammplanung (Fertigungsprogrammplanung) bildet den Beginn der Fertigungsplanung und -steuerung; sie ist die **Primärbedarfsplanung**.

Sie enthält Angaben darüber,

- welche Produkte in welcher Reihenfolge hergestellt werden sollen
- ob Kunden- oder Lageraufträge ausgeführt werden sollen
- welche Mengen hergestellt werden sollen
- zu welchen Terminen die Produkte fertig gestellt sein sollen (vgl. Kap. F. 4.1.3.2.2).

Die Produktionsprogrammplanung ist in den gängigen PPS-Programmsystemen selten vertreten, man geht von einem fixierten Produktionsprogramm aus. Dieses stellt somit eine Inputgröße für das PPS-System dar.

4.2.2.1.2 Mengenplanung

Die Mengenplanung hat die Aufgabe,

- den Materialbedarf
- die Beschaffungsmengen

zu ermitteln.

Bei dem zu bestimmenden Materialbedarf handelt es sich um den **Sekundärbedarf**, also den Bedarf an Baugruppen, Einzelteilen und Rohstoffen für die Fertigung des Primärbedarfs (vgl. Kap. D. 4.2).

Als Methode der Materialbedarfsermittlung kommt in erster Linie die **programmorientierte Bedarfsermittlung** infrage, auf die bereits im Kapitel D. 4.2 ausführlich eingegangen wurde. Es wird auf diese Ausführungen hingewiesen.

Bei der **Beschaffungsmenge** können grundsätzlich drei Möglichkeiten unterschieden werden (vgl. Kap. D. 4.6).

- Beschaffungsmenge = Bedarfsmenge
- Beschaffungsmenge = Bedarfsmenge - Bestandsmenge
- Beschaffungsmenge > Bedarfsmenge.

Als Bestimmungsfaktoren der Beschaffungsmenge sind zu erwähnen:

- die Marktsituation
- die Beschaffungskosten
- die Losgrößeneinheiten
- der finanzielle Spielraum (vgl. Kap. D. 4.6.1).

Für die angestrebte Beschaffungsmengenoptimierung sind einige Verfahren entwickelt worden, von denen vor allem zu nennen sind:

- die Probiermethode
- die klassische Losgrößenformel
- die erweiterte Losgrößenformel
- das gleitende Bestellmengen-Verfahren
- das Kostenausgleichsverfahren.

Diese Verfahren wurden bereits ausführlich in den Kapiteln C. 2.4.3 und D. 4.6.2 charakterisiert.

Die gängigen PPS-Systeme ermitteln die Losgrößen in der Regel mithilfe einfacher Näherungsverfahren. Das Resultat dieser zweiten Planungsstufe sind die Bestellaufträge.

4.2.2.1.3 Termin- und Kapazitätsplanung

Die Termin- und Kapazitätsplanung baut auf der Mengenplanung auf; sie plant und koordiniert den zeitlichen Ablauf der Aufträge unter Berücksichtigung der zur Verfügung stehenden Kapazitäten (vgl. *Brankamp*).

Die Termin- und Kapazitätsplanung erstreckt sich auf:

- die Durchlaufterminierung
- die Kapazitätsbedarfsrechnung
- die Kapazitätsminimierung.

In der **Durchlaufterminierung** wird die Durchlaufzeit als die Zeit ermittelt, die für ein Ereignis von der Bereitstellung über die einzelnen Bearbeitungsstellen bis zum letzten Arbeitsgang benötigt wird.

Die Durchlaufterminierung erfolgt als:

- Vorwärtsterminierung
- Rückwärtsterminierung
- kombinierte Terminierung.

Auf die Durchlaufterminierung wurde bereits in Kapitel D. 4.2.1.3.3 im Rahmen der Darstellung der beschaffungsrelevanten Termine ausführlich eingegangen.

Häufig lassen sich Aufträge mit vorgegebenen Anfangs- und/oder Endterminen nicht in der vorgegebenen Zeit durchführen. Ist eine Änderung der vorgegebenen Termine nicht möglich, ist eine **Durchlaufzeitverkürzung** durchzuführen. Diese lässt sich erreichen durch

- Losteilung
- Arbeitsgangsplittung
- Überlappung
- Ausweichen
- Übergangszeitverkürzung
- Rüstzeitverkürzung
- Familienfertigung.

Ausführlicher dazu vgl. Kap. D. 4.2.1.3.3.

Bei der Durchlaufterminierung werden die Kapazitätsgrenzen nicht berücksichtigt. Die **Kapazitätsbedarfsrechnung** stellt den sich ergebenden Kapazitätsbedarf der Planperiode fest.

Der Kapazitätsbedarf wird durch die Daten

- Fertigungsaufträge
- Arbeitspläne
- Arbeitsplätze
- Terminierungsergebnisse

bestimmt (vgl. *Ebel, 2009*).

Zur Ermittlung des Kapazitätsbedarfs muss für jeden Fertigungsauftrag die Kapazität für jede erforderliche Arbeitsplatzgruppe für die entsprechende Planperiode bestimmt werden. Die Ergebnisse sind zu addieren.

Die **Kapazitätsterminierung** legt die Anfangs- und Endtermine der Arbeitsgänge unter Berücksichtigung des begrenzten Kapazitätsangebots der Betriebsmittel fest (vgl. *Schulte, 2009*).

Weichen der ermittelte Kapazitätsbedarf und die zur Verfügung stehenden Kapazitäten voneinander ab, müssen Anpassungsmaßnahmen ergriffen werden.

Die folgende Darstellung gibt die Übereinstimmung bzw. Differenz zwischen den beiden Kapazitätswerten wieder, wobei von der Normalkapazität ausgegangen wird:

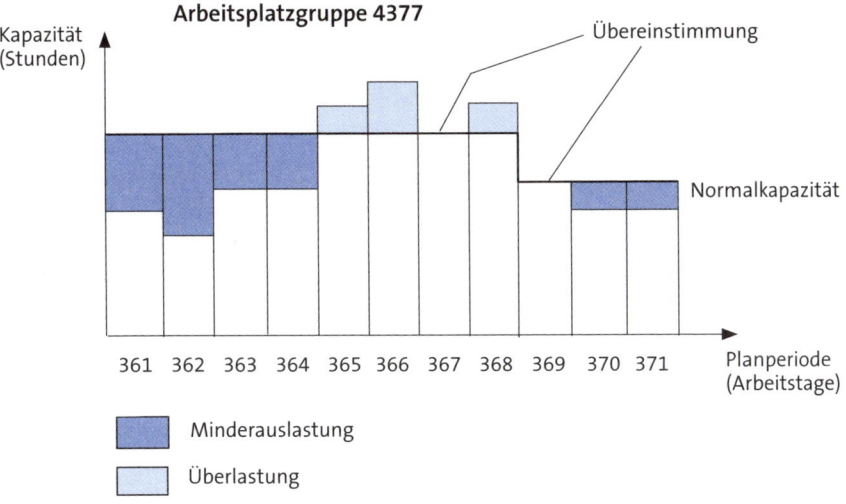

Quelle: *Steinbuch*

Als Anpassungsmaßnahmen bieten sich an:

► Kapazitätsanpassung (Kapazitätserweiterungen und Kapazitätsverminderungen)

► Terminanpassung (Vorziehen oder Zurückverlegen von Terminen)

► Auftragsanpassung (Vergabe von Aufträgen an andere Unternehmen bzw. Hereinnehmen von Lohnaufträgen)

► Verfahrensanpassung (Arbeitsplatzanpassung, Arbeitsganganpassung, Reihenfolgeanpassung) (ausführlich vgl. *Ebel*)

Werden keine Anpassungsmaßnahmen ergriffen, ergibt die Durchlaufterminierung einen unzulässigen Belegungsplan.

In neueren PPS-Systemen überlässt man die Kapazitätsbelegung den jeweiligen Mitarbeitern, das System visualisiert die damit verbundenen Konsequenzen lediglich. An die Dispositionsfähigkeit der Mitarbeiter werden dadurch hohe Ansprüche gestellt (vgl. *Corsten*).

4.2.2.1.4 Auftragsveranlassung

Mit der Auftragsveranlassung beginnt die Steuerungsphase der Produktionsplanung und -steuerung, was keinesfalls bedeutet, dass keine Planungsaufgaben mehr zu erfüllen sind. Die Aufgaben der Auftragsveranlassung berühren den kurzfristigen Bereich.

Die Auftragsveranlassung setzt sich aus drei Teilbereichen zusammen:

1) aus der Auftragsfreigabe
2) aus der Ablaufplanung
3) aus der Arbeitszuteilung.

Der zweite und dritte Bereich werden auch unter den Begriffen Terminfeinplanung/ Maschinenbelegung und Arbeitsverteilung dargestellt.

(1) Auftragsfreigabe

Die Auftragsfreigabe kann erfolgen, wenn

- ► der Starttermin für die Fertigung eines Auftrags bevorsteht
- ► alle benötigten Daten vorhanden sind
- ► die erforderlichen Kapazitäten verfügbar sind
- ► das erforderliche Material verfügbar ist.

Hauptziel der Verfügbarkeitsprüfung ist die Vermeidung von Störungen, die arbeitsbedingt, anlagenbedingt, materialbedingt oder dispositionsbedingt sein können und zu einer Blockierung der Fertigung führen können.

(2) Ablaufplanung

Die Ablaufplanung hat folgende Aufgaben zu erfüllen:

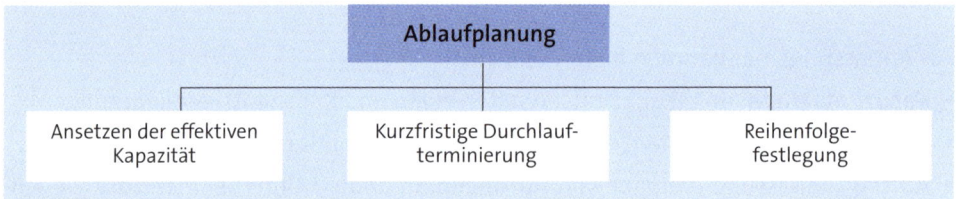

Beim **Ansetzen der effektiven Kapazität** sind zu berücksichtigen:

- ► die vorliegende Planung der Fertigungssteuerung
- ► die Wirkung der zurückliegenden Störungen
- ► die erwartbaren Störungen und ihre kapazitativen Auswirkungen.

Lang- und mittelfristig wurde mit der Normalkapazität gearbeitet, nun wird von der erwartbaren effektiven Kapazität je Arbeitsplatzgruppe ausgegangen.

„Der effektiven Kapazität steht der freigegebene Auftragsbestand gegenüber. Es handelt sich nur um einen Teilauftragsbestand, denn alle noch nicht freigegebenen Aufträge können bei der Ablaufplanung unberücksichtigt bleiben" (Steinbuch).

Die **kurzfristige Durchlaufterminierung** wird für den Teilauftragbestand der freigegebenen Aufträge – für die bevorstehende Zeitperiode – vorgenommen. Die Länge der Zeitperiode hängt von der Planungsfrequenz ab. Diese ist üblicherweise eine Woche, ein Tag, eine Schicht.

Die Belegung der Arbeitsplätze/Maschinen muss auch über den nächsten Planungszeitpunkt hinaus bekannt sein, um Störungen abfangen zu können. Deshalb wird der Planungshorizont für die Durchlaufterminierung in der Regel mit der Dauer der zwei- bis dreifachen Planungsfrequenz angenommen.

Die kurzfristige Durchlaufterminierung des Teilauftragbestands der freigegebenen Aufträge bestimmt innerhalb des Planungshorizonts für jeden Arbeitsplatz, welche Arbeitsgänge auszuführen sind. Dabei müssen alle für die Fertigungsdurchführung festgelegten Durchlaufzeitverkürzungen, Entstörungen, Anpassungen berücksichtigt werden.

Die **Reihenfolgefestlegung** bestimmt, in welcher Reihenfolge die an den einzelnen Arbeitsplätzen für die Bearbeitung anstehenden Aufträge bearbeitet werden sollen.

Ziel der Planung ist die Gewährleistung eines möglichst störungsfreien und termingetreuen Produktionsablaufs.

Zur Erleichterung der Reihenfolgeplanung ist eine Reihe von Modellen entwickelt worden. Es ist allerdings nicht gelungen, ein Optimierungsmodell zu bilden, das den betrieblichen Bedürfnissen voll entspricht. Aus diesem Grund arbeitet man mit **heuristischen Verfahren**, die näherungsweise zu einer Lösung führen. Einige dieser Verfahren operieren mit Prioritätsregeln.

Die Aufträge, die auf ihre Bearbeitung warten, werden wie Kunden in einer Warteschlange behandelt. Die Reihenfolge der Bearbeitung erfolgt nach einer Warteschlangendisziplin bzw. **Prioritätsregel**.

Einige ausgesuchte Prioritätsregeln sind:

KOZ-Regel (Kürzeste Operationszeitregel)
Der Auftrag mit der kürzesten Operationszeit genießt höchste Priorität.

LOZ-Regel (Längste Operationszeitregel)
Der Auftrag mit der längsten Bearbeitungszeit erhält die höchste Priorität.

GGB-Regel (Größte Gesamtbearbeitungsregel)
Der Auftrag, der die höchste Bearbeitungszeit auf allen Maschinen hat, steht an erster Stelle der Prioritätsliste.

GRB-Regel (Größte Restbearbeitungsregel)
Der Auftrag, dessen zum Zeitpunkt der Belegung noch verbleibende Arbeitszeit auf allen Maschinen am längsten ist, hat höchste Priorität.

KRB-Regel (Kürzeste Restbearbeitungszeitregel)
Der Auftrag, dessen zum Zeitpunkt der Belegung noch verbleibende Bearbeitungszeit auf allen Maschinen am kürzesten ist, steht an der Spitze der Prioritäten.

Liefertermin-Regel
Der Auftrag, dessen geplanter Fertigstellungstermin am nächsten liegt, genießt höchste Priorität.

Wert-Regel

Der Auftrag erhält die höchste Priorität, dessen Produktendwert am höchsten ist, oder dessen Produktwert vor Ausführung des jeweiligen Arbeitsganges am höchsten ist.

Die einzelnen Prioritätsregeln haben unterschiedliche Auswirkungen. Die **KOZ-Regel** führt zu sehr niedrigen mittleren Durchlaufzeiten und einem hohen Anteil zu früh fertig gestellter Aufträge, die Streuung der Durchlaufzeiten ist allerdings sehr hoch.

Die **Liefertermin-Regel** ist mit einer wesentlich geringeren Streuung der Durchlaufzeiten verbunden (vgl. *Günther/Tempelmeier*).

(3) Arbeitszuteilung

Im Rahmen der Arbeitszuteilung werden die Aufgaben an Arbeitsplätze oder Arbeitsgruppen durch die Fertigungssteuerung übertragen.

Durch die Arbeitszuteilung werden die durch die Planung erarbeiteten Ergebnisse bei allen Stellen durchgesetzt. Dies kann auf zwei Arten geschehen (vgl. *Ebel*):

► Die Ergebnisse der Planung, insbesondere die Termine und die Reihenfolge der Bearbeitung sind **verbindliche Vorgaben**. Veränderungen dürfen nur mit Genehmigung der Fertigungssteuerung vorgenommen werden.

► Die Planungsergebnisse sind eine **Richtschnur** für die Fertigung. Zur Entstörung kann ohne Genehmigung von dem Vorgang abgewichen werden.

Welche der beiden Formen praktiziert wird, hängt von der Qualität und dem Detaillierungsgrad der Ablaufplanung sowie vom existierenden Rückmeldesystem ab.

Die Ablaufplanung und die Arbeitszuteilung können zentral und dezentral erfolgen.

Bei einem **zentralen System** werden die Produktionsabläufe in zeitlicher und mengenmäßiger Hinsicht von einer zentralen Stelle sehr detailliert geplant, die Fertigungsstellen sind lediglich Stätten der Ausführung.

Bei einem **dezentral** organisierten System führen die Produktionsstellen die detaillierte Ablaufplanung und Arbeitszuteilung durch. Jede Fertigungsstelle nimmt somit für den eigenen Bereich Dispositionsaufgaben vor. Die zentrale Planungsstelle hat die Aufgabe, die Rahmenbedingungen für die Ablaufplanung zu fixieren (vgl. *Corsten*).

4.2.2.1.5 Kapazitäts- und Auftragsüberwachung

Die Kapazitäts- und Auftragsüberwachung hat die Aufgabe, das Produktionsgeschehen zu überwachen und damit sicherzustellen, dass die Plandaten eingehalten werden.

Die Kapazitäts- und Auftagsüberwachung gliedert sich in

- die Auftragsfortschrittsüberwachung
- die Kapazitätsüberwachung.

Die genannten Funktionen lassen sich nur ausüben, wenn Soll-/Istvergleiche durchgeführt werden. Diese erfordern **Rückmeldungen**, die den Istzustand wiedergeben; es handelt sich dabei um eine Betriebsdatenerfassung (BDE).

Rückzumeldende Daten sind:

- Auftragsbezogene Daten:
  produzierte Mengen, Qualitäten, Ausschuss, Anfangs- und Endtermine, Terminüberschreitungen, Pufferzeiten u. Ä.
- Maschinenbezogene Daten:
  Ausbringung, Auslastungsgrad, Unterbrechungszeiten u. Ä.
- Materialbezogene Daten:
  Bestand, Zu- und Abgänge der Materialien, Qualitätsfehler, Verbrauchsabweichungen u. Ä.

Bei den rückzumeldenden Daten kann zwischen Muss- und Kann-Daten (*Steinbuch*) oder Stammdaten, zu erfassenden Bewegungsdaten und aufbereiteten Daten (*Schulte, 2009*) unterschieden werden.

Zur Betriebsdatenerfassung wurden **Betriebsdatenerfassungssysteme** entwickelt. Die neueren Systeme sind alle EDV-gestützt. Sie haben die Aufgabe,

- den Erfassungs- und Verarbeitungsaufwand zu reduzieren
- die Daten rascher zu ermitteln und zu verarbeiten
- die Qualität der Daten zu verbessern
- Korrekturläufe bei nachfolgender Bearbeitung zu vermeiden (vgl. *Schulte*).

Specht/Ahrens/Wolter weisen zurecht darauf hin, dass der Begriff „Betriebsdatenerfassung" durch die Begriffe **„Betriebsdatenverarbeitung"** bzw. **„Betriebsdatenkommunikation"** ersetzt werden sollte. Die Daten werden nicht nur am Arbeitsplatz erfasst und dann zur weiteren Verarbeitung und Ausführung weitergeleitet, sondern es hat bereits eine Vorverarbeitung in einem Betriebsdatenverarbeitungssystem stattgefunden.

Die **Auftragsfortschrittsüberwachung**, die mit den Daten, die durch ein BDE-System gewonnen wurden, arbeitet, setzt vor allem zwei Verfahren ein:

- Auftragskontrolle
  Für jeden Auftrag werden Soll- und Ist-Termine sowie Soll- und Ist-Mengen miteinander verglichen und die Abweichungen ermittelt.
- Fortschrittszahlen
  Es wird auf die Betrachtung jedes einzelnen Auftrages verzichtet. Alle Bedarfszahlen werden über eine Zeitachse für ein halbes oder ganzes Jahr kumuliert (Fortschrittszahl).

Durch den Vergleich der Ist-Fortschrittszahl mit der Soll-Fortschrittszahl wird die Fertigung überwacht.

Die **Kapazitätsüberwachung** erfasst maschinen- und mitarbeiterbezogene Daten, wie Rüst-, Ausfall- und Anwesenheitszeiten und führt mit ihnen Soll-/Ist-Vergleiche durch.

Ein Stufenkonzept lässt sich nur dann erfolgversprechend anwenden, wenn bestimmte Regelmäßigkeiten, wie dies normalerweise bei der Serienproduktion der Fall ist, vorliegen. Es dürfen z. B. keine hohen Ausfallzeiten der Produktionsfaktoren entstehen, der zeitliche Ablauf des Produktionsprogramms darf nicht durch Sonderaufträge gestört werden, die Durchlaufterminierung muss realistisch sein und Kapazitätsengpässe müssen sich beseitigen lassen.

Im Laufe der letzten Jahre wurde eine Reihe von PPS-Systemen entwickelt, die sich nach unterschiedlichen Gesichtspunkten einteilen lassen. Eine in der Literatur häufig vorgenommene Systematisierung erfolgt nach dem **Zentralisierungsgrad** der zu treffenden Entscheidungen (vgl. z. B. *Zäpfel/Missbauer, 1988 (2)* oder *Schulte*). Danach sind zu unterscheiden:
- zentral organisierte PPS-Systeme
- bereichsweise zentral organisierte PPS-Systeme
- dezentral organisierte PPS-Systeme.

Die PPS-Systeme sind ursprünglich **zentrale Systeme**. Alle Entscheidungen, die die Planungs- und Steuerungsaufgaben betreffen, werden für alle Produktionssegmente zentral getroffen. Sämtliche Stufen des Systems durchlaufen ein einheitliches Programmsystem auf einem Zentralrechner. Den einzelnen Produktionsstellen werden also Planungsaufgaben vorenthalten.

Die **bereichsweise zentralen PPS-Systeme** sind dadurch gekennzeichnet, dass der Fertigungsablauf für jene Produktionseinheiten zentral geplant wird, *„die durch eine zeitliche Konkurrenzsituation der Aufträge gekennzeichnet sind und die somit als Engpässe den Auftragsablauf entscheidend beeinflussen. Diese zentrale Engpassplanung wird mit dem ... OPT-System verwirklicht“* (*Schulte*). Das OPT-System wird im Kap. F. 4.3.4 behandelt.

In **dezentralen PPS-Systemen** wird die detaillierte Ablaufplanung für alle Produktionsstellen dezentral vorgenommen. Es erfolgt lediglich eine Koordination durch Rahmenentscheidungen über den Auftragsdurchlauf. Ein dezentrales System ist KANBAN (vgl. F. 4.3.5).

Die Grundstruktur eines dezentral organisierten PPS-Systems hat folgendes Aussehen (vgl. *Corsten*):

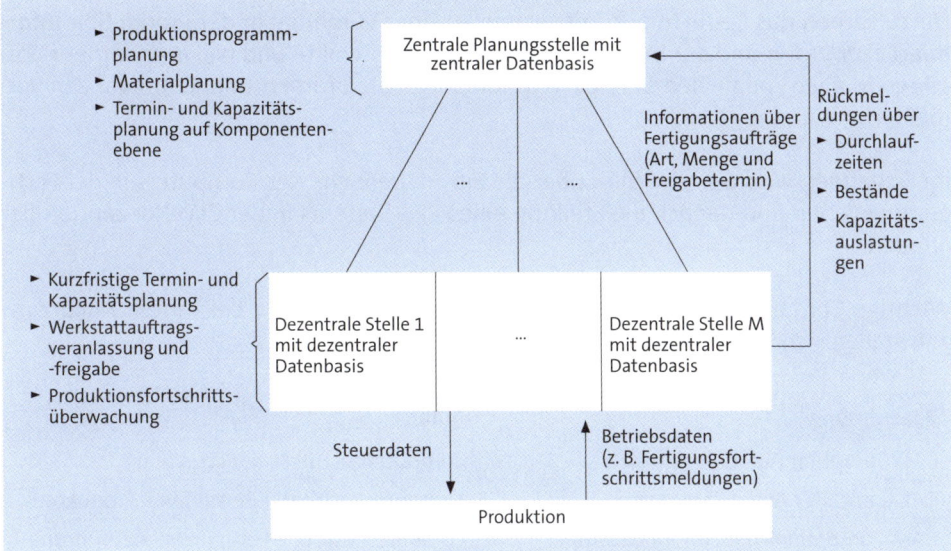

Aufbauend auf die dargestellte Grundstruktur eines PPS-Systems wurden zahlreiche Systeme entwickelt. Es kann hier nicht Aufgabe sein, auf die Vielfalt der Systeme einzugehen. Einige Konzepte werden in Kap. F. 4.3 behandelt. Im Übrigen wird auf die sehr umfangreiche Fachliteratur hingewiesen, z. B. *Corsten, Ebel, Schulte, Steinmann, Specht/Ahrens/Wolter*.

4.2.3 PPS-Systeme im Gesamtzusammenhang einer CIM-Konzeption

4.2.3.1 Einsatzbereiche des Computers in der Fertigung

Eine moderne Fertigungswirtschaft ohne Computereinsatz ist nicht mehr vorstellbar. Bereits in den sechziger Jahren wurden Programme zur Planung und Steuerung der Fertigung eingesetzt. Hinzu kamen bald Programme zur Steuerung von Maschinen und die Computerunterstützung der Entwicklung und Konstruktion.

Als Gründe für diese Entwicklung können genannt werden:

► Automatisierung der Aufgabenerledigung in den technischen Unternehmensbereichen

► Flexibilisierung der Fertigungsaufgaben

► Senkung der Fertigungskosten und Materialkosten

► Bewältigung der steigenden Erzeugnis- und Variantenvielfalt

► Humanisierung der Arbeitsaufgaben

▸ Beschleunigung der Fertigungsvorbereitung und -durchführung

▸ Verbesserung der Erzeugnisqualität (vgl. *Ebel, 2009*).

Hinzu kamen das Bedürfnis, immer schneller über Vorgänge in der Produktion **informiert** zu werden und der **Integrationsgedanke**. Man wollte und will immer mehr Vorgänge in allen möglichen Bereichen aufeinander abstimmen und Redundanzen vermeiden.

Im Folgenden wird ein Überblick über die Einsatzbereiche des Computers in der Fertigung gegeben und danach die Stellung eines PPS-Systems in der CIM-Konzeption behandelt.

Wichtige Computer-Einsatzbereiche und die mittlerweile sehr bekannten Abkürzungen stellen sich wie folgt dar:

Bezeichnung	Inhalt
CAD Computer Aided Design	computergestützte Konstruktion
CAE Computer Aided Engineering	computergestützter Einkauf von Produkten
CAM Computer Aided Manufacturing	computergestützte Fertigungsdurchführung
CAP Computer Aided Planning	computergestützte Arbeitsplanung und Erstellung von Programmen für NC-Maschinen
CAQ Computer Aided Quality Ensurance	computergestützte Qualitätssicherung
CIM Computer Integrated Manufacturing	computerintegrierte Fertigungsplanung, -steuerung und -durchführung
PPS Produktionsplanung und -steuerung	computergeführte und -kontrollierte Auftragsplanung und Werkstattsteuerung

4.2.3.2 Merkmale der CIM-Konzeption

Das CIM-Konzept bedeutet den umfassenden Einsatz des Computers zur flexiblen Automatisierung des Fertigungsprozesses.

Die Hauptkomponenten von CIM sind:

▸ Datenverarbeitungs- und Steuerungstechnik

▸ Maschinen mit CNC-Steuerung (Computerized Numeric Control)

▸ Handhabungsgeräte wie programmierte Roboter zur Be- und Entschickung der Maschinen und maschinellen Anlagen mit Werkstücken

▸ hochtechnisierte Transport- und Lagersysteme, wie computergesteuerte Förderzeuge, automatische Hochregalläger u. Ä.

▸ Weiterhin wird ein lokales Netzwerk (LAN), mit dem alle Komponenten vernetzt sind, benötigt.

Eine CIM-Konzeption könnte folgende Struktur haben:

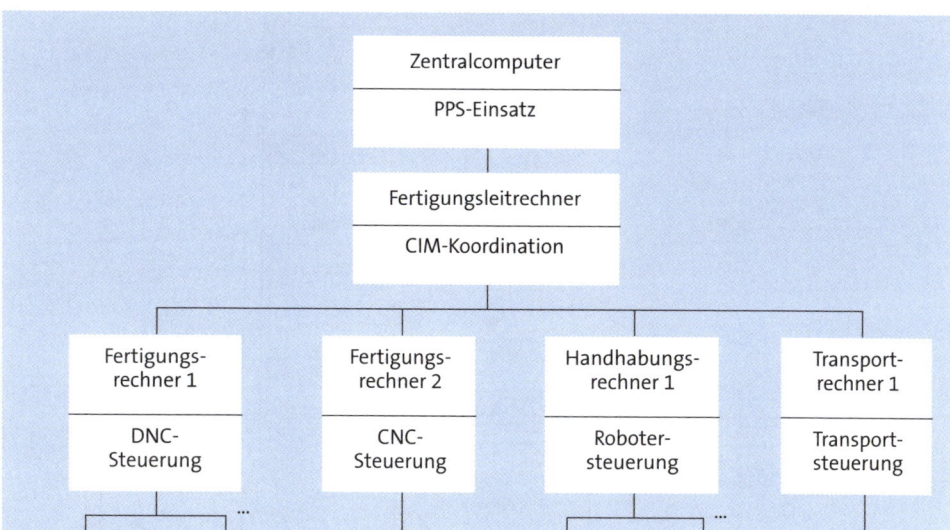

Quelle: *Steinbuch*

Die Entwicklung von CIM ist bei weitem noch nicht abgeschlossen, sowohl wissenschaftliche Institute als auch Unternehmen entwickeln die vorhandenen Ansätze weiter. Allerdings sind auch schon Unternehmen von der „CIM-Philosophie" abgerückt und negieren die Möglichkeit eines vollständigen CIM-Systems.

4.2.3.3 Integration von PPS-Systemen

Die Integration eines PPS-Systems in den Gesamtzusammenhang einer CIM- Konzeption wird von vielen Unternehmen angestrebt. Die beiden folgenden Schaubilder geben die Zusammenhänge PPS/CIM wieder:

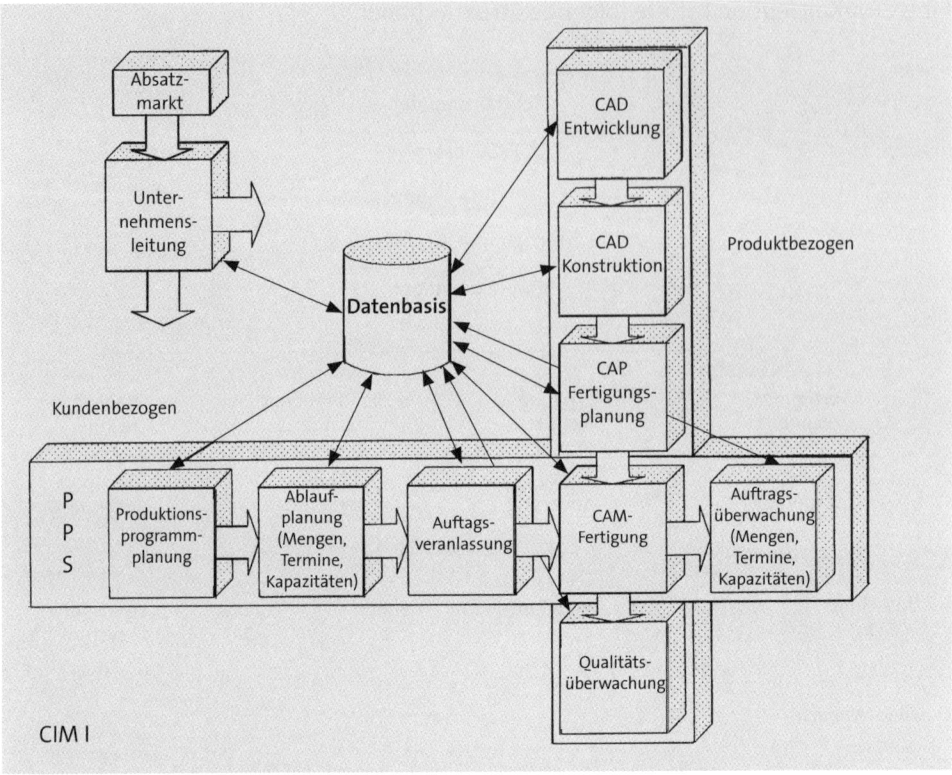

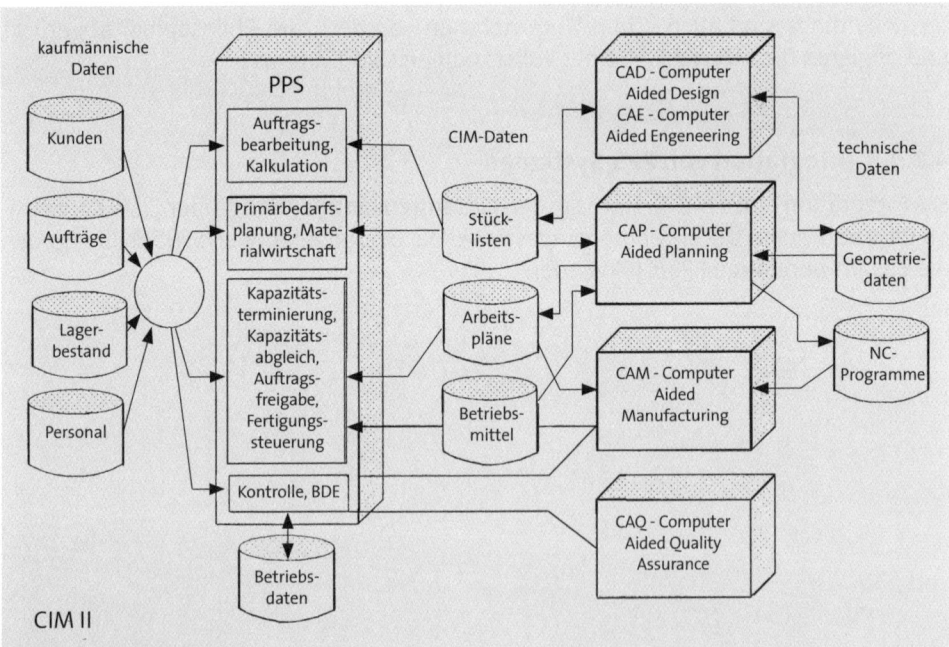

Quelle: *Specht/Ahrens/Wolter*

Quelle: *Specht/Ahrens/Wolter*

Wenn auch davon ausgegangen werden kann, dass eine Integration mit CIM angestrebt wird, muss dennoch berücksichtigt werden, dass vollintegrierte Systeme nicht immer möglich und wünschenswert sein werden. Es muss folglich zwischen verschiedenen Integrationsgraden und Integrationsmöglichkeiten unterschieden werden. *Scheer* hat diese Möglichkeiten in fünf Stufen dargestellt:

1. Stufe: Organisatorische Verbindung EDV-technisch unverbundener Systeme

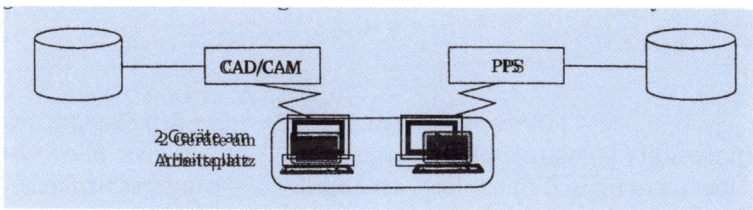

2. Stufe: Integration der unverbundenen Systeme durch Tools (PC, Query, Netze)

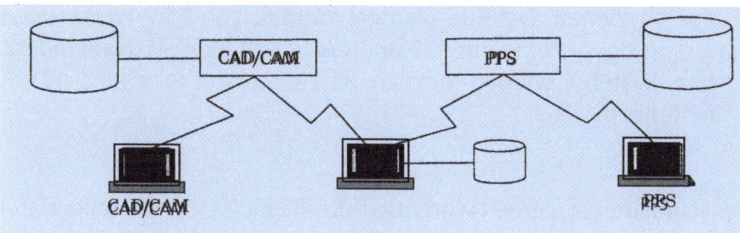

3. Stufe: Dateitransfer zwischen den Systemen

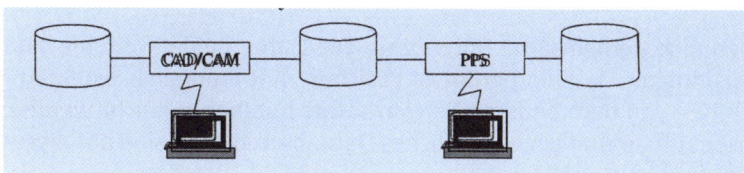

4. Stufe: Gemeinsame Datenbasis der Systeme

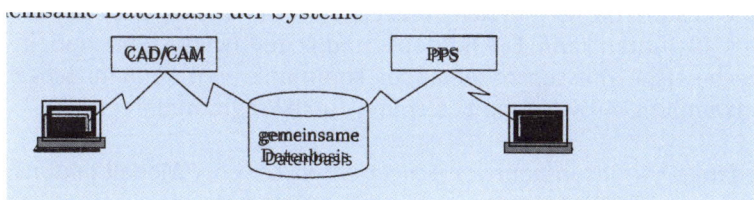

5. Stufe: Anwendung – Anwendung – Beziehung durch Programmintegration

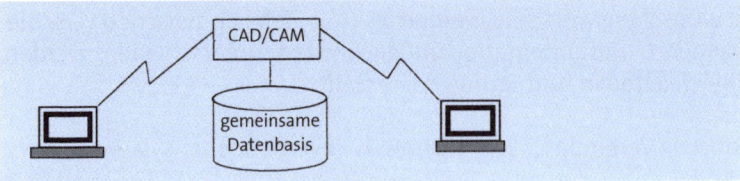

Quelle: *Scheer*

1. Stufe
CAD/CAM- und PPS-Systeme sind EDV-technisch unverbunden. Der Arbeitsplatz des entsprechenden Mitarbeiters (Konstruktion, AV, Logistik u. Ä.) ist mit zwei Bildschirmen ausgestattet. Über diese Bildschirme erfolgt der Zugriff auf die unterschiedlichen Systeme. Daten zwischen zwei Systemen werden manuell übertragen.

2. Stufe
Die EDV-technisch unverbundenen Systeme werden mithilfe von EDV-Werkzeugen (tools) integriert. Die Ursprungssysteme aus PPS und CAD/CAM bleiben unverändert. Auswertungen über zwei Systeme werden möglich, eine Unterstützung hinsichtlich der Datenkonsistenz fehlt noch.

3. Stufe
Ein Datentransfer zwischen den Systemen wird nun mithilfe einer Schnittstellendatei möglich. Es kann allerdings noch nicht mithilfe von Abfragesprachen auf die Daten der Systeme in freier Form zurückgegriffen werden.

4. Stufe
Beide Systeme haben eine gemeinsame Datenbasis. Die Daten beider Systeme sind beiden Systemen bekannt, die Datenintegrität ist gesichert. Änderungen in einem Anwendungsgebiet können von dem anderen Bereich sofort nutzbar gemacht werden. Ein einheitlicher Datenaufbau und ein einheitliches Datenbanksystem sind auf dieser Stufe Voraussetzung.

5. Stufe
Auf der fünften Stufe besteht die Möglichkeit, dass ein System Transaktionen des anderen ohne weiteres ausführen kann. Die Betriebs- und Datenbanksysteme der einzelnen Anwendungsbereiche müssen miteinander kommunizieren können. *Scheer* spricht von einer Anwendung-Anwendung-Beziehung durch Programmintegration.

Der **Integrationsgedanke** kommt in dem von *Scheer* entwickelten **Y-Modell** deutlich zum Ausdruck. Im linken Schenkel des Y werden die primär betriebswirtschaftlich planerischen Funktionen (PPS) dargestellt und im rechten Schenkel die primär technischen Funktionen (CAD/CAM).

Dem I im Y-Modell kommen die Bedeutungen einer **Datenintegration** und einer **Vorgangsintegration** zu.

Durch die Datenintegration entsteht eine gemeinsame Datenbasis für alle CIM- Komponenten, es wird eine logisch einheitliche Datenorganisation geschaffen, die eine redundanzfreie Datenverwaltung ermöglicht (vgl. *Corsten*).

Durch die Vorgangsintegration schafft man eine Reintegration von Teilfunktionen.

Im Y-Modell erkennt man die Absicht, die Informationsverarbeitung der betriebswirtschaftlichen und technischen Aufgaben in einem System mit gemeinsamem Grunddatenbestand zu integrieren.

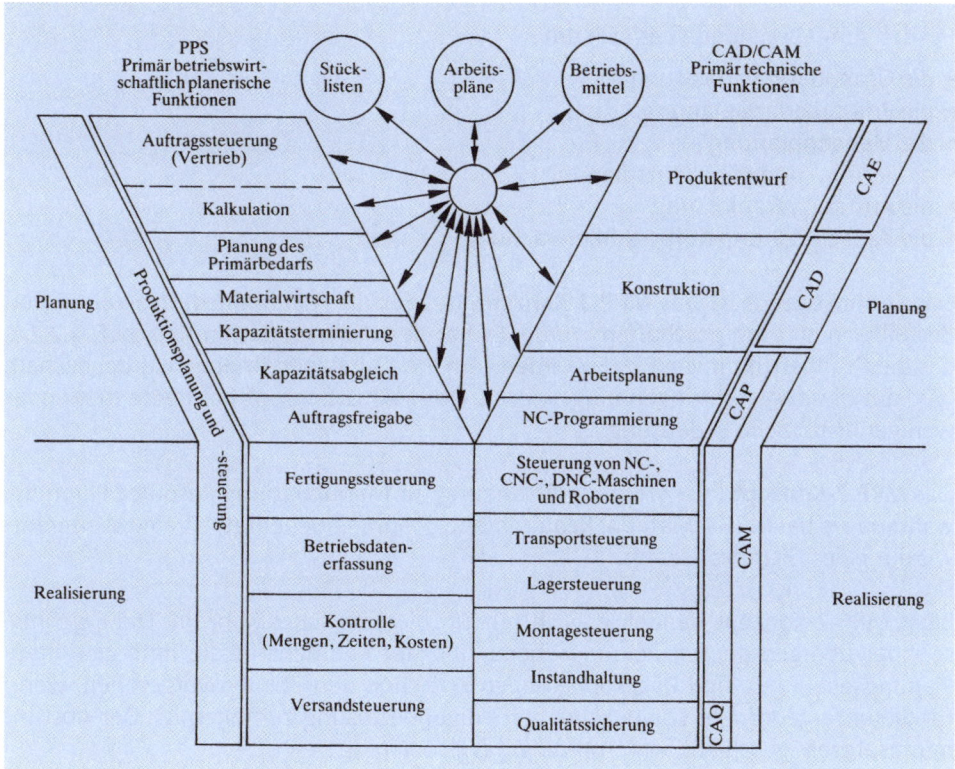

Quelle: *Scheer*

4.3 Entwurf organisatorischer Konzepte

Systeme der Produktionsplanung und -steuerung können unterschiedlich gestaltet werden, einzelne Faktoren können stärker oder weniger stark berücksichtigt werden.

Bei der Umsetzung bereits von der Forschung oder von anderen Unternehmen entwickelter Konzepte im eigenen Unternehmen oder bei der Schaffung neuer Konzepte ist die Logistik maßgeblich beteiligt.

Im Folgenden wird auf einige verbreitete Konzepte eingegangen.

4.3.1 MRP-Konzepte

Die wohl am häufigsten eingesetzten Konzepte (Systeme) zur Produktionsplanung und -steuerung sind die MRP-Konzepte. Es handelt sich bei ihnen um zentrale Systeme, die nach dem **Push-Prinzip** (Bring-Prinzip) arbeiten; die Produktionsaufträge werden in den Produktionsprozess „hineingedrückt".

Die MRP-Konzepte sind durch ein sukzessives Vorgehen charakterisiert, die Aufgaben werden sukzessiv geplant und ausgeführt. Die Planung wird von Stufe zu Stufe verfeinert.

Bei den Aufgaben handelt es sich um

- ► die Grunddatenverwaltung
- ► die Primärbedarfsplanung
- ► die Mengenplanung
- ► die Termin- und Kapazitätsplanung
- ► die Auftragsveranlassung
- ► die Kapazitäts- und Auftragsüberwachung.

Das Grundkonzept ist das **MRP 1-Konzept**, das für die Materialbedarfsplanung und Bestellterminierung geschaffen wurde. Es hat den Aufbau, der im Kapitel F. 4.2.2.1, das die Grundstruktur von PPS-Systemen zum Inhalt hat, beschrieben wurde; deshalb wird auf diese Ausführungen hingewiesen. Das MRP 1-Konzept hat heute mehr oder weniger historische Bedeutung.

Das **MRP 2-Konzept** (hier steht die Abkürzung für Manufactoring Resource Planning, während sie bei MRP 1 Material Requirements Planning bedeutet) ist eine Weiterentwicklung des Grundkonzeptes.

Beim MRP 2-Konzept handelt es sich um ein hierarchisches Konzept. Die Ergebnisse einer übergeordneten Planungsebene sind der Rahmen für die untergeordnete Planungsebene, es sind Rückkoppelungen zwischen den Ebenen vorgesehen, wenn für die untergeordnete Ebene keine befriedigende Lösung zu finden ist. Der Abstimmungsprozess geschieht also „top-down" (vgl. *Corsten*).

Zu den Verbesserungen des Konzeptes zählen die Möglichkeiten zur Einbindung von Unternehmensplänen und Simulationsmöglichkeiten zur Durchrechnung diverser Alternativszenarien (vgl. *Specht/Wolter*).

Ein wichtiges Ziel des MRP 2-Konzeptes ist die Integration. Insbesondere wird die Integration des Produktions-, Vertriebs- und Erfolgsplanes angestrebt, um die Disposition der logistischen Materialflusskette zu erleichtern.

Die folgende Darstellung vermittelt einen Überblick über die Grundstruktur des MRP 2-Konzeptes:

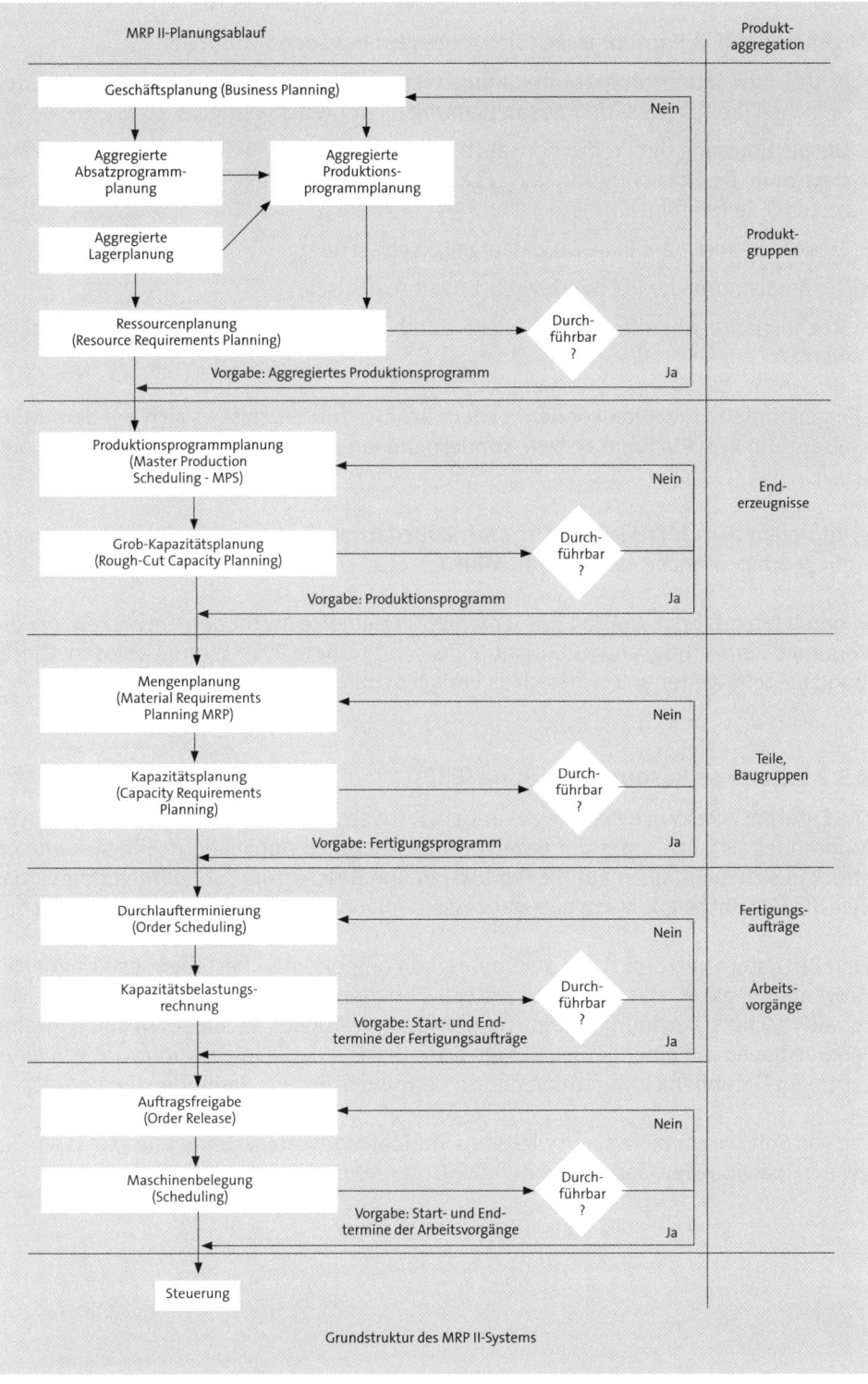

Grundstruktur des MRP II-Systems

Gegen das MRP 2-Konzept lassen sich folgende Einwände vorbringen:

- In der Produktionsprogrammplanung werden die gegenseitigen Abhängigkeiten zwischen Produktions- und Absatzplanung nicht berücksichtigt.
- Die Bestimmung der Produktionsauftragsgrößen erfolgt für jedes End- oder Vorprodukt ohne Berücksichtigung der gegenseitigen Abhängigkeiten bezüglich Ressourcen oder Reihenfolgen.
- Es werden unsichere Plan-Durchlaufzeiten verwendet.
- Die Berechnung der Planwerte ist oft nicht realistisch.
- Stochastische Abläufe können nicht durch deterministische Planung abgebildet werden.

Die genannten Einwände können zu dem Schluss führen, dass es sich bei dem MRP-Konzept um kein Planungssystem, sondern um ein Datenverwaltungssystem handelt (*Ebel*).

Wird neben dem Material- und Kapazitätsbedarf auch der Finanzbedarf berücksichtigt, sprechen manche Autoren von **MRP 3**.

In den letzten Jahren wurden immer weiter verfeinerte Methoden entwickelt, die die Vorgänge der Auftragsabwicklung abbilden und frühere PPS-Systeme ablösen. Dieser Trend besteht weiter und wird sich sicherlich in den nächsten Jahren fortsetzen.

4.3.2 Enterprise Resource Planning (ERP)

Die Enterprise Resource Planning-Standardsoftwaresysteme gehen aus MRP 2 hervor. Man findet sie auch unter der Bezeichnung „Packaged Application". ERP-Systeme erstrecken sich nicht allein auf die Produktion und Beschaffung, sondern verfolgen das Ziel, die Gesamtheit der Geschäftsprozesse zu planen, zu steuern und zu kontrollieren.

Ein ERP-System verkörpert ein aus mehreren Komponenten bestehendes integriertes Anwendungspaket, das eine Vielzahl von Funktionsbereichen z. B. Produktion, Materialwirtschaft, Rechnungs- und Finanzwesen, Vertrieb u. Ä. abdecken soll. Einzelne Module bauen auf einer gemeinsamen Datenbasis auf; die Integration wird von einer zentralen Datenbank unterstützt, die zur Verminderung von Redundanzen beiträgt.

Die von Softwareanbietern entwickelten Standardsoftwaresysteme müssen in der Regel den individuellen Gegebenheiten der Unternehmen angepasst werden.

Ein ERP-System hat folgende Architektur (*Corsten*):

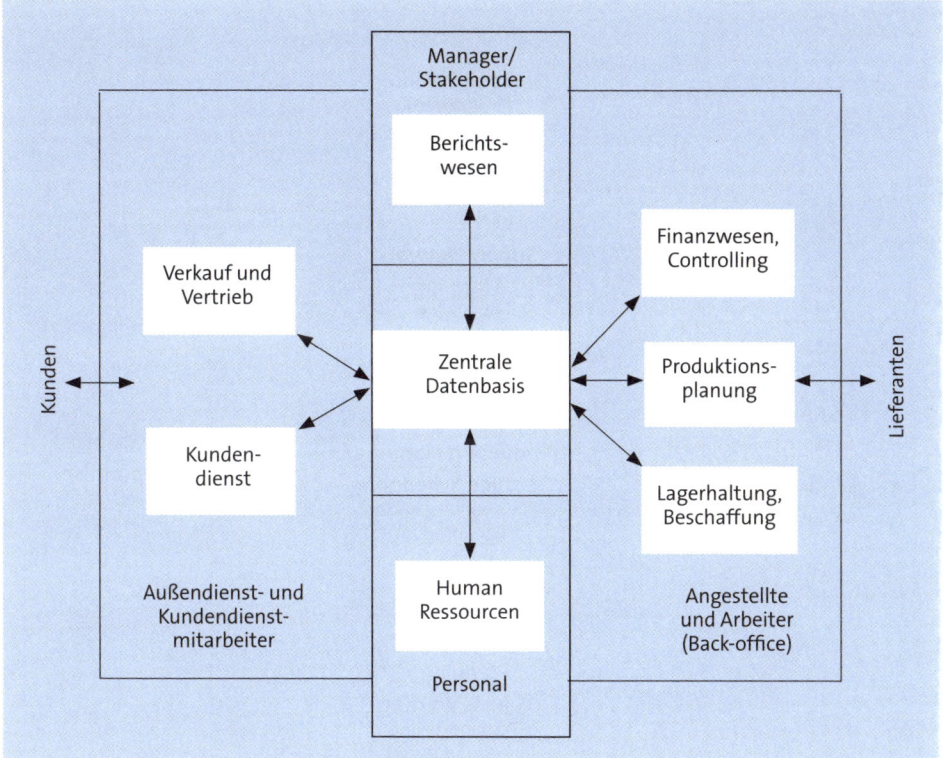

4.3.3 Advanced Planning Systems (APS)

Advanced Planning Systems entwickeln das MRP-Konzept weiter bzw. ergänzen es. APS ist im Gegensatz zum MRP und ERP in der Lage, bereichs- und unternehmens-übergreifend zu operieren; dies führt zu der ergänzenden Namensgebung als **Supply-Chain-Management-Softwaresysteme**.

APS-Systeme bedienen sich mathematischer Optimierungsmodelle und sind nicht wie MRP und ERP transaktionsorientiert.

Ebel stellt die Grundkonzeption von APS wie folgt dar:

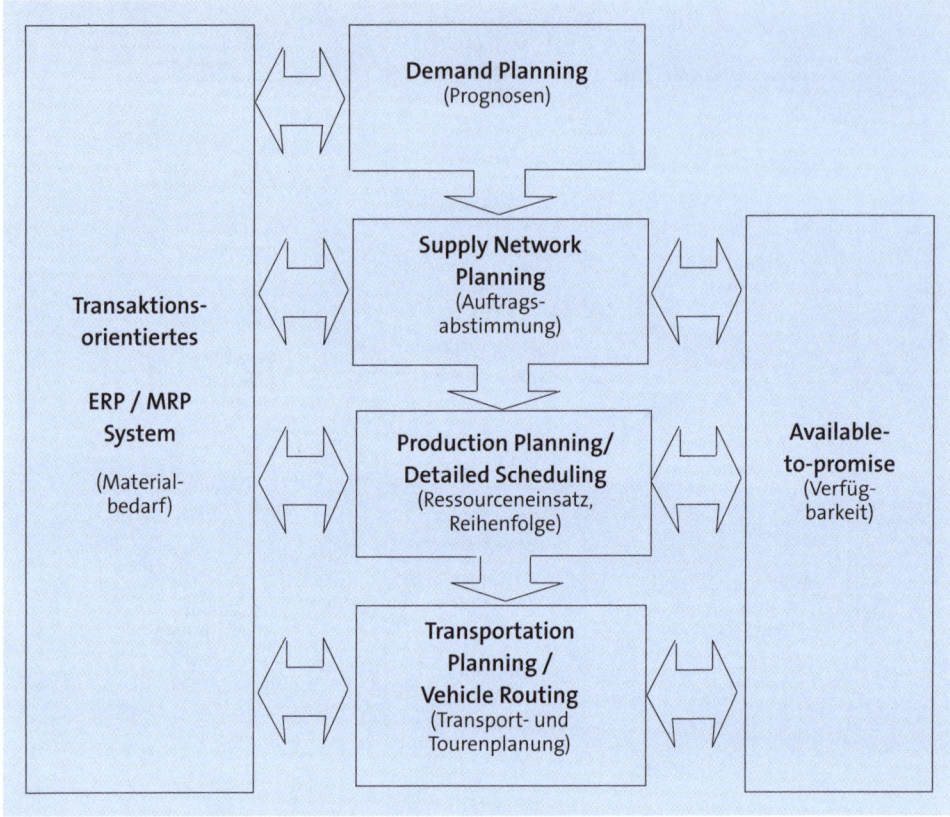

Die dargestellten Module haben folgende Inhalte:

▶ **Demand Planning** ist der Einsatz quantitativer Prognoseverfahren.

▶ **Supply Network Planning** bedeutet die Abstimmung von Beschaffungs-, Produktions- und Transportaufgaben. Dabei sind zu berücksichtigen:
- Auswirkungen zeitlicher Schwankungen in der Nachfrage
- Entscheidungen über Vorratsproduktion
- Entscheidungen über Mehrarbeit
- Entscheidungen über Produktionsverfahren
- Entscheidungen über Outsourcingmaßnahmen.

▶ **Production Planning/Detailed Scheduling** ist die eigentliche Auftragsplanung, die die Ressourcen den Aufträgen zuordnet und die Reihenfolge bestimmt.

▶ **Transportation Planning/Vehicle Routing**, also die Planung der Transportvorgänge, geschieht simultan mit der Ressourcenplanung. Es wird entschieden, wie die Kapazitäten unterschiedlicher Fabriken zur Deckung der räumlichen und zeitlich verteilten Nachfragemengen genutzt werden können. Für die Distribution existieren zahl-reiche Softwaresysteme zur Tourenplanung.

► **Available-to-promise** nimmt eine globale Verfügbarkeitsprüfung vor.

Die Advanced Planning Systeme kommunizieren mit den parallel dazu benötigten transaktionsorientierten PPS- bzw. ERP-Systemen, von denen sie die aktuellen Daten als Planungsgrundlagen beziehen (ausführlicher s. *Corsten, Ebel*).

4.3.4 OPT (Optimized Production Technology)

Das OPT-Konzept wurde von *E. M. Goldratt* und anderen in Israel entwickelt und in den USA ab 1982 in bedeutenden Unternehmen praktiziert.

Das OPT-Konzept unternimmt den Versuch, das Unternehmen auf Flussprinzipien aus-zurichten und eine Konzentration auf die Engpasskapazität zu erreichen. Durch die Iden-tifizierung und optimale Belegung und die dadurch erreichte optimale Auslastung der Engpasskapazität will man eine bessere Auslastung aller Betriebsmittel, eine Reduzie-rung der Durchlaufzeiten und eine Bestandssenkung erreichen (vgl. *Weber/Kummer*).

Goldratt u.a. gehen davon aus, dass die Summe der Einzeloptima nicht gleich dem Ge-samtoptimum ist und entwickeln neun **OPT-Regeln**:

1. Den Fertigungsfluss, nicht die Kapazität abgleichen.
2. Der Nutzungsgrad einer Leistungseinheit, die kein Engpass ist, wird nicht durch die Kapazität, sondern durch andere Abhängigkeiten und Begrenzungen im System be-stimmt.
3. Bereitstellung und Nutzung einer Kapazität sind nicht gleichbedeutend.
4. Eine im Engpass verlorene Stunde bedeutet eine verlorene Stunde für das gesamte System.
5. Eine Stunde, die da gewonnen würde, wo sich kein Engpass befindet, ist bedeu-tungslos (ein „Wunder").
6. Engpässe bestimmen den Durchlauf und die Bestände.
7. Das Transportlos soll nicht mit dem Verarbeitungslos identisch sein und darf es in vielen Fällen auch nicht (es sollte in der Regel kleiner sein).
8. Die Produktionslose sollen variabel und nicht festgelegt sein.
9. Wenn Pläne aufgestellt werden, sind alle Voraussetzungen gleichzeitig zu über-prüfen. Durchlaufzeiten sind das Ergebnis eines Plans und können nicht im Voraus festgelegt werden.

Das OPT-Konzept läuft in mehreren Stufen ab:

Zunächst erfolgt die **Primärbedarfsplanung**, der sich die **Kapazitätsbedarfsplanung** anschließt, in der Engpässe identifiziert werden.

In einer nächsten Stufe wird das **Produktionsnetzwerk** in einen **unkritischen** und in einen **kritischen** Bereich, der die Engpasskapazitäten darstellt, aufgeteilt. Die Planung richtet ihre Aufmerksamkeit auf den kritischen Bereich und versucht, die Auslastung des Engpasses optimal zu gestalten. Dazu dienen u. a. Losgrößenvariationen und die Ablaufplanung.

Die Feinterminierung des nichtkritischen Bereichs wird retrograd vorgenommen. Werden in der Feinterminierung Engpässe festgestellt, werden Veränderungen des Produktionsnetzwerks vorgenommen.

Das OPT-Konzept ist nach *Busch* für tief strukturierte Fertigungen gut geeignet, wenn geringe Änderungen im Produktionsmix nicht ständig neue Betriebsmodelle erforderlich machen. Es werden eine hohe Disziplin, ein hoher Lieferservicegrad der Zulieferer, eine hohe Qualität der Arbeitsplandaten und eine vorbeugende Instandhaltung der Fertigungseinrichtungen vorausgesetzt (Ausführlicher vgl. *Goldratt, Corsten, Becker/Rosemann*).

4.3.5 Kanban-System

4.3.5.1 Wesen und Ablauf des Kanban-Systems

Das Kanban-System wurde bereits 1947 in der Toyota Motor Company von einem Team unter *Taiichi Ohno* entwickelt und wird mittlerweile in fast allen industrialisierten Ländern angewandt. Die Veröffentlichungen von *Wildemann (1984)* trugen dazu bei, dass Kanban in Deutschland sehr bekannt wurde.

Das Kanban-System ist in erster Linie ein dezentrales Steuerungssystem auf der Basis selbststeuernder Regelkreise (vgl. *Bichler/Schröter*). Hauptziel ist eine **„Just-in-time-production"** (Produktion auf Abruf), die bewirken soll, dass

- die Ablaufgestaltung in der Produktion effektiv ist
- die Fertigstellungstermine unbedingt eingehalten werden
- die Lagerbestände gering gehalten werden.

Das Prinzip des Kanban-Systems wird mit dem eines Supermarktes verglichen; der Käufer entnimmt einem Regal die Warenmenge, die er gerade benötigt. Im Regal entsteht dadurch eine Lücke, die vom Personal wieder aufgefüllt wird und zwar unverzüglich oder bei Erreichen des Meldebestandes. Dieses Prinzip lässt sich ohne weiteres auf die allermeisten Prozesse eines Industrieunternehmens übertragen.

Das Materialflusssystem ist wie eine Kette selbststeuernder Regelkreise aufgebaut. Zwischen den Bearbeitungsstufen befinden sich Pufferlager, die den Mindestbedarf des nachfolgenden Bereichs enthalten. Die verbrauchende Fertigungsstufe deckt ihren Bedarf aus dem Pufferlager, das von der produzierenden Stelle wieder aufgefüllt wird (vgl. *Bichler/Schröter*).

Ein Regelkreis setzt sich also aus drei Stellen zusammen:

- aus der materialverbrauchenden Stelle = **Senke**
- aus der materialbereitstellenden bzw. produzierenden Stelle = **Quelle**
- aus dem **Pufferlager**, das zwischen der Quelle und der Senke liegt.

Wildemann stellt ein durch Kanban gesteuertes Produktionssystem wie folgt dar:

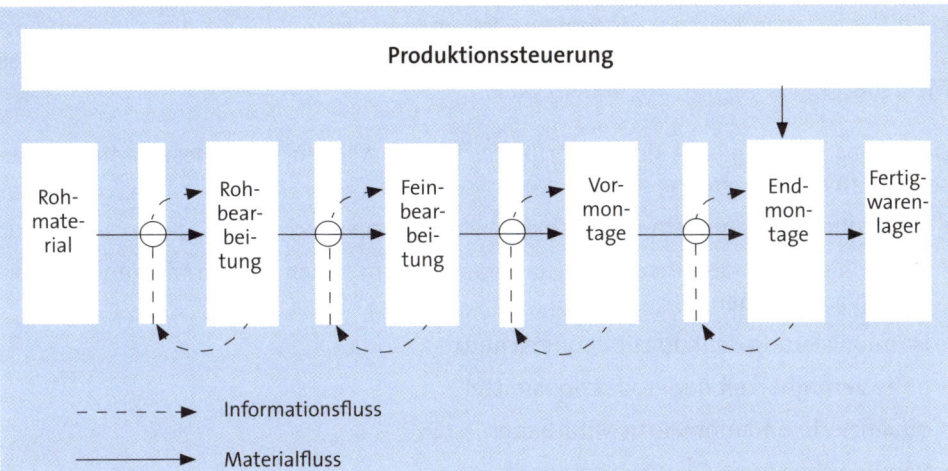

Der Bedarf wird von der Senke zur Quelle durch **Kanban** (Kanban = Karte, Schild) gemeldet. Dieser stellt einen einfachen, aber wirkungsvollen Datenträger dar. Sein Inhalt ist von Unternehmen zu Unternehmen unterschiedlich, enthält jedoch folgende Mindestinformationen:

- Teileidentifikation
- produzierende Stelle (Quelle)
- Pufferlager
- verbrauchende Stelle (Senke)
- Behältertyp, Standardmenge eines Behälters
- Kartennummer
- Ausgabedatum.

Die Anzahl der Kanban-Karten ist identisch mit der Zahl der Behälter, von ihr wird der maximale Lagerbestand und die Höhe des Materialumlaufs beeinflusst.

Die Realisierung der sich steuernden vermaschten Regelkreise ist von der Einhaltung der folgenden Regeln abhängig (vgl. *Weber/Kummer*):

- Jede Senke holt die von ihr benötigten Teile vom Pufferlager ab (Holpflicht).
- Jede Senke darf nur so viel Material aus dem Pufferlager holen, wie sie gerade benötigt.
- Jede Quelle darf nur produzieren und bereitstellen, wenn ihr ein Kanban zugeht.
- Jede Quelle muss genau die Menge bereitstellen, die auf dem Kanban angegeben ist.
- Es dürfen nur einwandfreie Teile (Gutteile) weitergegeben werden.

In der heutigen Zeit ist es eine Selbstverständlichkeit, dass die Informationen nicht auf Datenträgern wie Karten oder Schildern erfolgen müssen, sondern elektronisch oder akustisch übermittelt werden.

Der **Ablauf der Kanban-Steuerung** lässt sich wie folgt skizzieren (vgl. *Weber/Kummer*):

Wenn im Pufferlager ein bestimmter Meldebestand erreicht wird, wird der Quelle ein Kanban übergeben; dieser stellt für die Quelle einen Fertigungsauftrag dar. Die Quelle stellt die auf dem Kanban angegebene Teilemenge her und liefert diese in dem entsprechenden Behälter mit dem Kanban an das Pufferlager. Bei erneutem Erreichen des Meldebestandes beginnt ein neuer Zyklus.

Das Kanban-System lässt sich nur erfolgreich verwirklichen, wenn bestimmte Voraussetzungen erfüllt werden:

- Anordnung der Beriebsmittel nach dem Fließprinzip
- Harmonisierung des Produktionsprogramms, um einen gleichmäßigen Teileverbrauch zu erreichen
- Harmonisierung der Kapazitätsquerschnitte
- hohe Verfügbarkeit der Produktionsmittel
- qualifizierte und motivierte Mitarbeiter
- Verwirklichung von Qualitätsstandards.

Das Kanban-Prinzip ist das erste stark verbreitete Prinzip, bei dem das Pull-Prinzip (Holprinzip) im Gegensatz zum Push-Prinzip (Bringprinzip) praktiziert wird.

4.3.5.2 Arten

Zu unterscheiden sind folgende angewandte Kanban-Arten (vgl. *Bichler/Schröter*).

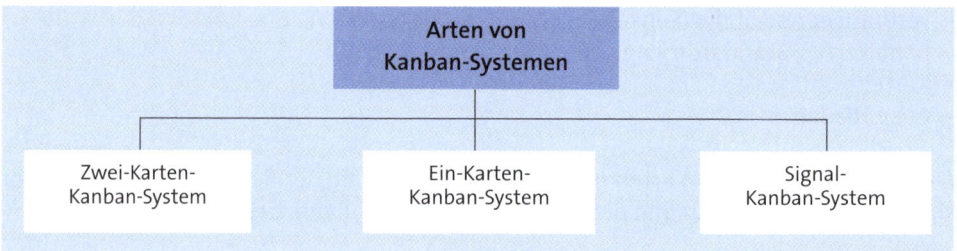

Beim **Zwei-Karten-Kanban-System** unterscheidet man **Transport-Kanbans** und **Produktions-Kanbans**. Der Transport - Kanban wird zwischen Senke und Pufferlager, der Produktions-Kanban zwischen Pufferlager und Quelle eingesetzt.

Bei einem Bedarf an der Senke schickt man den Transport-Kanban an das Pufferlager. Die Transport-Kanban-Karte wird dort am leeren Ladehilfsmittel durch eine Produktions-Kanban-Karte ersetzt. Die Produktions-Kanban-Karte am leeren Ladehilfsmittel nimmt ihren Weg zur Quelle, wo sie als Auftrag dient, die entsprechenden Teile zu produzieren und an das Pufferlager zu schicken. Die freigewordene Transport-Kanban-Karte wird an einem vollen Ladehilfsmittel befestigt und geht zur Senke.

Beim **Ein-Karten-Kanban-System** wird der Puffer unmittelbar der erzeugenden oder verbrauchenden Stelle zugeordnet. Im Gegensatz dazu ist im Zwei-Karten-Kanban-System das Pufferlager eine eigenständige Einheit im Materialfluss. Im Ein-Karten-Kanban-System ist eine Bestandsüberwachung der Quelle auch ohne ein zwischengeschaltetes Pufferlager per Augenschein möglich (vgl. *Bichler/Schröter*).

Die Zuordnung des Puffers zur erzeugenden oder verbrauchenden Stelle erfolgt betriebsindividuell.

Die verwendeten Kanban-Karten werden sowohl als Transport- als auch als Produktions-Kanban-Karten eingesetzt.

Beim **Signal-Kanban-System** verzichtet man auf den Einsatz von Karten. Ein Puffer liegt jeweils in unmittelbarer Nähe zur Quelle und Senke. Die Quelle überwacht die Pufferbestände.

Das Signal-Kanban funktioniert nur, wenn

- für jede Materialart ein fester Lagerplatz im Pufferlager reserviert ist
- minimaler und maximaler Bestand im Puffer durch ortsfeste Signal-Kanban-Karten markiert werden.

Bei Unterschreiten des Mindestbestandes im Puffer beginnt die Quelle mit der Produktion in einer vorgegebenen Standardmenge. Bei Erreichen der Höchstmenge stoppt die Produktion (vgl. *Bichler/Schröter*).

4.3.6 Fortschrittszahlenkonzept

Das Fortschrittszahlenkonzept wurde für die montageorientierte Serienfertigung entwickelt und wird demnach besonders in der Automobilindustrie eingesetzt. Es handelt sich bei diesem Konzept um ein System zur Planung und Steuerung der Produktion.

Das **Wesen** des Fortschrittszahlenkonzeptes besteht darin, dass man von der kumulierten Zahl der Kundenaufträge und den entsprechenden Lieferterminen ausgeht und entlang der logistischen Kette Planungsvorhaben als Soll-Fortschrittszahlen macht (vgl. Kap. F. 4.2.2.1.5).

Fertigungsbegleitend ermittelt man die Ist-Fortschrittszahlen jeder Fertigungsstufe und vergleicht sie mit den entsprechenden Soll-Fortschrittszahlen. Auf der Basis des Soll-/Istvergleichs werden Maßnahmen für die rollende Planung und Steuerung ergriffen.

Die Fortschrittszahlen können für zahlreiche Größen im Logistikprozess gebildet werden. In der Automobilindustrie werden häufig u.a. folgende Fortschrittszahlen ermittelt und vorgegeben (vgl. *ACTIS*):

- ► Eingangs-Fortschrittszahl für Fertigteile
- ► Ausgangs-Fortschrittszahl für Fertigteile
- ► Abruf-Fortschrittszahl
- ► Liefer-Fortschrittszahl
- ► Eingangs-Fortschrittszahl für Zubehör und Rohmaterial
- ► Ausgangs-Fortschrittszahl für Zubehör und Rohmaterial
- ► Bedarfs-Fortschrittszahl
- ► Geplante Eingangs-Fortschrittszahl
- ► Montage-Fortschrittszahl
- ► Arbeitsgang-Fortschrittszahl.

Die Bildung von Fortschrittszahlen erfolgt mithilfe der Methoden der deterministischen Bedarfsauflösung (vgl. Kap. D. 4.2). Die Fortschrittszahlen gelten als kumulierte Werte jeweils für einen bestimmten Zeitpunkt. Wenn sich der Istwert für die Fertigung eines bestimmten Bauteils oberhalb des zugehörigen Sollwertes befindet, ist die Fertigung im Vorlauf (vgl. *Specht/Ahrens/Wolter*).

Die Erkenntnismöglichkeiten des Fortschrittszahlenkonzeptes für Disposition und Fertigungssteuerung lassen sich aus der folgenden Grafik erkennen.

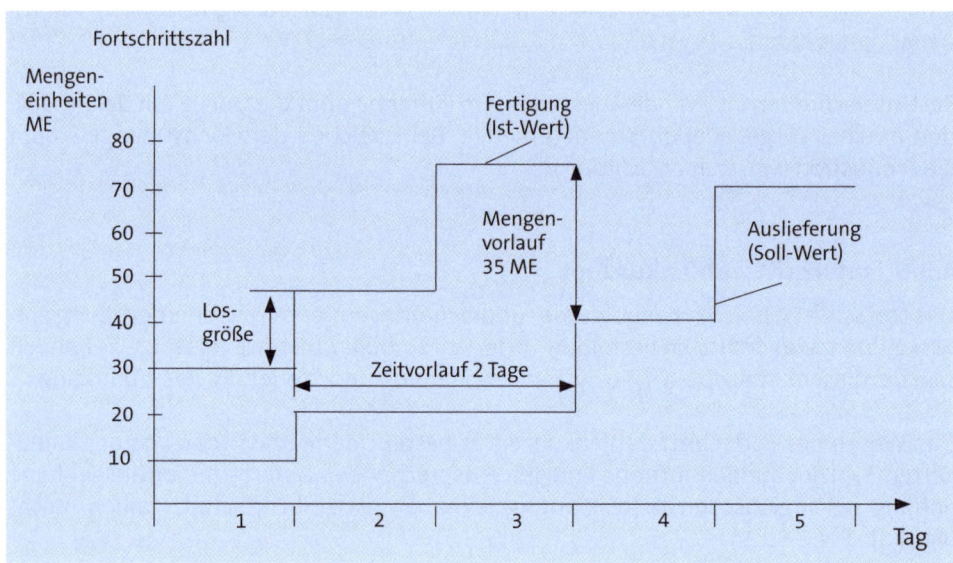

Quelle: *Specht/Ahrens/Wolter*

Das Fortschrittszahlen-System wird den Anforderungen eines schnellen und intensiven Informationsaustausches zwischen Kunden und Lieferanten besonders gerecht. Bei der überbetrieblichen Steuerung von Abrufaufträgen kommt der Arbeit mit Fortschrittzahlen besondere Bedeutung zu.

4.3.7 Einsatz von Netzplantechniken

Die Netzplantechniken stellen Verfahren zur Planung und Steuerung von Abläufen auf der Basis der Grafentheorie dar. Besonders geeignet sind sie für die Prozess- und Ablaufplanung von Projekten.

Die gängigsten Verfahren der Netzplantechnik wurden in den USA entwickelt, es handelt sich dabei insbesondere um:

- CPM   = Critical Path Method
- PERT   = Program Evaluation and Review Technique
- MPM   = Metra Potenzial Method
- LESS   = Least Cost Estimating and Scheduling
- RAMPS = Resources Allocation and Multi-Project-Scheduling.

Am stärksten verbreitet in Deutschland dürften CPM und PERT sein.

Die Netzplantechnik, insbesondere das CPM-Verfahren wurde bereits im Kapitel C. 2.2.2.5 ausführlich dargestellt, sodass auf das Procedere im Einzelnen nicht mehr eingegangen werden muss.

Der Einsatz der Netzplantechnik vollzieht sich in **zwei Planungsschritten** in

- der Strukturplanung
- der Zeitplanung.

In der **Strukturplanung** erfolgt die Abbildung der gegenseitigen Beziehungen von Teilprozessen, wobei sich die Darstellung der Pfeile und Knoten bedient.

Die **Zeitplanung** ordnet den Teilprozessen die erforderlichen Zeiten zu.

Netzpläne enthalten Informationen über

- den frühesten Zeitpunkt eines Ereignisses
- den spätesten Zeitpunkt eines Ereignisses
- den frühesten Anfangszeitpunkt
- den spätesten Anfangszeitpunkt
- den frühesten Endzeitpunkt
- den spätesten Endzeitpunkt
- Pufferzeiten
- den kritischen Weg.

Bei der Planung mehrerer Projekte parallel zueinander oder bei der Planung komplexer Netzwerke ist eine Unterstützung der Netzplantechniken durch Techniken der Multiprojektplanung bzw. durch Netzdekomposition erforderlich (vgl. *Weber/Kummer*).

Problematisch wird der Einsatz von Netzplantechniken, wenn mit zahlreichen Änderungen im Ablauf oder mit stark variierenden Zeiten zu rechnen ist.

Ein Beispiel soll die Arbeit mit Netzplänen verdeutlichen.

Beispiel

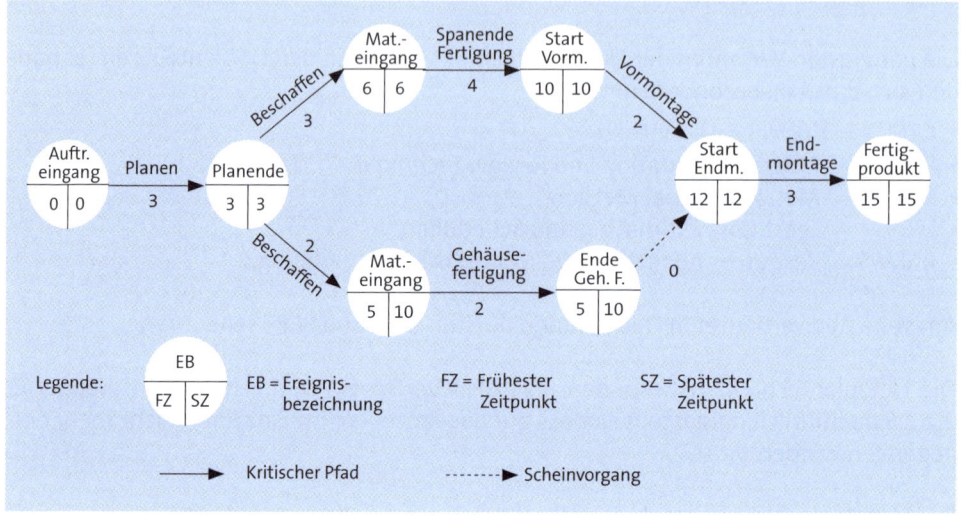

Quelle: *Weber/Kummer*

4.3.8 Just-in-Time-Produktion

Auf das Just-in-Time-Konzept wurde im Rahmen der Beschaffungslogistik bereits ausführlich eingegangen (vgl. Kap. D. 4.5.4). Es wurde dabei ausgeführt, dass es sich bei Just-in-Time nicht nur um ein Konzept zur Bestandsminimierung handelt, sondern dass die Just-in-Time-Idee Auswirkungen auf weite Bereiche des Betriebsgeschehens hat.

Die Just-in-Time-Strategie verfolgt die Absicht, eine Vereinfachung und Rationalisierung des unternehmensinternen und -externen Informations- und Materialflusses herbeizuführen, um möglichst nachfragegenau zu produzieren und die Beschaffung produktionssynchron durchzuführen (vgl. *Wildemann, 2001*).

Eine Just-in-Time-Produktion ist an einige **Voraussetzungen** geknüpft, von denen

► ein hoher und permanenter Qualitätsstandard

► eine ablauforientierte Gestaltung der Produktion mit minimalen Transportwegen

► eine Fertigung in geringen Losgrößen

► die Schaffung von Kapazitätsreserven, um Schwankungen des Bedarfs und Störungen ausgleichen zu können

► eine integrierte Datenverarbeitung (vgl. *Bichler/Schröter*)

mit die wichtigsten sind.

Bei der Just-in-Time-Produktion erfolgt über alle Stufen des Produktionsprozesses eine Optimierung der Bereitstellung der Teile und des Materials und die Realisierung der Produktion mit geringstem Aufwand an Lager und Puffer.

Zum Just-in-Time-Konzept wird auf die Ausführungen im Kapitel D. 4.5.4 hingewiesen. Weiterführende Literatur u. a.: *Wildemann, Bichler, Specht/Ahrens/Wolter.*

Aufgabe 38 > Seite 632

Aufgabe 39 > Seite 632

Aufgabe 40 > Seite 632

Aufgabe 41 > Seite 632

KONTROLLFRAGEN

Lösung

	Lösung
1. Welche Gruppen von Produktionsstrategien sind zu unterscheiden?	S. 432
2. Auf welche Bereiche zielen Produktionsstrategien?	S. 432
3. Welche Einflussgrößen wirken auf die Produktionslogistik ein?	S. 433
4. Welche Auswirkungen ergeben sich dadurch, dass in vielen Unternehmen Produktentwicklung und Prozessentwicklung in zeitlich sequenzieller Folge verlaufen?	S. 433
5. Welchen Einfluss übt die Produktstruktur auf die Produktionslogistik aus?	S. 433
6. Welche Fertigungsprinzipien sind zu berücksichtigen?	S. 436
7. Nach welchem Prinzip läuft die Werkstattfertigung ab?	S. 437
8. Nach welchem Prinzip ist die Fließfertigung ausgerichtet?	S. 438
9. Welche Prinzipien werden bei der Gruppenfertigung berücksichtigt?	S. 439
10. Wodurch unterscheiden sich Einzelfertigung, Serienfertigung und Massenfertigung?	S. 439
11. Nennen Sie einige japanische Formen der „Lean production"!	S. 440
12. Was bezweckt das Konzept der „modularen Fabrik"?	S. 441
13. Was versteht man unter der „fraktalen Strukturierung"?	S. 441
14. Welche Ziele hat die Layoutplanung?	S. 443
15. Welche Elemente bestimmten die Layoutplanung?	S. 444
16. Wodurch unterscheiden sich die Standortanforderungen von den Standortgegebenheiten?	S. 445
17. Welche Situationen geben Anlass für die Layoutplanung?	S. 445 f.
18. Auf welche Informationen ist die Layoutplanung angewiesen?	S. 446
19. Nennen Sie die drei Gruppen der Verfahren der Layoutplanung!	S. 448
20. Welche analytischen Verfahren kommen zum Einsatz?	S. 449
21. Welche heuristischen Verfahren werden in der Praxis eingesetzt?	S. 449 f.
22. Was versteht man unter den integrierten Verfahren?	S. 453
23. Was versteht man unter der Produktionsplanung und -steuerung?	S. 453
24. Welche Ziele haben PPS-Systeme?	S. 453
25. Welche Aufgaben hat die Produktionsprogrammplanung?	S. 458
26. Welchen Inhalt hat die Mengenplanung?	S. 458
27. Auf welche Bereiche erstreckt sich die Termin- und Kapazitätsplanung?	S. 459

Lösung

28.	Durch welche Maßnahmen lässt sich eine Durchlaufzeitverkürzung vornehmen?	S. 460
29.	Aus welchen Teilbereichen setzt sich die Auftragsveranlassung zusammen?	S. 461
30.	Wann kann die Auftragsfreigabe erfolgen?	S. 462
31.	Welche Aufgaben hat die Ablaufplanung zu erfüllen?	S. 462
32.	Nennen Sie einige wichtige Prioritätsregeln!	S. 463
33.	In welcher Form kann die Arbeitszuteilung erfolgen?	S. 464
34.	Welche Inhalte hat die Kapazitäts- und Auftragsüberwachung?	S. 465
35.	Welche Gründe führten zum Computereinsatz in der Fertigungswirtschaft?	S. 467
36.	Welche Hauptkomponenten hat die CIM-Konzeption?	S. 468
37.	Welche CA-Elemente lassen sich unterscheiden?	S. 468
38.	Wozu dienen CAD und CAE?	S. 468
39.	Was versteht man unter CAM?	S. 468
40.	Worin besteht die Aufgabe von CAP?	S. 468
41.	Was bedeutet CAQ?	S. 468
42.	Erläutern Sie das Stufenkonzept von *Scheer*!	S. 470 ff.
43.	Wodurch kommt der Integrationsgedanke im Y-Modell von *Scheer* zum Ausdruck?	S. 472
44.	Wodurch unterscheiden sich das MRP 1-Konzept und das MRP 2-Konzept?	S. 474 f.
45.	Welchen Inhalt hat das OPT-Konzept?	S. 479
46.	Wo wurde das Kanban-System entwickelt?	S. 480
47.	Welches Hauptziel hat das Kanban-System?	S. 480
48.	Womit wird das Prinzip des Kanban-Systems häufig verglichen?	S. 480
49.	Welche Funktion hat das Kanban?	S. 481
50.	Welche Informationen enthält das Kanban?	S. 481
51.	Skizzieren Sie den Ablauf der Kanban-Steuerung!	S. 482
52.	Wodurch wird die Kanban-Karte in der heutigen Zeit in der Regel ersetzt?	S. 481
53.	Welche Arten von Kanban-Systemen sind zu unterscheiden?	S. 482
54.	Für welche Fertigungsart wurde das Fortschrittszahlenkonzept entwickelt?	S. 483
55.	Worin besteht das Wesen des Fortschrittszahlenkonzepts?	S. 483

Lösung

	Lösung
56. Welche Fortschrittszahlen werden in der Automobilindustrie entwickelt?	S. 483 f.
57. Wie lässt sich die Netzplantechnik in der Fertigungsplanung und -steuerung einsetzen?	S. 485
58. An welche Voraussetzungen ist die Just-in-Time-Produktion geknüpft?	S. 486
59. Was will das Just-in-Time-Konzept auf allen Stufen des Produktionsprozesses erreichen?	S. 487
60. Auf welche Unternehmensbereiche hat das Just-in-Time-Konzept neben der Produktion noch Auswirkungen?	S. 486

G. Marketinglogistik

1. Begriffliche Abgrenzung

Über den Begriff der Marketinglogistik herrscht in der Literatur keine einheitliche Auffassung. Einige Autoren setzen ihn mit der physischen Belieferung der Abnehmer gleich, sie verstehen darunter in erster Linie die Gestaltung, Steuerung und Überwachung von Transport- und Lagervorgängen zur Auslieferung der Fertigprodukte an ihre Abnehmer (vgl. *Pfohl, 1972, Weis*).

Andere Autoren beziehen wichtige Fragen der Distributionspolitik mit in den Aufgabenbereich der Marketinglogistik ein.

Eine sehr umfassende Definition der Marketinglogistik geben *Kotler/Bliemel*, die in ihr die Prognose, Durchführung und Kontrolle der physischen Bewegungen von Materialien und Endprodukten vom Ursprungsort zum Verwendungsort, um den Bedarf der Kunden gewinnbringend befriedigen zu können, sehen.

Ihre Auffasung findet grafisch folgenden Niederschlag:

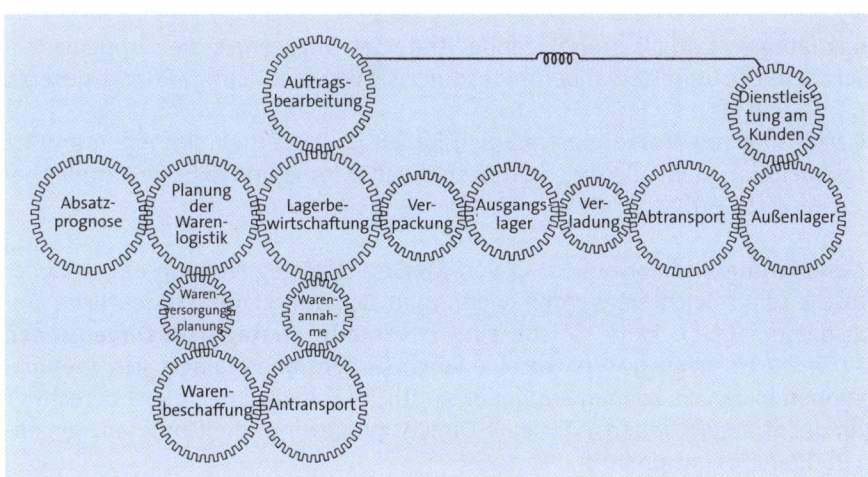

Quelle: *Kotler/Bliemel*

Auch bei *Kotler/Bliemel* steht also die „physical distribution" im Vordergrund.

Leitet man die Marketinglogistik aus der modernen Marketing-Konzeption ab, geht sie über die reine „physical distribution" weit hinaus.

Die Marketing-Konzeption hat die Aufgabe, die Bedürfnisse und Wünsche des Kunden festzustellen und durch die optimale Befriedigung der Bedürfnisse Gewinne zu erzielen. Im Vordergrund stehen die Bedürfnisse des Kunden und nicht die des beliefernden Unternehmens. Das Marketing steht nicht mehr am Ende des Leistungsprozesses, sondern ist ein Konzept, das von Beginn bis zum Ende des Leistungsprozesses alle Entscheidungen durchdringt (vgl. *Ehrmann, 2004, Weis*).

Die Marketinglogistik müsste bei Berücksichtigung des Grundgedankens der modernen Marketing-Konzeption sämtliche logistische Maßnahmen enthalten, die zur optimalen Bedürfnisbefriedigung des Kunden erforderlich sind.

Vom Verfasser wird die Auffassung vertreten, dass die Marketinglogistik den vom Kunden sichtbaren bzw. erkennbaren Teil der Logistik erfasst, der gewährleistet, dass er die richtige Ware, zur richtigen Zeit, in der richtigen Menge und richtigen Qualität erhält.

Die Marketinglogistik beinhaltet zwar die physischen Distributionstätigkeiten, berücksichtigt darüber hinaus jedoch die grundsätzlichen Überlegungen und Entscheidungen, die Grundlage für die physischen Tätigkeiten sind.

Anforderungen an die Marketinglogistik aus **Kundensicht** sind Qualität, Schnelligkeit und Zuverlässigkeit, aus **Unternehmenssicht** Effizienz und Wirtschaftlichkeit.

2. Marketingstrategien

Marketingstrategien sollen dazu beitragen, die Kunden- und Gewinnziele zu erfüllen.

Marketingstrategien sind als grundlegende Strategien anzusehen, die sämtliche Unternehmensbereiche unmittelbar berühren, durch sie werden wichtige Pflöcke gesetzt.

Bei der Gestaltung von Marketingstrategien haben die Unternehmen einen großen Handlungsspielraum, dem allerdings Grenzen durch interne und externe Rahmenbedingungen gesetzt werden.

Bei der Generierung und Formulierung von Marketingstrategien kann der schöpferische Prozess sehr erleichtert werden, wenn man sich auf klare und deutliche Orientierungshilfen stützen kann. Solche sind bestimmte **strategische Dimensionen** (*Nieschlag/Dichtl/Hörschgen*). Aus verschiedenen Dimensionen lassen sich mehrere Kombinationen bilden. Es können entweder sämtliche Dimensionen gleichberechtigt Eingang in die Strategie finden, oder eine Dimension gewinnt die Dominanz gegenüber den übrigen Dimensionen.

Nicht selten gibt die dominierende Dimension einer Strategie ihren Namen.

Wichtige strategische Dimensionen wurden bereits im Kapitel B. 7.5.4.2.2 beschrieben. Im Folgenden wird noch einmal ein Überblick über strategische Dimensionen gegeben; es handelt sich um

- ► die Art der Marktbearbeitung
- ► den Umfang der Marktbearbeitung
- ► die Erfahrung auf dem Markt
- ► die räumliche Struktur des Marktes
- ► die Entwicklungsrichtung im Hinblick auf das Wachstum
- ► das Verhalten auf dem Markt gegenüber der Konkurrenz
- ► die Produkt-/Marktbeziehungen

- die Wettbewerbsvorteile/Marktabdeckung
- die Innovation
- die Kooperation
- die Technologieorientierung.

Diese strategischen Dimensionen führen zu Marketingstrategien, stellen gleichzeitig aber auch eine Orientierungshilfe zur Generierung und Formulierung von Logistikstrategien dar.

Am Beispiel der Wettbewerbsstrategien (strategische Dimension Wettbewerbsvorteil/Marktabdeckung) wurde im Kapitel B. 7.5.4.2.2 gezeigt, welche Konsequenzen sich aus Marketingstrategien für Logistikstrategien ergeben können.

3. Inhalte der Marketinglogistik

3.1 Überblick

Die Marketinglogistik ist sowohl auf der strategischen als auch auf der operativen Ebene angesiedelt.

Logistikfunktionen auf der **strategischen Ebene** sind:

- Bestimmung der Distributionskanäle
- Entscheidung für Vertreter oder Reisende
- Bestimmung der Lagerstandorte
- Entscheidung Eigentransport/Fremdtransport
- Make-or-buy-Überlegungen
- Mindestauftragsgrößen.

Der **operativen Ebene** zuzuordnen sind:

- Auftragsabwicklung
- Warentransport einschl. Tourenplanung
- Ersatzteillogistik (soweit nicht der strategischen Ebene zuordenbar).

Wegen der unterschiedlichen Auffassungen über den Inhalt der Marketinglogistik werden die Inhalte des weitgehenden Marketinglogistikkonzeptes (etwa im Sinne von *Kotler/Bliemel* oder *Bichler/Schröter*) und des hier vertretenen Konzeptes in einer Tabelle einander gegenübergestellt. Dabei wird angegeben, in welchen Kapiteln die einzelnen Inhalte bereits behandelt wurden bzw. noch behandelt werden.

Marketinglogistik als weitgefasster Bereich		Vom Verfasser vertretenes Konzept der Marketinglogistik	
Inhalte	Behandelt im Kapitel	Inhalte	Behandelt im Kapitel
Beschaffung Wareneingang	D 4.2 - 4.9 D 4.11.1	Bestimmung der Distribu- tionskanäle	G 3.2.1
	D 4.11.2 E 6.3.1	Entscheidung für Vertreter oder Reisende	G 3.2.2
Entladung Prüfung	D 4.11.1 D 4.11.2 D 4.11.3	Bestimmung der Lager- standorte (Lagerstufen, Anzahl der Läger auf jeder	G 3.2.3
Auspacken, Umpacken Einlagerung	D 4.11 E 6.3.1.1 - 6.3.1.4	Stufe, Verfahren zur Stand- ortbestimmung, Eigen- lager/Fremdlager)	
Kommissionierung Materialausgang	E 6.3.3.2 E 6.3.3.3	Eigentransport/ Fremdtransport	G 3.2.4
Lagertechnik	C 3.3.3 - 3.3.4 E 10	Make-or-buy-Über- legungen	G 3.2.5
Lagerverwaltung Distribitionsstruktur	E 7 G 3.2.1	Mindestauftragsgrößen	G 3.2.6
		Auftragsabwicklung	G 3.2.7
		Warentransport (Aus-	G 3.2.8
Außerbetrieblicher Transport	C 3.2.1 G 3.2.8	wahl der Transportmittel, Tourenplanung)	
		Ersatzteillogistik	G 3.2.9

3.2 Darstellung von Einzelinhalten der Marketinglogistik

Im Folgenden wird auf die wichtigsten Inhalte der Marketinglogistik eingegangen.

Aus systematischen Gründen bzw. weil bestimmte Inhalte mehreren Bereichen zuge-ordnet werden können, wurden folgende Logistikinhalte teilweise unter anderen As-pekten bereits behandelt:

- Auftragsabwicklung   im Kapitel   E. 6.3.3.1 , E. 6.3.3.2
- Warenausgang   im Kapitel   E. 6.3.3.3
- Warentransport   im Kapitel   C. 3.2.1, C. 3.2.2.

Die folgenden Ausführungen erstrecken sich folglich in erster Linie, jedoch nicht aus-schließlich, auf die übrigen in der Tabelle genannten Logistikinhalte.

3.2.1 Bestimmung der Distributionskanäle

Die Bestimmung der Distributionskanäle hat strategischen Charakter und ist nicht unbedingt eine primär logistische Aufgabe. Wegen der Konsequenzen für die Logistik sollte diese allerdings in die Entscheidungsfindung einbezogen werden.

Folgende Distributionskanäle sind möglich:

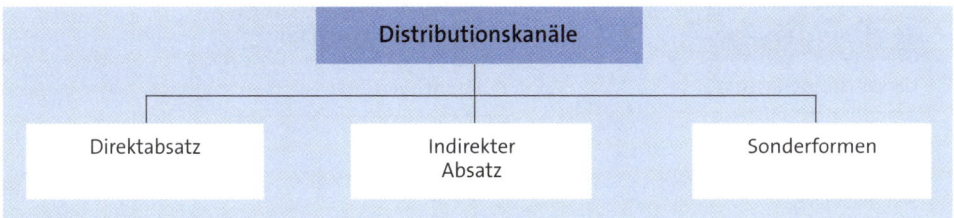

Es besteht die Möglichkeit, die Bedarfsträger wie Verbraucher, Verwender, Weiterverarbeiter oder Investoren **direkt** oder **indirekt** über den Handel zu beliefern. Welcher Distributionskanal für ein Unternehmen am günstigsten ist, hängt von mehreren Faktoren ab. In der Regel bieten sich für ein Produkt mehrere Kanäle an.

Die Entscheidung für den direkten oder indirekten Verkauf wird für einen längeren Zeitraum getroffen. Kurzfristige Wechsel scheiden normalerweise aus.

3.2.1.1 Direktabsatz

Ein Direktabsatz liegt vor, wenn der Hersteller seine Produkte ohne Einschaltung des Handels an den Bedarfsträger verkauft.

Diese Definition ist allerdings nicht unumstritten, manche Autoren sprechen von Direktabsatz, wenn überhaupt keine Dritten, also auch keine Vertreter u. Ä. eingeschaltet werden.

Der Direktabsatz kann durch unternehmenseigene Absatzorgane und unternehmensfremde Absatzorgane vorgenommen werden:

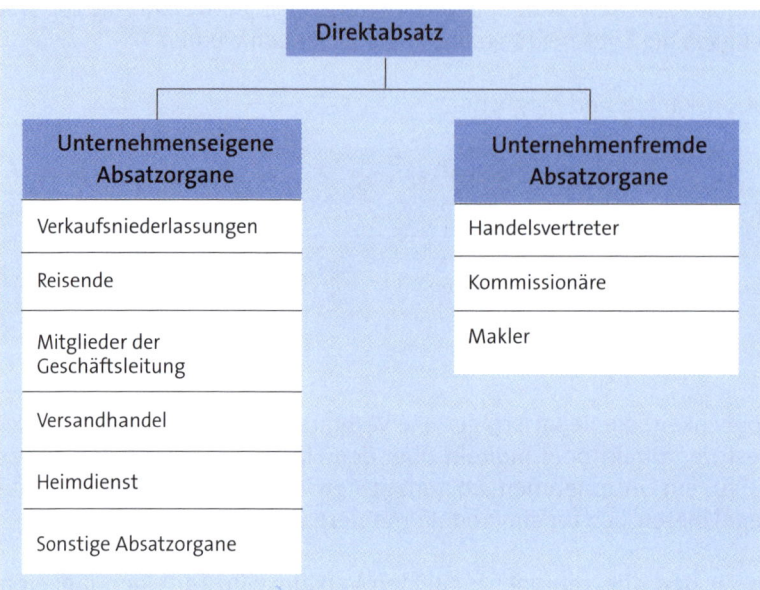

Der Direktabsatz bietet sich immer dann an, wenn eine der folgenden Bedingungen vorliegt (vgl. *Weis*):

- ▶ eine begrenzte Zahl von Abnehmern
- ▶ eine starke räumliche Konzentration der Abnehmer
- ▶ hohe Erklärungsbedürftigkeit der Produkte beim Kauf
- ▶ technisch komplizierte Produkte
- ▶ starke Kundendienstbedürftigkeit
- ▶ konstante Nachfrage.

Die Entscheidung für oder gegen den Direktabsatz wird in erster Linie durch die **absatzpolitischen Ziele der Anbieter** bestimmt. Beim Direktabsatz kann der Anbieter das marketingpolitische Instrumentarium nach eigenem Ermessen einsetzen und jederzeit die ihm erforderlich erscheinenden Maßnahmen ergreifen.

Bei größeren Objekten, insbesondere bei technisch komplizierten Produkten mit Erklärungsbedarf durch den Hersteller und erforderlichem Kundendienst durch diesen, geht der Trend zum Direktabsatz unter Einschaltung regionaler Niederlassungen. Kleinere Unternehmen, die nicht über solche Niederlassungen verfügen, setzen technisch geschulte Handelsvertreter ein. Diplom-Wirtschaftsingenieure leisten dabei gute Dienste (vgl. *Nieschlag/Dichtl/Hörschgen*).

Der Direktabsatz wird in letzter Zeit auch forciert, weil Hersteller der Meinung sind, dass sich der Handel nicht in zufriedenstellender Weise für ihre Erzeugnisse engagiere und der Handel die Kundenwünsche nicht ausreichend an sie weitergäbe.

Neben den absatzpolitischen Zielen der Anbieter spielen die **beschaffungspolitischen Ziele der Abnehmer** eine wichtige Rolle bei der Entscheidung für den Direktabsatz.

Eine nicht geringe Anzahl von Abnehmern mit größerem Bedarf wendet sich direkt an den Hersteller.

Die Höhe der Kosten ist ein wichtiges, aber nicht das einzig entscheidende Kriterum bei der Entscheidung für oder gegen den Direktabsatz.

Auf Kostenfragen wird im Rahmen der Ausführungen über den indirekten Absatz eingegangen.

3.2.1.2 Indirekter Absatz

Trotz des sich verstärkenden Trends zum direkten Absatz in einigen Branchen spielt der indirekte Absatz, also der Absatz unter Einschaltung des Handels noch eine sehr große Rolle.

Insbesondere bei einer Nachfrage, die flächenmäßig weit verteilt ist, bei Gebrauchs- und Verbrauchsgütern kann auf den Handel nicht verzichtet werden. Auch Unternehmen, die nicht in der Lage sind, ein effizientes Marketing zu betreiben, sind auf den Handel angewiesen.

Im Einzelnen sprechen folgende Gründe für den indirekten Absatz:

- ▸ Die weit verstreuten Endverbraucher können vom Hersteller nicht ohne Weiteres versorgt werden.
- ▸ Bestimmte Erzeugnisse benötigen einen Sortimentsverbund, einzeln sind sie nicht verkäuflich.
- ▸ Erzeugnisse von Herstellern, die sehr spezialisiert sind, müssen in das Sortiment des Handels eingeordnet werden.
- ▸ Hersteller können selbst kein effizientes Marketing betreiben.
- ▸ Der „gute Ruf" des Handels wirkt sich verkaufsfördernd aus.
- ▸ Hersteller beabsichtigen die Zahl der Kontakte zu den Abnehmern zu reduzieren.

Ein veranschaulichendes **Beispiel** von *Weis* zeigt, dass auf einem Markt bei 3 Anbietern und 5 Nachfragern die Anbieter 3 mal 5 Kontakte aufnehmen müssen, wenn zu allen Beteiligten Kontakt aufgenommen werden soll. Bei Einschaltung des Handels verringern sich die Kontakte auf 3 + 5 = 8 Kontakte.

Die Anzahl der Kontakte sinkt von $m \cdot n$ auf $m + n$ Kontakte. Grafisch stellt sich das wie folgt dar:

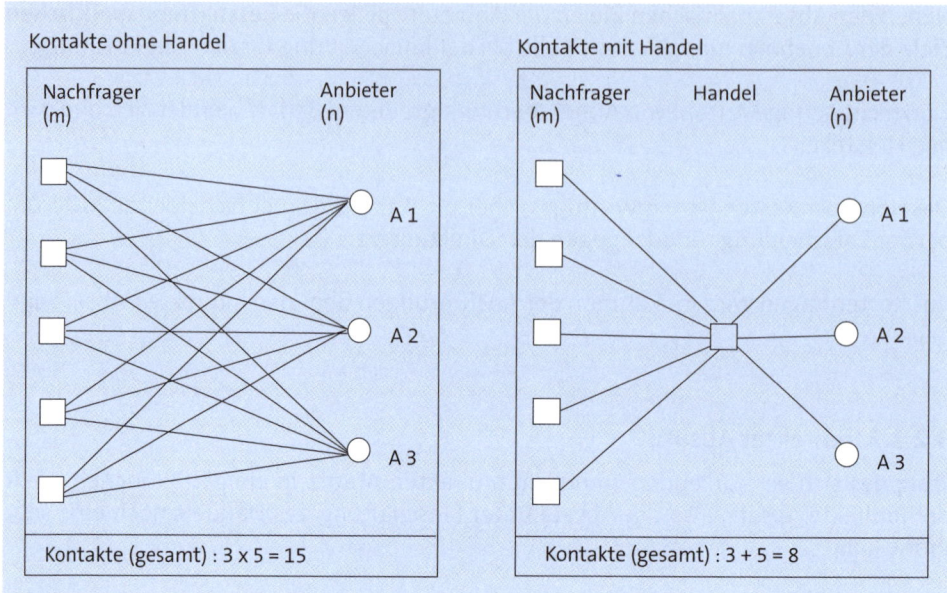

Quelle: *Weis*

Als **Vorteile** des indirekten Absatzes werden folgende Tatbestände genannt:

► geringe Außendienstkosten

► geringe Lagerkosten

► geringere Finanzierungskosten

► niedrige Kapitalbindung

► geringere Kosten der Verkaufsabwicklung

► geringere Kosten des Kundendienstes bei Übernahme des Kundendienstes durch den Handel

► geringere Verwaltungskosten

► hohe geografische Präsenz der Produkte.

Ein weiterer Vorteil, der sich vor allem kostenmäßig niederschlägt, kann darin liegen, dass der Handel Servicefunktionen übernimmt.

Nachteile des indirekten Absatzes bestehen darin, dass der Hersteller auf den Einsatz bestimmter Instrumente mit Wirkung auf den Endverbraucher verzichtet. *Weis* nennt folgende Instrumente:

► Preisfestlegung im Hinblick auf den Endverbrauchspreis

► Kundendienstleistung und -qualität

► Auslieferungsservice

► Verkaufsbemühungen im Hinblick auf den Endverbraucher

► Handelswerbung (Umfang und Ort)

- Kundengewinnungsaktivitäten
- Bedienungsform.

Die Entscheidung für den direkten oder indirekten Absatz bzw. die Kombination beider führt zu **logistischen Konsequenzen** insbesondere im Hinblick auf

- die Beschaffung
- die Auftragsgröße
- die Lagergröße und Lagereinrichtung
- die Lagerbewegungen
- die Versandbewegungen.

3.2.1.3 Sonderformen

Neben den „klassischen" Formen der Distributionskanäle entstanden in den letzten Jahren besonders auf dem Konsumgütersektor neue Formen.

Einige wichtige neue Distributionskanäle werden in der folgenden Übersicht beschrieben:

Factory-Outlet-Center	Es handelt sich um Verkaufszentren, die in der Regel durch Kooperation mehrerer Hersteller entstehen. Ihre Waren werden ohne Einschaltung des Zwischenhandels angeboten. Häufig wird ein „Erlebniseinkauf" arrangiert. Gasthäuser, Kinos, Bäder oder bestimmte Vergnügungsveranstaltungen sollen die Kunden anlocken.
Quick Response	Quick Response ist ein in den USA entwickeltes Strategiekonzept, um die Durchlaufzeit durch den gesamten Logistikkanal zu verkürzen. Es wird definiert als *„ein partnerschaftliches und nachfragesynchrones Belieferungssystem aller in einem Logistikkanal beteiligten Unternehmen, das auf einem permanenten Informationsaustausch basiert"* (Schulte, 2009).
	Unternehmensübergreifende Datenaustauschsysteme haben in der Textilindustrie zu einer erheblichen Senkung der Reaktionsgeschwindigkeit und der Lieferzeiten geführt.
	Das Konzept kann als eine handelsspezifische Form der Just-in-Time-Belieferung angesehen werden.

Efficient Consumer Response (ECR-Systeme)	Das Konzept ist eine Weiterentwicklung von „Quick Response" für die Konsumgüterindustrie. ECR ist ein *„strategisches Konzept der interorganisatorischen Zusammenarbeit zwischen Herstellern, Groß- und Einzelhändlern im Distributionskanal. Durch eine integrierte Steuerung der gesamten Versorgungskette wird das Ziel verfolgt, die Reaktionsfähigkeit auf Veränderungen des Marktes, d. h. auf Kundenwünsche, zu erhöhen und gleichzeitig die Sortimente, die Warenbeschaffung und Bestandsführung, die Werbemaßnahmen sowie die Produktneueinführung unternehmensübergreifend zu optimieren, sodass die Kosten im gesamten Distributionssystem gesenkt werden"* (Pfohl).
	Zu der Betrachtung des Warenflusses bei Quick Response kommen die effiziente Absatzförderung, die effiziente Sortimentsgestaltung und die effiziente Produktneueinführung.
E-Commerce	E-Commerce ist eine spezifische Ausgestaltung des klassischen Versandhandels. Sämtliche Prozesse des Einkaufs, des Marketing, der Werbung, des Kundendienstes und der Zahlungsabwicklung werden durch das Internet unterstützt. Die Auslieferung der Waren wird ergänzt durch komplette Dienstleistungen (vgl. *Heiserich*).

3.2.2 Vertreter oder Reisende

Die Entscheidung Vertreter oder Reisender wird in der Fachliteratur als eine klassische logistische Aufgabe gesehen.

Die Unterschiede zwischen einem Vertreter und einem Reisenden sind rechtlicher und wirtschaftlicher Natur. Die folgende Darstellung gibt einen Überblick über die wesentlichen Unterschiede zwischen dem Reisenden, dem Einfirmenvertreter und dem Mehrfirmenvertreter.

Kriterium	Reisender	Einfirmenvertreter	Mehrfirmenvertreter
Vertragliche Bindung	§§ 59 f. HGB, unselbstständig, stark weisungsgebunden	§§ 84 ff. HGB, selbstständig, grundsätzlich nicht weisungsgebunden	in der Regel wie Einfirmenvertreter
Arbeitszeit und Tätigkeit	Vorgabe durch das Unternehmen, Umsatzsoll	freie Gestaltung im Rahmen des Vertrages	in der Regel wie Einfirmenvertreter
Entgelt	Gehalt, evtl. Provision und Prämie	Provision vom erzielten Umsatz (Deckungsbeitrag)	in der Regel wie Einfirmenvertreter
Zusätzliche Kosten	Kfz-Kosten, Bürokosten, Sozialleistungen, Telefonkosten, Tagegelder, Übernachtungsgebühr	eventuell aus Vertrag, z. B. garantiertes Einkommen	in der Regel keine
Kostencharakter	größtenteils fix	fast nur variabel	in der Regel variabel

Kriterium	Reisender	Einfirmenvertreter	Mehrfirmenvertreter
Kundenbearbeitung	weitgehend nach Vorgabe durch die Verkaufsleitung	nach eigener Entscheidung in Abstimmung mit der Verkaufskonzeption des Unternehmens	wie Einfirmenvertreter, Überschneidungen können auftreten
Kontakte zu Kunden	auf der Basis des Verkaufsprogramms und persönlicher Beziehungen	auf der Basis des Verkaufsprogramms und persönlicher Beziehungen	sehr vielseitige Kontakte durch das breite Verkaufsprogramm von verschiedenen Unternehmen
Interessenlage	vertritt vorwiegend Interessen des Unternehmens	vertritt Interesse des Unternehmens und „eigene" Interessen	vertritt vorwiegend sein Interesse und das seiner Kunden
Änderung der Verkaufsbezirke	grundsätzlich leicht möglich	schwieriger, nur mit Einverständnis des Vertreters, sonst Änderungskündigung	wie Einfirmenvertreter
Berichterstattung	kann von Verkaufsleitung genau vorgeschrieben werden	muss vertraglich vereinbart werden	wie Einfirmenvertreter
Einsatzmöglichkeiten	grundsätzlich im gesamten Unternehmen	nur im Rahmen des Vertrages	Rücksichtnahme auf die anderen vertretenen Unternehmen
Arbeitskapazität	steht dem Unternehmen voll zur Verfügung	steht dem Unternehmen voll zur Verfügung	verteilt sich auf mehrere Unternehmen
Arbeitsweise	weitgehend unternehmensorientiert	unternehmens- und einkommensorientiert	vorwiegend einkommensorientiert
Verkaufstraining	integrierter Bestandteil der Aus- und Weiterbildung	entsprechend des Vertrages	schwieriger möglich, nur im Rahmen des Vertrages
Nebenfunktionen	Verkaufsförderung, Markterkundung, Kundendienst	entsprechend der vertraglichen Vereinbarungen	schwieriger möglich, nur im Rahmen des Vertrages
Kündigung	wie bei jedem Angestellten	Sonderregelung, eventuell Ausgleichsanspruch nach § 89 HGB	wie Einfirmenvertreter

Quelle: *Weis*

Bei der Entscheidung für den Einsatz von Vertretern oder Reisenden wird häufig von **Kostenaspekten** ausgegangen. Dabei muss bekannt sein, wie hoch ihr Anteil am Verkaufserfolg jeweils ist und welche fixen und proportionalen Kosten sie verursachen.

Wird davon ausgegangen, dass beide ungefähr die gleichen Verkaufserfolge erzielen, kann bei bekannten Distributionskosten mit einer **grafischen Entscheidungshilfe** gearbeitet werden, die Ähnlichkeit mit dem Break-even-Diagramm hat (vgl. Kap. C. 2.1.1.2).

Vertreter verursachen normalerweise niedrigere fixe Kosten als ihre fest angestellten Kollegen, dafür ist der Anteil der proportionalen Kosten in der Regel höher, da ihnen ein größerer Verkaufserfolg, mithin auch eine höhere Provision zugetraut wird.

Eine grafische Darstellung hat folgendes Aussehen:

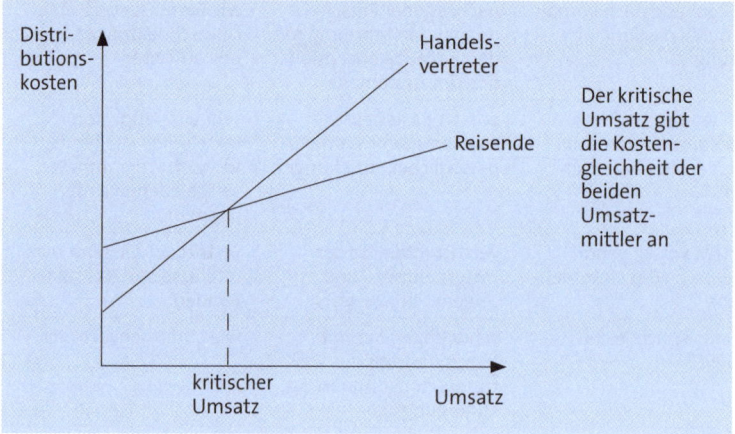

Nimmt man an, dass Vertreter und Reisende stark voneinander abweichende Verkaufs-erfolge aufweisen, kann mithilfe der Deckungsbeitragsrechnung der wirtschaftliche Einsatz ermittelt werden. Der Deckungsbeitrag wird errechnet, indem man von dem prognostizierten Umsatz die geplanten Distributionskosten abzieht. Der Vergleich der Deckungsbeiträge ergibt die Priorität für Reisende oder Handelsvertreter.

Beispiel

Ein westfälischer Zulieferer der Werkzeugmaschinenindustrie erstellt ein Diagramm, das die Kosten für eine Handelsvertretung und einen Reisenden in Abhängigkeit des erzielten Umsatzes bei unterschiedlichen Provisionssätzen wiedergibt. Es hat folgen-des Aussehen:

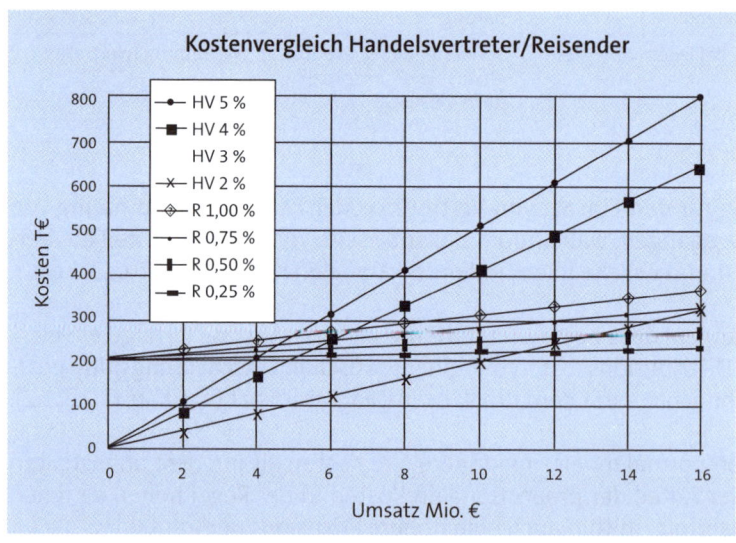

Geht man z. B. davon aus, dass ein Reisender dem Unternehmen jährlich 200.000 € fixe Kosten und 0,5 % Provision verursacht und eine Handelsvertretung eine Provision in Höhe von 4 % des Umsatzes erhält, müsste der Reisende, der eine Handelsvertretung voll ersetzen soll, einen Umsatz von 5,7 Mio. € pro Jahr bewegen. Das entspricht nach dem gegenwärtigen Stand etwas mehr als einem Viertel des Unternehmensumsatzes.

3.2.3 Bestimmung der Lagerstandorte

Unter dem Thema „Bestimmung der Lagerstandorte" werden mehrere Fragenkomplexe zusammengefasst, die in einem inneren Zusammenhang stehen.

Folgende Komplexe sind zu behandeln:

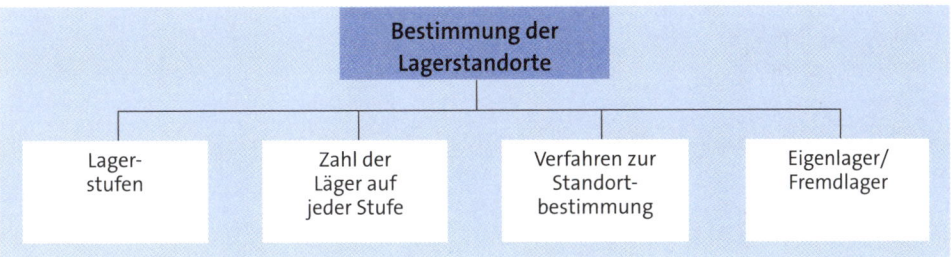

3.2.3.1 Lagerstufen

Folgende Lagerstufen lassen sich unterscheiden (vgl. *Schulte*):

Werksläger	Fertigwarenläger in der Nähe der Produktion. Sie enthalten nur die im örtlichen Betrieb produzierten Erzeugnisse, dienen dem kurzfristigen Mengenausgleich.
Zentralläger	Zentralläger sind die zweite Lagerstufe. Ihre Anzahl ist begrenzt, sie nehmen die gesamte Sortimentsbreite des Unternehmens auf. Sie sorgen bei vorhandenen nachgeordneten Lagerstufen für ein Auffüllen der Bestände. Liegt eine zentralisierte Distributionsstruktur vor, stellen Zentralläger die Waren in den von den Abnehmern bestellten Mengen zur Auslieferung bereit.
Regionalläger	Regionalläger schaffen innerhalb einer bestimmten Absatzregion einen Puffer zu Produktion und Absatzmarkt; durch eine Bestandshaltung werden vor- und nachgelagerte Lagerstufen entlastet. Regionalläger nehmen nur Teile des Sortiments auf.

Auslieferungs-läger	Auslieferungsläger befinden sich auf der untersten Stufe dezentral im gesamten Verkaufsgebiet. *„Ihre Aufgabe besteht in einer Vereinzelung der Mengen zu den von den Abnehmern georderten Einheiten und deren Bereitstellung zur Kundenbelieferung".* Auslieferungsläger ordnet man einem bestimmten Verkaufsbezirk und den dortigen Kunden direkt zu. Sie enthalten entweder das gesamte Sortiment oder die absatzstarken Produkte.

Die folgende Darstellung gibt alternative Distributionsstrukturen mit unterschiedlichen Lagerstufen wieder.

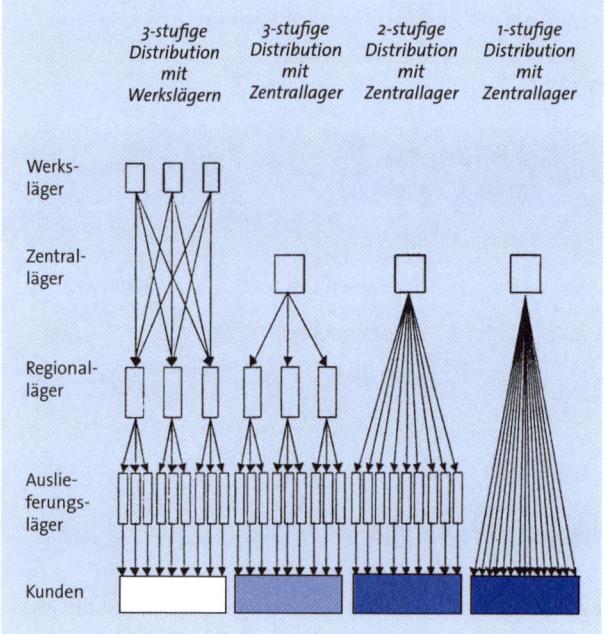

Quelle: *Weber/Kummer*

Die Frage, welche Anzahl von Lagerstufen am günstigsten für das Unternehmen ist, kann nicht eindeutig beantwortet werden, da eine Reihe von Faktoren zu berücksichtigen ist, die nicht im gleichen Ausmaße für jeden Hersteller zutreffen.

Entscheidungskriterien sind

- ► die angestrebte Lieferbereitschaft
- ► die Struktur des Absatzgebietes
- ► die Nachfrageentwicklung
- ► die Verkehrslage
- ► die Transportkosten zwischen den Lägern
- ► die Auslieferungskosten zum Kunden
- ► das Sortiment

- die Lagerkosten
- die Höhe der Bestände.

Im Folgenden seien einige Thesen genannt, die für eine zentralisierte bzw. dezentralisierte Lagerhaltung sprechen:

(1) Jede Lagerstufe, die eingerichtet wird, erhöht die fixen Kosten und die Kapitalbindungskosten des Unternehmens.

(2) Bei einer geringen Kundenzahl und großen Bestellmengen sind die Kosten einer zentralisierten Lagerhaltung in der Regel niedriger als die einer dezentralisierten.

(3) Bei einer großen Kundenzahl mit kleinen Bestellungen kann eine Dezentralisierung durch Einschaltung weiterer Lagerstufen kostengünstiger sein. Hohe Kosten, die durch eine hohe Transportfrequenz bei einem geringen Transportvolumen und großen Entfernungen entstehen, können durch die Einrichtung von Auslieferungslägern vermieden werden (vgl. *Schulte*).

(4) Bei einer Just-in-Time-Belieferung, bei der kurzfristig kleinere Mengen abgerufen werden, kann die Einrichtung von Auslieferungslägern in der Nähe des Abnehmers auch unter Kostenaspekten günstig sein.

(5) Die Lagerkosten entwickeln sich mit zunehmenden Lagerstufen überproportional.

(6) Durch eine dezentralisierte Lagerung ist ein relativ hoher Personaleinsatz erforderlich. Der Organisations- und Koordinationsaufwand ist relativ groß.

(7) Eine zentralisierte Lagerhaltung erlaubt einen konzentrierten Einsatz von Personal und Technik, ermöglicht eher Rationalisierungs- und Automatisierungsmaßnahmen sowie Standardisierung von Abläufen, als dies bei einer Dezentralisierung der Lagerhaltung der Fall ist.

(8) Zentralläger können, wenn sie nicht innovativ betrieben und ständig in jeder Hinsicht überprüft werden, zur Schwerfälligkeit führen.

Bei der Entscheidung über die Anzahl der Lagerstufen ist zu berücksichtigen, dass zwischen der Liefermenge und den Lager- und Transportkosten eine enge Beziehung besteht.

Wird eine Verringerung der Läger herbeigeführt, muss ein Ausgleich in Form eines schnellen Transports herbeigeführt werden, um den Lieferservicegrad nicht zu gefährden.

Die gestiegenen Transportkosten müssen sich unterhalb der wegfallenden Lager- und Kapitalbindungskosten bewegen.

Da die Transportkosten wesentlich von der Menge abhängen, lassen sich mengenoptimale Transportkosten ermitteln.

Die folgende Darstellung gibt die Beziehungen zwischen der Liefermenge und den Lager- und Transportkosten wieder.

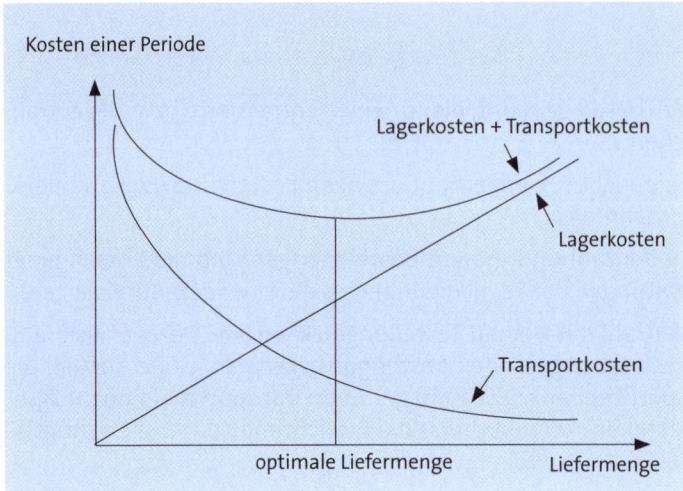

Quelle: *Eisele*

Es kann festgestellt werden, dass sich der **Trend in Richtung zentralisierter Lagerhaltung** bewegt. Betriebsgrößenvorteile und eine bessere Bestandsdisposition führen in der Regel zu deutlichen **Gesamtkostenvorteilen** (vgl. *Weber/Kummer*).

Die Logistikleistungen von Speditionen ermöglichen gegenwärtig 24-Stunden-Auslieferungen innerhalb großer Gebiete und damit eine einstufige Distribution.

3.2.3.2 Zahl der Läger auf jeder Stufe

Die Entscheidung, wie viele Läger auf jeder Lagerstufe eingerichtet werden sollen, hängt von

- den Produktionsstandorten
- den Lagerkosten
- den Transportkosten zwischen den Produktionsstandorten und den Lägern
- den Auslieferungskosten zum Kunden
- den Bestellmengen und Bestellhäufigkeiten der Kunden

ab.

In der Literatur wird das Problem der Anzahl der Läger häufig nur unter dem Aspekt der **Transportkostenentwicklung** gesehen.

Dabei ist Folgendes zu berücksichtigen:

- Die Auslieferungskosten zum Kunden können in der Regel durch eine Erhöhung der Zahl der Auslieferungsläger gesenkt werden, da die Nähe zu den Kunden eine günstigere Belieferung ermöglicht.

- Die Transportkosten vom Produktionsstandort zu den Lägern steigen. Diese Steigerung fällt umso höher aus, je kleiner die Läger werden und je geringer der Warenumschlag ist.

Grundsätzlich kann die Aussage getroffen werden, dass die Einrichtung eines zusätzlichen Lagers dann von Vorteil ist, wenn die Kosten des Lagers niedriger sind als Transportkosteneinsparungen.

Die folgende Darstellung gibt diesen Zusammenhang grafisch wieder:

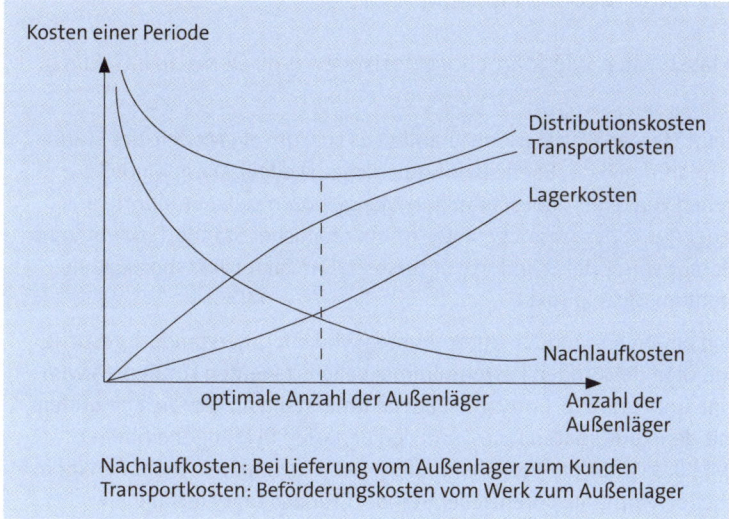

Quelle: *Eisele*

Das Problem der Lageranzahl lässt sich nicht allein auf das Transportkostenproblem reduzieren, vielmehr sind sämtliche genannten Entscheidungskriterien zu berücksichtigen.

Die Entscheidung wird dadurch erschwert, dass zum einen die Kosten- und Erlöswirkungen der Lösungen im Einzelnen nicht oder nur ungenau ermittelt werden können, und zum anderen Interdependenzen zwischen verschiedenen Entscheidungskriterien existieren.

Schulte weist darauf hin, dass eindeutige Lösungen für die Ermittlung einer horizontalen Distributionsstruktur nur durch fallspezifische Modelle gefunden werden können. Die Vielzahl der Einflussfaktoren und ihre unterschiedliche Gewichtung machen eine Modelldarstellung anhand von umfassenden mathematischen Verfahren erforderlich.

Auf zwei Standortmodelle wird im nächsten Kapitel eingegangen.

3.2.3.3 Verfahren zur Standortbestimmung

In der Betriebswirtschaftslehre wurden zahlreiche Verfahren zur Standortbestimmung entwickelt. Sie reichen von einfachen Verfahren auf der Basis von Standortkatalogen bzw. Checklisten, die Ähnlichkeit mit den Methoden der Arbeitsbewertung wie das

Rangreihen- und das Stufenwertzahlenverfahren (vgl. *Nieschlag/Dichtl/Hörschgen*) haben, bis zu komplizierten mathematischen Modellen.

Im Folgenden wird auf zwei Modelle eingegangen, auf das

- Steiner-Weber-Modell
- das kapazitierte Warehouse Location Problem.

Die beiden Verfahren lassen sich wie folgt charakterisieren (vgl. *Domschke/Schildt*):

Steiner-Weber-Modell	Beim Steiner-Weber-Modell handelt es sich um ein Modell der Standortplanung in der Ebene (kontinuierliches Modell). Diese Modelle gehen von einer unbeschränkten Menge potenzieller Standorte aus. Jeder Punkt des Absatzgebietes ist ein möglicher Standort; damit wird Homogenität der Standorte unterstellt. Der Faktor Transportkosten steht im Mittelpunkt.
	Von einem Einprodukt-Unternehmen wird ein Lagerstandort gesucht, von dem die Kunden kostenminimal beliefert werden können. Es wird eine unbegrenzte, homogene Ebene unterstellt, auf der sich n Kunden mit den Koordinaten (u_j, v_j) und den Bedarfen bj Mengeneinheiten (ME) des Gutes pro Periode für alle j = 1, ..., n befinden. Jeder Punkt der Ebene kommt als potenzieller Standort für das Lager infrage.
	Die Transportkosten zwischen zwei Punkten der Ebene sind proportional zur Transportmenge und zur zurückgelegten Entfernung. Die Kosten pro transportierte ME und Entfernungseinheit betragen c Geldeinheiten. Als Entfernung zwischen zwei Punkten wird die Euklid'sche Entfernung angenommen: $$d\,(i, j) = \sqrt{(u_i - u_j)^2 + (v_i - v_j)^2}$$ Kosten für den Transport zwischen Werk und Lager bleiben unberücksichtigt.
	Gesucht werden die Koordinaten (x, y) für das Auslieferungslager, sodass die Kunden kostenminimal beliefert werden können.
	Mathematische Formulierung des Modells: $$\text{Minimiere } K(x, y) = c \cdot \sum_{j=1}^{n} b_j \cdot \sqrt{(x - u_j)^2 + (y - v_j)^2}$$

Das kapazitierte Warehouse Location Problem	Es handelt sich beim Warehouse Location Problem um eine „diskrete Standortplanung in Netzen" mit Berücksichtigung standortspezifischer Charakteristika (Kapazitäten, Errichtungskosten u. Ä.).
	Diskrete Modelle der Standortplanung in Netzen gehen davon aus, dass eine endliche Anzahl potenzieller Standorte in einem vorgegebenen Verkehrsnetz vorliegt.
	Ein Unternehmen versorgt n Kunden in einem Verkehrsnetz, die einen Periodenbedarf von b_j ME eines beliebig teilbaren Gutes haben. Das Unternehmen sucht Lagerstandorte, von denen aus die Kunden kostenminimal beliefert werden können. Es steht eine endliche Zahl potenzieller Lagerstandorte i = 1,......, m der Kapazität a_i zur Verfügung. Wird im Standort i ein Lager eingerichtet, entstehen fixe Lagerkosten f_i.
	Die Transportkosten zwischen einem Lager im Standort i und einem Kunden j sind proportional zur Transportmenge und zur zurückgelegten Entfernung und betragen je transportierter ME c_{ij} Geldeinheiten. Neben den Transportkosten können auch variable Lagerkosten berücksichtigt sein. Transportkosten zwischen Werk und Lager werden nicht berücksichtigt.
	Zu ermitteln ist eine Auswahl von Lagerstandorten, sodass bei vollständiger Belieferung aller Kunden die Summe aus Lager- und Transportkosten minimal wird. Die vollständige Belieferung aller Nachfrager durch eine Menge von Standorten ist nur möglich, wenn die Summe aller potenziell zur Verfügung stehender Lagerkapazitäten ausreicht, um die Summe aller Bedarfsmengen hervorzubringen.
	Mathematische Formulierung:
	$$\text{Minimiere } K(\vec{x}, \vec{y}) = \sum_{i=1}^{m} f_i y_i + \sum_{i=1}^{m} \sum_{j=1}^{n} c_{ij} x_{ij}$$

Ausführlicher s. *Domschke/Schildt, Domschke/Drexel (1996), Tempelmeier.*

Es wird auch auf die Ausführungen im Kapitel C. 2.2.2.3 (Mathematische Optimierungsverfahren) und C. 2.2.2.4 (Experimentelle Verfahren des Operations Research) hingewiesen.

3.2.3.4 Eigenlager oder Fremdlager

Eine wichtige logistische Entscheidung strategischen Charakters betrifft die Frage der Führung von Eigenlägern oder die Einschaltung Dritter, denen die Lagerführung übertragen wird.

3.2.3.4.1 Entscheidungskriterien

Die Entscheidung für Eigenläger oder Fremdläger wird für einen längeren Zeitraum getroffen. Sie wird stark von dem Kostenfaktor bestimmt, aber auch eine Reihe anderer Kriterien ist bei der Entscheidung zu berücksichtigen.

Vor allem folgende **Kriterien** sind zu beachten:

▸ **Investitionskosten**
Jede Investition verursacht Anschaffungs- bzw. Herstellungskosten (vgl. Kap. C. 2.4.1.2.5) und laufende Kosten, demzufolge sollte bei jeder Investitionsentscheidung eine Wirtschaftlichkeitsuntersuchung mithilfe der Investitionsrechnung und/ oder der Nutzwertanalyse durchgeführt werden (vgl. Kap. C. 2.4.2 und C. 2.2.2.6). Auch empfiehlt es sich, eine Berechnung durchzuführen, wie sie bei der Darstellung der Make-or-buy-Überlegungen bei langfristigen Entscheidungen im Kapitel D. 4.4.1 dargestellt wurde.

▸ **Laufende Lagerkosten**
Die Lagerkosten können je nach Einrichtung und Automatisierungsgrad sehr hoch sein, und bei einer schlechten Lagerauslastung entstehen Leerkosten als Kosten der nichtgenutzten Kapazität.

▸ **Know-how**
Läger mit einer modernen Einrichtungstechnik erfordern eine gute Organisation und hoch qualifiziertes Personal. Manche Unternehmen verfügen nicht über das entsprechende Know-how. Der Aufbau einer effizienten Lagerorganisation und der Einsatz gut geschulter Mitarbeiter ist einerseits mit nicht unerheblichen Kosten verbunden, zum anderen ist entsprechend geschultes Personal auch nicht ohne weiteres zu bekommen. Logistikzentren bzw. Dienstleistungszentren können in diesem Falle einen oft auch im Vergleich kostengünstigeren Ausweg darstellen (vgl. Kap. D. 4.8.2).

▸ **Abhängigkeit**
Tendieren Unternehmen zu Fremdlägern, sollten sie unbedingt berücksichtigen, dass sie sich in Abhängigkeit Dritter begeben und sich auf deren Zuverlässigkeit verlassen müssen. Störungen beim Dienstleister können zu verheerenden Störungen im eigenen Unternehmen mit schlimmen Folgen in den Kundenbeziehungen führen.

▸ **Prestige**
Wenn es sich beim Prestige auch nicht um ein Hauptkriterium handelt, sollte es dennoch Beachtung finden. Für manche Unternehmen stellt das eigene Lager durchaus einen Prestigefaktor dar. Ein fortfallendes Eigenlager könnte zu Ansehensverlusten führen.

▸ **Informationsfluss**
Die Zwischenschaltung von Dritten zwischen Hersteller und Kunden kann zu einer Beeinträchtigung des Kommunikationsprozesses führen. Dies bezieht sich sowohl auf den Auftragseingang als auch auf die Auftragsabwicklung. Gravierende Folgen ergeben sich, wenn sich der Hersteller nicht nur als Lieferant, sondern auch als Dienstleister sieht, wie es in modernen Logistikkonzepten der Fall ist.

Bei Nutzung von Fremdlägern ist unbedingt dafür Sorge zu tragen, dass informationstechnische Maßnahmen getroffen werden, die einen ungestörten Informationsfluss zwischen Hersteller und Abnehmer gewährleisten.

3.2.3.4.2 Entscheidung primär unter Kostengesichtspunkten

Stellt man Kostenüberlegungen in den Vordergrund, muss man die Kosten des Eigenlagers getrennt nach ihrem fixen und proportionalen Anteil kennen, da ja ein Teil der Kosten beschäftigungsabhängig ist (vgl. Kap. C. 2.4.1.5.5), und diese den Angeboten externer Dienstleister gegenüberstellen.

Als Lagerkosten fallen folgende Kostenblöcke an:

- Personalkosten
- Energiekosten
- Instandhaltungs- und Reparaturkosten
- Versicherungskosten
- verschiedene Materialkosten
- Abschreibungen
- Zinsen
- Wagniskosten
- anteilige Verwaltungskosten
- anteilige Leitungskosten
- Steuern
- ggf. Mietkosten.

Die genannten Kosten sind mithilfe mathematischer bzw. empirischer Verfahren der Kostenauflösung in ihre fixen und proportionalen Bestandteile aufzulösen (vgl. *Ehrmann*).

Folgendes sehr verbreitetes Diagramm kann bei Kenntnis der Kosten des Eigenlagers und des Fremdlagers sowie der Kapazität eine Hilfe beim Entscheidungsproblem Eigenlager/Fremdlager bieten:

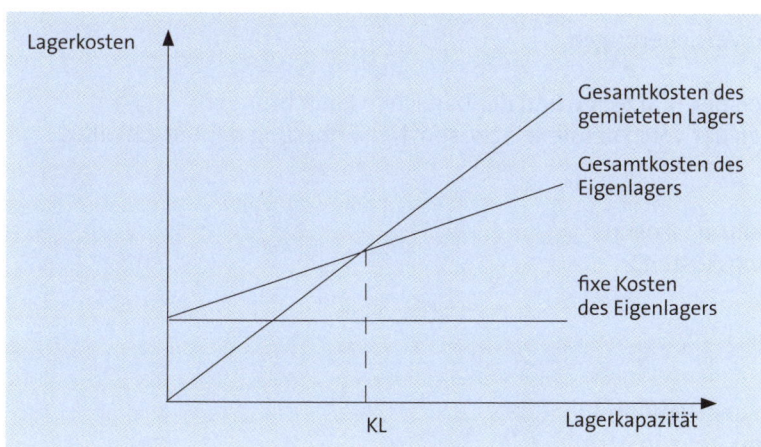

Nach der obigen Darstellung lohnt sich ein Eigenlager erst, wenn die Lagerkapazität den Schnittpunkt KL nachhaltig überschreitet.

Wird die Frage mehrerer Läger angeschnitten, wird im Prinzip ebenso vorgegangen wie bei einem Lager, die Entscheidung wird aber erschwert, da eine Vielzahl von Alternativen berücksichtigt werden muss. Man bedient sich daher auch hier eines experimentellen Verfahrens des „Operations research".

3.2.4 Eigentransport/Fremdtransport

Auch bei der Frage Eigentransport/Fremdtransport handelt es sich um eine Entscheidung auf strategischer Ebene mit Langfristcharakter.

Wie bei der Entscheidung Eigenlager/Fremdlager müssen neben Kostengesichtspunkten auch noch andere Gesichtspunkte bei der Entscheidung berücksichtigt werden.

Von folgenden **Kosten** muss bei der Entscheidungsfindung ausgegangen werden:

► **Investitionskosten für den Fuhrpark**
  Der Einsatz der Investitionsrechnung, der Nutzwertanalyse und von Berechnungen, die grundsätzlich bei Make-or-buy-Überlegungen infrage kommen (vgl. Kap. D. 4.4.1), gibt wichtige Anhaltspunkte über die Vorteilhaftigkeit des Eigentransports bzw. des Fremdtransports.

  In die Berechnungen sind auch die Kosten für die Einrichtung von Garagen, Abstellplätzen, unternehmenseigenen Betankungsanlagen u. Ä. einzubeziehen.

► **Laufende Kosten**,
  bei denen es sich im Wesentlichen um folgende Blöcke handelt:

  - Treibstoffe
  - Öle, Schmierstoffe
  - Wartungskosten
  - Reparaturkosten/Instandhaltungskosten
  - KfZ-Steuer und Versicherungen
  - Personalkosten
  - Abschreibungen der Fahrzeuge und der baulichen Einrichtungen
  - Abschreibungen der Verschleißteile bzw. sonstige Erfassung des Verschleißes
  - Zinsen
  - Wagniskosten
  - anteilige Verwaltungskosten
  - anteilige Leitungskosten.

► **Abgaben**,
  in erster Linie für

  - Lizenzen
  - Straßenbenutzungsgebühren
  - Gebühren beim Grenzübertritt u. Ä.

Die genannten Kosten werden über die Kostenarten- und Kostenstellenrechnung ermittelt und einem Kostenträger zugerechnet. Dieser ist so zu wählen, dass er mit der

Kalkulationseinheit des Spediteurs verglichen werden kann. (Zur Ermittlung und Weiterverrechnung der Kosten vgl. Kap. C. 2.4.1.4).

Beim Vergleich der Kosten von Eigentransport und Fremdtransport ist zu berücksichtigen, ob der eingeschaltete Spediteur lediglich Transportleistungen oder noch weitere logistische Leistungen ausführt.

Neben den Kosten sind noch **weitere Kriterien** bei der Entscheidung Eigentransport/Fremdtransport zu berücksichtigen. Es handelt sich dabei vor allem um folgende Kriterien:

- **Know-how**
  Es muss überlegt werden, ob die vorhandenen Mitarbeiter das erforderliche Wissen und Können für die Durchführung des gesamten Transports haben.
- **Abhängigkeit**
  Es ist zu untersuchen, in welchem Ausmaße sich das Unternehmen in Abhängigkeit Dritter begibt und wie negativen Folgen, die sich aus der Abhängigkeit ergeben können, zu begegnen ist.
- **Werbewirksamkeit eines eigenen Fuhrparks**
  Vom Marketing ist zu untersuchen, ob und mit welchem Wirkungsgrad ein Werbeeffekt von einem eigenen Fuhrpark ausgehen kann.
- **Steuererleichterungen, Subventionen**
  Wenn nicht bereits im Rahmen der Kostenüberlegungen berücksichtigt, ist festzustellen, ob Steuererleichterungen bzw. Subventionen gewährt werden, wenn bestimmte Transportmittel verwendet werden, bestimmte Routen bevorzugt werden u. Ä.

3.2.5 Make-or-buy-Überlegungen

Bei den Make-or-buy-Überlegungen geht es immer um die Entscheidungen, ob bestimmte Leistungen selbst erbracht oder von Dritten in Anspruch genommen werden sollen. Aus diesem Grunde hätten die in den beiden vorausgegangenen Kapiteln behandelten Entscheidungen über Eigenlager/Fremdlager und Eigentransport/Fremdtransport auch unter der Überschrift „Make-or-buy" behandelt werden können. Dass dies nicht geschah, sondern dass die Make-or-buy-Überlegungen im Zusammenhang mit der Beschaffungslogistik (vgl. Kap. D. 4.4.1) behandelt wurden, hat systematische Gründe. In der logistischen Kette wird man in der Regel zum ersten Male bei der Beschaffung mit dem Make-or-buy-Problem konfrontiert.

Das Make-or-buy-Problem hätte auch im Rahmen der Lagerlogistik, Produktionslogistik oder Marketinglogistik geschildert werden können, bezieht es sich doch auf die Bereiche

- Fertig- und Unfertigerzeugnisse
- Energie
- Reparatur- und Wartungsleistungen

- Verkaufsorganisation (in Deutschland und in den anderen deutschsprachigen Ländern nicht sehr häufig)
- Werksverpflegung
- Organisations- und Revisionsleistungen
- Lagerwesen
- Transportwesen u. Ä.

Unbedingt zu erwähnen ist, dass **komplette Logistikleistungen** den Unternehmen angeboten werden und auch dabei Make-or-buy-Überlegungen anzustellen sind.

Entscheidungskriterien sind auch in diesem Zusammenhang

- die Kosten
- das vorhandene bzw. fehlende Know-how
- die Abhängigkeit
- das Prestige.

3.2.6 Mindestauftragsgröße

Auf die Mindestauftragsgröße als wirtschaftlich vertretbare Auftragsgröße wurde bereits mehrfach eingegangen, ausführlich wurde sie im Kapitel C. 2.1.1.2 behandelt.

Unter marketinglogistischem Aspekt sind Überlegungen anzustellen, ab welcher Auftragsgröße es sich „lohnt", Aufträge auszuführen bzw. welche logistischen Anstrengungen zu unternehmen sind, um bei Kleinaufträgen die Verluste zu mindern bzw. sogar ganz zu vermeiden. Mögliche Maßnahmen sind etwa die Zusammenfassung von Kleinaufträgen aus dem gleichen Absatzbereich, die Wahl besonders günstiger Transportwege, spezielle Berücksichtigung dieser Aufträge im Lager, die Unterlassung der sofortigen Fakturierung u. Ä.

3.2.7 Auftragsabwicklung

Wichtige Elemente der Auftragsabwicklung wurden bereits im Kapitel E. 6.3.3 behandelt. An dieser Stelle wird die Auftragsabwicklung noch einmal, und zwar von den Ablaufphasen her dargestellt.

Die Auftragsabwicklung bedeutet die Steuerung des Materialflusses von der Fertigung bzw. vom Lager bis zum körperlichen Versand.

Jedes Unternehmen entwickelt ein eigenes **Auftragsabwicklungssystem**, das aus mehreren Teilsystemen besteht, die jeweils bestimmte Aufgaben zu erfüllen haben (z. B. Stammdatenerfassung, Lagerbestandsrechnung, Buchhaltung etc.). Moderne Informationstechnologien gewährleisten das Funktionieren des Auftragsabwicklungssystems und ermöglichen eine teilautomatisierte und vollautomatische Auftragsabwicklung.

Um eine reibungslose, verzögerungsfreie Auftragsabwicklung zu erreichen, sollte ein Informationsfluss dem Materialfluss voraneilen und die am Materialfluss beteiligten Stellen mit den Informationen versorgen, die für die Erfüllung der Aufgaben dieser Stellen erforderlich sind (*Weber/Kummer*).

Ausgangspunkt der Auftragsabwicklung sind die Kundenaufträge oder internen Aufträge.

Die Aufträge können auf mehreren Wegen zu den Informationsempfängern gelangen und zwar

- mündlich bzw. fernmündlich
- schriftlich
- per Datenfernübertragung.

Aufträge per **Datenfernübertragung** werden stark propagiert, da sie zu Zeit- und Arbeitsersparnis führen und eine Reihe von Fehlern bei diversen anderen Übertragungstechniken vermeiden helfen.

Angestrebt werden in diesem Zusammenhang unternehmensübergreifende Systemverbindungen zwischen Lieferanten (Hersteller), Kunden und Spediteur.

Die Aufträge gelangen ins Lager, die Bestellungen werden kommissioniert und in entsprechend ausgewählte Behälter positioniert. Liegt eine vollautomatische Bearbeitung vor, werden die Versandbehälter automatisch adressiert und erhalten Angaben über die Versandart, den Spediteur u. Ä. in der Regel per Strichcode.

Ein anderes Rechnersystem erstellt die Versandpapiere.

Variationen im Ablauf ergeben sich aus dem Automatisierungsgrad der Auftragsabwicklung und der Organisation des Informationsflusses.

Bei der Gestaltung der Auftragsabwicklung ist in besonderem Maße zu berücksichtigen, dass die Kunden immer kürzere Lieferzeiten bei höheren Lieferfrequenzen wünschen. Die Kunden weigern sich auch immer mehr, die bestellten Produkte zu lagern.

Um zu verhindern, dass auch bei zunehmenden Auftragszahlen der Wert je Auftrag spürbar sinkt, die Logistikkosten ansteigen, müssen „intelligente" Maßnahmen überlegt und durchgeführt werden.

Eine Forderung in diesem Zusammenhang ist die nach einer Abwendung vom „Papier" und zu einer intensiven Nutzung standardisierter Datennetze wie beispielsweise **EDIFACT** (**E**lectronic **D**ate **I**nterchange **f**or **A**dministration, **C**ommerce and **T**ransport – Standardisierter Datenaustausch zwischen Computersystemen). Ferner ist die Automatisierung von Abläufen in der Auftragsbearbeitung und die Veränderung der Distributions- und Logistikprozesse anzustreben.

EDIFACT ermöglicht einen schnellen online-Datenverkehr zwischen den EDV-Systemen eines Distributionszentrums, der produzierenden Betriebe eines Unternehmens, der Zulieferer und Kunden. Alle Teilnehmer im Netz sind in der Lage, auf relevante Daten zurückzugreifen.

Durch die Öffnung von Logistik-Systemen nach außen, können vor allem Kunden daran partizipieren. Über ein Logistik-Netzwerk ist es den Kunden möglich, mit ihren eigenen Auftragsnummern ihre Aufträge zu verfolgen, Bestände abzufragen oder auch einfache Nachrichten zu übermitteln. Ein solches Netzwerk darf natürlich keine „Einbahnstraße" sein, vielmehr müssen auch in der Umkehrung Informationen gesendet werden.

Der Prozess der Auftragsabwicklung und das Zusammenwirken einzelner EDV-Systeme in einem großen Industrieunternehmen stellt sich dar, wie es in vereinfachter Form auf der folgenden Seite wiedergegeben wird.

3.2.8 Warentransport

3.2.8.1 Auswahl der Transportmittel

3.2.8.1.1 Grundsätzliche Überlegungen

Die Wahl der Transportmittel hat Auswirkungen auf

- den Preis der Ware
- die Lieferpünktlichkeit
- den Zustand der Ware bei ihrer Ankunft

und dadurch letztendlich auf die **Kundenzufriedenheit**. Auf die eingesetzten Transportmittel wurde im Kapitel C. 3.2.1 sehr ausführlich eingegangen.

Prozess (stark vereinfacht)

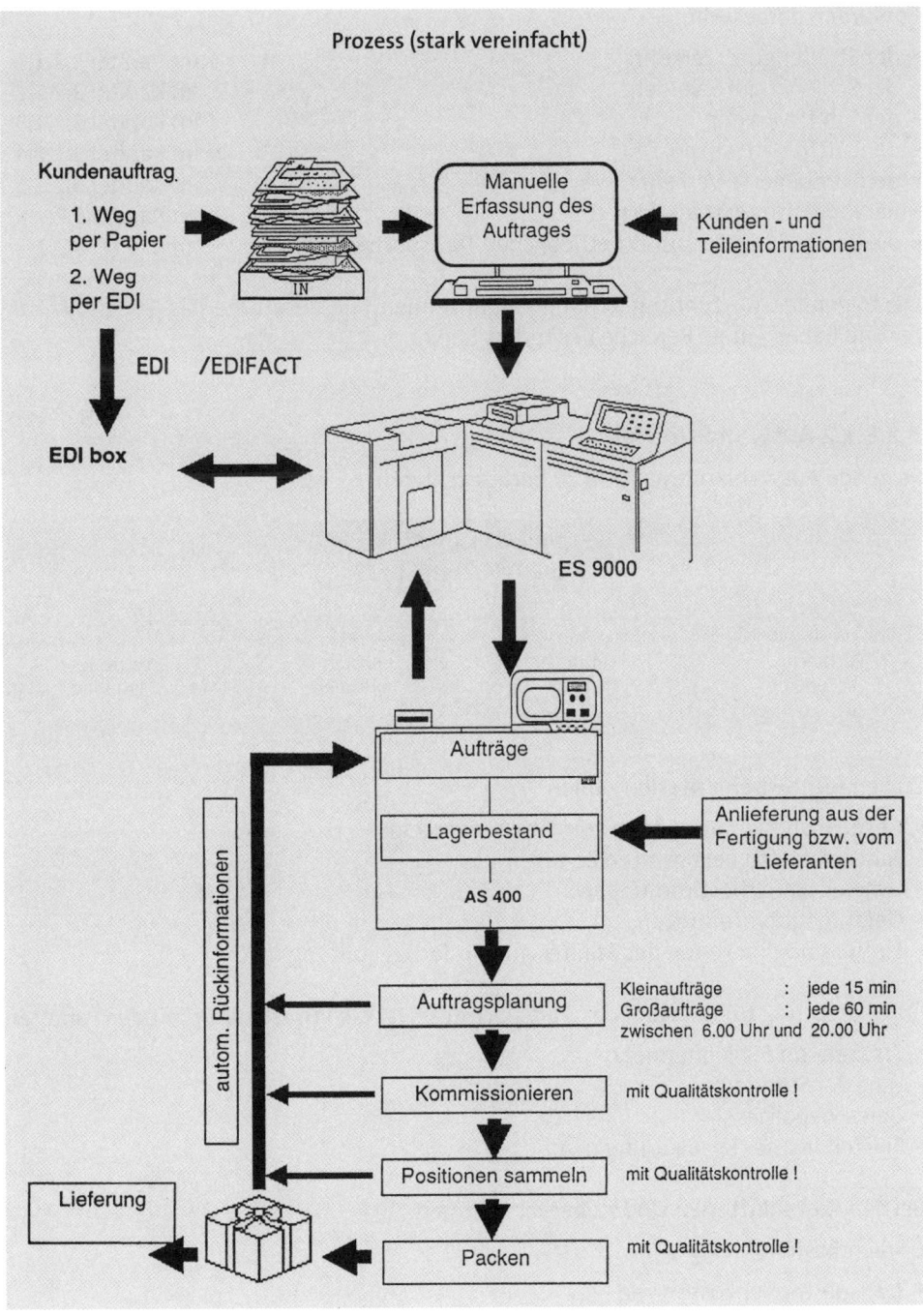

Es wurden dargestellt:

▶ der Straßengüterverkehr	im Kapitel 3.2.1.1
▶ der Schienengüterverkehr	im Kapitel 3.2.1.2
▶ der Schiffsverkehr	im Kapitel 3.2.1.3
▶ der Luftfrachttransport	im Kapitel 3.2.1.4
▶ der kombinierte Verkehr	im Kapitel 3.2.1.5
▶ der Rohrleitungstransport	im Kapitel 3.2.1.6
▶ die Beurteilung der außerbetrieblichen Transportsysteme	im Kapitel 3.2.1.7.

Die folgenden Ausführungen haben ergänzenden und zusammenfassenden Charakter und heben einige Bereiche besonders hervor.

3.2.8.1.2 Auswahlkriterien

Folgende Auswahlkriterien sind zu berücksichtigen:

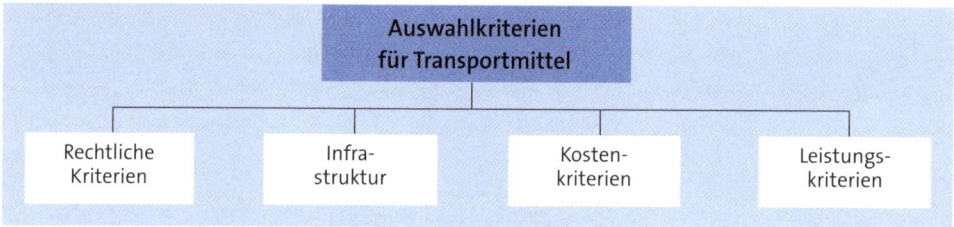

Zu den **rechtlichen Kriterien** zählen

- Gesetze und Verordnungen zum Straßenverkehr
- Fahrverbote zu bestimmten Zeiten
- Umweltschutzbestimmungen
- Gefahrengutvorschriften
- Einflussmöglichkeiten des Staates auf die Tarifgestaltung u. Ä.

Von Bedeutung für die Wahl der Transportmittel ist die **Infrastruktur** mit den Faktoren

- Straßen- und Schienennetz
- Lage der Standorte
- Gewerbepolitik
- Einstellung der Bevölkerung u. Ä.

Bei den **Kostenkriterien** sind zu berücksichtigen:

- Frachtkosten
- Transportnebenkosten wie
  - Straßenbenutzungsgebühren
  - Hafengebühren
  - Standgelder
  - Zölle

- Kosten des Handling
- Konventionalstrafen bei Nichteinhaltung von Lieferfristen
- Kosten infolge entstandener Imageverluste u. Ä.

Bei den **Leistungskriterien** sind von Bedeutung
- die technische Eignung des Transportmittels
- die Zuverlässigkeit
- die Transportzeit
- die Transportfrequenz
- die Flexibilität u. Ä.

Stellt man insbesondere eine **Kostenbetrachtung** an, muss man berücksichtigen, dass Kosten der Distribution in Wechselbeziehung zueinander stehen. *Kotler, 2002* führt dazu sehr aussagefähige Beispiele an:

Beispiele

(1) Um Versandkosten zu sparen, wird dem Schienentransport der Vorzug gegenüber dem Lufttransport gegeben. Der Schienentransport ist langsamer, folglich bleibt ein Teil des Kapitals länger gebunden, die Zahlungseingänge von den Kunden erfolgen später und Kunden wandern unter Umständen zu der schneller beliefernden Konkurrenz ab.

(2) Es werden bestimmte Transportbehälter verwendet, um die Versandkosten zu minimieren; ein Teil der Ware wird beschädigt, was zu teuren Nachlieferungen oder Schadenersatzansprüchen führt.

(3) Der Lagerbestand wird aus Kostengründen möglichst niedrig gehalten. Aufträge können deshalb zum Teil nur mit Verzögerung ausgeführt werden. Es fällt zusätzliche Verwaltungsarbeit an, Sonderproduktionen werden erforderlich, und teure Schnellversandmaßnahmen können die Folge sein.

Bei der Wahl eines bestimmten Transportmittels ist also in Betracht zu ziehen, dass die getroffene Entscheidung nicht nur Kostenkonsequenzen für den Transport hat, sondern dass dadurch noch weitere Kosten in anderen Bereichen entstehen können.

Dass die Entscheidung für bestimmte Transportmittel nicht ohne Berücksichtigung bestimmter Zusammenhänge getroffen werden kann, zeigt das folgende Beispiel, das die Anzahl und die Art der Auslieferungsläger in die Überlegungen einbezieht (vgl. *Weis*).

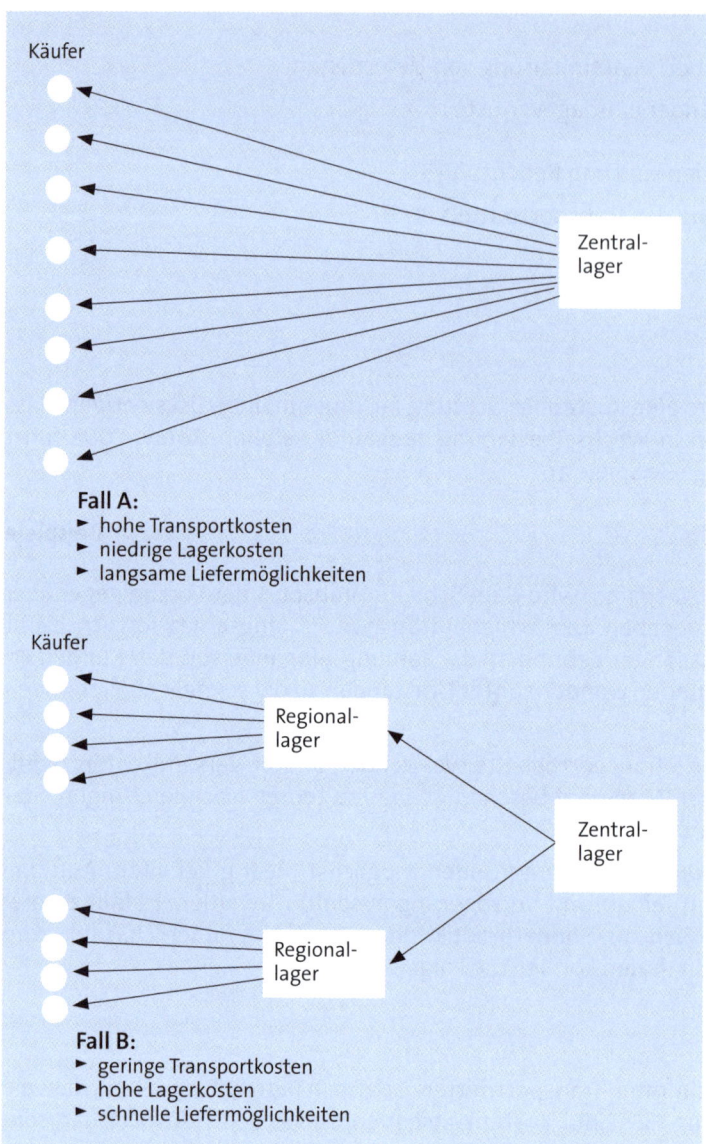

Käufer

Fall A:
► hohe Transportkosten
► niedrige Lagerkosten
► langsame Liefermöglichkeiten

Käufer

Fall B:
► geringe Transportkosten
► hohe Lagerkosten
► schnelle Liefermöglichkeiten

Berücksichtigt man, dass Transportmittel neben proportionalen Kosten auch fixe Kosten verursachen, ergeben sich in Abhängigkeit von der Transportmenge unterschiedliche Kostenverläufe für die einzelnen Transportmittel.

Für einen konkreten Fall stellen sie sich wie folgt dar:

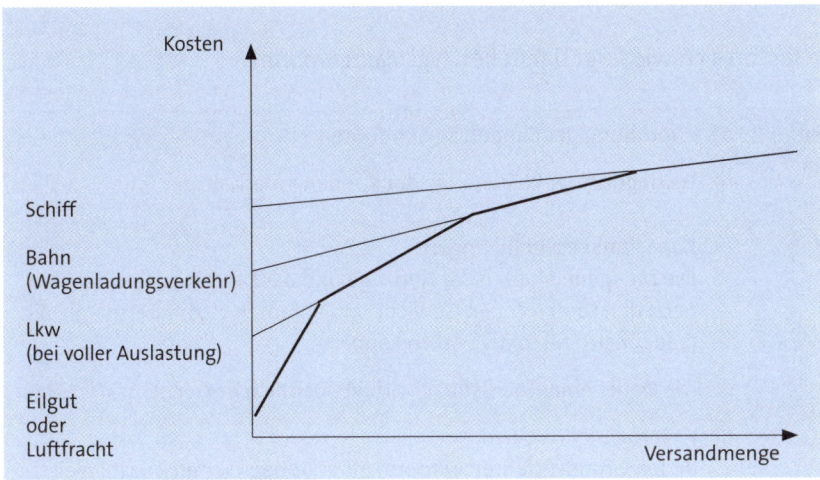

Quelle: *Nieschlag/Dichtl/Hörschgen*

3.2.8.2 Tourenplanung

Für Unternehmen, die ihre Produkte an eine größere Zahl von Lägern oder Abnehmern liefern, ergibt sich die Aufgabe der Tourenplanung.

Wird nur **eine Tour** geplant, wird der Ausdruck **„traveling salesman problem"** verwendet, steht die **simultane Planung** einer größeren Zahl von Touren an, spricht man vom **„vehicel scheduling problem"**. Letztere Form wird als die eigentliche Tourenplanung angesehen.

Das **Standardproblem** der Tourenplanung stellt sich wie folgt dar:

Von einem Depot werden innerhalb eines bestimmten Planungszeitraums bestimmte Knoten (Kunden, in Großstädten u. U. Zusammenfassung von mehreren Kunden) beliefert. Der Bedarf der Knoten lässt sich mit einer Lieferung decken. Im Depot sind gleichartige Fahrzeuge mit der gleichen Kapazität verfügbar.

Zusammenzustellen ist ein Tourenplan als eine Menge von Touren, die jeweils von einem Fahrzeug bewältigt werden, vom Depot ausgehen und im Depot beendet werden. Dabei wird jeder Kunde von einer Tour beliefert und jede Tour muss die Fahrzeugkapazität einhalten.

Die Tourenplanung erfolgt unter den folgenden **Zielsetzungen**:
- Minimierung der Transportstrecke
- Minimierung der Transportzeit
- Minimierung der proportionalen Kosten
- Minimierung der Fahrzeugzahl.

Das Grundproblem der Tourenplanung enthält zwei **Teilprobleme**; hinzu kommen weitere Probleme, die die Planung erschweren.

Die Probleme lassen sich wie folgt darstellen (vgl. *Fleischmann*):

Grundproblem (Aufteilung in Teilprobleme)	a) Zuordnung der Kunden zu den Touren
	b) Festlegung der Reihenfolge der Kunden innerhalb der Tour
Zusätzliche Probleme	a) Kapazitätsbeschränkungen Die Mengeneinheiten der Aufträge und der Fahrzeugkapazität sind nach den Dimensionen Gewicht und Volumen zu differenzieren, die jede für sich restriktiv wirken können. Die Dauer einer Tour ist auch arbeitsrechtlich begrenzt.
	b) Heterogener Fuhrpark In den Grundverfahren wird von einer unbegrenzten Anzahl gleicher Fahrzeuge ausgegangen.
	c) Kundenzeitfenster Bei Lieferungen sind die oft engen Annahmezeiten beim Kunden zu beachten. Folglich sind die früheste und die späteste Ankunftszeit beim Kunden zu berücksichtigen.
	d) Fahrzeugfenster Die einzelnen Fahrzeuge können zu unterschiedlichen Zeiten verfügbar sein.
	e) Mehrfacher Einsatz der Fahrzeuge pro Tag Ein Fahrzeug kann u. U. mehrere Touren pro Tag fahren.

Die Tourenplanung kann für zwei **unterschiedliche Situationen** durchgeführt werden:
- für tägliche Touren
- für Standardtouren.

Bei der **täglichen Tourenplanung** liegen bestimmte Aufträge für einen Tag vor, die Planung kann am Vorabend oder zu Beginn des Tages der Tourenausführung vorgenommen werden.

Die **Planung von Standardtouren** kann in größeren Abständen durchgeführt werden. Basis sind typische Auftragsprogramme. Bei relativ gleichbleibenden Touren mit geringen Schwankungen des Auftragsprogramms ist dieses Vorgehen sinnvoll (vgl. *Fleischmann*).

Eine Berücksichtigung sämtlicher Probleme der Tourenplanung führt zu einem großen Rechenaufwand, sodass sich die Praxis häufig mit **Näherungslösungen** heuristischer Art begnügt.

Stark **verbreitete Verfahren** sind u. a.

- das Verfahren des besten Nachfolgers
- die sukzessive Einbeziehung von Stationen
- Savings-Verfahren (die besten Teilrouten).

Die Informationstechnologie hat Wesentliches zu der Verfeinerung, aber auch Verbreitung der mathematischen Verfahren der Tourenplanung, beigetragen.

Der Praxis werden zahlreiche **Softwaresysteme** zur Tourenplanung angeboten. Die exakten Lösungsverfahren, die im Wesentlichen Branch-and-Bound-Verfahren sind, werden noch nicht sehr häufig eingesetzt. Die meisten Softwareprogramme benutzen heuristische Lösungsverfahren. Die Teilprobleme Touren- und Routenbildung werden entweder sukzessiv (z. B. Sweep-Verfahren) oder simultan (z. B. Savings-Verfahren) gelöst (vgl. *Weber/Kummer*).

In den letzten Jahren wurden einige neuere Verfahren zur Tourenplanung diskutiert wie etwa Tabu Search Heuristiken, Genetische Algorithmen, Künstliche Neuronale Sätze oder die Fuzzy-Logik.

Es würde den Rahmen des Buches sprengen, behandelte man die Vielzahl der von der Unternehmensforschung entwickelten Verfahren der Tourenplanung und die reichlich vorhandene Software. Es wird auf die umfangreiche Fachliteratur hingewiesen, z. B. *Clarke/Wright, Fleischmann, Gillett/Miller, Weber/Kummer*.

3.2.9 Ersatzteillogistik

3.2.9.1 Gegenstand der Ersatzteillogistik

Die Ersatzteillogistik ist eine Logistik der Nachkaufphase, die immer mehr an Bedeutung gewinnt. Viele Unternehmen haben eingesehen, dass der Kundenkontakt in der Nachkaufphase sehr zur Kundenzufriedenheit beitragen kann.

Zu den wichtigsten Kontakten nach der Belieferung des Kunden zählt der Kundendienst und dabei die Lieferung von Ersatzteilen.

Nach DIN 24420 sind Ersatzteile *„Teile, Gruppen oder vollständige Erzeugnisse, die dazu bestimmt sind, beschädigte, verschlissene oder fehlende Teile, Gruppen oder Erzeugnisse zu ersetzen“*.

Ersatzteile werden entweder im Rahmen von Instandsetzungen von Mitarbeitern des Herstellers beim Kunden verwendet oder werden von diesem unmittelbar oder über Dritte (Handwerker, Handel) vom Hersteller angefordert. Hier soll nur auf diesen Fall eingegangen werden.

3.2.9.2 Problemfelder der Ersatzteillogistik

Die Problemfelder der Ersatzteillogistik sind

- die Lagerhaltung
- die Auftragsabwicklung
- der Transport.

Die **Lagerhaltung** ist vom Bedarf an Ersatzteilen abhängig, dieser ist zu prognostizieren. Die Grundlagen der Bedarfsprognose (vgl. Kap. D. 4.2) haben prinzipiell auch für Ersatzteile Gültigkeit, doch ist zu berücksichtigen, dass der Ersatzteilbedarf z. T. anders determiniert ist als der Materialbedarf für die Fertigung von Primärprodukten.

Pfohl bringt eine Zusammenstellung der Einflussgrößen der Bedarfsprognose von Ersatzteilen, die folgendes Aussehen hat:

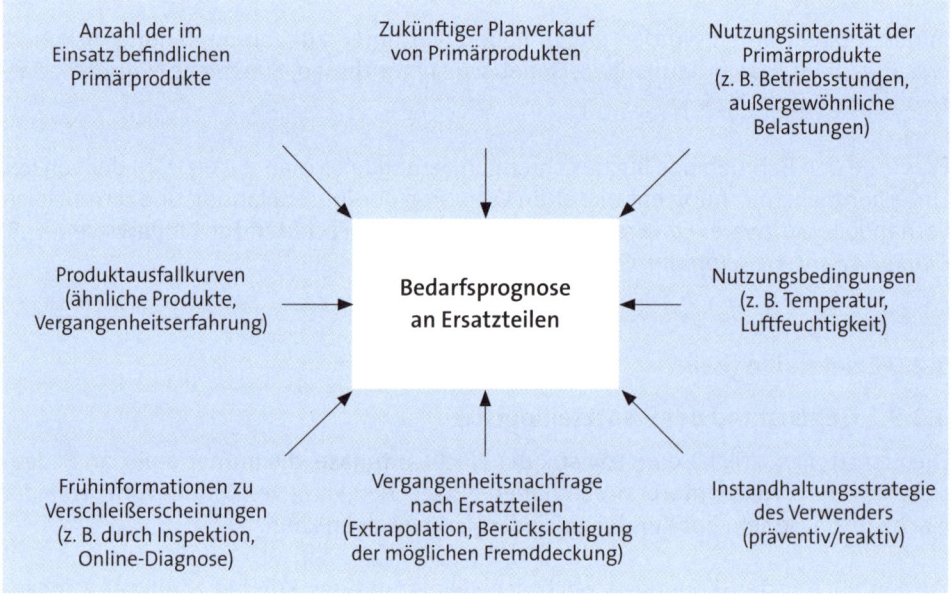

Quelle: *Pfohl, 1991*

Eine gute Hilfestellung bei der Lagerhaltung von Ersatzteilen bietet die ABC-Analyse. Sie gibt Auskunft über die Frequentiertheit von Ersatzteilen. Konsequenzen daraus ergeben sich für die zentralisierte bzw. dezentralisierte Lagerung der Ersatzteile. Die am **stärksten frequentierten** Ersatzteile sollten **dezentral**, die **weniger gängigen zentral** gelagert werden.

Das Problem der Kunden- oder Lagerfertigung ist kein Zentralproblem, da Ersatzteile in der Regel sehr schnell zur Verfügung gestellt werden müssen und deshalb unmittelbar dem Lager entnommen werden müssen.

Eine nicht bedarfsgerechte Lagerhaltung kann zu gravierenden Konsequenzen führen: eine zu hohe Lagerhaltung ist mit einer hohen Kapitalbindung und hohen Lagerkosten verbunden, eine zu niedrige Lagerhaltung bedeutet kostenintensive zusätzliche Fertigungsvorgänge bzw. die Deckung des Bedarfs bei anderen Herstellern.

Die mangelnde Lieferbereitschaft mit Ersatzteilen führt zu Störungen des Lieferanten-/Abnehmerverhältnisses bis zur Abwanderung des Kunden.

Der **Auftragsentwicklung** kommt wegen der erforderlichen Promptheit der Belieferung eine besondere Bedeutung zu. Ein gut funktionierendes Auftragsabwicklungssystem ist also unbedingt zu installieren (vgl. Kap. G. 3.2.7).

Ein reibungsloser Ablauf des Leistungserstellungsprozesses beim Kunden ist nur möglich, wenn die Störungen bei ihm schnellstmöglich erkannt werden und die Ersatzteilanforderung unverzüglich dem Hersteller zugeleitet wird und dieser in der Lage ist, die Bestellung jederzeit anzunehmen und auszuführen.

Die Anforderungen, die an eine Ersatzteillieferung gestellt werden, können nur erfüllt werden, wenn geeignete organisatorische Maßnahmen getroffen werden. Diese bestehen darin, dass

- der Hersteller rund um die Uhr „angesprochen" werden kann
- die Bestellungen „papierlos" eingehen, d. h. eine Verknüpfung der Informationssysteme von Hersteller und Kunden existiert
- die Bestellung vom Lager möglichst vollautomatisch ausgeführt wird.

Der Auftragsabwicklung muss sich **unverzüglich** der **Transport** der Ersatzteile anschließen.

Der Wahl des Transportmittels kommt umso mehr Bedeutung zu, je eiliger die Bestellungen sind.

Beim Transport von Ersatzteilen dominieren (ausnahmsweise) nicht prinzipiell Kostenüberlegungen. Die Wahl des schnellsten Verkehrsträgers kann über die Qualität der Lieferanten-/Kundenbeziehung entscheiden, und sogar die Existenz weiterer Beziehungen kann davon abhängen.

Der verhältnismäßig hohe Kosten verursachende Einsatz von Kurierdiensten oder die Verwendung von Taxis zur Belieferung mit Ersatzteilen sind keine Seltenheit. Es wurde sogar von der Charterung von Hubschraubern auf Kosten des Lieferanten zur Belieferung mit Ersatzteilen berichtet.

Das Funktionieren der Ersatzteillogistik kann dem leistenden Unternehmen einen großen Wettbewerbsvorteil gegenüber den Wettbewerbern verschaffen, der sich zwar nicht unmittelbar quantifizieren lässt, aber seinen Niederschlag in den Umsätzen und Gewinnen finden wird.

Die Einführung eines weltweiten 24-Stunden-Ersatzteilservices ist heute keine Seltenheit mehr. Welche Bedeutung der Qualität der Logistik dabei beizumessen ist, liegt auf der Hand.

Beispiel

Ein Praxisbeispiel mag die Entwicklung in der Ersatzteillogistik verdeutlichen. Die „TecDoc Informations System GmbH" wurde 1994 von der Automobilzulieferer-Industrie und dem deutschen Gesamtverband Autoteilehandel (GVA) gegründet. Sie hat das Ziel, mithilfe der modernen Informationstechnologie den Bestellvorgang und die Auslieferung von Ersatzteilen zu beschleunigen. Ihr Bestreben ist es, dem Markt die Artikel-Informationen der Automobilzuliefer-Industrie so schnell und so hochwertig wie möglich zur Verfügung zu stellen.

Das Informationssystem TecDoc beliefert den freien Kfz-Ersatzteilmarkt mit den von ihm benötigten Daten zur Identifizierung und Bestellung von Teilen im Pkw- und Lkw-Bereich. Aufgabenschwerpunkt des Informationssystems ist die Erstellung eines elektronischen TecDoc-Katalogs auf CD-ROM. Europaweit werden jedes Quartal ca. 20.000 CDs mit weit über 500.000 Artikeln von mehr als 110 Automobilteile-Herstellern verteilt. Der Katalog wird jedes Vierteljahr aktualisiert. Die Daten sind z. Zt. auf 5 CD-ROMs enthalten. Für das Ausland stehen 18 Sprachen zur Auswahl. Verbesserungen und Erweiterungen finden permanent statt.

Partner von TecDoc sind

- die Industrie
- der Handel
- die Werkstatt.

Als **Datenlieferant** kommt jeder Kfz-Teilehersteller infrage, der bestimmte Qualitätskriterien erfüllt. Gegen eine Einstiegsgebühr und gestaffelte jährliche Gebühren wird er Mitglied des Informationssystems. Wenn der Hersteller Daten nicht aus eigenen Systemen heraus einspielen kann, erhält er ein Datenpflege-Modul, eine eigens für TecDoc entwickelte Software, in der die Daten nach TecDoc-Strukturen erfasst werden.

Der **Handel** erhält nicht nur die Daten des Automobilteile-Katalogs, sondern er hat auch die Möglichkeit, den Industriekatalog durch Zusatzmodule in seinen individuellen Händlerkatalog, der sein Lieferprogramm mit Preisen, Artikelnummern u. Ä. enthält, umzuwandeln.

Die **Werkstatt** kann mithilfe des TecDoc-Katalogs jederzeit die passenden Ersatzteile und die richtige Bestellnummer ausfindig machen. Referenzen zu OE-Nummern, Inspektions-Informationen, Schnittstellen zu Arbeitszeitwerten und zusätzliche Artikel-Informationen mit zahlreichen Grafiken sind auch im Angebot enthalten.

Ähnliche Systeme werden auch von Automobilherstellern ihren Vertragspartnern angeboten.

Lösung

1. Welche Auffassungen über den Inhalt der Marketinglogistik werden hauptsächlich vertreten?	S. 491
2. Welchen Zweck verfolgen Marketingstrategien?	S. 492
3. Nennen Sie einige strategische Dimensionen im Rahmen des Marketing!	S. 493
4. Welche Logistikfunktionen sind auf der strategischen Ebene angesiedelt?	S. 493
5. Welche Logistikfunktionen sind der operativen Ebene zuzuordnen?	S. 493
6. Welche Distributionskanäle sind zu unterscheiden?	S. 495
7. Durch welche Organe wird der Direktabsatz vorgenommen?	S. 495 f.
8. Wann bietet sich der Direktabsatz an?	S. 496
9. In welchen Branchen dominiert der indirekte Absatz?	S. 497
10. Welche Gründe sprechen für den indirekten Absatz?	S. 497
11. Welche Nachteile sind mit dem indirekten Absatz verbunden?	S. 498
12. Welche logistischen Konsequenzen ergeben sich durch die Entscheidung für den direkten oder indirekten Absatz?	S. 499
13. Welche Faktoren wirken auf die Entscheidung für Reisende oder Vertreter ein?	S. 500 f.
14. Welche Komplexe sind bei der Bestimmung der Lagerstandorte zu berücksichtigen?	S. 503
15. Welche Lagerstufen lassen sich unterscheiden?	S. 503 f.
16. Wo befinden sich Werksläger?	S. 503
17. Auf welcher Lagerstufe sind Zentralläger angesiedelt?	S. 503
18. Welche Funktionen erfüllen Regionalläger?	S. 503
19. Worin bestehen die Aufgaben der Auslieferungsläger?	S. 504
20. Welche Kriterien sind für die Entscheidung für die Anzahl der Lagerstufen relevant?	S. 504 f.
21. Weshalb ist gegenwärtig ein Trend zur zentralen Lagerhaltung festzustellen?	S. 506
22. Wovon hängt es ab, wie viele Läger auf jeder Lagerstufe eingerichtet werden sollen?	S. 506
23. Nennen Sie einige Verfahren zur Standortbestimmung von Lägern!	S. 508 f.
24. Unter welchen Gesichtspunkten ist die Entscheidung für Eigenläger oder Fremdläger zu treffen?	S. 510
25. Welche Rolle spielen die Lagerkosten bei der Entscheidung für Eigen- oder Fremdläger?	S. 511

Lösung

26. Welche Lagerkosten spielen im Einzelnen bei der Entscheidung eine Rolle?	S. 511
27. Warum sind die Lagerkosten in ihre fixen und proportionalen Bestandteile aufzulösen?	S. 511 f.
28. Welche Kosten müssen bei der Entscheidung für den Eigen- oder Fremdtransport berücksichtigt werden?	S. 512
29. Welche Faktoren sind für die Entscheidung für den Eigen- oder Fremdtransport noch von Relevanz?	S. 512 f.
30. In welchen Bereichen der Logistik spielen Make-or-buy-Überlegungen eine Rolle?	S. 513
31. Wie wird die Mindestauftragsgröße definiert?	S. 514
32. Wie wird die Mindestauftragsgröße ermittelt?	S. 514
33. Was versteht man unter einem Auftragsabwicklungssystem?	S. 514
34. Wo liegt der Ausgangspunkt der Auftragsabwicklung?	S. 515
35. Welche Rolle spielt die Datenfernübertragung bei der Auftragsabwicklung?	S. 515
36. Auf welche Bereiche ergeben sich durch die Wahl der Transportmittel Auswirkungen?	S. 516
37. Welche Auswahlkriterien für Transportmittel sind zu berücksichtigen?	S. 518
38. Nennen Sie einige rechtliche Kriterien!	S. 518
39. Welche Kostenkriterien sind entscheidungsrelevant?	S. 518
40. Welche Rolle spielt die Infrastruktur bei der Wahl der Transportmittel?	S. 518
41. Welche Leistungskriterien sind von Bedeutung?	S. 519
42. Was versteht man unter dem „traveling salesman problem"?	S. 521
43. Wann spricht man vom „vehicel scheduling problem"?	S. 521
44. Wie lautet das Standardproblem der Tourenplanung?	S. 521
45. Unter welchen Zielsetzungen erfolgt die Tourenplanung?	S. 521
46. Welche Teilprobleme enthält das Grundproblem der Tourenplanung?	S. 522
47. Für welche Situationen werden Tourenplanungen durchgeführt?	S. 522
48. Welche Verfahren der Tourenplanung sind am stärksten verbreitet?	S. 523
49. Was ist Gegenstand der Ersatzteillogistik?	S. 523
50. Welche Problemfelder der Ersatzteillogistik lassen sich feststellen?	S. 524
51. Aus welchem Grund müssen bei der Ersatzteillieferung gelegentlich auch höhere Kosten in Kauf genommen werden?	S. 525

H. Logistik-Controlling

1. Controlling-Konzept

1.1 Controlling-Begriff

Der Controlling-Begriff wird bis zum heutigen Tage nicht einheitlich und zu Missverständnissen führend definiert. Eine völlig falsche Deutung des Controlling ergibt sich, wenn man es mit „Kontrollieren" übersetzt.

Der aus dem Lateinischen stammende Begriff wurde im Laufe der sprachlichen Entwicklung zum englischen „to control", der am ehesten mit „beherrschen, überwachen, steuern" gedeutet werden kann (*Messinger/Rüdenberg*).

Aus der Tatsache, dass das Wort Controlling sehr unterschiedlich gebraucht wurde, ergab sich zwangsläufig, dass ein einheitliches Controlling-Konzept nicht entwickelt werden konnte.

Hinzu kommt, dass sich die Betriebswirtschaftslehre des Controlling in Deutschland erst relativ spät annahm und Praxisauffassung und Theorie in einigen Bereichen auseinanderklaffen.

Trotz der Auffassungsunterschiede besteht allerdings Konsens darüber, dass Controlling weit mehr als Kontrolle bedeutet, sich vielmehr mit der Ausarbeitung von Planzielen, dem Entwickeln von Strategien, der Ermittlung und Analyse von Abweichungen und sich daraus ergebenden Korrekturhandhabungen befasst (*Heigl*).

Controlling kann als ein **Führungsinstrument**, als ein Konzept der Unternehmenssteuerung angesehen werden, das folgende Funktionen ausübt:

- ► Planung
- ► Information
- ► Analyse/Kontrolle
- ► Steuerung.

1.2 Controlling-Formen

Im Laufe der Zeit haben sich einige Controlling-Bereiche und Controlling-Formen herausgebildet, sind immer neue Begriffe entstanden, die es angebracht erscheinen lassen, auf die wichtigsten Formen kurz einzugehen.

- ► Operatives Controlling
  Das operative Controlling steht normalerweise zeitlich am Anfang eines Controlling-Konzeptes. Es handelt sich um ein in der Regel kurzfristig wirkendes Instrument, das üblicherweise die Zeitspanne eines Geschäftsjahres umfasst. Es wird nicht zur langfristigen Existenzsicherung eingesetzt, sondern steht primär im Dienste der kurzfristigen Gewinnsteuerung.

► Strategisches Controlling
Der enge zeitliche Rahmen des operativen Controlling deutet darauf hin, dass es als modernes Konzept der Unternehmenssteuerung nur bedingt einsetzbar ist. Die Komplexität der externen und internen Rahmenbedingungen gestattet eine Extrapolation von Ereignissen und Daten als eine Erweiterung des operativen Controlling auch kaum.

Es ist also ein Konzept zu entwickeln, das Chancen und Risiken erkennen kann, um rechtzeitig Maßnahmen zu ergreifen, die das primär strategische Ziel der zukünftigen Existenzsicherung realisieren helfen.

Das strategische Controlling ist ein Instrument, das es ermöglicht, zukünftige Erfolgspotenziale zu erkennen und aufzubauen. Der Zeithorizont des operativen Controlling wird gesprengt, und es werden für die Zukunftsentscheidungen und Zukunftssicherung entscheidende Daten qualitativer und quantitativer Art verwendet. Neben dem internen Bereich wird zunehmend die Umwelt berücksichtigt.

► Controlling aus institutionaler Sicht
Aus institutionaler Sicht wird die Verankerung des Controlling in die Unternehmensorganisation betrachtet sowie seine interne Strukturierung und die Fixierung der Anforderungsprofile der jeweiligen Stelleninhaber (*Ziegenbein*).

► Controlling aus funktionaler Sicht
Funktionales Controlling ist praktiziertes Controlling, also die Tätigkeiten des Planens, Informierens, Analysierens, Kontrollierens, Steuerns und Regelns.

Funktionales Controlling lässt sich aber auch unter dem Aspekt der **Arbeitsteilung** im Controlling als

- Beschaffungs-
- Produktions-
- Absatz-/Marketing-
- Finanz-
- Personal-
- Kosten-Controlling usw.

betrachten.

► Zentralcontrolling
In enger Verbindung mit dem Controlling aus institutionaler Sicht ist das Zentralcontrolling zu sehen. Es geht dabei um die Zentralisierung aller Controlling-Aufgaben in einem System.

► Subcontrolling
Beim Subcontrolling handelt es sich um die Differenzierung und Dezentralisierung der Controlling-Funktion.

► Objektbezogenes Controlling
Controlling lässt sich auch objekt-, projekt- oder spartenbezogen durchführen.

► Systembildende Controlling-Funktion
Die Abgrenzung, Entwicklung und Abstimmung von Planungs-, Kontroll- und Informationssystemen für die Unternehmensführung kann als systembildende Funktion des Controlling angesehen werden (vgl. *Kiener*).

► Systeminterne Controlling-Funktion
Von systeminterner Funktion des Controlling ist die Rede, wenn die laufende Abstimmung von Planung und Kontrolle sowie Sicherstellung der Informationsversorgung der Führung im Rahmen des geschaffenen Systemzusammenhangs betrachtet werden.

1.3 Controlling in der Unternehmensorganisation

Allgemeingültige Regeln für die Einordnung des Controlling in die Unternehmensorganisation können nicht aufgestellt werden.

Weitestgehende Übereinstimmung besteht darüber, dass das Controlling als ein Teil des Führungssystems bzw. als führungsunterstützendes Subsystem einer hohen Ebene der Unternehmenshierarchie zuzuordnen ist.

Streitpunkte sind die Installierung des Controlling als Linienstelle oder Stabsstelle, als zentrale oder dezentralisierte Institution.

Im Folgenden werden einige wichtige Punkte der Einordnung des Controlling in die Unternehmensorganisation dargestellt, wobei die Ausführungen nur den Charakter eines Überblicks haben können.

1.3.1 Controlling als Linienstelle

► Controlling als Teil der Geschäftsführung
Ordnet man das Controlling in die oberste Führungsebene ein, ist dies ein Beweis für die Bedeutung, die man ihm beimisst.

In einer nach **Funktionen** gegliederten Geschäftsführung rangiert das Controlling gleichberechtigt neben den übrigen Funktionsbereichen. In einer **objektorientierten** Organisation ist der Controller ebenfalls ordentliches Mitglied der Geschäftsleitung.

Diese Regelung ist nicht ungefährlich. Der Controller ist einerseits ordentliches Mitglied der Unternehmensführung, muss aber andererseits Controllerleistungen für seine Kollegen erbringen. Dies kann zu Konflikten führen; ebenso der Umstand, dass der Controller Controllingfunktionen und Entscheidungsfunktionen ausüben muss.

► Controlling auf der zweiten Leitungsebene
Auch wenn das Controlling auf der zweiten Leitungsebene installiert wird, wird seine besondere Bedeutung hervorgehoben. Die Controlling-Funktion steht gleichberechtigt neben den übrigen Verrichtungen und zeigt damit ihren herausgehobenen Rang (vgl. *Bramsemann*).

1.3.2 Controlling als Stabsstelle

Ordnet man das Controlling als zentrale Stabsstelle der Unternehmensführung zu, tritt die Funktion des Zuarbeitens, des Vorbereitens von Entscheidungen, aber auch des Begleitens der Geschäftsleitung deutlich in Erscheinung.

In manchen Unternehmen wurde eine Organisationsform gefunden, die von der der klassischen Stabsstellen abweicht.

Dem Controlling wird in besonderen Fragen ein Mitbestimmungsrecht und Vetorecht sowie eine Anweisungsbefugnis eingeräumt. Die Kompetenz des Controllers wird dadurch besonders betont.

Die Einordnung des Controlling als Stabsstelle gestattet darüber hinaus die Praktizierung weiterer Konzepte, die auf eine Kombination von **Machtpromotion** aufseiten der Geschäftsführung und von **Fachpromotion** aufseiten des Controllers hinauslaufen.

1.3.3 Zentralisierung oder dezentrale Gliederung

Nimmt man eine Zentralisierung aller Controllingaufgaben vor, erreicht man, dass die Controllinginstrumente konzentriert und gezielt eingesetzt werden und die funktionsübergreifende Aufgabe deutlich in Erscheinung tritt. Kompetenz- und Koordinationsprobleme zwischen Zentral-Controlling und Controlling-Subsystemen entstehen nicht.

Es muss unterschieden werden zwischen einer dezentralen Gliederung des Controlling und der Bildung von Controlling-Unterabteilungen. Eine organisatorische Gliederung des Controlling kann folgendes Aussehen haben:

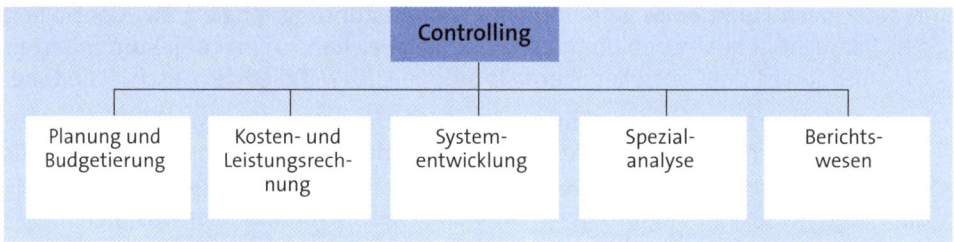

Eine **Dezentralisierung** liegt erst vor, wenn eigene **Subsysteme** des Controlling entstehen, die im engen Zusammenhang mit Sub-Führungssystemen zu sehen sind.

Sub-Führungssysteme müssen immer gebildet werden, wenn das Betriebsgeschehen und das Geschehen in der Umwelt so kompliziert und komplex werden, dass Entscheidungen in zunehmendem Maße delegiert werden müssen.

Jedes installierte Führungssystem bedarf seinerseits eines Instrumentes, das die Hauptfunktionen des Controlling, die Planung, Information, Analyse/Kontrolle und

Steuerung ausübt. Jedem Sub-Führungssystem lässt sich ein eigenes dezentralisiertes Controlling-System zuordnen.

Die Regelungen der Führungs- und Sub-Führungssysteme finden ihren Niederschlag in der Aufbauorganisation der Unternehmen. Diese ist in der Regel auch verbindlich für die Organisation des Controlling.

Eine Dezentralisierung von Controlling-Aufgaben ist in allen Organisationsformen möglich, sowohl in objektorientierten als auch in verrichtungsorientierten Formen sowie in Mischformen.

Ein nicht zu unterschätzendes Problem in der betrieblichen Praxis ist das **Unterstellungsproblem**. Es ergibt sich die Frage, wem der Sub-Controller unterstellt werden soll.

Das Problem wird auf zwei Unterstellungsmöglichkeiten reduziert, eine Unterstellung unter den Zentralcontroller oder unter den jeweiligen Bereichsleiter. Für das Unterstellungsverhältnis kristallisieren sich im Einzelnen folgende Möglichkeiten heraus (vgl. *Ziegenbein*):

(1) Der Sub-Controller wird **fachlich** und **disziplinarisch** dem Zentral-Controller unterstellt.

Diese Möglichkeit reduziert zwar etwaige Differenzen zwischen dem Zentral- und dem Sub-Controller auf ein Minimum, führt wohl auch zu einer Stärkung der Position des Zentral-Controllers, fördert allerdings nahezu Konflikte mit den Bereichen.

(2) Der Sub-Controller wird **fachlich** dem Zentral-Controller, **disziplinarisch** dem Bereichsleiter unterstellt.

Diese Möglichkeit ist sehr verbreitet, bietet aber viel Konfliktstoff und zwar zu beiden vorgesetzten Stellen. Der Vorteil dieser Lösung liegt in der sachlichen Bindung an das Zentral- Controlling bei gleichzeitiger Einordnung in den fachlichen Bereich und der damit verbundenen Möglichkeit der Akzeptanz durch diesen.

(3) Der Sub-Controller wird **fachlich** dem Bereichsleiter, **disziplinarisch** dem Zentral-Controller unterstellt.

Diese organisatorische Möglichkeit führt nicht nur zu einer Schwächung der Position des Zentral-Controllers, da die fachliche Anbindung des Sub-Controllers abgeschnitten wird, sondern bedeutet auch die Gefahr der Einbindung des Sub-Controllers in die Routine-Aufgaben des Bereiches.

(4) Der Sub-Controller wird sowohl **fachlich** als auch **disziplinarisch** dem Bereichsleiter unterstellt.

Dieser Weg ist zwar denkbar, aber keinesfalls empfehlenswert. Er bedeutet, dass kaum noch ein Zusammenhang zwischen der Arbeit von Zentral- und Sub-Controller besteht, es sei denn auf informelle Weise.

Von den vier Möglichkeiten sind nur die beiden ersten praktikabel, wobei der Verfasser der **Möglichkeit zwei** Präferenz einräumt.

2. Einordnung des Logistik-Controlling in das Logistik-Konzept des Unternehmens

Die Ausübung von Funktionen des Logistik-Controlling kann zentral oder dezentral geschehen. Denkbar ist, dass ein Bereich des Zentral-Controlling sich mit logistischen Aufgabenstellungen befasst, ebenso möglich ist die Einrichtung eines Subsystems „Logistik-Controlling".

Desgleichen können Controlling-Aufgaben von Linieninstanzen oder Stabsstellen wahrgenommen werden.

Der Bedeutung der Logistik entsprechend sollten ein Führungs-Subsystem „Logistik" eingerichtet und ein Controlling-Subsystem „Logistik - Controlling" installiert werden. Fachlich sollte der Logistik-Controller dem Zentralcontroller und disziplinarisch dem Bereichsleiter Logistik unterstellt werden.

3. Aufgaben des Logistik-Controlling

Wenn ein Führungs-Subsystem Logistik als Planungs-, Steuerungs-, Kontroll- und Koordinierungsinstanz geschaffen wird und diesem ein Controlling-Subsystem an die Seite gestellt wird, bedeutet dies nicht, dass sämtliche Controllingfunktionen zentral von einer Stelle ausgeführt werden. Logistikaufgaben fallen nahezu im ganzen Unternehmen an, dementsprechend ergeben sich auch Aufgaben des Controllers im ganzen Unternehmen. In den Bereichen, in denen der Logistiker tätig wird, wird auch der Controller tätig. Es ist naheliegend, dass ein Buch, das sich mit Fragen des Logistik-Controlling befasst, dem Rechnung trägt und Controlling-Aufgaben an der Stelle beschreibt, an der die Logistik-Aufgaben geschildert werden.

Im Hauptkapitel „Logistik-Controlling" werden grundsätzliche Fragen des Bereichscontrolling, Aufgabenkomplexe des Controlling, Arbeitsweisen des Controllers beschrieben. Hinzu kommt eine Zusammenfassung und Systematisierung von Controllinginhalten. Es ist angebracht und für den Leser hilfreich, wenn darauf hingewiesen wird, an welchen bisherigen Stellen bereits auf Aufgaben eingegangen wurde, die dem Controlling zugeschrieben werden können bzw. bei denen es nicht unwesentlich mitwirkt. Die folgende Übersicht soll einen solchen Hinweis darstellen:

Eingliederung der Logistik in die Unternehmensorganisation	Kap. A. 5.2
Strategische und operative Logistikziele	Kap. A. 6.3.3
Planungsprozess	Kap. B. 5
Planungsvorbereitung	Kap. B. 6
Strategischer Planungsprozess	Kap. B. 7.5
Operative Logistikplanung	Kap. B. 8
Balanced Scorecard	Kap. B. 7.6
Logistische Software	Kap. C. 2
Kostenrechnung	Kap. C. 2.4.1
Investitionsrechnung	Kap. C. 2.4.2

Darüber hinaus finden sich im Rahmen der Behandlung der Bereichslogistiken Hinweise auf die Mitwirkung des Controllers.

3.1 Abgrenzung der Controller-Aufgaben

Es wurde bereits dargelegt, dass die generellen Aufgaben des Controlling in der

- Planung
- Information
- Analyse/Kontrolle
- Steuerung

bestehen.

Diese typischen Controlling-Funktionen gleichen denen eines jeden Managers, auch dem im Logistik-Bereich, der ebenfalls planen, informieren und steuern muss. Dem oft gehörten Einwand, es liege ja eine begriffliche Deckungsgleichheit der Aufgaben vor, was die Installierung eines Controlling überflüssig mache, ist entgegenzuhalten, dass der Controller den Entscheidungsprozess ja nicht leitet, sondern vorbereitet und begleitet. Der Controller darf nur entscheiden, was seinen eigenen Aufgabenbereich betrifft, in anderen Bereichen nur in einem vorgegebenen Rahmen.

Die Abgrenzung der Controller-Aufgaben von den Logistik-Management-Aufgaben ergibt sich fast automatisch, wenn man die klassischen Controller-Funktionen betrachtet:

- der Controller stellt den Informationsbedarf fest, er hilft bei der Informationsbeschaffung und unterstützt und koordiniert die Informationsverwendung
- der Controller plant nicht primär, sondern er schafft die Grundlagen für die Planung, baut Planungssysteme auf, entwickelt Planungstechniken oder führt sie ein, er koordiniert die Planung
- der Controller deckt Schwachstellen auf und hilft bei deren Beseitigung, er sorgt dafür, dass Warnsignale durch den Aufbau eines entsprechenden Systems erkannt werden, und er regt die Steuerung und Gegensteuerung an und wirkt bei dieser mit
- der Controller mischt sich nicht in die Aufgaben des Bereichsleiters ein, sondern unterstützt diesen. Er arbeitet auf Gebieten, für die er normalerweise besser qualifiziert ist als der Logistik-Manager und kümmert sich um Arbeitsfelder, um die sich der Manager aus Zeitgründen nicht kümmern kann und sie deshalb umso lieber dem Controller überlässt.

Zu berücksichtigen ist, dass der Controller zu einer Reihe von Informationen einen direkteren Zugriff hat als das Logistik-Management, entweder, weil bestimmte Daten beim Zentral-Controller bereits vorhanden sind oder, falls ein zentrales Controlling nicht vorhanden ist, weil eine Zusammenarbeit mit anderen Bereichs-Controllern für ihn wahrscheinlich unproblematischer ist.

Durch seine Führungsfunktion ermöglicht oder erleichtert der Controller eine andere Führungsfunktion, die des Logistik-Management.

In diesem Zusammenhang muss der Auffassung einiger Autoren widersprochen werden, der Controller sei für die gesamte Logistik verantwortlich und habe mit allen logistischen Problemen so vertraut zu sein, dass er diese weitgehend selbstständig lösen könnte. Der Controller kann kein „Überlogistiker" sein, sondern kann nur in den oben erwähnten Feldern tätig werden und durch seine Unterstützung des Logistik-Management zur Optimierung der Logistiklösungen beitragen.

Bei der Festlegung bzw. Abgrenzung der Controller-Aufgaben sind die Unternehmensgröße und Unternehmensstruktur zu berücksichtigen, sodass die im Folgenden genannten Hauptaufgaben noch erweitert, eingeengt oder variiert werden können. Bei der Aufzählung handelt es sich um eine Reihen- und nicht um eine Rangfolge.

▸ Ermittlung, Dokumentation und Weiterleitung von Informationen, Aufbau von Informationssystemen

▸ Aufbau eines Berichtswesens

▸ Erarbeitung von Planungsrichtlinien und Planungsprämissen, Festlegung der Planungsmethoden, Aufbau eines Planungssystems

▸ Beratende Mitwirkung bei der Formulierung von Zielen

▸ Hilfe bei der Aufstellung von zielorientierten Plänen

▸ Koordinierung der Pläne

▸ Terminüberwachung bei der Planaufstellung

▸ Schaffung eines Kennzahlensystems

▸ Aufbau eines Kontrollsystems durch Festlegung von Toleranzgrenzen für Abweichungen, Installierung von Verfahren für die Abweichungsanalyse und die Möglichkeit zum Erkennen der Folgen der Abweichungen

▸ Durchführung bzw. Unterstützung von laufenden Kontrollaufgaben

▸ ständige Beobachtung der Planziele

▸ Analyse der Abweichungen

▸ Einleitung von Gegensteuerungsmaßnahmen und Mitwirkung bei diesen Maßnahmen

▸ Beratung und Schulung von Mitarbeitern im Logistik-Bereich

▸ Auswertung von Statistiken

▸ Sonderaufgaben wie
  - Durchführung von Wirtschaftlichkeitsberechnungen
  - Durchführung von Investitionsrechnungen
  - Durchführung bzw. Initiierung von Kostenrechnungsprogrammen
  - Kontakte zu externen Stellen (Lieferanten, Kunden, Verbände)
  - Beobachtung der Konkurrenz.

Die Hauptaufgaben des Controllers lassen sich in konstitutive, basisbildende und ablaufbedingte Aufgaben gliedern, die operativen und strategischen Charakter haben.

Eine konsequente Trennung ist allerdings kaum möglich, sodass auch bei den folgenden Ausführungen diese Einteilung vernachlässigt werden kann.

3.2 Bildung von Aufgabenkomplexen

Fasst man Aufgaben des Logistik-Controlling zu Aufgabenkomplexen zusammen, ergeben sich die Bereiche

► Entwicklung eines Logistik-Informationssystems mit den erforderlichen vorgelagerten Aufgaben

► Mitwirkung bei der Logistikplanung

► Logistikkontrolle

► Sonderaufgaben.

3.2.1 Entwicklung eines Logistik-Informationssystems

Als **Informationssystem** bezeichnet man eine geordnete Menge von Informationselementen (einzelne Informationen oder Informations-Subsysteme), *„die sämtlich führungsrelevante Tatbestände, Merkmale und Ereignisse des Ausführungssystems betreffen. Die Aufgabe des Informationssystems besteht in der Beschaffung, Speicherung, Verarbeitung und Übermittlung der so eingegrenzten Informationen"* (*Weber/Kummer*).

Weber hebt hervor, dass es Aufgabe des Informationssystems allgemein sei, das Ausführungssystem in seinen führungsrelevanten Eigenschaften, Merkmalen und Ereignissen abzubilden.

Ein Informationssystem setzt sich aus mehreren Subsystemen zusammen, wobei häufig von

► auf wertmäßigen Daten basierenden Systemen (betriebliches Rechnungssystem mit seinen Teilbereichen)

► auf Zeiten, Mengen und Qualitäten basierenden Systemen (z. B. technische Informationsquellen wie Betriebsdatenerfassungssysteme oder Elemente von CIM-Konzepten)

ausgegangen wird.

Hinzu kommen weitere Subsysteme wie Kennzahlensysteme oder Frühwarnsysteme. Auf wichtige Elemente von Logistik-Informationssystemen wird in den folgenden Kapiteln eingegangen.

Neben dem Aufbau von Informationssystemen ist für die Logistik die Gestaltung der **Informationsflüsse** von Bedeutung. Wie das Material müssen auch die Informationen im Unternehmen „zum Fließen" gebracht werden (vgl. *Huber*), um folgende Ziele zu erreichen:

► erhöhte Reaktionsfähigkeit mittels Beschleunigung der Informationsflüsse

► Verbesserung von Dienstleistungen durch umfassendere und schnellere Informationsversorgung der Abnehmer

► Ersetzen von Beständen durch Informationen

► Rationalisierung der Informationsverarbeitung.

Huber baut das logistische Informationsflusssystem aus folgenden Elementen auf:

Elemente des Informationsflusses	Art der Informationsverarbeitung
► Informationsquellen (-erzeuger) und Informationssenken (-verbraucher) im Kontakt mit betriebsexternen Stellen (Verkauf, Einkauf usw.)	► konventionell (Papier, Telefon usw.) ► Kommunikationsverbund mittels Computer
► Informationsquellen und -senken am Materialfluss (Beispiel Wareneingang, I-Punkte im Lager, Anleitungen für Maschinenbearbeitungen und Rückmeldungen usw.)	► konventionell (Papier, mündlich usw.) ► Rückmeldungen über Tastatureingaben oder Barcode ► Datenübermittlung an und Rückmeldung von automatischen Maschinen/Lagern/Handlingsystemen
► Informationsverarbeitungsstellen innerhalb des Betriebes	► konventionell/manuell ► EDV-unterstützt ► automatisch
► Informationsübermittlung innerhalb des Betriebes	► je nach Art der vorhandenen Quellen/Senken und Verarbeitungsstellen konventionell (Papier, mündlich usw.) oder über EDV

Auf diesen Elementen basiert das logistische Informationsflusssystem.

Die Elemente werden zu logistischen **Informationsflussketten** zusammengefügt. Dabei werden die Fragen beantwortet:

► Welche Informationsquellen und -senken werden in welcher Form gebraucht?

► Welche Informationsquellen und -senken liegen in welcher Form vor?

► Welche Informationsverarbeitungen werden wo und in welcher Form durchgeführt?

► Zwischen welchen Stellen und in welcher Form müssen welche Informationen übermittelt werden?

Es kommt nicht darauf an, einzelne Informationsverarbeitungen zu betrachten und zu optimieren. Arbeitsteilige Aufgaben werden zusammengelegt und die Informationsverarbeitung gemäß dem Fließprinzip über alle beteiligten Stellen gestaltet (*Huber*).

Die folgenden Informationsflussketten (bzw. CIM-Ketten) entstehen:

► Absatzplanung-Produktionsprogrammplanung

► Kundenauftragsabwicklung-Produktionsprogrammplanung

► technische Auftragsabwicklung
(Entwicklung – Konstruktion – Arbeitsplanung)

► dispositiver Logistik-Regelkreis

► Beschaffungsregelkreis

► operativer Logistik-Regelkreis (innerbetrieblich)

► operative Leit- und Steuerungssysteme

► materialflussbegleitende Informationen

► Distribution.

Von großer Bedeutung für den reibungslosen und raschen Ablauf des Leistungser-stellungsprozesses ist neben einem funktionierenden internen logistischen Informa-tionsflusssystem die Erfassung und Verarbeitung sämtlicher Kommunikationsvorgän-ge **entlang der gesamten Logistikkette**. Bei der Gestaltung von Informationssystemen in diesem Bereich gab es lange Zeit Defizite. In den letzten Jahren sind jedoch große Fortschritte erzielt worden, und die erreichten Ergebnisse haben sehr dazu beigetra-gen, die Informationsdefizite entlang der Logistikkette zu minimieren.

Die Einführung computergestützter Informationssysteme ermöglicht eine unterneh-mensübergreifende Prozessgestaltung. Der elektronische Austausch von Informatio-nen verbindet nicht nur zwei oder wenige Partner, sondern bezieht eine Vielzahl von Kunden, Abnehmern und Dienstleistern ein.

Die Abkehr von der Informationsübertragung in Papierform in der logistischen Kette beschleunigt und komplettiert nicht nur den Informationsprozess und vermeidet Me-dienbrüche durch die Übertragung von „Papierinformationen" in betriebliche Informa-tionssysteme, sondern gestaltet auch viele Prozesse transparenter.

Ein System, das die Informationsversorgung durch Datenaustausch praktiziert, ist **EDI** (Electronic Data Interchange).

„Hier geht es darum, logistische Kommunikationsvorgänge mithilfe von standardisierten Formaten so aufzubereiten, dass sie von den computergestützten Anwendungssystemen der beteiligten Wertschöpfungspartner „verstanden" und richtig weiterverarbeitet wer-den können. EDI gewährleistet die hard- und softwareunabhängigen Möglichkeiten der Weiterverarbeitung empfangener Informationen im EDV-System des Empfängers" (Iser-mann).

Die Infrastruktur für EDI stellen Kommunikationsrechner und Telekommunikations-netze dar. Der Nachrichtenaustausch über EDI wird nach den Bereichen

- Austausch von Dokumenten
- Austausch von Produktdaten, insbesondere CAD-Daten
- Austausch von Handelsdaten

klassifiziert (vgl. *Vahrenkamp, 2007*).

Für einige Branchen wurden spezifische Lösungen geschaffen, die nicht nur die unmit-telbare Kommunikation ermöglichen, sondern auch Möglichkeiten schaffen, etwa Da-ten so zu verknüpfen, dass Transporteinheiten **jederzeit** identifiziert werden können und damit **jederzeit** festgestellt werden kann, an welcher Stelle der Transportkette sich bestimmte Waren befinden.

Vor einigen Jahren wurde ein europäischer Standard für die EDI-Kommunikation ent-wickelt, es handelt sich dabei um **EDIFACT** (Electronic Data Interchange for Administra-tion, Commerce and Transport). Siehe auch Kap. G. 3.2.7. Damit wurde ein weltweiter Standard für den Austausch kommerzieller Daten geschaffen. Gängige Geschäfts-vorfälle wie Anfragen, Bestellungen, Lieferscheine, Rechnungen, Zahlungsaufträge, Bankauszüge u. Ä. können direkt von DV zu DV übertragen und weiterverarbeitet wer-den. Eine besondere Rolle spielen EDIFACT-Nachrichtenstandards in der Transportkette zwischen Versender, Empfänger, Versand- und Empfangsspedition, Frachtführer und sonstige Dienstleister.

Beim Aufbau von Verbindungen mittels EDI und beim Austausch von EDI-Nachrichten werden besondere Dienstleister eingesetzt, die so genannte Mehrwertdienste erbrin-gen.

Brehm nennt als Beispiel für solche Dienste den Versand von Dateien an mehrere Emp-fänger, Konvertieren von Nachrichten in andere Formate, Verschlüsselungen, Authen-tizitäts-Prüfungen, Archivierungen u. Ä.

Ein besonderes Subsystem des Informationssystems im Unternehmen ist die Kosten-rechnung. Wegen ihrer großen Bedeutung auch für die Logistik wird sie in einem eige-nen Kapitel (Kapitel H. 4) behandelt.

Als ein Informationssystem lässt sich eine neue Technologie einordnen, die immer mehr an Bedeutung gewinnt, dennoch nicht ganz unumstritten ist. Es handelt sich um die **RFID-Technologie**. Die Abkürzung steht für **„Radio-Frequency Identification"**, was als „Identifikation über Radiowellen" übersetzt werden kann. In dem Verfahren werden Daten mittels Radiowellen berührungslos und sichtungebunden übertragen. Es wird damit zur kontaktlosen Identifizierung und Lokalisierung von Gegenständen fast jeder Art und auch von Lebewesen eingesetzt.

Die RFID-Technik entstand im Zweiten Weltkrieg und wurde zum Erkennen von Fein-den, d. h. zur Unterscheidung der eigenen von fremden Objekten verwendet. In den folgenden Jahren wurden RFID-Systeme entwickelt, die u. a. als Warensicherungssysteme, Mautsysteme, Wegfahrsperren oder im bargeldlosen Zahlungsverkehr einsetzbar sind.

Ein RFID-System besteht aus

► einem Transponder

► einem Lese-Schreibgerät (Sende-Empfangsgerät), meist nur als Lesegerät bezeichnet

► den Funkfrequenzen

► in der Regel einem im Hintergrund wirkenden IT-System.

Kernstück des Systems ist der **Transponder**. Er besteht aus einem Minichip und einer Antenne und wird häufig auch als „Tag" bezeichnet. Die Chips können je nach Ausführung größere Datenmengen speichern. Ein Nummerncode enthält Angaben wie Produktionsart und Produktionsort einer Ware, ihr Herstellungsdatum, ihre Haltbarkeit, das Datum des Verlassens der Produktion und des Lagers u. Ä. Die Chips sind jederzeit lesbar und beschreibbar. Die Transponder haben in der Regel einen so geringen Umfang, dass sie im Produkt oder in schmalen Etiketten anbringbar sind; auch ist eine Implantation in Lebewesen möglich.

Es sind aktive und passive Transponder zu unterscheiden. **Aktive Transponder** beziehen ihre Energie aus Batterien, **passive Transponder** aus dem elektromagnetischen Frequenzfeld des Lesegerätes. Aktive Transponder verfügen über eine größere Reichweite, sind jedoch teurer als passive.

Lesegeräte bzw- Lese-Schreibgeräte bestehen aus einer Antenne und einer Leseeinheit bzw. Lese-Schreibeinheit. Die Antenne des Transponders empfängt ein hochfrequentes Wechselfeld, das vom Lesegerät produziert wird. Der Chip wird durch in der Antenne entstehenden Induktionsstrom aktiviert. Liegt ein aktiver Transponder vor, wird ein Kondensator, der den Chip permanent mit Strom versorgt, durch den induzierten Strom aufgeladen.

Der Transponder wird vom Lesegerät über eine bestimmte Frequenz „angefunkt" und sendet die von ihm gespeicherten Daten zurück. Es wird sowohl im Niedrig- als auch im Hochfrequenzbereich sowie im Ultrahochfrequenzbereich operiert. Der letzgenannte Bereich ermöglicht bei passiven Transpondern Reichweiten von einigen Metern bei aktiven Transpondern von mehreren hundert Metern. Die Daten des Transponders können mit einem IT-System vernetzt und bei Bedarf ausgewertet werden.

RFID-Systeme haben vielfältige **Anwendungsmöglichkeiten**, die sich vom privaten Bereich bis zu anspruchsvollen logistischen Aufgaben erstrecken.

Privatpersonen werden häufig, oft ohne es zu wissen, mit RFID-Anwendungen konfrontiert. Reisepässe, Hausausweise, Schließsysteme, Wegfahrsperren, Eintittskarten u. v. a. sind mit Transpondern ausgestattet. Auch beim **täglichen Einkauf** kann RFID eine Rolle spielen. Zahlreiche Handelsunternehmen versehen ihre Waren mit Chips, die es möglich machen, im Einkaufswagen befindliche Gegenstände zu identifizieren, ohne dass diese auf ein Laufband gelegt werden müssen. Auch eine Kombination mit dem bargeldlosen Zahlungsverkehr wird bereits realisiert.

In **Unternehmen** werden RFID-Systeme verwendet, wenn bestimmte Objekte (Produkte) identifiziert und lokalisiert werden sollen. Verlässt ein Produkt die Fertigung, kann ein an ihm angebrachter Transponder, der die wichtigsten Produktdaten enthält, einem Lesegerät die Registrierung des Ausgangs ermöglichen. Die zuständigen Stellen im Unternehmen erhalten Informationen über Art, Menge, Zeitraum der Fertigung sowie Zeitpunkt des Verlassens der Produktionsstätte.

Weitere Lesegeräte können den Transport des Erzeugnisses innerhalb und außerhalb des Unternehmens und seine Ankunft beim Käufer (z. B. Großhändler) verfolgen. Dieser kann seinerseits den Eingang der Ware feststellen und ihren weiteren Weg, beispielsweise zum Einzelhändler, verfolgen. **Voraussetzung** hierfür ist ein offenes RFID-System. Ein **geschlossenes RFID-System** ist auf ganz bestimmte Zwecke ausgerichtet, und der gewonnene Nutzen erstreckt sich auch nur auf ein ganz bestimmtes System.

Ein **offenes RFID-System** ist gegeben, wenn für mehrere Anwender innerhalb eines Systems eine Kommunikation möglich ist. Bedingung dafür ist, dass alle Beteiligten die Chips lesen können. Dies führte zur Entwicklung allgemeiner **Standards**. Ein häufig genutzter ist **EPC** (Electronic Product Code), der Angaben zur Identifizierung des Produktes, zu seiner Entstehungsgeschichte, seinem Zustand, seinem Weg u. Ä. umfasst.

Die genannten RFID-Anwendungen können noch erweitert werden. Eine solche ist beispielsweise die Kombination von Funkchips und Wärmekondensatoren. Dies ermöglicht eine Kontrolle der Temperatur während der Lagerung und des Transports und damit eine Überprüfung der Haltbarkeit von Waren wie Lebensmittel und Medikamente. Auch liegen Ergebnisse von Versuchen vor, die die Messung der Luftfeuchtigkeit und Stoßempfindlichkeit während des Transports zum Gegenstand haben (vgl. *Bünder*).

Der Einsatz von RFID-Systemen im Einzelhandel wurde bereits erwähnt. Ein Ausbau der Systeme kann nach Meinung von Experten den Einzelhandel geradezu revolutionieren. Ein Beispiel mag dies verdeutlichen.

Beispiel

Ein Lesegerät erfasst den Warenausgang aus dem Lager und ermöglicht direkte Nachbestellungen bei den Lieferanten. Lesegeräte an den Regalen der Verkaufsräume erlauben die Feststellung, welche Waren von welchen Standorten entnommen wurden und in welchem Zustand sie sich befanden. Ein Lesegerät an der Kasse erfasst den Kundeneinkauf, der von der Datenbank als Ausgang notiert wird. Die Erfassung der mit Transpondern versehenen Waren erfolgt bereits im Einkaufswagen, eine Entnahme zur Registrierung wird überflüssig.

Das System kann noch insofern erweitert werden, als dem Kunden bereits an den Regalen wertvolle Informationen zur Verfügung gestellt werden. Er kann über den jeweiligen Warenwert (Einzel- und bisheriger Gesamtwert) in Kenntnis gesetzt werden und bereits bei der Warenentnahme aus dem Regal Hinweise über Sonderangebote, Anwendungstipps oder Gesundheitstipps erhalten.

Die folgende Zusammenstellung gibt einen Überblick über wichtige Anwendungsmöglichkeiten von RFID-Systemen:

- Identifizierung von Waren und Lebewesen
- Identifizierung von Transportbehältern, wobei die Pulkerfassung besonders wichtig ist
- Transportverfolgung
- Lagerführung
- Zutrittskontrolle
- Diebstahlsicherung
- Prüfung der Echtheit bestimmter Nachweise (Urkunden, Dokumente)
- bargeldloser Zahlungsverkehr
- Mautsysteme u. Ä.

Bei allen Vorzügen, die mit dem Einsatz von RFID verbunden sind, dürfen die Nachteile nicht unbeachtet bleiben. Folgende **Hauptnachteile** sind zu nennen:

- die relativ geringe Reichweite
- die zurzeit noch hohen Kosten
- Störungen des Funkverkehrs
- Lesen der Informationen durch Dritte („Spionage")
- bewusste Beschädigung bzw. Zerstörung des Systems durch Dritte
- Entsorgungsprobleme
- Befürchtungen im Hinblick auf Nichteinhalten des Datenschutzes.

Trotz dieser Nachteile und Befürchtungen werden RFID-Systeme weiterentwickelt bzw. ausgebaut. Forschungsprojekte sollen zur Qualitätsverbesserung der Chips und ihrer Aufnahmefähigkeit sowie zur Erweiterung der Anwendungsmöglichkeiten beitragen. Eine weitere Verbreitung von RFID kann sich auf die Kostenhöhe positiv auswirken. Wegen ernstzunehmender Gegner ist allerdings eine zu optimistische Einstellung gegenüber RFID nicht angebracht.

3.2.2 Mitwirkung bei der Logistikplanung

Planungsaufgaben zählen zu den Kernbereichen der Controllertätigkeiten; dem Logistik-Controller fallen wichtige Aufgaben beim Aufbau, beim Ablauf und bei der Kontrolle des Logistikplanungs-Systems zu. Unter Planungssystem wird die Ordnung der bei der Ausübung der Planungsfunktionen sich ergebenden Haupttätigkeiten der Situationsanalyse, Ziel-, Strategien- und Maßnahmenfestlegung verstanden.

Die wichtigsten Teilaufgaben sind:

- Mitwirkung bei der Situationsanalyse
- beratende Mitwirkung bei der Formulierung von Logistik-Zielen und Logistik-Strategien
- Erarbeitung von Planungsrichtlinien (Planungshandbuch)
- Festlegung der Planungsmethoden bzw. Anregung dazu
- Weiterentwicklung von Planungsmethoden
- Fixierung der Teilpläne der einzelnen Bereiche
- Hilfestellung bei den Planungsarbeiten selbst, beispielsweise im Rahmen der computergestützten Planung
- Koordinierung von Einzelplänen wie der Beschaffungs-, Produktions- und Distributionspläne sowie der Lager- und Transportpläne
- Festlegung des Terminplans für die Planungsaktivitäten
- Terminüberwachung der Planaufstellung
- Ermittlung von Planabweichungen
- Analyse von Planabweichungen
- ständige Beobachtung der Logistikziele.

Die Logistikplanung wurde ausführlich im Kap. B. behandelt, sodass sich an dieser Stelle weitere Ausführungen erübrigen.

3.2.3 Logistikkontrolle

Die Logistikkontrolle soll Fehler aufdecken und feststellen, was besser gemacht werden kann, aber auch was gut gemacht wurde; damit bedeutet Kontrolle auch Entlastung. Als weitere wichtige Aufgabe kommt noch die Anregung hinzu.

Sieht man die Kontrolle in einem größeren Zusammenhang, ist sie als Bestandteil des **Risikomanagement** zu betrachten. Dieses ist ein wichtiger Teil der Unternehmensführung mit dem Hauptziel der Sicherung der Existenz und des Erfolges des Unternehmens.

Der Risikomanagement-Prozess umfasst alle Handlungen, die zum systematischen Umgang mit Risiken erforderlich sind. Er erstreckt sich auf die Risikoanalyse, die Planung der Strategien und Maßnahmen, die Handhabung der Risiken und die Risikoüberwachung. Wichtiger Bestandteil der Risikoüberwachung ist die **Kontrolle**.

Als **Kontrollformen** lassen sich

- die laufende Kontrolle
- die gelegentliche Kontrolle
- die Selbstkontrolle
- die Fremdkontrolle

unterscheiden.

Unterscheidungsmerkmal bei der **laufenden** und **gelegentlichen Kontrolle** ist der **Kontrollzeitpunkt**, bei den anderen beiden Kontrollformen der **Kontrollträger**.

Im Hinblick auf den Kontrollträger findet man die **Selbstkontrolle** und die **Fremdkontrolle**. Erstere erstreckt sich auf selbst geplante und/oder selbst vorgenommene Aktivitäten, während die letztgenannte Kontrolle durch das Auseinanderfallen von Handlungsträger und Kontrollträger gekennzeichnet ist.

Nimmt man die **laufende Kontrolle** als Betrachtungsobjekt sind folgende Bereiche zu berücksichtigen:

- Festlegung der Kontrollformen
- Berücksichtigung bereits bestehender Systeme
- Regelung der Verantwortlichkeiten.

Bei den **Kontrollformen** sind systematisch eingebaute Kontrollen, technische Sicherungseinrichtungen, technische Organisationsmittel und der Vergleich eingetretener Istzustände mit Sollzuständen zu berücksichtigen.

Eine der wichtigsten Kontrollformen ist der **Soll-/Istvergleich**. Er wird in folgenden Schritten vollzogen:

- Festlegung der Soll-Größen (Standard, Kontrollgrößen)
- Bestimmung der Ist-Größen (Ist-Werte, Leistungsgrößen)
- Feststellung von Zielerreichungsgraden durch Vergleich der Soll- mit den Ist-Größen, Zeitreihenvergleiche u. Ä.
- Analyse der aufgetretenen Abweichungen
- Anregung neuer Maßnahmen.

Als **Objekte** für Soll-/Istvergleiche im Logistikbereich seien die Lagerdauer, die Lagerkosten, die Leistung innerbetrieblicher Transportsysteme, Kommissionierungsleistungen oder der Eintritt diverser Schadensfälle genannt.

Die **Berücksichtigung bestehender Systeme** bedeutet den Zugriff auf Erfahrung und Vermeidung von Installierungskosten für neue Systeme. **Beispiele** sind die Nutzbarmachung der Internen Revision, vorhandener technischer Kontrollsysteme oder bereits in Anspruch genommener externer Dienste.

Die **Regelung der Verantwortlichkeiten** ist für einen reibungslosen Ablauf der Kontrollvorgänge und die Effizienz der daraus zu ziehenden Konsequenzen von Bedeutung. Es ist unbedingt zu vermeiden, dass zu viele Kontrolleinrichtungen installiert werden und dass ein zu hohes Maß an Verantwortungsdelegierung stattfindet; eine ursprünglich vorhandene Motivation könnte ins Gegenteil umschlagen. Die Verantwortlichkeiten sollten sorgfältig nach Hierarchieebenen abgestuft werden.

3.2.4 Frühwarnung

Wie die Kontrolle ist auch die Frühwarnung ein Teil der Risikoüberwachung, jedoch primär zukunftsorientiert.

Beim Frühwarnsystem handelt es sich um ein besonderes Informationssystem, mit dessen Hilfe sich anbahnende Entwicklungen mit dem zeitlichen Vorlauf erkannt werden können, der rechtzeitig Gegenmaßnahmen zur Minderung oder Abwehr der entstehenden Störungen initiiert (*Bramsemann*).

Die Früherkennung erstreckt sich auf alle frühzeitig erkennbaren Informationen, die den Unternehmensleitungen Hinweise auf Gefahren und Schwierigkeiten geben (*Olfert/Rahn*).

Die Informationen, die die Entwicklungen andeuten, werden durch **Frühindikatoren** vermittelt. Diese sollen in der Lage sein, möglichst zuverlässige Angaben über die Richtung und das Ausmaß sich abzeichnender Veränderungen zur Verfügung zu stellen und so früh wie möglich strategische Überraschungen verhindern (*Rahn*). Die Frühindikatoren müssen also

- möglichst früh
- möglichst präzise
- möglichst nachvollziehbar

zur Verfügung stehen.

Die Frühindikatoren treten in folgender Form auf:

Frühindikatoren	Bereich
Interne Indikatoren	Sie erstrecken sich auf das Unternehmen und sind entweder gesamtunternehmensbezogen oder bereichsbezogen.
Externe Indikatoren	Sie erfassen Ereignisse der Umwelt.
Globalindikatoren	Es handelt sich um hochaggregierte Größen, die sich auf das Unternehmen als Ganzes erstrecken. Sie haben häufig die Form von Kennziffern wie etwa Rentabilitäts-, Wirtschaftlichkeits- oder Cashflow-Kennziffern. Globalindikatoren können interne und externe Indikatoren sein. Ein externer Indikator ist beispielsweise der Geschäftsklimaindex des Ifo-Instituts für den Auftragseingang von Investitionsgütern.
Einzelindikatoren	Diese Indikatorengruppe erstreckt sich auf spezielle Tatbestände und deren Auswirkungen auf einzelne Unternehmensbereiche. Im Gegensatz zu den Globalindikatoren, die dem Vorwurf begegnen, die Ursachen von Ereignissen und Ergebnissen nicht ausreichend zu berücksichtigen, haben Einzelindikatoren den Vorteil der Ursachenbezogenheit.

Die genannten Indikatoren lassen sich drei Frühaufklärungsansätzen zuordnen:

▸ **Indikatoren der ersten Generation** geben Schwellenwerte vor, deren Über- oder Unterschreiten Warnsignale auslösen sollen.

▸ **Indikatoren der zweiten Generation** werden in den Dienst von Prognosen gestellt.

▸ **Indikatoren der dritten Generation** verkörpern schwache Signale qualitativer Natur, die noch nicht deutlich wahrnehmbar und nicht eindeutig definierbar sind.

Entsprechend dieser Einteilung der Frühindikatoren spricht man von

▸ Frühwarnsystemen der ersten Generation
▸ Frühwarnsystemen der zweiten Generation
▸ Frühwarnsystemen der dritten Generation.

Frühwarnsysteme der ersten und zweiten Generation haben im Voraus definierte Situationsmerkmale als Basis. Die entsprechenden Frühindikatoren sind Gegenstand eines Soll-/Ist-Vergleichs, man bezeichnet sie auch als **Problemindikatoren**.

Die Frühwarnsysteme der ersten und zweiten Generation berücksichtigen einige in der heutigen Unternehmenswelt wichtige Tatbestände nicht. Diese lassen sich wie folgt zusammenfassen:

▸ Bedeutende Veränderungen kündigen sich häufig mit nur sehr schwachen Signalen, die noch sehr schwer zu deuten sind, an. Die Chancen und Risiken sind noch nicht eindeutig erkennbar. Bestimmte gesellschaftliche Tendenzen beispielsweise kündigen sich zunächst nur zaghaft an.

▸ Für bestimmte Veränderungen, vor allem mit strategischer Bedeutung, bestehen keine bekannten Ursache-Wirkungsbeziehungen. Plötzlich treten Situationen auf, mit denen kaum zu rechnen war. Überraschend auf einem fremden Markt auftretende technische Neuerungen oder nicht erwartete politische Ereignisse etwa zählen dazu.

Probleme bei der Anwendung etablierter Systeme führten immer eindringlicher zu der Forderung, Systeme zu entwickeln, die diese schwachen Signale zu erfassen vermögen.

Die Suche nach geeigneten Problemindikatoren ist zu ergänzen um die Suche nach Feldern, die nach Neuem und noch nicht Erprobtem, Ungewöhnlichem abzutasten sind. Dies führt zu einem **Früherkennungssystem der dritten Generation**.

Ansoff ging als einer der ersten auf die schwachen Signale ein und prägte den Begriff vom „strategischen Radar".

Im Logistikbereich wird mit mehreren Indikatorenarten operiert, sowohl interne und externe Indikatoren, als auch Global- und Einzelindikatoren werden eingesetzt. Dabei versteht es sich von selbst, dass auch schwache Signale in die Früherkennung einbezogen werden.

Die folgende Tabelle gibt einen Überblick über Einsatzmöglichkeiten von Frühindikatoren durch den Logistikcontroller. Die Auswahl der Indikatoren erfolgt exemplarisch und ist keinesfalls vollständig.

Unternehmens-bereich	Auswahl von Funktionen mit Logistikrelevanz	Mögliche Frühindikatoren
Beschaffung und Lagerung	Materialbedarfsermittlung	Güteranzahl, Zahl der ABC-Güter
	Bestandsermittlung	Bestandskennzahlen
	Beschaffungsformen	Kapitalbindung, Zins- und Lagerkosten
	Beschaffungstermine	Wiederbeschaffungszeiten
	Beschaffungswege	Transport-, Lager- und Dispositionskosten
	Beschaffungsmenge	Beschaffungs-, Lager-, Finanzierungs-, Fehlmengenkosten, Losgrößeneinheiten
	Materialannahme	Eingangszahlen
	Materialprüfung	Prüfungshandlungen, Fehlerquoten
	Lagersysteme	Lagerkosten, Transportkosten
	Lagerarten	Lagerzeiten, Lagerkosten
	Materialfluss	Materialabgänge, Durchlaufzeiten
	Lagerstandorte	Lagerkosten, Lagerzeiten, Transportkosten
	Lagerbestände, Lagerdauer	Lagerzeiten, Kapitalbindung, Zinskosten, Bearbeitungskosten, Ausschussquote
Absatzbereich	Distributionskanäle	Belieferungsdauer und -kosten, Reklamationen
	Auftragsabwicklung	Zahl der Aufträge, Bearbeitungsdauer, Informationswege und -dauer
	Transportmittel	Transportkosten, Transportzeiten

4. Logistik-Kosten- und Leistungsrechnung

4.1 Aufgaben der Logistik-Kosten- und Leistungsrechnung

Grundlagen der Kosten- und Leistungsrechnung wurden bereits im Kapitel C. 2.4.1 behandelt. Wegen der bedeutenden Rolle der Kostenrechnung für das Controlling, damit auch für das Logistikcontrolling, wird an dieser Stelle auf für diesen Bereich wichtige kostenrechnerische Fragen wiederholend, ergänzend und vertiefend eingegangen.

Eine gut organisierte Kosten- und Leistungsrechnung muss in der Lage sein, folgende Aufgaben zu bewältigen:

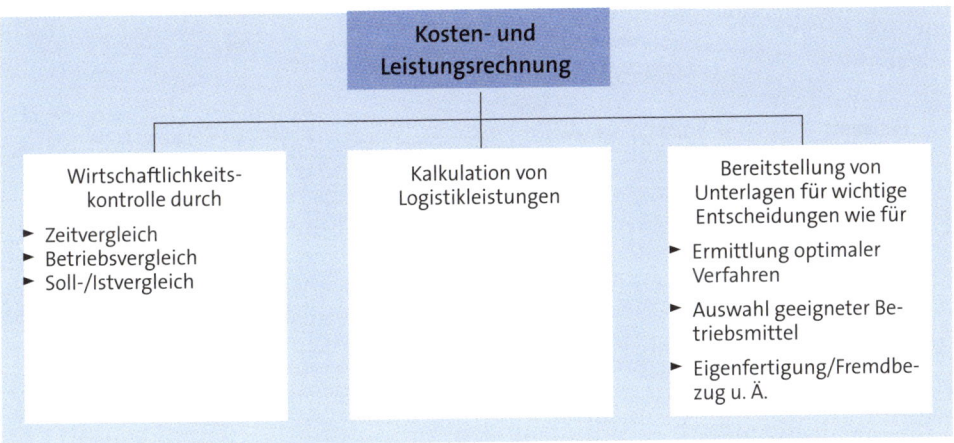

Die Logistik-Kosten- und Leistungsrechnung darf keinesfalls losgelöst von dem Kostenrechnungs-Teil des betrieblichen Rechnungswesens gesehen werden, vielmehr handelt es sich bei ihr um eine Ergänzung und Veränderung des bestehenden Systems bzw. um dessen Auswertung.

Aufgaben, die der Controller wahrnimmt, sind u. a.

- die Feststellung von logistischen Leistungs- bzw. Verursachungsbereichen
- die Bildung von Logistik-Kostenstellen
- die Feststellung von Logistikkosten und deren Zuordnung auf die Kostenstellen
- die Zuordnung der Logistikkosten auf die Logistikleistungen
- Auswertungen der Kostenrechnung im Sinne einer Wirtschaftlichkeitsfeststellung und Entscheidungsvorbereitung bzw. Entscheidungsunterstützung.

4.2 Schritte beim Aufbau der Logistik-Kosten- und Leistungsrechnung auf Istkostenbasis

4.2.1 Feststellung der logistischen Leistungs- und Kostenverursachungsbereiche

Bevor eine Logistik-Kosten- und Leistungsrechnung aufgebaut wird, ist zu klären, welche Unternehmensbereiche bzw. welche Funktionen der Logistik zuzuordnen sind. Hier werden zweifellos betriebsindividuelle Unterschiede bestehen. Während in manchen Unternehmen die Logistik sehr weit gesehen wird, beim Einkauf beginnt, die Fertigungsplanung und -steuerung über den gesamten Materialfluss und Transport, das Lager, die Kommissionierung, die Verpackung und den Versand umfasst, verstehen andere Unternehmen unter Logistik lediglich die Distribution.

Das folgende Modell des Logistikprozesses mag als Anhaltspunkt für die Abgrenzung logistischer Funktionen für die Kostenrechnung dienen.

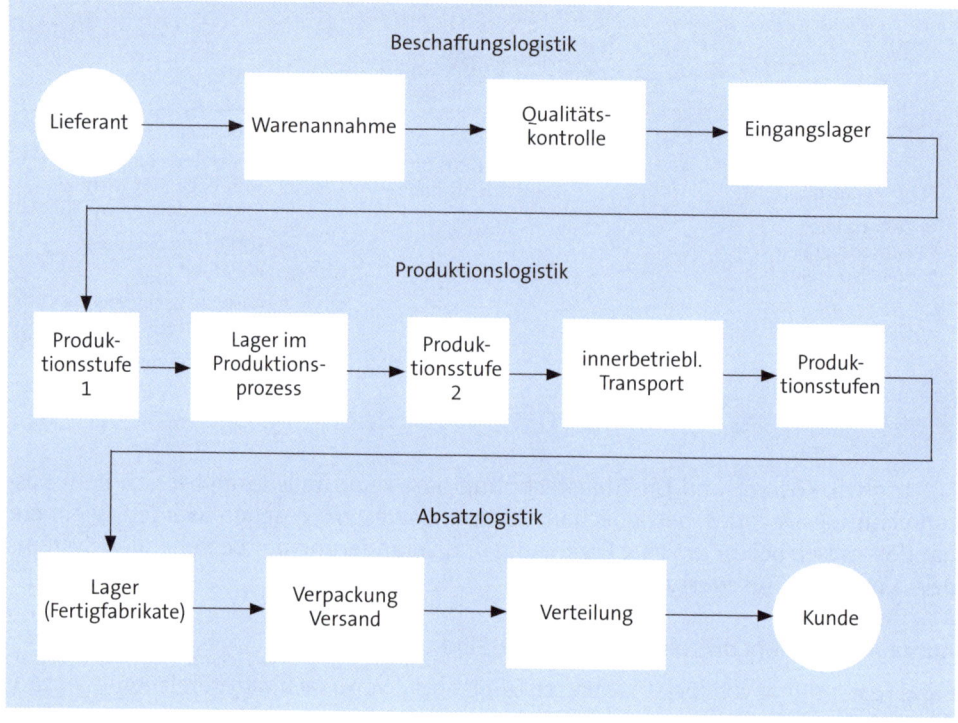

Quelle: *Specht/Ahrens/Wolter*

Steht fest, was im Unternehmen als logistische Funktionen anzusehen ist, müssen diese in Leistungsbereiche untergliedert werden, die als Organisationseinheiten in eindeutige Input-Output-Relationen definiert sind (vgl. *Bichler/Schröter*).

Als **Input** sind die Produktionsfaktoren bzw. Kostengüterarten (z. B. Arbeitsleistungen, Maschinenleistungen, Dienstleistungen) anzusehen, während der **Output** aus bewegten Mengen, kommissionierten Aufträgen, versandten Aufträgen usw. besteht.

4.2.2 Logistik-Kostenstellenrechnung

4.2.2.1 Kostenstellenbildung

Kostenstellen sind bereits differenzierte Kostenverursachungsbereiche (vgl. Kap. C. 2.4.1.4.2).

Die Kostenstellenbildung ermöglicht eine kostenverursachungsgerechte Verrechnung der (Gemein-)Kosten auf die **Kostenträger** und eine **Kostenkontrolle**.

Kostenstellen können nach **mehreren Gesichtspunkten** gebildet werden.

Praktisch geht man so vor, dass man feststellt, welche gleichen Arbeiten oder Funktionen anfallen, die man anschließend zu Kostenstellen zusammenfasst.

In der Logistik-Kostenstellenrechnung könnten folgende Kostenstellen gebildet werden:

- Wareneingang
- Warenprüfung
- Eingangslager
- Produktionslager
- Kommissionierung
- Verpackung
- Versandlager.

Betriebsindividuelle Variationen sind selbstverständlich möglich.

Bei den Kostenstellen sind zu unterscheiden:

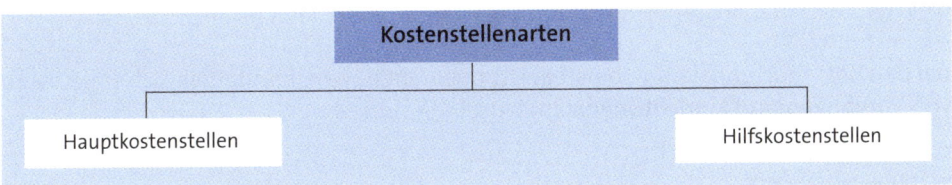

In den **Hauptkostenstellen** wird der sachzielorientierte Leistungserstellungsprozess durchgeführt. Sie sind gleichzeitig Endkostenstellen, da sie ihre Kosten nicht mehr weitergeben, in ihnen werden die Kalkulationssätze gebildet.

Hilfskostenstellen sind nur indirekt am sachzielorientierten Leistungserstellungsprozess beteiligt, sie erbringen lediglich innerbetriebliche Leistungen für andere Kostenstellen, sie geben demnach auch ihre Kosten an diese ab, sind also **Vorkostenstellen**.

Nicht selten findet man die Empfehlung, Logistikkosten in Hilfskostenstellen als Vorkostenstellen zu erfassen: die Kosten der Beschaffungs- und Lagerlogistik in Vorkostenstellen der Materialkostenstellen, die Kosten der Produktionslogistik in Vorkostenstellen der Produktionsstellen und die Kosten der Distributionslogistik in Vorkostenstellen der Vertriebskostenstellen. Davon wird abgeraten, nicht nur weil die Bedeutung der Logistik dadurch geschmälert wird, sondern auch weil es nicht möglich ist, in Vorkostenstellen Kalkulationssätze auszurechnen, somit könnten Logistikleistungen nicht ursachengemäß kalkuliert werden.

Die Tiefe der Kostenstellengliederung hängt von der Unterschiedlichkeit der ausgeübten Funktionen (Arbeiten) ab. Je unterschiedlichere Funktionen vorliegen, umso tiefer sind die Kostenstellen gegliedert. Ein weiteres Kriterium für die Gliederung ist die Kontrollbedürftigkeit der Kosten. Eine Grenze der Tiefengliederung wird durch die **Wirtschaftlichkeit** gesetzt.

4.2.2.2 Verrechnung der Kosten auf die Kostenstellen

In den Kostenstellen können verschiedene Kostenkategorien verrechnet werden:

- sämtliche Kosten
- die Gemeinkosten
- die besonders kontrollbedürftigen Kosten.

In der Regel geht man von den **Gemeinkosten** aus, da die Einzelkosten den Kostenträgern (= Leistungen) direkt zugerechnet werden können.

Die Kostenstellenrechnung bedient sich des organisatorischen Hilsmittels **„Betriebsabrechnungsbogen"**. Dieser weist in der Vertikalen die Kostenarten und in der Horizontalen die Kostenstellen aus. Die Kostenarten sind die um die neutralen, d. h. nicht mit dem Betriebszweck in unmittelbarem Zusammenhang stehenden Aufwendungen bereinigten, in der Finanzbuchhaltung erfassten Kosten.

Bei der Verrechnung der Kosten auf die Kostenstellen geht es nun darum festzustellen, welcher Anteil der Kostenarten auf die Logistikkostenstellen entfällt.

Bei den Kostenarten, die für Logistikleistungen entstehen, handelt es sich um Kosten von **Vorgängen** und **Einrichtungen**, im Einzelnen sind es

- Lohn- und Gehaltskosten
- Treibstoffkosten
- Versicherungskosten
- Steuern
- Abschreibungen
- Wagniskosten
- Kosten für Fremdtransporte
- Reparatur- und Wartungskosten
- Kosten für Verpackungsmaterial
- Versandkosten
- anteilige Verwaltungskosten
- anteilige Leitungskosten u. Ä.

Eine Vielzahl dieser Kosten kann **direkt** den Kostenstellen zugeordnet werden. Zum einen ist bekannt, welche Kosten bestimmte Einrichtungen ständig verursachen, z. B. Abschreibungen und Zinsen, und zum anderen sind die Kosten verursachenden Vorgänge bzw. Zeiten und Mengen dieser Vorgänge erfasst worden und müssen nur noch bewertet werden.

Beispiel

Die Zeiten, die durch menschliche Tätigkeiten beim Wareneingang, bei der Warenprüfung oder bei bestimmten Kommissioniervorgängen entstanden, wurden durch Aufschreibungen oder automatisch erfasst und anschließend mit den jeweils vereinbarten Lohnsätzen bewertet. Der zeitliche Einsatz von Gabelstaplern wurde ebenso wie die menschliche Tätigkeit innerhalb eines Abrechnungszeitraums festgehalten. Bekannt sind der Treibstoffverbrauch, der Treibstoffpreis ebenso wie die Wartungs- und Reparaturkosten. Die Abschreibungen, kalkulatorische Zins- und Wagniskosten sind für einen längeren Zeitraum geplant und stehen damit ebenfalls für den betrachteten Abrechnungszeitraum zur Verfügung.

Ein anderer Teil der Kosten kann den Kostenstellen nicht **unmittelbar** zugerechnet werden bzw. die Zurechnung wäre nur mithilfe teurer Einrichtungen möglich. Es handelt sich dabei beispielsweise um Kosten des Lichtstroms, Heizungskosten, bestimmte Personalkosten, sie werden mithilfe geeigneter Schlüssel auf die Kostenstellen umgelegt; man nennt sie **Schlüsselkosten**.

Solche Schlüssel sind etwa die beleuchteten m² oder die beheizten m³. Entscheidend ist, dass zwischen den zu verteilenden Kosten und den Verteilerschlüsseln ein (annähernd) proportionales Verhältnis besteht.

Wurden alle logistikrelevanten Kosten auf die Logistikkostenstellen verteilt und addiert, ergeben sich die Logistikkosten je Kostenverursachungsbereich.

Die **Auswertung** der Kostenstellenrechnung besteht in der

► Wirtschaftlichkeitskontrolle
► der Ermittlung der Kalkulationssätze.

Die **Wirtschaftlichkeitskontrolle** kann in Form eines Zeitvergleichs oder eines Betriebsvergleichs vorgenommen werden.

Beim **Zeitvergleich** erfährt man zwar, in welchem Ausmaß sich die Summe der Kostenstellenkosten und auch die in den Kostenstellen verarbeiteten einzelnen Kostenarten verändert haben, worauf diese Veränderungen gegenüber Vorperioden zurückzuführen sind, wird jedoch, zumindest zunächst, nicht offenbar.

Will man Klarheit über die Ursachen der Abweichungen erhalten, muss man die Veränderungen der einzelnen Kosteneinflussgrößen feststellen, was bei einer Vollkostenrechnung auf Istkostenbasis mit großem Aufwand verbunden ist.

Stellt man die Wirtschaftlichkeitskontrolle bei der Kostenrechnung in den Vordergrund, muss ein dafür geeignetes Kostenrechnungssystem eingeführt werden, etwa eine **flexible Plankostenrechnung**. Möglich ist auch ein **Betriebsvergleich**, der zwar deutbare Ergebnisse bringen kann, doch werden sich nur wenige Betriebe finden lassen, die die gleiche Kostenstellenstruktur haben und darüber hinaus noch bereit sind, ihre Zahlen zu Vergleichszwecken zur Verfügung zu stellen.

Auf die Ermittlung der Kalkulationssätze wird im nächsten Kapitel eingegangen.

4.2.3 Logistik-Kostenträgerrechnung

Die Logistik-Kostenträgerrechnung oder Kalkulation beantwortet die Frage, „Wofür sind die Kosten angefallen?", sie ordnet die entstandenen Kosten den Kostenträgern, den Leistungseinheiten zu (vgl. Kap. C. 2.4.1.4.3).

Als **Kostenträger** kommen grundsätzlich

- ► für den Absatz bestimmte Erzeugnisse
- ► erstellte Leistungen und Gruppen von Leistungen
- ► bestimmte Aufträge

infrage.

Aufgabe der Kostenträgerrechnung ist es, die entstandenen in den Kostenstellen verrechneten Kosten den Kostenträgern verursachungsgemäß zuzurechnen.

Dabei sind **zwei Bereiche** zu behandeln:

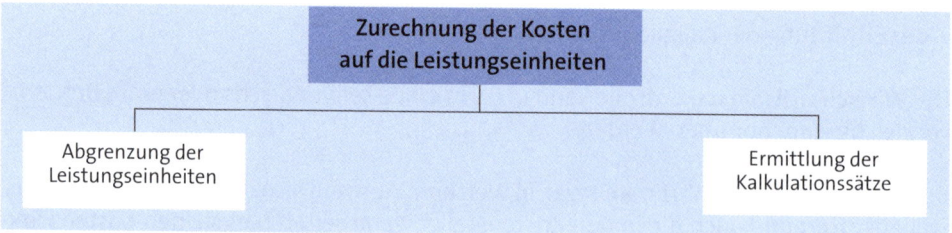

- ► **Abgrenzung der Leistungseinheiten**
  Wie tief die Leistungseinheiten für Kalkulationszwecke gegliedert werden sollen, hängt ab

  - von dem angestrebten Genauigkeitsgrad der Kalkulation
  - von der Abgrenzbarkeit
  - von der Wirtschaftlichkeit.

Man muss sich klar darüber werden, ob man jede einzelne erfassbare Logistikleistung kalkulieren will, oder ob man sich mit der Kalkulation von Gruppen von Leistungen begnügt. Die Grenze besteht in der Aussagefähigkeit der Kalkulationsergebnisse und in der Wirtschaftlichkeit.

Sehr oft ergeben sich auch Abgrenzungsprobleme. Wird etwa ein LKW teilweise manuell und teilweise maschinell entladen, kann die jeweilige Entladeleistung nur schwer getrennt erfasst werden bzw. die Erfassung wäre unwirtschaftlich. Auf jeden Fall ist in den Unternehmen ein Katalog der ohne große Schwierigkeiten erfassbaren logistischen Leistungen zu erstellen und jede Leistungsart genau zu spezifizieren.

▶ **Ermittlung der Kalkulationssätze**

Die Vorgehensweise bei der Ermittlung der Kalkulationssätze für die Kalkulation der Logistikleistungen hängt wieder von der angestrebten Genauigkeit der Kalkulation bzw. von dem Grad der Detailliertheit, den man erreichen will, ab.

Werden jeweils gleichartige Logistikleistungen in Kostenstellen zusammengefasst und ihre Kosten dort ermittelt und begnügt man sich damit, die Kosten gruppenweise den Kostenträgern zuzurechnen, errechnet man einen Kalkulationssatz je Kostenstelle.

Die Ermittlung des Kalkulationssatzes geschieht dadurch, dass man die Kostensumme der Kostenstelle durch eine Bezugsgröße teilt, die sich proportional zu den Kosten verhält.

Solche Bezugsgrößen können beispielsweise sein:

- in der Kostenstelle **Warenannahme** die Zahl der zu entladenden Paletten
- im **Eingangslager** die Zahl der durchschnittlich zu lagernden Paletten je Periode
- in der **Kommissionierung** die Zahl der durchschnittlich zusammenzustellenden Fertigerzeugnisse oder die Zahl der durchschnittlich zu verpackenden und versandfertig bereitzustellenden Fertigerzeugnisse.

Die Division der Kostenstellenkosten durch die Zahl der Bezugsgrößeneinheiten ergibt die Kosten je Bezugsgrößeneinheit.

Mithilfe der so gewonnenen Kalkulationssätze wird die Produktkalkulation durchgeführt, und es können Sonderrechnungen vorgenommen werden.

Will man die Kalkulation **differenzierter** durchführen, begnügt man sich nicht mit der Errechnung eines Kalkulationssatzes für jede Kostenstelle, sondern nimmt eine genaue Kostenanalyse und die Feststellung von Leistungsmaßstäben einzelner Funktionen zur Ermittlung von Verrechnungssätzen vor.

Für einige Funktionen werden sich Leistungsmaßstäbe zur Bildung differenzierter Verrechnungssätze ohne weiteres finden lassen, z. B. können die Kosten der Auftragsbearbeitung an der Zahl der Bestellungen oder Bestellpositionen gemessen werden.

Im Rahmen der Produktkalkulation werden die ermittelten Logistikkosten dem Erzeugnis entweder differenziert zugeschlagen oder werden aus Gründen der Übersichtlichkeit in mehrere Blöcke zusammengefasst und den Produkten global zugeordnet.

Das folgende Beispiel geht von der zweiten Möglichkeit aus:

Beispiel

	Fertigungsmaterial	100,00	
+	Materialgemeinkosten	20,00	
+	Beschaffungslogistik-GK	50,00	
=	Materialkosten		170,00
+	Fertigungslohn	30,00	
+	Fertigungsgemeinkosten	60,00	
+	Sondereinzelkosten der Fertigung	2,00	
+	Fertigungslogistik-GK	8,00	
=	Fertigungskosten		100,00
	Herstellkosten		270,00
+	Verwaltungsgemeinkosten		54,00
+	Vertriebsgemeinkosten		60,00
+	Sondereinzelkosten des VT		3,00
+	Absatzlogistikgemeinkosten		63,00
=	Selbstkosten		**450,00**

Werte in T€

4.3 Sonderaufgaben der Logistik-Kostenrechnung

Neben der Kalkulation der Logistikleistungen und der Wirtschaftlichkeitskontrolle kann die Kostenrechnung noch eine Reihe anderer Aufgaben erfüllen.

Die Kostenrechnung kann für folgende Sonderaufgaben, auf die zum Teil bereits eingegangen wurde, eingesetzt werden:

- ► Ermittlung optimaler Bestellmengen — (Kap. C. 2.4.3; D. 4.6.2)
- ► Ermittlung optimaler Losgrößen — (Kap. C. 2.4.3)
- ► Ermittlung wirtschaftlicher Auftragsgrößen — (Kap. C. 2.1.1.2)
- ► Vergleich Eigenlager/Fremdlager — (Kap. G. 3.2.3.4)
- ► Vergleich Eigentransport/Fremdtransport — (Kap. G. 3.2.4)
- ► Auswahl der wirtschaftlichsten Transportmittel — (Kap. G. 3.2.8.1)
- ► Ermittlung der Wirtschaftlichkeit von Investitionen — (Kap. C. 2.4.2.)
- ► Make-or-buy-Überlegungen — (Kap. D. 4.4.1)
- ► Zusammenstellung des optimalen Produktionsprogramms
- ► Ermittlung des Erfolgs bestimmter Absatzsegmente u. Ä.

4.4 Einführung einer Logistik-Plankostenrechnung

4.4.1 Grundsatz

Die bisher beschriebene Form der Kostenrechnung, die Istkostenrechnung, weist zwar eine Reihe von Vorteilen auf, hat aber auch einige Nachteile, nämlich

- ihre Vergangenheitsbezogenheit
- das zu späte Vorliegen der Zahlen
- die nicht besonders gute Eignung zu Kontrollzwecken
- die nicht ideale Einsatzmöglichkeit für Planungs- und Dispositionsaufgaben.

Diese Mängel führten zur Entwicklung der Plankostenrechnung.

Eine für logistische Zwecke geeignete Plankostenrechnung ist die flexible (teilflexible) Plankostenrechnung auf Vollkosten- oder Teilkostenbasis (Grenzplankostenrechnung).

Das Wort **flexibel** bedeutet, dass die Plankostenrechnung Kostenbestimmungsfaktoren berücksichtigt. Werden sämtliche Bestimmungsfaktoren in die Rechnung einbezogen, liegt eine vollflexible Plankostenrechnung vor, berücksichtigt man nur einige Kosteneinflussgrößen, spricht man von einer teilflexiblen Plankostenrechnung, die in der Praxis die Regel ist.

In Deutschland wird insbesondere dem Kostenbestimmungsfaktor „Beschäftigung" Beachtung geschenkt.

Eine Plankostenrechnung auf **Teilkostenbasis** nennt man **Grenzplankostenrechnung**, es handelt sich um eine Deckungsbeitragsrechnung mit geplanten Daten (vgl. Kap. C. 2.4.1.5.5).

4.4.2 Aufbau der Plankostenrechnung

Die flexible Plankostenrechnung arbeitet mit folgenden Kosten:

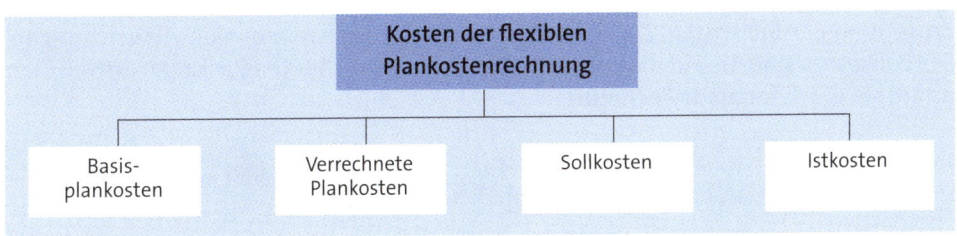

Basisplankosten sind die für eine bestimmte Planbezugsgröße (Planbeschäftigung) ermittelten Vorgabekosten einer Abrechnungsperiode, aufgegliedert in fixe und proportionale Kosten.

Verrechnete Plankosten sind die mithilfe der Planverrechnungssätze auf die Kostenträger verrechneten Plankosten (Plankostenverrechnungssatz x Istbeschäftigung).

Unter **Sollkosten** versteht man die auf die jeweilige Istbeschäftigung umgerechneten Plankosten.

Istkosten sind in der flexiblen Plankostenrechnung in der Regel die mit den Planwerten der Planperiode bewerteten Istmengen und Istzeiten. Durch diese Umbewertung der Istkosten vermeidet man das Auftreten von Preisdifferenzen.

Die Basisplankosten werden getrennt nach Einzel- und Gemeinkosten geplant.

Der **Fertigungslohn** wird in der Regel **kostenträgerweise** geplant und zwar aufgrund einer genauen Analyse des Leistungserstellungsprozesses. Besonderheiten der einzelnen Lohnsysteme sind jeweils zu berücksichtigen.

Auch das **Fertigungsmaterial** plant man meistens **kostenträgerweise**. Planungsbasis sind Zeichnungen, Stücklisten, Rezepte, Materialbedarfsrechnungen, Materialentnahmescheine u. Ä.

Die **Gemeinkostenplanung** erfolgt **kostenstellenweise**. Zunächst wird für jede Kostenstelle eine **Bezugsgröße** ermittelt (vgl. die Ausführungen über die Kostenstellenrechnung in den Kapiteln C. 2.4.1.4.2, H. 4.3.2). Im nächsten Arbeitsgang wird die **Planbezugsgröße** festgelegt, das ist die Anzahl der Bezugsgrößeneinheiten, die man in der Planperiode zu realisieren beabsichtigt. Für diese Planbezugsgröße werden nun die einzelnen Kostenarten geplant und zwar getrennt nach ihren fixen und proportionalen Bestandteilen. Dazu bedient man sich mathematischer oder empirischer Verfahren.

Die Division der Plankosten einer Kostenstelle durch die Planbezugsgröße ergibt den **Plankostenverrechnungssatz**, mit dem die einzelnen Leistungseinheiten kalkuliert werden.

In der Kostenstellenrechnung wird noch ein Arbeitsgang vorgenommen, nämlich die Ermittlung der Sollkosten. Diese benötigt man zur Feststellung von Abweichungen. Die Sollkosten sind die auf die Istbeschäftigung umgerechneten Basisplankosten. Man erhält sie durch folgende Rechnung:

$$\text{Sollkosten} = \text{fixe Plankosten} + \text{proportionale Plankosten} \cdot \frac{\text{Istbeschäftigung}}{\text{Planbeschäftigung}}$$

4.4.3 Auswertung der Plankostenrechnung

Die Auswertung der flexiblen Plankostenrechnung besteht in der

- Kalkulation
- Ermittlung und Analyse von Abweichungen.

Die **Kalkulation** vollzieht sich wie in der Istkostenrechnung.

Die **Ermittlung von Abweichungen** erstreckt sich sowohl auf die Einzelkosten als auch auf die Gemeinkosten.

Die Abweichungen der **Einzelkosten können kostenträger- und kostenstellenweise** festgestellt werden, die der **Gemeinkosten kostenstellenweise**.

Im Folgenden wird nur auf die kostenstellenweise Ermittlung von Abweichungen eingegangen.

Zunächst ermittelt man die Gesamtabweichung wie folgt:

> Gesamtabweichung = Istkosten - verrechnete Plankosten

Da die Gesamtabweichung nicht sehr aussagefähig ist, wird sie weiter aufgespalten. Theoretisch könnte für jeden Kostenbestimmungsfaktor eine eigene Abweichung ermittelt werden.

In der Praxis begnügt man sich in der Regel mit der Errechnung von zwei bis drei Abweichungen, demnach spricht man von der **Zweiabweichungsmethode** und der **Dreiabweichungsmethode**.

Im Folgenden wird kurz die in der Praxis am stärksten verbreitete Zweiabweichungsmethode geschildert. Bei ihr werden folgende Abweichungen festgestellt:

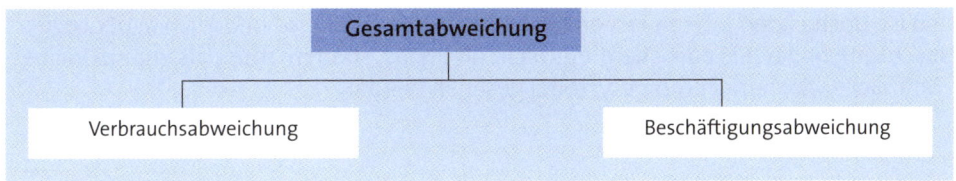

Die Verbrauchsabweichung ist die Differenz zwischen den Istkosten und den Sollkosten.

Die Verbrauchsabweichung resultiert aus einem Mehr- oder Minderverbrauch an Kostengütern gegenüber der Planung. Sie ist eine in Geldgrößen ausgedrückte **Mengenabweichung**. Sie sollte genauestens analysiert werden.

Die Beschäftigungsabweichung ist die Differenz zwischen den Sollkosten und den verrechneten Plankosten.

Die Beschäftigungsabweichung ist eine **Kostenstellen-/Kostenträgerabweichung**. Sie gibt an, in welchem Ausmaße die fixen Kosten verrechnet, also voll abgedeckt, über- oder unterdeckt werden. Auch sie ist einer intensiven Analyse zu unterziehen.

Wird die Plankostenrechnung als **Teilkostenrechnung = Grenzplankostenrechnung** aufgebaut, entfällt die Beschäftigungsabweichung, da dieses System nur mit proportionalen Kosten arbeitet. Der Grad der Deckung der fixen Kosten muss außerhalb des Systems der Grenzplankostenrechnung ausgerechnet werden.

Die Grenzplankostenrechnung eignet sich besonders als Instrument zur Vorbereitung unternehmerischer Entscheidungen. Sie vereint die Vorzüge der Plankostenrechnung mit denen der Deckungsbeitragsrechnung (vgl. Kap. C. 2.4.1.5.5).

Auf Details des Aufbaus und der Auswertung der Plankostenrechnung kann nicht eingegangen werden, die Ausführungen nähmen zu viel Raum ein. Es wird deshalb auf die sehr reichhaltige Kostenrechnungsliteratur hingewiesen (z. B. *Ehrmann, Olfert*).

4.5 Prozesskostenrechnung

Die Prozesskostenrechnung ist ein Kostenrechnungssystem, das vom Prinzip her nicht neu ist, doch in den letzten Jahren besonders propagiert wird und auch in der Logistik Beachtung findet. Sie darf allerdings nicht als Ersatz, sondern muss als Ergänzung herkömmlicher Kostenrechnungssysteme gesehen werden.

4.5.1 Merkmale der Prozesskostenrechnung

Der Hauptgrund für die Entwicklung der Prozesskostenrechnung besteht in den Nachteilen herkömmlicher Systeme, vor allem in

▶ einer zu starken Produktionsorientierung

▶ einer zu einseitigen perioden- und erzeugnisbezogenen Erfolgsermittlung

▶ der mangelnden Mehrdimensionalität der Informationsauswertung

▶ der zu undifferenzierten Ermittlung der durch bestimmte Entscheidungen verursachten Kosten

▶ der Vergangenheitsbezogenheit vieler Kostenrechnungssysteme.

Die Prozesskostenrechnung versucht die genannten Mängel zumindest teilweise zu beseitigen. Eine Betrachtung ihrer Merkmale verdeutlicht dies. Sie lassen sich wie folgt zusammenfassen:

▶ Die Prozesskostenrechnung strebt eine Erhöhung der Genauigkeit der Kostenrechnung an. Insbesondere will sie eine präzisere und verursachungsgerechtere Zurechnung der Kosten auf die Kostenträger erreichen. Die Kostenzurechnung soll entsprechend der Inanspruchnahme einzelner Aktivitäten durch die Kalkulationsobjekte geschehen.

▶ Das Kostenrechnungssystem rückt die betrieblichen Prozesse und Aktivitäten in den Vordergrund. *„Das Betriebsgeschehen lässt sich insofern als ein System von derartigen Aktivitäten und Prozessen beschreiben, die innerhalb einzelner organisatorischer Bereiche, aber auch speziell kostenstellenübergreifend ablaufen und deren Kosten sich zurechnen lassen"* (*Reckenfelderbäumer*).

▶ In der Prozesskostenrechnung wird den Kosteneinflussgrößen, den **„Cost-Drivern"** eine besondere Rolle zugewiesen. Die „Kostentreiber" bewirken die Höhe der Gemeinkosten und stellen die Bezugsgröße für die Kalkulation dar.

Die Prozesskostenrechnung beseitigt die Vernachlässigung des „indirekten Bereichs", trägt zu einer verbesserten Kostentransparenz und zu einer aussagefähigeren Kalkulation bei und ist in der Lage, den Ablauf des Leistungserstellungsprozesses erkennbar zu machen.

Die **Aufgabenfelder** der Prozesskostenrechnung können wir folgt dargestellt werden:

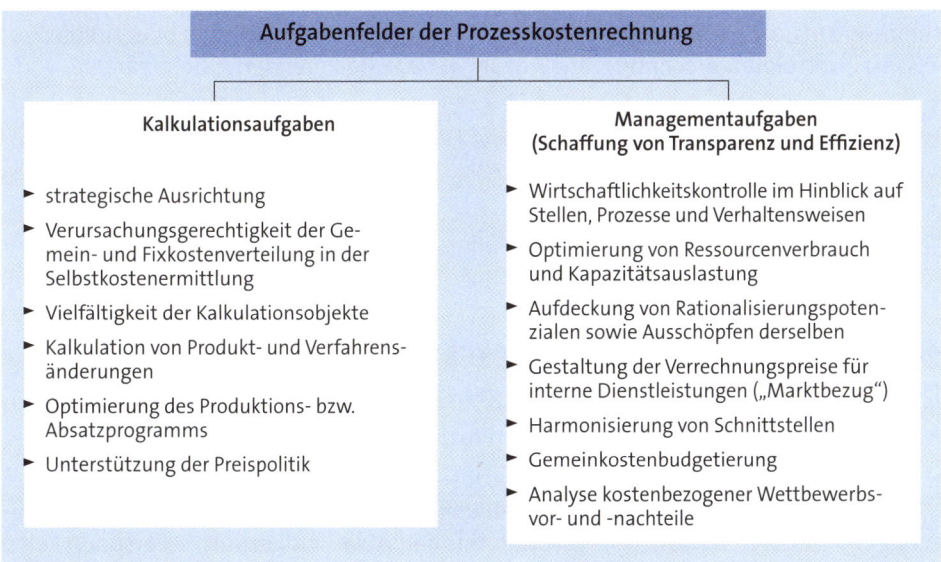

Aufgabenfelder der Prozesskostenrechnung

Kalkulationsaufgaben

▶ strategische Ausrichtung

▶ Verursachungsgerechtigkeit der Gemein- und Fixkostenverteilung in der Selbstkostenermittlung

▶ Vielfältigkeit der Kalkulationsobjekte

▶ Kalkulation von Produkt- und Verfahrensänderungen

▶ Optimierung des Produktions- bzw. Absatzprogramms

▶ Unterstützung der Preispolitik

**Managementaufgaben
(Schaffung von Transparenz und Effizienz)**

▶ Wirtschaftlichkeitskontrolle im Hinblick auf Stellen, Prozesse und Verhaltensweisen

▶ Optimierung von Ressourcenverbrauch und Kapazitätsauslastung

▶ Aufdeckung von Rationalisierungspotenzialen sowie Ausschöpfen derselben

▶ Gestaltung der Verrechnungspreise für interne Dienstleistungen („Marktbezug")

▶ Harmonisierung von Schnittstellen

▶ Gemeinkostenbudgetierung

▶ Analyse kostenbezogener Wettbewerbsvor- und -nachteile

Quelle: *Reckenfelderbäumer*

4.5.2 In der Prozesskostenrechnung verwendete Begriffe

In der Prozesskostenrechnung wird z. T. mit Begriffen operiert, die in anderen Kostenrechnungssystemen nicht verwendet werden. Einige wichtige werden im Folgenden kurz erläutert:

1. Aktivität
Tätigkeit in einer Kostenstelle, die mit einem Verzehr von Produktionsfaktoren verbunden ist. Es handelt sich um die kleinste in sich geschlossene und nicht mehr untergliederbare Tätigkeit (Handlungseinheit) innerhalb des Arbeitsablaufs in einem Unternehmen (*Olfert*).

2. Prozesse
Sachlich zusammengehörende Aktivitäten.

3. Teilprozesse
Sachlich zusammengehörende Aktivitäten innerhalb einer Kostenstelle. Sie sind Ketten homogener Aktivitäten, die Produktionsfaktoren verbrauchen und mit quantifizierbaren Ergebnissen abschließen.

4. Hauptprozesse
In der Regel kostenstellenübergreifende Zusammenfassung von Teilprozessen, die den gleichen Kosteneinflussfaktor haben.

5. Prozesskette
Kostenstellenweise ermittelte Teilprozesse werden entsprechend ihrer Vorgänger-Nachfolger-Beziehungen zugeordnet (z. B. Bestand prüfen in der Lagerbuchhaltung, Stückliste erstellen in der Fertigungsplanung).

6. Kostentreiber (Cost-Driver, Maßgröße, Prozessgröße, Kosteneinflussfaktor)
Es handelt sich um die Kosteneinflussgrößen. Die Kostentreiber geben an, welche Faktoren für die Kostenhöhe verantwortlich sind. Für die Prozessart „Angebote bearbeiten" beispielsweise besteht der Cost-Driver aus der Anzahl der Angebotspositionen, für die Prozessart „Auftragsabwicklung" ist es die Anzahl der Aufträge oder für die Prozessart „Nettolohnabrechnung" die Anzahl der abzurechnenden Arbeitsgänge.

7. Prozesskostensatz
Der Prozesskostensatz entsteht durch die Division der Prozesskosten durch die tatsächlich angefallenen Prozessmengen.

8. Elemente von Teilprozessen
Teilprozesse sind durch eine Reihe von Elementen gekennzeichnet.

4.5.3 Aufbau der Prozesskostenrechnung

Der Aufbau der Prozesskostenrechnung geschieht in folgenden Schritten:

► Überprüfung der Notwendigkeit einer Prozesskostenrechnung

► Festlegung der Bereiche, für die eine Prozesskostenrechnung eingeführt werden soll. Es wird empfohlen, die Prozesskostenrechnung für Bereiche mit relativ gleichförmigen Prozessen einzurichten, die den mit den Abläufen betrauten Personen keine großen Entscheidungsspielräume lassen.

► Tätigkeitsanalyse
Während dieses sehr arbeitsaufwändigen Schrittes werden die Kostenstellen im Hinblick auf die anfallenden Tätigkeiten sowie die damit verbundenen Kapazitäten (in der Regel Zeiteinheiten) analysiert.

► Zusammenfassung der Aktivitäten zu Teilprozessen
Aus sachlich zusammengehörenden Aktivitäten werden Teilprozesse gebildet, die jeweils ein bestimmtes Tätigkeitsfeld innerhalb einer Kostenstelle darstellen. Teilprozesse sind dabei Ketten homogener Aktivitäten, die Ressourcen verbrauchen und mit quantifizierbaren Ergebnissen abschließen (*Olfert*).

► Verdichtung der Teilprozesse zu Hauptprozessen
Sachlich zusammengehörende Teilprozesse werden zu Kostenstellen übergreifenden Hauptprozessen verdichtet. Damit können Kostenstellen übergreifende Abläufe beschrieben werden.

Als Beispiel sei der Hauptprozess Materialeinkauf genannt. Er setzt sich aus den Teilprozessen Angebote einholen und Bestellungen durchführen in der Kostenstelle Einkauf und die Lieferung in Empfang nehmen in der Kostenstelle Warenannahme zusammen. Die Hauptprozesse bilden die Grundlage für die Kalkulation und das Kostenmanagement.

► Ermittlung der Prozessmengen
Während dieses Vorgangs werden die Maßgrößen und die Prozessmengen ermittelt, wobei zwischen diesen beiden Größen ein proportionales Verhältnis bestehen sollte. Es ist festzustellen, ob sich die in den Kostenstellen festgestellten Prozesse leistungsmengeninduziert oder leistungsmengenneutral verhalten. Lediglich für die leistungsmengeninduzierten Prozesse ist nach geeigneten Maßgrößen zu suchen, die die Prozesse mengenmäßig quantifizieren. Betrachtet man den Prozess „Angebote einholen" könnte die Anzahl der Angebote eine geeignete Maßgröße sein.

In der unten dargestellten Tabelle wird ein Überblick über den Zusammenhang zwischen Hauptprozessen und Teilprozessen und geeignete Maßgrößen gegeben.

► Ermittlung der Prozesskosten
Dieser Arbeitsgang umfasst die Ermittlung der leistungsmengeninduzierten und leistungsmengenneutralen Prozesskosten. Es kann davon ausgegangen werden, dass die Prozesskosten in der Regel auf Planbasis ermittelt werden, also Planprozesskosten zum Ansatz kommen.

► Bildung von Prozesskostensätzen
Die Bildung der Prozesskostensätze erfolgt in zwei Schritten. Zunächst errechnet man die Kostensätze für die leistungsmengeninduzierten Prozesse. Man erhält diese durch die Division der Planprozesskosten durch die entsprechenden Mengen. Sie drücken die Kosten für die Erstellung einer Einheit eines Prozesses aus.

Die Kosten für die leistungsmengenneutralen Prozesse werden im Verhältnis zu den bei den einzelnen Positionen angefallenen Kosten umgelegt.

Beispiel

Beispiel für die Kostenstelle **Einkauf**

Prozess	Maßgrößen (Kosten- treiber)	Plan- prozess- mengen	Plan- prozess- kosten	%	Plan prozess- kostensatz (lmi)	Umlage- satz (lmn)	Gesamter Prozess- kosten- satz
Angebote einholen	Anzahl Angebote	2.000	45.000	53,1	22,50	5,31	27,81
Bestellen	Anzahl Bestellungen	4.500	11.250	13,3	2,50	0,59	3,09
Ware an- nehmen	Anzahl Paletten	3.000	13.500	15,9	4,50	1,06	5,56
Ware prüfen und rekla- mieren	Anzahl Reklama- tionen	500	15.000	17,7	30,00	7,08	24,78
Abteilung leiten	–	–	20.000		–	–	–

Die Umlagekosten, also die Kosten des leistungsmengenneutralen Prozesses „Abteilung leiten", wurden im Verhältnis zu den angefallenen Kosten der leistungsmengeninduzierten Prozesse ermittelt. Für **„Angebote einholen"** gilt:

Der Anteil der Plankosten des Prozesses „Angebote einholen" an den gesamten Plankosten der leistungsmengeninduzierten Prozesse beträgt 53,1 %, also werden 10.620 € (53,1 % von 20.000 €) auf diesen Prozess umgelegt. Auf die Einheit bezogen ergibt dies 5,31 € (10.620 : 2.000).

Das obige Beispiel, das sich auf die Kostenstelle Einkauf erstreckt, lässt sich noch fortführen bzw. ergänzen, indem dargestellt wird, wie die Teilprozesskostensätze Eingang in einen Hauptprozesskostensatz finden. Betrachtet werden soll der Hauptprozess „Auftragsabwicklung" einer bestimmten Produktgruppe. Die Kostenstellen übergreifende Vorgehensweise beim Einsatz der Prozesskostenrechnung wird deutlich. Es ergibt sich folgendes Bild:

Hauptprozess Auftragsabwicklung Produktgruppe 24			
Teilprozess	Kostenstelle	Teilprozess Nr. der Kostenstelle	Teilprozess-Kostensatz
Angebote einholen	Einkauf	1	27,81
Bestellungen	Einkauf	2	3,09
Fertigungsauftrag	Arbeitsvorbereitung	4	9,84
Verkaufsgespräche	Verkauf	1	22,12
Rechnungen schreiben	Verkauf	5	6,32
Lieferung zusammenstellen und prüfen	Versand	3	20,16
Auslieferung	Versand	4	10,28
Rechnungen buchen	Buchhaltung	6	0,98
Zahlungseingang buchen	Buchhaltung	7	2,40
Hauptprozesskostensatz			103,00

► Kalkulation

Der Einsatz der Prozesskostenrechnung in der Kalkulation trägt zu einer verursachungsgerechteren Kostenzurechnung auf die Kostenträger bei. Damit kann nicht nur eine exaktere Selbstkostenermittlung vorgenommen werden, sondern durch die Feststellung, in welchem Ausmaß die einzelnen Kostenträger die Hauptprozesse beanspruchen, wird auch eine effektivere Wirtschaftlichkeitskontrolle möglich.

Durch die Verwendung der Prozesskosten in der Kostenträgerstückrechnung kann ein grober Fehler der „klassischen" Kalkulation vermieden werden. Bei dieser wird die Inanspruchnahme der Ressourcen durch die Leistungserstellung nur sehr unvollkommen berücksichtigt. Eine prozentuale Verteilung der Gemeinkosten auf die Kostenträger behandelt diese im Gegensatz zur Prozesskostenkalkulation ungerecht.

Beispiel

Ein Beispiel in Anlehnung an *Schulte (2009)* verdeutlicht dies:

Bei dem Prozess „Abwicklung einer Materialbestellung" fallen Kosten in Höhe von 150,00 € an. Dies geschieht unabhängig von der Bestellmenge; bei einer Menge von einem Stück fallen die gleichen Kosten an wie bei 1.000 Stück. Werden hingegen die Gemeinkosten jeder Bestellung in der klassischen Zuschlagskalkulation mit einem Zuschlagssatz ermittelt, werden Bestellungen mit einem niedrigen Volumen zu niedrig belastet, solche mit einem großen Volumen zu hoch.

Eine Gegenüberstellung ergibt folgendes Bild:

Kostenrechnungssystem						
Stückzahl	Zuschlagskalkulation (Zuschlagssatz 25 %)			Prozessorientierte Kalkulation (Kosten 150,00 € je Bestellung)		
	FM	MGK	MK je St.	FM	MGK	Mk je ME
1	4	1	5	4	150	154
10	40	10	5	40	150	19
20	80	20	5	80	150	11,50
50	200	50	5	200	150	7
100	400	100	5	400	150	5,50
150	600	150	5	600	150	5
300	1.200	300	5	1.200	150	4,50
500	2.000	500	5	2.000	150	4,30
1.000	4.000	1.000	5	4.000	150	4,15

FM = Fertigungsmaterial   MGK = Materialgemeinkosten   MK = Materialkosten

Es lässt sich feststellen, dass die Materialkosten je Stück bei einer Bestellmenge von 150 bei beiden Verfahren identisch sind, folglich die Materialkosten auch bei der Zuschlagskalkulation den tatsächlichen Kosten entsprechen.

5. Logistik-Kennzahlen

Kennzahlen sind ein Instrument, das im Logistik-Controlling sehr oft eingesetzt wird. Sie können wichtige logistische Vorgänge abbilden, eignen sich als Planungsinstrument und sind für die Kontrolle sehr gut geeignet.

Die Unternehmen müssen sich darüber im Klaren sein, dass die Zahl der zu ermittelnden Kennzahlen begrenzt sein muss. In manchen Unternehmen wird der Fehler begangen, zu viele Kennzahlen zu ermitteln, wodurch die Gefahr entsteht, dass einerseits nicht mehr zwischen wichtigen und unwichtigen Zahlen unterschieden werden kann, und andererseits ein „Zahlenfriedhof" geschaffen wird, dessen Zahlen sich jeder Auswertung entziehen.

Beachtet werden muss auch, dass eine Kennzahl für sich betrachtet noch nicht sehr aussagefähig ist; erst der Zeitvergleich oder der Betriebsvergleich führen zu gut interpretationsfähigen Aussagen.

Über die Ermittlung von Kennzahlen und die Bildung von Kennzahlensystemen wurden bereits Ausführungen im Rahmen der Analyse gemacht (vgl. Kap. B. 7.5.2.6).

Im Folgenden werden noch einige ausgewählte typische Logistik-Kennzahlen dargestellt.

1. Warenannahmekosten pro Lieferung $= \dfrac{\text{Warenannahmekosten}}{\text{Zahl der Lieferungen/Monat}}$

2. Beschaffungskosten pro Bestellung $= \dfrac{\text{Beschaffungskosten}}{\text{Zahl der Bestellungen}}$

3. Zahl der Lieferungen pro Periode, gegliedert nach Transportarten
    - LKW
    - Bahn
    - Schiff
    - Flugzeug

4. Umschlagshäufigkeit $= \dfrac{\text{Jahresabgangsmenge}}{\text{durchschnittlicher Lagerbestand}}$

5. durchschnittlicher Lagerbestand $= \dfrac{\text{Anfangsbestand} + 12 \text{ Monatsbestände}}{13}$

6. Lagerkostensatz $= \dfrac{\text{Lagerkosten} \cdot 100}{\text{durchschnittlicher Lagerbestand}}$

7. Lagerdauer $= \dfrac{\text{Zahl der Tage des Betrachtungszeitraums}}{\text{Umschlagshäufigkeit}}$

8. Lagerreichweite $= \dfrac{\text{Lagerbestand} + \text{offene Bestellungen}}{\text{Planverbrauch der Periode}}$

9. Kapazitätsauslastungsgrad des Lagers $= \dfrac{\text{effektive Kapazitätsauslastung des Lagers}}{\text{maximale Kapazitätsauslastung des Lagers}}$

10. Durchschnittliche Lagerkosten $= \dfrac{\text{Gesamtkosten der Lagereinrichtung}}{\text{Zahl der Lagerplätze}}$

11. Kosten pro Lagerbewegung $= \dfrac{\text{Lagerpersonal- und Sachkosten}}{\text{Zahl der Lagerzu- und abgänge}}$

12. Flächennutzungsgrad $= \dfrac{\text{belegte Regalfläche} \cdot 100}{\text{Gesamtregalfläche}}$

13. $\text{Raumnutzungsgrad} = \dfrac{\text{Lagergutvolumen} \cdot 100}{\text{Lagerraumvolumen}}$

14. $\text{Zahl der Lagerbewegungen je Mitarbeiter} = \dfrac{\text{Zahl der Lagerbewegungen}}{\text{Zahl der Mitarbeiter im Lager}}$

15. $\text{Kapitalbindung ruhender Bestände} = \text{Wert ruhender Bestände} \cdot \text{Lagerzeit} \cdot \text{interner Zinsfuß}$

16. $\text{Kommissionierzeit je Auftrag} = \dfrac{\text{Kommissionierzeit}}{\text{Zahl der Kommissionieraufträge}}$

17. $\text{Kommissionierkosten je Auftrag} = \dfrac{\text{Kommissionierkosten}}{\text{Zahl der Kommissionieraufträge}}$

18. $\text{Fehlerquote in der Kommissionierung} = \dfrac{\text{Kommissionierfehler} \cdot 100}{\text{Zahl der Kommissionierungen}}$

19. $\text{Transportkosten je Transportauftrag} = \dfrac{\text{Transportkosten}}{\text{Zahl der Transportaufträge}}$

20. $\text{Transportzeit je Transportauftrag} = \dfrac{\text{Transportzeit}}{\text{Zahl der Transportaufträge}}$

21. $\text{Transportleistung} = \dfrac{\text{Transporteinheiten}}{\text{Zeiteinheiten}}$

22. $\text{Zurückgelegte Entfernung je Transportmittel} = \dfrac{\text{Gefahrene Kilometer}}{\text{Zahl der Transportmittel}}$

23. $\text{Durchschnittliche Transportkosten je Gewichtseinheit} = \dfrac{\text{Transportkosten}}{\text{Gewicht der Transporte}}$

24. $\text{Auslastungsgrad der Transportmittel} = \dfrac{\text{geleistete Einsatzstunden} \cdot 100}{\text{maximale Einsatzstunden}}$

25. $\text{Anteil der Transportkosten an den Herstellkosten} = \dfrac{\text{Transportkosten}}{\text{Herstellkosten eines Produktes}}$

26. Durchschnittliche Betriebskosten eines Transport-/Fördermittels $= \dfrac{\text{Betriebskosten der Transport-/Fördermittel}}{\text{Zahl der Fördermittel}}$

27. Bearbeitungskosten einer Auftragsposition $= \dfrac{\text{Kosten der Auftragsabwicklung}}{\text{Zahl der bearbeiteten Auftragspositionen}}$

28. Distributionskosten je Auftrag $= \dfrac{\text{Kosten der Distribution}}{\text{Zahl der Aufträge}}$

29. Lieferbereitschaft $= \dfrac{\text{Summe der sofort bedienten Mengen}}{\text{Summe der angeforderten Mengen}}$

30. Quote der Beanstandungen $= \dfrac{\text{Zahl der beanstandeten Lieferungen}}{\text{Zahl der Lieferungen insgesamt}}$

31. Logistikkosten je Umsatzeinheit $= \dfrac{\text{gesamte Logistikkosten}}{\text{Ausbringungsmenge}}$

32. Logistikkosten je Mitarbeiter insgesamt/in verschiedenen Bereichen $= \dfrac{\text{Logistikkosten}}{\text{Zahl der Mitarbeiter}}$

Zusammenstellungen wichtiger Logistik-Kennzahlen sind u. a. bei *Schulte* und *Weber* zu finden.

6. Benchmarking

Benchmarking ist ein Instrument, das sowohl in der Analyse als auch in der Kontrolle eingesetzt werden und eine wertvolle Entscheidungshilfe darstellen kann. Längst hat es auch seinen Einzug in die Logistik gehalten. *„Beim Benchmarking handelt es sich um die gezielte und umfassende Suche nach Vergleichsgrößen und Richtwerten („Benchmarks") die repräsentativ sind für die besten Verfahren und Methoden in einem Industriezweig (in einer Branche oder ggf. auch branchenübergreifend)."* (*Becker*)

Benchmarking stellt keinesfalls eine neue Entwicklung dar, wird aber in der letzten Zeit stark propagiert. Zwischenbetriebliche Vergleiche oder die Konkurrenzforschung gehen schon seit einiger Zeit ähnliche Wege. Das eigentlich Neue am Benchmarking ist die Intensität, mit der der Versuch unternommen wird, sich mit anderen Unternehmen auch im Detail zu messen.

Benchmarking lässt sich in drei Ausprägungen anwenden, als

- internes Benchmarking zwischen einzelnen Zentren
- Wettbewerbs-Benchmarking innerhalb der Branche
- Branchen übergreifendes Funktions-/Prozess-Benchmarking.

Beim Benchmarking sind

- Betrachtungsobjekte
- Vergleichsmaßstäbe zu berücksichtigen.

Betrachtungsobjekte sind neben Produkten und anderen Leistungen Methoden, Verfahren und Prozesse.

Vergleichsmaßstäbe sind Größen wie Qualität, die Zeit, Zählgrößen, die Kundenzufriedenheit und sehr häufig die Kosten.

Die verschiedenen Dimensionen des Benchmarking können am Beispiel eines Automobilherstellers verdeutlicht werden:

Parameter	Ausprägung des Parameters			
Objekt	Produkte	Methoden		Prozesse
Zielgröße	Kosten	Qualität	Kunden-zufrieden-heit	Zeit
Vergleichs-partner	andere Geschäfts-bereiche	aus gleicher Branche		aus anderer Branche

Quelle: *Jentner*

Benchmarking-Untersuchungen werden nicht nach einem festen Schema durchgeführt, sondern werden unternehmensindividuell vorgenommen.

Folgende Ablaufschritte sind bei einem Benchmarking-Vorhaben denkbar:

- qualifiziertes Team bilden
- Kriterien für Fragebogen festlegen
- interne Daten ermitteln
- externe Vergleichsunternehmen (interne Zentren) auswählen
- Daten erheben

- Daten auswerten und analysieren
- Ziele hoch ansetzen
- Ergebnisse in konkrete Maßnahmen umsetzen.

Betrachtungsobjekte im Logistikbereich sind praktisch sämtliche Logistikleistungen. Vergleichsmaßstäbe können wie in anderen Unternehmensbereichen Größen wie die Qualität, die Zeit, Zählgrößen oder die Kundenzufriedenheit sein.

Beabsichtigt man Benchmarking-Untersuchungen beispielsweise im Lagerbereich durchzuführen, bieten sich als Vergleichsgrößen

- die Anzahl der Läger
- die Lagerstandorte
- die Anzahl der gelagerten Artikel
- die Lagerdauer
- die Entnahmegeschwindigkeit
- die Anzahl der Kommissioniergänge je Zeiteinheit
- die technische Ausrüstung des Lagers, der Automatisierungsgrad
- die Kommunikation mit den Kunden/Lieferanten

an.

Eine immer größere Rolle für den Erfolg eines Unternehmens spielt die **Kundenzufriedenheit**. Sie sollte deshalb auch beim Benchmarking besonders berücksichtigt werden. Zu ihrer Messung stehen objektive und subjektive Messverfahren zur Verfügung.

Zu den **objektiven Messverfahren** gehört die Erfassung von Daten wie Absatz, Umsatz, Marktanteile, Kundenloyalität, sachliche Mängel, rechtliche Mängel, Gewährleistungsansprüche, erforderliche Reparaturen und Nachbesserungen, die Analyse von Kundenäußerungen, die Durchführung von Qualitätskontrollen im eigenen Unternehmen, bei der Konkurrenz, beim Handel und beim Endverbraucher.

Den **subjektiven Messverfahren** sind die merkmalgestützten Verfahren zuzurechnen, es handelt sich um:

- indirekte Messung in Form der Erfassung von Beschwerden, die repräsentative Ermittlung von durch Kunden wahrgenommene Leistungsdefizite oder Problem Panels.

- direkte Messung als Erfassung enttäuschter Erwartungen, Messung mit einer Zufriedenheitsskala, als Einsatz ereignisorientierter Verfahren (ausführlicher s. *Becker, Nieschlag/Dichtl/Hörschgen*).

Benchmarking kann durchaus als ein aussagefähiges Instrument angesehen werden, doch müssen seine Grenzen erkannt werden. Ein objektives Ergebnis ist nur zu erzielen, wenn die eigenen Daten exakt ermittelt wurden und die Vergleichsdaten einen hohen Grad an Zuverlässigkeit aufweisen. Auf einen Vergleich sollte eher verzichtet werden als nicht überprüfte oder nicht überprüfbare Daten in die Betrachtung einzubeziehen.

Lösung

	Lösung
27. Welche Nachteile hat die Istkostenrechnung?	S. 559
28. Mit welchen Kostenkategorien arbeitet die flexible Plankostenrechnung?	S. 559
29. Wie werden die Basisplankosten ermittelt?	S. 559
30. Was drücken die Sollkosten aus?	S. 560
31. Warum werden in der flexiblen Plankostenrechnung die Istkosten auf Planwerte umgerechnet?	S. 560
32. Was versteht man unter der Planbezugsgröße?	S. 560
33. Wie wird der Plankostenverrechnungssatz ermittelt?	S. 560
34. Was geschieht mit dem Plankostenverrechnungssatz?	S. 560
35. Was drücken die verrechneten Plankosten aus?	S. 560
36. Warum ist die Gesamtabweichung relativ aussageunfähig?	S. 561
37. In welche Abweichungen wird die Gesamtabweichung aufgespalten?	S. 561
38. Wie ermittelt man die Beschäftigungsabweichung?	S. 562
39. Was drückt die Beschäftigungsabweichung aus?	S. 562
40. Wie wird die Verbrauchsabweichung ausgerechnet?	S. 561
41. Welche Aussage trifft die Verbrauchsabweichung?	S. 562
42. Warum wird in der Grenzplankostenrechnung keine Beschäftigungsabweichung ermittelt?	S. 562
43. Welche Bedeutung haben Logistik-Kennzahlen?	S. 568
44. Geben Sie einige wichtige Logistik-Kennzahlen an!	S. 569 f.

I. Logistische Sonderbereiche

1. Entsorgungslogistik

1.1 Wesen der Entsorgungslogistik

Die Entsorgung hat in den letzten Jahren stark an Bedeutung gewonnen, verantwortlich dafür sind folgende Gründe:

- steigendes Umweltbewusstsein der Bevölkerung und in den Unternehmen
- das Anliegen großer Käuferschichten, umweltfreundliche Produkte zu erwerben
- der Umweltschutz als Wettbewerbsfaktor
- steigende Rückstände bei der Produktion
- hohe Kosten der Rückstandsbeseitigung
- zahlreiche rechtliche Vorschriften.

Unter Entsorgung werden im üblichen Sprachgebrauch vielfach unterschiedliche Begriffe wie Sammeln und Transportieren von Abfällen, deren Beseitigung mit unterschiedlichen Verfahren sowie deren Verwertung verstanden. Neben dem Abfallbegriff wird die Bezeichnung Rückstände verwendet. Häufig wird auch zwischen der **Entsorgung im engeren Sinne** und der **Entsorgung im weiteren Sinne** unterschieden. Erstere erstreckt sich auf die Entsorgung von Abfällen, letztere zusätzlich auf die Verwertung von Rückständen.

Fasst man die genannten Vorgänge unter einem Oberbegriff zusammen und versucht sie zu verdeutlichen, kann man zu dem Ergebnis gelangen, dass die Entsorgung alle planenden und ausführenden Tätigkeiten der umweltgerechten Verwendung, Verwertung und geordneten Beseitigung von Reststoffen umfasst (*Werner/Stark*). Der genannte Entsorgungsprozess enthält wichtige logistische Prozesse. Diese erstrecken sich auf die Planung, Steuerung, Durchführung und Kontrolle der gesamten Abfall-Ströme mit ihren dazugehörenden Informationen sowie die Gestaltung aller entsorgungslogistisch relevanten physischen, informatorischen, organisatorischen und psychologischen Prozesse innerhalb und außerhalb des Unternehmens (*Baumgarten*).

Die entsorgungslogistischen Prozesse haben mittlerweile eine solche Bedeutung erlangt,dass sie innerhalb der Unternehmenslogistik selbstständige Logistikbereiche bilden, die neben der Beschaffungslogistik, Lagerlogistik, Produktionslogistik und Marketinglogistik stehen.

Unterschiede zu diesen logistischen Subsystemen bestehen in

- den Objekten
- der Flussrichtung der Objekte
- den Zielen, die nicht nur ökonomisch, sondern auch stark ökologisch ausgerichtet sind
- dem Zwang, Zukunftshandlungen zu berücksichtigen, etwa bei der Entwicklung neuer umweltschonender Produkte, der Verwendung umweltgerechter Verpackungen u. Ä.
- dem Zwang zu Kooperation mit anderen Unternehmen.

Die Entsorgungslogistik kann zwar als gleichrangiger Bereich neben den übrigen Logistikbereichen angesehen werden, doch darf sie wegen der vielen Schnittstellen zu diesen nicht isoliert betrachtet werden, sondern muss im Rahmen von Gesamtkonzepten gesehen werden.

1.2 Rechtliche und wirtschaftliche Grundlagen

Die Entsorgungsvorschriften sind recht zahlreich. Sie reichen vom Umweltverfassungsrecht über das Allgemeine Umweltverwaltungsrecht, die Gesetze zum Natur- und Bodenschutz, zum Gewässerschutz, zur Vermeidung, Verwertung und Beseitigung von Abfällen, zum Immissionsschutz bis zu den Gesetzen über den Strahlenschutz, zur Energieeinsparung, zum Schutz vor gefährlichen Stoffen und zum Umweltstrafrecht.

Die Gesetze und Verordnungen, die für die Wirtschaft am bedeutendsten sind und auch die weitreichendsten Konsequenzen für die Verbraucher haben, sind das **Kreislaufwirtschaftsgesetz** (KrWG), die **Verpackungsverordnung** (VerpackV), die **Gewerbeabfallverordnung** (GewAbfV), die **Technische Anleitung (TA) Siedlungsabfall,** die **Deponieverordnung** (DepV) und der umfangreiche **Europäische Abfallkatalog** (EAK), wobei beiden erstgenannten Vorschriften die größte Bedeutung beizumessen ist.

1.2.1 Kreislaufwirtschaftsgesetz

Das Gesetz mit voller Bezeichnung „Gesetz zur Förderung der Kreislaufwirtschaft und Sicherung der umweltverträglichen Bewirtschaftung von Abfällen (Kreislaufwirtschaftsgesetz-KrWG)" trat am 1. Juni 2012 (einige Vorschriften bereits am 1. März 2012) in Kraft. Es löst das Abfallgesetz von 1994 in der Fassung von 2009 und die darauf beruhenden Rechtsverordnungen und Verwaltungsvorschriften ab und setzt die europäischen Abfallrichtlinien in deutsches Recht um.

„Zweck des Gesetzes ist es, die Kreislaufwirtschaft zur Schonung der natürlichen Ressourcen zu fördern und den Schutz von Mensch und Umwelt bei der Erzeugung und Bewirtschaftung von Abfällen sicherzustellen (§ 1)."

Das neue Gesetz ist in folgende neun Teile gegliedert:

Teil 1:   Allgemeine Vorschriften

Teil 2:   Grundsätze und Pflichten der Erzeuger und Besitzer von Abfällen sowie der öffentlich rechtlichen Entsorgungsträger

Teil 3:   Produktverantwortung

Teil 4:   Planungsverantwortung

Teil 5:   Absatzförderung und Abfallberatung

Teil 6:   Überwachung

Teil 7:   Entsorgungsfachbetriebe

Teil 8: Betriebsorganisation, Betriebsbeauftragter für Abfall und Erleichterungen für auditierte Unternehmensstandorte

Teil 9: Schlussbestimmungen.

Eine detaillierte Gliederung befindet sich am Ende dieses Kapitels.

Zur Verdeutlichung der Bedeutung des Gesetzes für Hersteller, Handel, Dienstleistung und Haushalte wird im Folgenden auf wichtige Begriffe und Inhalte des Kreislaufwirtschaftsgesetzes eingegangen.

1.2.1.1 Geltungsbereich des Gesetzes

Die Vorschriften des Gesetzes gelten für

1. die Vermeidung von Abfällen
2. die Verwertung von Abfällen
3. die Beseitigung von Abfällen
4. die sonstigen Maßnahmen zur Abfallbewirtschaftung.

Diese Aufzählung des § 2 KrWG wird ergänzt durch eine Liste von Stoffen, die nach anderen Vorschriften zu entsorgen sind.

1.2.1.2 Begriffsbestimmungen

Wichtige Begriffsbestimmungen finden sich in § 3. Unter anderen sind zu nennen:

1. Abfälle
„Abfälle [...] sind alle Stoffe oder Gegenstände, deren sich ihr Besitzer entledigen will oder entledigen muss. Abfälle zur Verwertung sind Abfälle, die verwertet werden. Abfälle, die nicht verwertet werden, sind Abfälle zur Beseitigung.
*Eine **Entledigung** im Sinne des Absatzes 1 ist anzunehmen, wenn der Besitzer Stoffe oder Gegenstände einer **Verwertung** im Sinne der Anlage 2 oder einer **Beseitigung** im Sinne der Anlage 1 zuführt oder die tatsächliche Sachherrschaft über sie unter Wegfall jeder weiteren Zweckbestimmung aufgibt.*

Der Wille zur Entledigung im Sinne des Absatzes 1 ist hinsichtlich solcher Stoffe oder Gegenstände anzunehmen,

1) *die bei der Energieumwandlung, Herstellung, Behandlung oder Nutzung von Stoffen oder Erzeugnissen oder bei Dienstleistungen anfallen, ohne dass der Zweck der jeweiligen Handlung darauf gerichtet ist, oder*

2) *deren ursprüngliche Zweckbestimmung entfällt oder aufgegeben wird, ohne dass ein neuer Verwendungszweck unmittelbar an deren Stelle tritt.*

Für die Beurteilung der Zweckbestimmung ist die Auffassung des Erzeugers oder Besitzers unter Berücksichtigung der Verkehrsauffassung zugrunde zu legen."

2. *„Gefährlich sind die Abfälle, die durch Rechtsverordnung nach § 48 Satz 2 oder aufgrund einer solchen Rechtsverordnung bestimmt worden sind"* (§ 3 Ziff. 5).

3. *„Erzeuger von Abfällen ist jede natürliche oder juristische Person"* (§ 3 Ziff. 8).

4. *„Besitzer von Abfällen ist jede natürliche oder juristische Person, die die tatsächliche Sachherrschaft über Abfälle hat"* (§ 3 Ziff. 9).

5. *„Verwertung ist jedes Verfahren, als dessen Hauptergebnis die Abfälle innerhalb der Anlage oder in der weiteren Wirtschaft einem sinnvollen Zweck zugeführt werden, indem sie entweder andere Materialien ersetzen [...]"* (§ 3 Ziff. 23).

6. *„Recycling ist jedes Verwertungsverfahren, durch das Abfälle zu Erzeugnissen, Materialien oder Stoffen entweder für den ursprünglichen Zweck oder für andere Zwecke aufbereitet werden [...]"* (§ 3 Ziff. 25).

7. *„Beseitigung ist jedes Verfahren, das keine Verwertung ist, auch wenn das Verfahren zur Nebenfolge hat, dass Stoffe oder Energie zurückgewonnen werden. Anlage 1 enthält eine nicht abschließende Liste von Beseitigungsverfahren"* (§ 3 Ziff. 26).

8. *„Deponien sind Beseitigungsanlagen zur Ablagerung von Abfällen oberhalb der Erdoberfläche (oberirdische Deponien) oder unterhalb der Erdoberfläche (Untertagedeponien) [...]"* (§ 3 Ziff. 27).

Kreislaufwirtschaft ist die Vermeidung und Verwertung von Abfällen (§ 3 Ziff. 19)

Abfallbewirtschaftung ist die Bereitstellung, die Überlassung, die Sammlung, die Beförderung, die Verwertung und die Beseitigung von Abfällen einschließlich der Überwachung dieser Verfahren ... (§ 3 Ziff. 14)

Weitere Begriffsbestimmungen enthält § 3.
(Die themenrelevanten Anlagen 1 und 2 befinden sich am Ende dieses Kapitels).

1.2.1.3 Ende der Abfalleigenschaft

Die Abfalleigenschaft eines Stoffes oder Gegenstandes endet, wenn dieser ein Verwertungsverfahren durchlaufen hat und so beschaffen ist, dass

1. er üblicherweise für bestimmte Zwecke verwendet wird

2. ein Markt für ihn oder eine Nachfrage nach ihm besteht

3. er alle seine jeweilige Zweckbestimmung geltenden technischen Anforderungen sowie alle Rechtsvorschriften und anwendbaren Normen für Erzeugnisse erfüllt sowie

4. seine Verwendung insgesamt nicht zu schädlichen Auswirkungen auf Mensch oder Umwelt führt.

1.2.1.4 Abfallhierarchie

Die Regelungen über die Abfallhierarchie des § 6 nehmen eine Schlüsselstellung ein. Sie erstrecken sich auf die Rangfolgen der Abfallbehandlung, bestehend aus folgenden fünf Stufen:

1. Vermeidung
2. Vorbereitung zur Wiederverwendung
3. Recycling
4. sonstige Verwertung, insbesondere energetische Verwertung und Verfüllung
5. Beseitigung.

Im § 6 Abs. 2 heißt es: *„Ausgehend von der Rangfolge nach Absatz 1 soll nach Maßgabe der §§ 7 und 8 diejenige Maßnahme den Vorrang haben, die dem Schutz von Mensch und Umwelt bei der Erzeugung und Bewirtschaftung von Abfällen unter Berücksichtigung des Vorsorge- und Nachhaltigkeitsprinzips am besten gewährleistet. Für die Betrachtung der Auswirkungen auf Mensch und Umwelt nach Satz 1 ist der gesamte Lebenszyklus des Abfalls zugrunde zu legen. Hierbei sind insbesondere zu berücksichtigen:*

1. *die zu erwartenden Emissionen*

2. *das Maß der Schonung der natürlichen Ressourcen*

3. *die einzusetzende oder zu gewinnende Energie sowie*

4. *die Anreicherung von Schadstoffen in Erzeugnissen, in Abfällen zur Verwertung oder in daraus gewonnenen Erzeugnissen.*

Die technische Möglichkeit, die wirtschaftliche Zumutbarkeit und die sozialen Folgen der Maßnahmen sind zu beachten."

1.2.1.5 Grundpflichten der Kreislaufwirtschaft

Von den zahlreichen neuen bzw. neu formulierten Bestimmungen des Kreislaufwirtschaftsgesetzes sei noch auf die in § 7 enthaltenen Grundpflichten der Kreislaufwirtschaft eingegangen.

§ 7 Abs. 2 schreibt vor, dass die Erzeuger oder Besitzer von Abfällen zur Verwertung ihrer Abfälle verpflichtet sind. Die Verwertung von Abfällen hat dabei Vorrang vor ihrer Beseitigung. Der Vorrang wird nicht wirksam, wenn die Beseitigung der Abfälle den Schutz von Mensch und Umwelt nach Maßgabe des § 6 Abs. 2 Satz 2 und 3 am besten gewährleistet.

Absatz 3 fordert die ordnungsgemäße und schadlose Verwertung von Abfällen, insbesondere durch ihre Einbindung in Erzeugnisse. *„Die Pflicht zur Verwertung von Abfällen ist zu erfüllen, soweit dies technisch möglich und wirtschaftlich zumutbar ist."* Dies gilt insbesondere, wenn für einen gewonnenen Stoff oder eine gewonnene Energie ein Markt vorhanden ist oder geschaffen werden kann (§ 7 Abs. 4).

1.2.1.6 Rangfolge und Hochwertigkeit der Verwertungsmaßnahmen

Bei der Erfüllung der Verwertungspflicht genießt das Verfahren Vorrang, das den Schutz von Mensch und Umwelt nach Art und Beschaffenheit des Abfalls am besten gewährleistet. Zwischen mehreren gleichrangigen Verwertungsmaßnamen besteht ein Wahlrecht des Erzeugers oder Besitzers von Abfällen.

Die Bundesregierung kann nach Anhörung der beteiligten Kreise mit Zustimmung des Bundesrates durch Rechtsverordnung für bestimmte Abfallarten

1. den Vorrang oder Gleichrang einer Verwertungsmaßnahme bestimmen und
2. Anforderungen an die Hochwertigkeit der Verwertung festlegen (§ 8).

1.2.1.7 Zusammenfassung wichtiger Elemente des Gesetzes

Wesentliche Elemente des neuen Gesetzes hat die Bundesregierung (Bundesministerium für Umwelt, Naturschutz und Reaktorsicherheit) veröffentlicht. Sie werden im Folgenden wiedergegeben.

Mit dem neuen Kreislaufwirtschaftsgesetz wird die EU-Abfallrahmenrichtlinie in deutsches Recht umgesetzt und das bestehende deutsche Abfallrecht umfassend modernisiert. Ziel des neuen Gesetzes ist eine nachhaltige Verbesserung des Umwelt- und Klimaschutzes sowie der Ressourceneffizienz in der Abfallwirtschaft durch Stärkung der Abfallvermeidung und des Recyclings von Abfällen.

Kern des neuen Kreislaufwirtschaftsgesetzes ist die neue fünfstufige Abfallhierarchie. Sie legt die grundsätzliche Stufenfolge aus Abfallvermeidung, Wiederverwendung, Recycling und sonstiger, u.a. energetischer Verwertung von Abfällen und schließlich der Abfallbeseitigung fest. Vorrang hat die jeweils beste Option aus Sicht des Umweltschutzes. Dabei sind neben den ökologischen Auswirkungen auch technische, wirtschaftliche und soziale Folgen zu berücksichtigen. Die Kreislaufwirtschaft wird somit konsequent auf die Abfallvermeidung und das Recycling ausgerichtet.

Weitere wesentliche Elemente des Gesetzes sind:

▸ neuer Anwendungsbereich des Gesetzes (§ 2)

▸ EU-rechtlich harmonisierte Definitionen aller wesentlichen Begriffe, z.B. Abfall, Verwertung, Recycling, Beseitigung, Erzeuger und Besitzer (§§ 3 bis 5)

▸ Einführung einer ab 2015 zu erfüllenden Pflicht zur Getrenntsammlung von Bioabfällen (§ 11 Abs. 1) sowie von Papier-, Metall-, Kunststoff und Glasabfällen (§ 14 Abs. 1)

- gesetzliche Absicherung der von der Privatwirtschaft organisierten freiwilligen Qualitätssicherungssysteme für die Bioabfall- und Klärschlammverwertung (§ 12)
- Einführung einer im Jahr 2020 zu erfüllenden Recyclingquote von 65 % für Siedlungsabfälle (§ 14 Abs. 2) sowie einer Verwertungsquote von 70 % für Bau- und Abbruchabfälle; die Bundesregierung überprüft bis Ende 2016, ob die Zielquote für Bau- und Abbruchabfälle gesteigert werden kann (§ 14 Abs. 3)
- Absicherung der kommunalen Hausmüllentsorgung; Präzisierung der Möglichkeit gewerblicher Sammlung von werthaltigen Abfällen; gewerbliche Sammlungen sind nur zulässig, wenn die Erfüllung der kommunalen Entsorgungsaufgabe nicht gefährdet wird (§§ 17 und 18)
- Schaffung einer gesetzlichen Grundlage (§ 10 Abs. 1 Nr. 3, § 17 Abs. 2 Satz 1 Nr. 1, § 25 Abs. 2 Nr. 3) für die Weiterentwicklung der Verpackungsverordnung zu einer Wertstoffverordnung (Stichwort „einheitliche Wertstofftonne")
- Schaffung einer gesetzlichen Grundlage für die Erstellung von Abfallvermeidungsprogrammen durch Bund und Länder bis Ende 2013 (§ 33)
- Neuordnung von Anzeige- und Erlaubnispflichten für Sammler, Beförderer, Händler und Makler von Abfällen unter Ausrichtung am Gefahrenpotential der Abfälle (§§ 53 und 54)
- gesetzliche Konkretisierung der Zertifizierung von Entsorgungsfachbetrieben und Schaffung einer umfassenden Verordnungsermächtigung (§§ 56 und 57).

1.2.2 Verpackungsverordnung

Die Verpackungsverordnung (VerpackV) reicht bis ins Jahr 1991 zurück, wurde 1998 wesentlich erneuert und erhielt nach der 5. Verordnung zur Änderung 2009 ein neues Gesicht. Diese Fassung ist nach der letzten Änderung 2010 heute in Kraft.

Die Verordnung verfolgt u. a. **abfallwirtschaftliche Ziele,** die in § 1 VerpackV ihren Niederschlag finden.

Diese Verordnung bezweckt, die Auswirkungen von Abfällen aus Verpackungen auf die Umwelt zu vermeiden oder zu verringern. Verpackungsabfälle sind in erster Linie zu vermeiden; im Übrigen wird der Wiederverwendung von Verpackungen, der stofflichen Verwertung sowie den anderen Formen der Verwertung Vorrang vor der Beseitigung von Verpackungsabfällen eingeräumt. Um diese Ziele zu erreichen, soll die Verordnung das Marktverhalten der durch die Verordnung Verpflichteten so regeln, dass die abfallwirtschaftlichen Ziele erreicht und gleichzeitig die Marktteilnehmer vor unlauterem Wettbewerb geschützt werden.

Die Hauptvorschriften der Verordnung erstrecken sich auf folgende Regelungen

- Begriffsbestimmungen (§ 3)
  Verpackungen, Verkaufsverpackungen, Umverpackungen, Transportverpackungen, Getränkeverpackungen, Verbundverpackungen, schadstoffhaltige Füllgüter, restentleerte Verpackungen
- Rücknahmepflicht für Verpackungen (§§ 4 - 9)
- Pfanderhebungs- und Rücknahmepflicht für Einweggetränkeverpackungen (§ 9)
- Vollständigkeitserklärung für Verkaufsverpackungen, die in den Verkehr gebracht werden
- Herstellen, Inverkehrbringen und Kennzeichnen von Verpackungen (§§ 12 - 14)
- Ordnungswidrigkeiten.

Wegen der besonderen Bedeutung der Rücknahmepflichten von Verkaufsverpackungen, die bei privaten Verbrauchern anfallen (§ 6 VerpackV), werden im Folgenden die wichtigsten Vorschriften zusammengefasst.

Neben der Verordnung orientieren sich die Ausführungen an einem Merkblatt der IHK für München und Oberbayern (*Kerler, 2010*):

1. Die Hersteller und Importeure müssen die Entsorgung der Verkaufsverpackungen finanzieren.

2. „Erstinverkehrbringer" müssen an einem Rücknahmesystem für Verkaufsverpackungen („Duales System") teilnehmen. Dies bezieht sich nur auf Verpackungen, die bei **privaten Endverbrauchern** anfallen (§ 6 Abs. 1).

   Endverbraucher sind neben Haushalten auch „vergleichbare Anfallstellen", wie z. B. die Gastronomie. Die Verpackungen, die dort anfallen, können von Erstinverkehrbringern einem branchenbezogenen Erfassungssystem zugeführt werden (§ 6 Abs. 2). Unternehmen, die Serviceverpackungen mit Ware befüllen und unmittelbar an Kunden abgeben (Metzger, Bäcker, Imbissstände, Einzelhändler u. Ä.), können auch von einer Ausnahmeregelung Gebrauch machen. Sie können als Erstinverkehrbringer die Pflicht zur Teilnahme an einem System auf den Lieferanten oder Hersteller der Verpackung übertragen. Serviceverpackungen sind z. B. Tragetaschen, Semmeltüten u. Ä. (§ 6 Abs. 1 Satz 2).

3. Vollständigkeitserklärung
   Bei Überschreitung bestimmter Mengenschwellen bei Verkaufsverpackungen ist jährlich bis zum 1. Mai eine Vollständigkeitserklärung bei der zuständigen IHK einzureichen. Aus ihr muss hervorgehen, wie viele Verkaufsverpackungen im Vorjahr ausgegeben wurden und welche Systeme die Verpackungen zurückgenommen haben. Die Mengenschwellen sind bei Verpackungen aus:

Glas	80 t p. a.
Papier, Pappe, Karton	50 t p. a.
Kunststoff, Verbundstoffe, Weißlack, Aluminium insgesamt	30 t p. a.

Die Vollständigkeitserklärung wird bei Überschreiten einer dieser Größen fällig. Transportverpackungen und Verkaufsverpackungen für die Belieferung industrieller Kunden werden bei der Berechnung nicht berücksichtigt.

4. Weitere Begriffsbestimmungen

   a) Bei Eigenmarken des Handels befindet sich die Lizensierungspflicht beim Handel, wenn dieser als Abfüller bzw. Verpacker anzusehen ist.

   b) Beim Import von verpackten Waren ist der lizenzierungspflichtig, der verpackte Waren im Geltungsbereich der VerpackV erstmals in Verkehr bringt.

   c) Die Unternehmen haben die Wahl zwischen mehreren Systemanbietern. Die Verpackungen können auch auf mehrere Anbieter verteilt werden.

   d) Als private Endverbraucher gelten

      ▸ Haushalte

      ▸ vergleichbare Anfallstellen, z. B. Gaststätten, Hotels, Kantinen, Kasernen, Krankenhäuser, Verwaltungen, caritative Einrichtungen, Kinos, Theater usw.

      ▸ Vergleichbare Anfallstellen sind darüber hinaus Handwerksbetriebe und landwirtschaftliche Betriebe, die haushaltsübliche Sammelgefäße für Pappe, Papier, Kartonagen sowie Leichtverpackungen mit weniger als 1.100 Liter verwenden und diese Umleerbehälter in haushaltsüblichem Abfuhrrhythmus entsorgen können.

   e) Branchenbezogene Entsorgungssysteme
   Verkaufsverpackungen, die bei vergleichbaren Anfallstellen über branchenbezogene Erfassungssysteme eingesammelt werden, haben keine Teilnahmepflicht am Dualen System.

   Ein unabhängiger Sachverständiger muss bescheinigen, dass das Branchensystem funktioniert und die Verwertungsanforderungen befolgt werden. Die IHK München weist darauf hin, dass 2011 ca. 160 Branchensysteme gemeldet waren.

5. Abgrenzungsproblem
   Kann ein Unternehmer aufgrund seiner Unterlagen nicht feststellen, wo die Verpackungen anfallen, besteht für ihn die Möglichkeit, sich bei der Gesellschaft für Verpackungsmarktforschung mbH Hilfe zu verschaffen.

6. Serviceverpackungen
   Unternehmen mit geringen Verpackungen, wie Bäcker, Metzger, Imbissstände, Systemgastronomie, können verlangen, dass die Lieferanten oder Hersteller von Verpackungen an einem Rücknahmesystem teilnehmen.

7. Versandverpackungen im Online-Handel
   „Verpackungsmaterial, das dem Transport von Waren dient und beim privaten Endverbraucher anfällt (insbesondere Versandpakete von Internet- und Versandhandel – einschließlich Direktvertrieb) ist als eine Verkaufsverpackung nach § 3 Abs. 1 Nr. 2 Satz 1 VerpackV aber nicht als Serviceverpackung nach § 3 Abs. 1 Nr. 2 Satz 1 einzustufen" Bund/Länder-Arbeitsgemeinschaft Abfall (LAGA).

8. Kennzeichnungspflicht
Die bis 2009 geltende Kennzeichnungspflicht existiert nicht mehr.

Die Pfanderhebungs- und Rücknahmepflicht für Einwegverpackungen ist eine Vorschrift, die von vielen Unternehmen beachtet werden muss und auch für die Endverbraucher von Bedeutung ist. Die entsprechende Vorschrift wird deshalb vorgestellt (§ 9 VerpackV).

(1) Vertreiber, die Getränke in Einweggetränkeverpackungen mit einem Füllvolumen von 0,1 Liter bis 3 Liter in Verkehr bringen, sind verpflichtet, von ihrem Abnehmer ein Pfand in Höhe von mindestens 0,25 € einschließlich Umsatzsteuer je Verpackung zu erheben. Satz 1 gilt nicht für Verpackungen, die nicht im Geltungsbereich der Verordnung an Endverbraucher abgegeben werden. Das Pfand ist von jedem weiteren Vertreiber auf allen Handelsstufen bis zur Abgabe an den Endverbraucher zu erheben. Vertreiber haben Getränke in Einweggetränkeverpackungen, die nach Satz 1 der Pfandpflicht unterliegen, vor dem Inverkehrbringen deutlich lesbar und an gut sichtbarer Stelle als pfandpflichtig zu kennzeichnen und sich an einem bundesweit tätigen Pfandsystem zu beteiligen, das Systemteilnehmern die Abwicklung von Pfanderstattungsansprüchen untereinander ermöglicht. Das Pfand ist bei Rücknahme der Verpackungen zu erstatten. Ohne eine Rücknahme der Verpackungen darf das Pfand nicht erstattet werden. Hinsichtlich der Rücknahme gilt § 6 Abs. 8 entsprechend. Bei Verpackungen, die nach Satz 1 der Pfandpflicht unterliegen, gilt an Stelle des § 6 Abs. 8 Satz 4, dass sich die Rücknahmepflicht nach § 6 Abs. 8 Satz 1 auf Verpackungen der jeweiligen Materialarten Glas, Metalle, Papier/Pappe/Karton oder Kunststoff einschließlich sämtlicher Verbundverpackungen mit diesen Hauptmaterialien beschränkt, die der Vertreiber in Verkehr bringt. Beim Verkauf aus Automaten hat der Vertreiber die Rücknahme und Pfanderstattung durch geeignete Rückgabemöglichkeiten in zumutbarer Entfernung zu den Verkaufsautomaten zu gewährleisten. Die zurückgenommenen Einweggetränkeverpackungen im Sinne von Satz 1 sind vorrangig einer stofflichen Verwertung zuzuführen.

(2) Absatz 1 findet nur Anwendung auf nicht ökologisch vorteilhafte Einweggetränkeverpackungen im Sinne von § 3 Abs. 4, die folgende Getränke enthalten:

1. *Bier (einschließlich alkoholfreies Bier) und Biermischgetränke*

2. *Mineral-, Quell-, Tafel- und Heilwässer und alle übrigen, trinkbaren Wässer*

3. *Erfrischungsgetränke mit oder ohne Kohlensäure (insbesondere Limonaden einschließlich Cola-Getränke, Brausen, Bittergetränke und Eistee). Keine Erfrischungsgetränke im Sinne von Satz 1 sind Fruchtsäfte, Fruchtnektare, Gemüsesäfte, Gemüsenektare, Getränke mit einem Mindestanteil von 50 % an Milch oder an Erzeugnissen, die aus Milch gewonnen werden, und Mischungen dieser Getränke sowie diätetische Getränke im Sinne des § 1 Abs. 2 Buchst. c der Diätverordnung, die ausschließlich für Säuglinge oder Kleinkinder angeboten werden,*

4. *Alkoholhaltige Mischgetränke, die*

    a) hergestellt wurden unter Verwendung von

        aa) Erzeugnissen, die nach § 130 Abs. 1 des Gesetzes über das Branntweinmonopol der Branntweinsteuer unterliegen oder bb) *Fermentationsalkohol aus Bier, Wein oder weinähnlichen Erzeugnissen, auch in weiterverarbeiteter Form, der einer technischen Behandlung unterzogen wurde, die nicht mehr der guten Herstellungspraxis entspricht, und einen Alkoholgehalt von weniger als 15 Volumenprozent aufweisen oder*

b) *weniger als 50 Prozent Wein oder weinähnliche Erzeugnisse, auch in weiterverarbeiteter Form, enthalten.*

(3) Hersteller und Vertreiber von ökologisch vorteilhaften Einweggetränkeverpackungen sowie von Einweggetränkeverpackungen, die nach Absatz 2 keiner Pfandpflicht unterliegen, sind verpflichtet, sich an einem System nach § 6 Abs. 3 zu beteiligen, soweit es sich um Verpackungen handelt, die beim privaten Endverbraucher anfallen.

Nach der Fünften Novelle der Verpackungsordnung besteht für Erstinverkehrbringer, die Verpackungen in Umlauf bringen, die Anschlusspflicht zu einem Dualen System (§ 6 Abs. 1 VerpackV).

Das erste Duale System war das **Duale System Deutschland GmbH** (DSD), ein privatwirtschaftliches Unternehmen, das nach seiner Gründung ein Non-Profit-Unternehmen war, mittlerweile aber Gewinne erwirtschaftete.

Das als GmbH gegründete Unternehmen wurde später in eine AG umgewandelt und hat heute wieder die Rechtsform einer GmbH. Im Jahr 2005 wurde DSD vom amerikanischen Investor Kohlberg, Kravis, Roberts & Co. übernommen, der es an den Vorstandschef und mehrere Manager des Unternehmens kürzlich verkaufte.

Das Monopol des Dualen Systems Deutschland wurde 2001 durch das Kartellamt gekippt, was bewirkte, dass sich mehrere Unternehmen des Dualen Systems auf dem Markt befinden und ein reger Wettbewerb entstanden ist. Zurzeit sind neben der DSD GmbH noch weitere acht Unternehmen auf dem Markt – mit Zuwächsen ist zu rechnen. Folgende Anbieter treten in einem Dualen System zurzeit auf: INTERSEROH Dienstleistungs GmbH, Landbell AG, BellandVision GmbH, Eko-Punkt, Redual GmbH & Co., Vfw AG, ZENTEK GmbH & Co. KG, VERLO GmbH & Co. KG, Veolia Umweltservice.

Wegen der großen Bedeutung des Dualen Systems für die Entsorgung wird im Folgenden ausführlicher darauf eingegangen, wobei das Duale System Deutschland GmbH als größtes und erfahrenstes Unternehmen als Beispiel dient. Die Darstellungen wurden u. a. den Veröffentlichungen dieses Unternehmens entnommen.

Duales System Deutschland
Wie bereits erwähnt, wurde die Duales System Deutschland GmbH im September 1990 im Vorgriff auf die im folgenden Jahr in Kraft tretende Verpackungsverordnung gegründet. Im ersten Quartal des Jahres 2008 verfügte das Unternehmen nach Angaben von Experten (*Recherchen der „Welt"*) über einen Marktanteil von 58 %. Der Post- und Verwaltungssitz ist Köln.

Die Duales System Deutschland GmbH organisiert das Sammeln, das Sortieren sowie die Zuführung zur Verwertung von gebrauchten Verkaufsverpackungen. Das Unternehmen ist Marktführer, muss sich jedoch wie oben gezeigt den Markt mit neun weiteren Systemen teilen.

Die DSD ist zur Zeit auf folgenden Geschäftsfeldem tätig:

- Der Grüne Punkt
- Elektro-Service
- Standortentsorgung
- Entsorgung von Transportverpackungen
- Gewerbeentsorgung
- Entsorgungsmanagement
- Pfandlösung.

Kerngeschäft ist die Übernahme der Rücknahme und Verwertungsverpflichtungen, wie sie sich aus der Verpackungsverordnung ergeben.

Die DSD führt das Sammeln, Sortieren und Verwerten gebrauchter Verpackungen nicht selbst durch. Das geschieht durch qualifizierte Partner, die flächendeckend im Bring- und Holsystem tätig sind. Die Auswahl der Partnerunternehmen erfolgt im Ausschreibungsverfahren jeweils für einen bestimmten Zeitraum. Die DSD ist in erster Linie für die Organisation im weitesten Sinne, den Finanzierungsbereich und die Dokumentation zuständig.

Die **Finanzierung** erfolgt über die Lizenzentgelte. Diese richten sich nach der verwendeten Materialart, dem Gewicht und der Stückzahl.

Der Grüne Punkt
Der Grüne Punkt ist das urheberrechtlich geschützte Markenzeichen Deutschlands. Er steht für das Kerngeschäft der DSD. Er hat seit Beginn des Jahres 2009 mit dem Wegfall der Kennzeichnungspflicht viel von seiner Bedeutung verloren.

Der Aufdruck des Grünen Punktes auf die Verpackungen war ein Hinweis darauf, dass ein Finanzierungsbeitrag für die Rücknahme entsprechend der Verpackungsverordnung geleistet wurde. Die produktverantwortlichen Hersteller und Handelsunternehmen erhielten und erhalten noch, insofern sie sich an der DSD beteiligen, das Recht, den Grünen Punkt auf ihren Verpackungen zu verwerten.

Die DSD macht den Unternehmen zwei Angebote: zum einen die vorgeschriebene Beteiligung am Dualen System und zum anderen die Verwendung der Marke Grüner Punkt. Der Kunde kann von beiden Angeboten Gebrauch machen oder wahlweise ein Angebot akzeptieren. Die DSD hat dadurch zwei Finanzierungsmöglichkeiten.

Gelegentlich wird fälschlicherweise angenommen, der Grüne Punkt sei ein Hinweis auf ökologisch einwandfreie Produkte, dies trifft selbstverständlich nicht zu.

Die Finanzierung der Leistungen der Dualen Systeme wird im Grunde von den Endverbrauchern getragen, da sie Kalkulationsbestandteil der verpackten Ware sind.

Man geht gegenwärtig davon aus, dass für jeden Endverbraucher zwischen 1,90 € und 2,00 € pro Monat für das Recycling seiner Verpackungen anfallen.

Arbeitsweise des DSD

Die Rücknahme- und Verwertungsverpflichtungen beginnen mit dem Sammeln der verwendeten Verkaufsverpackungen.

Beim Aufbau des Dualen Systems zwischen 1991 und 1993 stand das Unternehmen vor der Aufgabe, das neue System an eventuell schon vorhandene kommunale Sammelsysteme anzupassen. Auch dies war eine Forderung der Verpackungsverordnung. So ist erklärbar, warum es eine Vielzahl verschiedener Sammelsysteme in Deutschland gibt.

Diese laufen auf zwei Grundtypen heraus:

► Holsysteme
► Bringsysteme.

► Für gebrauchte Glasverpackungen hat sich weitgehend die farbgetrennte Containersammlung (Bringsystem) etabliert.

► Für Papier/Pappe/Karton existieren Hol- und Bringsysteme, also sowohl Papiercontainer am Straßenrand als auch Bündelsammlungen oder die Blaue Tonne. Papierverpackungen werden gemeinsam mit Zeitungen und Zeitschriften erfasst und über einen mit den Kommunen abgestimmten Abrechnungsmodus vom Dualen System mit finanziert.

► Leichtverpackungen aus Kunststoffen, Verbunden, Weißblech und Aluminium werden zumeist in gelben Sammelbehältern (Säcken, Tonnen, Container) gesammelt. In weiten Teilen Süd- und Ostdeutschlands existieren auch Recycling- bzw. Wertstoffhöfe, bei denen die gebrauchten Verpackungen abgegeben werden können.

Die Arbeitsweise des Dualen Systems wird in der folgenden Darstellung wiedergegeben:

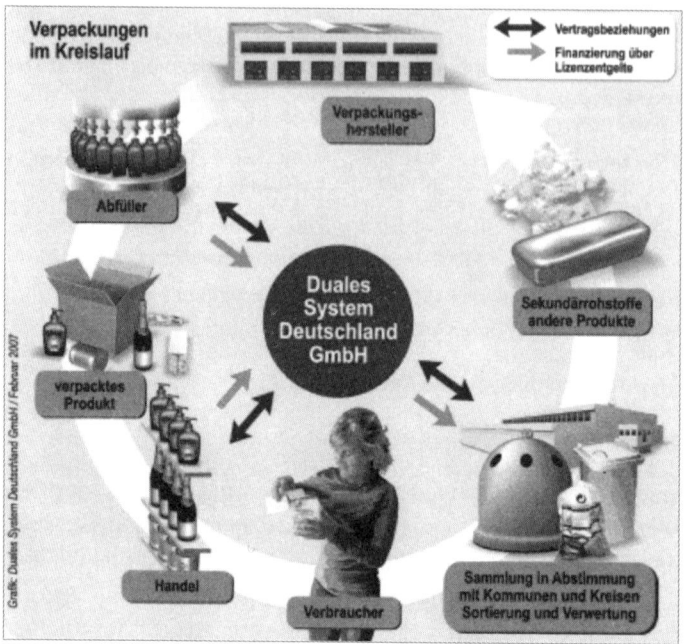

Quelle: *DSD*

Die Vorgehensweise beim Recycling sieht überblickartig wiedergegeben wie folgt aus:

Die Verbraucher in Deutschland sammeln und sortieren ihre Verkaufsverpackungen in der Regel in drei Fraktionen:

1. Papier/Pappe/Karton
2. Leichtverpackungen (Aluminium, Weißblech, Kunststoffe, Verbunde)
3. Glas, getrennt nach den Farben Weiß, Grün und Braun.

In Papiersortieranlagen wird das Altpapiergemisch nach verschiedenen Sorten getrennt und kommt anschließend in Papierfabriken. Die Leichtverpackungen werden ebenfalls nach den verschiedenen Materialien getrennt und dann den unterschiedlichen Industrien zum Recycling zurückgegeben. Von den Sammelcontainern für Glas gelangt das Material direkt zur Aufbereitungsanlage, wo die Scherben von Fremdstoffen gereinigt, zerkleinert und nach Farben sortiert werden. Die entstandenen Glasgranulate werden in Glashütten zu neuen Gefäßen verarbeitet.

Grafisch ergibt sich folgende Darstellung:

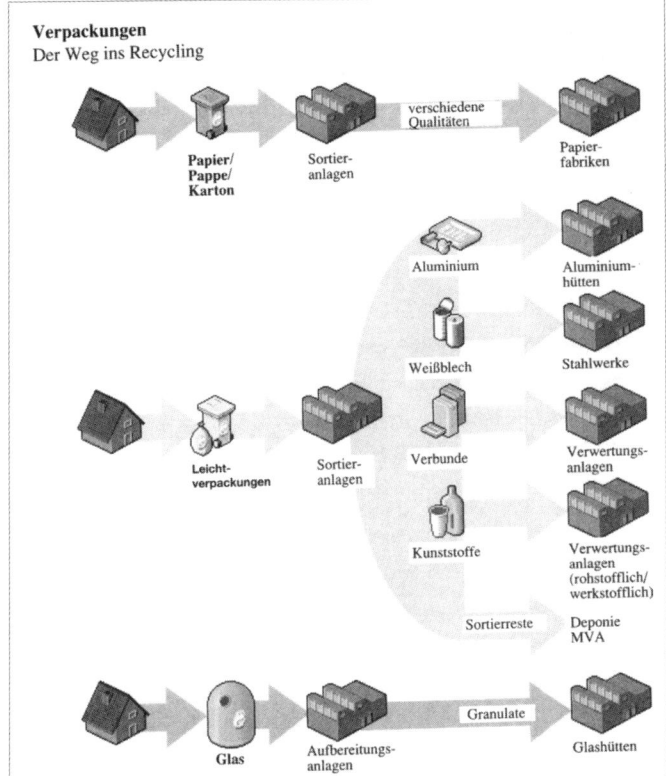

Quelle: *DSD*

1.3 Ziele der Entsorgungslogistik

Die Entsorgungslogistik verfolgt sowohl ökonomische als auch ökologische Ziele.

Als **ökonomische Ziele** sind in Anlehnung an *Schulte* zu nennen:

► die Gewährleistung einer attraktiven Entsorgungslogistikleistung im Sinne von benötigter Entsorgungszeit, Termintreue und Flexibilität

► die Minimierung der gesamten Kosten der Entsorgungslogistik.

Die **ökologischen Ziele** bestehen zum einen in der Beachtung der rechtlichen Vorschriften und zum anderen in der Reduzierung des Einsatzes natürlicher Ressourcen.

1.4 Aufgaben der Entsorgungslogistik

1.4.1 Generelle Aufgaben

Die generellen Aufgaben der Entsorgungslogistik können aus der Beantwortung der folgenden Fragen abgeleitet werden:

- ▸ Welche Entsorgungsobjekte fallen an?
- ▸ Wo fallen die Entsorgungsobjekte an?
- ▸ In welchen Mengen fallen die Entsorgungsobjekte an?
- ▸ Wann fallen die Entsorgungsobjekte an?
- ▸ Was soll mit den Entsorgungsobjekten geschehen? (Entsorgung im engeren Sinne? Verwenden? Verwerten?)
- ▸ Wann soll die Entsorgung erfolgen?
- ▸ Welche Zielorte sind vorgesehen?
- ▸ Welche Kosten entstehen durch die Entsorgung?

Die Antworten auf die gestellten Fragen bilden die Basis für die Gestaltung der entsorgungslogistischen Flüsse.

Die folgende Darstellung gibt einen Überblick über die Gestaltungsmöglichkeiten der Entsorgung im weiteren Sinne und die damit verbundenen entsorgungslogistischen Flüsse.

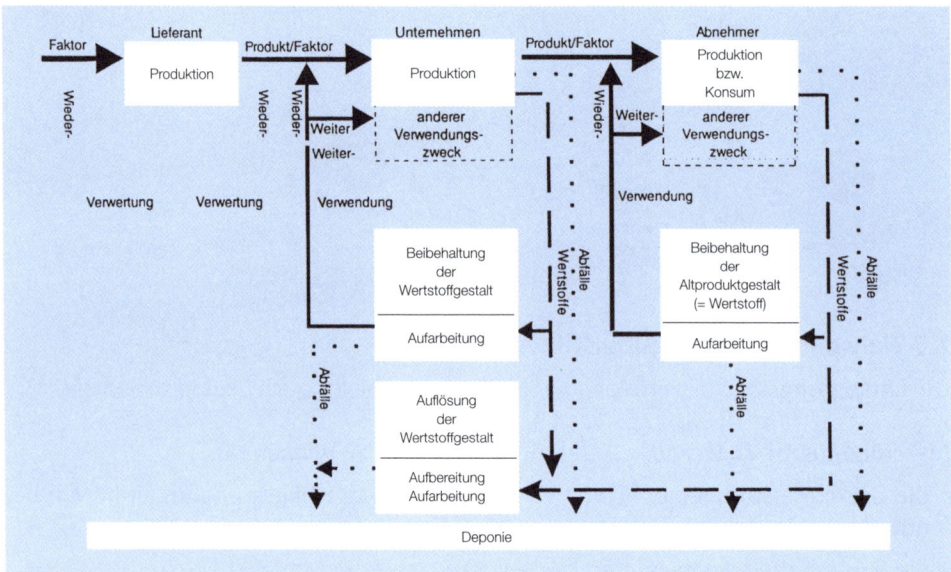

Quelle: *Isermann/Houtmann*

1.4.2 Einzelaufgaben

Die Einzelaufgaben der Entsorgungslogistik lassen sich zu drei Aufgabenkomplexen zusammenfassen:

- ▸ Kernleistungen
- ▸ Zusatzleistungen
- ▸ Informationsleistungen.

Einen Überblick über die entsorgungslogistischen Aufgabenbereiche und die ihnen zugeordneten Einzelaufgaben sowie über die Entscheidungstatbestände und Gestaltungsalternativen vermittelt *Stölzle*. Er wird im Folgenden wiedergegeben:

Entsorgungslogistische Aufgabenbereiche		Entscheidungstatbestände	Gestaltungsalternativen
Kern-leistungen	Lagerung	Bedarfsermittlung für den benötigten Lagerraum	► deterministisch ► stochastisch
		Lagerplatzzuordnung	► getrennte Lagerzonen ► gemeinsame Lagerzonen
		Lagerbauform	► frei ► überdacht ► geschlossen
	Transport	Fördermitteleinsatz	► stetige Fördermittel ► unstetige Fördermittel
		Transportorganisation	► Direktverkehr ► Stern- oder Ringverkehr
	Umschlag	Umschlagmitteleinsatz	► stetige Umschlagmittel ► unstetige Umschlag-mittel
		Umschlagorganisation	► Umleerverfahren ► Wechselverfahren
Zusatz-leistungen	Sammlung und Tren-nung	Organisation der Sammlung und Trennung	► getrennte Sammlung ► gemischte Sammlung mit nachträglicher Trennung ► gemischte Sammlung ohne nachträgliche Trennung
		Sammelprinzip	► synchron ► regelmäßig ► unregelmäßig
	Verpackung	Form der Behälter in Ab-hängigkeit ihrer Funktion	► tragend ► umschließend ► abschließend
Informa-tions-leistungen	Auftrags-abwicklung	Schwerpunkt der Unterneh-menszugehörigkeit der am Austausch der einschlägigen Informationen Beteiligten	► intraorganisatorischer Schwerpunkt ► interorganisatorischer Schwerpunkt

Quelle: *Stölzle*

Die Gestaltungsalternativen bieten Anhaltspunkte für die Konzeption von entsorgungslogistischen Systemen. *Isermann/Houtmann* schlagen für die Ausarbeitung eines logistischen Konzepts eine Vorgehensweise in den folgenden rückgekoppelten Stufen vor:

(1) Analyse, Erfassung und Dokumentation der Rückstände nach ihren entsorgungs-relevanten chemisch-physikalischen Eigenschaften.

(2) Ermittlung der Anfallstruktur der Rückstände, d. h. des räumlichen, zeitlichen, mengenmäßigen und qualitativen Anfalls an den Rückstandsquellen.

(3) Erarbeitung von Anweisungen zur Behandlung der Rückstände in entsorgungslo-gistischen Prozessen.

(4) Festlegung der Rückstandssenken (Orte der Ablagerung, Zwischenlagerung, Um-wandlung, Verwertung) in Abstimmung mit den Entsorgungspartnern und unter Berücksichtigung abfallwirtschaftlicher Zielvorgaben.

(5) Bestimmung der Rückstandsflüsse von den Quellen zu den Senken nach den Kri-terien Stärke, Zeit und Häufigkeit.

(6) Gestaltung einer Grundstruktur des entsorgungslogistischen Systems.

(7) Gestaltung der elementaren entsorgungslogistischen Leistungsprozesse.

(8) Gestaltung der Verknüpfung der elementaren entsorgungslogistischen Leis-tungsprozesse zu entsorgungslogistischen Ketten.

(9) Ableitung des Bedarfs an entsorgungslogistischen Informationsleistungen.

(10) Entscheidung über Eigenerstellung oder Fremdvergabe entsorgungslogistischer (Teil-)Leistungen.

(11) Integration der elementaren Prozesse zu einem entsorgungslogistischen System.

(12) Integration des entsorgungslogistischen Systems in das betriebliche Ver- und Entsorgungssystem.

Wie sich unschwer erkennen lässt, ergeben sich **Schnittstellen**

- ▶ zur Beschaffung
- ▶ zur Lagerung
- ▶ zur Produktion
- ▶ zum Absatz
- ▶ zur Forschung und Entwicklung

bzw. zu den entsprechenden Bereichslogistiken, die bei der Ausarbeitung einer entsor-gungslogistischen Konzeption zu berücksichtigen sind.

PRO EUROPE

Die Abfall- bzw. Kreislaufwirtschaft spielt in Europa eine immer wichtigere Rolle, u. a. auch auf dem Gebiet der Verkaufsverpackungen. Die meisten Länder haben dabei eigene Kon-zepte entwickelt, die eine Harmonisierung oder sogar eine Vereinheitlichung erfordern.

Um den Grünen Punkt als einheitliches europäisches Markenzeichen zu etablieren, wurde 1995 die PACKAGING RECOVERY ORGANISATION EUROPE s.p.r.l. mit Sitz in Brüs-sel gegründet. Die Duales System Deutschland hat die europäischen Nutzungsrechte für die Marke Grüner Punkt mit Ausnahme der Bundesrepublik Deutschland auf PRO EUROPE übertragen.

Diese Organisation hat die Hauptaufgabe, das Markenzeichen an dafür qualifizierte nationale Sammel- und Verwertungssysteme zu vergeben und ein Dialogforum für den internationalen Meinungs- und Erfahrungsaustausch zu bieten. Der Grüne Punkt wird mittlerweile in 25 der 30 unter dem Dach der PRO EUROPE wirkenden Ländern genutzt und auf die Verkaufsverpackungen gebracht, zum Teil auch über die Grenzen Europas hinaus. Folgende Länder seien genannt: Belgien, Finnland, Frankreich, Griechenland, Irland, Island, Lettland, Litauen, Luxemburg, Malta, Norwegen, Österreich, Polen, Portugal, Schweden, Slowenien, Slowakei, Spanien, Tschechien, Ukraine, Ungarn und Zypern. Mit Kanada und Großbritannien wurden Kooperationsverträge geschlossen. Weitere Länder haben Interesse an der Nutzung des Grünen Punktes angekündigt (http://www.duales-system.de).

Auf dem Entsorgungsmarkt herrscht zum gegenwärtigen Zeitpunkt eine gewisse Unruhe. Neue Anbieter drängen auf den Markt und traditionelle Bindungen an bisherige Systeme werden gelockert. Experten gehen davon aus, dass die Systemanbieter künftig nach streng wirtschaftlichen Gesichtspunkten ausgesucht werden und die Solidarität zu alten Marken nachlässt.

2. Outsourcing von Logistikleistungen

Auf Make-or-buy-Entscheidungen wurde an mehreren Stellen dieses Buches bereits eingegangen (vgl. Kap. D. 4.4.1, G. 3.2.3.4, G. 3.2.5), sodass an dieser Stelle nur ein zusammenfassender Überblick gegeben zu werden braucht und ein praktisches Beispiel erläutert werden soll.

Make-or-buy-Entscheidungen sind in der Regel strategische Unternehmensentscheidungen, die Auswirkungen auf das gesamte Unternehmen haben und kurz- bis mittelfristig nicht aufhebbar sind. Aus diesem Grunde sind sie sehr gründlich zu durchdenken und vorzubereiten. Make-or-buy-Entscheidungen dürfen nicht allein auf einen reinen Kostenvergleich reduziert werden (vgl. *Bretzke*).

Sollen Logistikleistungen aus dem eigenen Unternehmen ausgegliedert und fremden Unternehmen übertragen werden, sind zum großen Teil die gleichen Überlegungen anzustellen wie bei der Entscheidung für die Eigenfertigung oder den Fremdbezug von Fertigprodukten und Teilen. Diese wurden bereits in mehreren Kapiteln dargestellt (s. o.).

Die Kriterien, die im Mittelpunkt der Überlegungen für die Ausführung von logistischen Leistungen im eigenen Unternehmen oder für deren „Auslagerung" stehen, werden am Kapitelende zusammengefasst (s. S. 596).

Die Zahl der Unternehmen, die auf den Markt drängen, um für andere Unternehmen Logistikleistungen zu übernehmen, wird von Jahr zu Jahr größer. Die Art der angebotenen Leistungen ist vielfältig. Die Leistungen reichen von Transport- und Lageraufgaben über Beschaffungs- und Verteilungsaufgaben sowie Entsorgungsaufgaben bis zu

kompletten Logistikdienstleistungen; in diesem Zusammenhang wird von ganzheit-
lichen Logistiksystemen gesprochen.

Interessant ist in diesem Zusammenhang, dass die Deutsche Bahn AG ganzheitliche
Logistikaufgaben übernimmt. Für einige Unternehmen führt sie die gesamte Auftragsabwicklung durch (vgl. C. 3.2.1.2).

Aufgabe 51 > Seite 634   Aufgabe 52 > Seite 635

Kosten	
▶ Investitionskosten	Da Logistikleistungen mit Investitionen für Läger, Transport- und Fördermittel, Einrichtungen der Informationstechnologie u. Ä. verbunden sind, empfiehlt es sich unbedingt, die Investitionskosten mithilfe von Investitionsrechnungen und Nutzwertanalysen zu ermitteln (vgl. Kap. C. 2.4.2 Investitionsrechnung, Kap. C. 2.2.2.6 Nutzwertanalyse, Kap. D. 4.4.1 Make-or-buy-Überlegungen).
▶ Laufende Kosten	Die laufenden Kosten sind Personal- und Sachkosten; sie sind mithilfe der bekannten Verfahren in ihre fixen und proportionalen Bestandteile aufzulösen. (Zu den laufenden Kosten vgl. Kap. C. 2.4.1 Kostenrechnung, Kap. G. 3.2.3.4 Eigenlager/Fremdlager, Kap. G. 3.2.4 Eigentransport/Fremdtransport, Kap. H. 4 Logistik-Kosten- und Leistungsrechnung).
Identität des Unternehmens	Strategische Entscheidungen berühren die Identität des Unternehmens. Durch Outsourcing von Logistikleistungen könnten Beeinträchtigungen der Identität entstehen.
Prestige	Das Ansehen des Unternehmens könnte u. U. Schaden nehmen, wenn Logistikleistungen nicht mehr vom eigenen Unternehmen ausgeführt werden.
Abhängigkeit	Es ist zu untersuchen, inwiefern das Unternehmen sich in Abhängigkeit von anderen Unternehmen begibt und wie dieser Abhängigkeit begegnet werden kann.
Know-how	Sowohl das Know-how des eigenen Unternehmens als auch das des Dienstleisters ist eingehenden Überprüfungen zu unterziehen.
Verteilung von Chancen und Risiken	Die möglichen Chancen und Risiken für beide Vertragspartner sind festzustellen und deren Verteilung rechtsverbindlich zu klären.
Durchführung der Reorganisation	Es muss festgestellt werden, wie eine erforderliche Reorganisation vorgenommen werden soll. In diesem Zusammenhang ist die Festlegung des Inhaltes eines Pflichtheftes von Bedeutung (vgl. *Bretzke*).
Steuererleichterungen und Subventionen	Es ist zu überprüfen (soweit dies nicht im Rahmen der Kosten-überlegungen bereits geschehen ist), ob durch Outsourcing Steuererleichterungen und Subventionen verloren gehen bzw. erreicht werden können.

3. Citylogistik

Die starke Belastung der Innenstädte durch den Privat- und Wirtschaftsverkehr macht ein „Managen" des Verkehrs unbedingt erforderlich.

Im Wesentlichen erstreckt sich der städtische Verkehr auf folgende Bereiche:

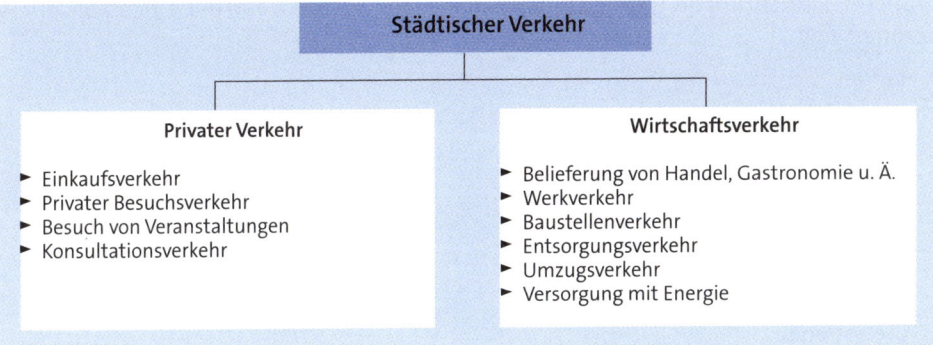

Städtischer Verkehr

Privater Verkehr	Wirtschaftsverkehr
► Einkaufsverkehr ► Privater Besuchsverkehr ► Besuch von Veranstaltungen ► Konsultationsverkehr	► Belieferung von Handel, Gastronomie u. Ä. ► Werkverkehr ► Baustellenverkehr ► Entsorgungsverkehr ► Umzugsverkehr ► Versorgung mit Energie

Hinzu kommen noch Fahrten von Krankentransporten, Einsatzfahrzeugen der Polizei, der Feuerwehr, technischer und sozialer Hilfswerke u. Ä.

Bei der Fülle der unterschiedlichen Verkehrsarten und der Verkehrsdichte ist es erforderlich, bestimmte Steuerungsmaßnahmen zu ergreifen. Ein kleines **Beispiel** verdeutlicht den Effekt, der erreicht werden kann, wenn lenkende und ordnende Maßnahmen ergriffen werden.

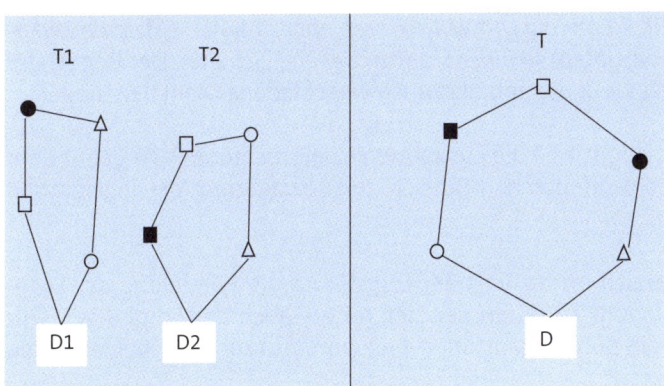

Quelle: *Vahrenkamp, 2005*

Die Abbildung verdeutlicht zwei Belieferungstouren T1 und T2, mit zwei verschiedenen Ausgangspunkten (Deponien) D1 und D2. Die beiden Touren berühren auch drei gleiche Geschäfte. Fasst man die beiden Einzeltouren T1 und T2 zu **einer** Tour T zusammen, erreicht man folgenden Bündelungseffekt:

► zwei Touren werden zusammengefasst
► jedes Geschäft wird nur einmal auf einer Tour beliefert.

Erste konkrete Ansätze zu einer Citylogistik findet man bereits in den späten achtziger Jahren des vorigen Jahrhunderts, Bremen und Hamburg seien als Beispiel genannt, doch wurden die Gedanken häufig zu einseitig auf die Belieferung des innerstädtischen Handels gerichtet.

Will man effektive Citylogistikkonzepte entwickeln, muss eine Vielzahl von Personengruppen, Einrichtungen und Branchen einbezogen werden. Partner eines Konzeptes könnten sein:

- Handel
- Handwerk
- Gewerbebetriebe
- Spediteure und Frachtführer
- Bauunternehmen
- Auslieferdienste
- Bildungseinrichtungen
- Krankenhäuser
- Altenheime
- Kinderheime
- soziale Einrichtungen
- Hotels und Gaststätten
- Messen und Ausstellungen
- Betreiber von Sport- und Kulturveranstaltungen
- das System Privatverkehr.

Die Citylogistik befasst sich mit der unter ökonomischen und ökologischen Gesichtspunkten sinnvollen Planung und Steuerung der Tätigkeiten, *„die sich auf die bedarfsgerechte nach Art, Menge, Zeit, Raum und Umweltfaktoren abgestimmte, effiziente Bereitstellung und Entsorgung von Gütern in einer Stadt beziehen"* (*Schulte*). Der Begriff der Güter ist hier sehr weit gefasst und beinhaltet auch verschiedene Dienstleistungen.

Charakteristisch für die Citylogistik ist die Zusammenarbeit mehrerer Partner aus dem Wirtschaftsbereich und dem öffentlichen Bereich zur Bewältigung der logistischen Aufgaben.

Ein wichtiger Aufgabenbereich dieses Teils der Logistik ist die Bündelung der Lieferungen und Leistungen sowohl aufseiten der Lieferer als auch der Empfänger. Entscheidend dabei ist auch die gute Organisation und Durchführung der begleitenden Informationsflüsse.

Ein Citylogistik-Konzept soll erreichen, dass

- eine Zunahme des Lieferverkehrs mit seinen negativen Folgen wie Staugefahr, Lärm und Abgasen vermieden wird
- eine Überschneidung von Kundenverkehren und Lieferverkehren nicht stattfindet
- eine intensive Kooperation zwischen Geschäft und Logistikdienstleistern mit genauen Terminkoordinationen vorgenommen wird

► Zufahrtsmöglichkeiten zu den Laderampen der Geschäfte bestehen

► bestimmte Lieferbeschränkungen in der City wegfallen

► gebündelte Zustellung der Kundeneinkäufe zu den Wohnungen der Kunden möglich wird

► eine computergestützte Planung der Auslieferungstouren durchgeführt wird

► eine wirtschaftliche, verkehrsarme Belieferung und Entsorgung der Baustellen stattfindet u. a. durch Einrichtung von Logistik-Zentren.

Ein gutes Beispiel für eine erfolgreiche citylogistische Lösung für einen bestimmten Bereich ist das **Ver- und Entsorgungszentrum „Potsdamer Platz"**. Um den Innenstadtverkehr zu entlasten, wurden im Rahmen eines Facility-Management (Gestaltung, Nutzung, Bewirtschaftung und Instandhaltung) umfangreiche logistische Maßnahmen in gebündelter Form durchgeführt.

Ein unterirdisches Logistikzentrum in einem besonderen Tiefgeschoss be- und entsorgt rd. 120 Geschäfte, Hotels, Büros, Cafes und Restaurants zentral. Das Logistikzentrum wird über einen Abzweig der B 96 durch gebündelte Verkehre erreicht. 15 Anlieferungsrampen stehen ca. 150 LKW täglich zur Abfertigung zur Verfügung. Während die Anlieferung tagsüber erfolgt, geschieht die Entsorgung getrennt nach mehreren Abfallarten in der Nacht. Zur Versorgung der am Projekt mitwirkenden Unternehmen stehen mehrere Aufzüge zur Verfügung. Der Informationsfluss, also die Bedarfsanforderungen, die Zuordnung und die Abrechnung erfolgt mit elektronischen Medien wie Barcode, Kundenkarte, Transponder (vgl. *Heiserich*).

Ausführliche Darstellungen zur Citylogistik finden sich bei *Heiserich, Schulte, Vahrenkamp u. a.*

Gesetz zur Förderung der Kreislaufwirtschaft und Sicherung der umweltverträglichen Beseitigung von Abfällen

Inhaltsübersicht

Erster Teil
Allgemeine Vorschriften

Zweiter Teil
Grundsätze und Pflichten der Erzeuger und Besitzer von Abfällen sowie der Entsorgungsträger

Anlage 1   Beseitigungsverfahren

Anlage 2   Verwertungsverfahren

Quelle: *www.gesetze-im-internet.de/krw-_abfg*

Anlage 1 Beseitigungsverfahren

D 1 Ablagerungen in oder auf dem Boden (z. B. Deponien usw.)

D 2 Behandlung im Boden (z. B. biologischer Abbau von flüssigen oder schlammigen Abfällen im Erdreich usw.)

D 3 Verpressung (z. B. Verpressung pumpfähiger Abfälle in Bohrlöcher, Salzdome oder natürliche Hohlräume usw.)

D 4 Oberflächenaufbringung (z. B. Ableitung flüssiger oder schlammiger Abfälle in Gruben, Teichen oder Lagunen usw.)

D 5 Speziell angelegte Deponien (z. B. Ablagerung in abgedichteten, getrennten Räumen, die gegeneinander und gegen die Umwelt verschlossen und isoliert werden, usw.)

D 6 Einleitung in ein Gewässer mit Ausnahme von Meeren/Ozeanen

D 7 Einleitung in Meere/Ozeane einschließlich Einbringung in den Meeresboden

D 8 Biologische Behandlung, die nicht an anderer Stelle in diesem Anhang beschrieben ist und durch die Endverbindungen oder Gemische entstehen, die mit einem der in D 1 bis D 12 aufgeführten Verfahren entsorgt werden

D 9 Chemisch/physikalische Behandlung, die nicht an anderer Stelle in diesem Anhang beschrieben ist und durch die Endverbindungen oder Gemische entstehen, die mit einem der in D 1 bis D 12 aufgeführten Verfahren entsorgt werden (z. B. Verdampfen, Trocknen, Kalzinieren usw.)

D 10 Verbrennung an Land

D 11 Verbrennung auf See[1]

D 12 Dauerlagerung (z. B. Lagerung von Behältern in einem Bergwerk usw.)

D 13 Vermengung oder Vermischung vor Anwendung eines der in D 1 bis D 12 aufgeführten Verfahren[2]

D 14 Rekonditionierung vor Anwendung eines der in D 1 bis D 13 aufgeführten Verfahren

D 15 Lagerung bis zur Anwendung eines der in D 1 bis D 14 aufgeführten Verfahren (ausgenommen zeitweilige Lagerung – bis zum Einsammeln – auf dem Gelände der Entstehung der Abfälle)[3]

---

[1] Nach EU-recht und internationalen Übereinkünften verbotenes Verfahren.

[2] Falls sich kein anderer D-Code für die Einstufung eignet, kann das Verfahren D 13 auch vorbereitende Verfahren einschließen, die der Beseitigung einschließlich der Vorbehandlung vorangehen, z. B. Sortieren, Zerkleinern, Verdichten, Pelletieren, Trocknen, Schreddern, Konditionierung oder Trennung vor Anwendung eines der unter D1 bis D12 aufgeführten Verfahren.

[3] Unter einer zeitweiligen Lagerung ist eine vorläufige Lagerung im Sinne des § 3 Abs. 15 zu verstehen.

Anlage 2 Verwertungsverfahren

R 1 Hauptverwendung als Brennstoff oder als anderes Mittel (der Energieerzeugung)[1]

R 2 Rückgewinnung und Regenerierung von Lösemittteln

R 3 Recycling und Rückgewinnung organischer Stoffe, die nicht als Lösemittel verwendet werden (einschließlich der Kompostierung und sonstiger biologischer Umwandlungsverfahren)[2]

R 4 Recycling und Rückgewinnung von Metallen und Metallverbindungen

R 5 Recycling und Rückgewinnung von anderen anorganischen Stoffen[3]

R 6 Regenerierung von Säuren und Basen

R 7 Wiedergewinnung von Bestandteilen, die der Bekämpfung von Verunreinigungen dienen

R 8 Wiedergewinnung von Katalysatorenbestandteilen

R 9 Erneute Ölraffination oder andere Wiederverwendungen von Öl

R 10 Aufbringung auf den Boden zum Nutzen der Landwirtschaft oder zur ökologischen Verbesserung

R 11 Verwendung von Abfällen, die bei einem der unter R 1 bis R 10 aufgeführten Verfahren gewonnen werden

R 12 Austausch von Abfällen, um sie einem der unter R 1 bis R 11 aufgeführten Verfahren zu unterziehen[4]

---

[1] a) Hierunter fallen Verbrennungsanlagen, deren Zweck in der Behandlung fester Siedlungsabfälle besteht, nur dann, wenn deren Energieeffizienz mindestens folgende Werte beträgt:

aa) 0,60 für in Betrieb befindliche Anlagen, die bis zum 31. Dezember 2008 genehmigt worden sind,

bb) 0,65 für Anlagen, die nach dem 31. Dezember 2008 genehmigt worden sind oder genehmigt werden.

b) Bei der Berechnung nach Buchstabe a wird folgende Formel verwendet: Energieeffizienz = $(E_p - (E_f + E_i)) / (0,97 \times (E_w + E_f))$

c) Im Rahmen der in Buchstabe b enthaltenen Formel bedeutet:

aa) E_p die jährlich als Wärme oder Strom erzeugte Energie. Der Wert wird berechnet, indem Elektroenergie mit dem Faktor 2,6 und für gewerbliche Zwecke erzeugte Wärme mit dem Faktor 1,1 (Gigajoule pro Jahr) multipliziert wird.

bb) E_f der jährliche Input von Energie in das System aus Brennstoffen, die zur Erzeugung von Dampf eingesetzt werden (Gigajoule pro Jahr).

cc) E_w die jährliche Energiemenge, die im behandelten Abfall enthalten ist, berechnet anhand des unteren Heizwerts des Abfalls (Gigajoule pro Jahr).

dd) E_i die jährliche importierte Energiemenge ohne E_w und E_f (Gigajoule pro Jahr).

ee) 0,97 ist ein Faktor zur Berechnung der Energieverluste durch Rost- und Kesselasche sowie durch Strahlung.

d) Diese Formel ist entsprechend dem Referenzdokument zu den besten verfügbaren Techniken für die Abfallverbrennung zu verwenden.

[2] Dies schließt Vergasung und Pyrolyse unter Verwendung der Bestandteile als Chemikalien ein.

[3] Dies schließt die Bodenreinigung, die zu einer Verwertung des Bodens und zu einem Recycling anorganischer Baustoffe führt, ein.

[4] Falls sich kein anderer R-Code für die Einstufung eignet, kann das Verfahren R 12 vorbereitende Verfahren einschließen, die der Verwertung einschließlich der Vorbehandlung vorangehen, zum Beispiel Demontage, Sortieren, Zerkleinern, Verdichten, Pelletieren, Trocknen, Schreddern, Konditionierung, Neuverpacken, Trennung, Vermengen oder Vermischen vor Anwendung eines der unter R1 bis R11 aufgeführten Verfahren.

R 13 Lagerung von Abfällen bis zur Anwendung eines der unter R 1 bis R 12 aufgeführten Verfahren (ausgenommen zeitweilige Lagerung bis zur Sammlung auf dem Gelände der Entstehung der Abfälle.[5]

---

[5] Unter einer zeitweiligen Lagerung ist eine vorläufige Lagerung im Sinne des § 3 Absatz 15 zu verstehen.

Lösung

	Lösung
1. Was versteht man unter Abfall im rechtlichen Sinne?	S. 577
2. Von welchen Prioritäten geht das KrWG aus?	S. 578
3. Welche Formen der Entsorgung sind zu unterscheiden?	S. 577
4. Welche Ziele verfolgt die Entsorgungslogistik?	S. 591
5. Nennen Sie die generellen Aufgaben der Entsorgungslogistik!	S. 592
6. Was ist unter dem Begriff „Externe Entsorgungslogistik" zu verstehen?	S. 577
7. Was versteht man unter Outsourcing von Logistikleistungen?	S. 595
8. Welche quantifizierbaren Kriterien sprechen für oder gegen eine „Auslagerung" von Logistik-Leistungen?	S. 595
9. Nennen Sie einige qualitative Kriterien für oder gegen Outsourcing!	S. 596
10. Welche Art von Unternehmen kann im Rahmen des Outsourcing logistische Aufgaben übernehmen?	S. 596

A. Grundlagen

Acker, H. B., Organisationsanalyse, 7. Auflage, Baden-Baden/Bad Homburg v. d. H. 1973

Arndt, H., Supply Chain Management, 5. aktualisierte und überarbeitete Auflage, Wiesbaden 2010

Arnold/Isermann/Kuhn/Furmans/Tempelmeier (Hrsg.), Handbuch Logistik, 3. Auflage, Berlin 2008

Baumgarten/Zibell, Logistik gewinnt weiter an Gewicht in: Logistik im Unternehmen, 2 (1988) 4, S. 32-34

Berschin, H. H., Handbuch Controlling, München 1989

Bichler/Schröter, Praxisorientierte Logistik, 3., überarb. Auflage, Stuttgart/Berlin/Köln 2004

Bramsemann, R., Handbuch Controlling, Methoden und Techniken, 3. Auflage, München/Wien 1993

Brauer/Krieger, Betriebswirtschaftliche Logistik, Berlin 2000

Brühwiler, B., Internationale Industrieversicherung: Risk-Management, Unternehmensführung, Erfolgsstrategien, Karlsruhe 1994

Bussiek, J., Anwendungsorientierte Betriebswirtschaftslehre für Klein- und Mittelunternehmen, 2. Auflage, München/Wien 1996

Dehr, G., Organisation des Marketingcontrollings, in: Reinecke, S./Tomczak T./Geis, G. (Hrsg.), Handbuch Marketingcontrolling, Frankfurt/Wien 2001

Diederichs, M., Risikomanagement und Risikocontrolling, 2. korrigierte Auflage, München 2010

Ebel, B., Produktionswirtschaft, 9. Auflage, Ludwigshafen/Rhein 2008

Ehrmann, H., Kompakt-Training Strategische Planung, Ludwigshafen/Rhein 2006

Ehrmann, H., Unternehmensplanung, 5., überarb. u. aktual. Auflage, Ludwigshafen/Rhein 2007

Ehrmann, H., Kompakt-Training Risikomanagement in Unternehmen, 2., aktual. u. erheblich überarb. Auflage, Herne 2012

Ericsson, D., Management and Resource Administration in: International Journal of Physical Distribution & Materials Management, Vol. 14, No. 1, 1985, S. 21-32

Felsner/Stabenau, Kriterien zur Planung und Realisierung von Logistik-Konzeptionen in Industrieunternehmen, München 1987

Fey, P., Logistik-Management und integrierte Unternehmensplanung, München 1989

Gleißner, W., Grundlagen des Risikomanagements im Unternehmen. Controlling, Unternehmensstrategie und wertorientiertes Management, 2. Auflage München 2011

Gleißner/Füser, Leitfaden Rating, Basel II: Rating-Strategien für den Mittelstand, 2., überarb. u. erw. Auflage, München 2003

Grof, E., Risikomanagement in: Feldbauer-Durstmüller, B./Schlager, J. (Hrsg.), Krisenmanagement-Sanierung-Insolvenz, 2. Auflage, Wien 2002

Gudehus/Schönsleben, Integrales Logistikmanagement. Planung und Steuerung von umfassenden Geschäftsprozessen, 2. Auflage, Berlin 2000

Hahn, D., Risiko-Management, Stand und Entwicklungstendenzen in: zfo 3/1987, S. 137-150

Heinen, E., Das Zielsystem der Unternehmung, 3. Auflage, Wiesbaden 1976

Heiserich, O.-E., Logistik, 4. Auflage, Wiesbaden 2011

Hinterhuber, H. H., Fließprinzip in: HWB, 4. Auflage, Stuttgart 1984, Sp. 1504-1509

Hinterhuber, H. H., Strategische Unternehmensführung, Band I: Strategisches Denken, 7. Auflage, Berlin/New York 2004

Ihde, G. B., Stand und Entwicklung der Logistik in: DBW, 47 (1987) 6, S. 703-716

Ihde, G. B., Transport, Verkehr, Logistik: Gesamtwirtschaftliche Aspekte und einzelwirtschaftliche Handhabung, 3. Auflage, München 2001

Ihme, J., Logistik im Automobilbau, München/Wien 2006

Isermann, H. (Hrsg.), Logistik, Beschaffung, Produktion, Distribution, 2. Auflage, Landsberg/Lech 1998

Jünemann, R., Materialfluß und Logistik, Berlin/Heidelberg/New York 1989

Kämpf/Növig/Yesilhark, Supply Chain Management, EBZ-Beratungszentrum, www.ebz-beratungszentrum.de. Stuttgart

Kieser/Kubicek, Organisation, 3. Auflage, Stuttgart 2007

Klepzig, H.-J., Logistikstrategie - der Wertschöpfungskette Beine machen in: Schmidt, K.-J. (Hrsg.), Logistik, Wiesbaden 1993

Klimke, W., Basis-Strategien zur Ausrichtung der Logistik-Konzeption eines Unternehmens in: DGfL (Hrsg.): 4. Internationaler Logistik Kongreß. Tagungsunterlage. Dortmund 1983, S. 215-218

Klinger/Klinger, Das Interne Kontrollsystem (IKS) im Unternehmen: Praxisbeispiele, Checklisten, Organisationsanweisungen und Muster-Prüfberichte für alle Unternehmensbereiche, München 2002

Klöpper, H.-J., Logistikorientiertes strategisches Management. Erfolgspotentiale im Wettbewerb, Köln 1991

Koch, H., Aufbau der Unternehmensplanung, Wiesbaden 1977

Koch, H., Integrierte Unternehmensplanung, Wiesbaden 1983

Koether, R. u. a., Taschenbuch der Logistik, 4. Auflage, Leipzig 2011

Kortschak, B., Vorsprung durch Logistik, Der Produktions- und Wettbewerbsfaktor Zeit und die Entwicklung der Logistik, Wien 1992

Kosiol, E., Organisation der Unternehmung, 2. Auflage, Wiesbaden 1983

Kummer, S., Logistik im Mittelstand. Stand und Kontextfaktoren der Logistik in mittelständischen Unternehmen, Stuttgart 1999

Kummer, S., Strategisches Logistikmanagement in: Beschaffung aktuell, 1990, Nr. 5, S. 56-64

La Londe/Zinser, Customer Service: Meaning and Measurement, Chicago III 1976

Melzer-Ridinger, E., Produktion und Logistik in: Pepels (Hrsg.), Betriebswirtschaftslehre im Nebenfach, Stuttgart 1999

Mertens, B., Die neuen Dienste in: impulse, 12/2006, S. 46-49

Oeldorf/Olfert, Materialwirtschaft, 12. Auflage, Ludwigshafen/Rhein 2008

Oepping, H., Integration von Risikomanagement und Rating in: Everling, O., (Hrsg.), Rating-Chancen für den Mittelstand nach Basel II, 2. Auflage, Wiesbaden 2001

Olfert, K., Organisation, 16. Auflage, Herne 2012

Olfert/Rahn, Einführung in die Betriebswirtschaftlehre, 10. Auflage, Herne 2010

Olfert/Rahn, Lexikon der Betriebswirtschaftslehre, 7. Auflage, Herne 2011

Olfert/Steinbuch, Organisation, 14. Auflage, Ludwigshafen/Rhein 2006

Online Lehrbuch, Kapitel 3, Geschäftsprozesse, Ablaufoptimierung

Pfohl, H.-C., Logistik als Überlebenshilfe in den achtziger Jahren in: ZfB, 53 (1983) 8, S. 719-734

Pfohl, H.-C., Logistiksysteme, 8. Auflage, Berlin/Heidelberg/New York/Tokyo 2009

Piontek, J., Bausteine des Logistikmanagements, 3. Auflage, Herne 2009

Reichel, J., ECR: Efficient Consumer Response in: Pepels, W. (Hrsg.), Vertriebsleiterhandbuch, Düsseldorf 2008

Rupper, P., Die Logistik organisatorisch verankern in: Rupper, P. (Hrsg.), Unternehmens-Logistik, Zürich/Köln 1991

Schmidt, K.-J., Logistik im Unternehmen in: Schmidt, K.-J. (Hrsg.), Logistik, Braunschweig/Wiesbaden 1993

Schüle, H., Prozess- und Qualitätsmanagement in: Pepels, W., (Hrsg.), Betriebswirtschaftslehre im Nebenfach, Stuttgart 1999

Schulte, Ch., Organisatorische Gestaltung der Logistik in: ZfO 60 (1991) 6, S. 402-408 (b)

Schulte, Ch., Logistik, Wege zur Optimierung der Supply Chain, 5., überarb. u. erw. Auflage, München 2009

Schwarz, H., Betriebsorganisation als Führungsaufgabe, 9. Auflage, München 1983

Stolpmann, M., Business-to-Business Onlinevertrieb in: Pepels, W., (Hrsg.), Handbuch Vertrieb, München/Wien 2002

Swoboda/Morschlett, Cross Docking in der Konsumgüterindustrie in: WiSt 6/2000, S. 331-334

Vahrenkamp, R., Logistikmanagement, 5. Auflage, München/Wien 2005

Vahrenkamp, R., Logistik. Management und Strategien, 6. Auflage, München 2007

Weber, J., Thesen zum Verständnis und Selbstverständnis der Logistik in: ZfB, 42. Jg. (1990) S. 976-986

Weber, J., Logistik als Koordinationsfunktion. Zur theoretischen Fundierung der Logistik in: ZfB, 62. Jg. (1992) S. 877-895

Weber/Kummer, Aspekte des betriebswirtschaftlichen Managements der Logistik in: DBW, 50. Jg. (1990) S. 775-787

Weber/Kummer, Logistikmanagement. Führungsaufgaben zur Umsetzung des Flußprinzips im Unternehmen, 2., gänzlich überarb. u. erw. Auflage, Stuttgart 1998

Weber/Weise/Kummer, Einführen von Logistik. Eine spannende Einführung zum programmierten Erfolg, Stuttgart 2002

Wenzel, R., Distributionslogistik in: Koether, R., (Hrsg.), Taschenbuch der Logistik, 4. Auflage, Leipzig 2011

Wild, J., Grundlagen der Unternehmensplanung, 4. Auflage, Reinbek 1974

Wildemann, H., Unternehmensübergreifende Logistik - Supply Chain management in: Koether, R., (Hrsg.), Taschenbuch der Logistik, 2. Auflage, Leipzig 2011

WP-Handbuch 2011, Wirtschaftsprüfung, Rechnungslegung, Beratung, Band 1, Düsseldorf 2011

Supply Chain Management und die Zusammenarbeit mit Lieferanten-business-wis
www.business-wissen.de

B. Logistikplanung

Ansoff, H. J., Management-Strategie, München 1966

Ansoff, H. J., Strategic Management, London 1979

Antoni/Riekhof, Strategieentwicklung mittels Portfolio-Analyse in: Riekhof, H.-C. (Hrsg.), Strategieentwicklung, Konzepte und Erfahrungen, Stuttgart 1989, S. 171-189

Baumgarten/Stabenau/Weber, Management integrierter logistischer Netzwerke, Haupt 2002

Becker, J., Marketing-Konzeption, 9., aktual. u. erg. Auflage, München 2009

Bichler/Schröter, Praxisorientierte Logistik, 3. Auflage, Stuttgart/Berlin/Köln 2004

Boston Consulting Group, Experience Curves as a planning tool, a special Commentary, Boston (Mass.) 1970

Bramsemann, R., Handbuch Controlling, Methoden und Techniken, 3. Auflage, München/Wien 1993

Bussiek, J., Wie entsteht eine Unternehmensplanung, 2. Auflage, Wiesbaden 1991

Bussiek, J., Anwendungsorientierte Betriebswirtschaftslehre für Klein- und Mittelunternehmen, 2. Auflage, München/Wien 1996

Bussiek/Ehrmann, Buchführung, 9. Auflage, Herne 2010

Dunst, K. H., Portfolio Management. Konzeption für die strategische Unternehmensplanung, 2. Auflage, Berlin/New York 1983

Ehrmann, H., Kompakt-Training Strategische Planung, Ludwigshafen/Rhein 2006

Ehrmann, H., Unternehmensplanung, 5. überarb. u. aktual. Auflage, Ludwigshafen/Rhein 2007

Ehrmann, H., Kompakt-Training Balanced Scorecard, 4. Auflage, Ludwigshafen/Rhein 2007

Eschenbach/Haddad, (Hrsg.), Die Balanced Scorecard. Führungsinstrument im Handel. Ein Handbuch für den Praxiseinsatz, Wien 1999

Friedag/Schmidt, Balanced Scorecard - Mehr als ein Kennzahlensystem, 4. Auflage, Freiburg i. Br. 2002

Gälweiler, A., Unternehmensplanung, Frankfurt/New York 1974

Gälweiler, A., Strategische Unternehmensplanung in: Steinmann, H., Planung und Kontrolle, München 1979

Gälweiler, A., Strategische Unternehmensführung, 3. Auflage, Frankfurt 2005

George/Gibson, Blueprinting. A Tool for Managing Quality in Service in: Brown, Stephen W. (Hrsg.), Servicing Quality: multidisciplinary and multinational perspektives, Lexington 1991

Gutenberg, E., Grundlagen der Betriebswirtschaftslehre, Band 1, Die Produktion, 24. Auflage, Berlin/Heidelberg/New York 1994

Hammer, R. M., Unternehmensplanung, 7. Auflage, München 1998

Heiserich, O.-E., Logistik, 4. Auflage, Wiesbaden 2011

Hinterhuber, H. H., Strategische Unternehmensführung, 1. Auflage, Berlin/New York 1977

Hinterhuber, H. H., Strategische Unternehmensführung, 2. Auflage, Berlin/New York 1980

Hinterhuber, H. H., Strategische Unternehmensführung, 3. Auflage, Berlin/New York 1984

Hinterhuber, H. H., Strategische Unternehmensführung, Band 1, 5. Auflage, Berlin/New York 1992

Hinterhuber, H. H., Strategische Unternehmensführung, Band 1, 6. Auflage, Berlin/New York 2000

Horvath, P., Controlling, 12. Auflage, München 2011

Horvath, P. u. a., Balanced Scorecard - Unternehmen erfolgreich steuern. Die Scorecard verstehen - Die Scorecard optimieren, Hamburg 2004

Isermann, H., Logistik im Unternehmen - eine Einführung in: Isermann, H. (Hrsg.), Logistik, 2. Auflage, Landsberg/Lech 1998

Kaplan/Norton, Balanced Scorecard. Strategien erfolgreich umsetzen, aus dem Amerikanischen von Horvath, P. u. a., Stuttgart 1997

Keller/Kotler/Bliemel, Marketing-Management, 12., aktual. Auflage, Stuttgart 2007

Kiener, J., Marketing-Controlling, Darmstadt 1980

Kilger, W., Industriebetriebslehre, Band 1, Wiesbaden 1986

Klepzig, H.-J., Logistikstrategie - der Wertschöpfungskette Beine machen in: Schmidt, K.-J. (Hrsg.), Logistik, Wiesbaden 1993

Klimke, W., Basis-Strategien zur Ausrichtung der Logistik-Konzeption eines Unternehmens in: DGfL (Hrsg.), 4. Internationaler Logistik Kongreß, Tagungsunterlage, Dortmund 1983, S. 215-218

Koch, H., Aufbau der Unternehmensplanung, Wiesbaden 1994

Koch, H., Integrierte Unternehmensplanung, Wiesbaden 1995

Kotler, P. H., Marketing-Management, 11. völlig neu bearb. Auflage, Stuttgart 2002

Kreikebaum, H., Strategische Unternehmensplanung, 6. Auflage, Stuttgart 1997

Kummer, S., Logistik im Mittelstand, Stuttgart 1999

Nieschlag/Dichtl/Hörschgen, Marketing, 19., überarb. u. erg. Auflage, Berlin 2002

Olfert/Rahn, Einführung in die Betriebswirtschaftslehre, 10. Auflage, Herne 2010

Olfert/Rahn, Lexikon der Betriebswirtschaftslehre, 7. Auflage, Herne 2011

Pfohl, H.-C., Logistiksysteme, 8. Auflage, Berlin/Heidelberg/New York 2009

Porter, M. E., Wettbewerbsstrategie, 11. Auflage, Frankfurt/New York 2008

Rahn, H. J., Unternehmensführung, 8. Auflage, Herne 2012

Schröder, E., Modernes Unternehmens-Controlling. Handbuch für die Unternehmenspraxis, 8., überarb. u. wesentl. erw. Auflage, Ludwigshafen/Rhein 2003

Schulte, Ch., Logistik. Wege zur Optimierung der Supply Chain, 5., überarb. u. erw. Auflage, München 2009

Shostack, G. Lynn, Service Positioning through Structual Change in: Journal of Marketing, Vol. 51, January 1987, S. 34-43

Steffen, S., Wettbewerbsstrategien für deutsche Speditionsunternehmen - Analyse eines sich wandelnden Marktes am Beispiel der Kühlgut-Speditionen, Dissertation, Bielefeld 1996

Szyperski/Wienand, Grundbegriffe der Unternehmensplanung, Stuttgart 1980

Weber, J., Logistikmanagement - Verankerung des Flußprinzips im Führungssystem des Unternehmens, in: Isermann, H. (Hrsg.), Logistik, gänzlich überarb. u. erw. 2. Auflage, Landsberg/Lech 1998

Weber/Kummer, Logistikmanagement. Führungsaufgaben zur Umsetzung des Flußprinzips im Unternehmen, 2., gänzlich überarb. u. erw. Auflage, Stuttgart 1998

Weber/Schäffer, Balanced Scorecard & Controlling, 3. Auflage, Wiesbaden 2001

Weis, H. C., Marketing, 15. Auflage, Ludwigshafen/Rhein 2009

Wöhe, G., Einführung in die Allgemeine Betriebswirtschaftslehre, 23. Auflage, München 2008

Wöhe/Döring, Einführung in die Allgemeine Betriebswirtschaftslehre, 24. Auflage, München 2010

Ziegenbein, K., Controlling, 10. Auflage, Herne 2012

C. Logistik-Instrumente

Aberle, G., Verkehrsinfrastruktur und deren Auswirkungen auf die Unternehmenslogistik in: Isermann, H. (Hrsg.), Logistik, 2. Auflage, Landsberg/Lech 1998

Altrogge, G., Netzplantechnik in: HWB, 5. Auflage, Stuttgart 1993, Sp. 2907-2924

Arnold/Isermann/Kuhn, Handbuch Logistik, 2. Auflage, Berlin 2003

Arnold/Isermann/Kuhn/Furmans/Tempelmeier (Hrsg.), Handbuch Logistik, 3. Auflage, Berlin 2008

Beder, H., Der Luftfrachtverkehr in: Isermann, H. (Hrsg.), Logistik, 2. Auflage, Landsberg/Lech 1998

Bichler/Schröter, Praxisorientierte Logistik, 4. Auflage, Stuttgart/Berlin/Köln 2009

Blohm/Lüder, Investition, 8. Auflage, München 1995

Bramsemann, R., Handbuch Controlling. Methoden und Techniken, 3. Auflage, München/Wien 1993

DB Konzern 2012, Geschäftsfelder, http://www/.deutschebahn.com/konzern/geschaeftsfelder

DB Konzern 2012, Leitbild, http://www.deutschebahn.com/de/konzern/konzernprofil/leitbild.html

DB Konzern 2012, Zahlen, Fakten, 2010, http://www.deutschebahn.com/de/konzern/konzernprofil/zahlen_fakten/zahlen_fakten_2010.html

Dematic Engineering, Hebezeuge u. Fördermittel, Wetter 1998

Ebel, B., Produktionswirtschaft, 9. Auflage, Ludwigshafen/Rhein 2008

Ehrmann, H., Kostenrechnung, 2. Auflage, München/Wien 1997

Ehrmann, H., Marketing-Controlling, 4. Auflage, Ludwigshafen/Rhein 2004

Ehrmann, H., Kompakt-Training Strategische Planung, Ludwigshafen/Rhein 2006

Ehrmann, H., Unternehmensplanung, 5. Auflage, Ludwigshafen/Rhein 2007

Engineering Dematic, Wetter 1998

Fey, P., Logistik-Management und integrierte Unternehmensplanung, München 1989

Güterwagenkatalog, http://www.stinnes-freight-logistics.de

Grochla, E., Grundlagen der Materialwirtschaft, 3. Auflage, Wiesbaden 1992

Hartmann, H., Materialwirtschaft, 3. Auflage, Stuttgart 2002

Heiserich, E.-O., Logistik, 4. Auflage, Wiesbaden 2011

Holzwarth, J., Wie Sie aus Ihrem Kostenrechnungssystem eine Prozeßkostenrechnung ableiten in: Kostenrechnungspraxis, Zeitschrift für Controlling, 6/1990, S. 368-371

Ihme, J., Logistik im Automobilbau, München/Wien 2006

Isermann, H., Transportplanung und Transportmodelle in: HWB, 5. Auflage, Stuttgart 1993, Sp. 4204-4216

Jahrmann, F., Außenhandel, 13. Auflage, Herne 2010

Jünemann, R., Materialfluß und Logistik, Berlin/Heidelberg u.a. 1989

Kettner u.a., Leitfaden der systematischen Fabrikplanung, München/Wien 1984

Koether, R. (Hrsg.), Taschenbuch der Logistik, 4. aktualisierte und erweiterte Auflage, Leipzig 2011

Kopsidis, R. M., Materialwirtschaft - Grundlagen, Methoden, Techniken, Politik, 3. Auflage, München/Wien 1997

Korndörfer, W., Unternehmensführungslehre, Einführung, Entscheidungslogik, Soziale Komponenten im Entscheidungsprozeß, 9. Auflage, Wiesbaden 1999

Kracke u.a., Güterverkehrs- und Verteilzentren in: Isermann, H. (Hrsg.), Logistik, 2. Auflage, Landsberg/Lech 1998

Möhlmann/Niemann, Fördersysteme, Lindern

Nieschlag/Dichtl/Hörschgen, Marketing, 19. überarb. u. erg. Auflage, Berlin 2002

Oeldorf/Olfert, Materialwirtschaft, 12. Auflage, Ludwigshafen/Rhein 2008

Olfert, K., Kostenrechnung, 16. Auflage, Herne 2010

Olfert, K., Investition, 12. Auflage, Herne 2012

Olfert/Rahn, Lexikon der Betriebswirtschaftslehre, 7. Auflage, Herne 2011

Piontek, J., Internationale Logistik, Stuttgart/Berlin/Köln 1994

Piontek, J., Bausteine des Logistikmanagements, 3. Auflage, Herne 2009

Rahn, H. J., Unternehmensführung, 8. Auflage, Herne 2012

Rail Cargo Austria 2012, Unsere Leistungen, http://www.railcargo.at/de/unsere_Leistungen/index.jsp

Rau/Rüd, Erfahrungen mit der Prozeßkostenrechnung in: Kostenrechnungspraxis, Zeitschrift für Controlling, 1/1991, S. 13-17

Riebel, P., Einzelkosten-und Deckungsbeitragsrechnung, 7. Auflage, Wiesbaden 1999

SBB Konzern 2012, Infrastruktur, http://www.sbb.ch/sbb-konzern/ueber-die-sbb/organisation/infrastruktur.html

SBB Konzern 2012, Kennzahlen, http://www.sbb.ch/sbb-konzern/ueber-die-sbb/kennzahlen.html

Schenker Produkte, http://www.dbschenker.com

Schenker Unternehmen, http://www.logistics.dbschenker.de

Schulte, Ch., Wettbewerbsvorteile durch Informationstechnik. Unternehmensübergreifendes Logistiksystem für die Transportkette in: WiSt. 18 (1982) 2, S. 85-86 (b)

Schulte, Ch., Logistik, Wege zur Optimierung der Supply Chain, 5., überarb. u. erw. Auflage, München 2009

Schulze/Weber, Die Einbindung konventioneller Flurförderzeuge in ein CIM-Konzept in: Der Betriebsleiter 1987/4, S. 12-18

Spelthahn/Schlossberger/Steger, Umweltbewußtes Transportmanagement, Bern/Stuttgart/Wien 1998

Stadtler, H., Gestaltung von Lagersystemen, in: Isermann, H. (Hrsg.), Logistik, 2. Auflage, Landsberg/Lech 1998

TIS, Transport, Information, Service des Gesamtverbandes der Deutschen Versicherungswirtschaft, Berlin o. J.

Vahrenkamp. R., Logistikmanagement, 5. Auflage, München/Wien 2005

Vahrenkamp, R., Logistik: Management und Strategien, 6. Auflage, München 2007

Venitz, M., Lager-, Puffer-, Bereitstellungsstrategien und Systeme in: Schmidt, K.-J. (Hrsg.), Logistik. Grundlagen. Konzepte. Realisierung, Braunschweig/Wiesbaden 1993

v. Reibnitz, U., So können auch Sie die Scenario-Technik nutzen in: Marketing-Journal, 14. Jg. 1981 Nr. 1, S. 37-41

v. Wysocki, K., Grundlagen des betriebswirtschaftlichen Prüfungswesens, 3. Auflage, München 1988

Weber/Kummer, Logistik-Management. Führungsaufgaben zur Umsetzung des Flussprinzips im Unternehmen, 2. Auflage, Stuttgart 1998

Weis, H. C., Marketing, 15. Auflage, Ludwigshafen/Rhein 2009

Wiendahl/Voigts, Betriebsstättenplanung in: RKW (Hrsg.), PPS-Fachmann, Band 3, Planung, Baustein 12, Eschborn 1987, S. 1-118

Zwicky, F., Entdecken, Erfinden, Forschen im morphologischen Weltbild, 2. Auflage, München 1989

www.elektronik-kompendium.de

D. Beschaffungslogistik

Arnolds/Heege/Tussing, Materialwirtschaft und Einkauf, 11. Auflage, Wiesbaden 2009

Bicheno, J., Implementing JIT, IFS Publications Limited, Wolsely Busines Park, Kempston, Bedford MK 42 7PW, UK 1991

Bichler/Beck, Beschaffung und Lagerhaltung im Handelsbetrieb, Teil 1, 3. Auflage, Wiesbaden 1989

Bichler/Beck, Beschaffung und Lagerhaltung im Handelsbetrieb, Teil 2, 2. Auflage, Wiesbaden 1989

Bichler/Schröter, Praxisorientierte Logistik, 4. Auflage, Stuttgart/Berlin/Köln 2009

Boutelier/Locker, Beschaffungslogistik. Mit praxiserprobten Konzepten zum Erfolg, München/ Wien 1998

Bussiek/Ehrmann, Buchführung, 9. Auflage, Herne 2010

Ebel, B., Produktionswirtschaft, 9. Auflage, Ludwigshafen/Rhein 2008

Ehrmann, H., Marketing-Controlling, 4. Auflage, Ludwigshafen/Rhein 2004

Ehrmann, H., Kompakt-Training Strategische Planung, Ludwigshafen/Rhein 2006

Ehrmann, H., Unternehmensplanung, 5. Auflage, Ludwigshafen/Rhein 2007

Endlicher, A., Organisation der Logistik. Untersucht und dargestellt am Beispiel eines Unternehmens der chemischen Industrie mit Divisionalstruktur, Dissertation, Essen 1991

Eschenbach, R., Erfolgspotential Materialwirtschaft, Wien/München 1990

Franken, R., Materialwirtschaft, Stuttgart 1984

Grochla, E., Grundlagen der Materialwirtschaft, 3. Auflage, Wiesbaden 1992

Grupp, B., Aufbau einer integrierten Materialwirtschaft, 2. Auflage, Wiesbaden 1991

Hartmann, H., Materialwirtschaft, 8. Auflage, Stuttgart 2002

Heiserich, E.-O., Logistik, 4. Auflage, Wiesbaden 2011

Jünemann, R., Den Faktor Information nutzen in: Handelsblatt (Hrsg.): Jahrbuch der Logistik 1987, Düsseldorf/Frankfurt 1987, S. 6-7

Köhler, R., Absatzsegmentrechnung in: HWR, 3. Auflage, Stuttgart 1983, Sp. 7 15

Kopsidis, R.M., Materialwirtschaft - Grundlagen, Methoden, Techniken, Politik, 3. Auflage, München/Wien 1997

Kracke/Hildebrandt/Runge/Voges, Güterverkehrs- und -verteilzentren in: Isermann, H. (Hrsg.), Logistik, 2. Auflage, Landsberg/Lech 1998

Kraljic, P., Versorgungsmanagement statt Einkauf, in: Harvard manager, H. 1, 1985, S. 6-14

Leitfaden City-Logistik. Erfahrungen mit Aufbau und Betrieb von Speditionskooperationen. Deutscher Städtetag, Berlin 2003

Melzer-Ridinger, R., Materialwirtschaft, 3. Auflage, München 1994

Melzer-Ridinger, R., Materialwirtschaft und Einkauf, 2. Bd., München 2004

Melzer-Ridinger, R., Materialwirtschaft und Einkauf: Beschaffungsmanagement, 5. Auflage, München 2008

Oeldorf/Olfert, Materialwirtschaft, 12. Auflage, Ludwigshafen/Rhein 2008

Olfert/Rahn, Einführung in die Betriebswirtschaftslehre, 10. Auflage, Herne 2010

Olfert/Rahn, Lexikon der Betriebswirtschaftslehre, 7. Auflage, Herne 2011

Online Lehrbuch, Kapitel 3, Geschäftsprozesse, Ablaufoptimierung

Piontek, J., Produktion, Stuttgart 2002

Piontek, J., Bausteine des Logistikmanagements, 3. Auflage, Herne 2009

Rogalla, U., Die Anforderungen einer umfassenden Logistikstrategie an die Organisation am Beispiel der Automobilzulieferindustrie, Diplomarbeit, Bielefeld 1993

Schulte, Ch., Trends in der Beschaffungspolitik in: WiSt 20 (1981) 7, S. 361-365 (a)

Schulte, Ch., Produzieren Sie zu viele Varianten? in: Harvard manager, 11 (1989) 2, S. 60-66 (c)

Schulte, Ch., Logistik. Wege zur Optimierung der Supply Chain, 5., überarb. u. erw. Auflage, München 2009

Sommerer G., Materielle Versorgungs- und Bereitstellungsprozesse für die industrielle Fertigung - Instrumentarien zur Entscheidungsfindung in: Isermann, H. (Hrsg.), Logistik, Landsberg/Lech 1994

Specht/Ahrens/Wolter, Material + Fertigungswirtschaft, Produktionslogistik mit PPS-Systemen, Ludwigshafen/Rhein 1994

Specht/Wolter, Produktionslogistik mit PPS-Systemen, 2. Auflage, Ludwigshafen 1997

Spelthahn/Schlossberger/Steger, Umweltbewußtes Transportmanagement, Bern/Stuttgart/Wien 1998

Steinbuch, P., Fertigungswirtschaft, 7. Auflage, Ludwigshafen/Rhein 1999

Swoboda/Morschlett, Cross Docking in der Konsumgüterindustrie in: WiSt 6/2000, S. 331-334

Tempelmeier, H., Quantitative Marketing-Logistik, Berlin 1998

Vahrenkamp, R., Logistikmanagement, 5. Auflage, München/Wien 2005

Vahrenkamp, R., Logistik: Management und Strategien, 6. Auflage, München 2007

Vry, W., Beschaffung und Lagerhaltung, 8. völlig neue Auflage, Ludwigshafen/Rhein 2008

Weber/Kummer, Logistik-Management. Führungsaufgaben zur Umsetzung des Flußprinzips im Unternehmen, 2., gänzlich überarb. u. erw. Auflage, Stuttgart 1998

Weis, H. C., Marketing, 15. Auflage, Ludwigshafen/Rhein 2009

Wenzel, R., Distributionslogistik in: Koether, R. (Hrsg.), Taschenbuch der Logistik, 4. Auflage, Leipzig 2011

Wildemann, H., Das Just-in-Time-Konzept, Produktion und Zulieferung auf Abruf, 5. unveränderte Auflage, St. Gallen 2000

Wildemann, H., Unternehmensübergreifende Logostik - Supply Chain Management in: Koether, R. (Hrsg.), Taschenbuch der Logistik, 2. Auflage, Leipzig 2011

v. Eicke/Femerling, Modular Sourcing. Ein Konzept zur Neugestaltung der Beschaffungslogistik, München 1991

v. Wysocki, B. F., Grundlagen des betriebswirtschaftlichen Prüfungswesens, 3., überarbeitete Auflage, München 1988

Wyss, B., Produktionslogistik: Zielfelder und Ansätze zur Umsetzung in der Praxis in: Rupper, P., Unternehmenslogistik. Ein Handbuch für Einführung und Ausbau der Logistik im Unternehmen. Zürich/Köln 1991

Zeilinger, P., Just-in-Time. Ein ganzheitliches Konzept zur Erhöhung der Flexibilität und Minimierung der Bestände in: Baumgarten, H. u. a. (Hrsg.): RKW-Handbuch Logistik, Band II, 12. Lgf. IX 87, Berlin 1987, Ziffer 5310, S. 1-29

E. Lagerlogistik

Berschin, H. H., Handbuch Controlling, München 1989

Bichler, K., Beschaffungs- und Lagerwirtschaft, 9. Auflage, Wiesbaden 2010

Bichler/Schröter, Praxisorientierte Logistik, 4. Auflage, Stuttgart/Berlin/Köln 2009

Blohm/Lüder, Investition, 8. Auflage, München 1995

Blom/Harlander, Logistik-Management. Der Aufbau ganzheitlicher Logistikketten in Theorie und Praxis, 2. Auflage, Wien 2003

Bullinger, H., Handbuch des Informationsmanagements im Unternehmen, München 1991

Bussiek/Ehrmann, Buchführung, 9. Auflage, Herne 2010

Corsten, H., Produktionswirtschaft. Einführung in das industrielle Produktionsmanagement, 10. Auflage, München/Wien 2004

Corsten, H., Produktionswirtschaft. Einführung in das industrielle Produktionsmanagement, 12., überarb. u. erw. Auflage, München/Wien 2009

Delfmann/Waldmann, Distribution 2000 in: MTP (Hrsg.), Marketing 2000, Wiesbaden 1987, S. 1-93

Ditges/Arendt, Bilanzen, 13. Auflage, Herne 2010

Dittrich, M., Lagerlogistik. Neue Wege zur systematischen Planung, 2. Auflage, München/Wien 2002

Ehrmann, H., Kostenrechnung, 2. Auflage, München/Wien 1997

Ehrmann, H., Kompakt-Training Strategische Planung, Ludwigshafen/Rhein 2006

Ehrmann, H., Unternehmensplanung, 5. Auflage, Ludwigshafen/Rhein 2007

Eschenbach, R., Erfolgspotential Materialwirtschaft, Wien/München 1990

Grochla, E., Grundlagen der Materialwirtschaft, 3. Auflage, Wiesbaden 1992

Grupp, B., Materialwirtschaft mit EDV im Mittel- und Kleinbetrieb, 6. Auflage, Grafenau 2003

Gudehus, T., Grundlagen der Kommissioniertechnik, Essen 1973

Hartmann, H., Materialwirtschaft, 8. Auflage, Stuttgart 2002

Heiserich, E.-O., Logistik, 4. Auflage, Wiesbaden 2011

Horvath, P., Controlling, 12. Auflage, München 2011

Ihde, G. B., Unerwünschte Vorräte. Minimale Lagerhaltung erhöht die Produktivität und verringert außerdem die Belastung der Umwelt in: Wirtschaftswoche Nr. 48, 1990, S. 113-116

Kämpf/Kühnle, Lagerverwaltung und -steuerung mit einem PC in: AV, 23 (1986) 2, S. 45-47

Kluck, D., Materialwirtschaft und Logistik. Lehrbuch mit Beispielen und Kontrollfragen, 3. Auflage, Stuttgart 2008

Kopsidis, R. M., Materialwirtschaft. Grundlagen, Methoden, Techniken, Politik, 3. Auflage, München/Wien 1997

Lerchenmüller, M., Handelsbetriebslehre, 4., überarb. u. aktual. Auflage, Ludwigshafen/Rhein 2003

Melzer-Ridinger, R., Materialwirtschaft, 3. Auflage, München 1994

Melzer-Ridinger, R., Materialwirtschaft und Einkauf: Beschaffungsmanagement, 5. Auflage, München 2008

Oeldorf/Olfert, Materalwirtschaft, 12. Auflage, Ludwigshafen/Rhein 2008

Olfert, K., Finanzierung, 15. Auflage, Herne 2011

Olfert/Rahn, Einführung in die Betriebswirtschaftslehre, 10. Auflage, Herne 2010

Piontek, J., Bausteine des Logistikmanagements, 3. Auflage, Herne 2009

Preißler, P. R., Controlling, 13. Auflage, München/Wien 2007

Reichmann, Th., Controlling mit Kennzahlen und Management-Tools, 7. Auflage, München 2006

Rupper, P., Lagerlogistik: BWI-Vorgehenskonzept und Planungsgrundlagen in: Rupper, P. Unternehmenslogistik. Ein Handbuch für Einführung und Ausbau der Logistik im Unternehmen, Zürich/Köln 1991

Sagner, M., Belegloses Kommissionieren in: VDI (Hrsg.), Steigerung der Wirtschaftlichkeit im konventionellen Lager, Düsseldorf 1985, S. 251-258

Schneider, H., Leistungsberechnung der Kommissionierung in: Verband für Lagertechnik und Betriebseinrichtungen (Hrsg.), Fachhandbuch Lagertechnik und Betriebseinrichtungen, 2. Auflage, Hagen 1991

Schröder, E. F., Modernes Unternehmens-Controlling, 8. Auflage, Ludwigshafen/Rhein 2003

Schulte, Ch., Konzepte der Materialbereitstellung in: Corsten, H. (Hrsg.): Handbuch Produktionsmanagement, Wiesbaden 1994, S. 189-205

Schulte, Ch., Logistik. Wege zur Optimierung der Supply Chain, 5. Auflage, München 2009

Semmelroggen, H. G., Logistik im Unternehmen 11 (1997), Nr. 1/2, Januar/Februar

Sieber, H. P. u. a., Analyse von Kommissioniertätigkeiten in unterschiedlich automatisierten Produktions- und Distributionslagern in: Below, F. V. u. a. (Hrsg.): Moderne Fabrikorganisation. Stand und Entwicklungstendenzen, Berlin u. a. 1985, S. 367-391

Wannerwetsch, H., Integrierte Materialwirtschaft und Logistik. Eine Einführung, 4. Auflage, Berlin 2006

Weber, J., Logistik-Controlling, 4. Auflage, Stuttgart 1995

Weber, J., Logistik und Supply Chain Controlling, 6. Auflage, Stuttgart 2010

Weber/Kummer, Logistikmanagement, Führungsaufgaben zur Umsetzung des Flußprinzips im Unternehmen, 2., gänzlich überarb. u. erw. Auflage, Stuttgart 1998

Weber, R., Zeitgemäße Materialwirtschaft mit Lagerhaltung, 8. Auflage, Renningen 2006

Wildemann, H., Produktionscontrolling, 4. Auflage, München 2002

Ziegenbein, K., Controlling, 10. Auflage, Herne 2012

F. Produktionslogistik

Abeln, O., Die CA-Techniken in der industriellen Praxis, 3. Auflage, München 1994

ACTIS, FORS Fortschrittszahlensystem für Automobilzulieferer, Leistungsbeschreibung, Stuttgart 1985

Becker/Rosemann, Logistik und CIM. Die effiziente Material- und Informationsflußgestaltung im Industrieunternehmen, Berlin u. a. 2007

Bichler/Kalker/Wilken, Logistikorientiertes PPS-System, Wiesbaden 1994

Bichler/Schröter, Praxisorientierte Logistik, 4. Auflage, Stuttgart/Berlin/Köln 2009

Brankamp, K. (Hrsg.), Handbuch der modernen Fertigung und Montage, Müchen 1982

Brandt, H.-P., Rechnergestützte Layoutplanung von Industriebetrieben, Köln 1989

Busch, U., Entwicklung eines PPS-Systems, Praktische Anleitung für Auswahl und Realisierung von Produktions-, Planungs- und Steuerungssystemen, 3. Auflage, Berlin 1990

Corsten, H., Produktionswirtschaft. Einführung in das industrielle Produktionsmanagement, 11. Auflage, München/Wien 2007

Ebel, B., Produktionswirtschaft, 9. Auflage, Ludwigshafen/Rhein 2009

Ebel, B., Kompakt-Training Produktionswirtschaft, 2. Auflage, Ludwigshafen/Rhein 2008

Ehrmann, H., Kostenrechnung, 2. Auflage, München/Wien 2000

Ehrmann, H., Kompakt-Training Strategische Planung, Ludwigshafen/Rhein 2006

Ehrmann, H., Unternehmensplanung, 5. Auflage, Ludwigshafen/Rhein 2007

Feser, B., Fertigungssegmentierung. Berlin 2001

Götzelmann, F., Computergestützte Layoutplanung von Fabrikanlagen - Bestandsaufnahme und Beurteilung, Diplomarbeit, Köln 1986

Goldratt, E. M., Computerized Shop Floor Scheduling in: International Journal of Production Research, 1988, S. 443 ff.

Gronau, N., Management von Produktion und Logistik mit SAP R3, 3. Auflage, München/Wien 1999

Günther/Tempelmeier, Produktion und Logistik, 8. überarbeitete und erweiterte Auflage, Berlin/ Heidelberg/New York usw. 2009

Heinemeyer, W., Fortschrittszahlen als Instrument zur Fertigungsplanung und -steuerung bei der Daimler Benz AG in: BVL (Hrsg.): Deutscher Logistik Kongreß 1984, Band 2, Bremen 1984, S. 844-881

Heinen, E., Industriebetriebslehre, 9. Auflage, Wiesbaden 2002

Heinzel, R., Rechnergestützte Fabrikplanung mit LAYPLA in: Techno Congress-Tagung „Rechnergestützte Fabrikplanung", München 1985

Heiserich, E.-O., Logistik, 4. Auflage, Wiesbaden 2011

Hüttel, K., Produktpolitik, 3. Auflage, Ludwigshafen/Rhein 1998

IFAO (Hrsg.), CAD/PPS-Integration, München 1990

Kern, W., Industrielle Produktionswirtschaft, 5. Auflage, Stuttgart 2006

Koether u. a., Taschenbuch der Logistik, 4. Auflage, Leipzig 2011

Liebstückel, K., Die Bewertung von EDV-gestützten Produktionsplanungs- und -steuerungssystemem (PPS) aus betriebswirtschaftlicher Sicht, Dissertation, Würzburg 1986

Martin, H., Eine Methode zur integrierten Betriebsmittelanordnung und Transportplanung, Dissertation, Berlin 1976

Müller-Merbach, H., Optimale Reihenfolgen, Berlin/Heidelberg/New York 1994

Olfert/Rahn, Einführung in die Betriebswirtschaftslehre, 10. Auflage, Herne 2010

Olfert/Rahn, Lexikon der Betriebswirtschaftslehre, 7. Auflage, Herne 2011

Piontek, J., Produktion, Stuttgart 2002

Reese, J., Standort- und Belegungsplanung für Maschinen in mehrstufigen Produktionsprozessen, Berlin/Heidelberg/New York 1980

Scheer, A.-W., Strategie und Entwicklung eines CIM-Konzeptes, Veröffentlichungen des Instituts für Wirtschaftsinformatik, Nr. 51, Saarbrücken 1986

Scheer, A.-W., Integrierte PPS-Systeme, in: Scheer, A.-W., Wirtschaftsinformatik, Informationssysteme im Industriebetrieb, 2. Auflage, Berlin/Heidelberg/New York usw. 1988, S. 262-280

Scheer, A.-W., CIM: Der computergesteuerte Industriebetrieb, 4. Auflage, Berlin/Heidelberg/ New York 1990

Scheer, A.-W., Architektur integrierter Informationssysteme. Grundlagen der Unternehmensmodellierung, 2. Auflage, Berlin/Heidelberg/New York 1992

Scheer, A.-W., Wirtschaftsinformatik, Referenzmodelle für industrielle Geschäftsprozesse, 7. Auflage, Berlin/Heidelberg/New York 1997

Schulte, Ch., Das Modell der Fertigungssegmentierung aus personeller und organisatorischer Sicht, Bergisch Gladbach/Köln 1989

Schulte, Ch., Logistik. Wege zur Optimierung der Supply Chain, 5. Auflage, München 2009

Specht/Ahrens/Wolter, Produktionslogistik mit PPS-Systemen, 2. Auflage, Ludwigshafen 1997

Steinbuch, P. A., Betriebliche Informatik, 7. Auflage, Ludwigshafen/Rhein 1998

Steinbuch, P. A., Fertigungswirtschaft, 7. Auflage, Ludwigshafen/Rhein 2002

Steinmann, D., Konzeption zur Integration wissensbasierter Anwendungen in konventionellen Systemen der Produktionsplanung und -steuerung (PPS) im Bereich der Fertigungssteuerung in: Scheer, A.-W. (Hrsg.), Betriebliche Expertensysteme II: Einsatz von Expertensystem-Prototypen in betriebswirtschaftlichen Funktionsbereichen, Wiesbaden 1989

Tempelmeier, H., Material-Logistik. Modelle und Allgorithmen für die Produktionsplanung und -steuerung und das Supply Chain-Management, 7. Auflage, Berlin 2008

v. Kortzfleisch, G., Systematik der Produktionsmethoden in: Jacob, H. (Hrsg.), Industriebetriebslehre, 4. Auflage, Wiesbaden 1990

Wäscher, G., Innerbetriebliche Standortplanung. Modelle bei einfacher und mehrfacher Zielsetzung in: ZfbF, 36. Jg. (1984), S. 930-958

Warnecke, H.-J., Die Fraktale Fabrik, Revolution der Unternehmenskultur, Berlin/Heidelberg 1992

Warnecke, H.-J., Die Fraktale Fabrik, Revolution der Unternehmenskultur, 2. Auflage, Reinbek 1996

Weber, J., Logistik und Supply Chain Controlling, 6. Auflage, Stuttgart 2010

Weber/Kummer, Logistikmanagement. Führungsaufgaben zur Umsetzung des Flußprinzips im Unternehmen, 2., gänzlich überarb. u. erw. Auflage, Stuttgart 1998

Wildemann, H., Werkstattsteuerung: Manuelle und DV-gestützte Lösungen. RKW-Schriftenreihe „Produktionsplanung und Produktionssteuerung". Merkblatt 8, Eschborn 1982 (b)

Wildemann, H., Flexible Werkstattsteuerung durch Integration von KANBAN-Prinzipien, München 1984

Wildemann, H., Produkionssynchrone Steuerung von Zulieferungen in: Kreikebaum, H. u.a. (Hrsg.): Industriebetriebslehre in Wissenschaft und Praxis, Berlin 1985, S. 179-195

Wildemann, H., Just-In-Time-Lösungskonzepte in Deutschland in: Harvard manager, 8 (1986)

Wildemann, H., Das Just-In-Time-Konzept, 5. Auflage, Frankfurt 2001

Wildemann, H., Die modulare Fabrik. Kundennahe Produktion durch Fertigungssegmentierung, 5. Auflage, München 2000

Wildemann, H., Produktionscontrolling, 4. Auflage, München 2002

Wyss, B., Produktionslogistik: Zielfelder und Ansätze zur Umsetzung in der Praxis in: Rupper, P., Unternehmenslogistik. Ein Handbuch für Einführung und Ausbau der Logistik im Unternehmen, Zürich und Köln 1991

Zäpfel/Missbauer, Traditionelle Systeme der Produktionsplanung und -steuerung in der Fertigungsindustrie in: WiSt., 17. Jg. (1988), S. 73-77

Zäpfel/Missbauer, Neue Konzepte der Produktionsplanung und -steuerung in der Fertigungsindustrie in: WiSt., 17. Jg. (1988), S. 127-131

G. Marketinglogistik

Ahlert/Borchert, Prozessmanagement im vertikalen Marketing. Efficient Consumer Response (ECR) in Konsumgüternetzen, Berlin 2000

Arnold/Isermann/Kuhn/Furmans/Tempelmeier (Hrsg.), Handbuch Logistik, 3. Auflage, Berlin 2008

Becker, J., Marketing-Konzeption, 9. Auflage, München 2009

Besting, J., Ersatzteile online, Interview mit Josef Besting in: Logistik und Transportmanagement, Beilage der FAZ Nr. 203 v. 2.9.1998

Bichler/Schröter, Praxisorientierte Logistik, 4. Auflage, Stuttgart/Berlin/Köln 2009

Boutellier/Lach, Produkteinführung. Herausforderung für Marketing und Logistik, München/Wien 2000

Clarke/Wright, Scheduling of Vehicles from a Central Depot to a Number of Delivery Points, Operations Research, Vol. 12 (1964), S. 568-581

Darr, W., Integrierte Marketing-Logistik, Wiesbaden 1995

Domschke, W., Logistik Bd. 2, Rundreisen und Touren, 4. Auflage, München/Wien 2010

Domschke, W., Transport 1: Grundlagen, lineare Transport- und Umladeprobleme, München/Wien 2007

Domschke/Drexl, Location and layout planning: An international bibliogaphy. Lecture Notes in Economics and Mathematical Systems 238, Berlin u. a. 1985

Domschke/Drexl, Logistik: Standorte, 4. Auflage, München/Wien 1996

Domschke/Schildt, Standortentscheidungen in Distributionssystemen in: Isermann, H. (Hrsg.), Logistik, 2. Auflage, Landsberg/Lech 1998

Ehrmann, H., Kostenrechnung, 2. Auflage, München/Wien 2002

Ehrmann, H., Marketing-Controlling, 4. Auflage, Ludwigshafen/Rhein 2004

Eisele, P., Simulationsmodelle zur Distributionskostenminimierung bei zentraler bzw. dezentraler Warenauslieferung, Zürich 1976

Fleischmann, B., Tourenplanung, in: Isermann, H. (Hrsg.), Logistik, 2. Auflage, Landsberg/Lech 1998

Gillet/Miller, A Heuristic Algorithm for the Vehicle-dispatch Problem in: Operations Research, 22. Jg. (1974), S. 245-252

Heiserich, E.-O., Logistik, 4. Auflage, Wiesbaden 2011

Ihde u. a., Ersatzteillogistik, Theoretische Grundlagen und praktische Handhabung, 2. Auflage, München 1988

Kotler, Ph., Marketing-Management, 11., völlig neubearb. Auflage, in deutscher Übersetzung, Stuttgart 2002

Kotler/Bliemel, Marketing-Management. Analyse, Planung, Umsetzung und Steuerung, 9. Auflage, Stuttgart 1999

Kuckelsberg, F., Analyse des Vertriebsmixes eines mittelständischen Zulieferers der Werkzeugmaschinenindstrie, Diplomarbeit, Bielefeld 1995

Meffert, H., Marketing, 10. Auflage, Wiesbaden 2007

Meffert, H., Internationales Marketing-Management, 4. Auflage, Wiesbaden 2010

Nieschlag/Dichtl/Hörschgen, Marketing, 19. Auflage, Berlin 2002

Olfert, K., Kostenrechnung, 16. Auflage, Herne 2010

Pfohl, H.-C., Marketing-Logistik, Mainz 1972

Pfohl, H.-C., Zur Formulierung einer Lieferservicepolitik. Theoretische Aussagen zum Angebot von Sekundärleistungen als absatzpolitisches Instrument in: ZfbF, 29 (1977) 5, S. 239-255

Pfohl, H.-C., Mehr Kooperation mit Logistik-Dienstleistern in: Handelsblatt, Nr. 136, 21. Juli 1987, S. 12

Pfohl, H.-C., Ersatzteil-Logistik in: ZfB 61 (1991) 9, S. 1027-1044

Schrecker, A., Planung und Steuerung fahrerloser Transportsysteme. Ansätze zur Unterstützung der Systemgestaltung, Berlin 2000

Schulte, Ch., Logistik. Wege zur Optimierung der Supply Chain, 5. Auflage, München 2009

Tempelmeier, H., Quantitative Marketing-Logistik, Berlin u. a. 2007

Weber/Kummer, Logistikmanagement. Führungsaufgaben zur Umsetzung des Flußprinzips im Unternehmen, 2., gänzlich überarb. u. erw. Auflage, Stuttgart 1998

Weis, H. C. Marketing, 15. Auflage, Ludwigshafen/Rhein 2009

H. Logistik-Controlling

Ansoff, H. J., Management-Strategie, München 1966

Becker, J., Marketing-Konzeption, 9. Auflage, München 2009

Bichler/Schröter, Praxisorientierte Logistik, 4. Auflage, Stuttgart/Berlin/Köln 2009

Bramsemann, R., Handbuch Controlling. Methoden und Techniken, 3. Auflage, München/Wien 1993

Brehm, B., Strategisches Management von Electronic Data Interchange, Diss., Kassel 1997

Bünder, H., Logistik 2,0 in: Frankfurter Allgemeine Zeitung, Nr. 141/2007

Bussiek/Ehrmann, Buchführung, 9. Auflage, Herne 2010

Ehrmann, H., Kostenrechnung, 2. Auflage, München/Wien 2000

Giehl, H., Weiterentwicklung des Logistik-Controlling zum Prozeßketten-Controlling in der BMW AG in: Weber, J. (Hrsg.), Praxis des Logistik-Controlling, Stuttgart 1993, S. 291-318

Heigl. A., Controlling - Interne Revision, 2. Auflage, Stuttgart/New York 1989

Heiserich, E.-O., Logistik, 4. Auflage, Wiesbaden 2011

Holzwarth, J., Strategische Kostenrechnung, Stuttgart 2001

Huber, Ph., Informationsflüsse und die Computerintegration in der Logistik, in: Rupper, P. (Hrsg.), Unternehmens-Logistik. Ein Handbuch für Einführung und Ausbau der Logistik im Unternehmen, 3. Auflage, Zürich/Köln 1991

Isermann, H., Grundlagen eines systemorientierten Logistikmanagements in: Isermann, H. (Hrsg.), Logistik, 2. Auflage, Landsberg/Lech 1998

Jentner, B., Praxisorientiertes Benchmarking-Konzept für die gesamte Wertschöpfungskette der Vertriebsfunktion am Beispiel eines Automobilherstellers in: Z. f. B., 68. Jg., 1998

Jünemann, R., Materialfluß und Logistik, Berlin u. a. 1989

Kiener, J., Marketing-Controlling, Darmstadt 1980

Messinger/Rüdenberg, Das große Wörterbuch Englisch, Berlin/München 1977

Nieschlag/Dichtl/Hörschgen, Marketing. 19. Auflage, Berlin 2002

Olfert, K., Kostenrechnung, 16. Auflage, Herne 2010

Olfert/Rahn, Einführung in die Betriebswirtschaftslehre, 10. Auflage, Herne 2010

Olfert/Rahn, Lexikon der Betriebswirtschaftslehre, 7. Auflage, Herne 2011

Piontek, J., Bausteine des Logistikmanagements, 3. Auflage, Herne 2009

Rahn, H. J., Unternehmensführung, 8. Auflage, Herne 2012

Reckenfelderbäumer, M., Prozesskostenrechnung im Marketing, in: Reinecke/Tomczak/Geis (Hrsg.): Handbuch Marketingcontrolling. Marketing als Motor von Wachstum und Erfolg, 3. Auflage, Frankfurt/Wien 2004

Specht/Ahrens/Wolter, Material + Fertigungswirtschaft, Produktionslogistik mit PPS-Systemen, Ludwigshafen/Rhein 1994

Specht/Wolter, Produktionslogistik mit PPS-Systemen, 2. Auflage, Ludwigshafen 2002

Vahrenkamp, R., Logistikmanagement, 5. Auflage, München/Wien 2005

Vahrenkamp, R., Logistik: Management und Strategien, 6. Auflage, München 2007

Weber/Schäffer, Einführung in das Controlling, 13. Auflage, Stuttgart 2011

Weber/Kummer, Logistikmanagement. Führungsaufgaben zur Umsetzung des Flußprinzips im Unternehmen, 2., gänzlich überarb. u. erw. Auflage, Stuttgart 1998

Ziegenbein, K., Controlling, 10. Auflage, Herne 2012

I. Logistische Sonderbereiche

Baumgarten, H., Trends und Strategien in der Logistik 2000, Analysen-Potenziale-Perspektiven, Berlin 1996

Baumgarten, H., Globale Netzwerke - Neue Impulse für die Logistikforschung in: Logistik heute, 11/97, S. 66-68

Bretzke, W.-R., „Make or buy" von Logistikdienstleistungen: Erfolgskriterien für eine Fremdvergabe logistischer Dienstleistungen in: Isermann, H. (Hrsg.), Logistik, 2. Auflage, Landsberg/Lech 1998

Büchl, R., Innovative Logistik in der Industrieentsorgung in: Logistik für Unternehmen, 9(2001), S. 6 bis 10

Ehrmann, H., Kompakt-Training Strategische Planung, Ludwigshafen/Rhein 2006

Ehrmann, H., Unternehmensplanung, 5. Auflage, Ludwigshafen/Rhein 2007

Eschenbach, R., Erfolgspotential Materialwirtschaft, Wien/München 1998

Fiege, H., Ein praktisches Beispiel für Outsourcing, in: Logistik, Verlagsbeilage der Frankfurter Allgemeinen Zeitung, Nr. 217, Sep. 1996

Hartmann, H., Materialwirtschaft, 8. Auflage, Stuttgart 2002

Heiserich, E.-O., Logistik, 4. Auflage, Wiesbaden 2011

Hirschberger/Reher, Entsorgungslogistik als unternehmensübergreifendes Konzept in: Baumgarten, H. u. a. (Hrsg.): RKW Handbuch Logistik, Kennzahl 5760, Berlin 1991

Isermann/Houtmann, Entsorgungslogistik in Industrieunternehmen, in: Isermann, H. (Hrsg.), Logistik, 2. Auflage, Landsberg/Lech 1998

Jakzentis, C., Redistributions-Logistik - Optimierung durch Mehrwegtransportverpackung, Wiesbaden 2002

Kerler, F., Verpackungen für private Endverbraucher, Merkblatt der IHK für München und Oberbayern, München 2010

Koether u. a., Taschenbuch der Logistik, 4. Auflage, Leipzig 2011

Matschke/Lemser, Entsorgung als betriebliche Grundfunktion, in: BFuP 44 (1992), S. 85-101

Meffert, H., Strategisches Ökologie-Management in: Coenenberg, A.G./Weise, E./Eckrich, K., Ökologie-Management als strategischer Wettbewerbsfaktor, Stuttgart 1991

Meffert/Kirchgeorg, Marktorientiertes Umweltmanagement. Grundlagen und Fallbeispiele, 3. Auflage, Stuttgart 1998

Oeldorf/Olfert, Materialwirtschaft, 12. Auflage, Ludwigshafen/Rhein 2008

Olfert/Rahn, Lexikon der Betriebswirtschaftslehre, 7. Auflage, Herne 2011

Pfohl/Stölzle, Das Informationssystem der Entsorgungslogistik - Bericht aus einem Forschungsprojekt in: Wagner, G. R. (Hrsg.), Ökonomische Risiken und Umweltschutz, München 1991, S. 84-226

Pfohl/Stölzle, Entsorgungslogistik, in: Steger, U. (Hrsg.): Handbuch des Umweltmanagements, München 1992, S. 571-591

Schulte, Ch., Logistik. Wege zur Optimierung der Supply Chain, 5. Auflage, München 2009

Stahlmann, V., Umweltorientierte Materialwirtschaft, Das Optimierungskonzept für Ressourcen, Recycling und Rendite, Wiesbaden 1994

Stölzle, W., Umweltschutz und Entsorgungslogistik. Theoretische Grundlagen mit ersten empirischen Ergebnissen zur innerbetrieblichen Entsorgungslogistik, Berlin 1999

Vahrenkamp. R., Logistikmanagement, 5. Auflage, München/Wien 2005

Vahrenkamp, R., Logistik: Management und Strategien, 6. Auflage, München 2007

Weber/Kummer, Logistikmanagement. Führungsaufgaben zur Umsetzung des Flußprinzips im Unternehmen, 2., gänzlich überarb. u. erw. Auflage, Stuttgart 1998

Werner/Stark, Abfallwirtschaft in: Beschaffung aktuell (1989) 5, S. 795-805

www.abfallscout.de/themen/der-gelbe-sack/das-duale-system

Aufgabe 1: Logistik-Begriff

Gelegentlich wird die Auffassung vertreten, Logistik sei lediglich ein anderer Ausdruck für den internen und externen Transport. Immer wenn ein Gut bewegt würde, sei dies eine logistische Handlung.

Stimmt diese Aussage?

Lösung s. Seite 637

Aufgabe 2: Logistik-Konzept

Einem Bewerber für den Logistikbereich wird gesagt, es komme in der Logistik nicht allein darauf an, dass die einzelnen Mitarbeiter über gute Fachkenntnisse verfügten und sich zu Spezialisten entwickelt hätten, sondern in der Logistik sei ganzheitliches Denken und ganzheitliches Handeln erforderlich.

Was ist darunter zu verstehen?

Lösung s. Seite 637

Aufgabe 3: Logistik in der Unternehmensorganisation

In der objektorientierten Organisation ist die Logistik auf mehreren Ebenen angesiedelt, wodurch ihre Bedeutung besonders hervorgehoben wird.

Geben Sie bitte an, um welche Ebenen es sich handelt und welche Aufgaben von den jeweiligen Ebenen ausgeführt werden müssen.

Lösung s. Seite 637

Aufgabe 4: Logistikziele

Geben Sie das generelle Logistikziel mit seinen Hauptkomponenten an und leiten Sie daraus logistische Einzelziele ab.

Lösung s. Seite 638

Aufgabe 5: Logistikplanung

Die Logistikplanung muss wie alle übrigen Planungsbereiche sorgfältig vorbereitet werden.

a)   Geben Sie die Gründe dafür an.
b)   Erläutern Sie, worauf sich die Planungsvorbereitung zu erstrecken hat.

Lösung s. Seite 638

Aufgabe 6: Planungsrichtung

Die Regelung des Ablaufs der Planung umfasst die Planungsrichtung, den inhaltlichen Planungsablauf, den zeitlichen Planungsablauf und die Planungstechniken.

Stellen Sie heraus, welche Rolle die Planungsrichtung beim Planungsablauf spielt und nennen Sie mögliche Planungsrichtungen.

Lösung s. Seite 638

Aufgabe 7: Situationsanalyse

Die Hochstreb-Werke haben eine Größe erreicht, die es erforderlich macht, eine systematische Logistikplanung durchzuführen. Die Planung wurde bisher nur sehr unvollkommen durchgeführt, vor allem wurde die Situationsanalyse gröblichst vernachlässigt. Diesen Fehler will man nun beseitigen.

Nennen Sie die Hauptbereiche, mit denen sich das Unternehmen im Rahmen der Situationsanalyse beschäftigen muss.

Lösung s. Seite 638

Aufgabe 8: Unternehmensanalyse

Geben Sie an, mit welchen Bereichen sich die Unternehmensanalyse beschäftigt und welche Einzelanalysen anzustellen sind. Skizzieren Sie kurz deren Inhalt.

Lösung s. Seite 639

Aufgabe 9: Logistikstrategien

Die „Strategie der umfassenden Kostenführerschaft" spielt für die Unternehmen in der heutigen Zeit eine wichtige Rolle.

Welchen Inhalt hat diese Strategie, und welche Konsequenzen ergeben sich aus ihr für Logistikstrategien?

Lösung s. Seite 639

Aufgabe 10: Operative Logistikplanung

Stellen Sie den Ablauf der operativen Logistikplanung in einer übersichtlichen Form dar.

Lösung s. Seite 640

Aufgabe 11: Break-even-Analyse

Der Artikel Nr. 52 verursacht in einem Fertigungsunternehmen besonders hohe Logistikkosten. Die Unternehmensleitung möchte wissen, ob sich der Aufwand bei der gegebenen Gewinn- und Umsatzsituation lohnt und gibt den Auftrag, eine Break-even-Analyse durchzuführen.

Der beauftragte Mitarbeiter beschafft sich aus dem Rechnungswesen folgende Daten:

Umsatz des Artikels:	600.000 €
Fixe Kosten:	150.000 €
Proportionale Kosten:	360.000 €

Helfen Sie dem Mitarbeiter bei der Ermittlung des Kosten deckenden Umsatzes.

Lösung s. Seite 640

Aufgabe 12: Schwachstellenanalyse

Das Aufdecken von Schwachstellen ist eine wichtige Aufgabe der Logistik.

Stellen Sie dar, welche Instrumente die Logistik zur Aufdeckung von Schwachstellen einsetzen kann.

Lösung s. Seite 640

Aufgabe 13: ABC-Analyse

Eine Unternehmensleitung möchte ihre Logistikanstrengungen konzentrieren und beauftragt einen Logistik-Mitarbeiter, eine ABC-Analyse durchzuführen. Dem Mitarbeiter werden die folgenden Daten zur Verfügung gestellt:

Produkt	Verkauf in Stück	Stückpreis	Verkauf in €	Rang
1	22.500	8	180.000	6
2	11.250	38	427.500	4
3	36.900	4	147.600	9
4	23.400	76	1.778.400	1
5	49.500	7	346.500	5
6	4.050	42	170.100	8
7	8.100	84	680.400	3
8	14.400	12	172.800	7
9	36.000	3,20	115.200	10
10	22.050	78	1.719.900	2
	228.150		5.738.400	

Nehmen Sie ebenfalls die ABC-Analyse vor.

Lösung s. Seite 641

Aufgabe 14: Netzplantechnik

Nennen Sie die besonderen Vorzüge der Netzplantechnik für die Logistik.

Lösung s. Seite 641

Aufgabe 15: Einführung einer Deckungsbeitragsrechnung

Der junge Logistikmitarbeiter Amadeus Lindi ist gerade von einem Fortbildungslehrgang zurückgekehrt und regt die Einführung einer Deckungsbeitragsrechnung an, da diese gerade in der Logistik, die so viele Entscheidungen mit Konsequenzen für mehrere Unternehmensbereiche zu treffen habe, unverzichtbar sei.

Der in Ehren ergraute Leiter der Kostenrechnung ist der Meinung, die vorhandene Istkostenrechnung auf Vollkostenbasis habe sich bisher sehr bewährt und reiche auch für Logistikentscheidungen völlig aus.

Unterstützen Sie den jungen Mitarbeiter durch treffende Argumente.

Lösung s. Seite 641

Aufgabe 16: Investitionsrechnung – Verfahren der Investitionsrechnung

Die Investitionsrechnung spielt auch für Logistik-Entscheidungen eine wichtige Rolle.

Führen Sie die wichtigsten Verfahren der Investitionsrechnung auf.

Lösung s. Seite 642

Aufgabe 17: Investitionsrechnung – Kapitalwertmethode

In einem Unternehmen ist die Anschaffung einer Transportanlage vorgesehen. Das eingeholte Angebot weist Anschaffungskosten in Höhe von 250.000 € aus. Die Nutzungsdauer wird mit 5 Jahren veranschlagt, der Kalkulationszinsfuß soll 10 % betragen. Die Auszahlungen und Einzahlungen werden wie folgt geplant:

$a_1 - a_5$ = - 300 - 350 - 410 - 480 - 570   a = Auszahlungen
$e_1 - e_5$ = + 350 + 415 + 485 + 580 + 680   e = Einzahlungen
$d_1 - d_5$ = + 50 + 65 + 75 + 100 + 110   d = Differenzen

Beträge in T€

Ermitteln Sie den Kapitalwert.

Lösung s. Seite 642

Aufgabe 18: Investitionsrechnung – Verfahrensvergleich

Der Verfahrensvergleich bietet sich an, wenn man feststellen will, wie das Kostenverhalten mehrerer Investitionsobjekte in Abhängigkeit von ihrer Beschäftigung ist bzw. bei welcher Beschäftigung die Objekte die gleichen Kosten verursachen.

Stellen Sie dar, auf welche Weise der Verfahrensvergleich anzustellen ist.

Lösung s. Seite 642

Aufgabe 19: Optimale Losgröße

Der Disponent der Firma Lindemann gibt an, dass er beim Erzeugnis 24 prinzipiell 160 Stück fertigen lasse, da er bei dieser Stückzahl optimal disponiere.

Der Jahresbedarf beträgt 1.000 Stück, die auftragsfixen Kosten machen 25 € aus, der Lagerkostensatz beträgt 25 % und die auftragsproportionalen Kosten belaufen sich auf 10 €.

Rechnen Sie nach, ob der Disponent richtig handelt.

Lösung s. Seite 642

Aufgabe 20: Logistische Hardware – Begriff

In einem Logistik-Seminar wird der Begriff logistische Hardware verwendet. Der Student Klug wendet ein, dieser Ausdruck habe mit der Logistik höchstens am Rande zu tun, da die Bezeichnung Hardware für die EDV reserviert sei.

Hat Klug Recht?

Lösung s. Seite 643

Aufgabe 21: Außerbetriebliche Transportsysteme – Beurteilungskriterien

Zur Auswahl außerbetrieblicher Transportsysteme ist eine Reihe von Beurteilungskriterien heranzuziehen.

Erstellen Sie einen Beurteilungskatalog.

Lösung s. Seite 643

Aufgabe 22: Schifffahrtsgütertransport – Schiffstypen

Der Schifffahrtsgütertransport gewinnt aus Kostengründen wieder an Bedeutung.

Stellen Sie dar, welche Schiffstypen zum Einsatz gelangen können.

Lösung s. Seite 643

Aufgabe 23: Luftfrachttransportkette

Erläutern Sie die Entstehung der Luftfrachttransportkette.

Lösung s. Seite 643

Aufgabe 24: Innerbetriebliche Transportsysteme – Ziele

In einem Industrieunternehmen bestehen Bestrebungen, das innerbetriebliche Transportwesen effizienter zu gestalten.

Das gerade gegründete Distributionszentrum erhält die Aufgabe, konkrete Zielvorstellungen zu entwickeln.

Wie könnte ein Zielkatalog aussehen?

Lösung s. Seite 644

Aufgabe 25: Innerbetriebliche Transportsysteme – Einsatz von Fördermitteln

Der innerbetriebliche Transport kann mit zahlreichen Fördermitteln durchgeführt werden.

Geben Sie an, von welchen Faktoren der Einsatz der Fördermittel abhängt.

Lösung s. Seite 644

Aufgabe 26: Lagerarten

Der Begriff Lager ist sehr vieldeutig, da sich Läger nach mehreren Gesichtspunkten strukturieren lassen.

Stellen Sie dar, nach welchen Hauptkriterien Läger eingeteilt werden können.

Lösung s. Seite 644

Aufgabe 27: Eignung von Lagersystemen

Geben Sie an, für welche Lagergüter sich

a) Bodenläger ohne Lagerhilfsmittel
b) Blockläger
c) Zeilenläger
d) Regalläger

besonders eignen.

Lösung s. Seite 645

Aufgabe 28: Einkaufsportfolio

Im Einkaufsportfolio von *Kraljic* spielen die „Strategischen Produkte" eine besondere Rolle.

Führen Sie aus, wie die „Strategischen Produkte" in der Matrix positioniert werden, und welche strategischen Grundrichtungen sich daraus ergeben.

Lösung s. Seite 645

Aufgabe 29: Materialbedarfsermittlung – Einfluss der Durchlaufzeit auf den Materialbedarf

Geben Sie an, welche Maßnahmen der Durchlaufzeitverkürzung sich auf den Materialbedarf auswirken können.

Lösung s. Seite 645

Aufgabe 30: Make-or-buy-Entscheidung

In einem Unternehmen wird ein Einbauteil in einer Stückzahl von 1.000 fremdbezogen; der Einstandspreis beträgt 1.020 € je Stück. Um dieses Teilstück selbst fertigen zu können, müsste eine Investition vorgenommen werden. Die Anschaffungskosten des Investitionsobjektes betragen 1,8 Mio. €, die stückbezogen ausgabenwirksamen Kosten belaufen sich auf 720 €. Die neue Anlage verursacht zusätzliche Personalkosten in Höhe von 36.000 € je Periode. Die Nutzungsdauer der Anlage wird mit 6 Jahren angenommen, der Kalkulationszinsfuß macht 10 % aus und der Annuitätenfaktor beträgt 0,229607.

Ermitteln Sie, ab welchem Preis und welcher Menge der Fremdbezug günstiger ist.

Lösung s. Seite 645

Aufgabe 31: Konzentration auf Beschaffungsquellen

Die Art der Konzentration auf Beschaffungsquellen gewinnt immer mehr an Bedeutung. In diesem Zusammenhang werden die Begriffe

- Global Sourcing
- Single Sourcing
- Modular Sourcing

häufig genannt.

Was ist darunter zu verstehen?

Lösung s. Seite 646

Aufgabe 32: Just-in-Time-Beschaffung

Die Just-in-Time-Beschaffung wird von vielen Unternehmen praktiziert und in der Fachliteratur stark propagiert.

Stellen Sie dar, an welche Voraussetzungen die Einführung des JIT-Konzeptes gebunden ist.

Lösung s. Seite 646

Aufgabe 33: Beschaffungsmengenoptimierung

Schildern Sie, welche Verfahren zur Beschaffungsmengenoptimierung eingesetzt werden können.

Lösung s. Seite 646

Aufgabe 34: Transportlogistische Knoten

Ein Fertigungsunternehmen möchte insbesondere in der Absatzlogistik die Dienste externer Stellen in Anspruch nehmen. Ein Unternehmensberater empfiehlt die Einschaltung von transportlogistischen Knoten.

Welche Einrichtungen sind darunter zu verstehen?

Lösung s. Seite 647

Aufgabe 35: Qualitätsprüfung – Stichprobenumfang

Im Rahmen einer Qualitätsprüfung soll eine Stichprobe entnommen werden, bei der ein Fehlerbereich von 2 toleriert wird und eine Wahrscheinlichkeit von 90 % ausreicht. Die Anteilsmerkmale p und q sollen zu je 50 % in die Rechnung eingehen.

Geben Sie an, in welcher Höhe die Stichprobe gezogen werden muss.

Lösung s. Seite 647

Aufgabe 36: Kommissionierung

Zwischen zwei Lagerverantwortlichen ist ein Streit entbrannt, der die Art der Bereitstellung im Rahmen der Kommissionierung betrifft. A behauptet, die statische Bereitstellung sei vorteilhafter, B beharrt auf seiner Meinung, die dynamische Bereitstellung sei der statischen haushoch überlegen.

Schlichten Sie den Streit.

Lösung s. Seite 647

Aufgabe 37: Verbrauchsrechnung

Stellen Sie die Skontrahierung, die Inventurmethode und die retrograde Rechnung einander gegenüber.

Lösung s. Seite 647

Aufgabe 38: Japanische Formen der „Lean production"

Der Begriff „Lean production" ist heute in aller Munde. Eine seiner Wurzeln ist in Japan. Japanische Unternehmensstrategien sind darauf ausgerichtet, Verschwendungen jeder Art zu vermeiden.

Nennen Sie wichtige Formen der „Lean production" und äußern Sie Ihre Meinung über den Erfolg dieser Strategien.

Lösung s. Seite 647

Aufgabe 39: Layoutplanung

Nennen Sie Gründe dafür, dass die Layoutplanung von einigen Experten als wichtige Logistikfunktion angesehen wird.

Lösung s. Seite 648

Aufgabe 40: Einsatz des Computers in der Fertigung

Eine moderne Fertigungswirtschaft ist ohne Computereinsatz kaum vorstellbar.

Nennen Sie einige Gründe dafür, und führen Sie Computer-Einsatzbereiche auf.

Lösung s. Seite 648

Aufgabe 41: Kanban-System

Nennen Sie das Hauptziel und Nebenziele des Kanban-Systems.

Lösung s. Seite 648

Aufgabe 42: Strategische und operative Aufgaben der Marketinglogistik

Die Marketinglogistik ist sowohl auf der strategischen als auch auf der operativen Ebene angesiedelt.

Nennen Sie Logistikfunktionen auf beiden Ebenen.

Lösung s. Seite 648

Aufgabe 43: Ermittlung der Lagerstandorte
Geben Sie an, welche Komplexe im Rahmen der Standortermittlung zu behandeln sind.

Lösung s. Seite 649

Aufgabe 44: Eigentransport/Fremdtransport
Ein Logistik-Mitarbeiter, der gerade von einer Spedition in ein Industrieunternehmen gewechselt ist, stellt die Behauptung auf, der Fremdtransport sei dem Eigentransport auf jeden Fall überlegen.

Stimmen die Äußerungen des Mitarbeiters?

Lösung s. Seite 649

Aufgabe 45: Ersatzteillogistik
Stellen Sie dar, weshalb die Logistik der Nachkaufphase und dabei besonders die Ersatzteillogistik von großer Bedeutung ist.

Lösung s. Seite 649

Aufgabe 46: Wirtschaftlichkeitskontrolle mithilfe der Kostenrechnung
Die Kostenrechnung wird als ein geeignetes Instrument zur Wirtschaftlichkeitskontrolle angesehen.

Stellen Sie dar,

a) in welcher Weise Wirtschaftlichkeitskontrollen durchgeführt werden können

b) welches System der Kostenrechnung sich besonders für Wirtschaftlichkeitskontrollen eignet.

Lösung s. Seite 649

Aufgabe 47: Prozesskostenrechnung
In einem mittelständischen Industrieunternehmen soll eine Prozesskostenrechnung eingeführt werden. Da die Mitarbeiter des Rechnungswesens mit der Materie noch nicht sehr vertraut sind, wird der junge Betriebswirt Amadeus Martin, bei dem sein Vorgesetzter eine „pädagogische Ader" entdeckt hat, mit der Aufgabe betraut, einen Einführungsvortrag zu halten und seinen Kollegen die Grundlagen der Prozesskostenrechnung beizubringen.

Auf welche Bereiche wird sich sein Vortrag erstrecken?

Lösung s. Seite 650

Aufgabe 48: Wirtschaftlichkeitskontrolle mithilfe der Plankostenrechnung
In einem Industrieunternehmen werden in der Kostenrechnung im Rahmen einer flexiblen Plankostenrechnung in einer Materialstelle folgende Zahlen ausgewiesen:

Basisplankosten:	225.000 €, davon fix 75.000 €
Istkosten:	200.000 €
Planbeschäftigung:	5.000 Stunden
Istbeschäftigung:	4.000 Stunden

Ermitteln Sie die möglichen Abweichungen.

Lösung s. Seite 650

Aufgabe 49: Logistik-Kennzahlen

Geben Sie an, wie mithilfe von Logistik-Kennzahlen folgende Tatbestände ausgedrückt werden können:

a) Umschlagshäufigkeit
b) Lagerreichweite
c) Flächennutzungsgrad
d) Transportleistung
e) Auslastungsgrad der Transportmittel
f) Lieferbereitschaft
g) Logistikkosten je Umsatzeinheit
h) Quote der Beanstandungen.

Lösung s. Seite 650

Aufgabe 50: Benchmarking

Während einer betriebswirtschaftlichen Diskussion unter Studenten stellt Student A die Behauptung auf, Benchmarking sei nichts anderes als ein Arbeiten mit Kennzahlen. Sein Kommilitone B widerspricht ihm heftig.

Welche Argumente kann er ins Feld führen?

Lösung s. Seite 651

Aufgabe 51: Entsorgungslogistik

In einem Fertigungsunternehmen der Elektroindustrie, das Kleingeräte herstellt und vertreibt, werden Bügeleisen in werbewirksamen Verpackungen angeboten.

Ein neuer Mitarbeiter meint, man könne in Zukunft auf die Verpackung verzichten, die zuständigen Mitarbeiter müssten eben vorsichtig mit den Geräten umgehen.

Durch den Wegfall der Verpackung würde man nicht nur deren Kosten einsparen, sondern auch deren „unbedingte" Rücknahmepflicht vermeiden.

Der Mitarbeiter erntet heftigen Widerspruch, der sich zum einen auf die wichtigen Funktionen der Verpackung und zum anderen auf die „unbedingte" Rücknahmepflicht erstrecken.

Stellen Sie kurz dar, welchen Inhalt diese beiden Widerspruchspunkte haben können.

Lösung s. Seite 651

Aufgabe 52: Outsourcing von Logistikleistungen

Die Lindemann-Werke, Hersteller von Haushaltsgeräten, stellen fest, dass die Logistik-kosten ständig steigen.

In einer Besprechung der Geschäftsleitung wird der Vorschlag gemacht, den Transport der Fertigerzeugnisse und ggf. auch andere Leistungen bis zur kompletten Auftragsab-wicklung an fremde Unternehmen zu übertragen.

Ein Sitzungsteilnehmer wendet ein, selbstverständlich sei es wichtig Kosten zu sen-ken, doch dürften beim Outsourcing von Logistikleistungen nicht allein Kostenüberle-gungen angestellt werden.

Geben Sie diesem Mitglied der Geschäftsleitung Argumentationshilfe, indem Sie ihm einige Entscheidungskriterien zur Verfügung stellen.

Lösung s. Seite 651

Lösung zu 1: Logistik-Begriff
Keinesfalls versteht man unter Logistik lediglich das Bewegen von Gegenständen.

Logistik stellt die aus den Unternehmenszielen abgeleiteten planerischen und ausführenden Maßnahmen und Instrumente zur Gewährleistung eines optimalen Material-, Wert- und Informationsflusses im Rahmen des betrieblichen Leistungserstellungsprozesses dar.

Lösung zu 2: Logistik-Konzept
Ein ganzheitliches Denken und Handeln liegt vor, wenn es gelingt,

- Logistik von der obersten Führungsebene zu steuern
- logistische Ziele und Strategien zu entwerfen
- logistische Aktivitäten in einem Gesamtzusammenhang zu sehen
- die Auswirkungen logistischer Maßnahmen zu erkennen
- auf allen hierarchischen Ebenen zu erkennen, dass Logistik keinen Selbstzweck darstellt, sondern der Erfüllung der wichtigsten betrieblichen Ziele dient
- die logistischen Aktivitäten so auszurichten, dass der Marketinggedanke der optimalen Erfüllung der Kundenwünsche voll berücksichtigt wird
- mit den Lieferanten optimal zu kooperieren
- Informationshemmnisse im Betrieb abzubauen
- sich technischen und organisatorischen Entwicklungen nicht zu verschließen
- stets kooperations- und lernbereit zu sein
- dafür Sorge zu tragen, dass die Logistik auf Zustimmung stößt und von sämtlichen Führungsebenen und breiten Mitarbeiterschichten getragen wird.

Lösung zu 3: Logistik in der Unternehmensorganisation
In der divisionalisierten Organisation wird die Logistik über den einzelnen Sparten angesiedelt, und darüber hinaus werden in die einzelnen Sparten Logistikbereiche eingegliedert.

Auf der Führungsebene werden folgende Aufgaben ausgeführt:
- Ermittlung von Logistikzielen
- Entwicklung von Logistikstrategien
- Erarbeitung von Logistikkonzepten
- Koordinierungsaufgaben
- Kontrollaufgaben.

In den einzelnen Sparten werden Logistikaufgaben ausgeführt, die sich an den Aufgaben und Bedürfnissen der Sparten orientieren.

Lösung zu 4: Logistikziele

Das generelle Logistikziel besteht in der Optimierung der Logistikleistung. Seine Hauptkomponenten sind Logistikservice und die Logistikkosten.

Einzelziele sind

- ▸ die Einhaltung der Lieferzeit
- ▸ die Lieferzuverlässigkeit
- ▸ die Lieferflexibilität
- ▸ die exakte Erfüllung der vertraglichen Verpflichtungen
- ▸ die Minimierung der Logistikkosten.

Lösung zu 5: Logistikplanung

Die Logistikplanung ist auf ein systematisches, exaktes Vorgehen angewiesen und darf weder intuitiv noch sporadisch erfolgen, dies bedeutet, dass sie sorgfältig vorbereitet werden muss.

Die Planungsvorbereitung erstreckt sich auf

- ▸ die Gewinnung von Informationen
- ▸ den Entwurf von Planungsrichtlinien
- ▸ die Dokumentation der Planungsrichtlinien.

Lösung zu 6: Planungsrichtung

Die Planungsrichtung gibt an, wie die Planungsprozesse den verschiedenen hierarchischen Ebenen zugeordnet werden. Folgende Richtungen sind möglich:

- ▸ die retrograde oder top-down-Planung (von oben nach unten)
- ▸ die progressive oder bottom-up-Planung (von unten nach oben)
- ▸ die Planung nach dem Gegenstromverfahren.

Lösung zu 7: Situationsanalyse

Die Hochstreb-Werke müssen im Rahmen der Situationsanalyse sowohl die Umwelt als auch das eigene Unternehmen kritisch betrachten.

Die Umweltanalyse befasst sich mit

- ▸ dem politischen Umfeld
- ▸ den gesetzlichen Umweltbedingungen
- ▸ der gesellschaftlichen Entwicklung
- ▸ der gesamtwirtschaftlichen Entwicklung
- ▸ der ökologischen Umwelt
- ▸ der technologischen Umwelt.

Die Unternehmensanalyse unterzieht das Unternehmen einer genauen Überprüfung.

Lösung zu 8: Unternehmensanalyse

Die Unternehmensanalyse stellt die Leistungsfähigkeit des eigenen Unternehmens, sein Potenzial, seine Stärken und Schwächen fest.

Folgende Einzelanalysen werden vorgenommen:

- ► Potenzialanalyse (Feststellung der Ressourcen des Unternehmens)
- ► Stärken-/Schwächenanalyse (Analyse der aufgetretenen Stärken und Schwächen auf ihre Ursachen hin und Ergründung zukünftiger Stärken und Schwächen)
- ► Chancen-Risiken-Analyse (Aufspüren von Strömungen und Tendenzen, die Chancen und Gefahren für das Unternehmen bedeuten)
- ► Lückenanalyse (Gegenüberstellung der geplanten Zielgrößen mit der erwarteten Entwicklung)
- ► Portfolio-Analyse (Entwicklung eines Portfolios, das den Zielvorstellungen des Unternehmens hinsichtlich Gewinn, Deckungsbeiträgen, Umsatz, ROI, Cashflow u. Ä. entspricht)
- ► Kennzahlenanalyse (Gewinnung von Informationen in verdichteter Form über Fakten, Prozesse und Zusammenhänge.

Lösung zu 9: Logistikstrategien

Die Strategie der „umfassenden Kostenführerschaft" will erreichen, dass das eigene Unternehmen niedrigere Kosten verursacht als die Konkurrenz.

Für Logistikstrategien ergeben sich Konsequenzen im Hinblick auf die Reduzierung der Logistikkosten und das Halten des Service-Grades der Logistik auf einem akzeptablen Mindestniveau.

Lösung zu 10: Operative Logistikplanung

Der Ablauf der operativen Logistikplanung stellt sich wie folgt dar:

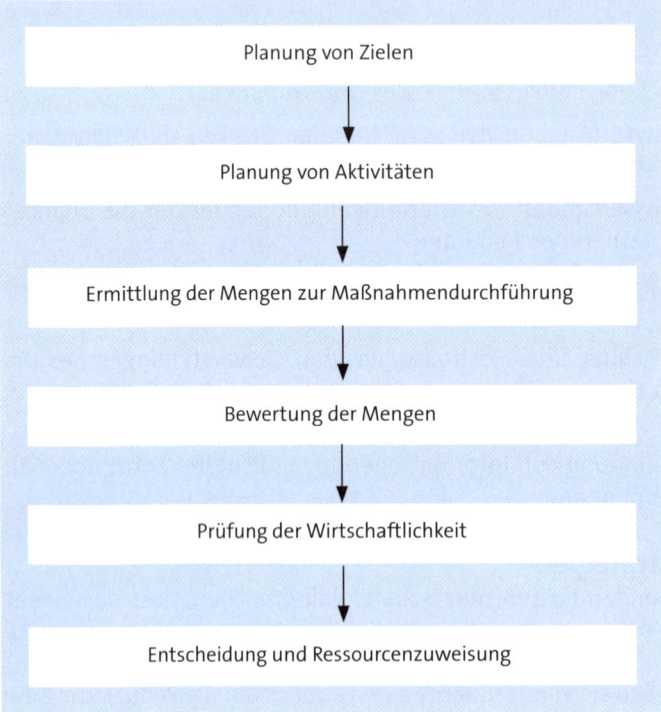

Lösung zu 11: Break-even-Analyse

$$BEP = \frac{150.000}{1 - \dfrac{360.000}{600.000}}$$

BEP = **375.000**

Um Kostendeckung zu erzielen, müsste ein Umsatz von 375.000 € erreicht werden.

Lösung zu 12: Schwachstellenanalyse

Im Rahmen der Schwachstellenanalyse werden Schwachstellenkataloge, Checklisten, Mängel- und Wunschlisten, die ABC-Analyse, die Deckungsbeitragsrechnung, betriebswirtschaftliche Kennzahlen u. Ä. eingesetzt.

Lösung zu 13: ABC-Analyse

Produkt	kumulierter Absatz		Absatz je Klasse	Umsatz in €	kumulierter Umsatz		Umsatz je Klasse	Klasse
	St.	%			€	%		
4	23.400	10,26		1.778.400	1.778.400	30,99		A
10	45.450	19,92		1.719.900	3.498.300	60,96		A
7	53.550	23,47	23,47	680.406	4.178.700	72,82	72,82	A
2	64.800	28.40		427.500	4.606.200	80,27		B
5	114.300	50,10		346.500	4.952.700	86.31		B
1	136.800	59,96	36,49	180.000	5.132.700	89,44	16,62	B
8	151.200	66,27		172.800	5.305.500	92,46		C
6	155.250	68,05		170.100	5.475.600	95,42		C
3	192.150	84,22		147.600	5.623.200	97,99		C
9	228.150	100,00	40,04	115.200	5.738.400	100,00	10,56	C

Die ABC-Analyse gibt Auskunft darüber, dass 23,47 % der verkauften Erzeugnisse einen Umsatz von 72,82 %, 36,49 % der Produkte einen Umsatz von 16,62 %, 40,04 % der Artikel einen Umsatz von 10,56 % erbrachten. Aus dieser Konzentration lassen sich ohne weiteres logistische Maßnahmen ableiten.

Lösung zu 14: Netzplantechnik

Netzpläne sind in der Lage,

▶ den zeitlichen Ablauf einzelner Planungsschritte und ganzer Pläne übersichtlich darzustellen

▶ den sachlichen und zeitlichen Zusammenhang der einzelnen Planungsschritte und einzelnen Pläne im Gesamtzusammenhang der Planung zu verdeutlichen

▶ die vorhandenen Reserven in Plänen darzustellen.

Die Netzplantechnik hat folgende Vorzüge:

▶ universelle Einsatzmöglichkeit
▶ Zwang zum gedanklichen Durchdringen von Komplexen
▶ übersichtliche Darstellung von Gesamtobjekten und deren einzelnen Aktivitäten
▶ Möglichkeit der Berücksichtigung von Alternativen
▶ Flexibilität
▶ gute Möglichkeit des EDV-Einsatzes.

Lösung zu 15: Einführung einer Deckungsbeitragsrechnung

Die Istkostenrechnung auf Vollkostenbasis ist als Entscheidungshilfe ungeeignet. Die Vollkostenrechnung begeht den Fehler, die fixen Kosten zu proportionalisieren. Ein Kostenrechnungssystem auf Teilkostenbasis, wie es die Deckungsbeitragsrechnung ist, vermeidet diesen Fehler.

Die Vollkostenrechnung ließe sich nur dann als Entscheidungsgrundlage einsetzen, wenn bei jeder auch noch so kleinen Beschäftigungsänderung neue Kalkulationssätze ausgerechnet würden. Dies wäre äußerst unwirtschaftlich.

Lösung zu 16: Investitionsrechnung – Verfahren der Investitionsrechnung

Man unterscheidet statische und dynamische Verfahren der Investitionsrechnung. Zu den statischen Verfahren zählen

- die Kostenvergleichsrechnung
- die Gewinnvergleichsrechnung
- die Rentabilitätsrechnung
- die Amortisationsrechnung.

Dynamische Verfahren der Investitionsrechnung sind

- die Kapitalwertmethode
- die Annuitätenmethode
- die Methode des internen Zinsfußes.

Werden Verfahren des Operations Research eingesetzt, spricht man von modernen Verfahren der Investitionsrechnung.

Lösung zu 17: Investitionsrechnung – Kapitalwertmethode

$$C_0 = K_0 + \frac{K_n}{(1+i)^n}$$

$$C_0 = -250 + \frac{50}{(1+0,1)} + \frac{65}{(1+0,1)^2} + \frac{75}{(1+0,1)^3} + \frac{100}{(1+0,1)^4} + \frac{110}{(1+0,1)^5}$$

$$C_0 = -250 + 292,1252$$

$$C_0 = \mathbf{42,1252}$$

Der Kapitalwert beträgt 42,1252 T€.

Lösung zu 18: Investitionsrechnung – Verfahrensvergleich

Der Verfahrensvergleich läuft auf die Ermittlung der kritischen Menge hinaus. Stehen zwei Verfahren zur Auswahl, ermittelt man für jede die Kostenfunktion und setzt diese gleich.

Lösung zu 19: Optimale Losgröße

$$x_{opt} = \sqrt{\frac{200 \cdot 25 \cdot 1.000}{25 \cdot 10}} = \mathbf{142\ Stück}$$

Die optimale Losgröße beträgt 142 Stück, also liegt der Disponent gar nicht so falsch.